NOUVEAUX ÉLÉMENTS

DE

CHIMIE MÉDICALE

ET DE

CHIMIE BIOLOGIQUE

3995-81. — CORBEIL, Typ. et stér. CRÉTÉ.

NOUVEAUX ÉLÉMENTS

DE

CHIMIE MÉDICALE

ET DE

CHIMIE BIOLOGIQUE

AVEC

LES APPLICATIONS A L'HYGIÈNE, A LA MÉDECINE LÉGALE ET A LA PHARMACIE

PAR R. ENGEL

PROFESSEUR A LA FACULTÉ DE MÉDECINE DE MONTPELLIER

DEUXIÈME ÉDITION, REVUE ET CORRIGÉE

Avec 118 figures intercalées dans le texte.

PARIS

LIBRAIRIE J.-B. BAILLIÈRE et FILS

19, Rue Hautefeuille, près du boulevard Saint-Germain

1883

Tous droits réservés.

PRÉFACE

Encouragé par le succès de la première édition, j'ai revu ce livre avec soin.

La *Chimie médicale* a un double objet : la connaissance des corps qui constituent l'organisme animal et la connaissance des substances qui y sont introduites en vue de remédier à un état de maladie.

L'étude des différentes substances qui se trouvent à l'état normal dans l'économie ou qui s'y produisent dans des cas pathologiques, et celle des phénomènes chimiques de la vie ont pris, sous l'influence des incessants progrès de la chimie, un développement si considérable qu'on en a fait pour ainsi dire une science à part, la *chimie biologique*.

Quant à l'étude des médicaments, il n'est pas besoin d'insister sur l'importance qu'elle présente, soit au médecin pour en prescrire l'usage avec sécurité et se rendre compte de son action, soit au pharmacien pour en constater l'identité et en reconnaître la pureté, soit au médecin-légiste et à l'expert-chimiste pour découvrir la trace criminelle du poison.

L'intelligence de tous ces faits, de toutes ces applications de la chimie directement utiles au médecin et au pharmacien, nécessite la connaissance de l'ensemble de la chimie : on ne peut séparer, a dit M. Wurtz (1), les applications d'une science de la science elle-même.

Aussi, ai-je conservé à cet ouvrage le cadre des traités de chimie, et rangé en familles tous les composés sériés. J'ai pu ainsi compléter l'histoire spéciale des différents corps étudiés par l'histoire générale de tous les corps de la même famille.

J'ai divisé ce livre en cinq parties, que j'ai intitulées :

La première, *Généralités*. La *notation atomique* qui dans la première édition avait été déduite d'une hypothèse sur la constitution des gaz, celle d'Avogadro et d'Ampère, est déduite dans la seconde des lois chimiques. Elle est ainsi rendue indépendante de toute idée philosophique sur la constitution de la matière, et nous apparaît comme une conséquence des faits, des lois chimiques. Les travaux récents sur les propriétés physiques des gaz (*état critique*) ont également trouvé place dans cet ouvrage. J'ai essayé de montrer que ces propriétés de la matière, déjà signalées par Mendeleïeff, sont une conséquence des lois de la dilatation des gaz et des liquides (2).

La deuxième, *Etude des métalloïdes*.

La troisième, *Etude des métaux*.

La quatrième, *Chimie organique*.

Dans une cinquième partie j'ai indiqué la *composition des principaux liquides de l'économie* qui ont été soumis à l'analyse. L'étude des liquides et des tissus à l'état normal et à l'état pathologique appartient à la physiologie et à la

____

(1) Wurtz, *Traité élémentaire de Chimie médicale.*

(2) Voyez *Revue scientifique*, 1882, n° 22.

pathologie. La chimie n'a à s'occuper que de l'histoire des corps définis qui les constituent.

Pour chaque corps étudié dans ce travail, j'ai traité de *l'état naturel* et de *l'emploi en médecine ;* des *modes de production* et des *procédés de préparation,* des *propriétés physiques et chimiques,* des *caractères,* des *impuretés* et des *moyens de les faire disparaître,* de *l'action sur l'économie* et de *l'élimination,* lorsque le corps se trouve dans l'organisme.

Écrivant un livre élémentaire pour les élèves, j'ai été sobre d'indications bibliographiques : je dois néanmoins citer, parmi les ouvrages auxquels j'ai largement puisé, ceux de Wurtz, Berthelot et Jungfleisch, Ch. Robin, Arm. Gautier, Naquet, Grimaux, Amb. Tardieu, Andouard, Frey, Hoppe-Seyler, Gorup-Besanez, Funke, etc.

Apprendre aux élèves des Facultés de médecine et des Écoles de pharmacie à lire et à comprendre la chimie et leur permettre ainsi de se tenir au courant des progrès d'une science dont les applications pour eux sont si nombreuses, tel est le but que je me suis proposé d'atteindre.

Octobre 1882.

R. ENGEL.

NOUVEAUX ÉLÉMENTS

DE

CHIMIE MÉDICALE

PREMIÈRE PARTIE

GÉNÉRALITÉS.

§ 1ᵉʳ. — NOTIONS PRÉLIMINAIRES.

a. Définitions. — Tout ce qui frappe nos sens et rempli l'espace se nomme *matière* ou *substance*.

La matière limitée porte le nom de *corps*. L'ensemble de tous les corps constitue la *nature*.

L'étude des corps organisés, la recherche des lois de la vie, l'histoire physique de notre globe et la description des corps bruts qui se trouvent tout formés dans la nature, appartiennent aux *sciences naturelles* (zoologie, botanique, minéralogie, géologie, etc.). Celles-ci ne s'occupent nullement des modifications que les corps peuvent éprouver sous l'influence d'autres corps ou d'agents divers, modifications dont l'étude fait l'objet des *sciences physiques* (chimie, physique).

b. Phénomènes physiques et phénomènes chimiques. — Lorsque l'on étudie les modifications que les corps éprouvent sous l'influence d'autres corps ou de tel ou tel agent, on voi deux séries de phénomènes tout à fait différents.

1° Tantôt les corps acquièrent des propriétés nouvelles, en général peu nombreuses, et qui disparaissent plus ou moins rapidement avec la cause qui leur a donné naissance. Les autres propriétés de ces corps ne sont pas modifiées, de telle sorte que, si l'on fait abstraction de ces propriétés nouvelles, il est impossible de découvrir un changement dans leur nature. Un exemple fera mieux comprendre cet ordre de phénomènes.

Si je frotte avec un morceau de drap une baguette de verre ou un bâton de résine, je donne au verre ou à la résine la propriété d'attirer des corps légers, tels que : barbes de plume, sciure de bois. Mais, abstraction faite de cette propriété nouvelle, la baguette de verre et le bâton de résine n'ont éprouvé aucune altération dans leurs propriétés. Leur aspect physique, leur poids, leur densité n'ont pas changé ; en un mot, le verre est resté verre, la résine est restée résine. Enfin, cette propriété nouvelle disparaît au bout de peu de temps.

Ce sont là des *phénomènes physiques*.

2° Tantôt, au contraire, les propriétés des corps changent complètement et les changements qui se sont opérés sont permanents. Ainsi, par exemple, si je mets un morceau de potassium, corps que nous apprendrons à connaître plus tard, en contact avec un peu d'eau, on voit immédiatement une action plus profonde se manifester. Le potassium prend feu et disparaît complètement ; si l'opération se fait dans un appareil propre à recueillir les gaz, on constate la formation d'un gaz combustible et très léger ; enfin l'eau n'est plus, comme avant l'opération, de l'eau pure. Elle jouit maintenant de la propriété de bleuir la teinture de tournesol rougie par un acide. Le potassium et l'eau ont éprouvé des modifications profondes et permanentes ; des corps nouveaux ont pris naissance.

Ce sont là des *phénomènes chimiques*. Leur étude fait l'objet de la *chimie*.

§ 2. — CARACTÈRES PHYSIQUES DES CORPS.

a. Les trois états de la matière. — L'observation nous apprend que les corps se présentent à nous sous trois états distincts :

1° L'*état solide*, dans lequel les différentes parties du corps demeurent naturellement dans la même situation les unes par rapport aux autres. Dans cet état, la matière a une forme déterminée, indépendante de celle du vase dans lequel on la place. Ex. : sucre, fer.

2° L'*état liquide*, dans lequel les parties du corps peuvent se déplacer les unes par rapport aux autres, sans changement dans leur volume total. On pourra donc faire *couler* un liquide d'un vase dans un autre ; on le verra toujours prendre la forme du vase sans changer de volume. Ex. : eau, mercure.

3° L'*état gazeux*, dans lequel la matière a une tendance à augmenter de volume, à occuper tout l'espace qui lui est donné. Ex. : gaz de l'éclairage.

b. Passage d'un corps de l'état solide à l'état liquide et inversement. — Une même substance peut affecter les trois états de la matière. Si nous soumettons, par exemple, de l'eau au froid de l'hiver, nous la voyons devenir un corps solide, de la glace. Mais l'eau, en passant ainsi de l'état liquide à l'état solide, est restée de l'eau ; son poids n'a pas changé, et, si nous transportons le morceau de glace dans une chambre chauffée, nous le voyons reprendre l'état liquide. L'effet disparaît avec la cause qui a produit la transformation de l'eau en glace.

On appelle *fusion* le passage d'un corps de l'état solide à l'état liquide. Ce passage se fait avec absorption de chaleur. Pendant tout le temps qu'un corps met à passer de l'état solide à l'état liquide, sa température ne change pas. La chaleur qu'on lui communique ainsi est employée à un travail intérieur. La *chaleur latente de fusion* est la quantité de calories nécessaires pour faire passer l'unité de poids d'un corps de l'état solide à l'état liquide. Cette chaleur latente de fusion est de 79,25 calories pour la glace.

La *solidification* d'un corps est le passage de l'état liquide à l'état solide.

On donne le nom de *congélation* à la solidification quand elle a lieu au-dessous de zéro (Ex. : congélation de l'eau, congélation du mercure). Enfin, lorsque les corps, en se solidifiant, prennent une forme régulière polyédrique, on dit qu'ils *cristallisent*. Ex. : cristallisation du soufre.

Un corps, en passant ainsi de l'état liquide à l'état solide, abandonne toute sa chaleur latente de fusion, c'est-à-dire une quantité de chaleur égale à celle qu'il lui faut pour passer de l'état solide à l'état liquide.

Le plus ordinairement ce passage d'un corps de l'état liquide à l'état solide et inversement se fait brusquement. D'autres fois ce passage se fait progressivement : le corps devient mou avant de devenir tout à fait liquide. Ex. : verre fondu. C'est l'*état pâteux* de la matière, état intermédiaire entre l'état liquide et l'état solide.

c. Passage d'un corps de l'état liquide à l'état gazeux et inversement. — Si nous soumettons de l'eau à l'action de la chaleur, il arrive un moment où nous voyons des bulles se former au sein du liquide. Celui-ci entre en *ébullition*, comme on dit, et passe à l'état gazeux. Le *point d'ébullition* pour chaque corps est fixe sous une même pression. A la pression normale de 760, l'eau bout à 100°. Pendant toute la durée de l'ébullition, la température du corps ne change pas ; toute la chaleur qu'on continue à lui donner est employée à la transformation du corps de l'état liquide à l'état gazeux.

Si nous soumettons l'eau à une température inférieure à 100°, nous la voyons émettre des vapeurs sans bouillir ; elle *s'évapore* ou *se volatilise*, comme on dit.

On appelle *chaleur latente de volatilisation* le nombre de calories nécessaires pour faire passer l'unité de poids d'un corps de l'état liquide à l'état gazeux. Il faut 537 calories pour faire passer 1 kilogr. d'eau à 100° à l'état gazeux à 100°. Inversement, si on comprime l'eau ainsi passée à l'état gazeux, ou si on la refroidit, elle repasse à l'état liquide, elle *se condense* en abandonnant sa chaleur latente de volatilisation.

Aussi est-il facile de concevoir que le point d'ébullition d'un liquide s'élève quand la pression augmente : si on chauffe de l'eau en vase clos de manière à l'empêcher de s'échapper à l'état gazeux, on verra le point d'ébullition s'élever successivement à 105°, à 110° à 150°, et plus haut encore.

Tous les corps à l'état gazeux ne se condensent pas aussi facilement. Quand le corps à l'état gazeux est à une température voisine du point d'ébullition du liquide, on dit qu'il est à l'état *de vapeur* ; quand au contraire il se trouve à une température de beaucoup supérieure à ce point, on dit qu'il est à l'état de gaz proprement dit ou *gaz parfait*. La *liquéfaction* est le passage d'un gaz à l'état liquide. Nous donnerons plus loin une définition plus précise de ces mots gaz et vapeur.

Certains corps peuvent passer de l'état solide à l'état gazeux sans passer par l'état liquide. On dit alors qu'ils se *subliment*.

On appelle *cohésion* cette propriété de la matière en vertu de laquelle les différentes parties d'un corps se tiennent entre elles. La cohésion est plus forte à l'état solide qu'à l'état liquide ; elle est nulle pour les gaz.

d. Divisibilité ; compressibilité ; dilatation. — Les corps, qu'ils soient à l'état solide, à l'état liquide ou à l'état gazeux, ont des propriétés communes. Ils sont *divisibles*. Ainsi, par des moyens purement mécaniques, on peut réduire un petit lingot d'or du poids de 1 gramme, par exemple, en feuilles de 1/12 000° de millimètre d'épaisseur, et ces feuilles elles-mêmes peuvent être divisées en une multitude de parties.

Ils sont *compressibles*. La compressibilité des gaz est incomparablement plus grande que celle des liquides et des solides. Les volumes occupés par un gaz sont en raison inverse des pressions qu'il supporte. C'est la loi de Mariotte, qui n'est qu'une loi approchée. Certains gaz, l'hydrogène par exemple, sous de très fortes pressions se compriment moins que ne l'indique la loi de Mariotte. Le plus grand nombre des gaz se compriment plus que ne l'indique cette loi.

Tous les corps subissent sous l'influence de la chaleur un changement de volume, le plus ordinairement une augmentation. On donne à cette propriété des corps le nom de *dilatation*. On appelle *coefficient de dilatation* d'un corps l'augmentation de l'unité de volume de ce corps pour un accroissement de température de 1°. Le coefficient de dilatation du cuivre est 0,000 051 54, celui du mercure 0,000 1 80 27. Tous les gaz ont même coefficient de dilatation, égal à 0,003 665. Ces nombres nous font voir que, en général, les solides se dilatent moins que les liquides et ceux-ci moins que les gaz.

Mais cette dilatation n'est pas toujours la même pour un même corps à toutes les températures, c'est-à-dire qu'un même corps ne se dilate pas de la même quantité de 0° à 1° ou de 100° à 101° par exemple. Nous observons ici une différence remarquable. Tandis que les gaz se dilatent de quantités à peu près égales pour des augmentations égales de température, nous voyons les liquides se dilater de plus en plus avec la température; et si nous les chauffons en vase clos à des températures supérieures à leur point d'ébullition, le coefficient de dilatation des liquides finit par devenir plus grand que celui des gaz.

e. État critique. Température absolue d'ébullition. — Ces propriétés de la matière nous amènent à cette conclusion qu'à une certaine température, variable pour chaque substance, un corps ne pourra subsister à l'état liquide.

Considérons, en effet, un certain volume d'un corps liquide appelé anhydride sulfureux que nous décrirons plus loin, et un égal volume d'un gaz parfait, obéissant par suite dans des limites très étendues à la loi de Mariotte, et portons ces deux corps à des températures successivement croissantes, 0° étant la température initiale.

Le gaz restant sous pression constante, et quelle que soit la pression initiale sous laquelle il se trouve, subira des accroissements égaux de volume pour des augmentations égales de température; sa dilatation sera donc représentée par une ligne droite OF.

Le liquide, au contraire, chauffé en vase clos, se dilatera d'abord beaucoup moins que le gaz, puis autant que lui; enfin son coefficient de dilatation dépassera celui du corps à l'état gazeux. Ses augmentations successives de volume seront représentées par une courbe OMN, qui coupe en F la ligne OB, vers 140°.

La discussion de ces courbes nous montre qu'au-dessus du point F qui correspond environ à la température de 140° l'anhydride sulfureux ne peut plus subsister à l'état liquide.

En effet, si le liquide existait encore au-dessus de 140°, son

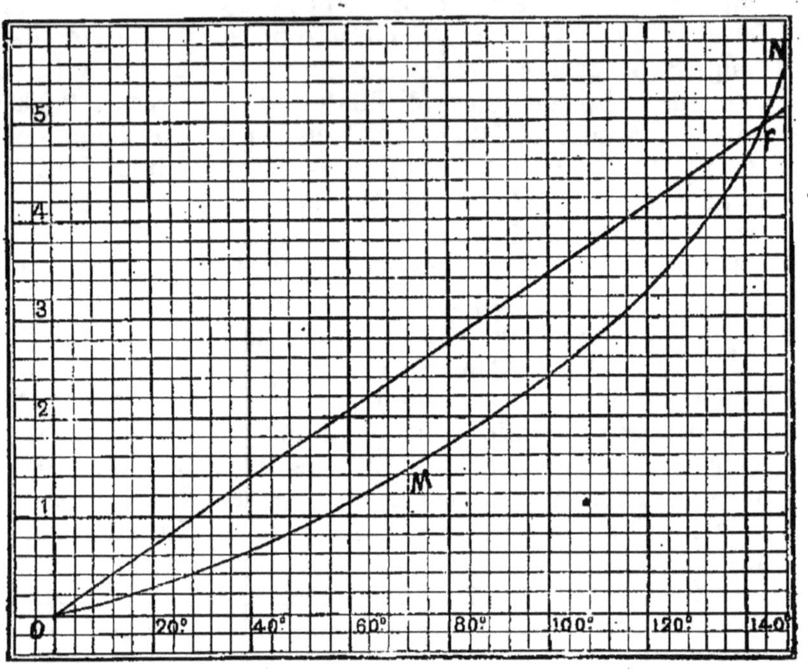

Fig. 1. — Dilatation de l'anhydride sulfureux (1).

volume total augmenterait plus vite que le volume du gaz pour un égal accroissement de température. La cohésion du liquide serait donc moins grande que celle du gaz, qui est nulle. Le liquide ne pourra donc rester à l'état liquide.

De fait, si l'on chauffe en vase clos de l'acide sulfureux, on voit le liquide se dilater d'abord énormément, puis disparaître totalement vers 150°.

2° Si le liquide existait encore au-dessus de F, en N par exemple, une augmentation de pression qui tendrait à lui faire prendre un volume moindre le ferait passer à l'état gazeux, dont le volume est moindre à cette température. Nous voyons donc

(1) Courbe tracée d'après les expériences de Drion.

qu'au-dessus de cette température de 150° l'acide sulfureux n'est plus liquéfiable, quelle que soit la pression.

La température limite à laquelle un gaz ne peut plus se liquéfier par compression a reçu le nom de *point critique*. (Andrews).

3° Au-dessous de ce point F, le gaz supposé de même nature que le liquide tendra à occuper un volume moindre, soit qu'on le comprime, soit qu'on le refroidisse. Il se rapprochera donc de l'état liquide, dont le volume est moindre ; c'est-à-dire qu'on pourra liquéfier le gaz au-dessous de 150°, soit par refroidissement, soit par pression.

4° Ces courbes nous font comprendre aussi comment il se fait qu'un liquide puisse avoir un coefficient de dilatation plus grand que celui des gaz sans passer à l'état gazeux. Le point critique est situé au-dessus de la température à laquelle un liquide a le même coefficient de dilatation qu'un gaz parfait. Ce fait est également vérifié par l'expérience. Dans le cas cité c'est aux environs de 80° que les deux coefficients sont égaux. On voit dans la figure que vers cette température un élément de la courbe OMN est parallèle à la ligne OF.

5° En O, il y a un autre point d'intersection des deux courbes. A partir de ce moment, le gaz se contracterait plus que le liquide pour un égal abaissement de température. Il ne peut donc plus exister à l'état gazeux. C'est pour ce motif que nous avons considéré un gaz parfait pour la démonstration.

Nous avons supposé, pour faire saisir ces propriétés de la matière, un liquide et un gaz parfait. Or il n'y a pas passage brusque de l'état liquide à l'état gazeux. Le coefficient de dilatation des vapeurs qui se confond avec celui des gaz à des températures éloignées du point d'ébullition de leur liquide est plus grand à des températures rapprochées de ce point d'ébullition. On conçoit donc que la dilatation plus rapide du liquide se continue par une dilatation plus rapide de la vapeur pour atteindre seulement à des températures plus élevées la dilatation propre aux gaz parfaits. Aussi le point critique est-il situé un peu plus haut que le point où la courbe OMN vient couper la ligne OB. La figure 2 représente une courbe schématique des dilatations successives d'un liquide, d'une vapeur et d'un gaz.

Il y a donc continuité entre les propriétés d'un corps pendant son passage de l'état liquide à l'état de gaz parfait.

Nous pouvons maintenant donner une définition plus précise des mots gaz et vapeur. Un liquide passe à l'état de gaz parfait au-dessus de son point critique et à l'état de vapeur entre son point d'ébullition et son point critique. La vapeur est un véritable état intermédiaire de la matière entre l'état liquide et l'état de gaz parfait, comme l'état pâteux est dans certains cas un intermédiaire entre l'état solide et l'état liquide.

Il y a plus de vingt ans, Mendéléïeff avait été amené par des études d'un autre ordre à considérer la *température absolue d'ébullition* d'un liquide, température à laquelle la cohésion du liquide est nulle, sa chaleur latente de volatilisation également

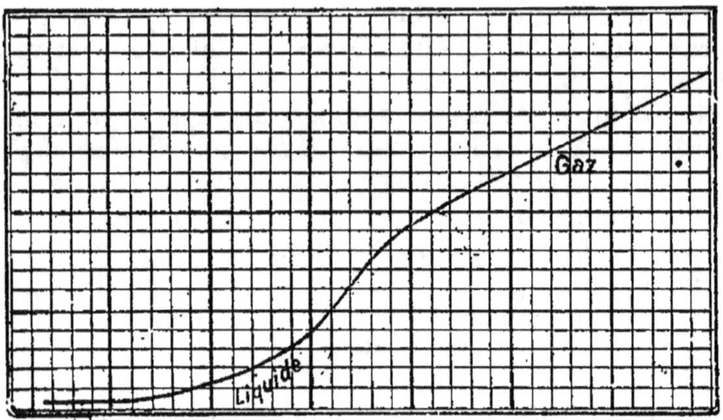

Fig. 2. — Schéma de la dilatation d'un liquide, d'une vapeur et d'un gaz.

ment et à laquelle le liquide se transforme en gaz indépendamment de la pression. Elle se confond avec le point critique. Cette heureuse expression, dont on ne se sert pas encore, restera certainement dans la science.

Les températures absolues d'ébullition sont :

Pour l'acide carbonique à...................... 31°
  — l'acide sulfureux, vers...................... 150°
  — le chlorure d'éthyle...................... 170°
  — l'éther...................... 190°
  — le chlorure de silicium. .... 230°
  — l'alcool .... 250°
  — l'eau...................... 580°

f. Liquéfaction des gaz. — Il résulte de tout ce qui précède que, pour liquéfier les gaz, il n'est pas toujours possible de remplacer l'abaissement de température par la pression. Natterer a comprimé l'oxygène jusqu'à près de 3,000 atmosphères sans le liquéfier. Vers 160 atmosphères déjà l'oxygène n'obéit plus à la loi de Mariotte. Il se comprime moins que ne l'indique cette loi, et aux hautes pressions il y a une tendance vers une limite de compressibilité qu'il n'est pas possible de dépasser. Il est probable qu'il en est de même pour tout gaz parfait. Les vapeurs, au contraire, se compriment plus que ne l'indique la loi de Mariotte et finissent par passer à l'état liquide. On pourrait même définir le gaz et la vapeur par cette propriété : sous l'influence de la

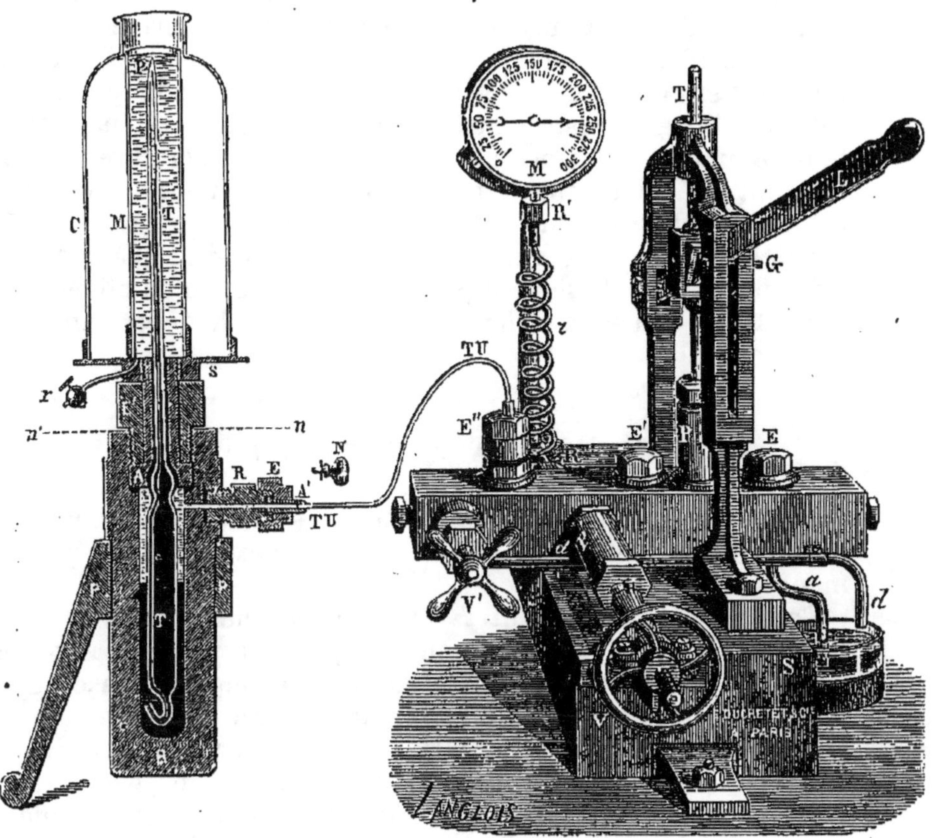

Fig. 3. — Appareil Cailletet.

pression une vapeur passe à l'état liquide ; un gaz tend vers une limite de compressibilité. Pour liquéfier un gaz parfait, il faut donc le faire passer à l'état de vapeur, c'est-à-dire le refroidir fortement, puis le soumettre à de fortes pressions. En se plaçant dans ces conditions, on est arrivé à liquéfier tous les gaz.

Le chlore se liquéfie...	0° sous la pression de	6,5 atm.
L'anhydride carbonique	0°	38,5
— —	31°	74
L'oxygène...........	— 140°	320
L'hydrogène.........	— 140°	600

M. Cailletet a construit un appareil fort élégant, composé

laquelle on comprime de l'eau dans un cylindre creux d'acier B renfermant du mercure. Dans le mercure plonge un tube de verre T de 1 centimètre environ de diamètre rempli du gaz à liquéfier et qui se termine par un tube capillaire à parois épaisses. La partie supérieure du cylindre d'acier est fermée par une pièce métallique à travers laquelle passe le tube capillaire. Celui-ci est entouré d'un manchon de verre grâce auquel on peut refroidir le gaz à l'aide d'un mélange réfrigérant et chauffer ce liquide une fois formé pour arriver à la température absolue d'ébullition. En comprimant de l'eau sur le mercure, on force celui-ci à pénétrer dans le tube et à refouler le gaz dans la partie capillaire. On liquéfie ainsi presque tous les gaz. Quelques-uns exigent un refroidissement plus considérable qu'on obtient par la dilatation brusque (*détente*) du gaz préalablement comprimé et refroidi.

§ 3. — COMBINAISONS, DÉCOMPOSITIONS.

a. Indestructibilité de la matière. — Nous avons vu dans l'action du potassium sur l'eau un premier exemple d'un phénomène chimique.

Considérons maintenant l'action réciproque de deux autres corps que tout le monde connaît : l'oxygène, ce gaz qui fait partie de l'air que nous respirons ; le mercure, ce liquide dense qu'on emploie dans la construction des baromètres.

Si nous chauffons le mercure à une température voisine de son point d'ébullition dans une atmosphère d'oxygène, nous voyons le mercure se recouvrir d'une poussière rouge à laquelle on a donné le nom d'oxyde rouge de mercure. Sous l'influence de la chaleur, le mercure et l'oxygène se sont unis, *combinés*, comme on dit, et un corps composé, l'oxyde de mercure, est résulté de cette *combinaison*.

La combinaison se distingue du simple mélange en ce que les éléments constituants gardent, dans le mélange, les propriétés qui leur sont propres, tandis que dans la combinaison ils perdent ces propriétés, et le composé qui a pris naissance en a acquis de toutes nouvelles.

Je citerai l'exemple bien connu d'un mélange de soufre et de fer. Dans ce mélange, le fer garde la propriété d'être attiré par l'aimant ; le soufre, celle de se dissoudre dans le sulfure de carbone. Au contraire, je ne retrouve plus, dans l'oxyde de mercure, ni les propriétés du mercure, ni celles de l'oxygène. Ces deux corps existent pourtant dans l'oxyde de mercure, et nous pouvons y démontrer leur présence en chauffant ce composé à une température supérieure à celle où il s'est formé. Alors la combinaison d'oxyde de mercure se détruit, se *décompose*, et nous obtenons l'oxygène et le mercure qui avaient disparu au moment de la combinaison. Si nous avions chauffé le mercure dans une quantité déterminée d'oxygène, nous aurions constaté que la quantité de ce gaz disparue dans la formation de l'oxyde de mercure était égale à celle que nous obtenons ensuite en décomposant cet oxyde par la chaleur; que l'augmentation de poids du mercure, après sa transformation en oxyde, était précisément égale au poids de l'oxygène disparu; nous aurions constaté, en un mot, que *dans les combinaisons et les décompositions chimiques, rien ne se perd, rien ne se crée.*

b. Corps simples, corps composés. — L'exemple précédent nous montre qu'en chimie, on étudie deux ordres de phénomènes. Dans l'un nous voyons les corps s'unir entre eux, se combiner et le produit augmenter de poids. C'est la *synthèse*. Dans l'autre au contraire les corps se décomposent, en donnent plusieurs autres par leur décomposition, et chacun de ces corps a un poids inférieur à celui du corps composé, c'est l'*analyse*.

Dans l'analyse des substances on est bien vite arrêté et l'on reconnaît l'existence de substances qu'on ne peut plus décomposer de quelque façon qu'on les traite. Il en est ainsi de l'oxygène et du mercure obtenus par la décomposition de l'oxyde rouge du mercure.

On est donc amené à considérer des *corps composés*, tels que l'oxyde rouge de mercure, susceptibles d'être décomposés et des *corps simples* ou *éléments* tels que l'oxygène, le mercure qui n'ont pas été décomposés jusqu'à présent.

Les éléments connus aujourd'hui sont au nombre de 71.

c. Double décomposition. — Jusqu'à présent nous n'avons parlé que de la combinaison entre deux éléments. On obtient ainsi des composés *binaires*. Ces composés peuvent se combiner à un nouvel élément ou à un corps composé lui-même pour donner ainsi naissance à des composés *ternaires, quaternaires*, etc.

Enfin, deux corps composés échangent souvent les éléments qui les constituent. Soient A, B, C, et D, quatre éléments; AB et CD deux corps composés. Ils pourront, en agissant l'un sur l'autre, échanger leurs éléments en donnant naissance à deux nouveaux composés, AC et BD.

Exemple :

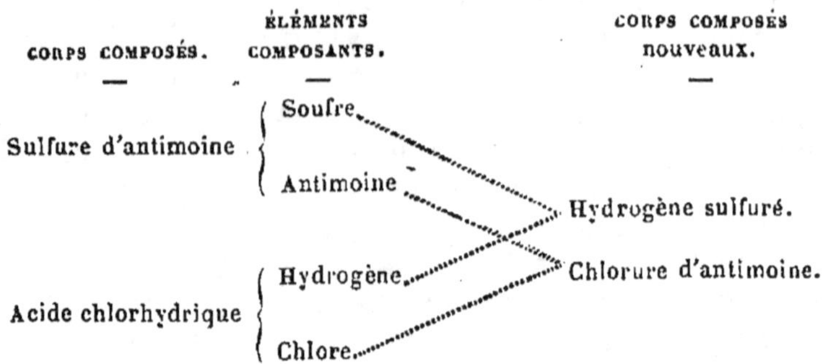

C'est là ce que l'on appelle un phénomène de *double décomposition*.

d. Influence des divers agents et de l'état des corps sur les combinaisons. — 1° La chaleur, la lumière, l'électricité favorisent certaines combinaisons. Nous avons déjà vu que le mercure, qui ne se combine pas à l'oxygène à la température ordinaire, s'unit à ce gaz à une température voisine du point d'ébullition du mercure. Nous verrons plus loin des exemples de combinaisons qui s'opèrent sous l'influence de la lumière ou sous celle de l'électricité.

2° Les corps se combinent aussi plus facilement à l'*état naissant*, état particulier que nous définirons mieux plus loin, dans lequel se trouvent les corps simples au moment où ils sortent d'une combinaison.

3° L'expérience apprend que les combinaisons se font surtout facilement lorsque les corps sont à l'état liquide. Or, lorsqu'un corps solide se dissout dans un liquide, il prend lui-même l'état liquide ; on comprend donc facilement l'influence de la dissolution sur les combinaisons. Les anciens disaient déjà, mais d'une façon trop absolue : *Corpora non agunt, nisi soluta.*

4° Enfin, certains corps jouissent de la propriété de s'unir plus facilement à tel élément qu'à tous les autres. On désigne souvent sous le nom d'*affinité* cette propriété élective des corps. En disant qu'un corps A a beaucoup d'affinité pour un corps B, on exprime simplement par un mot la tendance à se combiner qu'ont les corps A et B. Cette propriété élective des corps est un fait d'expérience, mais peut jusqu'à un certain point se prévoir.

Un composé binaire soumis à l'action d'un courant électrique se décompose en ses éléments. L'un se rend au pôle positif ; on le dit électro-négatif. L'autre va au pôle négatif ; on le dit électro-positif. Berzelius a classé les corps en une série linéaire de telle sorte qu'un élément quelconque soit électro-positif vis-à-vis de tous ceux qui le précèdent, et électro-négatif vis-à-vis de ceux qui le suivent dans la série linéaire. Deux corps ont une tendance d'autant plus grande à s'unir qu'ils sont plus éloignés l'un de l'autre dans la série.

§ 4. — LOIS CHIMIQUES.

a. Loi des volumes, ou de Gay-Lussac. — Pour étudier les lois suivant lesquelles les corps se combinent entre eux, nous allons *analyser* quelques corps composés, et les reconstituer ensuite par synthèse.

1° *Composition de l'eau.* — Lorsqu'on soumet ce corps à l'action d'un courant électrique, on le décompose en ses éléments. Pour faire l'expérience, on introduit dans un vase dont le fond est traversé par deux fils de platine (fig. 4) de l'eau légèrement salée (l'addition de sel a pour but de rendre l'eau meilleure conductrice de l'électricité). Les deux fils sont recouverts de deux petits tubes gradués remplis d'eau et mis en communication avec les deux pôles d'une pile. Aussitôt que le courant est établi, il se forme sur les fils de platine des bulles de gaz qui s'élèvent dans les cloches.

Le gaz qui se dégage au pôle négatif est combustible, très léger. On ne peut plus le décomposer de quelque façon qu'on le traite, c'est un élément auquel on a donné le nom d'hydrogène.

Le gaz qui se dégage au pôle positif active la combustion, c'est de l'oxygène dont nous avons déjà parlé.

Ainsi l'eau nous apparaît comme un corps composé d'hydrogène et d'oxygène. Si pendant la décomposition nous notons à un instant quelconque les volumes d'hydrogène et d'oxygène dégagés, nous voyons que le premier de ces corps occupe constamment un volume double de celui de l'oxygène ; l'eau est donc formée de 2 volumes d'hydrogène et de 1 volume d'oxygène.

Cette conclusion est-elle suffisamment prouvée par l'analyse de l'eau ? Un troisième élément, liquide, miscible à l'eau, ne pourrait-il faire partie de la composition de ce corps et avoir échappé à notre attention dans l'analyse ?

Pour prouver que l'eau, dans la composition de laquelle entrent l'oxygène et l'hydrogène, est exclusivement composée de ces deux éléments, on peut en faire la synthèse. L'appareil dont on se sert dans ce but porte le nom d'*eudiomètre* (fig. 5). L'eudiomètre le plus simple consiste en un tube de verre résistant, gradué et traversé à sa partie supérieure par deux fils de platine dont le extrémités intérieures sont très rapprochées l'une de l'autre. On remplit ce tube de mercure, on le renverse sur une cuve à mercure, puis on y fait arriver 2 volumes d'hydrogène et 1 volume d'oxygène et l'on provoque la combinaison en faisant écla-

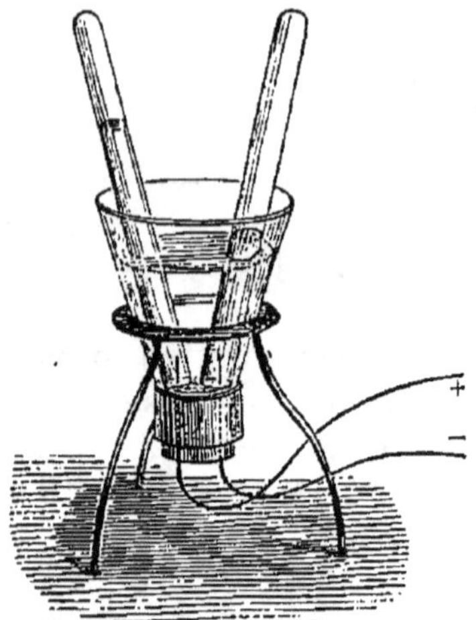

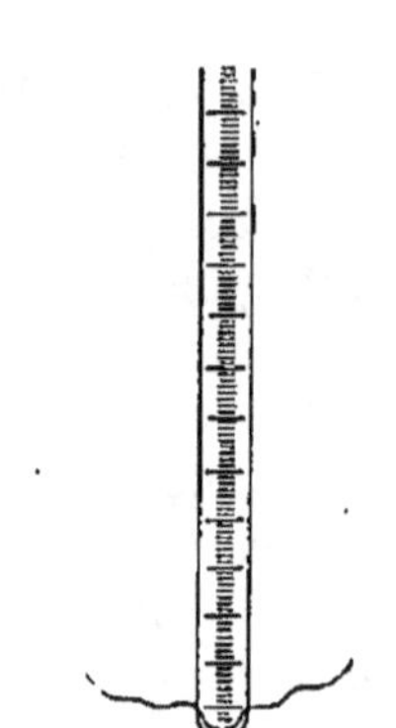

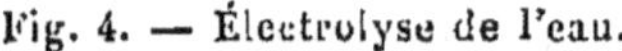

Fig. 4. — Électrolyse de l'eau.   Fig. 5. — Eudiomètre.

ter dans le mélange l'étincelle d'induction à l'aide des fils de platine qui traversent le tube. La combinaison a immédiatement lieu avec explosion. Le mercure monte dans le tube et le remplit totalement. Entre le mercure et la paroi de l'eudiomètre on aperçoit maintenant des gouttelettes d'eau. L'eau est donc formée à l'exclusion de tout autre élément d'hydrogène et d'oxygène.

Mais l'eau ne peut-elle pas exister en renfermant dans sa composition plus ou moins d'hydrogène que ne l'indiquent l'analyse et la synthèse que nous venons de faire ?

Pour résoudre ce nouveau problème, introduisons dans l'eudiomètre des volumes égaux d'hydrogène et d'oxygène. Nous constaterons, après la combinaison, que tout l'hydrogène a disparu, mais qu'il reste de l'oxygène et que pour 2 volumes d'hydrogène disparus il n'y a eu que 1 volume d'oxygène employé. Dans quelque rapport que nous fassions le mélange d'hydrogène et d'oxygène nous arriverons toujours au même résultat.

Nous sommes donc certains que l'eau est composée de 2 volumes d'hydrogène et de 1 volume d'oxygène, et nous voyons qu'il y a entre l'hydrogène et l'oxygène qui se combinent un rapport simple 2/1. Mais nous ignorons encore s'il n'existe pas aussi un rapport simple entre les volumes des composants et le volume du composé, l'eau.

Pour le voir, il faut comparer les volumes qu'occupent ces trois corps dans le même état, c'est-à-dire à l'état gazeux et pour cela opérer au-dessus de 100°.

Soit donc un eudiomètre qui, au lieu d'être placé sur la cuve à mercure, communique par un tube de caoutchouc avec un tube de verre terminé par un entonnoir en boule (fig. 6). Le tout étant

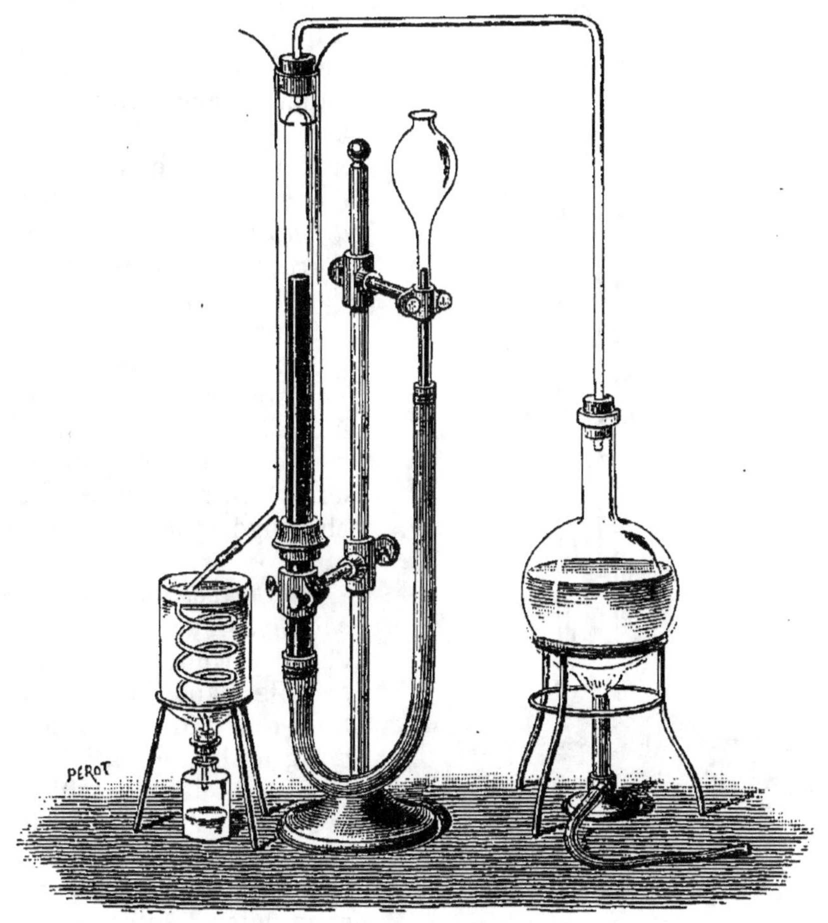

Fig. 6. — Appareil pour la synthèse de l'eau.

rempli de mercure, on introduit un mélange de 2 volumes d'hydrogène et de 1 volume d'oxygène par l'ouverture de l'entonnoir qu'on a préalablement retourné sur la cuve à mercure ; puis on redresse l'appareil et on entoure l'eudiomètre d'un manchon de verre dans lequel on fait circuler un courant de vapeur d'un corps qui bout au-dessus de 100°, l'alcool amylique par exemple. On pourra donc lire le volume gazeux à la température de l'expérience et à la pression atmosphérique en élevant ou en abaissant le tube à entonnoir jusqu'à ce que le niveau du mercure soit le même dans les deux branches. En faisant alors passer l'étincelle d'induction, la combinaison aura lieu; de la vapeur d'eau remplacera dans l'eudiomètre le mélange d'hydrogène et d'oxygène. En rétablissant l'égalité de niveau du mercure dans les deux tubes, on verra que le volume de la vapeur d'eau formée est égal aux 2/3 tiers du volume du mélange d'hydrogène et d'oxygène. *Deux volumes d'hydrogène et un volume d'oxygène donnent donc 2 volumes de vapeur d'eau.*

Nous nous sommes longuement étendus sur la démonstration de ce premier fait. Étudions plus sommairement la composition de deux autres corps, l'acide chlorhydrique et l'ammoniaque.

2º *Composition de l'acide chlorhydrique*. — L'acide chlorhydrique est un gaz très soluble dans l'eau. Sa solution, que l'industrie produit en grandes quantités, soumise à la décomposition par le courant électrique, donne deux gaz : l'un est de l'hydrogène que nous connaissons déjà; l'autre du chlore

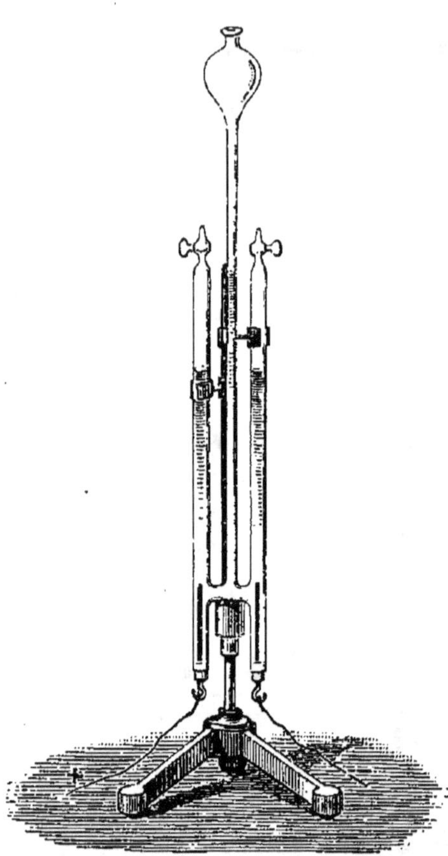

Fig. 7. — **Appareil pour l'électrolyse de l'acide chlorhydrique.**

reconnaissable à sa couleur jaune verdâtre et à son odeur. Il n'y a point d'oxygène, ce qui montre que l'eau n'a pas été décomposée. Ces deux gaz proviennent donc de la décomposition de l'acide chlorhydrique. Leur volume est le même dans les deux éprouvettes.

Cette décomposition de l'acide chlorhydrique demande quelques précautions par suite de la solubilité du chlore dans l'eau et de la facilité avec laquelle le chlore se combine avec l'hydrogène. L'opération se fait dans deux tubes droits communiquant vers leur partie inférieure par un tube horizontal (fig. 7). Sur celui-ci est soudé un autre tube vertical terminé par un entonnoir qui sert à l'introduction du liquide. Les extrémités inférieures donnent passage aux électrodes qui sont en charbon (le platine serait attaqué par le chlore). Les extrémités supérieures sont fermées par des robinets. Enfin un tampon d'amiante introduit dans le tube horizontal empêche le mélange trop rapide des solutions des deux tubes. L'appareil étant rempli de la solution chlorhydrique qui ne doit pas être trop concentrée et à laquelle on ajoute un peu de sel marin, on fait passer le courant en laissant ouverts les robinets. On sature ainsi la branche positive de chlore et on chasse les gaz en solution dans l'eau. Après quelques instants d'attente, on ferme les robinets et on observe la décomposition de l'acide chlorhydrique en volumes égaux de chlore et d'hydrogène.

Si, d'autre part, nous mélangeons volumes égaux d'hydrogène et de chlore, nous constaterons que la combinaison entre ces deux gaz se fait avec explosion sous l'influence des rayons lumineux, et lentement à la lumière diffuse. Le produit est de l'acide chlorhydrique; son volume est égal à la somme des volumes du chlore et de l'hydrogène. *Un volume de chlore et un volume d'hydrogène donnent donc deux volumes d'acide chlorhydrique.*

3° *Composition de l'ammoniaque.* — L'ammoniaque est un autre gaz soluble dans l'eau comme l'acide chlorhydrique et facilement reconnaissable à son odeur particulière. Décomposé dans le même appareil qui nous a servi à décomposer l'acide chlorhydrique par la pile, le gaz ammoniac fournit 3 volumes d'hydrogène au pôle négatif et 1 volume d'un gaz nouveau pour nous au pôle positif. Ce gaz est incombustible, éteint les corps en combustion, ne trouble pas l'eau de chaux ; c'est de l'azote. Il ne se recombine pas totalement avec l'hydrogène sous l'influence de l'étincelle d'induction pour former du gaz ammoniac. Mais on peut s'assurer que ce dernier gaz ne renferme pas autre chose que de l'azote et de l'hydrogène en le décomposant à l'état gazeux dans un eudiomètre par une série d'étincelles électriques. On voit alors 2 volumes de gaz ammoniac occuper 4 volumes qui a l'analyse donnent 3 volumes d'hydrogène et 1 volume d'azote.

Trois volumes d'hydrogène et un volume d'azote donnent donc deux volumes de gaz ammoniac.

Pour nous résumer, nous voyons que :

1 vol. d'hydrogène et 1 vol. de chlore donnent 2 vol. d'acide chlorhydrique.
2 — et 1 d'oxygène — 2 de vapeur d'eau.
3 — et 1 d'azote — 2 de gaz ammoniac.

4° *Lois.* — De ces faits nous pouvons tirer les conclusions suivantes :

1° *Il y a un rapport simple entre les volumes des gaz qui se combinent ;*

2° *Il y a un rapport simple entre la somme des volumes des gaz composants et le volume du gaz résultant de la combinaison.*

b. Loi des proportions définies. — Jusqu'à présent nous n'avons pas considéré les poids des corps qui entrent en combinaison. Or 1 volume d'hydrogène n'a pas le même poids que 1 volume de chlore ou 1 volume d'oxygène. Prenons comme unité de poids le poids de 1 litre d'hydrogène, par exemple. Nous choisissons ce gaz plutôt qu'un autre parce qu'il est le plus léger des corps connus. En pesant à la même température et à la même pression 1 litre de tous les corps gazeux que nous avons étudiés jusqu'à présent, nous verrons que ce volume d'hydrogène pèse $0^{gr},0896$ et, si nous prenons ce poids pour unité, que le même volume d'oxygène pèse 16 fois plus, l'azote 14 fois plus, le chlore, l'eau, l'acide chlorhydrique et l'ammoniaque respectivement 35,5, 9, 18,25 et 8,5 fois plus que l'hydrogène.

En remplaçant dans le tableau ci-dessus chaque volume des gaz que nous avons vu se combiner par son poids par rapport à l'hydrogène, nous aurons :

1 d'hydrogène	et 35,5	de chlore	donnent	36,5	d'acide chlorhydrique.		
2	—	et 16	d'oxygène	—	18	de vapeur d'eau.	
3	—	et 14	d'azote	—	17	d'ammoniaque.	

Or nous avons vu que le rapport en volume suivant lequel les gaz simples se combinent entre eux est toujours le même. Le rapport en poids sera donc également invariable. L'acide chlorhydrique par exemple est toujours composé d'hydrogène et de chlore dans le rapport de 1 à 35,5.

Les rapports en poids suivant lesquels les corps se combinent sont donc invariables pour chaque combinaison.

Cette loi est due aux travaux de Richter, de Wenzel et de Proust.

c. Loi des proportions multiples. — Mais l'observation nous apprend que deux corps peuvent par leur combinaison donner plusieurs composés différents. Pour chacun d'eux, les rapports en poids des composants sont invariables d'après la loi précédente. Il nous reste à chercher s'il n'y a pas une relation entre les composants dans les divers composés. L'étude des composés oxygénés de l'azote, par exemple, nous montre que :

NOMS des COMPOSANTS.	VOLUMES.	POIDS.		NOMS des COMPOSÉS.	VOLUMES.	POIDS.
Oxygène ...... Azote.........	1 2	16 28	donnent	Protoxyde d'a- zote.........	2	44
Oxygène ...... Azote.........	1 1	16 14	donnent	Bioxyde d'azo- te...........	2	30
Oxygène ...... Azote.........	3 2	48 28	donnent	Anhydride azo- teux.........	2	76
Oxygène ...... Azote.........	2 1	32 14	donnent	Anhydride hy- poazotique. .	2	46
Oxygène ...... Azote	5 2	80 28	donnent	Anhydride azo- tique	2	108

Ce tableau nous fait voir que ces cinq combinaisons renferment :

$$
\begin{aligned}
\text{La 1}^{\text{re}} \text{ pour } 14 \text{ d'azote,} \quad & 8 \text{ d'oxygène} = 1 \times 8. \\
\text{La 2}^{\text{e}} \quad - \quad 14 \quad - \quad & 16 \quad - \quad = 2 \times 8. \\
\text{La 3}^{\text{e}} \quad - \quad 14 \quad - \quad & 24 \quad - \quad = 3 \times 8. \\
\text{La 4}^{\text{e}} \quad - \quad 14 \quad - \quad & 32 \quad - \quad = 4 \times 8. \\
\text{La 5}^{\text{e}} \quad - \quad 14 \quad - \quad & 40 \quad - \quad = 5 \times 8.
\end{aligned}
$$

c'est-à-dire que dans ces différentes combinaisons le poids de l'azote restant constant, les poids de l'oxygène seront entre eux comme 1 : 2 : 3 : 4 : 5. C'est là la loi des proportions multiples qui est due à Dalton.

On l'énonce ainsi : *Lorsque deux corps, A et B, en s'unissant, peuvent former plusieurs combinaisons, la quantité du corps A restant constante, les quantités pondérales du corps B varieront suivant des rapports multiples très simples.*

d. Poids moléculaires. Poids atomiques. — Nous avons vu que, si 1 volume d'hydrogène, et, pour préciser, si 1 litre d'hydrogène pèse 1, 2 litres d'acide chlorhydrique, d'eau, d'ammoniaque, de protoxyde d'azote, de bioxyde d'azote, d'anhydride azoteux, d'anhydride hypoazotique et d'anhydride azotique, pèsent respectivement 36,5, 18, 17, 44, 30, 76, 46 et 108.

On a donné *le nom de poids moléculaire d'un corps composé au poids de deux volumes de ce corps par rapport au poids de 1 volume d'hydrogène pris pour unité.*

Sans nous préoccuper quant à présent de l'origine de ce mot

poids moléculaire, nous voyons qu'il représente la plus petite quantité d'un composé qui renferme un nombre entier de litres de chacun des composants qu'on puisse obtenir.

Un coup d'œil jeté sur les tableaux qui précèdent fait voir qu'il en est ainsi pour chacun des composés étudiés jusqu'ici. En appliquant à d'autres gaz la même règle (ne faire entrer en combinaison qu'un nombre entier de litres), qui seule permet de comparer les résultats obtenus, nous verrons que toujours la molécule occupe 2 volumes.

On appelle *poids atomique d'un corps simple la plus petite quantité de ce corps qui entre comme composante dans le poids moléculaire d'un composé, le poids de 1 volume d'hydrogène étant toujours l'unité.*

La lecture des tableaux des pages 17 et 19 fait voir que, le poids atomique de l'hydrogène étant 1, les poids atomiques du chlore, de l'oxygène et de l'azote seront 35,5 16 et 14.

Nous voyons aussi dans les mêmes tableaux que le poids moléculaire d'un composé est égal à la somme des poids atomiques des composants.

Tous les corps ne peuvent pas être amenés à l'état gazeux. Comment, dans ce cas, déterminera-t-on le poids atomique du composant et le poids moléculaire du composé? Prenons d'abord un corps simple fixe qui, en se combinant avec un gaz, donne un produit gazeux. Lorsqu'on brûle du charbon qu'on n'a pu obtenir à l'état gazeux dans de l'oxygène, on obtient, suivant les conditions dans lesquelles on opère, deux gaz; l'un, l'oxyde de carbone; l'autre, l'anhydride carbonique.

Si je fais passer sur du charbon rouge et en excès 1 volume d'oxygène, j'obtiens 2 volumes d'oxyde de carbone, gaz combustible et toxique. Pour le démontrer, faisons communiquer une éprouvette E (fig. 8) renfermant 1 volume d'oxygène avec un tube de porcelaine C contenant quelques fragments de charbon et dans lequel on a préalablement fait le vide à l'aide de la pompe à mercure qui sera décrite plus loin. L'éprouvette E est séparée du tube de porcelaine par un robinet A et mise en communication par en bas avec un tube recourbé terminé à sa partie supérieure par un entonnoir à boule G et muni à sa partie inférieure d'un robinet F. On peut grâce à cette disposition, en ajoutant du mercure ou en en laissant couler, amener l'égalité de niveaux dans l'éprouvette et dans le tube. Pour faire passer le gaz de l'éprouvette dans le tube de porcelaine qu'on chauffe sur une grille à gaz ou mieux au charbon, on ouvre doucement le robinet A. Le produit de la combustion se rend dans l'ampoule de la machine à mercure. Lorsque tout l'oxygène a passé sur le charbon, on refait passer le gaz dans l'éprouvette en soulevant la cuvette mobile de la pompe à mercure. Après le refroidissement du tube de porcelaine qui est légèrement incliné, on le remplit de mercure jusqu'au robinet en continuant à soulever la cuvette mobile de la pompe de manière à chasser tout le gaz qu'il renferme. On peut maintenant lire le nouveau volume gazeux à la pression atmosphérique, en établissant l'égalité des niveaux de mercure dans

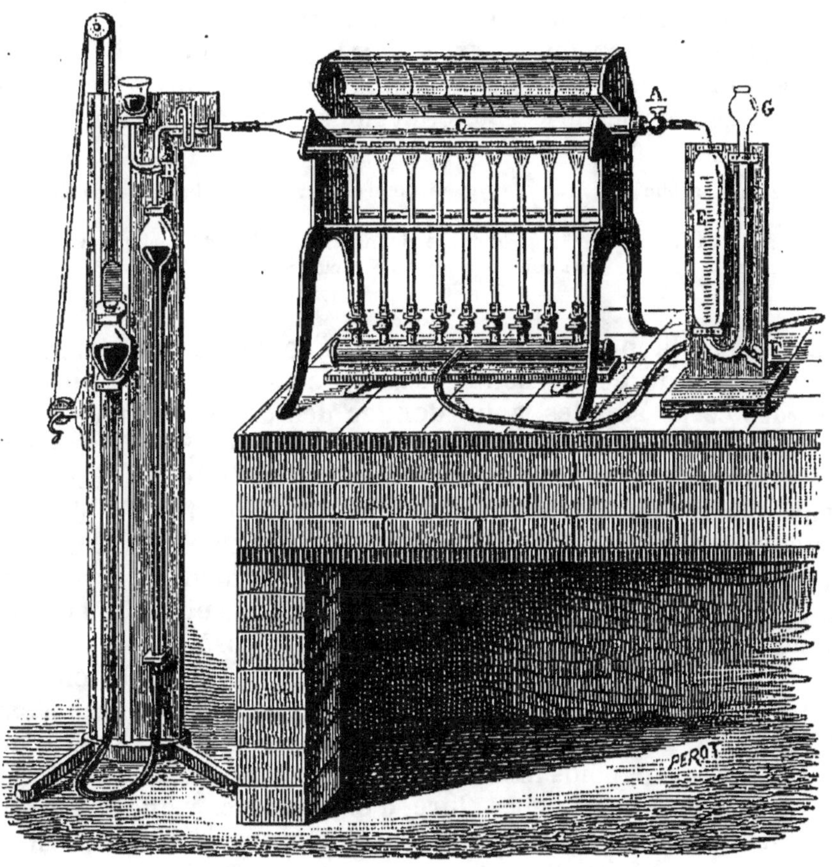

Fig. 8. — Détermination du poids atomique du carbone.

l'éprouvette et dans le tube, et l'on constate que 1 volume d'oxygène passant sur du charbon en excès donne sensiblement 2 volumes d'oxyde de carbone. Le poids de ces 2 volumes d'oxyde de carbone est 28. Celui du charbon que renferme l'oxyde de carbone sera donc 28 — 16 poids de l'oxygène, c'est-à-dire 12 ; mais nous ignorons si ce chiffre 12 est la plus petite quantité de charbon qui puisse se combiner avec 1 volume d'oxygène.

Pour éclaircir ce point, combinons l'oxyde de carbone avec une nouvelle quantité d'oxygène dans un eudiomètre. Nous verrons que 2 volumes d'oxyde de carbone se combinent avec 1 volume d'oxygène pour donner 2 volumes d'anhydride carbonique qui pèsent 44. Il en résulte que 2 volumes, ou en poids 44, d'acide carbonique renferment la même quantité de carbone que 2 volumes d'oxyde de carbone: 12 représente donc la plus petite quantité de carbone qui entre en combinaison avec un nombre entier de litres d'oxygène, c'est-à-dire le poids atomique du charbon; 44 et 28 seront les poids moléculaires de l'anhydride carbonique et de l'oxyde de carbone, et nous pourrons écrire :

$$12 \text{ de carbone} \;+\; 16 \text{ d'oxygène donnent } 28 \text{ d'oxyde de carbone.}$$
$$\text{ou 1 vol.} \qquad\qquad \text{ou 2 vol.}$$
$$12 \text{ de carbone} \;+\; 32 \text{ d'oxygène donnent } 44 \text{ d'acide carbonique.}$$
$$\text{ou 2 vol.} \qquad\qquad \text{ou 2 vol.}$$

Cet exemple nous fait voir aussi que les corps composés comme l'oxyde de carbone peuvent eux-mêmes se combiner avec des corps simples pour donner des composés plus complexes. Dans ce cas 2 volumes du composé, c'est-à-dire une quantité égale à son poids moléculaire, entrent en réaction. Nous aurions pu, il est vrai, combiner 1 litre d'oxyde de carbone avec un demi-litre d'oxygène, mais alors ce litre d'oxyde de carbone n'aurait renfermé qu'un demi-litre d'oxygène, ce qui est contraire à la règle que nous avons suivie, à la commune mesure que nous nous sommes imposée.

L'oxyde de carbone se combine également avec le chlore : 2 litres d'oxyde de carbone $+$ 2 litres de chlore $=$ 2 litres d'oxychlorure de carbone. Le poids de ces 2 volumes d'oxychlorure de carbone est le poids moléculaire de ce composé, quoique nous puissions aussi faire agir 1 litre d'oxyde de carbone sur 1 litre de chlore et obtenir ainsi 1 litre d'oxychlorure de carbone. Mais, en décomposant ce litre d'oxychlorure de carbone, nous n'y trouverions qu'un demi-litre d'oxygène. Le poids d'un litre d'oxychlorure de carbone ne représente donc pas son poids moléculaire.

Ainsi, lorsqu'un corps ne peut être amené à l'état gazeux, qu'il est fixe, mais qu'il peut se combiner avec des gaz pour donner des produits gazeux, son poids atomique s'obtient en déterminant le poids de ce corps, qui s'unit avec au moins un litre de chacun des corps.

Nous avons dit, pour le cas où composants et composé sont gazeux, que le poids moléculaire représente la plus petite quantité d'un composé qui renferme un nombre entier de litres de chacun des composants, qu'on puisse obtenir.

D'après tout ce qui précède on voit que, d'une manière plus générale, le poids moléculaire représente la plus petite quantité d'un composé qui renferme un nombre entier de fois le poids atomique de chaque composant et qui, si ce composé peut se combiner avec d'autres corps simples ou composés, s'unisse à des quantités telles de ces corps, que le nouveau composé formé renferme lui-même un nombre entier de fois et le plus petit possible le poids atomique de chaque composant.

Nous avons vu que le poids de 2 volumes de tous les corps étudiés jusqu'à présent répond à ces conditions, c'est-à-dire qu'il constitue le poids moléculaire. Il en est de même de tous les autres composés volatils.

Comme dernier exemple considérons un composé de charbon et d'hydrogène qui porte le nom d'éthylène et qu'on trouve parmi les gaz de l'éclairage. Deux volumes de ce corps pèsent 28 et renferment en poids 4 d'hydrogène et 24 de charbon. L'éthylène, d'autre part, se combine avec le chlore et avec l'acide chlorhydrique. La composition de ces composés en volume et en poids peut s'écrire indifféremment :

(1) Charbon   24 + Hydrogène   4 = 28   d'éthylène.
                                  4 vol.   2 vol.

(2) Éthylène 28 + Chlore $2 \times 35,5$ = 99   de chlorure d'éthylène.
     2 vol.   2 vol.   2 vol.

(3) Éthylène 28 + Acide chlorhydrique 36,5   = 64,5   de chlorhydrate d'éthylène.
     2 vol.   2 vol.   2 vol.

ou :

(4) Charbon   12 + Hydrogène   2   = 14   d'éthylène.
     1 vol.   2 vol.   1 vol.

(5) Éthylène 14 + Chlore   35,5   = 49,5   de chlorure d'éthylène.
     1 vol.   1 vol.   1 vol.

(6) Éthylène 14 + Acide chlorhydrique 18,25 =   32,25 de chlorhydrate d'éthylène
                                  1 vol.   1 vol.

Le poids moléculaire de l'éthylène est-il 14 ou 28 ? Pour nous fixer, il nous suffit de remarquer qu'en (6) 14 d'éthylène se combine avec 1 volume d'acide chlorhydrique. Or un volume d'acide chlorhydrique ne renferme qu'un demi-volume ou en poids 17,75 c'est-à-dire la moitié du poids atomique du chlore. Il en résulte qu'un volume de chlorhydrate d'éthylène ne renfermera que la moitié du poids atomique du chlore. Ce n'est donc pas 32,25, mais 64,5 qui est le poids moléculaire du chlorhydrate d'éthylène, et par suite c'est 28 qui est le poids moléculaire de l'éthylène et ce poids occupe 2 volumes. De même le poids moléculaire du chlorure d'éthylène et celui du chorhydrate d'éthylène occupent 2 volumes.

e. Détermination des poids atomiques. Loi des chaleurs spécifiques. — Lorsqu'un élément n'entre dans aucun composé volatil, on ne pourrait se baser, pour déterminer son poids atomique, que sur des analogies, sans une autre loi dont il nous reste à parler : la loi des chaleurs spécifiques.

On sait que la chaleur spécifique d'un corps est la quantité de chaleur qu'il faut pour élever de 1 degré la température d'un kilogramme de ce corps. On prend pour unité des chaleurs spécifiques la quantité de chaleur qu'il faut pour élever la température d'un kilogramme d'eau de 0 à 1° (*calorie*). Les différents corps simples ont des chaleurs spécifiques très différentes.

Dulong et Petit découvrirent en 1820 *que les chaleurs spécifiques des corps simples sont en raison inverse de leurs poids atomiques*. Cette loi est connue sous le nom de *loi des chaleurs spécifiques*.

Il résulte de cette loi que, si l'on prenait des poids des différents corps simples proportionnels à leurs poids atomiques, il faudrait, pour élever leur température de 1 degré, sensiblement la même quantité de chaleur. Cette *chaleur atomique* s'obtient en faisant le produit du poids atomique d'un élément par sa chaleur spécifique. Le tableau suivant nous montre qu'on obtient ainsi un chiffre sensiblement constant : 6,4 en moyenne.

NOMS des CORPS SIMPLES.	POIDS ATOMIQUES.	CHALEURS SPÉCIFIQUES.	PRODUITS des POIDS ATOMIQUES par LES CHALEURS SPÉCIFIQUES.
Argent	108	0,0570	6.16
Aluminium	27,5	0,2143	5,89
Antimoine	122	0,0523	6,38
Bismuth	210	0,0305	6,41
Brome	80	0,0843	6,74
Cuivre	63,5	0,0952	6,04
Fer	56	0.1138	6,37
Iode	127	0,0541	6,87
Lithium	7	0,9408	6,59
Mercure	200	0,0319	6,38
Or	197	0,0321	6,38
Zinc	65,2	0,0956	6,23

En désignant par P le poids atomique, par C la chaleur spécifique d'un corps, nous aurons :

$$P \times C = 6,4; \qquad \text{d'où} : \quad P = \frac{6,4}{C}.$$

On obtient donc le poids atomique d'un corps en divisant par sa chaleur spécifique la constante 6,4.

Ainsi l'argent et l'or donnent chacun un composé oxygéné dont l'un renferme pour 16 d'oxygène 216 d'argent et l'autre pour 16 d'oxygène 131,6 d'or. Ces chiffres 216 et 131,6 représentent-ils les poids atomiques de l'argent et de l'or, un multiple ou une fraction de ces poids atomiques? C'est ce que nous ignorons.

Mais si je multiplie 216 par la chaleur spécifique de l'argent qui est 0,0570, j'obtiens pour produit 12,3 au lieu de 6,4. Ce chiffre 216 doit donc être dédoublé et le poids atomique de l'argent est 108. On verrait de même que le poids atomique de l'or est égal au 3/2 de 131,6 soit à 197. L'oxyde d'argent et l'oxyde d'or sont donc composés, le premier d'une fois le poids atomique de l'oxygène et de deux fois le poids atomique de l'argent; le second de trois fois le poids atomique de l'oxygène et de deux fois le poids atomique de l'or.

f. Poids moléculaires des corps simples. — Nous avons vu que l'on obtient le poids moléculaire d'un corps composé gazeux ou volatil en prenant le poids de 2 volumes du gaz ou de la vapeur par rapport à 1 volume d'hydrogène.

Etant donné le poids moléculaire d'un corps gazeux, il est facile de trouver sa densité par rapport à l'air. L'air pèse en effet 14,44 fois plus que l'hydrogène. Deux litres d'air pèseront donc 28,88 fois plus qu'un litre d'hydrogène. Pour avoir la densité d'un gaz ou d'une vapeur par rapport à l'air, c'est-à-dire le rapport du poids de 2 volumes de ce gaz ou de cette vapeur à 2 volumes d'air, il faudra donc diviser le poids de la molécule par 28,88. Inversement, étant donnée la densité d'un gaz ou d'une vapeur par rapport à l'air, il suffit de multiplier cette densité par 28,88 pour en avoir le poids moléculaire.

Jusqu'à présent nous n'avons considéré que les poids moléculaires des corps composés. Or si l'on fait agir sur l'oxygène des décharges électriques, surtout des décharges obscures, on voit l'oxygène diminuer de volume. Trois volumes d'oxygène subissent une condensation en 2 volumes en passant à l'état d'*ozone*, et cet ozone a des propriétés toutes différentes de celles de l'oxygène. Deux volumes de cet ozone pèseront donc autant que 3 volumes d'oxygène, et pourtant l'ozone n'est formé que d'oxygène. C'est un état allotropique (1) de l'oxygène, une véritable combinaison d'oxygène avec de l'oxygène.

On a donc été amené à considérer également les poids moléculaires des corps simples, c'est-à-dire le poids de 2 volumés de ce corps simple par rapport au poids de 1 volume d'hydrogène. En général, le poids moléculaire des corps simples est égal au double du poids atomique. Nous avons vu, en effet, que, pour l'oxygène, l'azote, le chlore, le poids d'un volume par rapport à l'hydrogène est précisément le poids atomique de ces gaz. Le poids moléculaire de l'ozone est le triple du poids atomique de l'oxygène ; celui du phosphore, de l'arsenic, de l'antimoine, le quadruple du poids atomique de chacun de ces éléments ; enfin pour le mercure le poids moléculaire est égal au poids atomique.

g. Dissociation. — Nous avons vu que la chaleur détermine aussi bien les combinaisons que les décompositions. On conçoit par suite facilement que si, à une certaine température, l'action de la chaleur détermine la combinaison de deux corps A et B, et d'autre part la décomposition du composé AB tout formé, cette combinaison et cette décomposition seront incomplètes à cette température. Il s'établira un équilibre entre les composants et le composé à partir du moment où, pendant un temps donné, la quantité de matière qui se décompose est égale à celle qui se forme. La décomposition de certains corps sous l'influence de la chaleur est donc limitée en présence des produits de la décomposition. Ainsi le marbre ou carbonate de calcium, lorsqu'on le chauffe, se décompose totalement en anhydride carbonique et en chaux, corps composé lui-même d'un métal, le calcium, et d'oxygène. Mais si l'on empêche l'anhydride carbonique de se dégager en chauffant le marbre dans un vase clos en communication avec un manomètre, on voit que la décomposition s'arrête à 860° quand la pression de l'anhydride carbonique est de 85 millimètres, à 1040° quand la pression de ce gaz est de 520 millimètres.

En effet à cette même température de 1040° la chaux s'unit à l'anhydride carbonique pour reformer du carbonate de calcium si la pression de ce gaz est supérieur à 520^{mm}. La décomposition du carbonate de calcium est donc limitée à chaque température par la combinaison des composants.

C'est à ce phénomène que H. Sainte-Claire Deville, qui l'a découvert, a donné le nom de *dissociation*. On appelle *tension de*

______

(1) Allotropie (de ἀλλότροπος de qualité différente), mot par lequel Berzelius a désigné les états différents que présentent certains corps simples.

dissociation d'un composé la pression maximum que peuvent atteindre, à une température donnée, les produits de décomposition en présence du composé.

La dissociation est comparable au passage d'un corps de l'état liquide à l'état de vapeur, lorsque cette vapeur reste au contact d'un excès du liquide générateur. Dans ce cas, on ne peut faire varier la force élastique de la vapeur, à une température donnée, soit en augmentant, soit en diminuant son volume.

La dissociation d'un composé gazeux est accompagnée d'une augmentation de volume, toutes les fois que ce composé s'est formé avec contraction. Il est donc important, lorsqu'on prend une densité de vapeur et qu'on veut en déduire le volume occupé par le poids moléculaire d'un corps, de n'opérer que sur une vapeur non dissociée. Or, pour savoir si une vapeur ou un gaz est un simple mélange ou une combinaison, on ne peut avoir recours à aucune réaction chimique. La loi suivante, à laquelle obéissent les phénomènes de dissociation, permet de distinguer facilement une vapeur non dissociée d'une vapeur dissociée, c'est-à-dire d'un mélange :

Lorsque deux corps gazeux donnent par leur combinaison un composé dissociable, la combinaison n'a lieu que lorsque la somme des tensions des composants est supérieure à la tension de dissociation du composé à la température où l'on opère, quelle que soit d'ailleurs la tension propre à chacun d'eux (R. Engel et A. Moitessier).

Il résulte de cette loi que, si l'on met un corps dissociable en présence d'un seul des produits de sa dissociation à une tension supérieure à la tension de dissociation à la température où l'on opère, la dissociation n'a plus lieu. Si, en effet, elle avait lieu, la somme des tensions des composants serait nécessairement supérieure à la tension de dissociation, puisque la tension d'un seul des composants est déjà plus grande. Donc, d'après la loi donnée, les produits de décomposition se combineraient ; donc la décomposition ne pourra avoir lieu. Deux cas peuvent se présenter alors : ou le composé dissociable est volatil et on pourra déterminer la véritable densité de vapeur, ou lè corps qui se dissocie n'est pas volatil et on aura prouvé que sa prétendue vapeur n'existe pas, qu'elle constitue un simple mélange gazeux.

TABLEAU :

Poids atomiques des éléments.

NOMS DES ÉLÉMENTS.	Symboles	POIDS atomiques.	NOMS DES ÉLÉMENTS.	Symboles.	POIDS atomiques.
Aluminium	Al.	27,5	Manganèse	Mn.	55
Antimoine	Sb.	122	Mercure	Hg.	200
Argent	Ag.	108	Molybdène	Mo.	92
Arsenic	As.	75	Nickel	Ni.	59
Azote	Az.	14	Niobium	Nb.	94
Baryum	Ba.	137	Or	Au.	197
Bismuth	Bi.	210	Osmium	Os.	199
Bore	Bo.	11	Oxygène	O.	16
Brome	Br.	80	Palladium	Pd.	106,6
Cadmium	Cd.	112	Phosphore	Ph.	31
Calcium	Ca.	40	Platine	Pt.	197,5
Carbone	C.	12	Plomb	Pb.	207
Cérium	Ce.	92	Potassium	K.	39,1
Césium	Cs.	138	Rhodium	Rh.	104,4
Chlore	Cl.	35,5	Rubidium	Rb.	85,4
Chrome	Cr.	52	Ruthénium	Ru.	104,4
Cobalt	Co.	59	Sélénium	Se.	79,5
Cuivre	Cu.	63,5	Silicium	Si.	28
Didymium	D.	146,5	Sodium	Na.	23
Erbium	E.	112,6	Soufre	S.	32
Étain	Sn.	118	Strontium	Sr.	87,5
Fer	Fe	56	Tantale	Ta.	182
Fluor	Fl.	19	Tellure	Te.	128
Gallium	G.	69,8	Thallium	Tl.	204
Glucinium	Gl.	9,4	Thorium	Th.	231
Hydrogène	H.	1	Titane	Ti.	50
Iode	I.	127	Tungstène	W.	184
Indium	In.	113,4	Uranium	Ur.	240
Iridium	Ir.	198	Vanadium	V.	51,3
Lanthane	La.	139	Yttrium	Y.	61,4
Lithium	Li.	7	Zinc	Zn.	65,2
Magnésium	Mg.	24	Zirconium	Zr.	89,6

§ 5. — NOTATION. — RADICAUX. — VALENCE.

a. Métalloïdes et métaux. — Dans le tableau ci-dessus se trouvent les noms et les poids atomiques des corps simples actuellement connus. On a divisé ces corps simples en *métalloïdes* et en *métaux*. Ceux-ci sont opaques et jouissent d'un éclat particulier, dit *métallique*. Ils sont bons conducteurs de la chaleur et de l'électricité. Leur densité est en général très forte. Les métalloïdes, au contraire, n'ont pas l'éclat métallique, conduisent mal le calorique et l'électricité et ont une densité relativement faible. Enfin, dans les composés que les métaux forment en s'unissant aux métalloïdes, les premiers de ces corps sont toujours électropositifs, les seconds électro-négatifs. Toutefois, la limite de séparation de ces deux classes d'éléments est difficile à tracer.

b. Notation. — Pour abréger l'écriture de tous ces corps et, en même temps, exprimer leur composition, on a adopté une notation écrite.

Les corps simples sont désignés par un symbole qui représente en même temps le poids atomique du corps. Ces symboles sont des lettres, habituellement la première du nom de l'élément. On y joint souvent une lettre qui se trouve dans le corps du mot lorsqu'il y a plusieurs éléments dont le nom commence par la même lettre. Quelques-uns de ces symboles sont tirés d'un mot latin ; ce sont ceux de l'étain (stannum) Sn, de l'antimoine (stibium) Sb, du mercure (hydrargyrum) Hg, du sodium (natrium) Na, du potassium (kalium) K. Le symbole du tungstène W provient du mot allemand *Wolfram*.

On représente les corps composés en écrivant l'un à côté de l'autre les symboles des corps simples composants. Ainsi l'acide chlorhydrique, formé de 1 d'hydrogène et de 35,5 (poids atomique) du chlore, s'écrira HCl. Lorsque le poids atomique de l'un des composants entre un certain nombre de fois dans le composé, on indique ce nombre par un chiffre qu'on met au-dessus du symbole de l'élément. Ainsi on écrira l'eau H^2O ; l'ammoniadrique AzH^3. HCl, H^2O, AzH^3 sont les *formules* de l'acide chlorhyque, de l'eau et de l'ammoniaque.

Dans le tableau ci-contre (p. 30) on trouvera la composition en poids, la composition en volume et la formule de quelques composés dont nous avons déjà parlé et de plusieurs corps nouveaux pour nous.

Ce tableau nous montre que la formule d'un composé indique :

1º Les éléments qui entrent dans le composé ;

2º Les rapports en volume suivant lesquels les corps se combinent quand ils sont gazeux ;

3º Le volume du composé à l'état gazeux ;

4º Les rapports en poids suivant lesquels les corps se combinent ;

5º Le poids moléculaire du composé qui est égal à la somme des poids atomiques des composants ;

6º Enfin la densité par rapport à l'hydrogène, et par suite par rapport à l'air, du composé.

Pour rendre compte rapidement des réactions, on a recours à des *équations*. Dans le premier membre se trouvent les symboles ou les formules des corps qui réagissent l'un sur l'autre, dans le second ceux des produits de la réaction. Le second membre de l'équation doit contenir tous les poids atomiques qui se trou-

COMPOSANTS.						COMPOSÉ.			NOTATION.
NOMS.	VOL.	POIDS.	NOMS.	VOL.	POIDS.	NOMS.	VOL.	POIDS.	
Hydrogène........	1	1	Chlore........... .	1	35,5	Acide chlorhydrique.........	2	36,5	HCl
Hydrogène........	1	1	Brome........... ..	1	80	Acide bromhydrique...... .		81	HBr
Hydrogène........	1	1	Iode.............	1	127	Acide iodhydrique..........	2	128	HI
Hydrogène........	2	2	Oxygène..........	1	16	Eau....................	2	18	H^2O
Hydrogène........	2	2	Soufre	1	32	Hydrogène sulfuré..........	2	34	H^2S
Chlore........... .	2	71	Oxygène	1	16	Anhydride hypochloreux.....	2	87	Cl^2O
Chlore........... .	2	71	Oxygène	3	48	Anhydride chloreux.........	2 (1)	119	Cl^2O^3
Charbon.........		12	Oxygène	1	16	Oxyde de carbone..........	2	28	CO
Charbon.........		12	Oxygène	2	32	Anhydride carbonique.......	2	44	CO^2
Oxyde de carbone..	2	28	Chlore...........	2	71	Oxychlorure de carbone.....	2	99	$COCl^2$
Charbon.........		12	Hydrogène........	4	4	Gaz des marais,............	2	16	CH^4

(1) Et non 3 volumes comme l'indiquent les ouvrages les plus modernes de chimie.

vent dans le premier et en même nombre. On exprimera ainsi qu'il suit quelques-unes des réactions contenues dans le tableau ci-dessus :

$$H + Cl = HCl$$
$$H^2 + O = H^2O$$
$$CO + Cl^2 = COCl^2 \text{ etc.}$$

c. Valence. Radicaux. — L'examen des formules des composés étudiés jusqu'ici nous mène à une dernière considération. On voit que certains éléments, le chlore, le brome, l'iode s'unissent à 1 d'hydrogène; l'oxygène, le soufre à 2; l'azote à 3, le carbone à 4.

Le chlore, le brome, l'iode *s'équivalent* donc par rapport à 1 d'hydrogène. Si je traite 2 volumes d'acide iodhydrique par 1 volume de chlore, il se forme 2 volumes d'acide chlorhydrique et 1 volume d'iode est mis en liberté d'après l'équation :

	HI	+	Cl	=	HCl	+	I
Volumes.	2		1		2		
Poids...	128		35,5		36,5		127
Noms...	Acide iodhydrique.		Chlore.		Acide chlorhydrique.		Iode.

L'oxygène, le soufre s'équivalent par rapport à 2 d'hydrogène. L'expérience nous apprend que le chlore, de même qu'il s'empare de l'hydrogène de l'acide chlorhydrique, décompose l'eau en s'unissant à son hydrogène et en mettant l'oxygène en liberté. Mais, pour décomposer 2 volumes de vapeur d'eau, il nous faut 2 volumes de chlore :

	H²O	+	Cl²	=	2HCl	+	O
Volumes.	2		2		4		1
Poids...	18		71		2×36,5		16
Noms...	Eau.		Chlore.		Acide chlorhydrique.		Oxygène.

16 d'oxygène et 2 fois 35,5 de chlore s'équivalent donc par rapport à 2 d'hydrogène ou 8 d'oxygène et 35,5 de chlore par rapport à 1 d'hydrogène.

On le voit, le poids atomique d'un élément ne déplace pas toujours dans les doubles décompositions le poids atomique d'un autre élément. Le chlore, le brome, l'hydrogène sont dits éléments *monovalents*; l'oxygène est *bivalent*, l'azote *trivalent*, etc.

Les formules que nous avons données des corps composés seront tout à fait complètes, lorsque nous aurons indiqué la *valence* des éléments qui y entrent. On l'exprime en surmontant le symbole d'une, de deux, de trois apostrophes, suivant que l'élément représenté par ce symbole est mono, bi ou trivalent. Lorsque la valence d'un élément est supérieure à trois, on remplace pour plus de facilité, dans la lecture, les apostrophes par des chiffres romains.

$$\text{Ex. :} \qquad 2H' + O'' = H^2O''$$
$$2H'I' + O'' = H^2O'' + 2I'$$

Cette dernière équation nous fait voir que, s'il faut 2 fois le poids atomique du chlore pour déplacer 16 d'oxygène comme nous l'avons vu, réciproquement 16 d'oxygène bivalent déplacent 2 fois 127 d'iode monovalent.

Les formules ainsi complétées indiquent donc l'équivalence exacte des éléments, c'est-à-dire les rapports en poids suivant lesquels ils se substituent les uns aux autres dans les composés.

La valence n'est pas une valeur invariable. Dans presque tous les composés l'iode est monovalent, quelquefois il est trivalent. En général on n'indique la valence d'un élément dans les formules que lorsque cet élément n'a pas sa valence habituelle.

Si 2 fois 35,5 de chlore déplacent 2 d'hydrogène dans l'eau, on peut concevoir que 35,5 de chlore ne déplacent que 1 d'hydrogène, et on aurait alors un corps HOCl qui serait de l'eau HOH dont 1 d'hydrogène aurait été remplacé par du chlore et dans lequel la bivalence de l'oxygène serait satisfaite par de l'hydrogène et par du chlore monovalents chacun. Le groupement d'éléments (OH) dans lequel la moitié de la valence de l'oxygène est satisfaite est donc monovalent.

On donne le nom de *radicaux* à des groupements d'éléments possédant une valence comme les éléments et pouvant passer par double décomposition d'un composé dans un autre à la manière des corps simples. Le séquations suivantes nous font voir comment le groupement (OH)', auquel on a donné le nom d'oxhydryle, se porte d'un composé dans un autre.

$$H'(OH)' + K = K'(OH)' + H'$$

Eau.   Potassium.   Potasse.

$$K'(OH)' + H'Cl' = K'Cl' + H'(OH)'$$

Potasse.   Acide chlorhydrique   Chlorure de potassium.   Eau.

lant que bivalent, il reste au carbone tétravalent deux valences non satisfaites dans le poids moléculaire $(C^{iv}O')''$. Aussi CO peut-il se combiner avec 16 d'oxygène bivalent, ou avec 2 fois 35,5 de chlore monovalent ainsi que nous l'avons déjà vu :

$$(C^{iv}O'')'' \quad + \quad O'' \quad = \quad C^{iv}O''O''$$

Oxyde de carbone. — Oxygène. — Anhydride carbonique.

$$(C^{iv}O'')'' \quad + \quad 2Cl' \quad = \quad C^{iv}O''Cl'^2$$

Oxyde de carbone. — Chlore. — Oxychlorure de carbone.

La plupart des radicaux n'existent pas à l'état de liberté. On donne tout de même, pour faciliter la nomenclature, des noms à ces groupements d'éléments qu'on trouve dans une foule de composés et qui se comportent comme des corps simples.

On figure souvent dans les formules la valence des éléments par des traits unissant les éléments au lieu d'apostrophes ou de chiffres romains.

Ainsi on écrira :

$$(C=O)'' \qquad O=C=O \qquad O=C{<}^{Cl}_{Cl}$$

Oxyde de carbone. — Anhydride carbonique. — Oxychlorure de carbone.

Cette notation, employée pour la première fois par Würtz, est fréquemment usitée aujourd'hui.

§ 6. — CONSTITUTION DE LA MATIÈRE.

Nous ne nous sommes appuyés sur aucune hypothèse dans toutes les démonstrations faites jusqu'ici. La notation dite atomique est donc indépendante de toute idée philosophique sur la constitution de la matière. Elle est la conséquence des faits, l'expression des lois chimiques.

Dans ce chapitre, nous développerons les idées modernes sur la constitution de la matière ; idées fécondes qui rendent compte de tous les faits déjà si nombreux que nous avons passés en revue. Mais ce chapitre est indépendant du reste de l'ouvrage. Nous ne lui emprunterons que deux ou trois mots qui facilitent le langage.

Hypothèse sur la constitution de la matière. — Les corps ne sont pas formés d'une matière continue à elle-même, mais bien de petites masses placées à une certaine distance les unes des autres et exécutant des mouvements dans les espaces qui les séparent comme le font les astres dans l'univers. Supposons en effet la matière continue et considérons un gaz. Nous savons que la diminution de volume qu'éprouve un gaz pour un abaissement de température de 1° est de $\frac{1}{273}$ de son volume à zéro. A — 273° (zéro absolu), le volume dû sera rigoureusement nul ; il n'y a, en effet, aucune raison, si la matière peut augmenter ou diminuer de volume sans cesser d'être continue, pour qu'il y ait une limite à la contraction d'un gaz par refroidissement. On est donc amené à la négation de la matière.

Au contraire, dans l'hypothèse faite, la contraction et la dilatation des corps s'expliquent facilement par l'augmentation ou la diminution des espaces qui séparent les particules de matière. Des attractions et des répulsions s'exercent entre ces particules. On a donné le nom de *molécules* à ces particules de matière ; la *cohésion* est la force qui unit les molécules entre elles pour former les corps. En réalité, la cohésion n'est pas une force, mais seulement un mot par lequel on exprime une propriété de la matière.

Mais ces molécules ne sont pas la plus petite quantité de matière dont on conçoit l'existence. Considérons, par exemple, l'oxyde de mercure dont nous avons déjà parlé. Nous savons que, sous l'influence de la chaleur, ce corps donne naissance à deux nouvelles substances : le mercure et l'oxygène. Dans la plus petite partie d'oxyde de mercure que nous puissions concevoir, autrement dit dans la molécule d'oxyde de mercure, il y aura nécessairement encore de l'oxygène et du mercure, c'est-à-dire deux petites masses différentes. Ces masses, qui constituent la molécule elle-même, portent le nom d'*atomes* (de α privatif et τέμνω, je coupe). Elles sont indivisibles. On exprime par le mot *affinité* la propriété qu'ont les atomes de s'unir entre eux pour former des molécules.

En généralisant cette manière de concevoir la constitution des corps, on est amené à considérer les molécules des corps simples comme formées également par la juxtaposition d'atomes, seulement d'atomes de même nature.

Ainsi, en résumé, les corps, qu'ils soient simples ou composés, sont formés par la juxtaposition de molécules qui, elles-mêmes, sont constituées par l'union d'atomes. L'atome de chaque matière a un poids déterminé, et la combinaison chimique résulte de la juxtaposition des atomes.

1° *Cette hypothèse rend compte des phénomènes physiques.* — Nous avons déjà vu que la dilatation et la contraction des corps s'expliquent facilement dans cette hypothèse par l'augmentation ou la diminution des espaces qui séparent les molécules. On comprend également ce fait que les gaz parfaits se compriment moins que ne l'indique la loi de Mariotte pour de fortes pressions, et que leur compressibilité tend vers une limite qu'elle ne peut dépasser. Cette limite théorique est le contact des molécules.

Nous savons aussi que les gaz ont sensiblement même coefficient de dilatation, qu'ils diminuent sensiblement d'une même quantité sous l'influence d'un égal accroissement de pression. Ces faits aussi s'expliquent aisément. Si on prend 1 centimètre cube d'eau à 4° et qu'on le fasse passer à l'état de vapeur, le volume de cette eau sera environ

1700 fois plus grand. Admettons que dans l'eau à 4° les molécules soient arrivées au contact, dans la vapeur d'eau ces molécules sont séparées par des intervalles 1700 fois plus grands que les molécules elles-mêmes. On voit donc que dans les gaz les espaces intermoléculaires sont tellement grands par rapport au volume des molécules qu'on peut les considérer comme égaux dans les différents gaz, ce qui revient à dire *que volumes égaux de gaz renferment même nombre de molécules* (loi d'Avogadro et d'Ampère). On conçoit donc que la dilatation des différents gaz et leur compressibibilité soient les mêmes.

2° *Cette hypothèse rend compte des lois chimiques.* — Supposons, par exemple, qu'un atome d'argent pèse 108 fois et un atome de chlore 35,5 fois autant qu'un atome d'hydrogène. Si cet atome de chlore s'unit d'une part à un atome d'argent, d'autre part à un atome d'hydrogène, n'est-il pas évident qu'il faudra un poids d'argent 108 fois supérieur à celui d'hydrogène pour saturer la même quantité de chlore? Maintenant, que l'on unisse un atome d'hydrogène et un atome de chlore ou n atomes de ces deux corps, les rapports en poids ne changeront pas, et il faudra toujours 35,5 fois plus de chlore que d'hydrogène pour avoir, par l'union de ces deux corps, une combinaison définie. C'est la loi des proportions définies.

La loi des proportions multiples se déduit aussi de cette hypothèse. En effet, si les combinaisons résultent de la juxtaposition des atomes, il est évident que l'atome d'un corps ne pourra se combiner qu'avec 1, 2, 3, 4, etc., c'est-à-dire avec un nombre entier d'atomes d'un autre corps.

Ce que nous avons appelé jusqu'à présent poids atomique et poids moléculaire n'est autre chose que le poids de l'atome et celui de la molécule, et l'on conçoit aisément que le poids moléculaire occupe toujours deux volumes, puisque volumes égaux de gaz renferment même nombre de molécules. La molécule des gaz simples est en général composée de deux fois le poids atomique, c'est-à-dire de deux atomes, ainsi que nous l'avons vu. On peut donc dire que volumes égaux de gaz simples renferment même nombre d'atomes, et si la combinaison résulte de la juxtaposition des atomes, il est évident qu'il y aura un rapport simple entre les volumes des gaz qui se combinent et entre la somme des volumes des gaz composants et le volume du gaz résultant de la combinaison. C'est là loi des volumes.

La distinction entre la molécule et l'atome dans les corps simples explique l'influence de l'état naissant sur les combinaisons. En effet, à l'état naissant, c'est-à-dire à cet état où se trouve un corps lorsqu'il sort d'une combinaison, l'atome du corps est libre et, par conséquent, plus susceptible d'entrer dans une autre combinaison que lorsqu'il s'est uni à lui-même pour former une molécule.

L'hypothèse des atomes qui se juxtaposent ou théorie atomique date du commencement du siècle. Elle est due à Dalton. Avogadro et Ampère n'avaient pas confondu les molécules et les atomes; pour eux volumes égaux de gaz renfermaient même nombre de molécules. Plus tard cette confusion entre l'atome et la molécule entra dans les esprits. De cette confusion naquit la théorie des équivalents, dans laquelle on ne considérait que les poids des différents corps qui peuvent se *déplacer* et se *remplacer* les uns les autres dans les composés. Dans cette théorie et dans la notation qui en résulta on ne tenait aucun compte des volumes dans les formules. D'où la nécessité de donner pour chaque corps gazeux deux équivalents : l'équivalent en poids et l'équivalent en volume.

Mais l'équivalence, que nous avons appelée valence, n'est pas une valeur invariable, comme semble l'indiquer le mot équivalence. Nous l'avons vu. De là de nombreuses difficultés.

Dans la théorie des équivalents on écrit l'ammoniaque AzH^8, dans lequel l'équivalent de l'azote est 14. Mais 14 d'azote n'équivalent pas à 1 d'hydrogène ; on ne connaît pas le corps AzH composé de 1 d'hydrogène et de 14 d'azote. Si l'on décompose l'ammoniaque par du chlore, il faut trois fois 35,5 de chlore, c'est-à-dire 3 équivalents de chlore pour déplacer 1 équivalent d'azote,

$$AzH^3 \; + \; 3Cl \; = \; 3HCl \; + \; Az.$$

14 d'azote ne sont donc pas plus équivalents de 35,5 de chlore qu'ils ne le sont de 1 d'hydrogène. C'est le tiers de $14 = 4,66$ qui est le véritable équivalent de cet élément. Dalton et Gay-Lussac avaient donné cette valeur à l'équivalent de l'azote.

Dans les formules atomiques on indique la véritable valence de l'azote dans l'ammoniaque en écrivant $Az'''H^3$ qui montre que l'azote est trivalent et par conséquent qu'il faut trois fois le poids atomique d'un élément monovalent pour le déplacer de sa combinaison, ou le tiers de 14 d'azote pour déplacer 1 d'hydrogène ou 35,5 de chlore.

1 d'hydrogène se combine avec 8 d'oxygène en poids. On a donc pris 8 pour l'équivalent de l'oxygène. De même on a pris 6 pour équivalent du charbon. En formulant les composés en partant de ce point de départ, on arrive à n'avoir dans tous les composés de la chimie organique que des nombres pairs d'équivalents de charbon et d'oxygène. Ainsi voilà des équivalents qui n'entrent que par groupe de deux dans toute une classe et de beaucoup la plus nombreuse de composés ! Et, si l'on décompose ces corps, il n'en sort qu'un nombre pair d'équivalents de carbone et d'oxygène ! C'est la preuve la plus nette que ces nombres 6 et 8 doivent être doublés.

Dans la suite de cet ouvrage nous emploierons souvent les mots atomes et molécules pour désigner par abréviation les poids atomiques et les poids moléculaires.

§ 7. — BASES. — ACIDES. — SELS.

a. Bases. — Lorsqu'on fait agir le potassium sur l'eau, ce métal se substitue en partie à l'hydrogène et il se forme de l'hydrate de potassium, en même temps qu'il se dégage de l'hydrogène.

$$\underbrace{HOH}_{\text{Eau.}} + \underbrace{K}_{\text{Potassium.}} = \underbrace{KOH}_{\substack{\text{Hydrate} \\ \text{de potassium.}}} + \underbrace{H}_{\text{Hydrogène.}}$$

Les bases sont des hydrates métalliques répondant à la formule générale $M^n(OH)^n$. **Ex. :**

$$K'OH\ ;\ Ba'' <{OH \atop OH}.$$

Les bases sont susceptibles d'échanger, par voie de double décomposition, leur métal contre l'hydrogène basique des acides, comme nous allons le voir. Elles ont la propriété de ramener au bleu la teinture de tournesol rougie par un acide.

b. Acides. — *On donne le nom d'acides à des composés hydrogénés dans lesquels l'hydrogène est uni à un radical électro-négatif simple ou composé.* Cet hydrogène, auquel on donne le nom d'*hydrogène basique* pour le distinguer de l'hydrogène qui peut faire partie du radical, est facilement remplacé par des métaux par voie de double décomposition à l'aide des hydrates métalliques. Ex. :

$$\underbrace{ClH}_{\substack{\text{Acide} \\ \text{chlorhydrique.}}} + \underbrace{KOH}_{\substack{\text{Hydrate} \\ \text{de potassium.}}} = \underbrace{KCl}_{\substack{\text{Chlorure} \\ \text{de potassium.}}} + \underbrace{HOH}_{\text{Eau.}}$$

$$\underbrace{AzO^3H}_{\substack{\text{Acide} \\ \text{azotique.}}} + \underbrace{KOH}_{\substack{\text{Hydrate} \\ \text{de potassium.}}} = \underbrace{AzO^3K}_{\substack{\text{Azotate} \\ \text{de potassium.}}} + \underbrace{HOH}_{\text{Eau.}}$$

Les formules ClH et AzO^3H réprésentent les molécules d'acides dans lesquels l'hydrogène est uni : dans le premier cas, à un radical simple ; dans le second, à un radical composé.

En agissant sur l'hydrate de potassium, ces deux acides ont échangé leur hydrogène *basique* contre le potassium. Il en est résulté dans les deux cas la formation d'une molécule d'eau, en même temps que celle de deux composés nouveaux, ClK et AzO^3K, auxquels on a donné le nom de sels.

c. Sels. — *Les sels sont donc des acides dans lesquels l'hydrogène basique a été remplacé par un métal.* Ils proviennent de la double décomposition qui s'exerce entre les acides et les bases.

d. Action de l'électricité sur les sels. — *Lorsqu'on fait agir sur un sel un courant électrique suffisamment puissant, le métal du sel se porte au pôle négatif et le radical électro-négatif se rend au pôle positif.*

Soumet-on, par exemple, le sulfate de cuivre SO^4Cu à l'action d'un courant, le cuivre se déposera au pôle négatif et le radical SO^4 se rendra au pôle positif. Mais ce radical ne s'y trouvera pas à l'état de liberté ; il se scindera d'après l'équation :

$$2SO^4 = 2SO^3 + O^2$$

et le reste SO^3 fixera les éléments de l'eau en donnant naissance à de l'acide sulfurique :

$$SO^3 + H^2O = SO^4H^2.$$

En résumé, le cuivre se déposera au pôle négatif, tandis qu'au pôle positif on constatera la présence d'acide sulfurique et le dégagement d'oxygène.

Si, au lieu de faire agir le courant sur du sulfate de cuivre, on l'avait fait agir sur du sulfate de potassium, ce métal, en présence de l'eau, aurait donné naissance à de la potasse, en même temps qu'il se serait dégagé de l'hydrogène au pôle négatif (ib., a).

e. Lois de Berthollet. — En général, lorsqu'on mélange deux sels en solution, il se fait un partage entre les métaux et les radicaux électro-négatifs. De cette double décomposition résulte la formation de quatre sels, entre lesquels s'établit un certain équilibre.

Traitons, par exemple, du perchlorure de fer par du sulfocyanure de potassium ; nous verrons la liqueur devenir rouge intense par suite de la formation d'un sel rouge très-colorant, le sulfocyanure de fer. Il y a donc eu double décomposition entre les sels mis en présence.

Les mêmes phénomènes de double décomposition s'observent lorsqu'on fait agir un acide ou une base sur un sel. Si l'on traite de l'azotate de potassium par de l'acide sulfurique, le mélange renfermera quatre corps, savoir : deux acides, de l'acide sulfurique et de l'acide azotique, et deux sels, de l'azotate et du sulfate de potassium.

Ceci nous explique l'action des acides et des bases sur la teinture de tournesol. Le tournesol contient un sel organique bleu, le litmate de calcium. Les autres litmates métalliques sont également bleus. Mais l'acide litmique est rouge et le radical négatif de cet acide est si faible que lorsqu'on traite le litmate de calcium bleu par un acide même très-peu énergique, il s'établit une double décomposition, d'où résulte la formation d'acide litmique rouge, le calcium, radical positif, s'unissant au radical négatif de l'acide. Si l'on traite par une base la teinture de tournesol rougie par un acide, c'est-à-dire l'acide litmique, il se formera un litmate métallique bleu.

Examinons maintenant le cas où l'un des quatre corps formés par double décomposition est insoluble. Le composé insoluble se précipitera et dès lors l'équilibre sera rompu. Il se formera une nouvelle quantité du corps insoluble et ainsi de suite jusqu'à ce que tout le composé insoluble qui pouvait se former par voie de double décomposition, se soit précipité. De même si l'un des quatre corps est volatil, la double décomposition qui lui a donné naissance continuera jusqu'à ce que tout le composé volatil ait été éliminé.

Toutes ces considérations rendent compte des lois de Berthollet qu'il nous reste à formuler, lois sur lesquelles repose la préparation d'un très-grand nombre de substances. On peut les résumer ainsi :

1° *Toutes les fois que l'on fait agir, par l'intermédiaire d'un dissolvant, un acide, une base ou un sel sur un sel, et que par double décomposition, il peut se produire un composé insoluble ou moins soluble que ceux qu'on a mélangés, ce corps se forme.* Ex. :

$$Ba(AzO^3)^2 \quad + \quad SO^4H^2 \quad = \quad 2AzO^3H \quad + \quad SO^4Ba$$

Azotate de baryum.	Acide sulfurique.	Acide azotique.	Sulfate de baryum.

Le sulfate de baryum étant insoluble, la double décomposition sera complète.

2° *Toutes les fois que l'on fait agir sur un sel, soit solide, soit en dissolution, un acide, une base ou un autre sel, et qu'il peut se former, par double décomposition, un composé volatil à la température où se fait l'action, ce composé se forme.*

$$2NaCl \quad + \quad SO^4H^2 \quad = \quad SO^4Na^2 \quad + \quad 2HCl$$

Chlorure de sodium.	Acide sulfurique.	Sulfate de sodium.	Acide chlorhydrique.

§ 8. — NOMENCLATURE.

a. — Nous avons déjà eu l'occasion de parler d'un certain nombre de corps composés, et l'on comprend, par tout ce qui précède, combien est grand le nombre des combinaisons possibles entre les divers éléments. On ne pouvait donner à ces corps composés des noms arbitraires, comme on l'a fait pour les corps simples.

La nomenclature est l'œuvre de quatre chimistes français de la fin du dernier siècle : Guyton de Morveau, Lavoisier, Berthollet et Fourcroy. Nous l'exposerons sommairement ici, nous réservant de la compléter dans le corps de l'ouvrage.

b. Composés binaires. — C'est l'oxygène qui, par sa combinaison avec les autres éléments, donne le plus grand nombre de composés.

1° En se combinant aux métalloïdes, l'oxygène donne en général naissance à un corps capable de se transformer en un acide en fixant les éléments de l'eau. Ces corps portent le nom d'*anhydrides*. On en désigne l'espèce en ajoutant au mot anhydride le nom du métalloïde qui est combiné à l'oxygène et remplaçant sa dernière syllabe par la terminaison *eux* ou *ique*.

Ainsi le chlore, en s'unissant à l'oxygène, donne, entre autres, les composés Cl^2O^3 et Cl^2O^5. On appela le premier *anhydride chloreux*, le second *anhydride chlorique*. On voit que l'on réserve la désinence *eux* aux composés les moins oxygénés, et la désinence *ique* aux composés les plus oxygénés.

Lorsque les anhydrides que l'oxygène peut former par sa combinaison avec le même métalloïde dépassent le nombre de deux, on les distingue en se servant des préfixes *hypo* et *per*. C'est précisément ce qui arrive pour les combinaisons oxygénées du chlore. On a découvert un anhydride moins oxygéné que l'anhydride chloreux ; on lui a donné le nom d'anhydride *hypochloreux*. On n'a pas pu isoler d'anhydride plus oxygéné que l'anhydride chlorique ; mais on connaît un acide qui correspond à l'anhydride *per*chlorique.

2° Lorsque les composés binaires de l'oxygène ne sont pas capables de se transformer en un acide en fixant les éléments de l'eau, on les nomme *oxydes*. Ainsi le composé CO est l'*oxyde* de carbone ; le composé K^2O est l'*oxyde* de potassium.

Dans ce cas encore l'oxygène peut former plusieurs combinaisons avec le même élément. Les terminaisons *eux* et *ique* ou les préfixes *proto*, *bi*, *tri*, *per*, etc., servent à distinguer ces combinaisons entre elles.

3° Les métalloïdes, autres que l'oxygène, forment en se combinant entre eux ou avec les métaux des composés que l'on désigne en terminant par la désinence *ure* le nom du corps électro-négatif de la combinaison que l'on fait suivre du nom du corps électro-positif.

Les terminaisons *eux*, *ique* et les préfixes *proto*, *bi*, etc., servent toujours à distinguer les différents composés dans lesquels entrent les mêmes éléments. Ex. :

SbCl³................................ Trichlorure d'antimoine.
FeS................................. Protosulfure de fer.
FeCl²............................... Chlorure ferreux.
Fe²Cl⁶............................. Chlorure ferrique.

4° Le chlore, le brome, le soufre, etc., donnent des acides en se combinant avec l'hydrogène. Ces composés portent le nom d'acides chlor*hydrique*, brom*hydrique*, sulf*hydrique*, etc., c'est-à-dire que, pour les nommer, on termine le nom de l'élément électro-négatif par la désinence *hydrique*.

5° On désigne sous le nom d'*alliages* les combinaisons des métaux entre eux. On réserve le nom d'*amalgames* aux alliages dans lesquels entre du mercure.

c. Composés ternaires. — 1° Les combinaisons de l'oxygène avec les métalloïdes, désignées sous le nom d'*anhydrides*, se transforment, avons-nous dit, en *acides*, en agissant sur l'eau. Les règles de la nomenclature des acides sont les mêmes que celles de la nomenclature des anhydrides. Ex. :

$$SO^2 \;+\; H^2O \;=\; SO^3H^2$$

Anhydride   Eau.   Acide
sulfureux.   sulfureux.

$$SO^3 \;+\; H^2O \;=\; SO^4H^2$$

Anhydride   Eau.   Acide
sulfurique.   sulfurique.

2° Chaque acide donne naissance à un grand nombre de sels. Pour désigner un sel on change la terminaison *ique* de l'acide en *ate* et la terminaison *eux* en *ite*, et on ajoute au nom ainsi modifié de l'acide celui du métal qui remplace l'hydrogène de l'acide. Ex. :

$$AzO^3H \qquad\qquad\qquad AzO^3K$$

Acide   Azot*ate*
az*otique*.   de potassium.

$$ClOH \qquad\qquad\qquad ClOK$$

Acide   Hypochlor*ite*
hypochlor*eux*.   de potassium.

$$ClO^4H \qquad\qquad\qquad ClO^4Na$$

Acide   Perchlor*ate*
perchlor*ique*.   de sodium.

Remarque. — Les sels des acides chlorhydrique HCl, bromhydrique HBr, sulfhydrique H²S, etc., ne sont autre chose que des

combinaisons des métalloïdes Cl, Br, S, etc., avec ces métaux.
Nous avons déjà vu (3°) que l'on désigne ces composés en terminant par la désinence *ure* le nom du corps électro-négatif de la
combinaison que l'on fait suivre du nom du métal. Ex. :

<table>
<tr><td align="center">HCl
Acide
chlorhydrique.</td><td align="center">KCl
Chlorure
de potassium.</td></tr>
<tr><td align="center">HBr
Acide
bromhydrique.</td><td align="center">NaBr
Bromure
de sodium.</td></tr>
</table>

Autrement dit, pour nommer un sel d'un acide en *hydrique*, on
change cette terminaison en *ure* et l'on achève par le nom du
métal.

§ 9. — CLASSIFICATION.

On a divisé les corps simples en métalloïdes et en métaux. Ces
deux grandes classes de corps, que nous allons étudier successivement, ont été elles-mêmes subdivisées en familles.

Nous ne nous occuperons, pour le moment, que de la classification des métalloïdes. Dumas a divisé ces corps en quatre familles naturelles.

Première famille. Elle comprend les métalloïdes monovalents
savoir : l'*hydrogène* (1), le *chlore*, le *brome*, l'*iode* et le *fluor*.

Deuxième famille. Cette famille renferme les métalloïdes bivalents. Ce sont : l'*oxygène*, le *soufre*, le *sélénium* et le *tellure*.

Troisième famille. Elle comprend des métalloïdes pentavalents,
mais qui fonctionnent le plus souvent comme trivalents. Ces
métalloïdes sont : l'*azote*, le *phosphore*, l'*arsenic*, l'*antimoine* et le
bismuth.

Quatrième famille. Dumas range dans cette famille le *bore*, le
silicium et le *carbone*. Ces deux derniers métalloïdes sont tétravalents ; le bore, au contraire, est trivalent et ne se rapproche par
ses allures d'aucun autre métalloïde.

Nous allons voir par l'étude de ces métalloïdes, quelles relations étroites lient les divers membres de ces familles.

(1) Comme nous le verrons, l'hydrogène se comporte, dans un grand nombre de
circonstances, comme un métal. Mais, vu l'importance de ce corps, nous l'étudierons
en tête de tous les autres.

DEUXIÈME PARTIE

MÉTALLOÏDES.

1re FAMILLE. — MÉTALLOÏDES MONOVALENTS

§ 10. — HYDROGÈNE.

Découvert par Cavendish en 1766. — *Étymologie : de* υδωρ, *eau, et* γενναω, *j'engendre.* — *Poids atomique : 1.* — *Poids moléculaire : 2.*

a. État naturel. — L'hydrogène à l'état de liberté est peu répandu dans la nature. On l'a trouvé dans les émanations gazeuses des volcans et dans certaines météorites métalliques. On le rencontre aussi dans les gaz de l'estomac et surtout dans ceux de l'intestin.

Il sert à la préparation du fer réduit.

b. Modes de production. — L'hydrogène se produit dans une foule de réactions chimiques. Les modes de production les plus importants sont :

1° *La décomposition de l'eau par la pile* (V. § 4, p. 13).

2° *La décomposition de l'eau par des corps avides d'oxygène ; les métaux, par exemple.* Parmi les métaux, les uns, tels que le potassium, le sodium, décomposent l'eau à la température ordinaire (V. § 7, p. 36).

$$2H^2O \; + \; K^2 \; = \; 2KOH \; + \; H^2$$

Eau.   Potassium.   Potasse.   Hydrogène.

Dans ce cas, la réaction est très-vive et ne peut servir à la production de l'hydrogène. On peut la modérer en unissant le potassium au mercure. On se sert souvent de l'action de l'eau sur l'amalgame de potassium pour faire agir l'hydrogène naissant sur des substances diverses.

D'autres métaux ne décomposent l'eau qu'avec le concours de la chaleur. Si l'on fait, par exemple, passer un courant de vapeur d'eau sur du fer porté au rouge dans un tube de porcelaine, il se dégage de l'hydrogène, en même temps qu'il se forme un oxyde de fer auquel on a donné le nom d'oxyde magnétique de fer.

$$3Fe \ + \ 4H^2O \ = \ Fe^3O^4 \ + \ 4H^2$$

Fer.   Eau.   Oxyde   Hydrogène.
magnétique.

3° *Le déplacement de l'hydrogène de certains acides, tels que l'acide sulfurique et l'acide chlorhydrique, par des métaux, le zinc, le fer, par exemple :*

$$SO^4H^2 \ + \ Zn \ = \ SO^4Zn \ + \ H^2$$

Acide.   Zinc.   Sulfate.   Hydrogène.

Ce mode de production est employé dans les laboratoires pour la préparation de l'hydrogène.

On se sert aussi de l'action de l'acide chlorhydrique sec sur l'amalgame de potassium pour produire de l'hydrogène naissant, lorsqu'on veut faire agir ce gaz sur un corps décomposable par l'eau et que, par conséquent, on ne peut utiliser l'action de ce liquide sur l'amalgame de potassium.

4° *Enfin, certaines fermentations, la fermentation butyrique, par exemple, donnent lieu à un dégagement d'hydrogène.* Ce mode de production nous permettra de nous rendre compte de la présence de l'hydrogène dans les gaz du tube digestif.

c. Préparation. — *On prépare l'hydrogène en traitant le zinc par l'acide sulfurique étendu.*

Pour cela on introduit des lames de zinc dans un flacon, F, à deux tubulures, fermées par des bouchons percés, dont l'un donne passage à un tube de dégagement et l'autre à un tube à entonnoir, T, qui descend jusqu'au fond du flacon. C'est par ce tube à entonnoir que l'on verse l'acide sulfurique (*fig.* 9). Le gaz qui se dégage traverse la couche d'eau qui se trouve dans le flacon L appelé flacon laveur. Il s'y débarrasse de traces d'acide sulfurique qu'il entraîne mécaniquement. Enfin on le recueille dans un flacon plein d'eau et retourné sur une cuve à eau.

Il est indispensable d'observer certaines précautions pour obtenir de l'hydrogène exempt d'hydrogène sulfuré. En effet, si l'on traite du zinc par de l'acide sulfurique concentré ou même moyennement étendu, mais un peu chaud, une partie de l'acide sulfurique est réduit à l'état d'hydrogène sulfuré (1).

$$SO^4H^2 \; + \; 4H^2 \; = \; 4H^2O \; + \; SH^2$$

Acide   Hydrogène.   Eau.   Hydrogène
sulfurique.   sulfuré.

Pour empêcher cette formation d'hydrogène sulfuré, il faut donc traiter le zinc par de l'acide *sulfurique étendu* (au $^1/_8$ ou au $^1/_{10}$) *et n'ajouter l'acide que par petites portions* pour éviter l'élévation de température qui pourrait résulter de l'action trop éner-

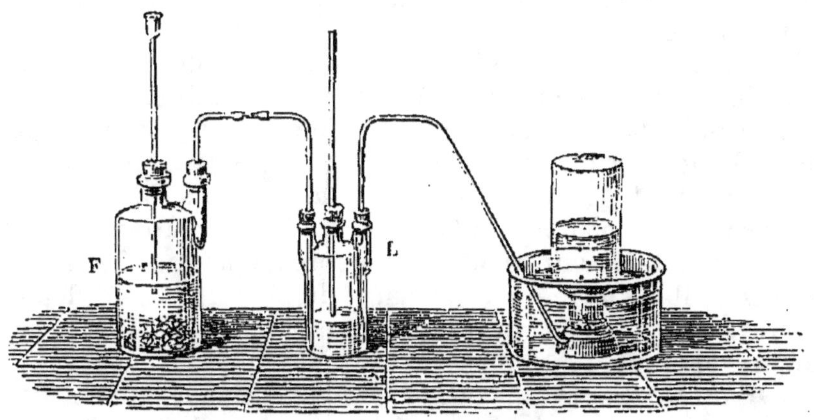

Fig. 9. — Préparation de l'hydrogène.

gique de l'acide sur le zinc. On pourra même avantageusement placer le flacon F dans un vase renfermant de l'eau froide.

d. Impuretés et purifications. — Même en observant les précautions que nous venons d'indiquer, l'hydrogène obtenu par l'action de l'acide sulfurique sur le zinc est rarement pur. En effet, le zinc renferme toujours plus ou moins d'impuretés, notamment du soufre, du phosphore, de l'arsenic. Ces métalloïdes se combinant à une partie de l'hydrogène, donnent naissance à de l'hydrogène sulfuré, de l'hydrogène phosphoré, de l'hydrogène arsénié, gaz qui souillent l'hydrogène.

Ces gaz sont facilement oxydables et jouissent de la propriété de désoxyder certains corps riches en oxygène. On appelle de tels corps, *corps réducteurs*. La réduction et l'oxydation désignent donc deux actions opposées. Les corps qui perdent facilement leur oxygène sont dits *réductibles*.

(1) Kolbe a constaté que du zinc et de l'acide sulfurique pur produisaient de l'hydrogène sulfuré dès que la température atteignoit 30°.

3.

Pour purifier l'hydrogène de ces composés, ce qui est important, par exemple dans la préparation du fer réduit, on fait passer le gaz successivement dans deux flacons laveurs qui contiennent, le premier une solution saturée de permanganate de potassium, corps riche en oxygène, réductible et qui par suite détruit l'hydrogène arsénié et l'hydrogène phosphoré en les oxydant, le second une solution de soude qui fixe l'hydrogène sulfuré ou acide sulfhydrique. Si on a besoin d'hydrogène sec, on fait en outre passer le gaz dans des tubes droits ou dans des tubes en U remplis de fragments de chlorure de calcium desséché ou de pierre ponce imbibée d'acide sulfurique. Ces deux corps, chlorure de calcium et acide sulfurique, fixent l'eau en s'hydratant.

Lorsque le zinc employé est bien pur, il ne décompose l'acide sulfurique que très-mal ou même pas du tout. Il est pourtant indispensable dans certains cas (recherche de l'arsenic par la méthode de Marsh), de se servir de zinc aussi pur que possible. Pour activer la réaction, il suffit dans ce cas de verser dans l'appareil, par un tube à entonnoir, quelques gouttes d'une solution de sulfate de cuivre ou de chlorure de platine. Ces sels sont réduits et il se forme à la surface du zinc un léger dépôt de cuivre ou de platine qui donne naissance avec le zinc à un couple voltaïque.

e. Propriétés. 1° PHYSIQUES. — L'hydrogène pur est un gaz incolore, inodore, insipide. C'est le plus léger de tous les corps ; sa densité est 0,0692. Il se liquéfie à — 140° sous une pression de 600 atmosphères. Il est bon conducteur de la chaleur et de l'électricité. Sa solubilité dans l'eau est très-faible.

2° CHIMIQUES. — L'hydrogène brûle à l'air avec une flamme très-pâle, à peine visible, en donnant naissance à de l'eau.

$$2H^2 \;+\; O^2 \;=\; 2H^2O$$

Hydrogène. Oxygène.   Eau.

Un mélange d'oxygène et d'hydrogène détonne quand on y met le feu. L'inflammation de ce mélange se produit également sous l'influence de l'étincelle électrique et de la mousse de platine, masse poreuse qui en condensant les gaz dans ses pores en élève la température assez pour que la combinaison ait lieu. Dans la combustion de l'hydrogène, il se fait un grand dégagement de chaleur ; aussi se sert-on du chalumeau à gaz oxygène et hydrogène pour obtenir des températures très-élevées.

A l'état de liberté, les affinités de l'hydrogène sont peu énergiques. Il se combine pourtant au chlore sous l'influence des rayons solaires et enlève l'oxygène à un grand nombre de corps, notamment à certains oxydes, sous l'influence de la chaleur.

A l'état naissant, l'hydrogène est au contraire très-actif et réduit une foule de corps riches en oxygène. Nous verrons, surtout en chimie organique, de nombreux exemples de réductions produites par l'hydrogène naissant.

La conductibilité de l'hydrogène pour la chaleur et l'électricité, ainsi que l'ensemble de ses propriétés chimiques, tendent à rapprocher ce gaz des métaux.

On connaît plusieurs alliages d'hydrogène. Nous verrons plus loin que l'hydrogène forme avec le cuivre une combinaison nettement définie. Un grand nombre de métaux absorbent l'hydrogène lorsqu'on les chauffe dans ce gaz, comme si l'hydrogène se dissolvait dans le métal chauffé en passant à l'état liquide ou solide. Le palladium possède cette propriété au plus haut degré et peut absorber jusqu'à 900 fois son volume d'hydrogène. Graham, qui a étudié avec beaucoup de soin ces phénomènes, les a désignés sous le nom de *phénomènes d'occlusion.*

f. Caractères. — L'hydrogène se reconnaît aux caractères suivants :

1° *Il brûle avec une flamme très-pâle, en donnant de l'eau.*

2° *Il n'est absorbé par aucun réactif à froid.*

g. Physiologie. 1° ORIGINE. — Nous avons vu que l'hydrogène se trouve dans les gaz de l'intestin. Il y est en quantité presque insignifiante chez l'homme soumis à un régime de légumes secs et de viande ; avec le régime lacté, c'est au contraire l'hydrogène qui prédomine dans les gaz intestinaux. Il ne paraît exister dans l'estomac que dans les digestions difficiles. C'est à la fermentation butyrique (V. *Acide butyrique*) ou à des fermentations analogues qui ont lieu dans le tube digestif, qu'il faut attribuer la formation de cet hydrogène.

2° ÉLIMINATION. — La majeure partie de l'hydrogène mélangé aux gaz intestinaux est éliminée avec ceux-ci par l'anus. Une faible portion passe par diffusion dans le sang. En effet, lorsque les gaz séjournent dans l'intestin pendant un certain temps, ils diminuent de volume. Dans le sang, l'hydrogène peut être oxydé et transformé en eau ou être éliminé avec les gaz de l'expiration. De fait, on trouve souvent de petites quantités d'hydrogène dans l'air expiré par les animaux.

h. Action sur l'économie. — L'hydrogène n'est pas délétère, mais asphyxie par privation d'oxygène. Regnault a fait vivre des animaux dans des atmosphères artificielles d'oxygène et d'hydrogène renfermant autant d'oxygène que l'air que nous respirons. La respiration des animaux dans une atmosphère où l'hydrogène remplace l'azote est tout à fait normale. La consommation de l'oxygène paraît seulement plus grande. Regnault et Reiset attribuent cette consommation plus grande d'oxygène à ce que l'animal se refroidit davantage au contact de l'hydrogène, meilleur conducteur de la chaleur que l'oxygène.

§ 11. — CHLORE.

Découvert par Scheele en 1774. — *Étymologie :* χλωρός, *jaune verdâtre.* — *Poids atomique :* 35,5. — *Poids moléculaire :* 71.

a. État naturel ; emploi en médecine et en pharmacie. — Le chlore se trouve dans l'économie à l'état de combinaison avec les métaux. Le sang et tous les liquides de l'organisme renferment de notables proportions de chlorures. Les affinités du chlore sont trop puissantes pour que ce corps puisse exister dans la nature à l'état de liberté.

Le chlore est un puissant agent de désinfection. On l'emploie journellement pour désinfecter les salles d'hôpitaux, les prisons, etc. On se sert aussi quelquefois de charpie qui a été exposée au contact de chlore gazeux (*charpie chlorée*) pour panser les plaies de mauvaise nature. L'emploi à l'intérieur de la dissolution aqueuse de chlore paraît aujourd'hui complètement abandonné.

Le chlore sert en pharmacie à la préparation du perchlorure de fer. On l'emploie également pour préparer les chlorures décolorants.

b. Mode de production. — Parmi les modes de production les plus importants du chlore, il faut citer :

1° *L'action des acides même les plus faibles, sur les hypochlorites* (§ 15, p. 72).

2° *L'action de certains bioxydes, tels que le bioxyde de plomb ou le bioxyde de manganèse, sur l'acide chlorhydrique* ou, ce qui revient au même, *sur un mélange d'un chlorure et d'acide sulfurique;* l'acide sulfurique donnant naissance, sauf quelques exceptions (§ 13, p. 66), à de l'acide chlorhydrique par son action sur les chlorures.

$$1° \quad 4HCl \; + \; MnO^2 \; = \; MnCl^2 \; + \; 2H^2O \; + \; Cl^2$$

Acide chlorhydrique.	Bioxyde de manganèse.	Chlorure de manganèse.	Eau.	Chlore.

$$2° \quad 2NaCl \; + \; 2SO^4H^2 \; + \; MnO^2 \; = \; SO^4Mn$$

Chlorure de sodium.	Acide sulfurique.	Bioxyde de manganèse.	Sulfate de manganèse.

$$+ \underbrace{SO^4Na^2}_{\substack{\text{Sulfate} \\ \text{de sodium.}}} + \underbrace{2H^2O}_{\text{Eau.}} + \underbrace{Cl^2}_{\text{Chlore.}}$$

Le peroxyde de manganèse est un corps solide, noir, qu'on trouve dans la nature. Son action sur l'acide chlorhydrique, dont la formule 1° rend compte, s'explique facilement par les considérations suivantes : les 2 atomes d'oxygène du deroxyde de manganèse s'emparent de 4 atomés d'hydrogène de l'acide chlorhydrique pour former 2 molécules d'eau $2H^2O$; 4 atomes de chlore deviennent

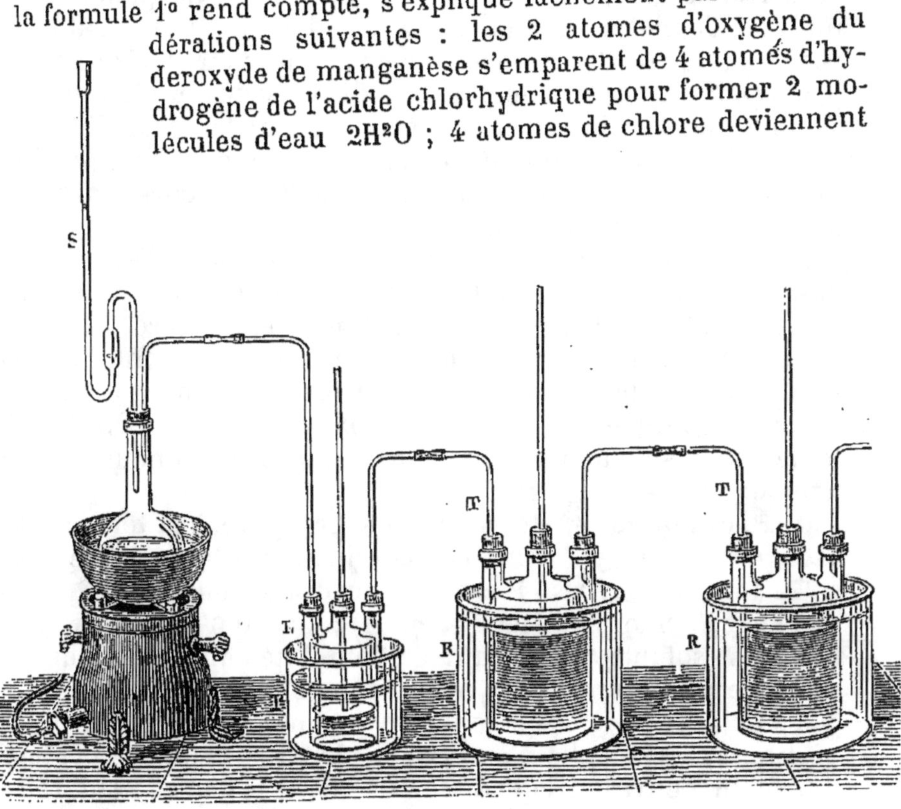

Fig. 10. — Appareil pour la préparation de l'eau de chlore (*).

donc libres et prennent la place des 2 atomes d'oxygène diatomique du peroxyde de manganèse pour donner le corps $MnCl^4$, très-instable, qui se décompose au fur et à mesure de sa formation en un chlorure, $MnCl^2$, et en chlore.

(*) Les tubes de verre placés dans les tubulures du milieu des trois flacons sont des *tubes de sûreté*. Si la pression venait à diminuer dans un des flacons, le liquide du flacon suivant tendrait à s'élever dans le tube qui amène le gaz et à passer dans le vase où la pression diminue. Mais, grâce au tube de sûreté, cela ne peut arriver. En effet, si la pression diminue dans le vase, l'air extérieur, dont la pression sur le liquide contenu dans le tube de sûreté reste la même, déplace ce liquide et pénètre dans le flacon — S est également un tube de sûreté.

Ce mode de production devient le procédé de préparation du chlore.

c. Préparation. — *On prépare le chlore en chauffant l'acide chlorhydrique (solution aqueuse concentrée) avec du bioxyde de manganèse.*

Lorsqu'on veut recueillir le chlore à l'état de gaz, on le fait passer dans un flacon laveur contenant de l'eau, puis à travers un tube dessiccateur à chlorure de calcium, si on veut l'avoir sec, et on le reçoit dans des flacons pleins d'air. L'air se trouve peu à peu déplacé par le chlore qui est beaucoup plus lourd. Si l'on n'a pas besoin de chlore sec, on peut le recueillir sur de l'eau salée qui dissout beaucoup moins bien ce gaz que l'eau pure. On ne peut recueillir le chlore sur le mercure, parce qu'il attaque vivement ce métal.

Pour obtenir une dissolution de chlore dans l'eau, on fait passer ce gaz dans une suite de flacons remplis aux trois quarts d'eau distillée et disposés comme l'indique la figure 10. Le premier flacon laveur ne renferme que peu d'eau ; le chlore s'y dépouille de l'acide chlorhydrique qu'il entraîne mécaniquement. Cette série de flacons se nomme *appareil de Woulf*. On s'en sert toutes les fois qu'on veut dissoudre un gaz quelconque dans un liquide.

d. Propriétés. 1° PHYSIQUES. — Le chlore, à la température ordinaire, est un gaz d'une couleur jaune verdâtre, d'une odeur suffocante, *sui generis*. Il est très-lourd ; sa densité est 2,45. On a obtenu le chlore à l'état liquide (1) ; mais il n'a pu être solidifié. Il est soluble dans l'eau. Sa solubilité dans ce liquide présente un maximum vers 8°. A cette température, l'eau dissout un peu plus de trois fois son volume de chlore. A la température ordinaire (15 à 18°), elle n'en dissout plus que deux fois et demie son volume environ. Cette dissolution porte le nom *d'eau de chlore*.

2° CHIMIQUES. — Les affinités du chlore sont très-puissantes. Il se combine déjà à froid à plusieurs métalloïdes. Si l'on introduit du phosphore dans du chlore sec, il s'y enflamme à la température ordinaire. De l'arsenic, de l'antimoine en poudre s'enflamment également quand on les projette dans du chlore.

La plupart des métaux, même l'or et le platine, se combinent directement à ce métalloïde.

---

(1) On obtient le chlore liquide de la manière suivante : le chlore forme avec l'eau une combinaison cristallisée $Cl^2 + 10\ H^2O$ qu'on obtient en refroidissant à 0° une solution concentrée de chlore. On introduit ces cristaux dans un tube en U qu'on ferme ensuite à la lampe. En chauffant la branche du tube qui renferme les cristaux, la combinaison se détruit, le chlore se dégage et, se comprimant lui-même, se condense dans l'autre branche du tube qu'il faut avoir soin de refroidir.

Mais c'est surtout pour l'hydrogène que le chlore a une grande affinité. Un mélange d'hydrogène et de chlore détone sous l'influence des rayons lumineux. Le chlore enlève l'hydrogène à l'ammoniaque en mettant l'azote en liberté :

$$2AzH^3 \ + \ 3Cl^2 \ = \ 6HCl \ + \ Az^2$$

Ammoniaque.   Chlore.   Acide chlorhydrique.   Azote.

Ces trois molécules d'acide chlorhydrique se combinent à l'ammoniaque en excès pour former du chlorure ammonique. La formule complète est donc :

$$8AzH^3 \ + \ 2Cl^2 \ = \ 6AzH^4Cl \ + \ Az^2$$

Ammoniaque.   Chlore.   Chlorure ammonique.   Azote.

Le chlore décompose également l'hydrogène sulfuré en lui enlevant son hydrogène et en mettant le soufre en liberté :

$$2H^2S \ + \ 2Cl^2 \ = \ 4HCl \ + \ S^2$$

Hydrogène sulfuré.   Chlore.   Acide chlorhydrique.   Soufre.

L'affinité du chlore pour l'hydrogène est telle, qu'il enlève cet élément même à l'oxygène. Ainsi, si l'on fait passer dans un tube de porcelaine chauffé au rouge, du chlore et de la vapeur d'eau, l'eau est décomposée, l'oxygène est mis en liberté et il se forme de l'acide chlorhydrique.

Le chlore décompose l'eau, même à froid, sous l'influence de la lumière. Aussi faut-il conserver la solution de chlore à l'abri des rayons lumineux. On se sert pour cela de flacons entourés de papier noir et bouchés à l'émeri, car les bouchons en liège et en caoutchouc seraient attaqués.

La décomposition de l'eau par le chlore est surtout rapide en présence d'un corps capable de fixer l'oxygène. Le chlore en présence de l'eau joue donc le rôle d'oxydant ; c'est un *oxydant indirect*. Ex. :

$$2Cl^2 \ + \ As^2O^3 \ + \ 2H^2O \ = \ 4HCl \ + \ As^2O^5$$

Chlore.   Anhydride arsénieux.   Eau.   Acide chlorhydrique.   Anhydride arsénique.

C'est sur cette réaction qu'est basée la chlorométrie (V. § 15, p. 72).

En présence des hydrates alcalins, le chlore donne, à froid, un mélange de chlorure et d'hypochlorite :

$$Cl^2 \; + \; 2KOH \; = \; ClK \; + \; ClOK \; + \; H^2O$$

Chlore.   Potasse.   Chlorure   Hypochlorite de   Eau.
de potassium.   potassium.

A chaud, il donne naissance à un chlorure et à un chlorate :

$$3Cl^2 \; + \; 6KOH \; = \; 5KCl \; + \; ClO^3K \; + \; 3H^2O$$

Chlore.   Potasse.   Chlorure de   Chlorate de   Eau.
potassium.   potassium.

Enfin le chlore, toujours en vertu de son affinité pour l'hydrogène, modifie profondément un grand nombre de matières organiques. Il détruit les matières colorantes, telles que l'indigo, le tournesol, la matière colorante du vin, etc. Il détruit également les miasmes, les matières septiques ; il est donc non seulement *désinfectant*, mais encore *décolorant* et *antiseptique*.

e. Caractères. — Les caractères du chlore sont les suivants:

1° *C'est un gaz d'une couleur jaune verdâtre, d'une odeur suffocante caractéristique* ;

2° *Il décolore le papier de tournesol* ;

3° *Il bleuit le papier ioduré.* — Le papier ioduré est un papier amidonné imprégné d'iodure de potassium.

Le chlore, en agissant sur l'iodure de potassium, met l'iode en liberté, et ce dernier colore l'amidon en bleu. Un excès de chlore fait disparaître la couleur bleue (V. § 18).

f. Toxicologie. 1° Action sur l'économie. — Le chlore gazeux, quand on le respire, irrite violemment l'appareil pulmonaire, produit de la toux, des crachements de sang et, si les quantités inspirées sont un peu fortes, cause promptement la mort. Il produit souvent des accidents graves dans les laboratoires de chimie, dans les fabriques de chlorures décolorants, etc. On ne connaît pas d'exemple d'empoisonnement par l'eau de chlore.

2° Élimination. — Le chlore qui a pénétré dans l'organisme, soit par les voies pulmonaires, soit par l'appareil digestif, par exemple à l'état de dissolution dans l'eau, est éliminé à l'état de chlorure de sodium. Cette transformation peut se faire de trois façons :

1° Ou bien le chlore se transforme en acide chlorhydrique en enlevant de l'hydrogène aux matières organiques ;

2° Ou bien il joue en présence de l'eau le rôle d'oxydant, s'empare de l'hydrogène de l'eau dont l'oxygène se porte sur les matières organiques. Dans ces deux cas, l'acide chlorhydrique formé est neutralisé par les liquides alcalins de l'économie ;

3° Enfin le chlore peut, en présence de ces liquides alcalins, donner naissance à un mélange de chlorures et d'hypochlorites. Or, comme nous le verrons, les hypochlorites sont des corps oxydants. Introduits dans l'organisme, ils sont transformés en chlorures.

Wallace, dans ses expériences sur l'action du chlore sur l'économie, a constaté que lorsque l'on fait absorber du chlore à des animaux, les urines jouissent de propriétés décolorantes. A l'autopsie de Roe, mort à la suite d'inspiration de chlore, on perçut à l'ouverture du crâne l'odeur caractéristique du chlore. Ces faits prouvent que ce corps passe, au moins partiellement, à l'état d'hypochlorite alcalin. Les hypochlorites jouissent en effet des propriétés décolorantes du chlore, dégagent ce gaz au contact de l'anhydride carbonique de l'air, et l'on ne saurait admettre, pour expliquer les faits dont nous venons de parler, que le chlore, qui se combine si facilement aux bases, reste à l'état de liberté dans le sang, qui est alcalin, et soit ainsi transporté jusque dans le cerveau, ou éliminé par les urines.

3° ANTIDOTES. — Il n'y a pas de contre-poison du chlore. On a conseillé de faire respirer de l'hydrogène sulfuré, qui est décomposé par le chlore en acide chlorhydrique et en soufre. Mais l'emploi de ce corps, qui est lui-même un violent poison, est très-dangereux. Il est préférable de faire respirer aux malades de l'ammoniaque mélangée avec de l'air, ou bien des vapeurs d'alcool, ou plus simplement encore de la vapeur d'eau tiède, qui dilue le gaz et modère l'irritation. Dans le cas d'un empoisonnement par l'eau de chlore, il faudrait faire vomir et administrer de l'albumine que le chlore coagule, ou de la magnésie.

4° RECHERCHE. — Pour reconnaître la présence du chlore soit dans l'air, soit dans les gaz retirés du poumon, on se sert du papier de tournesol et du papier ioduré.

Les mêmes moyens serviraient à reconnaître la nature d'un liquide qu'on supposerait être une dissolution de chlore. Cette dissolution décolore aussi l'indigo.

COMBINAISON DU CHLORE AVEC L'HYDROGÈNE

§ 12. — ACIDE CHLORHYDRIQUE.

HCl.

Sa solution aqueuse était connue des alchimistes. Isolé sous forme de gaz par Priestley, en 1772. — *Poids moléculaire : 36,5.*

a. État naturel ; emploi en médecine et en pharmacie. — L'acide chlorhydrique existe, à l'état de liberté, dans le suc gastrique. On ne le trouve dans aucune autre partie de l'économie de l'homme ; mais il existe aussi en notable quantité dans la salive du *Dolium Galea*, l'un des plus grands mollusques de la Sicile.

En solution, l'acïde chlorhydrique est quelquefois employé en médecine comme caustique. On en fait des gargarismes détersifs. On l'emploie également en limonade (4-6 grammes dans un litre d'eau), comme eupeptique (1) (Trousseau, Caron).

En pharmacie, l'acide chlorhydrique sert à la préparation d'un grand nombre de chlorures, à celle du chlore, etc.

b. Préparation. — On prépare l'acide chlorhydrique en chauffant légèrement dans un ballon du chlorure de sodium avec de l'acide sulfurique.

$$NaCl \; + \; SO^4H^2 \; = \; SO^4 \begin{cases} H \\ Na \end{cases} + \; HCl$$

| Chlorure de sodium. | Acide sulfurique. | Sulfate acide de sodium. | Acide chlorhydrique. |

Si l'on continue à chauffer le sulfate acide de sodium avec du chlorure de sodium, il se forme une nouvelle molécule d'acide chlorhydrique ; mais pour cela il faut élever considérablement la température.

$$SO^4 \begin{cases} H \\ Na \end{cases} + \; NaCl \; = \; SO^4Na^2 \; + \; HCl$$

| Sulfate acide de sodium. | Chlorure de sodium. | Sulfate de sodium. | Acide chlorhydrique. |

On recueille l'acide chlorhydrique dans des éprouvettes sur

---

(1) Eυ, bien, et πιπτω, je digère. Les eupeptiques sont des médicaments qui favorisent la digestion.

la cuve à mercure ou dans un appareil de Woulf, suivant qu'on veut obtenir ce corps à l'état gazeux ou en solution dans l'eau. Il convient de placer dans de l'eau froide les flacons de l'appareil de Woulf et de ne les remplir qu'aux deux tiers d'eau distillée, parce que l'acide chlorhydrique, en se dissolvant dans l'eau, élève la température du liquide et en augmente le volume.

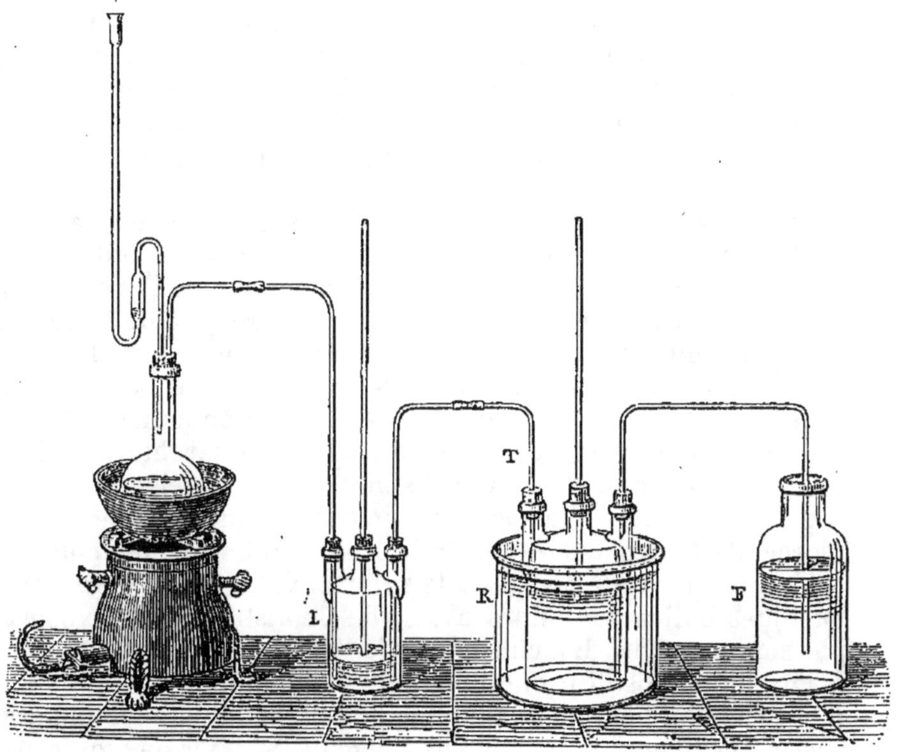

Fig. 11. — Appareil pour la préparation de l'acide chlorhydrique en solution (*).

c. **Impuretés.** — L'acide chlorhydrique se trouve à très bas prix dans le commerce. C'est un produit accessoire de la fabrication du sulfate de sodium qui lui-même sert à préparer le carbonate de sodium par le procédé Leblanc. Cet acide commercial contient divers impuretés qui sont le plus ordinairement : du *perchlorure de fer* provenant des cylindres dans lesquels s'est formé l'acide chlorhydrique ; de l'*acide sulfurique*, du *chlore*, de l'*arsenic* et des *sels*. Ces derniers sont fournis par l'eau employée à la condensation de l'acide.

Le perchlorure de fer colore l'acide en jaune. On en reconnaît

(*) L, flacon laveur. R, réfrigérant.

la présence à l'aide du ferrocyanure de potassium (V. § 166). L'acide chlorhydrique qui renferme du chlore, décolore l'indigo. S'il contient de l'acide sulfurique, le chlorure de baryum donne un précipité blanc insoluble dans une grande quantité d'eau et dans l'acide azotique (V. § 37). Enfin on peut reconnaître la présence de l'arsenic dans l'acide chlorhydrique soit à l'aide de l'appareil de Marsh (V. § 61), soit en faisant bouillir cet acide, étendu d'environ son volume d'eau, avec un peu d'hypophosphite de potassium. Si l'acide chlorhydrique est arsenical, il ne tarde pas à se colorer en brun, et peu à peu il se dépose au fond du vase de l'arsenic métalloïdique sous forme d'un précipité brun foncé.

Pour purifier cet acide, il suffit de le distiller avec un peu d'hypophosphite de baryum. L'acide sulfurique est précipité à l'état de sulfate de baryum ; le chlore, en présence de l'eau, joue le rôle d'oxydant indirect, s'empare de l'hydrogène de l'eau pour se transformer en acide chlorhydrique, tandis que l'oxygène oxyde l'acide hypophosphoreux ; les composés de l'arsenic sont réduits par l'acide hypophosphoreux en arsenic métalloïdique, qui se précipite en flocons bruns : enfin le perchlorure de fer et les sels ne passent pas à la distillation (R. Engel).

Ainsi, par une seule opération on peut purifier l'acide du commerce de toutes les impuretés qui le souillent. Quelquefois cet acide renferme un peu d'acide sulfureux. On y fait alors passer quelques bulles de chlore avant de le distiller sur l'hypophosphite de baryum. Le chlore oxyde l'acide sulfureux et le transforme en acide sulfurique.

L'opération s'exécute de la manière suivante : on étend l'acide avec de l'eau pour l'amener à une densité de 1,13 ; on ajoute alors environ 4 grammes d'hypophosphite par litre d'acide, on introduit le tout dans une cornue et l'on distille. Aussitôt que le liquide commence à entrer en ébullition, il se trouble et se colore en brun s'il est arsenical. On rejette le premier dixième, qui pourrait encore renfermer des traces de composé arsenical qui aurait échappé à la réduction, on change de récipient et l'on continue alors la distillation presque jusqu'à siccité.

La distillation doit être menée avec soin, de façon à ce qu'il n'y ait pas de projection. Nous verrons, à propos de l'acide sulfurique, une disposition très commode pour atteindre ce but.

d. Propriétés. 1° PHYSIQUES. — L'acide chlorhydrique est un gaz incolore, d'une odeur et d'une saveur acides et piquantes, d'une densité égale à 1,27. Il se liquéfie à 0° sous une pression de 26,2 atmosphères. Il est très-soluble dans l'eau, qui en dissout jusqu'à 500 fois son volume à 0°. Il forme avec ce liquide de véritables combinaisons ; aussi le gaz chlorhydrique répand-il à l'air humide des fumées blanches. Ces fumées augmentent considérablement lorsqu'on en approche une baguette qu'on a trempée dans une solution d'ammoniaque. Il se forme, dans ce cas, du chlorure d'ammonium. Chauffée, la solution saturée à froid d'acide chlorhydrique perd une certaine quantité du gaz qu'elle a dissous. Mais, même à l'ébullition, l'eau ne perd pas la totalité de l'acide chlorhydrique. Dès que la température atteint 110°, il passe à la distillation un liquide ayant pour formule : $HCl + 8H^2O$.

La solution saturée d'acide chlorhydrique fume aussi à l'air. Celle qu'on emploie en médecine marque 1,17 au densimètre (Codex).

2° CHIMIQUES. — L'acide chlorhydrique est un acide puissant. Il est incombustible et éteint les corps en combustion. Il est attaqué par un grand nombre de métaux, parmi lesquels je citerai le sodium, le zinc, le fer, etc. Le cuivre, l'argent, ne décomposent pas l'acide chlorhydrique en vase clos ; mais en présence de l'air la décomposition a lieu.

$$2Cu + O^2 + 4HCl = 2CuCl^2 + 2H^2O$$

Cuivre.   Oxygène.   Acide   Chlorure   Eau.
                       chlorhydrique. de cuivre.

L'or et le platine ne sont pas attaqués par l'acide chlorhydrique, même en présence de l'air.

En présence des oxydes métalliques, l'acide chlorhydrique donne naissance à de l'eau et à un chlorure. Ex. :

$$HgO + 2HCl = HgCl^2 + H^2O$$

Oxyde de   Acide   Chlorure de   Eau.
mercure.   chlorhydrique. mercure.

Certains corps oxydants, notamment l'acide azotique, agissent à une douce température sur l'acide chlorhydrique, l'oxydent en mettant le chlore en liberté.

$$2AzO^3H + 6HCl = 3Cl^2 + 4H^2O + 2AzO$$

Acide   Acide   Chlore.   Eau.   Bioxyde
azotique. chlorhydrique.   d'azote.

Il se forme aussi dans cette réaction des oxychlorures d'azote tels que $AzOCl$.

Aussi le mélange d'acide chlorhydrique et d'acide azotique dissout-il l'or et le platine que ne dissout ni l'acide chlorhydrique, ni l'acide azotique. La propriété de dissoudre l'or, le *roi des métaux*, a fait donner le nom d'*eau régale* à ce mélange. L'eau régale dont on se sert habituellement est un mélange de 4 parties d'acide chlorhydrique et de 1 partie d'acide azotique. Elle est également un puissant agent d'oxydation, le chlore s'emparant de l'hydrogène de l'eau dont l'oxygène devient libre et se porte sur les substances oxydables en contact avec l'eau régale.

L'acide chlorhydrique corrode la plupart des tissus organiques et les colore en jaune. Les tissus noirs sont colorés en rouge. Après quelques jours, la tache, de rouge qu'elle était, passe au brun.

e. Caractères. — *L'acide chlorhydrique donne, lorsqu'on le traite par l'azotate d'argent, un précipité blanc de chlorure d'argent insoluble dans l'acide azotique, soluble dans l'ammoniaque.*

f. Toxicologie. 1º ACTION SUR L'ÉCONOMIE. — *L'acide chlorhydrique est un caustique puissant.* Il n'est toxique que lorsqu'il est introduit dans le tube digestif à l'état concentré. Il provoque alors des vomissements et produit des phénomènes inflammatoires et des ulcérations sur toutes les parties de la muqueuse du tube digestif avec lesquelles il se trouve en contact. Il peut même amener des perforations de l'estomac. Aussi y a-t-il souvent dans cet organe des hémorrhagies par suite de la rupture de capillaires ou d'artères. Les vomissements sont alors bruns (*couleur de café*), l'acide chlorhydrique ayant la propriété, en agissant sur le sang, de lui communiquer une coloration brune.

2º ANTIDOTES. — Dans un cas d'empoisonnement par un des acides chlorhydrique, sulfurique ou azotique, il faut au plus tôt neutraliser l'acide au moyen d'une base. *On donnera la préférence à l'hydrate de magnésie ou à la magnésie calcinée,* qu'on peut administrer, sans inconvénient, en grande quantité.

Les carbonates alcalins, la craie, neutraliseraient aussi ces acides ; mais ils ont l'inconvénient de dégager, sous l'influence d'un acide, une grande quantité d'anhydride carbonique. Ce gaz distend l'estomac et en favorise la rupture.

Si l'on n'a pas de magnésie sous la main, on pourra avantageusement donner au patient de l'eau de savon. Les savons ordinaires sont des combinaisons de sels de sodium et d'acides gras insolubles (V. *Savons*). Mis en présence des acides chlorhydrique, sulfurique ou azotique, ils sont décomposés. Il se forme un sel de sodium et l'acide gras insoluble est mis en liberté.

3º RECHERCHE. — Les matières vomies, ou le contenu du tube digestif, présentent une réaction *fortement acide.*

La présence de l'acide chlorhydrique ne peut être constatée

directement, dans ces matières, à l'aide de l'azotate d'argent (*ibid.*, *e..* p. 58), parce que ce sel précipite un grand nombre de substances organiques et que les liquides de l'économie renferment toujours des chlorures que précipiterait également l'azotate d'argent. Pour isoler l'acide chlorhydrique on distille les matières suspectes dans une cornue munie d'un récipient, à une température qui ne dépasse pas 110° cent. On favorise le départ de l'acide chlorhydrique en faisant passer dans la cornue un courant d'air ou d'anhydride carbonique. Le liquide distillé, s'il renferme de l'acide chlorhydrique, donnera avec l'azotate d'argent un précipité blanc de chlorure d'argent. Le poids de ce chlorure permettra de calculer celui de l'acide chlorhydrique. Il est indispensable, pour pouvoir conclure à un empoisonnement, de savoir quelle est la quantité d'acide chlorhydrique qui se trouvait dans ces matières suspectes, car on obtient toujours de petites quantités d'acide chlorhydrique lorsqu'on distille le contenu de l'estomac. L'expert ne pourra donc conclure à un empoisonnement, que si les quantités d'acide chlorhydrique trouvées sont un peu fortes, supérieures à 1 gramme, par exemple,

g. Physiologie. — 1° *Origine.* Nous avons dit que l'acide chlorhydrique se trouve dans le suc gastrique. A côté de lui on trouve encore dans l'estomac d'autres acides, notamment l'acide lactique. Quelques auteurs ont même prétendu que ce dernier acide était le seul acide constant du suc gastrique.

La plupart des expérimentateurs s'accordent toutefois à dire que l'on trouve toujours de l'acide chlorhydriqne en excitant mécaniquement la muqueuse stomacale d'un animal soumis à un jeûne prolongé. Cet acide est donc sécrété par les glandes de l'estomac, probablement aux dépens du chlorure de sodium en présence de l'eau. La cause de cette décomposition est encore inconnue.

Ce qu'il était important de savoir, ce qui semble irréfutablement démontré, c'est le fait de la sécrétion de l'acide chlorhydrique par les glandes de la muqueuse stomacale. Le suc gastrique une fois dans l'estomac, mélangé au bol alimentaire, peut renfermer d'autres acides. Nous montrerons en effet plus loin que des acides organiques et des sels de ces acides prennent naissance dans le tube digestif aux dépens des matières alimentaires. Les discussions qui se sont élevées sur la question de savoir quel est à ce moment l'acide libre me paraissent stériles. En effet, le suc gastrique renferme alors à la fois du chlorure de sodium, des lactates alcalins et un acide libre. Si cet acide est de l'acide chlorhydrique, il mettra en liberté de l'acide lactique et inversement.

(V. §7, p. 38). Une expérience de Thudichum montre bien la décomposition des chlorures de sodium par l'acide lactique. Cet acide ne coagule pas l'albumine. Il en est de même du chlorure de sodium. L'acide chlorhydrique au contraire la coagule. Si on traite l'albumine par de l'acide lactique, on n'observe donc aucune coagulation ; mais qu'on ajoute au mélange un peu de sel marin et immédiatement la coagulation a lieu. Il y a donc eu formation d'acide chlorhydrique.

2º *Élimination.* Lorsque le chyme (1) acide pénètre dans l'intestin, l'acide chlorhydrique est neutralisé par les liquides alcalins du tube intestinal et passe à l'état de sel.

3º *Rôle physiologique.* L'acide chlorhydrique est un des facteurs du phénomène de la digestion stomacale. Si on sature l'acide libre du suc gastrique à l'aide de carbonates alcalins, la digestion est arrêtée. Un excès d'acide libre peut également interrompre les phénomènes de la digestion ; d'où l'emploi en médecine des antacides.

Acidimétrie et alcalimétrie. — Les acides constituent une classe nombreuse de corps. Nous venons de faire l'étude d'un de ces composés, l'acide chlorhydrique. Il importe souvent de pouvoir déterminer la quantité d'acide contenue dans une solution. L'*acidimétrie* a précisément pour but la détermination, à l'aide de liqueurs titrées, de la quantité d'acide contenue dans une solution.

a. Analyse quantitative par les pesées et par les liqueurs titrées. — On peut faire l'analyse quantitative d'un corps, c'est-à-dire en déterminer la proportion relative dans un mélange, par la méthode des pesées ou par la méthode volumétrique.

Dans le premier cas, on fait, à l'aide de réactifs, entrer les éléments de la substance à analyser dans des combinaisons nouvelles, faciles à isoler et à peser. L'acide chlorhydrique, par exemple, peut être précipité par l'azotate d'argent à l'état de chlorure d'argent, qu'on peut recueillir sur un filtre, laver, dessécher et peser. Du poids du chlorure d'argent il est facile de déduire celui du chlore et par suite celui de l'acide chlorhydrique, car on sait que dans le chlorure d'argent les poids relatifs du chlore et de l'argent sont 35,5 et 108, et que dans l'acide chlorhydrique il entre en poids 35,5 de chlore et 1 d'hydrogène.

Dans la méthode volumétrique on ne pèse pas la combinaison formée sous l'influence d'un réactif; mais on détermine la quantité de réactif nécessaire pour produire une réaction quelcon-

---

(1) Chyme, masse alimentaire élaborée par la digestion stomacale.

que, et on calcule d'après cette quantité la proportion de la substance qu'on veut doser. La fin de la réaction doit pouvoir être saisie avec facilité. Ordinairement on a recours à un *réactif indicateur*.

Dans toute analyse volumétrique, il y aura donc à étudier :

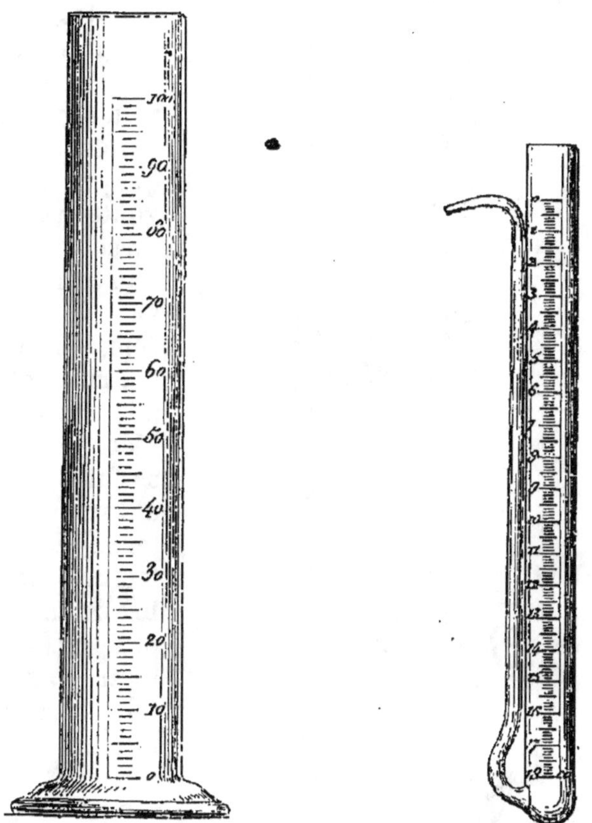

Fig. 12. — Éprouvette graduée.   Fig. 13. — Burette graduée.

1° le principe sur lequel elle repose, c'est-à-dire la réaction que l'on détermine et qui sert à calculer la quantité du corps que l'on analyse ; 2° le réactif indicateur ou le phénomène quelconque qui permet de reconnaître la fin de la réaction.

Pour faire une analyse volumétrique, il faut : 1° une dissolution du réactif qui sert à déterminer la réaction, dont la valeur soit exactement connue. Pour préparer ces *liqueurs titrées*, on introduit un poids donné du réactif (ordinairement le poids de sa molécule) dans un ballon jaugé de 1 litre et on achève de remplir d'eau jusqu'au trait de jauge. Supposons que le poids du réactif soit 98 grammes. On saura que 1 litre ou 1000 centimètres cubes de la liqueur ainsi préparée renferment 98 grammes ; donc 1 centimètre cube renfermera $0^{gr},098$ du réactif. On peut aussi se servir, moins avantageusement, pour la préparation des liqueurs titrées d'éprouvettes graduées (*fig.* 12) ; 2° des burettes graduées qui permettent de verser goutte à goutte la liqueur titrée dans la dissolution du corps que l'on veut doser. La figure 13 représente un de ces instruments. On le remplit jusqu'au trait 0. L'écoulement du liquide se fait par le tube étroit, et lorsque la réaction est terminée, une simple lecture indique le nombre de centimètres cubes et de dixièmes de centimètre cube employés. La figure 16 représente une autre forme de burette et fait voir en même temps la manière de s'en servir. La burette la plus commode est celle de Mohr (*fig.* 14). Un tube, *b*, étiré en pointe, est réuni à cette burette à l'aide d'un caoutchouc qui est fermé par une pince métallique *c*. Cette pince peut être ouverte plus ou moins par une pression exercée sur les deux extrémités terminées en plateaux,

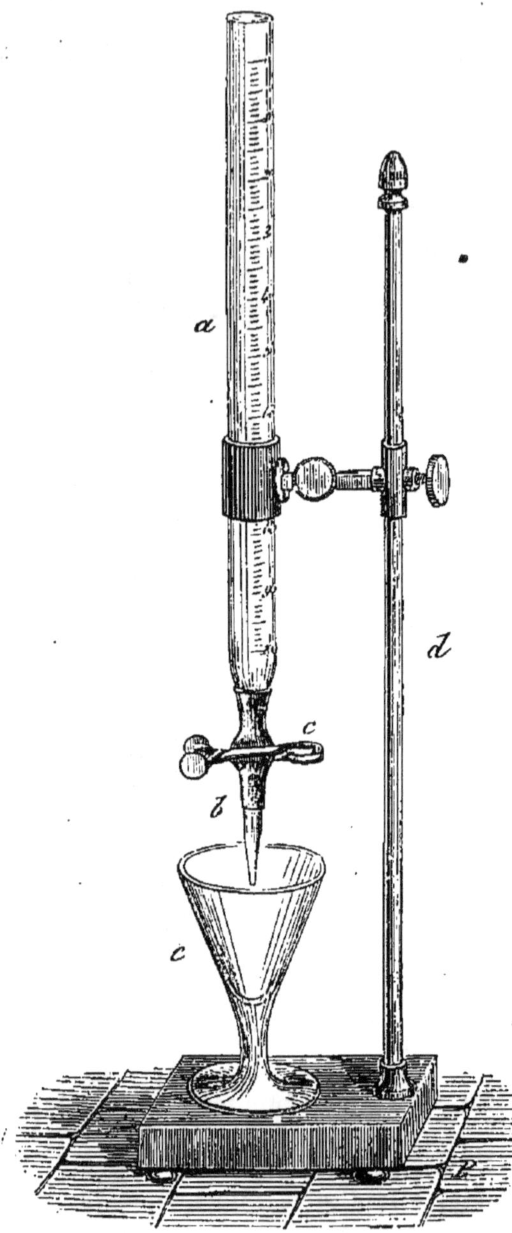

Fig. 14. — Burette de Mohr.

et alors l'écoulement du liquide a lieu. Enfin, les burettes à robinet (*fig.* 15) permettent de se servir des liquides qui attaquent le caoutchouc; 3° des pipettes graduées (*fig.* 16. F) destinées à prélever des quantités connues du liquide à analyser.

b. Principe sur lequel repose l'acidimétrie. — Le principe sur lequel repose l'acidimétrie est le suivant : Lorsque dans une solution d'un acide on verse une base, l'acide est saturé par la base, de manière à former un sel (V. §7, p. 37). La réaction, dans le cas de l'acide chlorhydrique, est exprimée par la formule :

$$HCl + NaOH = H^2O + NaCl.$$

Les poids moléculaires de la soude et de l'acide chlorhydrique sont respectivement 40 et 36,5. Si donc nous avons une liqueur titrée renfermant 40 p. 1000 de soude caustique, chaque centimètre cube de cette liqueur renfermera 0,040 de réactif et neutralisera 0,0365 d'acide chlorhydrique. S'il a fallu n centimètres cubes de liqueur titrée de soude pour neutraliser une quantité déterminée de la liqueur acide, nous

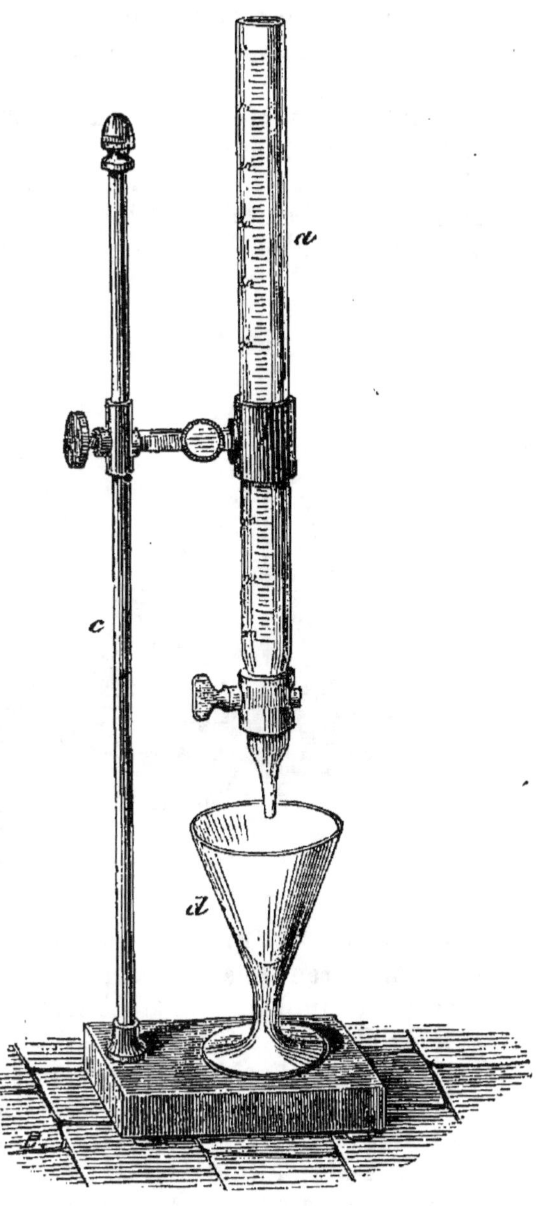

Fig. 15. — Burette à robinet.

saurons que cette liqueur renferme n fois 0,0365 d'acide chlorhydrique.

c. Réactif indicateur. — On sait que la teinture de tournesol est rougie par les acides et ramenée au bleu par les bases. En ajoutant donc au liquide acide un peu de teinture de tournesol, on aura une liqueur colorée en rouge qui passera au bleu sous l'influence d'une goutte de soude, dès que tout l'acide aura été neutralisé. Le passage du *rouge au bleu* indique donc la fin de la réaction.

d. Alcalimétrie. — L'alcalimétrie est l'opération inverse de l'acidimétrie. Elle a pour but la détermination de la quantité d'une base contenue dans une solution et se fait à l'aide d'une dissolution titrée d'un acide. La fin de l'opération est indiquée par le passage du *bleu au rouge* de la teinture de tournesol.

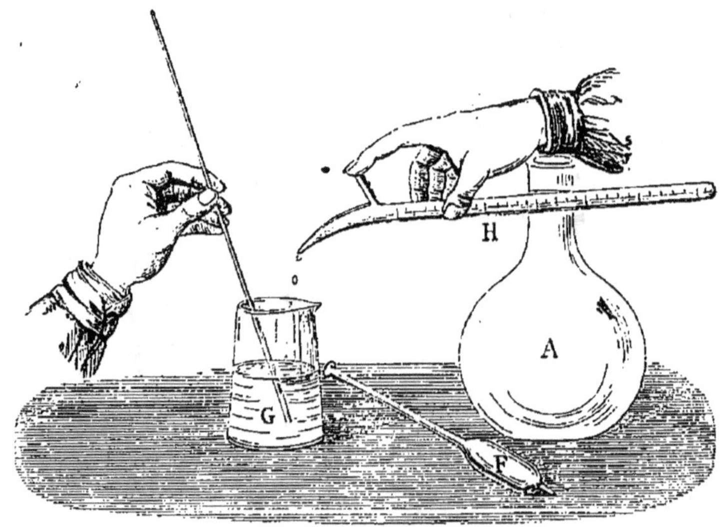

Fig. 16. — Acidimétrie.

Remarque. — On se sert, en général, pour l'alcalimétrie d'une solution titrée d'acide sulfurique, préparée en pesant 98 grammes (poids moléculaire de l'acide sulfurique) ou $9^{gr},8$ (solution *décime*) d'acide sulfurique et étendant à 1 litre. Mohr a substitué avec avantage l'acide oxalique à l'acide sulfurique.

Quant à la dissolution de soude caustique titrée, on la prépare en dosant (par l'alcalimétrie) la quantité de soude contenue dans une dissolution plus concentrée que ne doit l'être la liqueur titrée, et on ajoute alors la quantité d'eau nécessaire pour que 1 litre de la dissolution renferme 40 grammes de soude.

§ 13. — **Chlorures.**

a. Procédés de préparation. — On obtient les chlorures :

1° *Par l'action directe du chlore sur les éléments.* Le chlore s'unit directement à la plupart des métaux et des métalloïdes. La combinaison a lieu le plus souvent avec dégagement de chaleur et de lumière. On prépare par ce procédé les chlorures de phosphore, de soufre, d'arsenic, etc.

Ce procédé est employé fréquemment avec une modification importante. Certains composés oxygénés ne sont pas réduits par le charbon, de telle sorte qu'il est impossible d'en isoler ainsi le métal ou le métalloïde. Or si on traite un pareil composé, la silice SiO^2 par exemple, à la fois par le charbon et par le chlore, le premier de ces corps s'empare de l'oxygène, le second du silicium avec formation de chlorure de silicium. La molécule SiO^2 indécomposable par le charbon seul est décomposable par la somme des affinités du chlore et du charbon. On prépare ainsi les chlorures de bore, de silicium, d'aluminium, etc.

2° *En faisant agir l'acide chlorhydrique sur les métaux* (V. § 12, p. 57). Le chlorure ferreux et le chlorure de zinc se préparent par ce procédé (Codex).

3° *En faisant agir l'eau régale sur les métaux que ne dissout pas l'acide chlorhydrique.* Ex. : chlorure d'or (Codex), chlorure de platine.

4° *En traitant par l'acide chlorhydrique les oxydes, les carbonates, les sulfures métalliques*

On prépare les chlorures de calcium, de magnésium et de potassium, en dissolvant dans l'acide chlorhydrique les carbonates correspondants, et les chlorures de baryum et d'antimoine en faisant agir l'acide chlorhydrique sur les sulfures de ces métaux (Codex).

Les lois de Berthollet nous permettent de nous rendre compte de la formation des chlorures dans le quatrième mode de production. Elles nous expliquent également les deux modes de production suivants :

5° *Certains chlorures volatils s'obtiennent en soumettant à la distillation un mélange de chlorure de sodium et de sulfate du métal correspondant.* Ainsi, par exemple, le sublimé corrosif (chlorure mercurique) et le calomel (chlorure mercureux) s'obtiennent en distillant un mélange de chlorure de sodium et, suivant le cas, de sulfate mercurique ou de sulfate mercureux (Codex).

6° *Certains chlorures insolubles s'obtiennent en précipitant par le chlorure de sodium ou l'acide chlorhydrique une solution d'un sel du métal dont on veut le chlorure.* Ex. : Calomel *par précipitation* (Codex), chlorure d'argent.

b. Propriétés. 1° PHYSIQUES. — *Tous les chlorures non décomposables par l'eau* (V. plus bas) *sont solubles dans ce liquide, à l'exception du chlorure d'argent, du chlorure mercureux et du chlorure cuivreux.* Le chlorure de plomb est peu soluble dans l'eau.

Il existe des chlorures métalliques liquides ($SnCl^4$, $SbCl^5$); d'autres sont solides, mais fusibles à une température peu élevée; on les désigne encore quelquefois sous le nom de *beurres.* Ex. : Protochlorure ou beurre d'antimoine. La plupart des chlorures sont solides, cristallisables, fusibles et volatils à une haute température.

2° CHIMIQUES. — Les chlorures ont une grande tendance à s'unir entre eux pour former des chlorures doubles :

$$PtCl^4 \ + \ 2KCl \ = \ PtCl^6K^2$$

Tétrachlorure   Chlorure   Chloroplatinate
de platine.   de potassium.   de potassium.

L'eau décompose certains chlorures en acide chlorhydrique et en oxyde du métal. Ainsi, lorsqu'on évapore une solution de chlorure de magnésium, il arrive un moment où il se dégage de l'acide chlorhydrique en même temps qu'il se forme de la magnésie. Le chlorure d'aluminium et le chlorure ferrique se comportent de même. Les chlorures d'antimoine et de bismuth ne peuvent être obtenus en solution que dans l'eau fortement acidulée par de l'acide chlorhydrique ; car l'eau les décompose immédiatement en acide chlorhydrique, avec formation d'un oxychlorure (V. § 67).

c. Caractères. — 1° *Les chlorures solides traités par l'acide sulfurique concentré donnent (à l'exception des chlorures d'argent, de mercure et d'étain) des fumées blanches d'acide chlorhydrique;*

2° *Additionnés de bioxyde de manganèse et d'acide sulfurique étendu, ils dégagent du chlore ;*

3° *L'azotate d'argent donne dans une dissolution d'un chlorure un précipité blanc caillebotté de chlorure d'argent insoluble dans l'acide azotique, soluble dans l'ammoniaque.*

Les chlorures insolubles peuvent être transformés en chlorures solubles par la fusion avec du carbonate de potassium dans un creuset de porcelaine.

d. Chlorurométrie. — La chlorurométrie est le dosage des chlorures ou de l'acide chlorhydrique par la méthode dite des volumes ou par liqueurs titrées.

1° PRINCIPE. — Nous savons que l'azotate d'argent donne avec

les chlorures un précipité blanc de chlorure d'argent d'après la
formule:

$$AzO^3Ag \quad + \quad NaCl \quad = \quad AgCl \quad + \quad AzO^3Na$$

| Azotate d'argent. | Chlorure de sodium. | Chlorure d'argent. | Azotate de sodium. |

Cette formule nous montre que chaque molécule d'azotate
d'argent détermine la précipitation d'un atome de chlore sous
forme de chlorure d'argent. Le poids de la molécule d'azotate
d'argent étant 170, il faudra 170 grammes de ce sel pour précipiter
35,5 gr. de chlore. Si donc nous dissolvons 17 grammes
d'azotate d'argent dans de l'eau et que nous étendions à 1 litre,
chaque centimètre cube de cette solution titrée renfermera
$0^{gr},017$ de ce sel et précipitera $0^{gr},00355$ de chlore.

On dose la quantité de chlorure qui se trouve en solution
dans un liquide quelconque, en prenant, par exemple, 10 centimètres cubes de ce liquide et en y versant goutte à goutte,
à l'aide d'une burette graduée, la solution d'azotate d'argent
jusqu'à ce qu'une goutte de la liqueur titrée n'y détermine plus
de précipitation.

2° RÉACTIF INDICATEUR. — Comme ce moment est difficile à
saisir, il vaut mieux ajouter un peu de chromate de potassium au
liquide renfermant le chlorure que l'on veut doser, à la condition
toutefois que le chlorure ne soit pas précipité par le chromate.
L'azotate d'argent donne avec le chromate de potassium un précipité rouge de chromate d'argent, et lorsqu'on verse graduellement de l'azotate d'argent dans une liqueur renfermant à la fois
un chlorure et du chromate de potassium, ce dernier n'est précipité
qu'après le chlorure. L'apparition d'une coloration rose indiquera
donc la fin de l'opération. Supposons maintenant qu'il ait fallu
pour arriver à ce résultat n centimètres cubes de la solution titrée
d'azotate d'argent, nous saurons qu'il y avait n fois 0,00355 de
chlore dans les 10 centimètres cubes de la solution chlorurée
sur laquelle nous avons opéré.

Remarque. Le précipité rouge de chromate d'argent *est soluble
dans les acides.* On ne peut donc se servir du chromate de potassium comme réactif indicateur qu'après avoir préalablement
neutralisé le liquide dans lequel on veut doser les chlorures ou
l'acide chlorhydrique.

§ 14. — COMBINAISONS DU CHLORE AVEC L'OXYGÈNE.

Le chlore forme avec l'oxygène plusieurs combinaisons. Ce sont des anhydrides, qui, en fixant les éléments de l'eau, donnent naissance à des acides qui n'existent en général qu'en solution dans l'eau ou à l'état de sels. L'anhydride de l'acide perchlorique n'est pas connu. On trouvera, dans le tableau suivant, la nomenclature et la composition des anhydrides et des acides oxygénés du chlore.

	Anhydrides.	Acides.
Hypochloreux..............	Cl^2O	$ClOH$
Chloreux................	Cl^2O^3	ClO^2H
Peroxyde de chlore......	Cl^2O^4	
Chlorique..............	Cl^2O^5	ClO^3H
	(Instable).	
Perchlorique	Cl^2O^7 (1)	ClO^4H
	(Inconnu).	

On sait que, pour passer de la formule d'un acide à celle d'un anhydride, il faut enlever au premier de ces corps, sous forme d'eau, tout l'hydrogène remplaçable par des métaux, qu'il contient (V. § 8, p. 41). Lorsque ces acides ne renferment qu'un atome d'hydrogène, comme les acides du chlore énumérés ci-dessus, on ne peut évidemment enlever une molécule d'eau qu'aux dépens de deux molécules d'acide :

$$\left. \begin{array}{c} ClO^3H \\ ClO^3H \end{array} \right\} - H^2O = Cl^2O^5$$

Acide chlorique.   Anhydride
(2 molécules.)   chlorique.

On comprend par là que les anhydrides contiennent tous deux atomes de chlore, tandis que les acides n'en renferment qu'un. Le peroxyde de chlore est un anhydride mixte d'acide chloreux et d'acide chlorique :

$$ClO^2H + ClO^3H - H^2O = Cl^2O^4$$

Acide   Acide   Peroxyde
chloreux.   chlorique.   de chlore.

En fixant de l'eau, il fournit en effet de l'acide chloreux et de l'acide chlorique.

____

(1) On connaît les anhydrides iodique I^2O^5 et périodique I^2O^7 correspondants.

Ces anhydrides et ces acides ne présentent pas d'intérêt au point de vue de l'art médical. Il n'en est pas de même de quelques-uns de leurs sels que nous étudierons plus loin.

Ce sont des corps, en général, instables et détonant avec violence sous l'influence de la chaleur ou même sous celle des rayons lumineux. La stabilité de leurs sels augmente avec leur teneur en oxygène. Le perchlorate de potassium, par exemple, est plus stable que le chlorate, qui, lui-même, se décompose moins facilement que l'hypochlorite. L'acide hypochloreux se décompose avec la plus grande facilité ; aussi cet acide et son anhydride jouissent-ils de propriétés décolorantes. Le pouvoir décolorant d'un volume d'anhydride hypochloreux Cl^2O est le double de celui d'un égal volume, c'est-à-dire d'une molécule Cl^2 de chlore. En effet, l'anhydride hypochloreux en se décomposant d'après la formule :

$$Cl^2O \;=\; Cl^2 \;+\; O$$

Anhydride hypochloreux.   Chlore.   Oxygène.

agit sur les matières organiques et par son chlore et par son oxygène, et enlève à ces matières quatre atomes d'hydrogène, tandis qu'une molécule de chlore n'en enlève que deux. L'atome d'oxygène provenant de la décomposition d'une molécule d'anhydride hypochloreux jouit donc du même pouvoir décolorant que deux atomes de chlore.

Deux molécules d'acide hypochloreux ont le même pouvoir décolorant qu'une molécule d'anhydride. En effet, en présence d'un corps oxydable, l'acide hypochloreux cède son oxygène et se dédouble suivant l'équation :

$$ClOH \;=\; O \;+\; HCl$$

Acide hypochloreux.   Oxygène.   Acide chlorhydrique.

Et l'acide chlorhydrique formé, réagissant sur une autre molécule d'acide hypochloreux, donne naissance à du chlore et à de l'eau :

$$ClOH \;+\; HCl \;=\; Cl^2 \;+\; H^2O$$

Acide hypochloreux.   Acide chlorhydrique.   Chlore.   Eau.

Quant à la constitution de ces composés, on s'en rend parfaitement compte en remarquant que deux atomes d'oxygène échangeant deux atomicités entre eux, forment un groupement (-O-O-)

bivalent comme l'oxygène lui-même ; que trois atomes d'oxygène peuvent de même s'unir et former un groupement ($-O-O-O$) bivalent, et ainsi de suite. Ces différents groupements bivalents sont saturés par un atome de chlore et un atome d'hydrogène pour former les acides, et par deux atomes de chlore pour former les anhydrides, comme le montrent les formules développées suivantes :

$$Cl - O - Cl$$
Anhydride
hypochloreux.

$$Cl - O - H$$
Acide
hypochloreux.

$$Cl - (O - O - O) - Cl$$
Anhydride chloreux.

$$Cl - (O - O) - H$$
Acide chloreux.

$$Cl - (O - O - O - O - O) - Cl$$
Anhydride chlorique.

$$Cl - (O - O - O) - H$$
Acide chlorique.

Ces formules permettent de se rendre compte de l'accumulation de l'oxygène et, en général, des éléments bivalents dans les composés.

§ 15. — Hypochlorites.

a. Procédé de préparation. — On obtient les hypochlorites :
1° *En faisant agir, à froid, le chlore sur les bases alcalines :*

$$2NaOH + Cl^2 = H^2O + NaCl + ClONa$$
Hydrate 　　Chlore.　　Eau.　　Chlorure　　Hypochlorite
de sodium.　　　　　　　　　de sodium.　de sodium.

On prépare dans l'industrie, par ce procédé, l'hypochlorite de calcium en faisant passer un courant de chlore sur de la chaux éteinte. On obtient ainsi un mélange de chlorure de calcium et d'hypochlorite de calcium qui porte dans le commerce le nom de *chlorure de chaux.* Le chlorure de chaux du commerce n'est donc pas un composé chimique défini, mais bien un mélange de deux composés (1).

Lorsqu'au lieu de faire passer un courant de chlore sur un hy-

(1) La composition exacte du chlorure de chaux n'est pas encore connue d'une façon certaine. Dans tous les cas, le chlorure de chaux se comporte comme un mélange de chlorure de calcium et d'hypochlorite de calcium. — Stahlschmidt (*Deuts. chem. Ges.*, t. VII, p. 869) a émis sur la constitution du chlorure de chaux l'opinion suivante, qui me semble la plus vraisemblable : le chlorure de chaux sec est un mélange de chlorure de calcium et d'hypochlorite basique $Ca\big\langle{{OCl}\atop{OH}}$. Celui-ci, au contact de l'eau, se dédouble en hydrate calcique et en hypochlorite neutre $CaCl^2O\,2$.

drate alcalin, on traite par le chlore de l'oxyde rouge de mercure en suspension dans l'eau, il se forme du chlorure mercurique qui, s'unissant à un excès d'oxyde de mercure, donne naissance à un oxychlorure insoluble ; mais on n'obtient pas d'hypochlorite de mercure. L'acide hypochloreux reste en solution dans l'eau :

$$2Cl \ + \ HgO \ + \ H^2O \ = \ HgCl^2 \ + \ 2ClOH$$

Chlore.   Oxyde de mercure.   Eau.   Chlorure mercurique.   Acide hypochloreux.

Si l'on dirige un courant de chlore sur de l'oxyde de mercure sec, on obtient un gaz jaune rougeâtre qui se liquéfie à 20° et qui constitue l'anhydride hypochloreux :

$$2Cl^2 \ + \ HgO \ = \ Cl^2O \ + \ HgCl^2$$

Pour obtenir les hypochlorites à l'état de pureté, il faut saturer l'acide libre, obtenu comme il vient d'être dit, par des hydrates métalliques.

2° *On prépare encore les hypochlorites de sodium et de potassium, en précipitant une dissolution d'hypochlorite de calcium par du carbonate de sodium ou de potassium.*

Il se précipite du carbonate de calcium insoluble, et l'hypochlorite alcalin reste en dissolution. On emploie, non pas l'hypochlorite de calcium pur, mais bien le chlorure de chaux, de telle sorte qu'on obtient un mélange de chlorure et d'hypochlorite de potassium ou de sodium :

$$CaCl^2 \ + \ Cl^2O^2Ca \ + \ 2CO^3Na^2 \ = \ 2CO^3Ca \ + \ 2ClNa \ + \ 2ClONa$$

Chlorure de chaux.   Carbonate de sodium.   Carbonate de calcium.   Chlorure de soude.

Ces mélanges portent, dans le commerce, le nom de *chlorure de soude* (liqueur de Labarraque) et de *chlorure de potasse* (eau de javelle).

b. Propriétés. — Les hypochlorites de calcium, de potassium et de sodium, dont on se sert dans l'industrie et en médecine, sont toujours mêlés respectivement de chlorures de calcium, de potassium et de sodium. Ces trois hypochlorites sont solubles dans l'eau.

1° Ce sont des sels instables. Lorsqu'on fait bouillir leur dissolution, ils se transforment en un mélange de chlorure et de chlorate :

$$3ClOK \ = \ 2ClK \ + \ ClO^3K$$

Hypochlorite de potassium.   Chlorure de potassium.   Chlorate de potassium.

2° Sous l'influence des acides, l'acide hypochloreux est mis en liberté. Nous avons vu que cet acide jouit de propriétés oxydantes énergiques. Aussi se sert-on des *chlorures décolorants* dans l'industrie et en médecine pour désinfecter les salles d'hôpitaux, les prisons; pour laver les plaies, etc. Les acides les plus faibles, l'acide carbonique de l'air, par exemple, suffisent pour mettre l'acide hypochloreux en liberté.

3° Les hypochlorites dégagent leur oxygène sous l'influence de la chaleur. Il se forme d'abord du chlorate qui ultérieurement est transformé en chlorure et en oxygène (V. § 24). Lorsqu'on ajoute un peu d'oxyde de cobalt à une dissolution concentrée d'un hypochlorite, il se fait, à une température inférieure à la température d'ébullition de la dissolution, un dégagement régulier d'oxygène. Une petite quantité d'oxyde de cobalt transforme une quantité presque illimitée d'hypochlorite en chlorure et en oxygène :

$$2ClONa = 2ClNa + O^2$$

Il se forme probablement sous l'influence de l'action oxydante de l'hypochlorite, un acide cobaltique qui perd son oxygène au fur et à mesure de sa formation.

Le chlorure de chaux est un corps solide, blanc, pulvérulent. On possède, dans cette substance, un moyen de transporter du chlore et de le dégager à volonté. Le chlorure de soude est surtout employé, comme désinfectant, pour le lavage des plaies.

c. Caractères. — *1° Traités par l'acide sulfurique, les hypochlorites donnent lieu à un dégagement de chlore.*

2° Lorsqu'on les calcine, on obtient de l'oxygène.

d. Chlorométrie. — La *chlorométrie* a pour but de déterminer, par la méthode des volumes, la quantité de chlore *actif* que peut donner un hypochlorite. Elle s'applique également au dosage du chlore libre.

1° PRINCIPE. — La chlorométrie repose sur le principe suivant : l'anhydride arsénieux en présence de l'eau est transformé en anhydride arsénique par le chlore d'après la formule :

$$As^2O^3 + 2H^2O + 2Cl^2 = As^2O^5 + 4HCl.$$

| Anhydride arsénieux. | Eau. | Chlore | Anhydride arsénique. | Acide chlorhydrique. |

2° RÉACTIF INDICATEUR. — La fin de la réaction est indiquée par la décoloration d'une goutte d'indigo mise dans la solution titrée d'anhydride arsénieux, solution dans laquelle on verse, à l'aide d'une burette graduée, le chlorure décolorant.

Celte méthode (Gay-Lussac) présente le grand inconvénient de ne pas posséder une réaction nette, indiquant la fin de l'opération. En effet, le chlore décompose par places l'indigo qui ne peut plus se régénérer ; par conséquent, le liquide se décolore peu à peu, sans que l'anhydride arsénieux soit complètement oxydé.

Mohr a modifié heureusement le procédé de Gay-Lussac en employant la méthode dite *par reste*. Voici comment on opère : dans une quantité connue d'une dissolution d'hypochlorite, on verse un volume également connu et excédant d'une liqueur titrée d'arsénite de sodium. Une partie de l'arsénite est oxydée et il en reste une certaine quantité non altérée. On dose cet excès d'arsénite par une dissolution titrée d'iode (V. § 18). On connaît ainsi la quantité d'arsénite qui a été oxydée par le chlore actif contenu dans la solution du chlorure décolorant.

On prépare la liqueur arsénieuse en dissolvant $4^{gr},95$ ou $1/40$ du poids moléculaire As^2O^3 d'anhydride arsénieux dans du bicarbonate de sodium et étendant à un litre. Comme un poids d'anhydride arsénieux égal au poids de la molécule de ce corps exige, d'après la formule ci-dessus, quatre atomes de chlore pour être converti en anhydride arsénique, le $1/40$ du poids moléculaire d'anhydride arsénieux exigera le $1/10$ du poids atomique du chlore, soit $3^{gr},55$; 1 centimètre cube de la solution d'arsénite de sodium, contenant $0,00495$ d'anhydride arsénieux, correspond donc à $0,00355$ de chlore.

§ 16. — **Chlorates.**

On n'emploie en médecine que le chlorate de potassium, dont on se sert dans le traitement des inflammations de la bouche.

a. Préparation. — 1° *On prépare le chlorate de potassium en faisant passer un courant de chlore dans une dissolution chaude et concentrée de potasse :*

$$3Cl^2 \ + \ 6KOH \ = \ 3H^2O \ + \ 5KCl \ + \ ClO^3K$$

Chlore.	Potasse.		Eau.	Chlorure	Chlorate
				de potassium.	de potassium.

On obtient ainsi, comme le montre la formule, un mélange de chlorure et de chlorate de potassium. Ce dernier sel, moins soluble que le premier, cristallise par le refroidissement, tandis que le chlorure de potassium reste en dissolution dans les eaux mères.

On obtient encore le chlorate de potassium en faisant bouillir une dissolution de chlorure de potassium avec du chlorure de chaux. Par l'ébullition, le chlorure de chaux est transformé en un mélange de chlorure et de chlorate de calcium ; et par le refroidissement de la liqueur, il se fait une double décomposition, par suite de laquelle le chlorate de potassium peu soluble à froid se dépose en cristaux.

b. Propriétés. 1° PHYSIQUES. — Tous les chlorates sont solubles dans l'eau. Le chlorate de potassium est le moins soluble de tous. Il ne se dissout que dans vingt parties d'eau froide et dans un peu moins de deux parties d'eau bouillante.

Ils cristallisent. Le chlorate de potassium est en lames hexagonales anhydres.

2° CHIMIQUES. — Lorsqu'on traite le chlorate de potassium par l'acide chlorhydrique, il se produit un gaz jaune clair, mélange de chlore et de composés oxygénés du chlore. On se sert souvent de l'action de l'acide chlorhydrique sur le chlorate de potassium pour détruire les matières organiques dans les recherches toxicologiques.

Le chlorate de potassium et les chlorates alcalins et alcalino-terreux se décomposent par la chaleur en chlorure et en oxygène (V. § 24, p. 89) :

$$2KClO^3 = 2KCl + 3O^2$$

Lorsqu'on chauffe le chlorate de potassium, il entre en fusion à 400° et se décompose comme il vient d'être dit. Mais avant que la décomposition soit complète, il se transforme en partie en perchlorate ClO^4K et en chlorure :

$$2ClO^3K = ClO^4K + O^2 + ClK$$

Les autres chlorates se décomposent en oxyde, chlore et oxygène :

$$2(ClO^3)^2Mg = 2MgO + 2Cl^2 + 5O^2$$

Aussi les chlorates sont-ils des oxydants énergiques. Ils fusent sur le charbon. Lorsqu'on mélange du chlorate de potassium avec du soufre ou du phosphore, il détone violemment par le choc.

c. Caractères. — Les chlorates se reconnaissent aux caractères suivants:

1° *Traités par l'acide sulfurique, ils se colorent en rouge en même temps qu'il se dégage un gaz jaune verdâtre, détonant sous l'influence de la chaleur.*

Ce gaz est du peroxyde de chlore. L'acide chlorique, mis en

liberté par l'action de l'acide sulfurique sur le chlorate de potassium, se décompose, s'oxyde en partie lui-même et il se forme
ainsi de l'acide perchlorique et du peroxyde de chlore, d'après
l'équation :

$$3ClO^3K + 3SO^4H^2 = H^2O + ClO^4H + Cl^2O^4 + 3SO^4KH$$

Chlorate   Acide   Eau.   Acide   Peroxyde   Sulfate
de potassium.   sulfurique.   perchlorique.   de chlore.   acide
de potassium.

*2° Calcinés, ils dégagent de l'oxygène mélangé quelquefois de
chlore.*

*3° Ils ne possèdent pas de pouvoir décolorant avant l'addition
d'un acide minéral.*

<h2 style="text-align:center">§ 17. — BROME.</h2>

Découvert par Balard, en 1826. — *Étymologie :* βρῶμος, fétide. — *Poids atomique :* 8.
— *Poids moléculaire :* 160.

a. État naturel; emploi en médecine et en pharmacie.
— Le brome n'existe pas, à l'état de liberté, dans la nature ;
mais on le rencontre toujours en petites quantités en combinaison avec des métaux dans l'eau de la mer (bromures de sodium
et de magnésium), dans les eaux mères des soudes de varech,
dans certaines eaux minérales, etc. Les eaux de la mer Morte
surtout sont relativement riches en bromures.

D'après Rabuteau, les urines de l'homme renferment constamment de petites quantités de bromures. Elles lui sont fournies
par les aliments, surtout par le sel qui n'a pas été suffisamment purifié.

Le brome est rarement employé à l'intérieur. On s'en sert à
l'extérieur comme désinfectant (plaies gangréneuses, pourriture
d'hôpital) et comme caustique.

b. Préparation. — On prépare le brome en décomposant
le bromure de potassium par le peroxyde de manganèse et l'acide
sulfurique (§ 10, p. 55) :

$$2BrK + MnO^2 + 2SO^4H^2 = SO^4K^2$$

Bromure   Peroxyde   Acide   Sulfate
de potassium.   de   sulfurique   de potassium.
manganèse.

$$+ SO^4Mn + 2H^2O + Br^2$$

Sulfate   Eau.   Brome.
de manganèse.

L'opération s'effectue dans une cornue bouchée à l'émeri et munie d'une allonge et d'un récipient refroidi dans lequel le brome se condense (*fig.* 17).

L'industrie se sert, pour préparer le brome, du bromure de magnésium qui se trouve dans les eaux mères des soudes de varech, dont on a extrait l'iode.

c. Impuretés et purification. — Ces eaux mères contiennent encore de petites quantités de chlorures. Aussi le brome fourni par le commerce renferme-t-il souvent du chlore. Pour en constater la présence, on neutralise une petite quantité de brome à essayer par la baryte, on évapore à sec et on calcine le résidu pour transformer le bromate en bromure (§ 15, p. 61). Si le brome renferme du chlore, le bromure de baryum obtenu sera mélangé de chlorure. De ces deux sels le bromure est soluble dans l'alcool, le chlorure y est insoluble. On pourra donc facilement constater la présence du chlore dans le brome et aussi obtenir du bromure de baryum exempt de chlorure, avec lequel on pourra préparer du brome pur.

d. Propriétés. 1° PHYSIQUES. — Le brome est un liquide brun rougeâtre qui, en couches épaisses, paraît presque noir, d'une odeur irritante rappelant celle du chlore, d'une saveur caustique et désagréable. Il est environ trois fois plus lourd que l'eau. Il se solidifie à $-24°,5$ et bout vers 60°. A la température ordinaire, il émet d'abondantes vapeurs rouges très lourdes. Le brome est peu soluble dans l'eau, qui n'en dissout à 15° que 1/33° environ. Cette solution de brome dans l'eau est rouge orangé. L'alcool le dissout plus facilement que l'eau. Enfin l'éther, le sulfure de carbone et le chloroforme dissolvent abondamment ce métalloïde en se colorant en rouge ou en brun. Ces dissolvants enlèvent le brome à l'eau.

2° CHIMIQUES. — L'histoire chimique du brome est calquée sur celle du chlore. Les combinaisons oxygénées du brome sont plus stables que celles du chlore; toutes les autres le sont moins. Aussi le chlore déplace-t-il le brome de toutes les combinaisons non oxygénées de cet élément et se trouve déplacé par lui de ses dérivés oxygénés.

Chauffé en présence des hydrates alcalins, le brome donne un mélange de bromure et de bromate :

$$3Br^2 \;+\; 6KOH \;=\; 5BrK \;+\; BrO^3K \;+\; 3H^2O$$

Brome.	Potasse.	Bromure	Bromate	Eau.
		de potassium.	de potassium.	

Enfin il jouit comme le chlore, mais à un degré moindre, de propriétés décolorantes.

e. Caractères. — On reconnaît le brome :

1° *A la couleur rouge et à l'odeur irritante de ses vapeurs :*

2° A la propriété qu'il a de *blanchir le papier de tournesol, de jaunir le papier amidonné et de se dissoudre dans le sulfure de carbone ou le chloroforme en communiquant à ces dissolvants une belle coloration rouge.*

f. Introduction dans l'économie; élimination. — L'introduction d'une dissolution très étendue de brome dans le tube digestif ne produit rien de particulier. Le brome se transforme dans l'économie en bromures alcalins; il se comporte donc comme le chlore (§ 11, p. 53).

Les bromures alcalins formés sont éliminés par la salive et l'urine; on peut constater leur présence dans la salive avant leur apparition dans l'urine. D'après Kühne, les bromures alcalins, lorsqu'ils sont éliminés par la salive, y remplacent les chlorures molécule à molécule, c'est-à-dire que, pour chaque molécule de bromure qui passe par la salive, il y a une molécule de chlorure en moins.

g. Toxicologie. — Le brome, appliqué sur la peau, la jaunit et la désorganise. Cette action est encore plus marquée lorsqu'il agit sur les muqueuses. Le brome est donc un poison caustique violent. Toutefois, on ne connaît qu'un cas d'empoisonnement (suicide) par ce métalloïde. L'inspiration des vapeurs de brome a causé de nombreux accidents dans les laboratoires.

Le traitement de l'empoisonnement par le brome est le même que celui de l'intoxication par le chlore.

Recherche. — 1° *Le brome est à l'état de liberté.* On enlève le brome aux matières suspectes en les agitant avec du sulfure de carbone ou du chloroforme. Le brome ainsi isolé est traité par la potasse, et le produit de l'opération est calciné de façon à transformer le bromate en bromure. On caractérise le bromure de potassium obtenu.

2° *Le brome est déjà transformé en bromure.* Le liquide suspect ou l'organe finement divisé est mélangé avec de la potasse, desséché et le résidu calciné dans un creuset en argent. Le produit de la calcination est ensuite traité par de l'eau distillée. On verse dans le liquide ainsi obtenu un peu de sulfure de carbone, puis de l'acide azotique chargé de vapeurs rutilantes (V. § 19, p. 81). Le brome, mis en liberté, se dissout, par l'agitation, dans le sulfure de carbone, qui se sépare ensuite coloré en rouge par le brome. Le brome ainsi isolé peut être transformé en bromure comme ci-dessus.

§ 18. — IODE.

Découvert par Courtois, en 1812. — Étymologie : de ἰοειδής, violet. — Poids atomique : 127. — Poids moléculaire : 254.

a. État naturel; emploi en médecine. — L'iode est très répandu dans la nature. Combiné aux métaux alcalins, on le trouve, en même temps que le chlore et le brome, dans l'eau de la mer, dans certaines eaux minérales, dans les eaux mères des soudes de varechs. Il existe également dans l'huile de foie de morue, dans les éponges. A l'état de liberté, l'iode se trouve, en petites quantités, dans l'air atmosphérique.

Ce corps est employé à l'extérieur comme irritant et résolutif (coton iodé (1), teinture d'iode). On le prescrit à l'intérieur, dans les maladies scrofuleuses et syphilitiques.

b. Préparation. — On applique à la préparation de l'iode le procédé qui sert à obtenir le chlore et le brome, en substituant

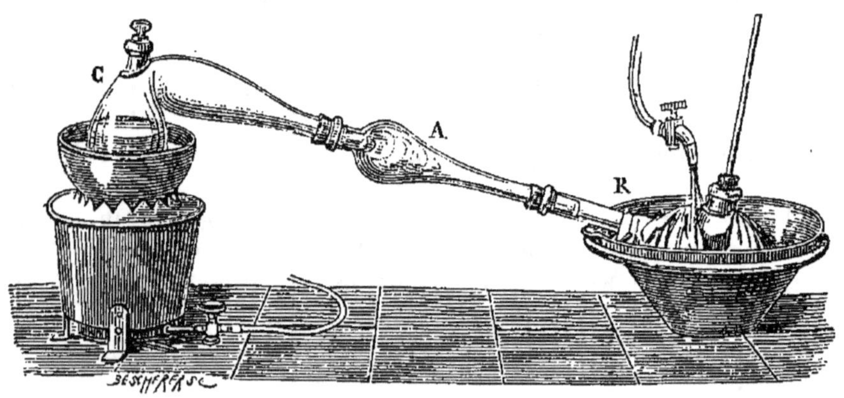

Fig. 17. — Préparation de l'iode.

un iodure métallique au chlorure ou au bromure. L'opération se fait dans une cornue munie d'un ballon que l'on refroidit et où l'iode se condense (*fig.* 17). L'industrie extrait l'iode des iodures que renferment les eaux mères des soudes de varechs.

L'iode est souvent falsifié. Il doit se volatiliser sans résidu et se dissoudre totalement dans l'alcool. Pressé dans du papier buvard, il ne doit pas laisser de traces d'eau.

(1) Coton cardé soumis à l'action de la vapeur d'iode. Le coton fixe ainsi de l'iode qu'il perd peu à peu à l'air. (Méhu.)

c. Propriétés. 1° PHYSIQUES. — L'iode est un corps solide, qui cristallise sous forme de paillettes brillantes, d'un gris métallique. Il a une odeur rappelant celle du chlore et du brome, mais moins forte. Sa densité est de 5 environ. Il fond à 113° et bout à 175°. Ses vapeurs présentent une teinte violette très intense. L'iode émet des vapeurs, même à la température ordinaire.

C'est un corps très peu soluble dans l'eau, qui n'en dissout qu'environ 1/7000° en se colorant en jaune foncé. L'alcool et l'éther dissolvent abondamment l'iode en donnant des solutions brunes. La teinture d'iode du Codex est une dissolution de 1 partie d'iode dans 12 parties d'alcool à 90°. Lorsqu'on ajoute de l'eau à cette teinture, il se forme un précipité d'iode. Le sulfure de carbone, la benzine, le chloroforme, dissolvent l'iode en prenant une belle coloration violette. Enfin l'iode se dissout aussi, en forte proportion, dans l'eau tenant en dissolution un iodure alcalin. Aussi peut-on étendre la teinture d'iode avec de l'eau tenant en dissolution de l'iodure de potassium, sans qu'il y ait précipitation d'iode.

2° CHIMIQUES. — L'iode possède les mêmes propriétés chimiques que le chlore et le brome. Mais ses affinités pour l'oxygène sont plus énergiques que celles de ces deux métalloïdes, et elles sont plus faibles pour tous les autres éléments. Il en résulte que le chlore et le brome déplacent l'iode de ses combinaisons non oxygénées, et, au contraire, que l'iode chasse le chlore et le brome de leurs combinaisons oxygénées.

L'iode, comme le chlore, agit comme oxydant indirect en présence de l'eau, mais moins énergiquement que le chlore. Il ne manifeste qu'un faible pouvoir décolorant.

Le chlore agit sur l'iode et l'on obtient, suivant les proportions de chlore et d'iode qui réagissent, deux chlorures d'iode ayant pour formule, l'un ICl, l'autre ICl^3.

En présence de l'eau, le chlore oxyde l'iode et le transforme en acide iodique :

$$I^2 \; + \; 5Cl^2 \; + \; 6H^2O \; = \; 2IO^3H \; + \; 10HCl$$

Iode.	Chlore.	Eau.	Acide iodique.	Acide chlorhydrique.

d. Caractères. — La réaction caractéristique de l'iode est *la coloration bleue que ce corps communique à l'empois d'amidon récemment préparé.*

Cette coloration disparaît sous l'influence d'une chaleur modérée et reparaît par le refroidissement. Si l'on fait bouillir pendant quelque temps l'empois coloré par l'iode, ce corps se volatilise et la coloration ne reparaît plus par le refroidissement. Ce caractère est d'une extrême sensibilité et permet de déceler les moindres traces d'iode. On a donné le nom d'*iodure d'amidon* à l'amidon ainsi coloré en bleu par l'iode.

é. Iodométrie. — L'*iodométrie* ou dosage volumétrique de l'iode repose sur le même principe que la chlorométrie : oxydation de l'anhydride arsénieux par l'iode en présence de l'eau.

Il faut $12^{gr},7$ d'iode pour oxyder $4^{gr},95$ d'anhydride arsénieux.

On prend donc pour liqueurs titrées : une dissolution d'anhydrique arsénieux dans du bicarbonate de sodium renfermant $4^{gr},95$ d'anhydride arsénieux par litre, et une dissolution d'iode dans l'iodure de potassium renfermant $1^{gr},27$ d'iode par litre. On ne prend pas pour liqueur titrée d'iode la dissolution contenant $12^{gr},7$ d'iode par litre, parce que la liqueur serait trop foncée et ne permettrait pas une lecture facile des divisions de la burette de Mohr. 10 centimètres cubes de la solution d'iode seront donc décolorés par 1 centimètre cube de la solution titrée d'anhydride arsénieux.

Pour essayer un iode commercial, on en prend $1^{gr},27$. On le traite par un excès de la solution titrée d'arsénite de sodium. On dose alors l'excès d'arsénite de sodium par l'iode normal. On sait ainsi quelle quantité d'arsénite de sodium l'iode a transformé en arséniate et, par suite, la quantité d'iode réel que contient le produit commercial analysé.

Lorsqu'on verse, goutte à goutte, la solution titrée d'iode dans l'arsénite de sodium, la fin de l'opération est indiquée par la teinte bleue que prend de l'empois d'amidon qu'il faut préalablement ajouter à l'arsénite.

COMBINAISONS DU BROME ET DE L'IODE AVEC L'HYDROGÈNE

§ 19. — ACIDES BROMHYDRIQUE ET IODHYDRIQUE.

Les acides bromhydrique et iodhydrique ne s'emploient que dans les laboratoires. Ce dernier acide sert souvent de réducteur. En effet, en présence d'oxygène, l'acide iodhydrique est décomposé en iode et en hydrogène qui s'unit à l'oxygène, d'après la formule :

$$4IH + O^2 = 2I^2 + 2H^2O.$$

Aussi ne peut-on préparer les acides bromhydrique et iodhydrique par un procédé analogue à celui qui sert à obtenir l'acide chlorhydrique, c'est-à-dire en traitant un bromure ou un iodure par l'acide sulfurique. Une partie de ces acides est dans ce cas décomposée par l'acide sulfurique qui est réduit à l'état d'acide sulfureux, en même temps que du brome et de l'iode libres prennent naissance :

$$SO^4H^2 + 2IH = SO^2 + 2H^2O + I^2.$$

L'acide bromhydrique et l'acide iodhydrique préparés ainsi sont donc toujours mélangés de brome et d'iode.

On obtient ces acides en décomposant le bromure ou l'iodure de phosphore par l'eau.

$$\underset{\substack{\text{Iodure} \\ \text{de phosphore.}}}{PhI^3} + \underset{\text{Eau.}}{3H^2O} = \underset{\substack{\text{Acide} \\ \text{iodhydrique.}}}{3HI} + \underset{\substack{\text{Acide} \\ \text{phosphoreux.}}}{PhO^3H^3}$$

On détermine la formation et la décomposition du bromure ou de l'iodure de phosphore en traitant du phosphore amorphe en suspension dans un peu d'eau par du brome ou de l'iode. Il se forme ainsi du bromure ou de l'iodure de phosphore, et ces deux corps sont respectivement décomposés par l'eau au fur et à mesure de leur formation.

Comme l'acide chlorhydrique, les acides bromhydrique et iodhydrique sont des gaz incolores, d'une odeur caustique, fumant à l'air, très solubles dans l'eau.

Leur stabilité va en diminuant de l'acide chlorhydrique à l'acide iodhydrique. La solution aqueuse du premier de ces acides ne s'altère pas à l'air ; les solutions des acides bromhydrique et iodhydrique s'altèrent à l'air,

$$2HI + O = H^2O + 2I.$$

Un grand nombre de composés riches en oxygène, l'acide azotique par exemple, décomposent les acides bromhydrique et iodhydrique par leur oxygène et mettent le brome ou l'iode en liberté.

L'acide bromhydrique est décomposé lentement par le mercure et l'acide iodhydrique très rapidement. L'iode s'unit au mercure et de l'hydrogène est mis en liberté :

$$2IH + Hg = HgI^2 + H^2.$$

Aussi ne peut-on recueillir l'acide iodhydrique sur le mercure. On est obligé, comme pour le chlore, de faire arriver le gaz dans un flacon d'air sec ; comme ce gaz est plus lourd que l air, il le déplace directement.

§ 20. — **Bromures.**

a. Procédés de préparation. — Les bromures, dont la formule générale est M^nBr^n, s'obtiennent par des procédés analogues aux procédés de préparation des chlorures, savoir :

1° Par l'action directe du brome sur les métaux.

On prépare ainsi le bromure ferreux $Fe\ Br^2$.

2° Par l'action de l'acide bromhydrique sur les métaux, les oxydes et les carbonates.

3° Les bromures insolubles s'obtiennent par double décomposition en versant une solution d'un bromure alcalin dans la dissolution d'un sel soluble du métal dont on veut le bromure.

4° Enfin on obtient les bromures alcalins en traitant par le brome les hydrates alcalins. Il se forme dans ce cas un mélange de bromure et d'hypobromite à froid et de bromure et de bromate à chaud (V. § 11, p. 52) :

Le bromate de potassium, dont les propriétés sont comparables à celles du chlorate, subit, sous l'influence de la chaleur, une décomposition analogue à celle de ce dernier sel ; c'est-à-dire qu'il se forme du bromure de potassium en même temps que de l'oxygène se dégage.

On obtient donc facilement le bromure de potassium en traitant à chaud une dissolution de potasse par du brome, évaporant et calcinant le résidu pour convertir le bromate en bromure. (Codex.)

b. Propriétés. 1° Physiques. — Comme les chlorures, *les bromures sont solubles dans l'eau, à l'exception du bromure d'argent, des bromures mercureux et cuivreux et du bromure de plomb.*

Les bromures sont, en général, solides ; ils ont l'aspect salin. Beaucoup sont fusibles. Ils sont moins volatils que les chlorures correspondants.

2° Chimiques. — Certains bromures (bromures de magnésium, d'aluminium) sont décomposés par l'eau comme les chlorures correspondants.

Le chlore chasse le brome des bromures et se combine au métal.

L'acide azotique agit sur les bromures en mettant du brome en liberté. Il se forme dans ce cas d'abord de l'acide bromhydrique qui, réagissant sur l'acide azotique, le réduit avec formation de brome et de bioxyde d'azote.

$$2AzO^3H \quad + \quad 6BrH \quad = \quad 2AzO \quad + \quad 3Br^2 \quad + \quad 4H^2O$$

Acide azotique.	Acide bromhydrique.	Bioxyde d'azote.	Brome.	Eau.

c. Caractères. — *1° Les bromures secs traités par l'acide sulfurique concentré donnent, sous l'influence d'une légère élévation de température, des fumées blanches d'acide bromhydrique mêlées de vapeurs jaunes de brome* (Car. dist. d'avec les chlorures et les iodures). Quelques bromures métalliques peu importants font exception.

2° Additionnés de bioxyde de manganèse et d'acide sulfurique étendu, ils dégagent du brome.

3° L'azotate d'argent donne, dans une dissolution d'un bromure, un précipité blanc de bromure d'argent insoluble dans l'acide azotique et plus difficilement soluble dans l'ammoniaque que le chlorure.

4° Le chlore versé dans la dissolution d'un bromure met le brome en liberté. On décèle la présence du brome en agitant la liqueur avec du sulfure de carbone ou du chloroforme. Ces dissolvants s'emparent du brome en se colorant en jaune et en se rassemblant, par le repos, sous un petit volume à la partie inférieure du liquide aqueux. Il faut éviter l'emploi d'un excès de chlore qui agit sur le brome comme il agit sur l'iode. (V. § 18, p. 79.)

§ 21. — Iodures.

Les iodures ont pour formule générale M^nI^n. Ils ressemblent par leur mode de production et leurs propriétés aux chlorures et aux bromures.

a. Procédés de préparation. — On prépare les iodures, comme les chlorures et les bromures, *par l'action de l'iode sur les métaux* (iodure de fer, iodure mercureux [Codex] ; *par l'action de l'acide iodhydrique sur les métaux, les oxydes, les carbonates ; par précipitation, à l'aide d'un iodure alcalin, de la dissolution d'un sel métallique dont l'iodure est insoluble* (iodure de plomb, iodure mercurique, etc.) ; *en traitant une dissolution d'un hydrate alcalin par de l'iode, évaporant et calcinant le résidu* (V. § 20, p. 82).

b. Propriétés. 1° Physiques. — Le nombre des iodures insolubles est beaucoup plus grand que celui des chlorures et des bromures. Parmi les iodures solubles il faut citer : les iodures alcalins, alcalino-terreux et l'iodure de fer.

Ils sont en général moins volatils et plus facilement décomposables que les chlorures et les bromures.

2° CHIMIQUES. — Certains iodures sont décomposés par l'eau. Le chlore, l'acide azotique, l'acide sulfurique, agissent sur les iodures comme sur les bromures, en mettant de l'iode en liberté.

c. Caractères. — *1° Traités par l'acide sulfurique, les iodures secs dégagent, sous l'influence de la chaleur, des fumées blanches d'acide iodhydrique mêlées de vapeurs violettes d'iode.*

2° Les iodures solubles donnent avec l'azotate d'argent un précipité blanc jaunâtre insoluble dans l'acide azotique et dans l'ammoniaque. (Car. dist. d'avec les chlorures.)

3" Ils donnent avec l'azotate de palladium un précipité noir d'iodure de palladium.

4° L'eau de chlore décompose les iodures solubles en mettant l'iode en liberté. Si on ajoute un peu d'empois d'amidon au liquide, il se forme une coloration bleue. On peut encore déceler la présence de l'iode en agitant le liquide avec du sulfure de carbone, qui se réunit au fond du tube entraînant avec lui tout l'iode et se colorant en violet foncé.

§ 22. — FLUOR.

Poids atomique : 19. — *Poids moléculaire :* inconnu.

a. Le fluor n'a pas encore été isolé. Il paraît être gazeux, ressembler au chlore par ses propriétés et jouir d'affinités beaucoup plus puissantes que celles de ce métalloïde. Les vases dans lesquels on a cherché à isoler ce corps ont été rapidement attaqués.

Le fluor se trouve combiné aux métaux dans la nature. Ces combinaisons portent le nom de fluorures. Le spath-fluor ou fluorure de calcium est la source principale des dérivés du fluor.

Le fluor se trouve combiné aux métaux, surtout au calcium dans les os, les dents, le cerveau, ainsi que dans certains liquides de l'économie (urine, sang, lait). Enfin, on l'a trouvé également dans la tige des graminées et des équisétacées.

b. En traitant le fluorure de calcium finement pulvérisé par l'acide sulfurique, on obtient un gaz fumant à l'air auquel on a donné le nom d'*acide fluorhydrique.*

$$CaFl^2 \ + \ SO^4H^2 \ = \ SO^4Ca \ + \ 2HFl$$

Fluorure	Acide	Sulfate	Acide
de calcium.	sulfurique.	de calcium.	fluorhydrique.

L'opération se fait dans une cornue de plomb munie d'un récipient du même métal.

L'acide fluorhydrique est un gaz incolore, d'une odeur et d'une saveur extrêmement caustiques. Il est très soluble dans l'eau et répand à l'air humide d'abondantes fumées blanches. Il se liquéfie à une basse température et constitue alors un caustique violent. Il suffit de laisser tomber une goutte d'acide fluorhydrique sur la peau pour déterminer une brûlure grave.

L'acide fluorhydrique attaque le verre. Cette propriété est utilisée pour la gravure sur verre. (V. *Silicium.*) On conserve les dissolutions de cet acide dans des flacons en gutta-percha.

Les propriétés de l'acide fluorhydrique rapprochent ce corps des acides chlorhydrique, bromhydrique et iodhydrique. Par son action sur les bases, il donne des sels ressemblant aux chlorures. Par analogie, on lui assigne la formule : H Fl.

c. Les fluorures ont pour formule générale : Fl^nM^n.

On les prépare par l'action de l'acide fluorhydrique sur les métaux ou les oxydes métalliques.

Les fluorures alcalins et le fluorure d'argent sont solubles; celui de calcium est insoluble.

On reconnaît ces sels aux caractères suivants :

1° *Traités par l'acide sulfurique concentré, ils dégagent, à une douce température, des fumées blanches d'acide fluorhydrique qui attaquent le verre.* On fait ordinairement l'essai de la manière suivante : On enduit une plaque de verre de cire blanche, puis on y trace des caractères en enlevant la cire avec la pointe d'une épingle de cuivre ou d'étain et on expose la lame ainsi préparée à l'action des vapeurs d'acide fluorhydrique. Les caractères restent gravés sur le verre. Il vaut mieux se servir de lames de quartz, car le verre peut être corrodé par les vapeurs d'acide sulfurique.

2° *Les fluorures mêlés à de la silice donnent, sous l'influence de l'acide sulfurique, un gaz (fluorure de silicium ; V. ce mot) qui, au contact de l'eau, est décomposé avec formation de silice gélatineuse.*

3° *Les fluorures solubles ne précipitent pas l'azotate d'argent, mais donnent avec les sels de baryum un précipité blanc soluble dans les acides chlorhydrique et azotique.*

d. On ne connaît pas de combinaisons oxygénées du fluor analogues aux combinaisons oxygénées du chlore, du brome et de l'iode.

§ 23. — RELATIONS DES MÉTALLOÏDES MONOVALENTS.

L'étude que nous venons de faire du chlore, du brome, de l'iode et du fluor, nous montre que ces métalloïdes présentent de nombreuses analogies, des propriétés communes qui permettent de les ranger en un groupe très naturel.

Nous allons résumer rapidement les relations qui lient ces éléments.

a) 1° A la température ordinaire, le chlore est gazeux, le brome liquide, l'iode solide ;

2° Les points d'ébullition s'élèvent du chlore à l'iode. En effet les points d'ébullition du chlore liquide, du brome et de l'iode sont respectivement : — 60°, 63° et 175° ;

3° Les densités augmentent également du chlore à l'iode. La densité du chlore liquide est égale à 1,33 ; celle du brome à 2,97, et celle de l'iode solide à 4,95 ;

4° Les poids atomiques de ces métalloïdes subissent la même marche ascendante. Le poids atomique du fluor est 19 ; ceux du chlore, du brome et de l'iode sont respectivement 35,5, 80 et 127.

Si l'on prend la moyenne arithmétique des poids atomiques du chlore et de l'iode $\frac{35,5 + 127}{2}$ on trouve 81,2 ; soit sensiblement le poids atomique du brome.

b) Les propriétés chimiques de ces métalloïdes varient également graduellement :

1° Ils s'unissent tous à l'hydrogène, volume à volume, sans condensation, et forment des *acides* énergiques HFl, HCl, HBr, HI ;

2° Ces acides sont tous gazeux, liquéfiables, extrêmement solubles dans l'eau et répandent à l'air humide d'abondantes fumées blanches ;

3° Leur stabilité va en diminuant. L'acide iodhydrique est peu stable et est décomposé par le brome et par le chlore. Cette stabilité décroissante marque le degré d'affinité de ces métalloïdes pour l'hydrogène et pour les métaux ;

4° Les fluorures, chlorures, bromures et iodures sont en général isomorphes et s'unissent facilement entre eux pour donner des sels doubles (V. § 13, p. 66) ;

5° Les dérivés oxygénés du chlore, du brome et de l'iode ont également une constitution analogue ; il est facile de s'en rendre compte en jetant un coup d'œil sur le tableau suivant :

	ClOH	BrOH	IOH
Acides....	hypochloreux .	hypobromeux..	hypoiodeux (mal connu).

	ClO^2H	
Acides....	chloreux..	Les acides correspondants sont peu étudiés.

	ClO^3H	BrO^3H	IO^3H
Acides....	chlorique..	bromique..	iodique.

	ClO^4H	BrO^4H	IO^4H
Acides....	perchlorique..	perbromique..	periodique.

6° Les chlorates, bromates, iodates alcalins s'obtiennent en faisant bouillir du chlore, du brome ou de l'iode avec une base. Il se forme un mélange de deux sels, l'un oxygéné, l'autre qui ne l'est pas (iodure et iodate; bromure et bromate, etc.);

7° Les chlorates, bromates et iodates alcalins sont décomposés par la chaleur. Ils perdent de l'oxygène et laissent un résidu de chlorure, de bromure ou d'iodure alcalin.

Enfin ces quatre métalloïdes jouent, en général, le rôle d'éléments monovalents; c'est-à-dire qu'ils ne se combinent qu'à un seul atome d'un autre élément monovalent. Dans certains composés, toutefois, ils affectent les allures d'un élément trivalent. L'iode se montre trivalent dans le trichlorure d'iode $I'''Cl^3$ et dans l'acétate d'iode de Schützenberger, $I'''(O, C^2H^3O)^3$.

2ᵉ FAMILLE. — MÉTALLOÏDES BIVALENTS

---

§ 24. — OXYGÈNE.

Découvert par Priestley, en 1774. — *Étymologie* : ὀξύς. acide, et γεννάω, j'engendre. *Poids atomique : 16. — Poids moléculaire : 32.*

a. État naturel; emploi en médecine. — L'oxygène est très répandu dans la nature. Il existe mélangé à l'azote dans l'air atmosphérique. Aussi ce gaz pénètre-t-il dans l'économie. Il se trouve : à l'état gazeux, dans les poumons et dans les gaz du tube digestif; combiné faiblement avec l'hémoglobine dans le sang ; en dissolution, dans plusieurs liquides de l'organisme.

Demarquay a employé l'oxygène à l'extérieur comme topique, pour modifier les plaies atones. On s'en est servi en inhalations chez les personnes débilitées, et dans plusieurs circonstances, on a pu, en faisant respirer de l'oxygène, ramener à la vie des personnes asphyxiées. Enfin, on a administré à l'intérieur une solution, sous pression, d'oxygène dans l'eau (*oxygenated Water*) qu'il ne faut pas confondre avec l'eau oxygénée de Thénard. (V. § 26, p. 106.)

b. Modes de production. — Les modes de production de l'oxygène sont nombreux. Nous ne citerons que les plus importants. On obtient ce gaz :

1° *Par l'électrolyse de l'eau.* L'oxygène se rend au pôle positif (V. § 4, p. 14);

2° *Par l'action de la chaleur sur certains protoxydes facilement décomposables en métal et en oxygène.* Ex. :

$$2HgO = 2Hg + O^2$$

Oxyde   Mercure.   Oxygène.
de mercure.

Les oxydes d'or, d'argent, de platine, de palladium, sont également décomposés par la chaleur.

3° *En chauffant un certain nombre de bioxydes.* Ainsi, par exemple, le bioxyde de manganèse, soumis à l'action de la chaleur, perd le tiers de son oxygène et se convertit en oxyde rouge de manganèse :

$$3MnO^2 = Mn^3O^4 + O^2$$

Bioxyde   Oxyde rouge   Oxygène.
de manganèse.   de manganèse.

Le bioxyde de baryum perd la moitié de son oxygène sous l'influence de la chaleur et se convertit en protoxyde :

$$2BaO^2 = 2BaO + O^2$$

Bioxyde   Oxyde   Oxygène.
de baryum.   de baryum.

[La baryte, ou oxyde de baryum, chauffée au rouge sombre dans un courant d'air, absorbe l'oxygène et se transforme en bioxyde qui, comme nous venons de le voir, perd cet oxygène sous l'influence d'une chaleur plus élevée (rouge vif), et l'oxyde de baryum régénéré peut servir à absorber une nouvelle quantité d'oxygène. Ces propriétés de l'oxyde et du bioxyde de baryum permettent de retirer l'oxygène de l'air atmosphérique (Boussingault. Pourtant la baryte ne peut servir indéfiniment :

elle se fritte après un certain temps et n'absorbe plus l'oxygène. Aussi ce procédé n'a-t-il pu être appliqué à la préparation de l'oxygène en grand.]

Le bioxyde d'hydrogène (eau oxygénée) perd également la moitié de son oxygène sous l'influence de la chaleur.

4° *En chauffant le bioxyde de manganèse ou le bioxyde de plomb avec de l'acide sulfurique.* Dans ces conditions, ces oxydes perdent également la moitié de leur oxygène :

$$2MnO^2 \quad + \quad 2SO^4H^2 \quad = \quad 2SO^4Mn \quad + \quad 2H^2O \quad + \quad O^2$$

Bioxyde de manganèse.   Acide sulfurique.   Sulfate de manganèse.   Eau.   Oxygène.

Le bioxyde de manganèse renferme toujours un peu de carbonate de manganèse. Pour que l'oxygène ne soit pas souillé par l'anhydride carbonique qui se dégagerait en même temps que lui sous l'influence de l'acide sulfurique, on laisse agir d'abord à froid cet acide sur le peroxyde de manganèse. L'anhydride carbonique se dégage alors et ne souille plus l'oxygène, qui se dégage en chauffant le mélange.

5° *Par l'action de la chaleur sur les chlorates, bromates, iodates alcalins,* qui sont transformés en chlorures, bromures, iodures, avec perte de leur oxygène :

$$2ClO^3K \quad = \quad 2ClK \quad + \quad 3O^2$$

Chlorate de potassium.   Chlorure de potassium.   Oxygène.

L'hypochlorite de calcium perd également son oxygène sous l'influence de la chaleur. (V. § 14, p. 58.)

6° *En chauffant à une douce chaleur le bichromate de potassium avec de l'acide sulfurique* :

$$2Cr^2O^7K^2 + 8SO^4H^2 = ?[(SO^4)^3Cr^2] + 2SO^4K^2 + 8H^2O + 3O^2$$

Bichromate de potassium.   Acide sulfurique.   Sulfate de chrome.   Sulfate de potassium.   Eau.   Oxygène.

Ce mode de production de l'oxygène sert souvent dans les laboratoires lorsqu'on veut faire agir l'oxygène naissant sur des substances diverses (V. *Aldéhyde*).

c. Préparation. — *On prépare l'oxygène en décomposant par la chaleur le chlorate de potassium* (Codex).

Ce sel fond à une température voisine du rouge, puis se décompose, comme il est dit plus haut, en oxygène et en chlorure de potassium. En même temps que se fait la décomposition d'une partie du chlorate de potassium, une autre partie de ce sel est oxydée et transformée en perchlorate.

$$2KClO^3 \quad + \quad O^2 \quad = \quad 2KClO^4$$

Chlorate de potassium.   Oxygène.   Perchlorate de potassium.

Le perchlorate de potassium est moins fusible que le chlorate et ne se décompose en oxygène et chlorure de potassium qu'à une température plus élevée, voisine du point de fusion du verre.

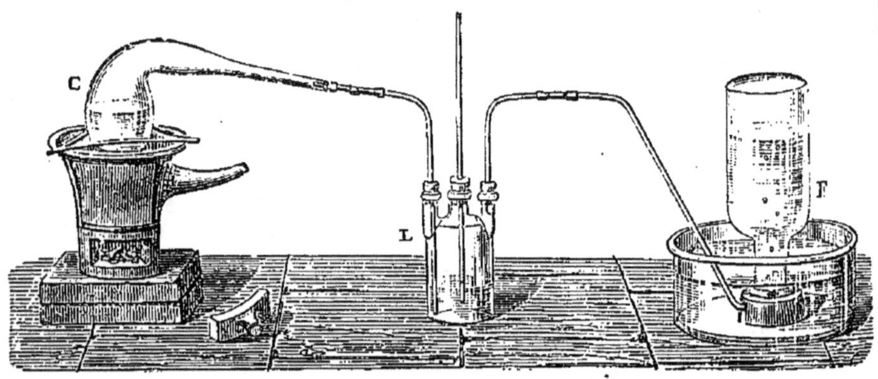

Fig. 18. — Préparation de l'oxygène.

Aussi faut-il chauffer le chlorate de potassium dans une cornue de verre peu fusible, ou mieux de grès, et n'élever la température qu'avec précaution, car la réaction pourrait s'accélérer et devenir explosive.

L'opération marche d'une façon plus régulière lorsqu'on mêle au chlorate de potassium un peu de bioxyde de manganèse, qui se retrouve intact après l'opération. Le bioxyde de manganèse se suroxyde en fixant l'oxygène du chlorate ; mais le composé ainsi formé est instable, perd immédiatement l'oxygène qu'il avait fixé et régénère l'oxyde primitif, qui subit une nouvelle oxydation, et ainsi de suite.

Il est bon de calciner préalablement le peroxyde de manganèse, qui peut renfermer des matières combustibles et déterminer ainsi une explosion. Il faut aussi chauffer le mélange doucement pour éviter la formation d'un peu de chlore qui souillerait l'oxygène. Du reste, on peut laver ce gaz en le faisant passer dans un flacon laveur, L (*fig.* 18), contenant de la potasse caustique.

Pour la préparation industrielle de l'oxygène, on se sert du procédé de Tessier du Motay, qui est fondé sur la décomposition, par la chaleur, du permanganate de sodium. (V. *Manganèse*.)

d. Propriétés. 1° Physiques. — L'oxygène est un gaz incolore, inodore, insipide. Il est peu soluble dans l'eau. Sa densité est de 1,1050.

2° Chimiques. — Il se combine à tous les corps simples, le fluor excepté. Cette *oxydation* s'accomplit souvent avec une énergie telle qu'il en résulte un grand dégagement de chaleur et de lumière. Ainsi, par exemple, lorsqu'on introduit dans un flacon rempli d'oxygène un charbon présentant un point en ignition, il brûle avec un vif éclat et finit par disparaître complètement. Le flacon renferme, après la combustion, une combinaison de carbone et d'oxygène, l'anhydride carbonique. C'est là un phénomène de *combustion vive*. Le phosphore, le soufre, le magnésium, brûlent avec un vif éclat dans l'oxygène. On dit d'une manière générale qu'il y a combustion, non seulement lorsque l'oxygène s'unit aux différents corps, mais encore chaque fois que deux corps se combinent avec dégagement de chaleur et de lumière.

Lorsque le fer est exposé à l'air humide, il s'oxyde et se transforme peu à peu en rouille. Dans ce cas encore il y a dégagement de chaleur ; mais ce dégagement est lent, faible et n'est pas accompagné de phénomènes lumineux. C'est là une *combustion lente*. La respiration des animaux est un phénomène de combustion lente. De l'oxygène est introduit dans les poumons par l'inspiration, transporté par le sang dans les différentes parties de l'économie où s'établissent des combustions, source de la chaleur animale, et les produits de la combustion (anhydride carbonique et eau) sont rejetés dans l'atmosphère par l'expiration.

e. Caractères. — L'oxygène se reconnaît aux caractères suivants :

1° *Il rallume une allumette présentant un point en ignition.*

2° *Il est absorbé à froid par le phosphore lorsqu'il est mêlé à un gaz étranger.* L'oxygène pur n'est pas absorbé à froid par le phosphore à la pression atmosphérique.

3° *Les solutions alcalines d'acide pyrogallique absorbent rapidement l'oxygène en devenant brunes.*

On emploie souvent ces deux moyens pour doser l'oxygène dans un mélange de gaz.

4° *Le bioxyde d'azote, lorsqu'on le fait passer dans une éprouvette remplie d'oxygène, se transforme en vapeurs rutilantes.* (Caract. dist. d'avec le protoxyde d'azote.)

L'hydrosulfite de sodium (V. *Ac. hydrosulfureux*) s'empare également de l'oxygène, soit libre, soit dissous dans l'eau.

f. État allotropique (1). **Ozone.** — *a.* On a obtenu dans certaines circonstances un oxygène jouissant de propriétés physiques et chimiques différentes de celles de l'oxygène ordinaire et auquel on a donné le nom d'ozone (d'ὄζω, je sens) à cause de l'odeur forte et désagréable qu'il possède.

Ce corps s'obtient par l'action des décharges électriques, surtout des décharges obscures, sur l'oxygène.

Il se produit également dans les oxydations lentes. Ainsi l'oxygène qui se trouve en contact avec des bâtons de phosphore se charge d'ozone. L'essence de térébenthine exposée à l'air s'oxyde lentement, en même temps qu'il se forme de l'ozone qui reste en dissolution dans l'essence.

Enfin on obtient encore de l'ozone en traitant le bioxyde de baryum par l'acide sulfurique.

Pour préparer l'ozone à l'aide du phosphore, on fait passer un courant d'air sur des bâtons de phosphore qu'on a introduits dans un tube de verre recourbé de façon à pouvoir recueillir le gaz sur la cuve à eau. On évite ainsi le contact de l'air ozonisé avec les matières organiques (bouchons) qui détruisent l'ozone.

b. L'ozone est un gaz d'une odeur particulière, d'une couleur bleue lorsqu'on le regarde sous une grande épaisseur, liquéfiable. L'ozone liquéfié est également bleu. Il irrite vivement les muqueuses lorsqu'on le respire. On ne l'a jamais obtenu que mélangé soit à l'oxygène, soit à l'air. Il est soluble dans l'eau et dans l'essence de térébenthine qu'il oxyde lentement. Chauffé vers 250°, il se transforme en oxygène ordinaire.

L'ozone est un oxydant énergique. Il détruit rapidement la plupart des matières organiques, oxyde l'argent, le mercure, etc. Il oxyde également l'iodure de potassium, qu'il transforme en potasse en même temps que l'iode est mis en liberté.

$$4IK \quad + \quad 2H^2O \quad + \quad O^2 \quad = \quad 2I^2 \quad + \quad 4KOH$$

Iodure   Eau.   Oxygène.   Iode.   · Potasse.
de potassium.

c. On s'est servi de cette dernière propriété de l'ozone pour constater la présence de ce gaz.

En effet, si l'on imprègne un papier d'iodure de potassium et d'empois d'amidon (papier ozonoscopique) et qu'on l'expose à

---

(1) Allotropie (de ἀλλότροπος, de qualité différente). Mot par lequel Berzélius a désigné les états différents que présentent certains corps simples.

l'action de l'ozone, ce papier bleuit par suite de l'action de l'iode mis en liberté, sur l'amidon. Le chlore bleuit aussi le papier ozonoscopique. (V. § 11, p. 52.)

Houzeau se sert d'un papier de tournesol rouge vineux dont une des moitiés a été trempée dans de l'iodure de potassium. Sous l'influence de l'ozone, ce papier bleuit par suite de la formation de potasse. La partie du papier qui n'a pas été trempée dans l'iodure de potassium ne change pas de couleur; on ne pourra donc attribuer le changement de coloration du papier ni à l'ammoniaque qui se trouve quelquefois en petite quantité dans l'air atmosphérique, ni au chlore.

L'ozone oxyde la teinture de gaïac, et cette oxydation a pour résultat de communiquer à la teinture une coloration bleue. Un papier trempé dans une solution alcoolique de gaïac est donc bleui par l'ozone.

La propriété qu'a l'ozone de bleuir le papier ozonoscopique, de bleuir le papier de tournesol ioduré et le papier trempé dans une solution de gaïac, sert à caractériser ce corps.

d. L'ozone existe dans l'atmosphère. Il peut y provenir soit de l'action de l'électricité atmosphérique sur l'oxygène de l'air, soit des oxydations qui se passent à la surface du globe.

L'ozone ne peut s'accumuler dans l'atmosphère, car il y rencontre une foule de substances oxydables qui le détruisent. Son rôle semble être considérable. L'ozone se trouve en plus grande quantité dans les campagnes que dans les villes. Il disparaît dans les grandes épidémies, soit que la quantité de miasmes contenus dans l'atmosphère soit trop considérable pour être détruits par l'ozone, soit que la disparition de l'ozone précède l'apparition des miasmes et en permette l'accumulation.

On considère généralement aujourd'hui l'ozone comme de l'oxygène condensé dont la formule serait (O^3), c'est-à-dire que la molécule, au lieu de n'être composée que de deux atomes d'oxygène, serait composée de trois atomes, tout en occupant encore deux volumes. Plusieurs raisons militent en faveur de cette opinion : 1° lorsque de l'oxygène s'ozonise, il y a contraction du gaz ; 2° lorsqu'on décompose de l'ozone par la chaleur, la transformation en oxygène ordinaire est accompagnée d'une augmentation de volume ; 3° le protochlorure d'étain étendu absorbe l'ozone ; la disparition de deux volumes de gaz correspond dans ce cas à la fixation de 48 parties d'oxygène, c'est-à-dire de trois atomes. On trouve encore une nouvelle preuve à l'appui de cette idée dans la vitesse de diffusion de l'ozone. On sait, en effet, que la vitesse de diffusion des gaz à travers les parois poreuses est en raison inverse de la racine carrée des densités.

L'hydrogène, le plus léger de tous les gaz, se diffuse le plus rapidement.

De la vitesse de diffusion d'un gaz, on peut donc déduire sa densité. Celle de l'ozone ainsi déduite est de 1,658, c'est-à-dire les 3/2 de celle de l'oxygène. (Soret.)

g. Physiologie. 1° ORIGINE. — L'oxygène qui se trouve dans le tube digestif y pénètre avec les aliments qui entraînent mécaniquement avec eux de l'air atmosphérique.

Le sang fixe d'autre part, en circulant dans les capillaires des alvéoles pulmonaires, une partie de l'oxygène de l'air que l'inspiration a introduit dans le poumon.

2° ÉTAT. — De nombreux travaux dus à Fernet, Claude Bernard, Magnus, Meyer, ont établi que l'oxygène n'est pas simplement dissous dans le sang, mais qu'il y est combiné chimiquement.

En effet : *a*) La quantité d'oxygène absorbée par du sang défibriné et privé d'air est indépendante de la pression, tant que cette pression ne varie pas dans des limites trop étendues. Si l'oxygène était simplement en dissolution dans le sang, cette quantité serait, au contraire, toutes choses égales d'ailleurs, proportionnelle à la pression (1).

Les variations de pression un peu notables amènent des différences sensibles dans les quantités d'oxygène absorbées par le sang. Ces différences s'observent également, même pour de faibles variations de pression, lorsqu'on étend d'eau le sang défibriné. Le phénomène paraît donc tenir à la fois de la dissolution simple et de la combinaison chimique, obéir à la fois aux lois de l'une et de l'autre.

b) Les gaz se dissolvent d'autant plus abondamment dans les liquides, que la température est plus basse. Il suffit de jeter un coup d'œil sur le tableau ci-joint qui donne les coefficients de solubilité de l'oxygène aux différentes températures pour voir combien cette solubilité diminue rapidement quand la température augmente.

SOLUBILITÉ DE L'OXYGÈNE DANS L'EAU.

0,041 à 0° ; 0,032 à 10° ; 0,028 à 20°.

Contrairement à ce qui devrait arriver si l'oxygène était en simple dissolution dans le sang, ce liquide fixe le maximum d'oxygène à la température de 40° à 45°. Au-dessus de cette température, il se passe des phénomènes d'oxydation.

(1) On sait, en effet, que les gaz se dissolvent dans l'eau proportionnellement à la pression et en raison inverse de la température.

c) Nous avons vu que l'acide pyrogallique en solution alcaline absorbe facilement l'oxygène. Si donc ce gaz était en simple solution dans le sang, l'acide pyrogallique devrait le lui enlever. Il n'en est rien, et l'acide pyrogallique injecté dans le sang d'un animal passe inaltéré dans les urines.

Est-ce le plasma sanguin ou le globule qui jouit de cette propriété de fixer l'oxygène ? Cette question a été résolue par Fernet, qui a trouvé que le sang défibriné (mélange de globules et de sérum) absorbait 5 fois plus d'oxygène, à la pression atmosphérique, que le sérum. Et comme la pression de l'oxygène dans l'air n'est que le 1/5 de la pression atmosphérique, le sérum sanguin ne dissoudra que le 1/5 de l'oxygène qu'il dissout lorsqu'il est en contact avec une atmosphère d'oxygène pur. Le volume d'oxygène fixé par les globules est donc près de 25 fois plus grand que le volume qui est dissous dans le sérum.

C'est à cette propriété du globule sanguin que l'homme et les animaux doivent d'absorber, à très peu près, la même quantité d'oxygène sur le sommet des montagnes et dans les plaines ; qu'un animal placé dans un espace confiné en absorbe, avant de périr, la presque totalité de l'oxygène.

Quant à l'élément du globule sanguin lui-même qui fixe l'oxygène, il résulte des expériences de Hoppe-Seyler que cet élément est l'hémoglobine qui, même en dehors de l'organisme, conserve cette propriété. (V. *Hémoglobine.*)

Enfin, on s'est préoccupé de savoir si l'oxygène se trouve dans le sang à l'état d'ozone. En effet, la combinaison de l'oxygène avec l'hémoglobine ne peut être comparée aux combinaisons ordinaires ; elle est instable, et le vide suffit pour enlever à la température d'environ 40° tout l'oxygène au sang. Un courant d'oxyde de carbone déplace de même l'oxygène du globule sanguin. D'autre part, cet oxygène jouit d'un pouvoir oxydant considérable, puisque ces oxydations se passent dans l'organisme à une température où l'oxygène ordinaire se trouve à peu près inactif. On est donc porté à comparer l'état de l'oxygène dans le globule sanguin, à celui de ce gaz dans l'essence de térébenthine oxygénée, par exemple.

Une expérience intéressante semble confirmer cette manière de voir. Si l'on dépose quelques gouttes de sang sur du papier imprégné de teinture de gaïac, il se forme une auréole bleue. Or, on sait que l'ozone bleuit la teinture de gaïac. (V. *Ib.*, f.) L'essence de térébenthine aérée bleuit également la teinture de gaïac. Cette action ne se produit pas avec l'essence fraîchement distillée ; mais elle a lieu aussitôt qu'on y ajoute quelques globules ou un peu d'hémoglobine.

Toutefois, il importe d'ajouter qu'on n'a jamais pu extraire d'ozone du sang.

En résumé, *l'oxygène se trouve en faible proportion à l'état de dissolution dans le sang ; la majeure partie de ce gaz est combinée faiblement à l'hémoglobine du globule sanguin, peut-être à l'état d'ozone.*

3° ÉLIMINATION. — L'oxygène des gaz intestinaux est éliminé avec ces derniers. Celui que fixe le sang n'est pas éliminé à l'état d'oxygène libre.

4° RÔLE PHYSIOLOGIQUE. — Les globules sanguins transportent l'oxygène absorbé par eux, dans l'intimité des tissus, et là, perdent cet élément qui se porte sur les matières oxydables. Il se passe donc, dans l'intimité des tissus, des phénomènes de combustion, source de la chaleur animale, et l'oxygène absorbé disparaît, en même temps qu'il se forme des produits d'oxydation dont les derniers termes (urée, anhydride carbonique et eau) sont destinés à être éliminés. Les diverses substances (graisses, matières albuminoïdes) qui subissent l'oxydation lente dans l'organisme ne sont oxydées que par degrés et non pas brusquement, et l'on trouve dans l'économie et dans les excrétions, une série de produits intermédiaires que nous étudierons plus loin.

Une expérience très curieuse de Schützenberger fait voir cette propriété spéciale qu'ont les cellules vivantes de déterminer le passage par diffusion, au travers des parois des capillaires, de l'oxygène des globules sanguins aux cellules des organes. Si l'on fait circuler du sang artériel rouge dans des canaux en baudruche, plongés dans du sérum tenant en suspension des globules de levure de bière, on constate que ce sang est désoxygéné à la sortie des canaux de baudruche, qu'il est devenu noir comme le sang veineux, et que, comme lui, il jouit de la propriété de redevenir rouge sous l'influence de l'oxygène. Le sang reste, au contraire, rouge et oxygéné si les canaux de baudruche sont immergés dans du sérum ne renfermant pas de globules de levûre de bière.

h. Action sur l'économie. — Si les animaux et les végétaux ont tous besoin d'oxygène pour vivre, il est pourtant certains organismes inférieurs qui vivent sans air, sinon sans oxygène. Ils empruntent cet oxygène à des composés oxygénés qu'ils détruisent ; autrement dit ces organismes vivent aux dépens d'oxygène combiné. Ils ont reçu le nom de végétaux ou cellules *anaérobies*, par opposition aux *aérobies* (Pasteur).

Quand les animaux vivent dans de l'air comprimé ou dilaté, les phénomènes de la respiration ne changent presque pas, tant que les variations de pression ne dépassent pas 10 ou 15 centimètres de mercure.

Lorsque les diminutions de pression dépassent ces limites, les animaux éprouvent une gêne croissante (mal des montagnes), et périssent lorsque la raréfaction de l'oxygène est telle, que le produit de la proportion centésimale de ce gaz par la pression exprimée en atmosphères s'abaisse au-dessous de 3 5, quelle que soit la pression totale. Des moineaux périssent déjà dans l'air atmosphérique à 17 centimètres de pression, alors que la proportion d'oxygène atteint encore 19, 6 p. 100. Le produit de la proportion centésimale 19,6 par la pression exprimée en atmosphères 17/76 est égal à 4,4. A plus forte raison la mort arrivera-t-elle lorsque ce produit sera devenu inférieur à 3,5. Dans une atmosphère plus riche en oxygène que l'air ordinaire, la pression peut diminuer encore sans inconvénient. Des oiseaux vivent sous une pression de 8 centimètres dans de l'oxygène pur. La pression barométrique n'a donc que peu d'influence, et il ne faut considérer que la pression partielle de l'oxygène dans le mélange gazeux.

Lorsque la pression de l'oxygène augmente, les animaux sont pris de convulsions et périssent empoisonnés par l'oxygène. Cet empoisonnement a lieu dès que le produit de la proportion centésimale de l'oxygène par la pression atteint 350. Cela arrive dans l'air comprimé à 17 atmosphères. En effet, $21 \times 17 = 357$. Et dans une atmosphère d'oxygène pur comprimé à 3,5 atmosphères : $100 \times 3,5 = 350$.

Lorsque cette action toxique de l'oxygène se produit, la quantité d'oxygène du sang atteint 35 centimètres cubes pour 100 centimètres cubes de sang, 18 à 20 centimètres cubes étant la quantité normale.

<h1 style="text-align:center">COMBINAISONS DE L'OXYGÈNE
AVEC L'HYDROGÈNE.</h1>

<h2 style="text-align:center">§ 25. — EAU.</h2>

H^2O. Poids moléculaire : 18.

a. Impuretés et purification. — L'eau, si abondamment répandue sur la surface de la terre, a longtemps été considérée comme un corps simple. Nous avons vu (§ 4, p. 13). quelle était la composition de l'eau. — Les eaux que l'on rencontre dans la nature ne sont jamais pures. L'eau de pluie (*eau météorique*) est souillée par des traces de sels minéraux, par de l'ammoniaque, de l'anhydride carbonique enlevés à l'air qu'elle traverse. Les eaux *telluriques* (on nomme ainsi les eaux qui coulent sur la surface de la terre) sont encore plus impures et ces impuretés varient suivant la nature des terrains que l'eau a traversés.

On reconnaît dans les eaux la présence de l'*anhydride carbonique* à l'aide de l'eau de chaux qui les précipite en blanc (carbonate de calcium).

L'azotate d'argent donne un précipité blanc dans les eaux qui renferment des *chlorures*. (V. § 13, p. 66.)

La présence des *sulfates* se décèle par le chlorure de baryum. (V. *Sulfates*.)

Si l'eau renferme des sels de calcium, l'oxalate d'ammonium y détermine un précipité blanc d'oxalate de calcium. (V. § 120.)

L'*ammoniaque* se décèle à l'aide du réactif de Nessler. (V. *Ammoniaque*.)

Enfin les eaux qui renferment des *matières organiques* réduisent les sels d'or et décolorent une solution de permanganate de potassium lorsqu'elles sont acidulées par un peu d'acide sulfurique.

Pour avoir de l'eau parfaitement pure, il faut soumettre les eaux naturelles à la distillation, en ayant soin : 1° de rejeter les premières parties qui se condensent et qui renferment souvent de l'anhydride carbonique ou de l'ammoniaque ; 2° d'ajouter à l'eau que l'on distille de la chaux pour retenir un peu d'acide chlorhydrique, qui se forme souvent vers la fin de l'opération par la décomposition du chlorure de magnésium, en présence de l'eau (V. § 13, p. 66) ; 3° d'arrêter la distillation lorsque les trois quarts environ de l'eau soumise à la distillation se sont condensés dans le récipient.

L'*eau distillée* doit ne laisser aucun résidu lorsqu'on l'évapore sur une lame de platine, et n'agir sur aucun des réactifs cités plus haut.

b. Propriétés. 1° Physiques. — *a*) L'eau est, à la température ordinaire, un liquide incolore lorsqu'on le voit sous une faible épaisseur, inodore, d'une saveur fade. Sous une grande épaisseur, l'eau est d'un beau bleu. La teinte verte de l'eau des rivières tient à des substances étrangères tenues en suspension.

b) L'eau présente ce phénomène remarquable de subir une contraction régulière lorsqu'on abaisse sa température et cela jusqu'à 4°, mais de se dilater si l'abaissement de température descend au-dessous. C'est là une anomalie, les corps se contractant d'autant plus qu'ils sont soumis à un abaissemeut plus grand de température. L'eau offre donc vers 4° un maximum de densité. On a choisi ce maximum de densité comme l'unité, à laquelle on rapporte la densité des autres corps solides et liquides.

c) A 0°, l'eau se solidifie et se transforme en glace en se dilatant brusquement. La densité de l'eau étant 1, celle de la glace n'est que 0,94. Aussi la glace reste-t-elle à la surface des fleuves et des rivières pendant les froids de l'hiver. Elle s'oppose dès lors au refroidissement des couches inférieures, dont la température ne descend guère au-dessous de 4°. La dilatation de la glace se fait avec une telle énergie, que lorsqu'on soumet au froid des vases fermés et remplis d'eau, ils sont infailliblement brisés. Les bombes les plus épaisses ne résistent pas à cette expansion.

Lorsque l'eau est purgée d'air et soustraite à l'agitation, sa température peut descendre jusqu'à — 10° sans que la congélation ait lieu. Ce phénomène est connu sous le nom de *surfusion*. Le plus léger ébranlement détermine alors la prise en masse et le thermomètre plongé dans le liquide indique que la température est en même temps remontée à 0°.

La glace fond toujours à 0°, et d'après les lois connues de la fusion des corps, la température ne change pas pendant tout le temps de cette fusion. Aussi a-t-on choisi le point de fusion de la glace comme un des points fixes de l'échelle thermométrique. C'est le point 0° des thermomètres centigrade et Réaumur.

La glace est formée par un enchevêtrement de cristaux qui sont des prismes à 6 pans. La neige se présente souvent sous forme d'étoiles à 6 rayons fort belles.

La présence de sels en dissolution dans l'eau retarde la congélation de ce liquide, et lorsqu'elle a lieu, l'eau cristallise en se débarrassant des sels qui restent dans les eaux mères. Aussi les eaux provenant de la fusion de la neige ou de la glace sont-elles très peu chargées en sels.

d) On a choisi la température à laquelle a lieu l'ébullition de l'eau sous la pression de 760 millimètres pour second point fixe des échelles thermométriques. C'est le point 100 du thermomètre centigrade.

Lorsque l'eau tient des sels en dissolution, la température à laquelle a lieu l'ébullition s'élève considérablement. Une dissolution saturée de chlorure de calcium ne bout qu'à 179° environ.

Quoique l'eau n'entre en ébullition qu'à 100°, elle émet des vapeurs à toutes les températures. La glace elle-même se vaporise sensiblement.

e) De tous les liquides, l'eau est celui qui possède la chaleur spécifique la plus considérable. On a choisi cette chaleur spécifique pour unité (calorie). Il faut donc pour élever ou abaisser la température de l'eau une grande quantité de chaleur. Aussi les grandes masses d'eau servent-elles de régulateur très puissant des températures d'une contrée.

f) L'eau est le dissolvant par excellence (1). La plupart des sels, un grand nombre de liquides, tous les gaz sont plus ou moins solubles dans l'eau. Lorsqu'un corps solide se dissout dans l'eau, il passe lui-même à l'état liquide, et le passage d'un corps de l'état solide à l'état liquide est accompagné d'une absorption de chaleur. Nous avons vu que 1 kilogr. de glace, par exemple, en passant à l'état liquide absorbait 79 calories. Certains sels, notamment l'azotate d'ammonium, déterminent en se dissolvant dans l'eau un abaissement considérable de température. Le froid produit est plus intense encore lorsqu'on mélange ces sels avec de la glace pulvérisée ou de la neige. Tous ces mélanges sont connus sous le nom de *mélanges réfrigérants*. Les plus fréquemment employés sont : l'azotate d'ammonium et l'eau et le mélange de neige et de sel marin. Ce dernier produit un abaissement de température qui peut aller jusqu'à — 21°.

Souvent le corps que l'on veut dissoudre dans l'eau exerce une action chimique sur ce liquide. Dans ce cas, il se fait une élévation de température qui compense le refroidissement produit par le passage du corps de l'état solide à l'état liquide. Souvent même cette élévation de température est très considérable et la dissolution est accompagnée d'un dégagement de chaleur.

Les lois de la dissolution des corps solides et liquides sont encore mal connues. Ces lois sont les suivantes :

1° *La quantité d'un corps que l'eau peut dissoudre est presque toujours limitée. Elle est toujours la même à la même température.*

2° *Un liquide saturé d'un corps peut en dissoudre un autre.*

3° *En général la solubilité des corps augmente avec la température.*

Cette dernière loi subit des exceptions relativement nombreuses. Le chlorure de sodium, par exemple, se dissout dans l'eau, à peu de chose près, dans la même proportion, quelle que

____

(1) L'eau ne dissout pas les corps gras et en général les substances riches en hydrogène et en charbon.

soit la température. La solubilité du sulfate de sodium dans l'eau va en augmentant jusqu'à + 33° ; elle diminue au-dessus de 33°. Le sulfate de sodium présente donc un maximum de solubilité à 33°. La chaux, le citrate et le butyrate de baryum sont beaucoup moins solubles à chaud qu'à froid, et les solutions saturées à froid de ces corps se troublent par l'ébullition.

Lorsqu'un gaz se dissout dans l'eau, il passe de l'état gazeux à l'état liquide et abandonne alors toute sa chaleur latente. La dissolution d'un gaz dans l'eau est donc accompagnée d'un dégagement de chaleur.

Les gaz se dissolvent dans l'eau proportionnellement à la pression et en raison inverse de la température. L'abaissement de la température de l'eau favorise donc la dissolution des gaz. C'est l'inverse de ce qui a lieu pour la dissolution des solides.

Enfin, l'eau au contact d'une atmosphère formée de plusieurs gaz dissout chacun d'eux comme s'il était seul avec la pression qu'il possède dans le mélange.

2° CHIMIQUES. — L'eau est décomposée sous l'influence du courant électrique en hydrogène et en oxygène (V. § 4, p. 13). La même décomposition a lieu sous l'influence de la chaleur. Vers 1200°, l'eau se *dissocie* comme l'a démontré Deville, se scinde en hydrogène et en oxygène.

Un grand nombre de corps simples décomposent l'eau. Les uns (chlore, brome) s'emparent de l'hydrogène et mettent l'oxygène en liberté.

$$2H^2O + 2Cl^2 = 4ClH + O^2.$$

Les autres (charbon) s'emparent de l'oxygène et mettent l'hydrogène en liberté.

$$2H^2O + C = CO^2 + 2H^2$$

Eau.   Carbone.   Anhydride   Hydrogène.
                       carbonique.

La décomposition de l'eau par le charbon a lieu lorsqu'on fait passer un courant de vapeur d'eau sur du charbon chauffé au rouge. L'anhydride carbonique se trouvant en présence d'un excès de charbon, il se produit par une réaction secondaire de l'oxyde de carbone. (V. § 79.)

La plupart des métaux décomposent aussi l'eau. Les uns opèrent cette décomposition déjà à froid (potassium, sodium) ; d'autres à 100° ou à une température plus élevée encore. Un petit nombre seulement de métaux ne décomposent pas l'eau. (V. *Mé-taux*.)

Les anhydrides acides et les anhydrides basiques décomposent également l'eau, mais en fixent tous les éléments en se transformant en acides ou en bases.

$$S\!\!<_O^O\!\!>O \quad + \quad H^2O \quad = \quad S\!\!<_{O-OH}^{O-OH}$$

Anhydride sulfurique.   Eau.   Acide sulfurique.

$$BaO \quad + \quad H^2O \quad = \quad BaO^2H^2$$

Oxyde de baryum.   Eau.   Hydrate de baryum.

Enfin, il existe des composés dans lesquels la molécule d'eau existe réellement à l'état d'eau. Certaines molécules saturées peuvent s'unir à d'autres molécules également saturées. Kékulé appelle ces combinaisons *combinaisons moléculaires*, pour les distinguer des *combinaisons atomiques* formées par la réunion des atomes. Nous avons déjà vu que certains chlorures s'unissent entre eux. Le chlorure de platine, par exemple, s'unit au chlorure de potassium et forme une combinaison $(PtCl^4 + 2\,KCl)$ qui peut être considérée comme formée par l'union de deux molécules saturées et distinctes. Les lois des combinaisons moléculaires ne sont pas encore connues.

Un grand nombre de sels forment ainsi avec l'eau des combinaisons moléculaires qui cristallisent parfaitement. Le sulfate de calcium cristallise avec deux molécules d'eau, le sulfate de sodium avec dix, le sulfate de cuivre avec cinq, le sulfate de magnésium avec sept molécules d'eau. L'eau ainsi unie à une molécule détermine souvent la forme cristalline du composé. On la désigne sous le nom d'eau de *cristallisation*.

Cette eau est fixée par les molécules auxquelles elle s'ajoute avec une énergie différente.

Ainsi, le sulfate de cuivre cristallisé reste inaltéré à l'air dans les circonstances ordinaires ; il perd en partie son eau de cristallisation dans une atmosphère complètement desséchée. Le carbonate de sodium, qui cristallise avec dix molécules d'eau, en perd cinq, en se désagrégeant, dans une atmosphère moyennement sèche. Les sels qui perdent facilement partie ou totalité de l'eau de cristallisation à la température ordinaire et par simple exposition à l'air, sont dits *efflorescents*.

D'autres sels reprennent très facilement leur eau de cristallisation après l'avoir perdue. Le plâtre sec, par exemple, en contact avec de l'eau, s'empare de deux molécules de ce corps et produit une masse solide de sulfate de calcium hydraté. Beaucoup de sels absorbent l'humidité de l'air en quantité indéterminée et s'y dissolvent. Ils sont dits *déliquescents*. Ex. : carbonate de potassium, chlorure de calcium, potasse.

c. Eaux potables et médicinales. — On a divisé les eaux telluriques en eaux potables et en eaux non potables, suivant qu'elles sont ou non propres à la boisson.

Parmi les premières il faut ranger les eaux de pluie, les eaux de rivières, les eaux de sources et les eaux de puits ; les secondes comprennent les eaux de mer et la plupart des eaux minérales.

a) Les expériences de Chossat et celles de Boussingault ont démontré que les substances salines contenues dans l'eau sont absorbées et assimilées. En nourrissant un jeune animal avec des aliments dans lesquels la chaux a été soigneusement dosée, on constate que la quantité de chaux fixée dans le squelette de l'animal dépasse dans de fortes proportions celle qui a été fournie par les aliments. L'excédant de chaux fixée par l'animal n'a pu lui être fourni que par l'eau.

Du reste, on sait que les habitants de certaines montagnes qui boivent de l'eau provenant de la fonte des neiges, et par conséquent peu riche en sels, sont souvent frappés d'arrêt de développement ou atteints de certaines maladies endémiques.

Les eaux potables doivent renfermer les éléments minéraux qui entrent dans la composition des liquides de l'économie et que les aliments ne renferment pas en quantité suffisante. Les substances inutiles à l'économie sont souvent nuisibles à la santé lorsqu'elles sont contenues dans les eaux qui servent à la boisson.

Les sels que doivent renfermer les eaux potables sont : les bicarbonates de calcium et de magnésium, des fluorures en petite quantité, des chlorures et un peu de silice. Les sulfates sont inutiles, souvent même nuisibles. Les eaux recherchées comme eaux potables renferment les sels que nous venons d'indiquer.

Les caractères d'une bonne eau sont (d'après l'*Annuaire des eaux de France*) les suivants :

1° *L'eau doit être fraîche, limpide, sans odeur.*

La température de l'eau doit être de 8° à 15°. Une eau qui est trouble ou qui possède une odeur désagréable contient, en général, des matières organiques en suspension ou en putréfaction et doit être rejetée. La quantité de matières organiques dans une eau ne doit pas dépasser la proportion de 1 milligramme par litre. Les matières en décomposition et les êtres organisés, visibles au microscope, sont surtout dangereux pour la santé.

2° *Sa saveur doit être faible, ni fade, ni salée, ni douceâtre.*

L'eau distillée et les eaux qui renferment peu de sels sont fades et désagréables au goût.

3° *Elle doit renfermer de l'air en dissolution.*

Les eaux qui ne renferment pas de gaz en dissolution sont

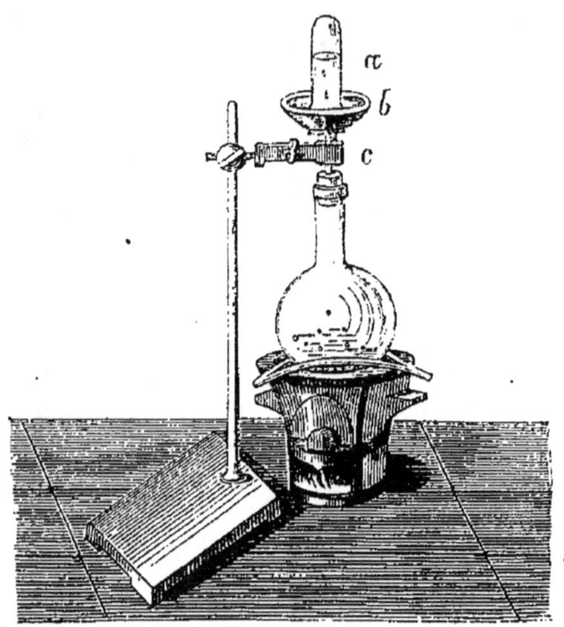

Fig. 19. — Extraction des gaz de l'eau (*).

fades et indigestes. Une eau doit renfermer de 30 à 80 centimètres cubes de gaz par litre. Les gaz en dissolution dans l'eau n'ont pas la composition de l'air atmosphérique. Ils sont plus riches en anhydride carbonique (8-10 p. 100) qui possède un coefficient de solubilité plus élevé que ceux de l'azote et de l'oxygène.

On constate la présence de gaz en dissolution dans l'eau, en chauffant un ballon plein d'eau et fermé par un bouchon que traverse un tube à dégagement également plein d'eau. On recueille sur la cuve à mercure les gaz qui se dégagent au fur et à

(*) *a*, éprouvette pour recueillir les gaz; *b*, tronc de cône en bois. L'ouverture inférieure est fermée par un bouchon qui donne passage au tube *c*. Celui-ci met le ballon en communication avec l'éprouvette et livre passage aux gaz

mesure que la température de l'eau s'élève. Le dispositif indiqué dans la figure 19 permet de recueillir plus facilement les gaz de l'eau. Il faut faire bouillir le liquide pendant quelques instants pour qu'il ne reste plus de gaz en dissolution dans l'eau.

4° Elle doit dissoudre le savon sans former de grumeaux et bien cuire les légumes.

Nous avons vu qu'une bonne eau potable devait renfermer des sels. La quantité des matières salines peut varier de 0^{gr},15 à 0^{gr},50 par litre. Mais une eau trop riche en substances salines devient indigeste et impropre aux usages domestiques. Les eaux qui renferment trop de sels calcaires dissolvent mal le savon. Le savon en effet est un mélange de plusieurs sels de sodium à acides organiques (palmitique, stéarique, etc.), solubles dans l'eau. Les sels de calcium de ces acides étant au contraire insolubles, une eau riche en sels calcaires forme des grumeaux lorsqu'on veut y dissoudre du savon. Ces eaux cuisent aussi mal les légumes, la chaux se combinant avec la légumine des haricots ou autres légumes secs et ce composé calcaire ne se ramollissant pas par la cuisson.

Les eaux dans lesquelles la proportion de carbonate calcaire dépasse 6 centig. par litre sont dites *lourdes* ou *crues*; elles sont dites *salées*, si ce sont les chlorures qui sont en excès; *sélénitheuses*, si c'est le sulfate de calcium.

Certaines eaux riches en anhydride carbonique dissolvent en traversant des terrains calcaires des quantités considérables de carbonate de calcium. Ce sel, insoluble dans l'eau, est soluble dans une dissolution aqueuse d'anhydride carbonique. Des eaux tenant ainsi en dissolution, à la faveur de l'anhydride carbonique, de notables proportions de carbonate de calcium, se troublent par l'ébullition qui chasse l'acide carbonique. Ce gaz se dégage aussi à l'air libre et alors le carbonate de chaux se dépose sur les objets plongés dans l'eau ; d'où le nom d'*incrustantes* donné à ces eaux. Lorsque ces eaux filtrent à travers la paroi supérieure d'une voûte, elles y déposent leur carbonate de calcium. Le phénomène continuant pendant de longues périodes d'années, il se forme, à la partie supérieure des grottes, des masses de carbonate de calcium, qui affectent la forme de pyramides et portent le nom de *stalactites*. Une partie de l'eau tombant sur le sol y produit des masses analogues, les *stalagmites*. Il arrive fréquemment que les stalactites et les stalagmites finissent par se réunir et forment ainsi, dans les grottes, de véritables colonnes de carbonate de calcium.

b) Les eaux très riches en matériaux minéraux, *eaux minérales*, constituent un ordre important de médicaments.

On a divisé les eaux minérales en sept classes.

1° *Eaux acidulées.* L'acide carbonique y prédomine. Elles font effervescence à l'air et renferment encore des chlorures alcalins, des carbonates alcalins. Quelquefois elles renferment aussi du fer ; elles rentrent alors dans la classe des eaux ferrugineuses. Ex. : eau de Seltz (Nassau), de Soultzmatt (Alsace), de Condillac.

2° *Eaux alcalines.* Les carbonates acides alcalins et alcalinoterreux y prédominent (Vichy, Ems, Vals).

3° *Eaux chlorurées.* Prédominance des chlorures, notamment du chlorure de sodium. Elles renferment en outre des chlorures de potassium, de calcium, de magnésium. Elles peuvent être chaudes (*thermales*) ou froides (Niederbronn, Balaruc, Kreuznach).

4° *Eaux sulfatées.* Ces eaux sont riches en sulfates. Elles sont *sulfatées sodiques* (Carlsbad) ou *sulfatées magnésiennes* (Epsom, Sedlitz, Pullna), suivant que le sulfate de sodium ou le sulfate de magnésium y prédomine. Ces eaux sont purgatives.

5° *Eaux sulfureuses.* Elles sont caractérisées par la présence des sulfures alcalins ou de l'hydrogène sulfuré. Ces dernières sont froides ; les premières sont presque toujours thermales (Eaux d'Enghien, de Bagnères, de Cauterets, de Luchon, etc.).

6° *Eaux ferrugineuses.* Le fer à l'état de carbonate dissous dans l'acide carbonique ou à l'état de crénate de fer (l'acide crénique est un acide organique mal étudié) caractérise ces eaux (Spa, Orezza, Bussang).

7° *Bromurées et iodurées.* Ces eaux renferment des bromures et iodures alcalins (Kreuznach, Salins).

L'eau de mer renferme de 32 à 38 grammes de sels par litre. Le chlorure de sodium y domine. On y trouve en outre des sulfates, bromures, iodures alcalins, des sels de magnésium, de calcium, etc.

§ 26. — EAU OXYGÉNÉE.

$$H^2O^2 = \begin{cases} H\text{--}O \\ H\text{--}O \end{cases}$$

DÉCOUVERTE PAR THÉNARD. — *Synonyme :* Peroxyde d'hydrogène. — *Poids moléculaire :* 34.

a. État naturel. — L'eau oxygénée existe en petite quantité dans l'air atmosphérique et en proportions un peu plus fortes dans l'eau de pluie. Elle se forme, en même temps que l'ozone, dans un grand nombre d'oxydations lentes qui ont lieu en présence de l'eau. Enfin, d'après Schœnbein, on en trouve quelquefois des traces dans l'urine.

b. Préparation. — On obtient une solution aqueuse d'eau oxygénée en traitant le bioxyde de baryum, ou mieux encore son hydrate tenu en suspension dans l'eau, par l'acide sulfurique étendu, ou par un courant d'anhydride carbonique.

$$BaO^3 + H^2O + CO^2 = CO^3Ba + H^2O^2$$

Bioxyde de baryum.　Eau.　Anhydride carbonique.　Carbonate de baryum.　Eau oxygénée.

$$BaO^2 + SO^4H^2 = SO^4Ba + H^2O^2$$

Bioxyde de baryum.　Acide sulfurique.　Sulfate de baryum.　Eau oxygénée.

Le sulfate et le carbonate de baryum, étant insolubles, se réunissent, dans les deux cas, à la partie inférieure du vase. On décante le liquide clair qui renferme de l'eau oxygénée en dissolution et on concentre la solution par évaporation dans le vide.

c. Propriétés. 1° Physiques. — L'eau oxygénée est un liquide incolore, inodore, comme l'eau ordinaire, mais ayant une consistance sirupeuse et une saveur métallique particulière. Elle attaque la peau et les muqueuses en produisant des eschares blanches. Sa densité est de 1,452. Elle ne se solidifie pas à la température de $- 30°$.

2° Chimiques. — C'est un corps peu stable qui se décompose déjà vers 20° en oxygène et en eau. La décomposition est complète à 100°.

Son action sur les diverses substances est de trois ordres :

1° Certains corps décomposent l'eau oxygénée en s'oxydant aux dépens de l'oxygène produit par sa décomposition. C'est ainsi que le bioxyde d'hydrogène transforme l'acide arsénieux en acide arsénique, le sulfure de plomb en sulfate, l'oxyde de baryum en bioxyde, l'acide chromique en acide perchromique, et qu'il détruit les couleurs végétales.

2° D'autres corps, le charbon, l'or, l'argent, le platine finement divisés décomposent l'eau oxygénée sans éprouver eux-mêmes aucune modification.

3° Enfin, l'eau oxygénée peut produire certaines réductions. L'oxyde d'argent et d'autres oxydes métalliques facilement réductibles décomposent en effet l'eau oxygénée en oxygène et en eau, en perdant eux-mêmes leur oxygène.

$$H^2O^2 + Ag^2O = H^2O + O^2 + Ag^2.$$

Ces décompositions réciproques ont été envisagées par Brodie comme des actions réductrices dans lesquelles l'atome d'oxygène du peroxyde d'hydrogène et celui de l'oxyde d'argent s'unissent pour former une molécule d'oxygène libre. La décomposition de l'eau oxygénée par l'oxyde d'argent est comparable à celle qu'éprouve l'hydrure cuivreux sous l'influence de l'acide chlorhydrique. (V. *Acide hypophosphoreux.*)

d. Caractères. — On reconnaît facilement la présence de l'eau oxygénée dans un liquide *en ajoutant à ce liquide une couche d'éther, puis un peu d'acide chromique et agitant. L'éther prend une belle teinte bleue.*

L'eau oxygénée transforme en effet l'acide chromique, qui est rouge, en acide perchromique, qui est bleu. Ce dernier acide est peu stable ; mais il se dissout dans l'éther et acquiert alors une stabilité plus grande.

§ 27. — **Oxydes métalliques.**

a. Constitution. — Nous avons défini les acides : des composés hydrogénés dans lesquels l'hydrogène est uni à un radical électro-négatif. (V. § 7, p. 37.) L'eau peut donc être considérée comme un véritable acide, et de fait elle se comporte dans un grand nombre de réactions comme un acide faible.

Les sels étant des acides dans lesquels l'hydrogène basique est remplacé par un métal, il faut conclure de cette définition, que l'eau doit donner de véritables sels qui en dérivent par la substitution d'un métal à l'hydrogène.

Nous avons étudié jusqu'à présent des acides qui ne renfermaient qu'un hydrogène *basique*, c'est-à-dire un seul atome d'hydrogène remplaçable par des métaux. Il est des acides qui renferment deux hydrogènes *basiques*. On appelle ces acides *bibasiques*. Ainsi l'acide sulfurique $SO^4 \begin{Bmatrix} H \\ H \end{Bmatrix}$ est un *acide bibasique*. On comprend facilement que cet acide pourra donner deux espèces de sels suivant qu'un seul atome ou que deux atomes d'hydrogène seront remplacés par des métaux. Ces deux espèces de sels ont respectivement pour formule générale $SO^4 \begin{Bmatrix} M' \\ H \end{Bmatrix}$ et $SO^4 \begin{Bmatrix} M' \\ M \end{Bmatrix}$.

La première de ces formules représente de l'acide sulfurique, pont un seul hydrogène est remplacé par un métal. Le corps $SO^4 \begin{Bmatrix} M' \\ H \end{Bmatrix}$ est donc un *sel acide*, car il renferme encore un hydrogène remplaçable par un métal. $SO^4\begin{cases} M' \\ M' \end{cases}$ est un *sel neutre*.

L'eau, comme l'acide sulfurique, renferme deux hydrogènes remplaçables par des métaux. Les sels correspondants sont donc de deux espèces : les uns ayant pour formule M'OH, les autres M'OM'. Les premiers de ces corps constituent les bases que nous avons déjà définies (V. § 7, p. 37). Les seconds sont les oxydes métalliques, combinaisons d'oxygène et de métal. A un point de vue général, les hydrates et oxydes métalliques sont donc de véritables sels.

Les formules qui expriment la composition des hydrates et oxydes métalliques varient avec la valence des métaux. Ex. :

Na'OH   Na'^{2}O

Hydrate de sodium.   Oxyde de sodium.

$Ba''\begin{cases} OH \\ OH \end{cases}$ Ba''O

Hydrate de baryum.   Oxyde de baryum.

L'hydrate de baryum dérive de deux molécules d'eau dont chacune a perdu un atome d'hydrogène. Le baryum bivalent remplace ces deux atomes d'hydrogène et soude entre eux les deux résidus oxhydryles O H.

H,OH $Ba{<}^{OH}_{OH}$

H,OH

Le ferricum (Fe^2) est hexavalent (V. § 157). L'oxyde ferrique aura donc pour formule Fe^{2}O^3. Il dérive de trois molécules d'eau dont les 6 hydrogènes sont remplacés par le ferricum hexavalent.

Enfin, l'oxygène pouvant s'unir à lui-même pour former un groupement (O — O)'' bivalent comme l'oxygène libre (V. § 14, p. 70), on comprend l'existence de bioxydes ou peroxydes, CaO^2, BaO^2. Ces peroxydes peuvent être considérés comme des dérivés de l'eau oxygénée H^{2}O^2. Nous avons vu, en effet, qu'inversement le bioxyde de baryum, traité à froid par un acide, donne naissance à de l'eau oxygénée.

b. Procédés de préparation. — On prépare les oxydes métalliques :

1° *Par l'action directe de l'oxygène sur le métal.* La plupart des métaux s'oxydent lorsqu'on les calcine au contact de l'oxygène ou, ce qui revient au même, de l'air atmosphérique. On prépare ainsi les oxydes des métaux usuels. Ex. : oxyde d'antimoine, oxyde de zinc (Codex), oxyde de cuivre.

On obtient aussi certains oxydes en faisant agir l'oxygène sur des oxydes moins riches en oxygène que ceux qu'on veut obtenir. Ex. : bioxyde de baryum.

2° *Par la calcination des hydrates, carbonates, azotates ou sulfates métalliques.* La calcination d'un des corps que nous venons de mentionner constitue une des méthodes les plus généralement employées pour préparer les oxydes métalliques.

La chaux vive ou oxyde de calcium, la magnésie ou oxyde de magnésium, l'oxyde de zinc, s'obtiennent par la calcination des carbonates de ces métaux (Codex).

L'oxyde mercurique se prépare en soumettant à l'action de la chaleur l'azotate mercurique (Codex). On prépare aussi l'oxyde cuivrique par la calcination de l'azotate cuivrique.

L'oxyde ferrique ou colcothar s'obtient en soumettant à la calcination le sulfate ferreux (Codex).

3° *Par l'action des métaux sur l'eau.*

Nous avons vu (§ 10, p. 43) que certains métaux décomposent l'eau ; les uns, tels que le sodium, le potassium, à froid et très rapidement ; les autres, tels que le fer, le zinc, à chaud. L'hydrogène de l'eau est mis en liberté et le métal prend sa place.

Ce procédé ne sert pas, en pratique, à l'obtention des oxydes. On prépare toutefois un oxyde de fer, l'éthiops martial, en exposant au contact de l'air, de la limaille de fer très fine arrosée d'eau de manière à constituer une pâte.

4° *Les oxydes et hydrates insolubles s'obtiennent en précipitant par de la potasse, de la soude, de l'ammoniaque ou de la chaux (hydrates métalliques solubles), une dissolution d'un sel du métal dont on veut l'oxyde.* Ex : hydrate ferrique, oxyde mercurique (Codex).

Les oxydes étant presque tous insolubles, on peut en préparer un grand nombre par ce procédé.

Dans quelques cas, l'eau bouillante se comporte vis-à-vis des solutions métalliques comme les hydrates solubles. Ex. :

$$Bi(AzO^3)^3 + 3H^2O = 3AzO^3H + BiO^3H^3$$

| Azotate de bismuth. | Eau. | Acide azotique. | Hydrate bismuthique. |

Les sels d'antimoine sont aussi décomposés par l'eau.

5° *Les hydrates de sodium et de potassium s'obtiennent en traitant par la chaux une dissolution des carbonates de ces métaux.*

$$CO^3Na^2 + CaO^2H^2 = CO^3Ca + 2NaOH.$$

Il se précipite du carbonate de calcium insoluble.

Les hydrates de calcium, de baryum et de strontium se préparent en soumettant à l'action de l'eau les oxydes anhydres de ces métaux.

$$CaO + H^2O = CaO^2H^2.$$

c. Propriétés. 1° PHYSIQUES. — Les oxydes sont des corps solides, en général opaques. La plupart sont colorés. Presque tous sont fusibles, mais moins que le métal correspondant.

Tous les oxydes sont insolubles dans l'eau à l'exception des alcalins et alcalino-terreux.

2° CHIMIQUES. — Les oxydes ne se comportent pas tous de la même manière vis-à-vis des acides et des bases.

1° Un grand nombre d'oxydes métalliques font la double décomposition avec les acides et donnent naissance à des sels. Ce sont les *oxydes basiques*.

2° D'autres oxydes font au contraire la double décomposition avec les bases, comme les anhydrides métalloïdiques, mais moins énergiquement. Ce sont les *oxydes acides* ou mieux *anhydrides acides*.

3° On appelle *oxydes indifférents* des oxydes qui se comportent tantôt comme les oxydes basiques, tantôt comme les oxydes acides.

4° Les oxydes et hydrates acides, avons-nous dit, peuvent former des sels avec les bases. Lorsque l'oxyde acide et la base sont des dérivés oxygénés du même métal, le corps obtenu par leur combinaison porte le nom d'*oxyde salin*.

Ainsi l'oxyde magnétique de fer Fe^3O^4 peut être envisagé comme un sel de l'acide $Fe^2O^4H^2$ (dont on connaît l'anhydride Fe^2O^3, oxyde ferrique), dans lequel deux atomes d'hydrogène sont remplacés par un atome de Fe''.

5° Enfin les *oxydes singuliers* sont les *bioxydes* ou *peroxydes* dont il a été parlé plus haut. Pour s'unir aux acides, ils doivent perdre une partie de leur oxygène (V. § 24, p. 89).

$$2MnO^2 + 2SO^4H^2 = 2SO^4Mn + 2H^2O + O^2$$

Peroxyde de manganèse.	Acide sulfurique.	Sulfate de manganèse.	Eau	Oxygène.

La chaleur ne décompose que les oxydes des métaux nobles : or, platine, argent, mercure. Ex :

$$2HgO = 2Hg + O^2.$$

L'hydrogène est sans action sur les oxydes alcalins et alcalino-terreux. Il réduit la plupart des autres oxydes soûs l'influence de la chaleur. Ex :

$$\underbrace{Fe^2O^3}_{\substack{\text{Oxyde}\\\text{ferrique.}}} + \underbrace{3H^2}_{\text{Hydrogène.}} = \underbrace{3H^2O}_{\text{Eau.}} + \underbrace{2Fe}_{\text{Fer réduit.}}$$

On prépare le fer réduit en chauffant de l'oxyde ferrique dans un tube de verre que traverse un courant d'hydrogène.

L'action réductrice du charbon est plus considérable encore que celle de l'hydrogène. Presque tous les oxydes métalliques sont réduits par ce métalloïde. Ex. :

$$ZnO + C = CO + Zn.$$

Nous avons déjà vu que le chlore agit sur les hydrates métalliques solubles et donne un mélange de chlorure et d'hypochlorite ou de chlorate du métal, suivant que l'action a lieu à froid ou à chaud. Le brome et l'iode se comportent comme le chlore. Le soufre, en présence des bases, donne de même un sulfure et un sel oxygéné du soufre.

$$\underbrace{3BaO^2H^2}_{\substack{\text{Hydrate}\\\text{de baryum.}}} + \underbrace{2S^2}_{\text{Soufre.}} = \underbrace{2BaS}_{\substack{\text{Sulfure}\\\text{de baryum.}}} + \underbrace{3H^2O}_{\text{Eau.}} + \underbrace{S^2O^3Ba}_{\substack{\text{Hyposulfite}\\\text{de baryum.}}}$$

Le sélénium, le tellure, le phosphore, agissent sur les bases comme le soufre. On voit que les métalloïdes, en général donnent, en présence des bases, deux sels: l'un oxygéné, l'autre non oxygéné. Dans le cas du phosphore, on n'observe pas la formation de phosphure parce que les phosphures alcalins et alcalino-terreux sont décomposables par l'eau. Mais la formation de phosphure est démontrée par les produits de décomposition de ce corps : hydrogène phosphoré et hypophosphite métallique.

d. Caractères. — On reconnaît en général les oxydes à leur aspect physique.

Ils ne donnent aucune des réactions des différents acides.

On arrive donc à caractériser un oxyde par exclusion. Un composé non organique, dans la molécule duquel on a décelé la présence d'un métal, sans pouvoir y déceler celle d'un acide, est un métal ou un oxyde métallique. Les oxydes métalliques se dissolvent dans les acides sans qu'il y ait dégagement de gaz hydrogène.

§ 28. — SOUFRE.

Poids atomique : 32. — Poids moléculaire : 64.

a. État naturel ; emploi en médecine. — Le soufre existe à l'état natif dans certains terrains volcaniques, principalement en Sicile. Il ne se trouve pas à l'état de liberté dans l'organisme, mais il entre dans la composition de l'albumine, des acides de la bile, de la taurine et de plusieurs autres substances qui se trouvent dans l'économie animale. Certains composés inorganiques du soufre, tels que l'acide sulfurique et ses sels, l'hydrogène sulfuré, se rencontrent également dans le corps des animaux, comme nous le verrons plus loin.

On emploie le soufre en médecine à l'intérieur et à l'extérieur, surtout pour la destruction des parasites végétaux et animaux (sarcopte de la gale, ascarides lombricoïdes, oxyures). On se sert de la fleur de soufre ordinaire, de la fleur de soufre lavée et du soufre précipité.

b. Préparation. — L'industrie sépare le soufre natif de la terre qui le souille soit en le fondant, soit en le distillant. On le purifie par une seconde distillation et on le recueille, pendant qu'il est en fusion, dans des moules cylindro-coniques dans lesquels il se solidifie (soufre en canon).

On extrait aussi du soufre de la pyrite de fer FeS^2, qui perd du soufre, sous l'inflence de la chaleur, comme le peroxyde de manganèse perd de l'oxygène lorsqu'on le calcine.

$$3FeS^2 = Fe^3S^4 + S^2.$$

La *fleur de soufre* s'obtient dans l'industrie en dirigeant des vapeurs de soufre dans une grande chambre, assez lentement pour que celle-ci ne s'échauffe pas beaucoup. La vapeur de soufre se solidifiant au milieu de l'atmosphère, il en résulte une poussière tenue qui se dépose dans la chambre. C'est la fleur de soufre.

On s'assure qu'elle est propre à l'emploi médical au moyen des deux essais suivants :

1° Imprégnée d'alcool et brûlée dans une capsule, elle ne doit pas laisser de résidu ;

2° Traitée par l'acide nitrique, elle doit fournir un acide sulfurique exempt d'arsenic.

La fleur de soufre ordinaire est toujours acide et possède par suite des propriétés irritantes. Pendant la sublimation du soufre, il se forme en effet de l'acide sulfureux qui souille la fleur de soufre et se transforme au contact de l'air humide en acide sulfurique.

La *fleur de soufre lavée* s'obtient en lavant la fleur de soufre du commerce jusqu'à ce que les eaux de lavage ne soient plus acides.

Le *soufre précipité* ou *magistère de soufre* s'obtient en décomposant par l'acide chlorhydrique un mélange de polysulfure et d'hyposulfite de calcium.

Il faut verser, pour préparer le soufre précipité, l'acide chlorhydrique dans la dissolution du polysulfure et agiter le mélange (V. § 30, p. 119).

On recueille le soufre qui se précipite, on le lave et on le sèche. Le soufre précipité est plus pâle et plus terne que la fleur de soufre. Il se trouve dans un état de division beaucoup plus grand que le soufre obtenu par sublimation et par conséquent se dissout beaucoup plus aisément lorsqu'on l'administre à l'intérieur.

c. Propriétés. 1° Physiques. — Le soufre est un corps solide, cassant, d'un jaune citron, sans saveur, à peu près inodore. Il est mauvais conducteur de la chaleur et de l'électricité. Frotté avec de la laine, il prend l'électricité négative. Il commence à fondre à 114° et entre en ébullition à 440°. Le soufre fondu constitue un liquide jaune clair, très fluide. Si l'on chauffe davantage ce liquide, il brunit et devient de plus en plus visqueux. Vers 250°, on peut retourner le vase qui le contient, sans qu'il s'écoule; au-dessus de 250°, le soufre redevient fluide. Si alors on le coule dans de l'eau froide, de manière à le refroidir brusquement, il ne se solidifie pas, mais forme une masse molle (soufre mou) se laissant étirer en fils. Le soufre mou reprend la consistance du soufre ordinaire lentement à la température ordinaire et très rapidement vers 100°. Le passage du soufre mou à l'état de soufre ordinaire est accompagné d'un dégagement de chaleur.

Il existe encore d'autres variétés de soufre amorphe, insolubles dans les réactifs, et qui toutes, chauffées plus ou moins longtemps à 100°, se transforment en soufre ordinaire.

Le soufre ordinaire est insoluble dans l'eau. L'alcool et l'éther en dissolvent de petites quantités. Il est très soluble dans le sulfure de carbone. L'essence de térébenthine en dissout de notables quantités à chaud.

Le soufre fondu cristallise en prismes par le refroidissement. Lorsqu'on abandonne à l'évaporation une dissolution de soufre dans le sulfure de carbone, on obtient le soufre en cristaux octaédriques. La densité de ces cristaux est de 2,05. Les cristaux prismatiques finissent par se transformer, à la température ordinaire, en cristaux octaédriques. Ils conservent en apparence leur forme primitive, mais ne sont plus que des agrégations d'octaèdres et sont devenus très-friables. Inversement, les cristaux octaédriques maintenus à une température voisine de 114°, se convertissent en cristaux prismatiques.

Le dimorphisme du soufre tient donc à la température à laquelle la cristallisation s'est opérée et non au dissolvant. Le soufre, dissous à chaud dans l'essence de térébenthine, se dépose en prismes par le refroidissement de la liqueur et non en octaèdres.

2° CHIMIQUES. — Le soufre joue dans les combinaisons chimiques un rôle analogue à celui de l'oxygène. Il s'unit directement à presque tous les corps simples.

L'hydrogène brûle dans la vapeur de soufre, comme il brûle dans l'oxygène, quoique avec beaucoup moins d'énergie, en donnant de l'hydrogène sulfuré (H^2S). Le soufre est combustible et brûle à l'air avec une flamme bleuâtre en dégageant de l'anhydride sulfureux (SO^2).

L'acide azotique oxyde peu à peu ce métalloïde et le transforme, à une douce température, en acide sulfurique.

Enfin, en présence des alcalis caustiques, le soufre donne un mélange de sulfhydrate et d'hyposulfite :

$$2S^2 \ + \ 4KOH \ = \ 2KHS \ + \ S^2O^3K^2 \ + \ H^2O$$

Soufre.	Potasse.	Sulfhydrate de potassium.	Hyposulfite de potassium.	Eau.

Le sulfhydrate de potassium se transforme ultérieurement en polysulfure, sous l'influence d'un excès de soufre (V. § 31, p. 120).

d. Absorption et élimination. — Le soufre très divisé, pris à l'intérieur, se transforme partiellement en sulfure de potassium ou de sodium sous l'influence des liquides alcalins de l'intestin (V. *ib.*, c). Dès lors, il se trouve en combinaison soluble et peut pénétrer, sous cette forme, dans la circulation.

Les sulfures ainsi absorbés sont transformés en sulfates et éliminés par les urines, dont la teneur en sulfates est toujours plus grande, après l'ingestion de fleur de soufre, qu'à l'état normal. De plus, il s'échappe de l'hydrogène sulfuré par les poumons et par les glandes sudoripares, car l'haleine des malades acquiert l'odeur de l'hydrogène sulfuré et noircit le papier plombique.

COMBINAISONS DU SOUFRE AVEC L'HYDROGÈNE

§ 29. — ACIDE SULFHYDRIQUE.

Découvert par Scheele. — *Synonymie* : Hydrogène sulfuré. — *Poids moléculaire* : 34.

a. État naturel ; emploi en médecine et en pharmacie — L'hydrogène sulfuré libre se trouve dans un grand nombre d'eaux minérales, dites sulfureuses. Il se dégage des eaux marécageuses, des matières organiques en putréfaction. Il existe dans les gaz intestinaux de l'homme et des animaux. Aussi l'atmosphère en renferme-t-elle des traces.

Le Codex mentionne la solution aqueuse d'hydrogène sulfuré qui est quelquefois substituée aux eaux minérales naturelles. On fait aussi respirer, à faibles doses, l'hydrogène sulfuré dans les stations d'eaux sulfureuses.

Enfin, dans les laboratoires, on se sert fréquemment d'hydrogène sulfuré, soit comme agent de réduction, soit pour précipiter un certain nombre de métaux de leurs solutions métalliques à l'état de sulfures insolubles.

b. Préparation. — *On prépare l'hydrogène sulfuré en traitant un sulfure métallique (généralement le sulfure de fer ou celui d'antimoine) par de l'acide chlorhydrique.*

$$FeS \quad + \quad 2HCl \quad = \quad FeCl^2 \quad + \quad H^2S$$

Sulfure de fer.	Acide chlorhydrique.	Protochlorure de fer.	Hydrogène sulfuré.

Lorsqu'on se sert du sulfure de fer, le dégagement d'hydrogène sulfuré a lieu à froid et l'opération peut se faire dans un appareil semblable à celui qui sert à la préparation de l'hydrogène. Le sulfure de fer est un produit artificiel obtenu par la fusion du soufre avec le fer. Il renferme toujours un excès de fer métallique. Aussi l'hydrogène sulfuré qui en provient est-il toujours souillé d'un peu d'hydrogène.

Le sulfure d'antimoine, qui est un produit naturel, cristallisé et parfaitement défini, donne sous l'influence de l'acide chlorhydrique un acide sulfhydrique très pur. L'opération doit se faire dans un ballon muni d'un tube de sûreté, car il faut élever légèrement la température pour que l'attaque ait lieu.

$$Sb^2S^3 \quad + \quad 6HCl \quad = \quad 2SbCl^3 \quad + \quad 3H^2S$$

Sulfure d'antimoine.	Acide chlorhydrique.	Chlorure d'antimoine.	Hydrogène sulfuré.

Le gaz obtenu par l'un ou l'autre de ces moyens est lavé dans une petite quantité d'eau où il se débarrasse de l'acide chlorhydrique entraîné et peut être recueilli à l'état gazeux sur la cuve à mercure, ou dissous dans l'eau.

c. Propriétés. 1° Physiques. — L'hydrogène sulfuré est un gaz incolore, d'une odeur fétide rappelant celle des œufs pourris, d'une saveur désagréable. Sa densité à l'état de gaz est 1,19. Il se liquéfie, sous la pression de 17 atmosphères à la température ordinaire, en un liquide qui se solidifie à la température de — 85°. L'eau en dissout environ 3 fois son volume à la température de 15°.

2° Chimiques. — L'hydrogène sulfuré est un acide faible, rougissant à peine le tournesol.

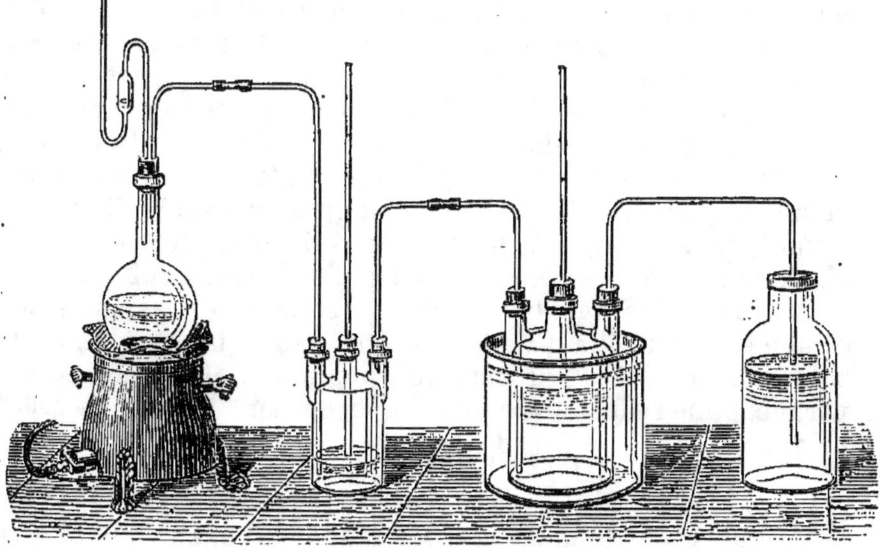

Fig. 20. — Préparation de l'acide sulfhydrique.

Il est très combustible et brûle avec une flamme bleue peu éclairante, en donnant naissance à de l'eau et à de l'anhydride sulfureux :

$$2H^2S \quad + \quad 3O^2 \quad = \quad 2H^2O \quad + \quad 2SO^2$$

Acide sulfhydrique.   Oxygène.   Eau.   Anhydride sulfureux.

Il y a souvent dépôt de soufre lorsque l'accès de l'air est insuffisant.

L'hydrogène sulfuré en dissolution est décomposé peu à peu,

même à froid, en absorbant l'oxygène de l'air et en donnant un dépôt de soufre. En présence des corps poreux, le soufre ne se dépose pas, mais s'oxyde en formant de l'acide sulfurique. Aussi les étoffes imprégnées d'une solution d'hydrogène sulfuré finissent-elles par tomber en lambeaux par suite de l'action de l'acide sulfurique formé.

Le chlore, le brome, l'iode, décomposent l'hydrogène sulfuré en mettant du soufre en liberté et s'emparant de l'hydrogène pour former des acides chlorhydrique, bromhydrique ou iodhydrique :

$$2H^2S + 2I^2 = 4IH + S^2.$$

Dupasquier a basé sur ce fait une méthode de dosage de l'hydrogène sulfuré contenu dans les eaux minérales, méthode connue sous le nom de *sulfhydrométrie*. On se sert de la solution titrée d'iode dont nous avons parlé (V. § 18), et on la verse peu à peu dans 200 ou 250 centimètres cubes de l'eau à essayer, préalablement additionnée d'un peu d'empois d'amidon. Lorsque la liqueur prend une teinte bleue, tout l'acide sulfhydrique a été décomposé. D'après la quantité d'iode ajoutée, on peut facilement calculer, par une simple proportion, la quantité d'hydrogène sulfuré, sachant, d'après la formule ci-dessus, que 254 grammes d'iode correspondent à 34 grammes d'hydrogène sulfuré.

La plupart des agents oxydants agissent sur l'acide sulfhydrique en déterminant la formation d'eau et la précipitation de soufre. L'anhydride sulfureux lui-même, qui en général se comporte comme réducteur, agit comme oxydant sur l'acide sulfhydrique :

$$4H^2S + 2SO^2 = 4H^2O + 3S^2.$$

La plupart des métaux chauffés dans l'hydrogène sulfuré s'emparent du soufre et mettent l'hydrogène en liberté.

Enfin l'acide sulfhydrique précipite les solutions d'un certain nombre de sels de métaux dont les sulfures sont insolubles, avec mise en liberté de l'acide correspondant au sel.

$$(AzO^3)^2Pb \ + \ H^2S \ = \ PbS \ + \ 2AzO^3H$$

Azotate de plomb.	Hydrogène sulfuré.	Sulfure de plomb.	Acide azotique.

d. Caractères. — L'hydrogène sulfuré se reconnaît aux caractères suivants :

1° *C'est un gaz ayant une odeur d'œufs pourris ;*
2° *Il brûle avec une flamme bleue ;*

3° *Il ternit une feuille d'argent et noircit le papier plombique* (formation de sulfures d'argent et de plomb noirs).

e. Action sur l'économie. — L'acide sulfhydrique altère le globule sanguin. Lorsqu'on agite du sang dans un flacon rempli de gaz hydrogène sulfuré, les globules sanguins prennent une teinte verdâtre. Des proportions assez faibles d'hydrogène sulfuré, lorsqu'elles pénètrent dans les poumons, occasionnent des phénomènes toxiques ; 1/5000 dans l'air suffit pour tuer un oiseau, 1/300 pour faire périr un chien. Le cheval succombe rapidement dans une atmosphère contenant 1/200 d'acide sulfhydrique. Les ouvriers qui pénètrent dans les fosses d'aisances sont souvent mortellement frappés au bout de quelques inspirations. Cet accident est désigné vulgairement sous le nom de *plomb*.

Le contre-poison de l'hydrogène sulfuré est le chlore (V. *ib.*, p. 118). On préfère aux inhalations de chlore, qui peuvent amener des accidents, celles d'oxygène qui sont sans danger et tout aussi efficaces.

Introduit en dissolution dans l'appareil digestif, l'hydrogène sulfuré est éliminé partiellement à l'état gazeux par la surface pulmonaire, ce qui prouve qu'une partie au moins traverse le torrent circulatoire. Une autre partie de l'hydrogène sulfuré absorbé paraît être éliminée par les urines à l'état de sulfure ou de sulfate.

§ 30. — BISULFURE D'HYDROGÈNE.

$$H^2S^2.$$

Découvert par Thénard. — *Poids moléculaire : 66.*

Le bisulfure d'hydrogène est un corps analogue au bioxyde d'hydrogène ou eau oxygénée. On le prépare en ajoutant peu à peu du bisulfure de calcium à un excès d'acide chlorhydrique :

$$CaS^2 \; + \; 2HCl \; = \; CaCl^2 \; + \; H^2S^2$$

Sulfure de calcium.	Acide chlorhydrique.	Chlorure de calcium.	Bisulfure d'hydrogène.

Le bisulfure d'hydrogène se réunit au fond du vase, sous forme d'un liquide oléagineux, assez dense, se décomposant à 70° en soufre et hydrogène sulfuré. Ce corps instable acquiert de la stabilité en présence d'un acide énergique. Aussi, pour l'obtenir, faut-il verser le bisulfure de calcium dans l'acide chlorhydrique en excès.

Lorsqu'on opère inversement, le bisulfure d'hydrogène, en présence d'un excès de sulfure de calcium, se décompose et il se dégage de l'hydrogène sulfuré en même temps que du soufre se précipite. Nous avons vu que c'est en opérant ainsi qu'on prépare le soufre précipité.

§ 31. — **Sulfures.**

L'acide sulfhydrique SH^2 renferme, comme l'eau, deux hydrogènes remplaçables par des métaux ; d'où deux espèces de sulfures, les uns SHM' (*sulfhydrates*), les autres SM^2 (*sulfures proprement dits*). On connaît de plus des *polysulfures* dont les plus remarquables sont les polysulfures alcalins. Le potassium, par exemple, forme les sulfures suivants :

$$K^2S \quad \text{monosulfure de potassium.}$$
$$K^2S^2 \quad \text{bisulfure} \qquad —$$
$$K^2S^3 \quad \text{trisulfure} \qquad —$$
$$K^2S^4 \quad \text{tétrasulfure} \qquad —$$
$$K^2S^5 \quad \text{pentasulfure} \qquad —$$

Ainsi parmi les dérivés métalliques de l'hydrogène sulfuré, il faut distinguer les *sulfhydrates*, les *sulfures* et les *polysulfures*.

a. Procédés de préparation. — On prépare les dérivés métalliques de l'hydrogène sulfuré :

1° *Par l'action directe du soufre sur les métaux.* C'est ainsi qu'on obtient le sulfure de fer qui sert à la préparation de l'hydrogène sulfuré, le sulfure mercurique, le sulfure d'étain, etc.

2° *En faisant agir le soufre sur certains sulfures moins sulfurés que ceux qu'on veut obtenir.* On prépare, par exemple, le pentasulfure d'arsenic As^2S^5 en fondant du trisulfure d'arsenic As^2S^3 avec du soufre, et le quintisulfure de sodium en faisant bouillir avec du soufre une dissolution de monosulfure de sodium (Codex).

3° *Par l'action de l'acide sulfhydrique sur certains hydrates métalliques.* On obtient ainsi des sulfhydrates ou des sulfures suivant les proportions d'acide sulfhydrique et de base :

$$1° \quad H^2S \ + \ KOH \ = \ H^2O \ + \ KHS$$

| Hydrogène sulfuré. | Potasse. | Eau. | Sulfhydrate de potassium. |

$$2° \quad KHS \ + \ KOH \ = \ H^2O \ + \ K^2S$$

| Sulfhydrate de potassium. | Potasse. | Eau. | Monosulfure de potassium. |

4° *En chauffant un sulfate métallique avec du charbon.* Le charbon s'empare de l'oxygène, avec formation d'oxyde de carbone et il reste un sulfure :

$$SO^4Ba \quad + \quad 4C \quad = \quad 4CO \quad + \quad SBa$$

| Sulfate de baryum. | Charbon. | Oxyde de carbone. | Sulfure de baryum. |

5° *En faisant bouillir du soufre avec une dissolution d'un hydrate ou d'un carbonate alcalin.* On obtient ainsi un polysulfure mêlé d'hyposulfite ou de sulfate. Ce mélange porte en pharmacie le nom de *foie de soufre.* Le foie de soufre liquide et le foie de soufre calcaire se préparent par ce procédé (Codex).

6° *Enfin, en traitant les dissolutions métalliques des métaux dont les sulfures sont insolubles, par l'hydrogène sulfuré ou un sulfure alcalin.* On trouvera plus loin la liste des métaux dont les sels sont précipitables, soit par l'hydrogène sulfuré, soit par les sulfures alcalins.

b. Propriétés. 1° Physiques. — Les sulfures sont des corps solides. La plupart sont colorés et quelques-uns possèdent une couleur caractéristique.

Tous les sulfures sont insolubles dans l'eau excepté les sulfures des métaux alcalins et alcalino-terreux.

2° Chimiques. — Les sulfures diffèrent entre eux par la manière dont ils se comportent vis-à-vis des acides. L'acide chlorhydrique concentré décompose la plupart des sulfures. Font exception les sulfures de mercure, d'or et de platine. Les acides étendus attaquent les sulfures solubles (alcalins et alcalino-terreux) et quelques sulfures insolubles (3° section. V. plus loin). Il en résulte que les sels solubles des métaux de la 3° section ne sont pas précipités en solution légèrement acide par l'hydrogène sulfuré, tandis qu'ils sont précipités en solution neutre par un sulfure alcalin, le sulfure ammonique par exemple. Les solutions métalliques des métaux des deux premières sections dont les sulfures sont insolubles dans l'eau et dans les acides étendus, seront, au contraire, précipités par l'hydrogène sulfuré.

On a divisé les sulfures en *sulfures acides, sulfures basiques* et *sulfures salins,* correspondant aux oxydes acides, basiques et salins. Les sulfures *indifférents* sont peu étudiés.

Les sulfures acides se combinent avec les bases et avec les sulfures basiques en formant avec ces derniers des *sulfosels,* comme les oxydes acides s'unissent avec les bases.

Le sulfure d'arsenic (As^2S^3), par exemple, se dissout dans le sulfure de potassium en donnant du sulfarsénite de potassium :

$$As^2S^3 \quad + \quad 3K^2S \quad = \quad 2AsS^3K^3$$

Sulfure   Sulfure   Sulfarsénite
d'arsenic.   de potassium.   de potassium.

Les sulfosels peuvent donc être envisagés comme des sels oxygénés dont l'oxygène a été remplacé par du soufre. Les sulf-hydrates et sulfures acides sont les acides et les anhydrides correspondant à ces sels. .

Exemple :

As^2O^3	AsO^3H^3	sO^3K^3
Oxyde arsénieux.	Hydrate arsénieux.	Arsénite
(Anhydride arsénieux.)	(Acide arsénieux.)	de potassium.
As^2S^3	AsS^3H^3	AsS^3K^3
Sulfure arsénieux.	Sulfhydrate arsénieux.	Sulfarsénite
(Anhydride sulfarsénieux.)	(Acide sulfarsénieux.)	de potassium.

La manière dont les dissolutions métalliques se comportent lorsqu'on les traite par l'hydrogène sulfuré ou par le sulfure ammonique et la propriété qu'ont certains sulfures de se dissoudre dans les sulfures alcalins, permettent de diviser les métaux en 4 sections et de les séparer les uns des autres à l'aide de ces réactifs. On trouvera dans le tableau suivant les noms des principaux métaux qui composent chaque section.

Les sulfures acides sont assez facilement solubles dans les bases. Il se forme alors simultanément un oxysel et un sulfosel.

$$As^2S^3 \quad + \quad 6KOH \quad = \quad AsS^3K^3 \quad + \quad AsO^3K^3 \quad + \quad 3H^2O$$

Sulfure   Potasse.   Sulfarsénite   Arsénite   Eau.
d'arsenic.   de potassium.   de potassium.

Chauffés au contact de l'oxygène, les sulfures éprouvent tous une décomposition. Les uns sont transformés en sulfates :

$$SPb + 2O^2 = SO^4Pb$$

les autres en oxydes avec dégagement d'acide sulfureux. Enfin, si l'oxyde est lui-même décomposable par la chaleur, il ne reste que du métal.

Les solutions des sulfures et sulfhydrates alcalins sont décomposées à froid au contact de l'air dont l'oxygène transforme d'abord en hydrate une certaine quantité de sulfure avec mise en liberté de soufre. Celui-ci se combine à l'excès de sulfure et il se forme un polysulfure. Aussi la solution de sulfure ammonique dont on se sert dans les laboratoires est toujours poly-

SULFURES INSOLUBLES DANS L'EAU.			SULFURES SOLUBLES DANS L'EAU.	
Sulfures insolubles dans les acides étendus. — (Solutions métalliques précipitables par H²S en présence d'un acide minéral étendu, HCl p. e.)		Sulfures solubles dans les acides étendus. — (Solutions métalliques non précipitables par H²S en présence d'un acide minéral; mais précipitables en solutions neutres par le sulfure ammonique.)	(Solutions métalliques non précipitables par l'hydrogène sulfuré et par le sulfure ammonique.)	
Le sulfure précipité est soluble dans le sulfure ammonique.	Le sulfure précipité est insoluble dans le sulfure ammonique.		Solutions métalliques précipitables par le carbonate de sodium.	Solutions métalliques non précipitables par le carbonate de sodium (1).
1re SECTION.	2e SECTION.	3e SECTION.	4e SECTION.	5e SECTION.
—	—	—	—	—
Or. Platine. Molybdène. Arsenic. Antimoine. Étain.	Cadmium. Plomb. Cuivre Bismuth. Argent. Mercure. Palladium.	Aluminium. Zinc. Chrome. Manganèse. Fer. Nickel. Cobalt.	Magnésium. Baryum. Strontium. Calcium.	Potassium. Sodium. Ammonium. Lithium.

(1) On sépare les métaux que ne précipitent ni l'hydrogène sulfuré, ni le sulfure ammonique (4e section), en deux autres sections, 4e e 5e, selon qu'ils sont ou non précipités par le carbonate de sodium. (V. § 81.)

sulfurée. L'action de l'oxygène continuant, il se forme successivement de l'hyposulfite, du sulfite et du sulfate du métal.

L'eau décompose certains sulfures, comme le sulfure de magnésium, par exemple :

$$MgS \quad + \quad 2H^2O \quad = \quad MgO^2H^2 \quad + \quad H^2S$$

Sulfure   Eau.   Hydrate   Hydrogène.
de magnésium.   de magnésium.   sulfuré.

c. Caractères. — *1° Traités par l'acide sulfurique concentré,
les sulfures dégagent en général de l'anhydride sulfureux par suite
de la réduction de l'acide sulfurique* (V. § 37, p. 132).

*2° L'acide sulfurique étendu ou l'acide chlorhydrique mettent l'a-
cide sulfhydrique en liberté.*

*3° Traités par l'eau régale, les sulfures donnent naissance à de
l'acide sulfurique.* On caractérise ainsi les sulfures que n'attaquent pas les acides chlorhydrique ou sulfurique (mercure, or,
platine).

*4° On distingue les sulfures des polysulfures en ce que, sous l'in-
fluence des acides, ces derniers donnent un dépôt de soufre en même
temps qu'il se dégage de l'hydrogène sulfuré :*

$$K^2S \quad + \quad 2HCl \quad = \quad 2KCl \quad + \quad H^2S$$

Monosulfure   Acide   Chlorure   Hydrogène   (Pas de soufre.)
de potassium.   chlorhydrique.   de potassium.   sulfuré.

$$K^2S^3 \quad + \quad 2HCl \quad = \quad 2KCl \quad + \quad H^2S \quad + \quad S^2$$

Trisulfure   Acide   Chlorure   Hydrogène   Soufre.
de potassium.   chlorhydrique.   de potassium.   sulfuré.

*5° On distingue les monosulfures des sulfhydrates en ce que les
premiers donnent avec le chlorure de manganèse un précipité de sulfure de manganèse sans dégagement d'hydrogène sulfuré, et les seconds le même précipité, mais avec dégagement d'hydrogène sulfuré :*

$$K^2S \quad + \quad MnCl^2 \quad = \quad 2KCl \quad + \quad MnS$$

Monosulfure   Chlorure   Chlorure   Sulfure.
de potassium.   de manganèse.   de potassium.   de manganèse.

$$2KHS \quad + \quad MnCl^2 \quad = \quad 2KCl \quad + \quad MnS \quad + \quad H^2S$$

Sulfhydrate   Chlorure   Chlorure   Sulfure   Hydrogène
de potassium.   de manganèse.   de potassium.   de manganèse.   sulfuré.

*6° Enfin, les sulfures alcalins donnent avec le nitro-prussiate de
sodium une belle coloration violette que ne donne pas l'hydrogène
sulfuré.* Cette réaction très sensible permet de distinguer l'hydro-

gène sulfuré libre en dissolution d'avec un sulfure alcalin. Ce dernier précipite du reste en noir les sels de plomb et d'argent comme l'acide sulfhydrique.

§ 32. — COMBINAISONS DU SOUFRE AVEC L'OXYGÈNE.

Le soufre forme avec l'oxygène deux combinaisons, SO^2 et SO^3, et avec l'oxygène et l'hydrogène plusieurs acides, savoir :

1° Un acide $SHO.OH$, en formule brute SO^2H^2, découvert par Schützenberger ; c'est l'acide hydrosulfureux ;

2° L'anhydride sulfureux SO^2 ; l'acide sulfureux SO^3H^2 n'a pas été isolé ;

3° Les hyposulfites correspondent à un acide hyposulfureux $S^2O^3H^2$ inconnu à l'état de liberté ;

4° L'anhydride sulfurique SO^3 et l'acide sulfurique SO^4H^2 ;

5° Enfin une série d'acides dits acides de la série thionique et dont les formules sont :

$S^2O^6H^2$ acide hyposulfurique (dithionique) ;
$S^3O^6H^2$ acide trithionique ;
$S^4O^6H^2$ acide tétrathionique ;
$S^5O^6H^2$ acide pentathionique.

Nous n'étudierons pas les acides de la série thionique qui n'offrent pas d'intérêt pour le médecin.

§ 33. — ANHYDRIDE SULFUREUX.

$$SO^2$$

Poids moléculaire : 64.

a. Préparation. — L'anhydride sulfureux est aujourd'hui inusité en médecine. En pharmacie, on l'emploie pour la préparation des sulfites. On l'obtient dans l'industrie en brûlant du soufre à l'air et dans les laboratoires en désoxydant l'acide sulfurique au moyen du mercure, du cuivre ou du charbon à chaud :

$$4SO^4H^2 \quad + \quad Cu^2 \quad = \quad 2SO^4Cu \quad + \quad 2SO^2 \quad + \quad 4H^2O$$

Acide sulfurique.	Cuivre.	Sulfate de cuivre.	Anhydride sulfureux.	Eau.

b. Propriétés. 1° Physiques. — L'anhydride sulfureux est un gaz incolore, d'une odeur suffocante que tout le monde connaît, soluble dans l'eau qui à 0° en dissout près de 80 fois son volume, liquéfiable à — 10°. Sa densité est 2,247.

2° Chimiques. — L'anhydride sulfureux ne brûle pas et n'entretient pas la combustion. En présence de l'eau ce corps est un réducteur puissant, c'est-à-dire qu'il enlève l'oxygène aux substances oxygénées peu stables, pour passer lui-même à un degré supérieur d'oxydation (acide sulfurique). Il décompose l'acide iodique en mettant l'iode en liberté. Si l'on imprègne un papier d'une solution d'acide. iodique et d'empois d'amidon (*papier iodaté*) et qu'on l'expose aux vapeurs d'anhydride sulfureux, il bleuit par suite de la mise en liberté. de l'iode. La coloration bleue disparaît sous l'influence d'un excès de vapeurs sulfureuses. Dans ce cas, c'est l'eau qui est décomposée; l'oxygène se porte sur l'anhydride sulfureux, l'hydrogène sur l'iode :

$$SO^2 \ + \ 2H^2O^2 \ + \ 2I \ = \ SO^4H^2 \ + \ 2IH$$

Anhydride sulfureux.	Eau.	Iode.	Acide sulfurique.	Acide Iodhydrique.

Il convertit l'acide arsénique en acide arsénieux et réduit l'acide azotique. C'est probablement aussi à cette action réductrice qu'il faut attribuer la propriété que possède l'anhydride sulfureux de décolorer un grand nombre de substances végétales sans altérer profondément la matière colorante.

L'hydrogène naissant transforme l'anhydride sulfureux en hydrogène sulfuré :

$$SO^2 \ + \ 3H^2 \ = \ 2H^2O \ + \ H^2S.$$

L'acide sulfureux (SO^3H^2) est un acide bibasique; il peut donc former deux espèces de sels, des sulfites acides (bisulfites) $SO^3{}_{M'}^{H}$ et des sulfites neutres $SO^3{}_{M'}^{M'}$.

c. Caractères de l'anhydride sulfureux. — 1° *L'anhydride sulfureux est un gaz ayant une odeur caractéristique. Il éteint les corps en combustion ;*

2° *Il bleuit le papier iodaté.*

3° *Ne noircit pas le papier plombique* (V. § 29, p. 119);

4° *Il est absorbé par la potasse et par le borax* (V. § 81).

§ 34. — **Sulfites**.

a. Emploi en médecine. — Les sulfites sont employés comme antizymotiques et antiputrides quelquefois à l'intérieur, mais surtout à l'extérieur pour désinfecter les plaies gangréneuses, les ulcères sanieux, etc. On se sert surtout en médecine du sulfite de sodium, du sulfite de magnésium, dont la saveur est peu prononcée et qui se dissout assez bien dans l'eau, enfin du sulfite de calcium ; ce dernier n'est soluble que dans 800 fois son poids d'eau.

b. Préparation. — On prépare les sulfites solubles en faisant passer un courant d'anhydridre sulfureux dans de l'eau tenant en dissolution ou en suspension l'oxyde ou le carbonate du métal dont on veut le sulfite. Les sulfites insolubles s'obtiennent par double décomposition.

c. Propriétés. — Les sulfites neutres sont, pour la plupart, insolubles. Les sulfites neutres alcalins sont solubles et cristallisent très bien.

Les sulfites sont facilement oxydés et transformés en sulfates, surtout en solution aqueuse, soit par l'oxygène de l'air, soit par les agents d'oxydation (chlore, acide azotique, etc.). C'est grâce à leur avidité pour l'oxygène qu'ils ont la propriété d'être antizymotiques et antiputrides. Lorsqu'on les fait bouillir avec du soufre, ils sont transformés en hyposulfites.

$$2SO^3M^2 \quad + \quad S^2 \quad = \quad 2S^2O^3M^2$$

Sulfite de sodium	Soufre.	Hyposulfite de sodium.

d. Caractères. — *1° Les sulfites secs traités par l'acide sulfurique dégagent de l'anhydride sulfureux ;*

2° La solution aqueuse des sulfites solubles traitée par un acide ne donne pas de dépôt de soufre (V. § 35, p. 128).

[Les sulfites solubles donnent avec l'azotate d'argent un précipité blanc soluble dans l'ammoniaque et avec le chlorure de baryum un précipité blanc soluble dans une liqueur acide.]

§ 35. — **Hyposulfites**.

a. État naturel ; emploi en médecine. — Schmiedeberg et Meissner ont indiqué la présence presque constante d'un hyposulfite alcalin dans l'urine des chats et des chiens.

Les hyposulfites sont employés en médecine au même titre que les sulfites.

b. Préparation. — *On prépare ces sels en faisant bouillir les sulfites avec du soufre* (V. § 34, p. 127) et par double décomposition.

c. Caractères. — Les hyposulfites présentent les mêmes caractères que les sulfites ; *mais leur solution aqueuse traitée par un acide donne lieu à un précipité blanc de soufre*, ce qui n'a pas lieu avec la dissolution des sulfites.

$$2S^2O^3K^2 + 2SO^4H^2 = 2SO^4K^2 + 2H^2O + 2SO^2 + S^2$$

| Hyposulfite de potassium. | Acide sulfurique. | Sulfate de potassium, | Eau. | Anhydride sulfureux. | Soufre. |

Les hyposulfites solubles donnent avec l'azotate d'argent un précipité blanc d'hyposulfite d'argent qui devient noir lentement à froid, instantanément à chaud, en se transformant en sulfure d'argent noir.

d. Hyposulfite de sodium. — Ce sel, le seul hyposulfite employé en médecine, est incolore, doué d'une saveur amère, peu altérable, très soluble dans l'eau. Il cristallise en beaux prismes rhomboïdaux.

Sa solution dissout avec facilité le chlorure, le bromure, l'iodure et le cyanure d'argent.

§ 36. — ACIDE HYDROSULFUREUX.

$$SO^2H^2.$$

Découvert par Schützenberger.

Lorsqu'on fait agir l'anhydride sulfureux en présence de l'eau sur le zinc en copeaux, il se forme le sel de zinc d'un nouvel acide du soufre, l'acide hydrosulfureux, qui résulte de la fixation d'hydrogène sur l'anhydride sulfureux.

Les deux formules suivantes rendent compte de ce phénomène.

$$SO^2 + H^2O + Zn = SO^3Zn + H^2$$

| Anhydride sulfureux. | Eau. | Zinc. | Sulfite de zinc. | Hydrogène. |

$$SO^2 + H^2 = SOOH.H$$

| Anhydride sulfureux. | Hydrogène. | Acide hydrosulfureux. |

Au lieu de faire agir l'anhydride sulfureux sur le zinc, Schützenberger, à qui est due la découverte de l'acide hydrosulfureux, traite le zinc par le bisulfite de sodium.

L'acide hydrosulfureux est un acide peu stable ; il absorbe rapidement l'oxygène en se transformant en anhydride sulfureux et en eau. L'hydrosulfite de sodium est un peu plus stable. Il se transforme, au contact de l'oxygène, en sulfite acide de sodium.

$$2SO^2HNa \quad + \quad O^2 \quad = \quad 2SO^3HNa$$

Hydrosulfite de sodium.	Oxygène.	Sulfite acide de sodium.

§ 37. — ACIDE SULFURIQUE.

SO^4H^2.

Synonymie : Huile de vitriol. — *Poids moléculaire :* 98.

a. État naturel ; emploi en médecine et en pharmacie. — L'acide sulfurique ne se trouve pas à l'état de liberté dans l'organisme de l'homme. A l'état de combinaison avec des bases, il se trouve en petites quantités dans le sang et dans tous les liquides de l'économie, à l'exception du lait, du suc gastrique et de la bile. Les sulfates sont surtout relativement abondants dans l'urine, où l'on constate souvent des sédiments de sulfate de calcium.

On administre l'acide sulfurique à l'intérieur en solution dans l'eau, comme rafraîchissant et tempérant. A l'extérieur on s'en sert quelquefois comme caustique. On remédie à l'inconvénient qui résulte de sa fluidité en mélangeant à cet acide la moitié de son poids de safran (caustique de Velpeau) ou de charbon (caustique de Ricord).

Enfin, on emploie quelquefois l'acide sulfurique étendu d'eau ou mêlé avec de l'alcool, comme hémostatique.

La préparation d'un grand nombre de produits chimiques exige l'emploi de l'acide sulfurique. On se sert de ce corps pour obtenir l'hydrogène, un grand nombre d'acides, les sulfates, etc. L'industrie en consomme de grandes quantités.

b. Préparation. — On prépare l'acide sulfurique dans l'industrie en oxydant l'anhydride sulfureux par l'acide azotique en présence de l'oxygène de l'air et de la vapeur d'eau. L'anhydride sulfureux est transformé en acide sulfurique par l'acide azotique, qui lui-même est réduit à l'état de peroxyde d'azote.

$$SO^2 \quad + \quad 2AzO^2.OH \quad = \quad SO^2\big|_{OH}^{OH} \quad + \quad 2AzO^2$$

Anhydride sulfureux. — Acide azotique. — Acide sulfurique. — Peroxyde d'azote.

Le peroxyde d'azote en présence de l'eau se dédouble en acide azotique et en bioxyde d'azote (V. § 46) qui absorbe l'oxygène de l'air pour régénérer le peroxyde d'azote.

Ainsi l'acide azotique est constamment régénéré par l'oxygène de l'air. C'est en somme ce dernier qui oxyde l'anhydride sulfureux, et l'acide azotique n'est que l'intermédiaire de cette oxydation.

L'opération s'exécute dans de grandes chambres de plomb.

L'acide sulfurique ainsi obtenu est concentré d'abord dans des cornues de plomb, puis dans des vases de verre ou de platine jusqu'à ce qu'il marque 66° à l'aréomètre Baumé.

c. Impuretés et purification. — L'acide sulfurique du commerce est loin d'être pur ; pour l'usage médical, il ne doit être employé qu'après avoir été purifié.

Les principales impuretés qui souillent habituellement l'acide sulfurique sont : de *l'anhydride sulfureux, des composés nitreux, du sulfate de plomb* qui provient de l'attaque, par l'acide sulfurique, des cornues de plomb dans lesquelles se fait la concentration ou bien des chambres de plomb ; enfin des *composés arsenicaux* (acide arsénieux ou acide arsénique). L'acide sulfurique renferme de l'arsenic lorsque l'anhydride sulfureux qui sert à sa préparation a été obtenu, non en brûlant du soufre, mais en grillant des pyrites de fer, qui sont souvent arsenicales.

On reconnaît la présence du plomb dans l'acide sulfurique en l'étendant d'eau et en le traitant par l'acide sulfhydrique. Il se forme un précipité noir si l'acide sulfurique renferme du plomb. L'arsenic se décèle par la méthode de Marsh (V. *Arsenic*). Pour reconnaître la présence de l'acide azotique, on verse l'acide sulfurique sur des cristaux de sulfate ferreux qui se colorent en violet ou en brun si l'acide sulfurique renferme des composés nitreux.

Pour purifier l'acide sulfurique, on le chauffe avec un peu de cuivre en tournure s'il renferme de l'acide azotique. Celui-ci, en présence du cuivre, donne du bioxyde d'azote (V. § 45) qui s'échappe. (Nous verrons plus loin qu'il est important que l'acide sulfurique, dont on se sert pour la production de l'hydrogène dans l'appareil de Marsh, soit exempt de composés nitreux.) Puis on introduit l'acide dans une cornue pour le soumettre à la distillation, après y avoir ajouté préalablement un peu de bichromate de potassium. L'addition de ce sel a pour but d'oxyder l'acide arsénieux qui peut souiller l'acide sulfurique et de le transformer en acide arsénique (V. *Acide arsénieux*). En effet, si l'arsenic se trouvait à l'état d'acide arsénieux, il passerait à la distillation avec l'acide sulfurique ; l'arsenic reste au contraire dans la cornue, lorsqu'il est à l'état d'acide arsénique.

Par la distillation on débarrasse ainsi l'acide sulfurique du sulfate de plomb et de l'acide arsénique.

L'acide sulfurique ne bout qu'à une température très élevée. Sa distillation est donc dangereuse. On évite tout danger en dis-

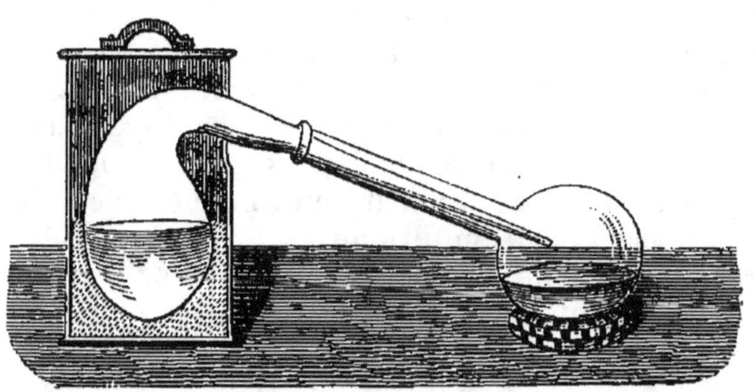

Fig. 21. — Purification de l'acide sulfurique.

posant la cornue dans une boîte en tôle et versant autour de la cornue du sable, de telle sorte que la cornue ne touche le métal par aucun point (*fig.* 21). On dispose ensuite le tout sur la grille d'un fourneau et on entoure la boîte de charbons incandescents. Le sable étant mauvais conducteur de la chaleur, les parties de la cornue qui s'échaufferont les premières seront les parties supérieures, entourées d'une couche moins épaisse de sable à cause du diamètre plus grand de la cornue. L'ébullition de l'acide sulfurique se fera donc par la partie supérieure et la distillation aura lieu sans soubresauts. On recueille l'acide sulfurique dans un ballon qu'on adapte, sans bouchon ni lut, au col de la cornue. Il est préférable de faire arriver le col de la cornue dans un tube de verre mince d'environ un mètre de long et légèrement incliné. L'acide sulfurique se condense dans le col de la cornue et dans le tube de verre et coule goutte à goutte à l'extrémité de ce tube. On peut le recevoir directement dans un flacon. On évite ainsi la rupture du ballon qui a souvent lieu par suite de la température élevée à laquelle se trouve l'acide qui tombe du col de la cornue dans le ballon.

d. Propriétés. 1° Physiques. — L'acide sulfurique est un liquide incolore, inodore, d'une consistance huileuse. Il est plus lourd que l'eau. Sa densité à 12° est de 1,84. Il bout à 325°, se solidifie à — 34°. D'après Marignac, cet acide renfermerait encore un peu d'eau.

2° Chimiques. — L'acide sulfurique se combine avec l'eau avec un grand dégagement de chaleur. Le mélange occupe après le refroidissement un volume moins considérable que la somme des volumes des deux liquides ; il y a donc eu contraction. On connaît un hydrate de l'acide sulfurique dans lequel l'eau joue le rôle d'eau de cristallisation et qui cristallise vers 0°. Cet hydrate a pour formule : $SO^4H^2 + H^2O$. On connaît un second hydrate ayant pour formule : $SO^4H^2 + 2H^2O$.

L'affinité de l'acide sulfurique pour l'eau est souvent employée pour dessécher certains corps. Cette affinité est telle que l'acide sulfurique carbonise certaines substances organiques en déterminant la formation d'eau aux dépens de l'hydrogène et de l'oxygène que ces substances renferment. Le sucre, le bois, sont ainsi carbonisés par l'acide sulfurique.

Lorsqu'on chauffe l'acide sulfurique avec des corps avides d'oxygène, tels que le charbon, le soufre, le mercure, le cuivre, il est réduit et transformé en anhydride sulfureux (V. § 33). L'hydrogène et l'acide sulfhydrique réduisent également l'acide sulfurique, surtout sous l'influence de la chaleur.

L'acide sulfurique est un acide bibasique ; il peut donc former deux espèces de sels : des sulfates acides $SO^2\begin{cases}OM' \\ OH\end{cases}$ et des sulfates neutres $SO^2\begin{cases}OM' \\ OM'\end{cases}$.

Deux molécules d'acide sulfurique peuvent se combiner en perdant une molécule d'eau et former ainsi un premier anhydride $\begin{matrix} SO^2 \diagdown^{OH} \\ \diagup \\ SO^2 \diagdown_{OH} \end{matrix} O$. Ce premier anhydride est encore un acide bibasique ; c'est l'*acide disulfurique*. On le connaît généralement sous le nom d'*acide sulfurique de Nordhausen*.

On l'obtient par la calcination du sulfate de fer desséché.

Cet acide constitue un liquide oléagineux, généralement coloré en brun et qui répand à l'air des fumées blanches. Il est employé pour dissoudre l'indigo.

Lorsqu'on le chauffe, il se dédouble en acide sulfurique et en un deuxième anhydride, l'*anhydride sulfurique* SO^3.

$$\left.\begin{array}{l} SO^2 \\ SO^2 \end{array}\right| \begin{array}{l} OH \\ O \\ OH \end{array} = SO^3 + SO^4H^2$$

$$\underbrace{\text{Acide}}_{\text{disulfurique.}} \qquad \underbrace{\text{Anhydride}}_{\text{sulfurique.}} \qquad \underbrace{\text{Acide}}_{\text{sulfurique.}}$$

L'anhydride sulfurique cristallise en aiguilles blanches fusibles à 25°. Il entre en ébullition vers 46°. C'est un corps très-avide d'eau. Projeté dans ce liquide, il produit un sifflement semblable à celui que donne l'immersion d'un fer rouge et passe à l'état d'acide sulfurique :

$$SO^3 + H^2O = SO^4H^2.$$

e. Caractères. — 1° *L'acide sulfurique précipite en blanc le chlorure de baryum. Le précipité est insoluble dans beaucoup d'eau* (1) *et dans l'acide azotique.*

2° *Le précipité de sulfate de baryum, calciné avec un mélange de charbon et de carbonate de sodium, est réduit à l'état de sulfure facilement reconnaissable* (V. § 31, p. 124).

f. Toxicologie. — L'acide sulfurique, comme l'acide chlorhydrique, est un caustique puissant. Les antidotes qu'il faut employer sont les mêmes que ceux qui servent à combattre l'empoisonnement par l'acide chlorhydrique.

Quant à la recherche de l'acide sulfurique, elle ne peut se faire directement dans les matières suspectes, à l'aide du chlorure de baryum. Ces matières renferment, en effet, toujours des sulfates. Il faut donc isoler l'acide sulfurique. Pour cela, les matières vomies ou le contenu de l'estomac sont introduits dans une cornue munie d'un récipient et chauffée au-dessous de 110°. Il passera à la distillation de l'eau et de l'acide chlorhydrique provenant de l'action de l'acide sulfurique sur les chlorures qui existent toujours dans l'économie. La masse qui reste dans la cornue est traitée par quatre fois son volume d'alcool qui dissout seulement l'acide sulfurique et laisse les sulfates. Le liquide ainsi débarrassé des sulfates est soumis à l'évaporation au bain-marie et laisse de l'acide sulfurique pour résidu. On caractérise cet acide comme il a été dit plus haut.

§ 38. — **Sulfates.**

a. Procédés de préparation. — On obtient les sulfates :

(1) L'acide chlorhydrique précipite également le chlorure de baryum qui est insoluble dans cet acide. Mais le précipité se redissout par l'addition d'eau.

1° *En faisant agir l'acide sulfurique sur les métaux.* Le fer et le zinc se dissolvent dans l'acide sulfurique étendu et froid. Les sulfates de mercure et de cuivre se préparent aussi par ce procédé, en chauffant ces métaux avec de l'acide sulfurique concentré et chaud ; dans ce cas, il se dégage de l'anhydride sulfureux.

2° *En traitant par l'acide sulfurique les oxydes, carbonates, sulfures ou chlorures métalliques.*

On fabrique industriellement les sulfates de magnésium et d'aluminium en dissolvant la magnésie ou l'alumine dans l'acide sulfurique, le sulfate de sodium en traitant le chlorure de sodium par l'acide sulfurique, etc.

3° *Certains sulfates insolubles s'obtiennent par précipitation en traitant une solution d'un sel du métal dont on veut le sulfate par l'acide sulfurique ou un sulfate soluble.* Ex. : sulfate de baryum, sulfate de plomb.

4° *Enfin, quelques sulfates s'obtiennent par l'oxydation des sulfures correspondants.* Ex. : sulfate de fer, sulfate de cuivre.

b. Propriétés. 1° Physiques. — *Les sulfates non basiques et non décomposables par l'eau sont tous solubles, excepté le sulfate de baryum et le sulfate de plomb.* Ceux de calcium et de strontium sont très peu solubles dans l'eau.

2° Chimiques. — Les sulfates, comme les chlorures, peuvent s'unir entre eux pour former des sels doubles. Un grand nombre de ces sels cristallisent avec 6 molécules d'eau :

$$(MgSO^4 \ + \ Na^2SO^4 \ + \ 6H^2O)$$

$$(ZnSO^4 \ + \ K^2SO^4 \ + \ 6H^2O), \ etc.$$

Nous verrons plus loin que certains métaux tétratomiques forment des groupements hexatomiques par l'échange de deux atomicités entre deux atomes de métal $(Fe — Fe)^{VI}$. Les sulfates de ces groupements hexatomiques ont pour formule générale : $(M^2)^{VI} (SO^3)^3$, possèdent une réaction acide et forment avec les sulfates alcalins une classe de sulfates doubles solubles, connus sous le nom d'aluns et cristallisant avec 24 molécules d'eau de cristallisation :

$$(Al^2)^{VI} (SO^4)^3 \ + \ SO^4K^2 \ + \ 24H^2O$$
Alun d'aluminium et de potassium. (Alun ordinaire.)

$$(Al^2)^{VI} (SO^4)^3 \ + \ SO^4Na^2 \ + \ 24H^2O$$
Alun d'aluminium et de sodium.

$$(Cr^2)^{VI} (SO^4)^3 \; + \; SO^4K^2 \; + \; 24H^2O$$
Alun de chrome.

$$(Fe^2)^{VI} (SO^4)^3 \; + \; SO^4K^2 \; + \; 24H^2O$$
Alun de fer, etc.

Les sulfates des métaux diatomiques forment aussi fréquemment des combinaisons moléculaires avec les oxydes métalliques. Ces combinaisons sont connues sous le nom de sulfates basiques. On connaît un sulfate basique de zinc (SO^4Zn $+Zn\,O$), un sulfate trimercurique ($HgSO^4+2HgO$) (turbith minéral). Les sulfates basiques sont insolubles dans l'eau.

Les sulfates alcalins, alcalino-terreux et le sulfate de plomb ne sont pas altérés par la chaleur. Les autres sulfates sont décomposés par la calcination. Il se dégage de l'anhydride sulfurique ou de l'anhydride sulfureux et de l'oxygène, et il reste un résidu d'oxyde ou de métal, si l'oxyde lui-même est réductible par la chaleur seule.

Les sulfates calcinés avec du charbon sont, en général, réduits à l'état de sulfures.

Certains sulfates sont décomposés par l'eau. Le sulfate mercurique, par exemple, donne, en présence de ce liquide, un sulfate acide soluble et un sulfate basique (turbith minéral) insoluble.

c. Caractères. — 1° *L'acide sulfurique concentré est sans action sur les sulfates.*

2° *Les sulfates, comme l'acide sulfurique, précipitent en blanc le chlorure de baryum. Le précipité est insoluble dans beaucoup d'eau et dans l'acide azotique.*

3° *Les sulfates calcinés avec du charbon et un peu de carbonate de sodium sont réduits à l'état de sulfures alcalins.* On fait l'essai en introduisant le mélange de sulfate, de charbon et de carbonate de sodium dans une petite cavité creusée dans un morceau de charbon et chauffant le tout à l'aide du chalumeau. On fait intervenir le carbonate de sodium parce que le sulfate se trouve réduit dans ce cas à l'état de sulfure alcalin soluble.

§ 39. — RELATIONS DES MÉTALLOÏDES DIATOMIQUES.

Les deux corps simples, oxygène et soufre, dont l'étude a été faite dans les pages qui précèdent, offrent des relations intéressantes entre eux et avec deux autres éléments, le sélénium et le tellure. C'est surtout entre les trois derniers de ces métalloïdes, soufre, sélénium et tellure, que les rapports sont étroits.

a). 1° L'oxygène est gazeux, le soufre, le sélénium et le tellure sont solides à la température ordinaire.

2° Les points de fusion des trois derniers éléments sont respectivement 120°, 211° et 500°. Ils forment donc une série croissante régulière.

3° La même gradation s'observe entre les densités du soufre, du sélénium et du tellure, qui sont 2, 4,3 et 6,2.

4° Les poids atomiques de ces métalloïdes subissent la même marche ascendante. Le poids atomique de l'oxygène est 16 ; les poids atomiques du soufre, du sélénium et du tellure sont 32, 80 et 129.

La moyenne arithmétique des poids atomiques du soufre et du tellure $\frac{32+129}{2}$ est 80,5, soit sensiblement le poids atomique du sélénium. On remarquera aussi que le poids atomique du soufre est le double de celui de l'oxygène.

b). Ces métalloïdes présentent également d'étroites analogies dans leurs propriétés chimiques.

1° Ils se combinent à l'hydrogène, mais non plus volume à volume et sans condensation, comme les métalloïdes monovalents. Un volume de ces éléments à l'état gazeux s'unit à deux volumes d'hydrogène pour former deux volumes du composé hydrogéné à l'état gazeux. Il y a donc contraction d'un tiers.

Les composés ainsi formés ont pour formule H^2O, H^2S, H^2Se, H^2Te. Ce ne sont plus des acides puissants, comme les acides chlorhydrique, bromhydrique et iodhydrique ; mais des acides faibles : acides sulfhydrique, sélenhydrique, tellurhydrique. L'eau est neutre aux papiers réactifs, mais jouit des propriétés d'un acide faible et présente de grandes analogies chimiques avec les acides hydrogénés des métalloïdes de la famille de l'oxygène.

2° Les acides sulfhydrique, sélenhydrique et tellurhydrique sont tous trois gazeux, fétides, vénéneux, inflammables et peu solubles dans l'eau.

3° Les mêmes analogies se retrouvent dans les composés oxygénés du soufre, du sélénium et du tellure.

On connaît les anhydrides sulfureux, sélénieux et tellureux : SO^2, SeO^2, TeO^2. Ils sont tous trois facilement volatils, s'unissent à l'eau pour former des acides bibasiques.

Les anhydrides sulfurique, sélénique et tellurique ont pour formule SO^3, SeO^3 et TeO^3. Ils s'unissent également à l'eau pour former des acides bibasiques. Ils se décomposent au rouge en perdant de l'oxygène.

4° Les sulfates, séléniates et tellurates sont, en général, isomorphes.

Enfin, ces quatre métalloïdes jouent le rôle d'éléments diatomiques. Dans quelques rares composés ils affectent les allures d'éléments tétravalents. Ex. : SCl^4, $SeCl^4$, $TeCl^4$.

3ᵉ FAMILLE. — MÉTALLOÏDES TRIVALENTS

§ 40. — AZOTE.

Découvert par Rutherford en 1772. — *Étymologie* : de α privatif, et ὄζωη, vie. Nom donné par Lavoisier parce que ce gaz constitue la portion de l'air inapte à entretenir la vie. — *Poids atomique :* 14. — *Poids moléculaire :* 28.

a. État naturel. — L'azote est un des éléments constituants d'un grand nombre de corps qui se trouvent dans l'économie animale. Il entre dans la composition de l'ammoniaque, de l'albumine, de la fibrine, etc.

L'azote libre ne paraît pas exister à l'état de pureté dans la nature. Il se trouve en grande quantité dans l'air atmosphérique dont il constitue environ les 4/ . Lorsque l'air est confiné avec des matières oxydables, comme dans certaines mines de sulfure de fer ou de sulfure de cuivre, l'oxygène est absorbé et les proportions de l'azote dans ces atmosphères augmentent considérablement. L'oxygène disparaît même quelquefois totalement et l'azote n'est plus mélangé que de petites quantités d'anhydride carbonique et d'autres gaz.

Dans l'économie animale on trouvera nécessairement de l'azote libre partout où pénètre l'air atmosphérique ; c'est-à-dire dans les poumons, le sang et le tube digestif.

b. Préparation. — On obtient le plus habituellement l'azote en enlevant l'oxygène à l'air atmosphérique. Un grand nombre de substances jouissent de cette propriété.

1° On place sur la cuve à eau une petite capsule renfermant du phosphore que l'on enflamme ; puis on recouvre la capsule d'une cloche remplie d'air. Les bords de la cloche doivent plonger dans l'eau. Le phosphore, en brûlant, s'empare de l'oxygène et se transforme en acides phosphoreux et phosphorique. La cloche renferme, lorsque la combustion du phosphore est terminée, de l'azote mélangé de fumées des acides phosphorique et phosphoreux, de traces d'anhydride carbonique que l'air renferme toujours, et d'un peu de vapeur d'eau. Pour purifier l'azote ainsi obtenu, on le fait passer par un flacon laveur renfermant de l'eau, où il se débarrasse des acides phosphoreux et phosphorique, puis par une série de tubes en U renfermant les uns de la ponce imprégnée d'une solution de potasse qui retient l'anhydride carbonique, les autres du chlorure de calcium ou de la chaux vive pour fixer la vapeur d'eau. Les dernières traces d'oxygène peuvent être retenues en faisant passer l'azote dans un tube à boules de Liebig (*fig.* 22) contenant une dissolution alcaline d'acide pyrogallique (V. § 24. p. 91).

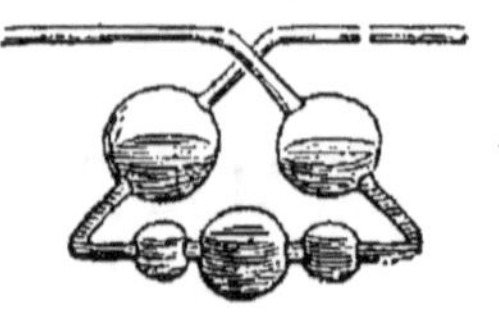

Fig. 22. — Tube à boules de Liebig.

2° On fait passer un courant d'air préalablement débarrassé, comme il vient d'être dit, d'anhydride carbonique et de vapeur d'eau, dans un tube chauffé au rouge contenant de la tournure de cuivre. Le cuivre s'oxyde en fixant l'oxygène, et l'azote se dégage à l'autre extrémité du tube.

3° L'azote s'obtient encore lorsqu'on fait bouillir une solution concentrée d'azotite d'ammonium.

$$AzO^2AzH^4 \quad = \quad 2H^2O \quad + \quad Az^2$$

Azotite d'ammonium.   Eau.   Azote.

L'azotite d'ammonium est difficile à préparer. On le remplace par un mélange d'azotite de potassium et de chlorure ammonique.

Il se forme alors de l'azotite d'ammonium par double décomposition, et cet azotite se décompose au fur et à mesure de sa formation.

$$AzO^2K + AzH^4Cl = KCl + AzO^2AzH^4.$$

c. Propriétés. 1° PHYSIQUES. — L'azote est un gaz incolore, inodore, insipide. Sa densité est de 0,97. Il est très-peu soluble dans l'eau.

2° CHIMIQUES. — L'azote ne brûle pas et n'entretient pas la combustion.

Les affinités de ce gaz sont très-faibles. L'azote ne se combine directement qu'à un petit nombre de corps. Sous l'influence de la chaleur, il s'unit au bore (azoture de bore) et au charbon préalablement mêlé de carbonate de potassium (V. *Cyanogène.*)

L'azote s'unit également à l'oxygène sous l'influence de l'étincelle électrique ; mais la présence d'une base puissante paraît nécessaire à la production de cette combinaison. Il se forme dans ces circonstances de petites quantités d'un azotate.

En présence de vapeur d'eau et sous la même influence,

l'azote s'unit à l'hydrogène et à l'oxygène et il se forme un peu d'azotate d'ammonium.

L'hydrogène libre est sans action sur l'azote. L'hydrogène naissant s'unit à cet élément en formant de l'ammoniaque.

d. Caractères. — On reconnaît l'azote surtout à ses caractères négatifs.

1° *Il éteint les corps en combustion, mais ne brûle pas lui-même* (Car. dist. d'avec l'hydrogène).

2° *Il ne trouble pas l'eau de chaux* (Car. dist. d'avec l'anhydride carbonique).

e. Physiologie. 1° Origine. — L'azote qui existe dans les poumons y pénètre avec l'air atmosphérique pendant l'inspiration. Le sang qui circule dans les capillaires qui entourent les alvéoles pulmonaires se charge d'azote en même temps qu'il fixe l'oxygène.

L'azote se trouve aussi parmi les gaz de l'estomac et de l'intestin. En effet, pendant la déglutition il y a toujours de notables quantités d'air qui pénètrent avec les aliments dans l'estomac.

2° État. — L'azote se dissout dans le plasma sanguin. Mais, d'après Fernet, le coefficient de solubilité de l'azote dans le sérum est, à très-peu de chose près, égal au coefficient de solubilité de ce gaz dans l'eau. D'autre part, Setschenow prétend que le sang dissout plus d'azote que ne le ferait l'eau, toutes choses étant égales d'ailleurs. Il faudrait donc conclure de ces deux faits que le globule intervient dans l'absorption de l'azote par le sang, ce qui n'a pas encore été démontré directement.

3° Élimination. — L'azote qui pénètre dans le poumon par l'inspiration en sort pendant l'expiration. De petites quantités de ce gaz sont éliminées par la peau. Enfin l'azote qui se trouve dans les gaz intestinaux est éliminé avec ceux-ci par l'anus. Les quantités d'azote qui se trouvent dans l'air inspiré et dans l'air expiré sont, à très-peu près, les mêmes. On ne saurait donc affirmer d'une façon certaine qu'il y a normalement augmentation ou diminution d'azote dans les gaz provenant de l'expiration.

Il importe toutefois d'ajouter que, dans certaines conditions anormales, les animaux semblent emprunter de l'azote à l'atmosphère. Cela a lieu surtout chez les oiseaux tenus longtemps à jeun.

f. Action sur l'économie. — Le rôle de l'azote est surtout passif. Il semble n'exister dans l'air atmosphérique que pour diluer l'oxygène. Nous avons vu, en effet, qu'on pouvait, sans inconvénient pour la vie des animaux, remplacer, dans l'air atmosphérique, l'azote par l'hydrogène (V. § 10, p. 47). Les animaux plongés dans une atmosphère d'azote pur périssent par défaut d'oxygène. Ils sont asphyxiés.

§ 41. — AIR ATMOSPHÉRIQUE.

Composition. — L'air, considéré pendant longtemps comme un élément, est un mélange d'oxygène, d'azote, d'anhydride carbonique, de vapeur d'eau et de petites quantités d'autres composés gazeux, tenant en suspension des particules inorganiques, organiques et organisées.

La présence des quatre premiers gaz dans l'air est constante et nécessaire à la vie des plantes et des animaux.

A) Oxygène et Azote. — Lavoisier le premier, par une expérience restée célèbre, prouva que l'air est un mélange d'un gaz qui n'entretient ni la combustion, ni la respiration, et qu'il nomma *azote*, et d'un autre gaz comburant et respirable, l'*oxygène*. L'expérience de Lavoisier consista à chauffer pendant douze jours, du mercure en présence d'une quantité déterminée d'air. Le mercure se transforma peu à peu en oxyde rouge de mercure en absorbant l'oxygène et il ne resta dans l'appareil que de l'azote, dont Lavoisier put mesurer le volume. D'autre part, Lavoisier put isoler l'oxygène en calcinant l'oxyde de mercure. Le mélange d'oxygène et d'azote régénéra l'air atmosphérique. Ainsi fut prouvé que l'air n'était pas un élément. Il est facile de prouver, d'autre part, que l'oxygène et l'azote sont simplement mélangés et non combinés dans l'air atmosphérique. En effet, lorsqu'on mêle de l'oxygène et de l'azote dans les proportions où ces gaz existent dans l'air, il n'y a ni changement de volume, ni dégagement de chaleur et d'électricité, ce qui arriverait si l'oxygène et l'azote se combinaient. On obtient d'ailleurs ainsi de l'air doué de toutes les propriétés de l'air atmosphérique. Lorsque l'air se dissout dans l'eau, il ne se comporte pas comme un composé unique ; l'oxygène et l'azote se dissolvent séparément dans l'eau avec la solubilité qui leur est propre. Enfin, lorsque l'air traverse les membranes poreuses, il se comporte encore comme un mélange d'oxygène et d'azote et non comme un composé unique.

Les proportions relatives d'oxygène et d'azote qui se trouvent dans l'air atmosphérique peuvent être déterminées par plusieurs procédés.

1° On peut absorber l'oxygène à l'aide du phosphore et noter le volume d'azote qui reste. L'expérience se fait dans des cloches graduées remplies de mercure et dans lesquelles on introduit une quantité déterminée d'air, puis une boule de phosphore fixée à l'extrémité d'un fil de fer. Au bout de quelques heures, tout l'oxygène a été absorbé par ce métalloïde. On peut aller plus vite en chauffant le phosphore. On opère alors dans une cloche courbe dans la partie horizontale de laquelle on a fait pénétrer un fragment de phosphore.

2° On détermine plus exactement la quantité d'oxygène qui se trouve dans l'air par la méthode eudiométrique (V. § 4, p. 14). Dans un eudiomètre on introduit 100 volumes d'air et 100 volumes d'hydrogène, puis on provoque la combinaison de l'hydrogène et de l'oxygène en faisant éclater l'étincelle électrique dans l'eudiomètre. Après l'explosion, on mesure le gaz qui reste, et l'on obtient, par différence, le volume du gaz disparu. Le tiers de ce volume représente le volume de l'oxygène, puisque l'on sait que l'eau est composée de deux volumes d'hydrogène et d'un volume d'oxygène.

3° Dumas et Boussingault ont dosé en poids les quantités d'oxygène et d'azote contenues dans l'air atmosphérique. Leur méthode est basée sur ce fait que le cuivre fixe l'oxygène et se convertit en oxyde de cuivre lorsqu'on le chauffe au rouge en présence de l'air. On remplit de cuivre un tube en verre peu fusible, dont les extrémités peuvent être fermées par deux robinets. On fait le vide dans ce tube et on le pèse. Soit p son poids. Ce tube est en communication, d'une part, avec des tubes en U et des boules de Liebig remplies de substances propres à absorber l'eau et l'anhydride carbonique que contient toujours l'air ; d'autre part, avec un ballon d'une capacité d'environ 20 litres, également muni d'un robinet, et qui a été pesé vide. Soit P son poids. L'appareil étant ainsi disposé, on chauffe au rouge le tube de verre, puis on ouvre lentement d'abord le robinet du tube voisin des tubes en U, puis les deux autres robinets. On détermine ainsi un courant d'air qui passe sur le cuivre chauffé au rouge et y perd son oxygène. Bientôt le tube et le ballon sont remplis d'azote. On pèse le ballon plein de gaz ; soit P′ son poids. P′ — P sera le poids de l'azote contenu dans le ballon. On obtient le poids de l'azote contenu dans le tube en déterminant le poids p' du tube plein d'azote, y faisant le vide et notant le poids p'' du tube vide d'azote. $p' — p''$ sera le poids de l'azote contenu dans le tube. Le poids total de l'azote sera donc (P′—P) + (p'—p''). Quant au poids de l'oxygène, il est égal à la différence qu'il y a entre le poids p'' du tube vide d'azote et renfermant l'oxyde de cuivre et le poids p du tube vide d'air et renfermant le cuivre.

Les résultats obtenus à l'aide de ces différentes méthodes sont concordants. Les volumes d'oxygène et d'azote contenus dans 100 volumes d'air atmosphérique sont les suivants :

    Oxygène.......... 20,77
    Azote..................................... 78,35

Ce rapport est constant, c'est-à-dire qu'il ne varie ni avec l'altitude, ni avec les saisons, ni avec les climats. On ne constate que de très faibles variations. L'air de la mer semble renfermer un peu moins d'oxygène, par suite de l'action dissolvante des eaux. Dans les pays très-chauds où les oxydations sont énergiques, les quantités d'oxygène contenues dans l'air sont également un peu plus faibles. Ces variations sont contenues entre les limites de 20,9 et 20,3 p. 100 d'oxygène.

B) Anhydride carbonique. — L'air atmosphérique, comme il a été dit, renferme constamment de petites quantités d'anhydride carbonique qui provient des combustions vives et lentes qui s'accomplissent sur la surface de la terre, des putréfactions et de la respiration des hommes et des animaux.

On dose la quantité d'anhydride carbonique contenue dans l'air, en faisant passer un volume déterminé d'air préalablement desséché dans des tubes en U contenant de la potasse caustique. Les tubes sont pesés au commencement et à la fin de l'opération. L'augmentation de [poids indique le poids de l'anhydride carbonique.

L'air atmosphérique contient de 3 à 6 dix-millièmes d'anhydride carbonique. Il en renferme plus dans les villes qu'à la campagne. Après les grandes pluies, l'air est moins chargé d'anhydride carbonique.

Malgré les quantités d'anhydride carbonique qui se produisent journellement sur la surface de la terre, la masse de ce gaz contenue dans l'atmosphère n'augmente pas sensiblement. Les plantes, en effet, sous l'influence des rayons solaires, absorbent l'anhydride carbonique, le décomposent, assimilent son carbone et rejettent dans l'atmosphère de l'oxygène respirable. Pendant la nuit, les plantes respirent comme les animaux et exhalent de l'anhydride carbonique. Mais la quantité de ce gaz, produite par la respiration des plantes est très faible auprès de celle que les plantes décomposent pendant le jour. Les végétaux empêchent donc l'accumulation, dans l'atmosphère, de l'anhydride carbonique, accumulation qui rendrait impossible, au bout d'un certain temps, la vie des animaux sur la surface de la terre.

C) Vapeur d'eau. — L'air contient aussi toujours de la vapeur d'eau. On mesure la quantité absolue de vapeur d'eau contenue dans l'air en faisant passer un volume connu d'air à travers des tubes en U contenant des substances avides d'eau qui retiennent ce corps. Les tubes sont pesés avant et après l'expérience et l'augmentation de poids de ces tubes indique le poids de l'eau contenue dans l'air.

Il est plus important de connaître l'*état hygrométrique de l'air*, c'est-à-dire le rapport du poids de la vapeur d'eau contenue dans l'air que l'on considère, au poids que contiendrait cet air s'il était saturé à la même température. Le degré d'hygrométricité de l'air se détermine à l'aide d'appareils que l'on nomme hygromètres et dont on fait l'étude en physique.

L'air renferme plus d'eau pendant les chaleurs de l'été que pendant l'hiver, la tension de la vapeur d'eau étant moindre à une basse température. Le brouillard, la pluie, la neige, proviennent du passage, sous l'influence du froid, de la vapeur d'eau contenue dans l'air à l'état liquide ou solide.

D) Substances accessoires et accidentelles. — L'air contient encore fréquemment sinon d'une manière constante :

1° *Des carbures d'hydrogène.* — Boussingault a, en effet, montré que de l'air filtré, desséché et privé d'anhydride carbonique donne de l'eau et de l'anhydride carbonique, lorsqu'on le fait passer sur de l'oxyde de cuivre chauffé au rouge. Il faut conclure, de cette expérience, à la présence dans l'air d'un composé renfermant du carbone et de l'hydrogène. On sait d'ailleurs que le protocarbure d'hydrogène se dégage de la vase des marais (V. § 187).

2° *De l'ammoniaque* (V. § 42, p. 144).

3° *Des combinaisons nitreuses* (V. § 46 et 48).

4° *De l'ozone* (V. § 24, p. 92).

5° *De l'iode* (V. § 18, p. 78).

6° *Des poussières minérales.* — On a signalé dans l'air la présence de sulfates et de chlorures, notamment de sulfate et de chlorure de sodium, de sulfate de calcium, du fer, etc.

7° *Des particules organiques et organisées.* — La présence des poussières organiques et des germes organisés dans l'air peut se démontrer de la manière suivante : On filtre de l'air sur du coton poudre qui retient les corpuscules en suspension, puis on dissout le coton-poudre dans l'éther et l'on examine le dépôt insoluble au microscope. C'est aux germes organisés qui existent dans l'atmosphère qu'il faut attribuer, comme l'ont démontré les belles expériences de Pasteur, les fermentations, les putréfactions et les générations dites spontanées. L'air filtré sur du coton ou chauffé au rouge n'est plus propre à déterminer les fermentations.

COMBINAISON DE L'AZOTE AVEC L'HYDROGÈNE.

§ 42. — AMMONIAQUE.

$$AzH^3.$$

Découvert par Priestley en 1774. — *Etymologie* : de Ammon. (L'extraction du sel ammonique se faisait, dans les temps anciens, près du temple de Jupiter Ammon). *Poids moléculaire* : 17.

a. État naturel ; emploi en médecine. — L'ammoniaque se trouve en petites quantités dans l'air atmosphérique, surtout à l'état d'azotate d'ammonium, dans l'eau de pluie, dans l'eau provenant de la fonte de la neige. L'eau de mer, un grand nombre d'eaux de source, le sol, contiennent des sels ammoniacaux.

On trouve encore des composés ammoniacaux dans le suc des plantes, dans les liquides de l'économie, notamment dans l'urine, dans les excréments. Le chlorure ammonique s'extrayait autrefois, par sublimation, de la fiente de chameau.

Le gaz ammoniac est un excitant local d'abord ; il devient un stimulant général lorsqu'il a pénétré dans l'appareil sanguin. Aussi fait-on souvent respirer de l'ammoniaque pour combattre la syncope, le vertige, l'asphyxie par certains gaz.

On prescrit l'ammoniaque en solution aqueuse étendue, à l'intérieur, comme stimulant.

En solution concentrée, l'ammoniaque est un caustique puissant. On l'emploie contre les morsures des vipères et les piqûres des insectes.

A titre de caustique, l'ammoniaque est aussi employée dans la médication révulsive. Elle produit rapidement la vésication (vésicatoire ammoniacal).

Enfin l'ammoniaque administrée à l'intérieur jouit de la propriété de dissiper l'ivresse.

b. Modes de production. — L'ammoniaque se forme dans un grand nombre de circonstances :

1° L'azote et l'hydrogène s'unissent à l'état gazeux sous l'influence de l'étincelle électrique et en présence d'un acide. L'hydrogène naissant se combine également à l'azote. Aussi chaque fois que le fer, le zinc s'oxydent à l'air humide, il y a formation de petites quantités d'ammoniaque, par suite de la décomposition de l'eau dont l'hydrogène s'unit à l'azote.

2° *La putréfaction et la calcination des matières organiques azotées constituent une des sources les plus importantes des sels ammoniacaux.* On obtenait autrefois des sels ammoniacaux, comme produit accessoire de la préparation du noir animal, en calcinant des os en vases clos.

La distillation sèche de la corne de cerf donne naissance à du carbonate ammonique impur, connu en pharmacie sous le nom de *sel volatil de corne de cerf.* Enfin, on obtient de grandes quantités d'ammoniaque par la distillation de la houille dans la fabrication du gaz de l'éclairage. C'est de cette source que provient aujourd'hui la presque totalité de l'ammoniaque et des sels ammoniacaux employés dans l'industrie.

3° *Presque tous les composés organiques azotés et tous les sels ammoniacaux dégagent de l'ammoniaque lorsqu'on les chauffe plus ou moins fortement avec une base puissante.*

c. Préparation. — *On prépare l'ammoniaque en chauffant un mélange de chlorure ammonique et de chaux éteinte.*

$$2AzH^4Cl \quad + \quad CaO^2H^2 \quad = \quad CaCl^2 \quad + \quad 2H^2O \quad + \quad 2AzH^3$$

Chlorure d'ammonium.	Hydrate de calcium.	Chlorure de calcium.	Eau.	Ammoniaque.

On dessèche l'ammoniaque en la faisant passer sur de la chaux vive qu'on dispose le plus souvent par fragments dans le ballon au fond duquel se trouve le mélange de chlorure d'ammonium et de chaux éteinte. On recueille le gaz ammoniac sec sur la cuve à mercure.

Pour obtenir une dissolution aqueuse d'ammoniaque, on dirige le courant gazeux dans une série de flacons de Woulf remplis aux trois quarts d'eau distillée.

d. Impuretés. — L'ammoniaque liquide (1) du commerce est souvent colorée en jaune par des matières organiques et renferme les sels que contenait l'eau qui a servi à sa préparation.

L'ammoniaque préparée comme il a été dit plus haut, et dissoute dans de l'eau distillée, ne doit laisser aucun résidu lorsqu'on l'évapore sur la lame de platine. Traitée par l'acide azotique en excès, elle ne doit pas se colorer en rouge (produits bitumineux), ni se troubler par l'azotate d'argent (chlorures) et par le chlorure de baryum (sulfates). L'ammoniaque est souvent car-

---

(1) Dissolution du gaz ammoniac dans l'eau.

bonatée ; dans ce cas, elle donne un précipité blanc de carbonate de calcium avec l'eau de chaux.

c. Propriétés. — 1° Physiques. — L'ammoniaque est un gaz incolore, d'une odeur piquante caractéristique, qui provoque le larmoiement, d'une saveur caustique. La densité du gaz ammoniac est de 0,589. Ce gaz est excessivement soluble dans l'eau. Un volume d'eau absorbe à 0° plus de mille volumes de gaz ammoniac et cette absorption est accompagnée d'un grand dégagement de chaleur et d'une augmentation notable du volume du liquide. La solution d'ammoniaque est un liquide incolore, limpide, d'une odeur suffocante, d'une réaction alcaline très prononcée. Son poids spécifique varie entre 0,850 et 1,000

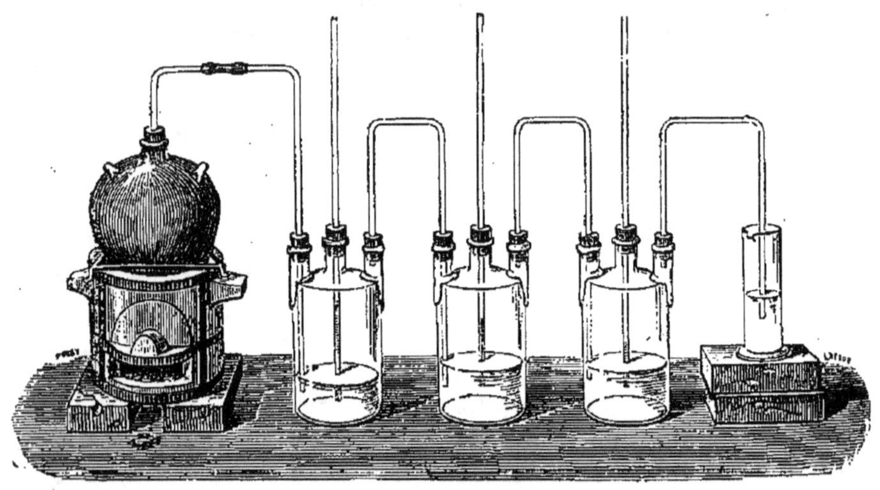

Fig. 23. — Préparation de l'ammoniaque liquide.

et est, par conséquent, en raison inverse de sa concentration. L'ammoniaque liquide du Codex marque 0,92 au densimètre. Lorsqu'on chauffe la dissolution aqueuse d'ammoniaque, le gaz s'en dégage en totalité.

Le gaz ammoniac se liquéfie à la température de 16° sous la pression de 7 atmosphères. Ce liquide bout à — 40° et se solidifie à — 75°.

2° Chimiques. — Le gaz ammoniac éteint les corps en combustion et ne brûle pas à l'air, mais il brûle dans une atmosphère d'oxygène.

Le chlore décompose l'ammoniaque en lui enlevant son hydrogène et mettant l'azote en liberté. (V. § 11, p. 51.)

$$8AzH^3 + 3Cl^2 = 6AzH^4Cl + Az^2.$$

Un excès de chlore agit sur le chlorure d'ammonium formé et donne un liquide oléagineux qui détone avec une extrême violence sous les plus faibles influences. Ce corps est le *chlorure d'azote*.

$$AzH^4Cl + Cl^6 = 4HCl + AzCl^3.$$

Lorsqu'on fait digérer de l'iode en poudre avec une dissolution d'ammoniaque, l'iode se transforme en une poudre noire qui, desséchée, détone par le frottement ; ce corps, connu sous le nom d'*iodure d'azote*, répond, suivant sa préparation, aux formules : AzH^2I et $AzHI^2$.

Le gaz ammoniac s'unit directement aux acides, et les corps ainsi formés sont de véritables sels, comparables aux sels de potassium avec lesquels ils présentent de nombreux cas d'isomorphisme. (V. § 105.)

f. Caractères. — L'ammoniaque se reconnaît aux caractères suivants :

1° *Elle possède une odeur caractéristique ;*

2° *Bleuit le papier rouge de tournesol humide ;*

3° *Précipite en blanc le sublimé corrosif* (V. § 153) ;

4° *Précipite en brun le réactif de Nessler.* Le réactif de Nessler s'obtient en dissolvant jusqu'à refus de l'iodure mercurique dans une dissolution d'iodure de potassium et ajoutant au mélange une dissolution de potasse caustique.

g. Toxicologie. — 1° ACTION SUR L'ÉCONOMIE. — Le gaz ammoniac peut être respiré sans inconvénients lorsqu'il est mélangé de beaucoup d'air ; sa dissolution, très étendue, peut être ingérée à petites doses, comme il a été dit, sans déterminer d'accidents.

Il n'en est plus de même lorsqu'on respire le gaz ammoniac à forte dose ou qu'on ingère quelques grammes de sa dissolution concentrée. L'ammoniaque est alors un poison irritant très énergique ; 1/50 de ce gaz dans l'air atmosphérique tue rapidement un oiseau.

2° ANTIDOTES. — Le traitement de l'empoisonnement par l'ammoniaque consiste dans l'administration de boissons acidulées, par exemple d'eau tiède vinaigrée. L'acide ainsi administré neutralise l'ammoniaque qui se trouve encore dans le tube digestif.

3° RECHERCHE. — La recherche de l'ammoniaque doit se faire immédiatement, parce que ce gaz disparaît rapidement et que, d'autre part, il se produit de l'ammoniaque dans la putréfaction des matières organiques azotées. Si l'autopsie est faite peu de temps après la mort, la recherche est des plus simples. On introduit les matières suspectes avec un peu d'eau dans une cornue munie d'un récipient et on distille. Le liquide, qui se condense dans le récipient, renferme de l'ammoniaque en dissolution, et la présence de ce corps peut être démontrée facilement, comme il a été dit plus haut. (*Ib.*, *f.*)

§ 43. — COMBINAISONS DE L'AZOTE AVEC L'OXYGÈNE.

L'azote forme avec l'oxygène des combinaisons analogues aux composés oxygénés du chlore. Ce sont des anhydrides auxquels correspondent des acides plus ou moins stables et des anhydrides mixtes, savoir :

	Anhydrides.	Acides.
Hypo-azoteux (*protoxyde d'azote*)....	Az^2O	$AzOH$
Oxyde azoteux (*bioxyde d'azote*).....	Az^2O^2 ou AzO	
Azoteux.............................	Az^2O^3	AzO^2H
Hypoazotique (*Peroxyde d'azo'e*).....	Az^2O^4 ou AzO^2	
Azotique.............................	Az^2O^5	AzO^3H

Le bioxyde d'azote et le peroxyde d'azote sont de véritables anhydrides mixtes, le premier des acides hypo-azoteux et azoteux, le second des acides azoteux et azotique.

§ 44. — PROTOXYDE D'AZOTE.

Az^2O.

Découvert par Priestley en 1772. — *Synonymie :* oxyde azoteux, gaz hilarant.
Poids moléculaire : 44.

a. Emploi en médecine. — Le protoxyde d'azote, inspiré pendant quelques instants, produit une ivresse agréable, d'où le nom de *gaz hilarant*, suivie d'anesthésie. Aussi s'est-on servi de ce gaz pour obtenir l'insensibilité dans quelques opérations chirurgicales.

Toutefois, d'après les recherches de Jolyet et Blanche, le protoxyde d'azote n'a pas d'action propre sur l'économie. L'anesthésie qu'il détermine, lorsqu'on le respire pur, est la conséquence de l'asphyxie causée par le manque d'oxygène. En effet, lorsque le protoxyde d'azote est mélangé d'oxygène, il est sans action sur les animaux, qui peuvent respirer, sans qu'il y ait aucun symptôme d'empoisonnement, une atmosphère artificielle dans laquelle le protoxyde d'azote remplace l'azote, autrement dit, qui renferme près de 80 p. 100 de gaz hilarant.

On a prescrit quelquefois à l'intérieur la dissolution aqueuse de protoxyde d'azote comme agent d'oxydation.

b. Préparation. — *On prépare le protoxyde d'azote en décomposant l'azotate d'ammonium par la chaleur.*

$$AzO^3AzH^4 \quad = \quad 2H^2O \quad + \quad Az^2O$$

Azotate d'ammonium.   Eau.   Protoxyde d'azote.

On recueille le gaz sur de l'eau salée ou sur le mercure.

c. Impuretés et purification. — L'azotate d'ammonium se décompose déjà à 200°. Si la température atteint 250°, la décomposition est plus complexe ; il se forme du bioxyde d'azote, de l'azote et de l'ammoniaque. Si l'azotate d'ammonium est impur et renferme du chlorure d'ammonium, le protoxyde d'azote est en outre souillé par du chlore.

On purifie le protoxyde d'azote en le faisant passer dans une éprouvette, F (*fig.* 24), renfermant de la pierre-ponce imprégnée

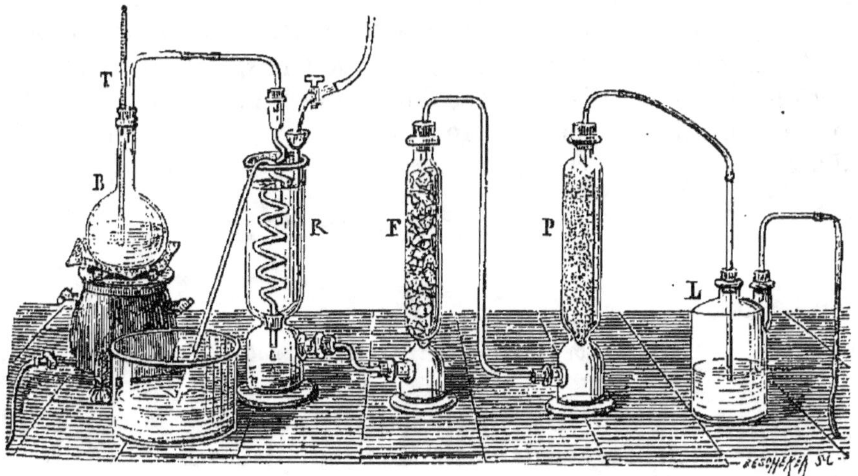

Fig. 24. — Préparation du protoxyde d'azote.

de potasse caustique qui retient le chlore, puis dans une deuxième éprouvette, P, contenant des cristaux de sulfate ferreux où le gaz se débarrasse du bioxyde d'azote (V. § 45), enfin dans un flacon laveur, L, renfermant un peu d'eau qui dissout l'ammoniaque. L'eau qui se forme par la décomposition de l'azotate d'ammonium se condense dans le serpentin R qu'il faut avoir soin de refroidir.

d. Propriétés. — 1° PHYSIQUES. — Le protoxyde d'azote est un gaz incolore, inodore, d'une saveur légèrement sucrée. Sa densité est de 1,527. Il est peu soluble dans l'eau. Un volume d'eau dissout à 0° 1,3 volumes de protoxyde d'azote. Ce gaz est un peu plus soluble dans l'alcool. Soumis à une pression de 30 atmosphères et à la température de 0°, le protoxyde d'azote se liquéfie. Le protoxyde d'azote liquide bout à la température de — 88° et produit en s'évaporant rapidement un froid tel qu'une partie du liquide se solidifie. Le protoxyde d'azote solide mélangé de sulfure de carbone et évaporé dans le vide produit un froid de — 140°, température la plus basse qu'on ait pu atteindre.

2° CHIMIQUES. — Le protoxyde d'azote est décomposé facilement à chaud par les corps avides d'oxygène. Les charbons ardents brûlent dans le protoxyde d'azote, et même avec plus d'éclat que dans l'air, par suite de la plus forte proportion d'oxygène. La combustion du soufre, du phosphore, du sodium, etc., s'opère également dans le protoxyde d'azote.

e. Caractères. — On reconnaît le protoxyde d'azote aux caractères suivants :

1° *Il rallume une allumette présentant un point en ignition.*

2° *Le bioxyde d'azote, lorsqu'on le fait passer dans une éprouvette remplie de protoxyde d'azote, ne se transforme pas en vapeurs rutilantes.* (Car. dist. d'avec l'oxygène.) Le protoxyde d'azote ne détermine donc pas, comme l'oxygène, l'oxydation du bioxyde d'azote.

§ 45. — BIOXYDE D'AZOTE.

AzO.

Étudié d'abord par Priestley. — *Poids moléculaire : 30.*

a. Préparation et propriétés. — *Le bioxyde d'azote s'obtient en faisant agir de l'acide azotique étendu de deux fois son volume d'eau sur de la tournure de cuivre.*

$$3Cu + 8AzO^3H = 3(AzO^3)^2Cu + 4H^2O + 2AzO$$

Cuivre.　　Acide azotique.　　Azotate de cuivre.　　Eau.　　Bioxyde d'azote.

Le bioxyde d'azote est un gaz incolore, très peu soluble dans l'eau.

On ne connaît ni son odeur ni sa saveur. Il jouit en effet de la propriété caractéristique de se combiner à l'oxygène libre en donnant naissance à du peroxyde d'azote.

$$2AzO + O^2 = Az^2O^4$$

L'acide azotique le dissout facilement en se colorant en brun, vert ou bleu, suivant la concentration.

Le bioxyde d'azote entretient encore la combustion du phosphore et du charbon. Ses propriétés comburantes sont moindres que celles du protoxyde d'azote.

Enfin, le bioxyde d'azote est absorbé en grande quantité par les dissolutions des sels ferreux qui se colorent en brun presque noir.

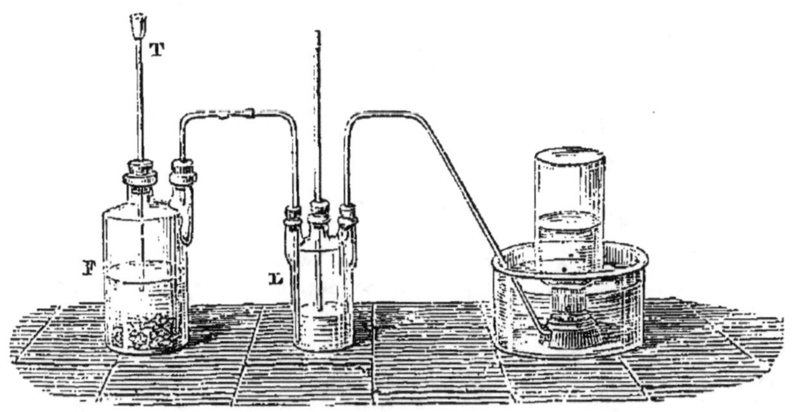

Fig. 25. — Préparation du bioxyde d'azote.

b. Action sur l'économie. — L'hémoglobine du globule sanguin forme avec le bioxyde d'azote une combinaison analogue à celle qu'elle forme avec l'oxygène. *L'oxyhémoglobine* et *l'hémoglobine bioxyazotée* sont isomorphes et renferment un même volume d'oxygène ou de bioxyde d'azote. Enfin, le bioxyde d'azote déplace l'oxygène de l'oxyhémoglobine. Aussi est-il très dangereux de respirer des proportions un peu notables de ce gaz.

§ 46. — ANHYDRIDE AZOTEUX; ACIDE AZOTEUX ET AZOTITES.

L'anhydride et l'acide azoteux sont très instables et ne présentent pas grand intérêt pour le médecin.

On trouve fréquemment de petites quantités d'azotites dans les eaux de pluie. Ces azotites proviennent soit de l'oxydation de l'ammoniaque qui se transforme en effet en azotite d'ammonium au contact de l'oxygène de l'air sous l'influence de la mousse de platine et probablement aussi sous celle d'autres corps poreux, soit de l'oxydation de l'azote de l'air atmosphérique. Ni l'oxygène, ni l'ozone ne se combinent directement avec l'azote; mais ce corps s'oxyde pendant certaines oxydations lentes probablement sous l'influence de l'oxygène naissant.

Le peroxyde d'azote, traité par l'eau, donne un mélange d'acide azotique et d'acide azoteux. Mais ce dernier est très instable et se décompose lui-même, à la température ordinaire, en bioxyde d'azote et acide azotique.

$$3AzO^2H = AzO^3H + 2AzO + H^2O$$

Acide azoteux.   Acide azotique.   Bioxyde d'azote.   Eau.

La décomposition du peroxyde d'azote par l'eau est donc représentée par la formule :

$$3Az^2O^4 + 2H^2O = 4AzO^3H + 2AzO$$

Peroxyde d'azote.   Eau.   Acide azotique.   Bioxyde d'azote.

En présence des bases, le peroxyde d'azote donne, au contraire, un mélange d'azotate et d'azotite.

$$Az^2O^4 + 2KOH = AzO^3K + AzO^2K + H^2O$$

Peroxyde d'azote.   Potasse.   Azotate de potassium.   Azotite de potassium.   Eau.

Lorsqu'au lieu de faire agir l'eau à la température ordinaire sur le peroxyde d'azote, on ajoute un peu d'eau glacée à du peroxyde d'azote liquide et entouré d'un mélange réfrigérant, on obtient de l'anhydride ou de l'acide azoteux sous forme d'un liquide bleu très instable.

Les azotites sont des sels bien définis. On les obtient en chauffant les azotates. Les azotites de sodium et de potassium surtout s'obtiennent facilement par ce moyen.

Les azotites normaux sont tous solubles. Chauffés fortement, ils se décomposent et dégagent un mélange d'oxygène et d'azote. Il reste de l'oxyde du métal ou le métal lui-même si l'oxyde est réductible par la chaleur.

Traités par l'acide sulfurique, les azotites dégagent immédiate-

ment des vapeurs rutilantes. L'acide azoteux mis en liberté par l'acide sulfurique se décompose, comme il a été dit, en bioxyde d'azote, et celui-ci, au contact de l'oxygène de l'air, donne des vapeurs rutilantes.

§ 47. — PEROXYDE D'AZOTE.

Az^2O^4 à basse température ; AzO^2 à température plus élevée.

Synonymie : Anhydride hypoazotique, vapeurs rutilantes.

Nous avons déjà vu que le peroxyde d'azote s'obtient par l'action de l'oxygène sur le bioxyde d'azote.

$$2AzO + O^2 = Az^2O^4.$$

On prépare encore ce corps par l'action de la chaleur sur l'azotate de plomb bien desséché.

$$2(AzO^3)^2Pb = 2PbO + 2Az^2O^4 + O^2.$$

À une température inférieure à — 9°, le peroxyde d'azote est un corps cristallisé en prismes incolores. Au-dessus de — 9°, c'est un liquide jaunâtre qui se fonce de plus en plus à mesure que la température s'élève. Ce liquide entre en ébullition à 22°. Ses vapeurs ont une saveur et une odeur caustiques. Le peroxyde d'azote, en effet, se transforme, en présence de l'eau (V. § 43), en acide azotique et en bioxyde d'azote. Aussi produit-il, lorsqu'on respire ses vapeurs, une violente inflammation de la muqueuse et du parenchyme pulmonaire. Des cas de mort ont été observés à la suite d'inspirations de vapeurs rutilantes.

§ 48. — ACIDE AZOTIQUE.

$AzO^3H.$

Décrit dès le viii° siècle par l'alchimiste Geber. — *Synonymie :* Acide nitrique, eau-forte. — *Poids moléculaire :* 63.

a. État naturel; emploi en médecine et en pharmacie. — Nous avons vu que l'oxygène et l'azote s'unissent en présence d'une base sous l'influence d'une série d'étincelles électriques, en donnant naissance à un azotate. D'autre part,

9.

nous savons que l'ammoniaque, en présence de l'oxygène et au
contact des corps poreux, s'oxyde et se transforme en acide azoteux qui lui-même passe facilement à l'état d'acide azotique. On
comprend donc que l'acide azotique combiné aux bases soit très
répandu dans la nature. On en trouve de petites quantités dans
l'air atmosphérique, dans l'eau de pluie, dans l'eau de certains
puits, dans le sol, partout enfin où des matières azotées se
décomposent au contact de l'oxygène et en présence de corps
poreux. Il existe, au Chili et au Pérou, des gisements considérables d'azotate de sodium. Cet azotate sert à la préparation de
l'acide azotique.

L'acide azotique et les azotates n'existent pas normalement
dans l'économie animale. Les azotates peuvent y pénétrer accidentellement et en petite quantité avec les aliments ou l'eau,
mais ils sont éliminés rapidement. On rencontre des azotates
dans les sucs de certaines plantes, surtout des plantes à racines
bulbeuses et charnues.

L'acide azotique est quelquefois employé comme caustique.
Étendu de beaucoup d'eau, on s'en sert comme astringent.

On fait usage de l'acide azotique pour préparer l'*alcool nitrique*
et un grand nombre d'azotates dont quelques-uns sont employés
en médecine.

b. Préparation. — *On prépare l'acide azotique en décomposant
l'azotate de sodium ou celui de potassium par l'acide sulfurique.*

$$AzO^3Na \quad + \quad SO^4H^2 \quad = \quad AzO^3H \quad + \quad SO^4HNa$$

| Azotate | Acide | Acide | Sulfate |
| de sodium. | sulfurique. | azotique. | acide de sodium. |

L'opération se fait dans une cornue de verre bouchée à l'émeri
à laquelle on adapte un récipient. On chauffe doucement la cornue ; l'acide azotique qui prend naissance vient se condenser
dans le récipient qu'il faut avoir soin de refroidir. Au commencement et à la fin de l'opération apparaissent souvent des vapeurs
rutilantes. Les premières sont produites par la décomposition de
l'acide azotique, en présence d'un excès d'acide sulfurique, en
eau, oxygène et peroxyde d'azote ; les secondes proviennent de
la décomposition des dernières traces d'acide azotique sous l'influence de l'élévation de température.

c. Impuretés et purification. — L'acide azotique ainsi préparé est presque toujours souillé par un peu d'*acide sulfurique*
entraîné mécaniquement à la distillation, par de l'*acide chlorhydrique* provenant des chlorures que renferme l'azotate de sodium,

par des *vapeurs rutilantes* dues à la décomposition de l'acide azotique au commencement et à la fin de l'opération.

On purifie l'acide azotique de la manière suivante : *On précipite l'acide chlorhydrique par un léger excès d'azotate d'argent, l'acide sulfurique par le nitrate de baryum (1) et on redistille.* Quant aux vapeurs rutilantes, on en débarrasse l'acide azotique en le

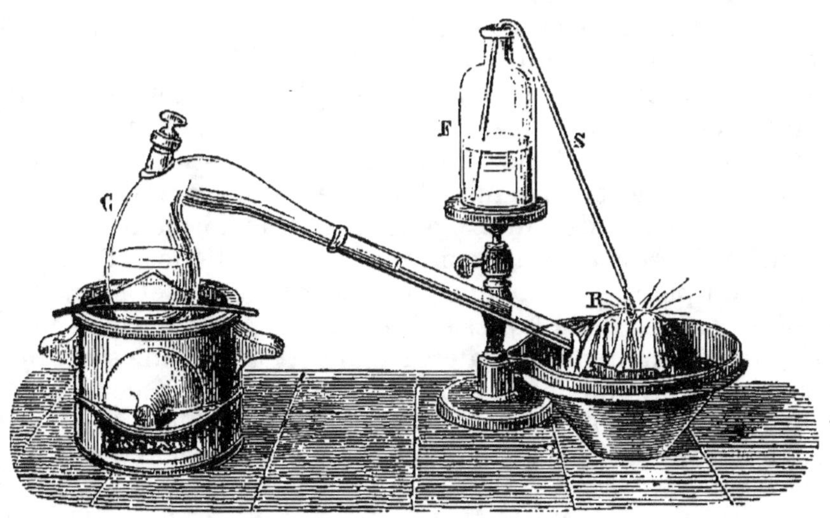

Fig. 26. — Préparation de l'acide azotique.

chauffant et en y faisant passer un courant d'anhydride carbonique. L'acide azotique peut encore renfermer de l'*iode* à l'état d'acide iodique, s'il provient de l'azotate de sodium naturel. L'acide iodique ne passe pas à la distillation.

Enfin, l'acide ainsi préparé renferme une certaine quantité d'eau. Pour obtenir l'acide azotique *normal*, il faut mêler l'acide provenant de l'action de l'acide sulfurique sur l'azotate de sodium à son volume d'acide sulfurique concentré, distiller le mélange et recueillir un volume de liquide égal au quart du volume total. L'acide ainsi obtenu est chargé de vapeurs rutilantes dont on le débarrasse, comme il a été dit plus haut.

d. Propriétés. — 1° PHYSIQUES. — L'acide azotique pur, sans mélange d'eau, que nous appellerons *acide azotique normal*, est un liquide incolore, fumant à l'air, d'une odeur très caustique. Il colore la peau en jaune et désorganise les tissus. Sa densité est de 1,52. Il bout à 86° en se décomposant partiellement. Aussi

(1) C'est aussi à l'aide de l'azotate d'argent et du sel de baryum qu'on s'assure de la pureté de l'acide azotique.

son point d'ébullition s'élève-t-il peu à peu par suite de la formation d'eau aux dépens de la partie de l'acide azotique décomposée et de la combinaison de cette eau avec l'acide non altéré. Cet acide normal est également décomposé en eau, peroxyde d'azote et oxygène, par la lumière. Il cristallise à — 49°.

L'acide azotique fumant du commerce est de l'acide normal, chargé de vapeurs rutilantes.

L'acide normal AzO^3H est soluble dans l'eau avec laquelle il forme un hydrate défini $AzO^3H + 3 H^2O$ qui bout à 126° et qui possède une densité de 1,42. C'est cet hydrate qui constitue l'acide azotique officinal. Il est beaucoup plus stable que l'acide normal.

2° CHIMIQUES. — L'acide azotique est un puissant agent d'oxydation. Presque tous les métalloïdes le décomposent en s'emparant d'une partie de son oxygène et se transformant en acides. Les métaux agissent également sur l'acide azotique, à l'exception de l'or, du platine et de quelques autres métaux et se transforment en oxydes métalliques qui, en présence de l'acide non décomposé, donnent des azotates. L'étain et l'antimoine sont oxydés par l'acide azotique de moyenne concentration et transformés en anhydrides stannique et antimonique insolubles. Toutes ces réactions sont accompagnées d'un dégagement de bioxyde d'azote ; quelquefois le gaz qui se dégage est du protoxyde d'azote ou même de l'azote ; enfin le fer et le zinc peuvent, lorsqu'ils agissent sur l'acide azotique très étendu, déterminer la réduction de l'acide jusqu'à sa transformation en ammoniaque. L'action de l'acide azotique varie d'ailleurs avec la température et le degré de concentration. L'acide normal agit souvent moins énergiquement que l'acide à 3 molécules d'eau. Le fer, par exemple, réagit énergiquement sur l'acide étendu et est sans action sur l'acide concentré ; de plus, si après avoir laissé pendant quelque temps le fer en contact avec de l'acide azotique normal, on le plonge dans de l'acide étendu, il n'est plus attaqué même par ce dernier ; il est devenu *passif*. Il suffit alors de toucher ce *fer passif* avec un fil de cuivre, de platine ou même avec du fer non rendu passif, pour que l'attaque ait lieu immédiatement.

L'acide chlorhydrique réagit à une douce température sur l'acide azotique. Il se forme du chlore et du bioxyde d'azote.

Enfin l'action oxydante de l'acide azotique s'exerce énergiquement sur les matières organiques. Les tissus animaux et végétaux sont détruits, l'indigo est décoloré, etc.

e. Caractères. — 1° *L'acide azotique, au contact du cuivre ou du mercure, dégage des vapeurs rutilantes* (V. § 43, p. 150).

2° *Il colore en jaune les tissus organiques (laine, plume d'oie) et décolore l'indigo.*

3° *Il colore en rose ou en brun une bouillie formée par de l'acide sulfurique et du sulfate ferreux pulvérisé.*

4° *Il produit, au contact de la brucine, une coloration rouge très intense.*

f. Toxicologie. — L'acide azotique, comme les acides chlorhydrique et sulfurique, est un *caustique puissant*, et le traitement de l'empoisonnement par l'acide azotique est le même que celui des empoisonnements par ces deux acides.

Quant à la recherche de l'acide azotique dans un cas d'empoisonnement, elle se fait de la manière suivante : Les organes suspects sont divisés, recouverts d'eau et neutralisés par du marbre blanc (carbonate de calcium). On évapore le tout au bain-marie et on épuise le résidu par de l'alcool qui dissout l'azotate de calcium qui s'est formé. On évapore le liquide alcoolique préalablement filtré et on reprend par l'eau. Dans le liquide ainsi obtenu se trouve l'azotate de calcium dont la présence est facile à démontrer. (V. § 49.)

§ 49. — Azotates.

a. Procédés de préparation. — On obtient les azotates :

1° *En faisant agir l'acide azotique sur les métaux.* On prépare par ce procédé la plupart des azotates. Ex. : azotates d'argent, mercureux, mercurique, de bismuth, etc.

2° *En traitant par l'acide azotique les oxydes et les carbonates métalliques.* L'azotate d'ammonium, qui sert à préparer le protoxyde d'azote, s'obtient en neutralisant l'ammoniaque par l'acide azotique.

b. Propriétés. — 1° PHYSIQUES. — *Tous les azotates neutres sont solubles dans l'eau.*

Les azotates sont des sels cristallisables ; leurs solutions ont en général une saveur fraîche et salée. Presque tous les azotates sont fusibles.

2° CHIMIQUES. — Tous les azotates se décomposent par la chaleur et laissent pour résidu un oxyde ou le métal si l'oxyde est réductible par la chaleur. Les azotates alcalins, excepté l'azotate d'ammonium (V. § 44, p. 149), se transforment d'abord en azotites, sous l'influence d'une calcination modérée, et dégagent en même temps de l'oxygène. Chauffés avec des substances combustibles, les azotates oxydent violemment ces matières, souvent avec explosion. Les azotates fusent lorsqu'on les projette sur des charbons incandescents.

c. Caractères. — L'acide sulfurique déplace l'acide azotique de ses sels. Le mélange d'acide sulfurique et d'un azotate acquiert donc les propriétés de l'acide azotique, ce qui permet de caractériser facilement les azotates. En effet, de l'acide sulfurique auquel on ajoute de petites quantités d'un azotate *dégage des vapeurs rutilantes lorsqu'on y ajoute de la tournure de cuivre, décolore l'indigo, produit une coloration brune avec le sulfate ferreux et colore la brucine en rouge* comme l'acide azotique. (V. § 48, p. 156.)

<h2 style="text-align:center">§ 50. — PHOSPHORE.</h2>

Découvert par Brandt en 1669. — *Poids atomique : 31. — Poids moléculaire : 124.*

a. État naturel; emploi en médecine. — Le phosphore ne se trouve pas à l'état de liberté dans la nature, à cause de sa grande affinité pour l'oxygène. Les phosphates métalliques sont, au contraire, très répandus. Ils constituent un aliment indispensable aux végétaux, qui les enlèvent au sol, et aux animaux qui les trouvent dans les végétaux ou les autres animaux dont ils se nourrissent. Le phosphore existe à l'état de combinaison dans le sang, dans l'urine, dans le cerveau, dans les nerfs, dans les os dont l'élément minéral est constitué, en majeure partie, par du phosphate de calcium.

Le phosphore a été employé en médecine dès le xvii siècle. On se sert rarement aujourd'hui du phosphore comme médicament. Il doit être administré avec prudence, car il agit énergiquement sur l'organisme, et, à une dose même assez faible, est un violent poison. On le prescrit en dissolution dans l'huile d'olives (huiles phosphorées).

b. Préparation. — *On prépare le phosphore en réduisant à une haute température le métaphosphate de calcium par le charbon.*

Les diverses combinaisons du phosphore avec l'oxygène et les métaux alcalino-terreux se comportent d'une manière différente sous l'influence du charbon et de la chaleur. Le phosphate tricalcique $(PhO^4)^2Ca^3$ n'est pas décomposé lorsqu'on le calcine avec du charbon. Le métaphosphate de calcium (V. § 58), au contraire, est réduit partiellement par le charbon. Les deux tiers du phosphore sont mis en liberté et le troisième tiers reste irréductible en combinaison avec l'oxygène et tout le calcium, à l'état de phosphate tricalcique d'après la formule :

$$3(PhO^3)^2Ca \;+\; 10C \;=\; (PhO^4)^2Ca^3 \;+\; 10CO \;+\; Ph^4$$

Métaphosphate de calcium.	Charbon.	Phosphate tricalcique.	Oxyde de carbone.	Phosphore.

La première phase de l'extraction du phosphore est donc la préparation du métaphosphate de calcium. On se sert pour cela des os, qu'on calcine pour détruire la matière organique. Puis on traite la cendre d'os, qui renferme du phosphate et du carbonate de calcium, par l'acide sulfurique. Cet acide transforme le carbonate de calcium en sulfate de calcium presque complètement insoluble, avec dégagement d'anhydride carbonique, et le phosphate tricalcique en phosphate monocalcique ou phosphate acide de calcium.

$$(PhO^4)^2Ca^3 \ + \ 2SO^4H^2 \ = \ 2SO^4Ca \ + \ (PhO^4)^2H^4Ca$$

Phosphate tricalcique.	Acide sulfurique.	Sulfate de calcinm.	Phosphate monocalcique.

Le phosphate acide de calcium est soluble ; on filtre donc, de façon à séparer le sulfate de calcium insoluble. On évapore la solution, on mélange le résidu avec du charbon, puis on dessèche complètement la masse et on l'introduit dans des cornues en grès dont le col s'engage dans des récipients en cuivre contenant de l'eau. Cela fait, on chauffe les cornues. Sous l'influence de la chaleur, le phosphate acide de calcium perd de l'eau et donne du métaphosphate.

$$(PhO^4)^2H^4Ca \ = \ 2 H^2O \ + \ (PhO^3)^2Ca$$

Phosphate acide de calcium.	Eau.	Métaphosphate de calcium.

Enfin le métaphosphate est réduit par le charbon et le phosphore mis en liberté se volatilise et se condense dans le récipient.

c. Purification. — Le phosphore ainsi préparé est mélangé de matières étrangères. On le purifie en le fondant dans de l'eau chaude, et, après y avoir ajouté du noir animal, on l'exprime sous l'eau, à travers une peau de chamois.

On achève souvent cette purification en distillant le phosphore dans un courant d'hydrogène. Cette opération est dangereuse. Il est bon que la cornue soit disposée dans une boîte en tôle remplie de sable, comme pour la distillation de l'acide sulfurique. (V. fig. 21.) On coule le phosphore sous l'eau, dans des moules cylindro-coniques.

d. Propriétés. — 1° PHYSIQUES. — Le phosphore *ordinaire* est un corps solide, blanc jaunâtre, transparent, lorsqu'il est récemment fondu. Sa densité est de 1,82 à 1,84. Il fond à 44° et bout à 290°. Lorsqu'il a été fondu, il reste souvent liquide à une température bien inférieure à son point de fusion, c'est-à-dire qu'il subit facilement le phénomène de la surfusion. Le phosphore est insoluble dans l'eau. Il est soluble dans le sulfure de carbone qui est son meilleur dissolvant. L'alcool, l'éther, les huiles, le chloroforme dissolvent également de petites quantités de phosphore. Ce métalloïde cristallise très facilement. On obtient le phosphore en cristaux octaédriques ou en dodécaèdres par l'évaporation lente de sa dissolution dans le sulfure de carbone, ou par sublimation lente dans un tube scellé.

Il se forme encore des cristaux de phosphore lorsqu'on soumet pendant plusieurs jours un bâton de phosphore à l'action d'un de ses dissolvants, surtout à celle du chloroforme, dans un tube scellé (Blondlot et R. Engel).

Le phosphore qui est resté pendant quelque temps sous l'eau se recouvre d'une couche blanche de cristaux microscopiques.

On divise le phosphore en le fondant dans de l'eau tiède et en l'agitant avec l'eau dans un flacon jusqu'à complet refroidissement.

2° CHIMIQUES. — Le trait caractéristique de l'histoire du phosphore est sa puissante affinité pour l'oxygène. Il s'enflamme à l'air à une température peu supérieure à son point de fusion et brûle avec une flamme très-éclairante, en donnant naissance à de l'anhydride phosphorique. Aussi faut-il manier ce corps avec précaution et le conserver sous l'eau ; il s'enflamme par le frottement et même spontanément, la chaleur dégagée par son oxydation lente étant suffisante, souvent, pour déterminer la combustion vive. Les brûlures par le phosphore sont très graves par suite de l'action caustique qu'exerce sur les tissus l'anhydride phosphorique, produit de sa combustion. Le phosphore très divisé s'enflamme spontanément à la température ordinaire, au contact de l'air. Il suffit de verser sur du papier une dissolution de phosphore dans le sulfure de carbone pour que ce papier prenne feu par suite du dépôt de phosphore divisé que laisse sur le papier le sulfure de carbone en s'évaporant.

Le phosphore luit dans l'obscurité. C'est là un phénomène de combustion lente. Le phosphore émet en effet des vapeurs à la température ordinaire, et ces vapeurs subissent la combustion lente au contact de l'oxygène de l'air. Le phosphore n'est plus lumineux dans l'azote, dans l'hydrogène ou dans le vide barométrique, et si l'on abandonne un bâton de phosphore au contact d'une quantité limitée d'air, l'oxygène de cet air finit par disparaître complètement en se combinant au phosphore. Sous la pression ordinaire, le phosphore ne luit pas dans l'*oxygène pur* à une température inférieure à 45°. La phosphorescence n'a lieu au-dessous de cette température que si l'on raréfie l'oxygène ou, ce qui revient au même, si l'on y mélange un gaz inerte, tel que l'azote et l'anhydride carbonique. Enfin certains corps, le sulfure de carbone, l'alcool, l'éther et surtout les vapeurs d'essence de térébenthine, empêchent la phosphorescence et en même temps l'absorption de l'oxygène par le phosphore.

On réalise l'expérience de la manière suivante : Dans deux tubes à essais renfermant de l'air, on introduit deux bâtons de phosphore et l'on touche les parois de l'un des tubes avec une baguette de verre imprégnée d'essence de térébenthine, puis on retourne sur la cuve à eau les tubes à essais en marquant, à l'aide d'un index, la hauteur à laquelle le liquide s'élève dans chacun d'eux. Après quelque temps, on constatera que l'absorption de l'oxygène a eu lieu dans le tube qui n'a pas été touché avec la baguette imprégnée d'essence de térébenthine. Dans le second tube, au contraire, le niveau de l'eau ne change pas. En regardant les tubes dans l'obscurité on constatera également la phosphorescence, exclusivement dans le premier. La combustion lente du phosphore est accompagnée d'une odeur alliacée caractéristique.

Les agents d'oxydation, l'acide azotique, par exemple, transforment le phosphore en acide phosphorique.

Lorsque le phosphore subit l'oxydation lente au contact de l'air humide, il se forme, en même temps que de l'acide phosphorique, de l'acide phosphoreux et même de petites quantités d'acide hypophosphoreux probablement par réduction de l'acide phosphorique en présence de l'excès de phosphore.

L'avidité du phosphore pour l'oxygène est telle que ce métalloïde se comporte comme un réducteur énergique. Il réduit les sels d'or, de platine, de mercure et de cuivre. Il détermine dans l'azotate d'argent un précipité de phosphure d'argent. Il réduit l'acide phosphorique lui-même à la température ordinaire et le transforme partiellement en acide phosphoreux (R. Engel).

Enfin, lorsqu'on mélange le phosphore avec des corps riches en oxygène, tels que le chlorate de potassium ou l'azotate de potassium, la masse s'enflamme et détone par le choc (1).

Le phosphore ne s'unit pas directement à l'azote. Il se combine avec énergie au chlore, au brome, à l'iode, au soufre.

Lorsqu'on fait bouillir du phosphore avec une dissolution de potasse, de soude, de baryte, ou, en général, d'une base soluble,

---

(1) Les allumettes se composent d'un morceau de bois imprégné à son extrémité de soufre ou de cire pour faciliter la combustion, et recouvert d'une pâte formée précisément de phosphore, de minium, de salpêtre et de colle forte. Le minium et le salpêtre sont des corps oxydants qui favorisent l'inflammation du phosphore par le frottement.

il se forme de l'hydrogène phosphoré, un hypophosphite et un peu de phosphate. (V. §27, p. 112.)

e. Toxicologie. — 1° ACTION SUR L'ÉCONOMIE. — Le phosphore, absorbé à l'état de vapeurs diluées dans l'air, comme cela arrive dans les fabriques d'allumettes chimiques, occasiónne des maux de tête et d'estomac et peu à peu une altération complète de la santé. L'accident le plus grave, et qui met souvent assez longtemps à se déclarer, est la nécrose des os maxillaires.

Ingéré à faible dose, le phosphore est un excitant des organes génitaux. A plus forte dose, le phosphore est un poison violent. L'empoisonnement par ce métalloïde offre des formes différentes. Il est accompagné tantôt de vomissements, de diarrhée et puis d'ictère. Tantôt il affecte la forme nerveuse ; il y a prostration, délire, puis coma et mort. Enfin quelquefois des hémorrhagies multiples amènent la mort. Cet empoisonnement est ordinairement lent. La mort n'arrive que deux ou trois jours, et quelquefois seulement cinq ou six mois après l'ingestion du poison.

A l'autopsie on observe, comme lésion constante et pour ainsi dire spécifique, la dégénérescence graisseuse du foie, du rein, du cœur et des muscles en général.

2° ANTIDOTES. — Dans un cas d'empoisonnement par le phosphore, il faut avant tout se hâter d'amener l'évacuation du poison par l'administration de vomitifs et de purgatifs.

Plusieurs substances, parmi lesquelles il faut citer en première ligne l'essence de térébenthine, ont été préconisées comme antidotes du phosphore. Des expériences ont été faites par Personne sur des chiens empoisonnés par le phosphore. Quatre sur cinq furent sauvés par l'administration d'essence de térébenthine, alors que tous les chiens auxquels on avait donné la même dose de phosphore, mais sans administration d'essence de térében-thine, succombèrent. L'essence de térébenthine est employée depuis assez longtemps avec succès dans les fabriques d'allumettes, pour préserver les ouvriers des suites de l'inspiration des vapeurs du phosphore. Ce contre-poison a été découvert par hasard. Son mode d'action n'est pas clairement élucidé.

Eulenberg et Vohl ont indiqué le *charbon animal* comme contre-poison du phosphore, le charbon animal jouissant de la propriété d'absorber ce corps.

3° RECHERCHE. — La recherche du phosphore ne peut donner de résultats que peu de temps après l'empoisonnement, alors que le métalloïde n'a pas encore été complètement oxydé et transformé en acide phosphorique. Cet acide existe, en effet, à l'état de sel, dans toutes les parties du corps humain ; on ne saurait donc conclure de sa présence à un empoisonnement.

a) Procédé de Mitscherlich. — Le procédé de Mitscherlich est fondé sur les deux faits suivants : le phosphore passe à la distillation avec la vapeur d'eau ; les vapeurs de phosphore ainsi en traînées luisent dans l'obscurité.

Il suffit donc de distiller les matières suspectes avec de l'eau et de condenser les vapeurs à l'aide du réfrigérant Liebig (fig. 27)

Fig. 27. — Appareil de Mitscherlich.

pour observer, si ces matières contiennent du phosphore, une lueur phosphorescente dans la partie refroidie du tube condensateur. Cette lueur est vacillante ; elle se déplace dans le tube, occupe souvent un espace assez considérable et dure très longtemps.

La vapeur d'eau condensée dans le flacon placé à l'extrémité de l'appareil a entraîné, comme il a été dit, du phosphore. La quantité de ce corps est souvent assez grande pour former dans le flacon de petits globules de phosphore qui serviront de pièces à conviction. D'autres fois on ne pourra constater dans le liquide que l'odeur du phosphore et le phénomène de la phosphorescence. Ce sont là deux signes très précis et suffisants de la présence du phosphore. On peut y ajouter le suivant : Le liquide du flacon précipite l'azotate d'argent, à l'état de phosphure d'argent. Le phosphore et l'acide phosphoreux, un des produits de l'oxydation du phosphore, déterminent tous deux cette précipitation.

Cette réaction est importante, car le précipité formé peut être employé, après avoir été soigneusement lavé, à démontrer à nouveau la présence du phosphore par le procédé Blondlot et Dussart.

Une dernière remarque. Il est important, avant d'opérer la distillation, d'ajouter aux matières suspectes un peu d'acide sulfurique. On neutralise ainsi l'ammoniaque qui existe souvent dans les matières organiques en putréfaction et qui empêcherait la lueur de se produire.

b) Procédé de Blondlot et Dussart. — Dans le procédé de Mitscherlich, les lueurs peuvent faire défaut dans le tube condensateur, alors même qu'il y a dans les matières suspectes une certaine quantité de phosphore. Cela arrive notamment quand les matières que l'on distille renferment, en même temps que du phosphore, de l'alcool. (V. § 50, p. 161.) Ce cas se rencontre fréquemment, comme il est aisé de le comprendre ; souvent même les organes du cadavre sont livrés à l'expert dans l'alcool.

Le liquide qui s'est condensé dans le flacon est alors très précieux. On le traite par l'azotate d'argent, et le phosphure d'argent qui prend naissance peut servir à la diagnose du phosphore à l'aide du procédé Blondlot et Dussart.

Ce procédé trouve encore son application, alors même que le phosphore s'est transformé en acide phosphoreux par oxydation incomplète. Il est fondé sur le principe suivant : L'hydrogène naissant obtenu par le zinc et l'acide sulfurique transforme le phosphore, le phosphure d'argent et les acides phosphoreux et hypophosphoreux en hydrogène phosphoré et brûle alors avec une flamme présentant en son centre une coloration verte très nette ; d'autre part, il est sans action sur les phosphates.

L'opération se fait dans un flacon à production d'hydrogène, dont l'une des tubulures est exactement fermée par une allonge rodée à l'émeri qui sert à l'introduction de l'acide sulfurique et des liquides suspects. L'hydrogène se dégage par l'autre tubulure, passe à travers un tube en U renfermant de la chaux destinée à retenir l'hydrogène sulfuré, et arrive à l'extrémité d'une pointe de platine où on l'allume. Le tube de platine est relié au tube en U par un caoutchouc qui peut être comprimé à l'aide d'une pince de manière à empêcher le dégagement de l'hydrogène dont la pression fait alors monter le liquide dans l'allonge de verre. On obtient, par cet artifice, une certaine quantité de gaz qu'on peut laisser échapper partiellement de façon à constater plusieurs fois la coloration de la flamme. La pointe de platine est indispensable. Avec une pointe de verre, la coloration jaune produite par la soude du verre masquerait la teinte verte.

L'hydrogène sulfuré mêlé, même en petite quantité, à de l'hydrogène colore en bleu le centre de la flamme de ce gaz et par suite masque la coloration verte caractéristique de la pré-

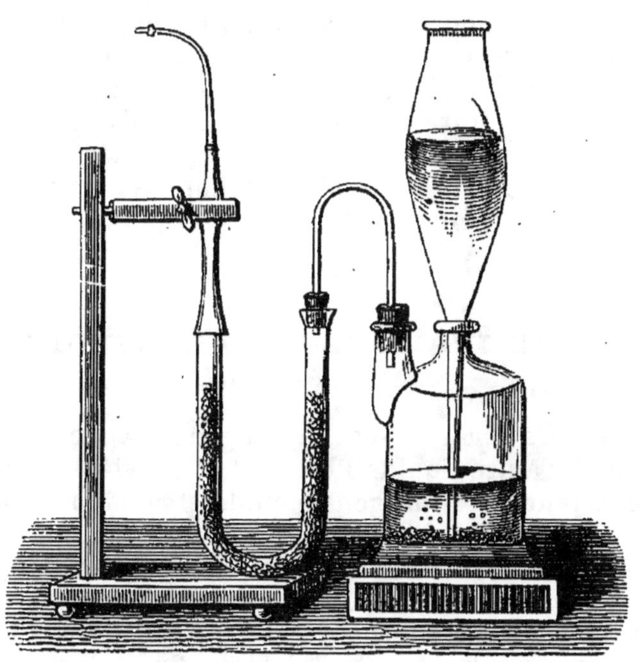

Fig. 28. — Appareil de Blondlot.

sence du phosphore. C'est pour cela qu'on a soin de faire passer l'hydrogène dans un tube en U renfermant de la chaux qui fixe l'hydrogène sulfuré que renferme souvent l'hydrogène obtenu par l'action de l'acide sulfurique sur le zinc (V. § 10, p. 45).

Le zinc du commerce renferme souvent du phosphore ; il est donc important d'employer du zinc chimiquement pur et de l'essayer avant l'introduction des matières suspectes. Frésenius et Mohr ont construit des appareils ingénieux pour appliquer le procédé de Blondlot et Dussart. Nous ne pouvons insister que sur la méthode en général.

f. Modification allotropique du phosphore. — Phosphore rouge. — Sous l'influence des rayons directs du soleil, le phosphore subit une modification importante. Il devient rouge, opaque, insoluble dans le sulfure de carbone, etc.

On obtient surtout de grandes quantités de *phosphore rouge* en maintenant pendant quelques heures, à l'abri du contact de l'air, du phosphore ordinaire à la température de 230-250°. On débarrasse ce phosphore rouge des dernières traces de phosphore ordinaire qu'il pourrait renfermer, en le lavant avec du sulfure de carbone.

Le phosphore rouge diffère par ses propriétés physiques et chimiques du phosphore ordinaire. Il est rouge, sans éclat, d'une densité de 2 environ, insoluble dans le sulfure de carbone, inoxydable à froid à l'air, non phosphorescent, ne s'enflamme qu'à 260°, température à laquelle il fond à l'abri de l'air, en se convertissant en phosphore blanc. Ses propriétés chimiques sont les mêmes que celles du phosphore ordinaire; mais ses affinités sont, en général, moindres. Enfin le phosphore rouge n'est pas vénéneux.

§ 51. — COMBINAISONS DU PHOSPHORE AVEC L'HYDROGÈNE.

Le phosphore forme avec l'hydrogène trois composés : l'un gazeux PhH^3, l'autre liquide Ph^2H^4, et le troisième solide Ph^4H^2.

Les phosphures d'hydrogène liquide et solide ne nous arrêteront pas. Le phosphure liquide est volatil à une basse température et spontanément inflammable. Lorsqu'on mélange ses vapeurs à des gaz combustibles, tels que l'hydrogène, l'oxyde de carbone, l'hydrogène phosphoré gazeux, ces gaz eux-mêmes deviennent spontanément inflammables. Enfin la lumière et les acides décomposent l'hydrogène phosphoré liquide en hydrogène phosphoré gazeux et en hydrogène phosphoré solide.

Ce dernier corps est jaune, insoluble dans l'eau et dans l'alcool.

§ 52. — HYDROGÈNE PHOSPHORÉ GAZEUX.

PhH^3.

Découvert en 1783 par Gengembre. — *Poids moléculaire :* 34.

a. État naturel. — L'hydrogène phosphoré prend naissance dans la décomposition des matières organiques phosphorées et semble être la cause des feux follets.

Il se produit de petites quantités d'hydrogène phosphoré dans les mauvaises digestions (1).

b. **Modes de production.** — L'hydrogène phosphoré se produit dans une foule de réactions chimiques ; mais il est rarement pur et renferme fréquemment des vapeurs d'hydrogène phosphoré liquide, qui le rendent spontanément inflammable à l'air.

Le gaz hydrogène phosphoré se produit :

1° *Dans la fermentation des matières organiques phosphorées*, comme il a été dit plus haut.

2° *Dans la décomposition du phosphure de calcium par l'eau.* — L'hydrogène phosphoré ainsi obtenu est spontanément inflammable. Lorsqu'on projette dans l'eau du phosphure de calcium, qu'on obtient en faisant passer du phosphore en vapeur sur de la chaux portée au rouge, on voit se dégager des bulles de gaz qui s'enflamment à la surface du liquide en produisant des fumées blanches. Celles-ci, lorsque l'air est tranquille, s'élèvent sous forme de couronnes qui vont en s'élargissant.

Lorsqu'on décompose le phosphure de calcium par l'acide chlorhydrique concentré, il se forme encore de l'hydrogène phosphoré gazeux, d'après l'équation :

$$\underbrace{Ph^2Ca^3}_{\substack{\text{Phosphure}\\\text{de calcium.}}} \;+\; \underbrace{6HCl}_{\substack{\text{Acide}\\\text{chlorhydrique.}}} \;=\; \underbrace{3CaCl^2}_{\substack{\text{Chlorure}\\\text{de calcium.}}} \;+\; \underbrace{2PhH^3}_{\substack{\text{Hydrogène}\\\text{phosphoré.}}}$$

Mais le gaz ainsi obtenu n'est plus spontanément inflammable, l'acide chlorhydrique décomposant l'hydrogène phosphoré liquide dont la présence rendait l'hydrogène gazeux spontanément inflammable.

L'hydrogène phosphoré perd également la propriété de s'enflammer spontanément lorsqu'on l'expose pendant quelques heures à l'action de la lumière qui décompose aussi le phosphure liquide.

3° *En chauffant du phosphore avec une dissolution d'une base, comme la potasse, la chaux ou la baryte* (V. § 27, p. 112).

Ce mode de production sert à préparer l'hydrogène phosphoré dans les laboratoires. Le gaz obtenu ainsi est spontanément inflammable et mélangé d'hydrogène. Le ballon dans lequel se fait l'opération doit renfermer aussi peu d'air que possible pour

____

(1) Gautier, *Chimie appliquée à la physiologie*, II, p. 305.

éviter la formation d'un mélange détonant d'oxygène et d'hydrogène phosphoré. Il est prudent de verser au-dessus du liquide un peu d'éther, qui, en s'évaporant sous l'influence de la chaleur, chasse l'air.

4° Par l'action de la chaleur sur les acides phosphoreux et hypophosphoreux.

$$4PhO^3H^3 \;=\; PhH^3 \;+\; 3PhO^4H^3$$

Acide phosphoreux.   Hydrogène phosphoré.   Acide phosphorique.

$$2PhO^2H^3 \;=\; PhH^3 \;+\; PhO^4H^3 \; .$$

Acide hypophosphoreux.   Hydrogène phosphoré.   Acide phosphorique.

c. Propriétés. — L'hydrogène phosphoré est un gaz incolore, d'une odeur alliacée, peu soluble dans l'eau, liquéfiable, très toxique.

Il est inflammable et brûle avec une flamme très éclairante. Ce gaz ne possède aucune réaction alcaline et pourtant, comme le gaz ammoniac AzH^3, il se combine directement avec l'acide iodhydrique pour former l'iodure de phosphonium PhH^4I analogue à l'iodure d'ammonium AzH^4I.

§ 53. — COMBINAISONS DU PHOSPHORE AVEC LE CHLORE.

Nous avons vu (§ 11, p. 50) que le phosphore prend feu dans le chlore sec.

Il se forme dans ce cas, suivant que le phosphore est en excès ou non, du protochlorure de phosphore $PhCl^3$ ou du perchlorure de phosphore $PhCl^5$. Le phosphore, comme l'azote, est en effet un métalloïde pentavalent qui fonctionne souvent comme trivalent.

Le protochlorure ou *trichlorure de phosphore* $PhCl^3$ est un liquide incolore fumant à l'air, bouillant à la température de 78°. *Traité par l'eau, il est décomposé en acide chlorhydrique et en acide phosphoreux.* Les chlorures de métalloïdes ou de radicaux d'acides sont tous ainsi décomposés par l'eau avec formation d'acide chlorhydrique (par suite de l'affinité du chlore pour l'hydrogène) et d'un autre acide.

$$PhCl^3 \;+\; 3HOH \;=\; 3HCl \;+\; PhO^3H^3$$

Trichlorure de phosphore.   Eau.   Acide chlorhydrique.   Acide phosphoreux.

Un excès de chlore convertit le trichlorure de phosphore en pentachlorure.

Le *perchlorure* ou *pentachlorure de phosphore* PhCl⁵ est un corps solide, blanc jaunâtre, distillant à 148°. *Comme le protochlorure, le perchlorure de phosphore est décomposé par l'eau.* Les produits de sa décomposition sont : *l'acide chlorhydrique* et *l'acide phosphorique.*

$$PhCl^5 \quad + \quad 4H^2O \quad = \quad 5HCl \quad + \quad PHO^4H^3$$

| Pentachlorure de phosphore. | Eau. | Acide chlorhydrique. | Acide phosphorique. |

Sous l'influence d'une petite quantité d'eau, la décomposition n'est pas complète et l'on obtient de l'*oxychlorure de phosphore.*

$$PhCl^5 \quad + \quad H^2O \quad = \quad 2HCl \quad + \quad PhOCl^3$$

| Perchlorure de phosphore. | Eau. | Acide chlorhydrique. | Oxychlorure de phosphore. |

Le brome et l'iode forment également avec le phosphore des combinaisons décomposables par l'eau. (V. § 19, p. 81.)

Les chlorures, bromures et iodures de phosphore sont fréquemment employés en chimie organique pour opérer le remplacement de l'oxhydryle par le chlore, le brome ou l'iode. Ex. :

$$C^7H^5O.OH \quad + \quad PhCl^5 \quad = \quad ClH \quad + \quad PhOCl^3 \quad + \quad C^7H^5O.Cl$$

| Acide benzoïque. | Pentachlorure de phosphore. | Acide chlorhydrique. | Oxychlorure de phosphore. | Chlorure de benzoïle. |

§ 54. — COMBINAISONS DU PHOSPHORE AVEC L'OXYGÈNE ET L'HYDROGÈNE.

Il existe trois acides oxygénés du phosphore, savoir : l'acide hypophosphoreux PhO²H³, l'acide phosphoreux PhO³H³ et l'acide phosphorique PhO⁴H³.

On voit que les formules de ces acides diffèrent de la formule de l'hydrogène phosphoré par deux, trois ou quatre atomes d'oxygène en plus.

PhH³	Hydrogène phosphoré.
. . . .	. . . .
PhO²H³	Acide hypophosphoreux.
PhO³H³	Acide phosphoreux.
PhO⁴H³	Acide phosphorique.

Le composé $PhOH^3$ n'est pas connu; mais on connaît le dérivé chloré correspondant $PhOCl^3$, qui est l'oxychlorure de phosphore.

Ces trois acides du phosphore renferment tous, comme on le voit, trois atomes d'hydrogène; mais l'acide phosphorique seul est tribasique, c'est-à-dire capable d'échanger ses trois atomes d'hydrogène contre trois atomes d'un métal monovalent.

L'acide phosphoreux est bibasique et l'acide hypophosphoreux monobasique.

Ce fait est mis en relief dans les formules rationnelles suivantes de ces acides :

$$
\begin{array}{ccc}
Ph\!\!\begin{array}{l} \diagup H \\ {-}H \\ \diagdown O - OH \end{array}
&
Ph\!\!\begin{array}{l} \diagup H \\ {-}OH \\ \diagdown O - OH \end{array}
&
Ph\!\!\begin{array}{l} \diagup OH \\ {-}OH \\ \diagdown O - OH \end{array}
\\
\text{Acide} & \text{Acide} & \text{Acide} \\
\text{hypophosphoreux.} & \text{phosphoreux.} & \text{phosphorique.}
\end{array}
$$

On voit, en effet, dans ces formules que l'acide hypophosphoreux monobasique ne renferme qu'un oxhydryle, que l'acide phosphoreux bibasique en renferme deux et l'acide phosphorique tribasique en renferme trois. Ces formules rendent compte également des propriétés spéciales des phosphates bi et tri-métalliques. (V. Introduction.)

Les anhydrides phosphoreux Ph^2O^3 et phosphorique Ph^2O^5 sont seuls connus.

Enfin, entre l'acide et l'anhydride phosphorique, entre l'acide et l'anhydride phosphoreux existent des anhydrides acides, de même qu'entre l'acide sulfurique et l'anhydride sulfurique existe un anhydride acide, l'acide disulfurique. (V. § 37, p. 132.)

Ainsi deux molécules d'acide phosphorique peuvent perdre successivement une, deux ou trois molécules d'eau et donner ainsi naissance aux composés suivants :

$$2PhO(OH)^3 - H^2O = Ph^2O^3(OH)^4 \text{ Acide pyrophosphorique}$$
$$\text{(tétrabasique)}$$
$$2PhO(OH)^3 - 2H^2O = Ph^2O^4(OH)^2 \text{ Acide dimétaphosphorique}$$
$$\text{(bibasique).}$$
$$2PhO(OH)^3 - 3H^2O = Ph^2O^5 \qquad \text{Anhydride phosphorique.}$$

L'acide $Ph^2O^4(OH)^2$ porte le nom d'acide dimétaphosphorique, car on connaît un acide $PhO^2(OH)$ qu'on appelle métaphosphorique. A cet acide se rattachent plusieurs polymères dont $Ph^2O^4(OH)^2$ est le premier. La formation de ces polymères est facile à comprendre, si l'on observe que la perte de deux molécules d'eau, aux dépens de deux molécules d'acide phosphorique, qui préside à la formation de l'acide métaphosphorique, peut se faire de deux manières : ou bien chaque molécule d'acide perd séparément une molécule d'eau et alors on obtient l'acide métaphosphorique PhO^2OH d'après la formule :

$$Ph\!\!<\!\!\begin{array}{l}OH\\OH\\O-OH\end{array} \quad -H^2O = \quad Ph\!\!<\!\!\begin{array}{l}O\\\\O-OH\end{array}$$

ou bien les deux molécules d'eau se forment aux dépens de l'hydrogène des deux molécules d'acide phosphorique dont les restes sont alors réunis par l'oxygène. Dans ce cas on obtient l'acide dimétaphosphorique :

$$Ph\!\!<\!\!\begin{array}{l}OH\\OH\\O-OH\end{array} \; + \; Ph\!\!<\!\!\begin{array}{l}OH\\OH\\O-OH\end{array} \quad -2H^2O = Ph\!\!<\!\!\begin{array}{l}O\\O-PhO-OH\\O-OH\end{array}$$

Acide dimétaphosphorique.

Nous allons faire successivement l'étude des acides hypophosphoreux, phosphoreux et phosphorique et de leurs dérivés métalliques.

§ 55. — ACIDE HYPOPHOSPHOREUX ET HYPOPHOSPHITES.

Les hypophosphites, surtout ceux de sodium et de calcium, sont, depuis quelque temps, employés en médecine.

On prépare les hypophosphites de baryum et de calcium en faisant bouillir du phosphore avec une dissolution de baryte caustique ou avec un lait de chaux. Il se forme dans ce cas de l'hydrogène phosphoré qui se dégage, un phosphate insoluble, qu'on sépare par filtration, et de l'hypophosphite qui se trouve en solution dans le liquide filtré. On purifie cet hypophosphite par cristallisation.

Pour préparer l'acide hypophosphoreux, on décompose l'hypophosphite de baryum par la quantité voulue d'acide sulfurique. Il se précipite du sulfate de baryum. Le liquide filtré est évaporé à consistance sirupeuse.

L'acide hypophosphoreux cristallise difficilement en lamelles fusibles à 17° et se dissout en toutes proportions dans l'eau. Il jouit de propriétés réductrices puissantes. Il réduit non-seulement les sels d'or, d'argent, de mercure, mais même les sels de cuivre, ce qui permet de distinguer l'acide hypophosphoreux de l'acide phosphoreux.

Lorsqu'on ajoute un excès d'acide hypophosphoreux à du sulfate de cuivre, et qu'on chauffe légèrement le mélange, il se forme un précipité brun d'hydrure cuivreux, Cu^2H^2 (Wurtz). Cet hydrure de cuivre perd son hydrogène sous l'influence de la chaleur. Lorsqu'on le traite par l'acide chlorhydrique, il se forme du chlorure cuivreux et l'hydrogène de l'acide chlorhydrique s'unit avec celui de l'hydrure cuivreux.

$$Cu^2H^2 + 2HCl = Cu^2Cl^2 + 2H^2.$$

Sous l'influence de la chaleur, l'acide hypophosphoreux se décompose en acide phosphorique et en hydrogène phosphoré spontanément inflammable :

$$\underbrace{2PhO^2H^3}_{\text{Acide hypophosphoreux.}} = \underbrace{PhH^3}_{\text{Hydrogène phosphoré.}} + \underbrace{PhO^4H^3}_{\text{Acide phosphorique.}}$$

Nous avons vu comment se préparent les hypophosphites de calcium et de baryum. Les autres hypophosphites s'obtiennent par double décomposition, en traitant l'hypophosphite de baryum par des sulfates solubles. Le sulfate de baryum insoluble se précipite. Ex. :

$$\underbrace{(PhO^2H^2)^2Ba}_{\substack{\text{Hypophosphite} \\ \text{de baryum.}}} + \underbrace{SO^4Na^2}_{\substack{\text{Sulfate} \\ \text{de sodium.}}} = \underbrace{SO^4Ba}_{\substack{\text{Sulfate} \\ \text{de baryum.}}} + \underbrace{2PhO^2H^2Na}_{\substack{\text{Hypophosphite} \\ \text{de sodium.}}}$$

On obtient encore les hypophosphites en neutralisant l'acide libre par une base (1).

Les hypophosphites sont en général solubles dans l'eau. Ils ont pour formule générale : PhO^2H^2M'.

Ces sels se reconnaissent aux caractères suivants :

1° *Lorsqu'on les chauffe fortement à l'air, ils brûlent*, par suite de leur décomposition, avec formation d'hydrogène phosphoré spontanément inflammable ;

2° *Les hypophosphites réduisent l'azotate d'argent et le sulfate de cuivre* en solution acidulée par l'acide sulfurique (caract. dist. d'avec les phosphites).

____

(1) On obtient un hypophosphite platineux en dirigeant un courant d'hydrogène phosphoré dans une solution alcoolique de chlorure de platine. (R. ENGEL.)

§ 56. — ACIDE PHOSPHOREUX ET SELS.

L'acide phosphoreux s'obtient en décomposant le trichlorure de phosphore par l'eau. (V. § 53, p. 167.) Quand la réaction est terminée, on chauffe le liquide pour chasser l'acide chlorhydrique qui s'est formé en même temps et l'on évapore à consistance sirupeuse.

Il se forme également de l'acide phosphoreux par l'oxydation lente du phosphore à l'air humide. Pour éviter l'inflammation du phosphore, il faut avoir soin de séparer les bâtons de phosphore, qu'on expose à l'air humide, en disposant chaque bâton dans un tube de verre effilé à une extrémité et ouvert. L'acide phosphoreux obtenu ainsi est mélangé d'acide phosphorique ; ce mélange est généralement connu sous le nom d'*acide phosphatique*. L'acide phosphatique renferme également de petites quantités d'acide hypophosphoreux. (R. Engel.)

L'acide phosphoreux peut cristalliser par le refroidissement de sa solution aqueuse concentrée. Il est très déliquescent ; comme l'acide hypophosphoreux, il jouit de propriétés réductrices puissantes, mais ne réduit pas les sels de cuivre.

Enfin, il est également décomposé en acide phosphorique et en hydrogène phosphoré, sous l'influence de la chaleur.

$$4\text{PhO}^3\text{H}^3 \;=\; \text{PhH}^3 \;+\; 3\text{PhO}^4\text{H}^3$$

Acide phosphoreux.   Hydrogène phosphoré.   Acide phosphorique.

L'acide phosphoreux étant bibasique peut donner deux espèces de sels : des phosphites acides $\text{PhO}^3\text{H}^2\text{M}'$ et des phosphites neutres $\text{PhO}^3\text{HM}'^2$.

On prépare les phosphites en faisant agir l'acide phosphoreux sur les oxydes métalliques.

Sous l'influence de la chaleur, ils dégagent de l'hydrogène phosphoré spontanément inflammable, comme les hypophosphites ; comme ces sels, *ils réduisent l'azotate d'argent, mais ne réduisent pas les sels de cuivre à l'état d'hydrure cuivreux.*

§ 57. — ACIDE PHOSPHORIQUE.

PhO^4H^3.

Poids moléculaire : 98.

a. **État naturel ; emploi en médecine.** — Nous avons vu qu'il existe des phosphates dans l'économie. L'acide phosphorique ne semble pas se trouver à l'état de liberté dans les liquides et tissus de l'organisme. Dans une analyse des cendres de jaune d'œuf, Poleck signale pourtant une certaine quantité d'acide phosphorique libre.

L'acide phosphorique concentré est un caustique puissant, comme les acides sulfurique, chlorhydrique, azotique. Étendu, il est moins irritant que ces acides et, de plus, ne coagule pas l'albumine. On le prescrit quelquefois en solution étendue. L'*acide phosphorique officinal* du Codex marque 1,45 au densimètre.

b. Modes de préparation. — L'acide phosphorique peut se préparer par plusieurs procédés qui nous sont déjà connus :

1° Nous avons vu (§ 50, p. 160) que le phosphore, en brûlant dans l'air sec, donne naissance à de l'anhydride phosphorique Ph^2O^5. *Cet anhydride phosphorique traité par l'eau fixe les éléments de ce liquide et se convertit* successivement en acide métaphosphorique, pyrophosphorique et finalement, mais seulement à la longue ou plus rapidement à chaud, en acide *phosphorique normal ou orthophosphorique.*

2° *On obtient encore de l'acide phosphorique en décomposant par l'eau le pentachlorure et l'oxychlorure de phosphore.* (V. § 53, p. 169.) On peut préparer de grandes quantités d'acide phosphorique en faisant arriver du chlore en excès sur du phosphore fondu sous l'eau. Il se forme dans ce cas du perchlorure de phosphore qui se détruit au fur et à mesure de sa formation.

3° *On prépare le plus ordinairement l'acide phosphorique en oxydant le phosphore par l'acide azotique étendu.* (V. § 50, p. 161.) [Codex.] L'opération se fait dans une cornue munie d'un récipient (V. *fig.* 26). On chauffe légèrement. L'acide azotique passe en partie dans le récipient ; on cohobe plusieurs fois. La réaction est souvent très violente avec le phosphore ordinaire. Aussi ne faut-il introduire ce métalloïde dans la cornue que par petits fragments. L'opération est moins périlleuse avec le phosphore rouge.

c. Propriétés. — 1° Physiques. — L'acide phosphorique peut s'obtenir sous forme de prismes transparents et déliquescents.

2° Chimiques. — *a*) Lorsqu'on chauffe l'acide phosphorique au-dessus de 200°, on obtient un premier anhydride acide, dont il a déjà été question, *c'est l'acide pyrophosphorique,* $Ph^2O^7H^4$. Cet acide est tétrabasique. Lorsqu'on fait bouillir sa solution aqueuse, il repasse à l'état d'acide orthophosphorique.

On emploie en médecine le *pyrophosphate double de fer et de sodium* et le *pyrophosphate de fer citro-ammoniacal* (Codex). Le pyrophosphate de sodium s'obtient en calcinant l'orthophosphate disodique, qui est le phosphate de sodium des laboratoires. Deux molécules de ce corps, ne pouvant perdre qu'une molécule d'eau puisqu'elles ne renferment que deux atomes d'hydrogène, donnent exclusivement un pyrophosphate par leur calcination :

$$2PhO^4Na^2H - H^2O = Ph^2O^7Na^4.$$

Ce pyrophosphate de sodium est soluble dans l'eau. Les pyrophosphates tétramétalliques autres que les pyrophosphates alcalins sont tous insolubles. On peut donc facilement les obtenir, par double décomposition, à l'aide du pyrophosphate de sodium. C'est ainsi que l'on prépare le pyrophosphate ferrique en traitant du perchlorure de fer par du pyrophosphate de sodium.

Le pyrophosphate ferrique est soluble dans le pyrophosphate de sodium. Par évaporation de la liqueur on obtient un sel double, le *pyrophosphate de fer et de sodium*.

Le pyrophosphate de fer se dissout également dans le citrate ammonique. La solution, concentrée et évaporée sur des lames de verre, donne des écailles jaune verdâtre de *pyrophosphate de fer citro-ammoniacal*.

b) Lorsqu'on porte l'acide orthophosphorique au rouge, on obtient un deuxième anhydride acide, l'acide métaphosphorique PhO^3H. L'acide pyrophosphorique se transforme également en acide métaphosphorique, au rouge.

L'acide métaphosphorique constitue une masse vitreuse, incristallisable, soluble dans l'eau. Il se transforme en acide phosphorique ordinaire quand on fait bouillir sa dissolution aqueuse. Cette transformation se fait aussi, lentement, à froid.

c) Au rouge blanc, l'acide métaphosphorique se volatilise et il se forme, en partie, de l'anhydride phosphorique Ph^2O^5. Mais ce n'est pas là un moyen de préparation de cet anhydride, qu'on obtient facilement en brûlant du phosphore dans l'air sec. Cet anhydride constitue une masse blanche, floconneuse, très avide d'eau, qu'il absorbe en se convertissant en acide métaphosphorique.

On emploie souvent cet anhydride pour dessécher certains corps.

d. Caractères. — L'acide phosphorique : 1° *Ne coagule pas l'albumine.*

2° *Ne précipite pas l'azotate d'argent.* Quand il a été neutralisé, il donne avec l'azotate d'argent un précipité jaune. (V. § 58, p. 178.)

3° *Ne précipite pas le chlorure de baryum.* L'acide phosphorique, préalablement neutralisé, précipite en blanc le chlorure de baryum.

4° *Il précipite en blanc le sulfate de magnésium additionné d'ammoniaque et contenant du chlorure ammonique.*

Le précipité a pour composition $PhO^4 (AzH^4) Mg'' + 6H^2O$. C'est, comme on le voit, un phosphate double d'ammonium et de magnésium.

5° *Enfin, l'acide phosphorique précipite en jaune, à une douce température, le molybdate d'ammonium additionné d'acide azotique.*

CARACTÈRES DIFFÉRENTIELS DES ACIDES ORTHO, PYRO
ET MÉTAPHOSPHORIQUE.

ACIDES.	ALBUMINE.	AZOTATE d'argent.	CHLORURE de baryum.
Métaphosphorique...	Coagule.........	Précipité *blanc* (sans être neutralisé).	Précipité blanc (sans être neutralisé).
Pyrophosphorique...	Ne coagule pas..	Précipité *blanc* (sans être neutralisé).	Précipité blanc (après neutralisation).
Orthophosphorique..	Ne coagule pas..	Précipité *jaune* (après neutralisation).	Précipité blanc (après neutralisation).

§ 58. — **Phosphates.**

L'acide phosphorique est un acide tribasique, il peut donc donner trois espèces de sels : des sels monométalliques ou diacides (PhO^4H^2M'), des sels dimétalliques ou monacides $(PhO^4HM'^2)$ et des sels neutres ou trimétalliques $(PhO^4M'^3)$.

a. Procédés de préparation.— Le phosphate de calcium, qui forme la majeure partie de la cendre d'os, est le point de départ de la préparation du phosphore et, par conséquent, de celle de l'acide phosphorique. Le phosphate de calcium est un sel neutre dont la composition est représentée par la formule $(PhO^4)^2Ca^3$. Le *phosphate acide de calcium* s'obtient par l'action de l'acide sulfurique sur le phosphate neutre ou, ce qui revient au même, sur la cendre d'os. Le phosphate acide de calcium est soluble dans l'eau.

1° *On prépare les phosphates alcalins en faisant bouillir une dissolution d'acide phosphorique ou de phosphate acide de calcium avec un carbonate alcalin.*

Il se précipite, dans le dernier cas, du carbonate de calcium; on filtre et on fait cristalliser.

C'est ainsi qu'on prépare le phosphate de sodium du commerce qui a pour formule $PhO^4HNa^2 + 12H^2O$. Comme on le voit, le phosphate de sodium du commerce est un sel monacide ; il reste dans sa molécule un atome d'hydrogène remplaçable par un métal. On l'appelle souvent, à tort, *phosphate neutre* ; il est légèrement alcalin au papier de tournesol.

2° On obtient les phosphates monosodique et trisodique en traitant le phosphate ordinaire par la quantité nécessaire d'acide phosphorique ou d'hydrate de sodium.

3° Les phosphates insolubles s'obtiennent, par double décomposition, en précipitant, à l'aide des phosphates alcalins, une dissolution d'un sel du métal dont on veut le phosphate.

b. Propriétés. — **1° Physiques.** — *Les phosphates trimétalliques et bimétalliques sont tous insolubles dans l'eau, à l'exception des phosphates alcalins. Les phosphates mono-métalliques ou phosphates acides sont tous solubles dans l'eau.*

Ce sont des corps solides, quelques-uns cristallisent très bien.

2° Chimiques. — Les phosphates trimétalliques résistent presque tous à l'action d'une température élevée. (Nous avons vu [§ 57, p. 174] que les phosphates mono et bimétalliques sont décomposés par la chaleur, avec perte d'eau et formation d'un métaphosphate ou d'un pyrophosphate.)

Les phosphates trimétalliques alcalins sont peu stables en présence de l'eau. L'anhydride carbonique lui-même les décompose et donne lieu à un mélange de carbonate alcalin et de phosphate bimétallique. Les autres phosphates trimétalliques sont, en général, très stables, et un grand nombre de métaux ne forment, dans les circonstances ordinaires, que des phosphates trimétalliques.

Les phosphates bimétalliques alcalins sont, au contraire, stables, tandis que les autres phosphates bimétalliques tendent à se décomposer en un phosphate trimétallique insoluble et en un phosphate monométallique soluble.

Ces faits expliquent une particularité remarquable. Dans les circonstances ordinaires, l'argent ne forme qu'un phosphate triargentique insoluble PhO^4Ag^3. Si l'on ajoute à une solution parfaitement neutre d'azotate d'argent une solution de phosphate de sodium ordinaire (phosphate disodique) qui est légèrement alcaline, il se forme un précipité de phosphate d'argent et le liquide devient acide. Ce fait, inexplicable avant la découverte des acides polybasiques, est la conséquence de la formation d'un phosphate trimétallique, comme le fait comprendre la formule suivante :

$$3AzO^3Ag \; + \; PhO^4HNa^2 \; = \; PhO^4Ag^3 \; + \; 2AzO^3Na \; + \; AzO...$$

Azotate d'argent.   Phosphate de sodium.   Phosphate d'argent.   Azotate de sodium.   Acide azotique.

Tous les orthophosphates solubles, qu'ils soient mono, bi ou trimétalliques, donnent avec l'azotate d'argent un précipité jaune de phosphate trimétallique.

La constitution de l'acide phosphorique permet également de se rendre compte facilement de l'existence des phosphates doubles, dont quelques-uns, comme le phosphate ammoniaco-magnésien, ont une grande importance. Le phosphate ammoniaco-magnésien représente de l'acide phosphorique PhO^4H^3 dont deux atomes d'hydrogène sont remplacés par le magnésium diatomique et le troisième par l'ammonium. Sa composition est représentée par la formule : $PhO^4Mg'' (AzH^4)' + 6\,H^2O$.

Les phosphates alcalins et alcalino-terreux trimétalliques ne sont pas décomposés au rouge par le charbon ; mais celui-ci réduit les phosphates monométalliques avec formation de phosphore et de phosphate trimétallique. Ces propriétés des phosphates font comprendre les différentes phases de la préparation du phosphore. (V. § 50, p. 155.)

c. Caractères. — *1° Traités par l'acide sulfurique, les phosphates secs ne donnent lieu à aucun phénomène visible. L'acide phosphorique est, en effet, un* acide fixe.

2° Les phosphates solubles précipitent l'azotate d'argent en jaune ; le précipité est soluble dans l'ammoniaque et dans l'acide azotique.

3° Ils précipitent en blanc l'azotate de baryum. Le précipité est soluble dans l'acide azotique et même dans l'acide acétique.

4° Ils donnent avec les solutions ammoniacales des sels de magnésium un précipité blanc de phosphate ammoniaco-magnésien. (V. § 57, p. 175.)

5° Lorsqu'on acidule un phosphate par de l'acide azotique et qu'on traite la solution ainsi obtenue par du molybdate d'ammonium, il se forme un précipité jaune de phospho-molybdate d'ammonium, insoluble dans les liqueurs acides, soluble dans l'ammoniaque. Il faut chauffer légèrement le mélange.

La composition du précipité n'est pas certaine.

6° Enfin les solutions acétiques des phosphates précipitent en blanc l'acétate d'uranium.

§ 59. — ARSENIC.

Connu depuis l'antiquité. — Poids atomique : 75. — Poids moléculaire : 300. — Molécule As⁴.

a. État naturel. — L'arsenic est sans usage. Il se trouve dans la nature, à l'état natif et combiné avec différents autres éléments.

Le bisulfure d'arsenic As^2S^2 se rencontre dans la nature cristallisé en prismes. Il est d'un beau rouge et porte le nom de *réalgar*. Le trisulfure d'arsenic As^2S^3, qui correspond à l'anhydride arsénieux As^2O^3, existe également dans la nature. Il est jaune et porte le nom d'*orpiment*. On se sert en peinture de ces deux sulfures.

L'arsenic est souvent combiné, dans la nature, aux métaux à l'état d'arséniure. Le minerai le plus commun est un sulfo-arséniure de fer, connu sous le nom de *mispickel*.

b. Préparation. — On prépare l'arsenic en soumettant le mispickel à la calcination, dans des cornues de terre en communication avec des récipients dans lesquels l'arsenic qui se volatilise, sous l'influence de la chaleur, va se condenser; il reste du sulfure de fer dans les cornues.

c. Propriétés. — 1° PHYSIQUES. — L'arsenic est un corps solide à la température ordinaire, d'un gris d'acier, à l'éclat métallique, inodore et insipide. Il cristallise en rhomboèdres. Sa densité est de 5,8 environ. Sous l'influence de la chaleur, l'arsenic se volatilise sans fondre à la température de 180°. En se condensant, il se dépose ordinairement à l'état cristallisé. Ce métalloïde est insoluble dans l'eau.

2° CHIMIQUES. — L'arsenic ne s'altère pas à la température ordinaire et dans l'air sec. Lorsqu'on le chauffe à l'air ou dans l'oxygène, il s'oxyde. Au rouge, il brûle avec une flamme bleuâtre en répandant d'abondantes fumées blanches d'anhydride arsénieux. Il répand alors une odeur alliacée. Cette odeur n'appartient ni à l'arsenic, ni à l'anhydride arsénieux. On la perçoit chaque fois qu'on oxyde l'arsenic, ou qu'on réduit, à chaud, un composé oxygéné de l'arsenic. L'arsenic s'oxyde également lentement à l'air humide.

L'acide azotique l'attaque vivement et le transforme en acide arsénique.

Il se combine directement avec le chlore, le brome et l'iode. La combinaison est fréquemment accompagnée de production de lumière.

Lorsqu'on chauffe l'arsenic avec du soufre, les deux métalloïdes se combinent. Suivant les proportions d'arsenic et de soufre, on obtient différents composés. On prépare ainsi artificiellement le réalgar et l'orpiment.

Enfin, l'arsenic, comme le soufre, le phosphore, présente des modifications allotropiques.

L'arsenic est vénéneux, probablement par suite de la facilité avec laquelle il se transforme en anhydride arsénieux.

COMBINAISONS DE L'ARSENIC AVEC L'HYDROGÈNE.

§ 60. — HYDROGÈNE ARSÉNIÉ.

$$AsH^3.$$

Poids moléculaire : 78.

a. Modes de production. — L'hydrogène arsénié AsH^3, analogue à l'ammoniaque AzH^3 et à l'hydrogène phosphoré PhH^3, *s'obtient par la décomposition de l'arséniure de zinc sous l'influence de l'acide chlorhydrique :*

$$As^2Zn^3 + 6HCl = 3ZnCl^2 + 2AsH^3$$

Arséniure de zinc.	Acide chlorhydrique.	Chlorure de zinc.	Hydrogène arsénié.

De plus, l'hydrogène arsénié se forme par l'action de l'hydrogène naissant sur les acides arsénieux et arsénique :

$$AsO^3H^3 + 3H^2 = 3H^2O + AsH^3$$

Acide arsénieux.	Hydrogène.	Eau.	Hydrogène arsénié.

On a vu (§ 52, p. 165) que l'hydrogène phosphoré s'obtient de même, en décomposant par l'eau ou par l'acide chlorhydrique certains phosphures métalliques (phosphure de calcium p. e.) et en soumettant l'acide hypophosphoreux à l'action de l'hydrogène naissant.

Toutefois il faut remarquer que l'hydrogène naissant est sans action sur l'acide phosphorique PhO^4H^4, tandis qu'il réduit l'acide arsénique AsO^4H^3.

Il suffit donc, pour obtenir de l'hydrogène arsénié, d'introduire de petites quantités d'une solution d'acide arsénieux dans un appareil à production d'hydrogène (V. *fig*. 29).

b. Propriétés. — L'hydrogène arsénié est un gaz incolore, d'une odeur nauséabonde, liquéfiable à — 40° et assez soluble dans l'eau.

Ce gaz brûle à l'air avec une flamme bleuâtre, en donnant de l'eau et de l'anhydride arsénieux :

$$2AsH^3 + 3O^2 = 2H^2O + As^2O^3.$$

Lorsque l'oxygène est en quantité insuffisante, ce qui a lieu au centre de la flamme, l'hydrogène seul brûle et l'arsenic reste à l'état métalloïdique. Aussi, si l'on écrase la flamme de l'hydrogène arsénié avec une soucoupe de porcelaine, l'arsenic se dépose sur les parties froides de la soucoupe, sous forme de taches noires miroitantes (*fig*. 29).

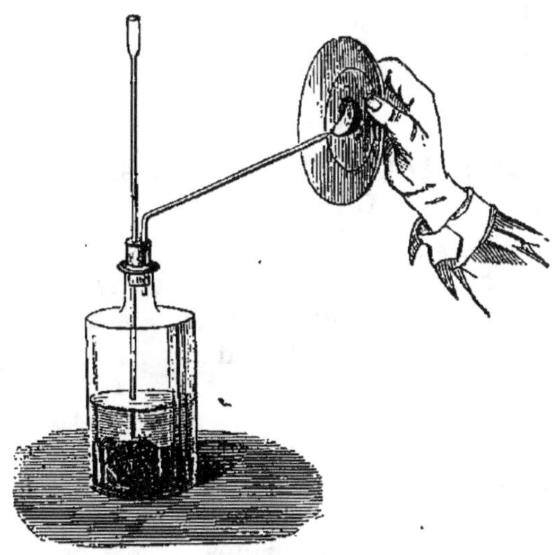

Fig. 29. — Production des taches d'arsenic.

Un autre fait important de l'histoire de l'hydrogène arsénié est sa *décomposition par la chaleur en hydrogène et en arsenic*.

La méthode dite de Marsh (V. § 60, p. 189), pour la recherche toxicologique de l'arsenic, est basée sur ce fait.

Enfin, l'hydrogène arsénié jouit de propriétés réductrices puissantes. Il réduit les solutions d'un grand nombre de sels en produisant de l'eau et tantôt un arséniure métallique, tantôt de l'acide arsénieux et du métal réduit. C'est grâce à cette propriété de l'hydrogène arsénié, qu'il est facile de débarrasser l'hydrogène de ce gaz (V. § 10, p. 46).

ENGEL. — Chimie méd. 11

c. Action sur l'économie. — L'hydrogène arsénié est un gaz éminemment toxique. Il tue rapidement même lorsqu'on le respire étendu d'air. Quelques bulles de ce gaz ont suffi pour tuer le chimiste suédois Gelhen.

Ce gaz a, en effet, une action spéciale sur le sang qu'il brunit et rend semblable au sang veineux. Mais le sang ainsi coloré ne reprend plus sa couleur primitive lorsqu'on l'agite à l'air, et ne perd pas l'hydrogène arsénié qu'il a fixé. Cette fixation de l'hydrogène arsénié par le sang paraît donc être due à une combinaison chimique et non à une simple dissolution. L'hydrogène arsénié détermine de plus, en agissant sur le sang, le transport de l'hémoglobine du globule dans le plasma sanguin et de là dans les sécrétions.

On connaît aussi un hydrogène arsénié (As^2H) correspondant à l'hydrogène phosphoré solide. Ce corps, qu'on désigne souvent sous le nom d'hydrure d'arsenic, prend naissance dans plusieurs circonstances encore imparfaitement déterminées.

§ 61. — COMBINAISONS DE L'ARSENIC AVEC L'OXYGÈNE.

L'arsenic forme avec l'oxygène deux anhydrides qui, en fixant les éléments de l'eau, donnent naissance à des acides.

Ces anhydrides et ces acides sont :

Les anhydrides	Les acides
arsénieux As^2O^3	arsénieux AsO^3H^3 ;
et arsénique As^2O^5	et arsénique AsO^4H^3.

Ils correspondent aux anhydrides et aux acides phosphoreux et phosphorique.

Toutefois l'acide arsénieux n'est pas connu à l'état de liberté, mais seulement en solution. Quand on évapore la solution d'acide arsénieux, il se dépose de l'anhydride.

L'acide hypoarsénieux, correspondant à l'acide hypophosphoreux, n'est pas connu.

Enfin, à l'acide arsénique, de même qu'à l'acide phosphorique, correspondent des anhydrides acides qui sont : l'acide *pyro-arsénique*, analogue à l'acide pyro-phosphorique, et l'acide *méta-arsénique*, analogue à l'acide méta-phosphorique.

§ 62. — ANHYDRIDE ARSÉNIEUX.

As^2O^3.

Synonymie : Acide arsénieux, arsenic blanc. — L'anhydride arsénieux est aussi vulgairement désigné sous le nom d'arsenic. — *Poids moléculaire :* 198.

a. Emploi en médecine. — L'anhydride arsénieux est un caustique puissant dont on se sert quelquefois en médecine et en chirurgie. Le Codex mentionne la *poudre escharotique de Dubois* qui renferme 1/25 de son poids d'anhydride arsénieux et la *poudre escharotique du frère Come*, qui renferme 1/8 d'anhydride arsénieux.

A l'intérieur, l'anhydride arsénieux est employé dans les cas de fièvres intermittentes, rebelles au sulfate de quinine, et dans quelques autres affections. On prescrit ce corps en solution aqueuse, ou bien sous forme de pilules. Les *pilules asiatiques* (Codex) renferment chacune 1 demi-centigramme d'anhydride arsénieux.

b. Préparation. — L'anhydride arsénieux s'obtient par l'oxydation de l'arsenic métalloïdique. Dans l'industrie, on le prépare en grande quantité en grillant le mispickel (V. § 59, p. 179) dans un courant d'air. L'arsenic s'oxyde et se transforme en anhydride arsénieux qui se condense, sous forme d'une poudre blanche, dans une chambre divisée en compartiments superposés.

On purifie cette poudre (*farine arsénieuse, fleurs d'arsenic*) en la sublimant avec ménagement. L'anhydride arsénieux se condense alors en une masse vitreuse et transparente qu'on désigne sous le nom d'*arsenic vitreux*.

L'anhydride arsénieux du commerce est ordinairement trèspur. Il doit se volatiliser sans laisser de résidu.

c. Propriétés. 1° PHYSIQUES. — L'anhydride arsénieux récemment préparé se présente sous forme d'une masse vitreuse (*anhydride vitreux*) qui, abandonnée à elle-même, ne tarde pas à devenir opaque et semblable à de la porcelaine (*anhydride porcelané*). La transformation de la variété vitreuse en variété porcelanée a lieu de la périphérie au centre ; elle s'opère rapidement sous l'influence de la trituration. Cette transformation semble ne constituer que le passage de l'état amorphe à l'état cristallisé. L'anhydride porcelané est en effet formé par une multitude de petits cristaux.

Les propriétés de ces deux modifications de l'anhydride arsénieux sont sensiblement différentes.

L'anhydride vitreux a une densité plus élevée que l'anhydride porcelané. La transformation de l'anhydride vitreux en anhydride porcelané est donc accompagnée d'une dilatation notable. La première variété est trois fois plus soluble dans l'eau que la seconde. Mais en dissolution dans l'eau, la variété vitreuse se

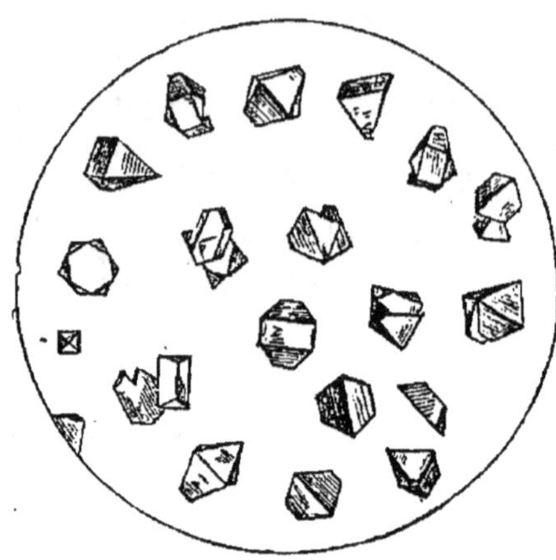

Fig. 30. — Cristaux d'anhydride arsénieux.

transforme en anhydride opaque. Aussi une solution saturée à froid d'anhydride vitreux dépose, au bout de quelques jours, des cristaux d'anhydride arsénieux.

L'anhydride arsénieux opaque a une densité de 3,689. Il se dissout dans environ 80 parties d'eau froide. La solution aqueuse ainsi obtenue renferme très-probablement l'acide arsénieux AsO^3H^3, qui se déshydrate avec la plus grande facilité. Cette dissolution est légèrement acide au papier de tournesol. Lorsqu'on l'évapore, il se dépose des cristaux d'anhydride arsénieux (V. *fig.* 30). Ce corps est plus soluble dans l'acide chlorhydrique que dans l'eau. Comme le soufre, il est dimorphe et cristallise tantôt en prismes, tantôt en octaèdres.

Enfin, sous l'influence de la chaleur, l'anhydride arsénieux se volatilise, sans fondre, au-dessus du rouge.

2° CHIMIQUES. — *a*) Les oxydants (acide azotique, chlore, iode, acide hypochloreux) transforment l'anhydride arsénieux en acide arsénique.

b) Les corps réducteurs enlèvent facilement l'oxygène à l'anhydride arsénieux. L'hydrogène naissant le transforme en hydrogène arsénié (V. § 60, p. 180). Le charbon le réduit, à une faible chaleur rouge, à l'état d'arsenic métalloïdique. Il suffit d'introduire dans un tube de verre étiré en pointe (V. *fig.* 31) un fragment (*a*) d'anhydride arsénieux de la grosseur d'un grain de sable, de disposer au-dessus un fragment de charbon (*c*), de chauffer d'abord celui-ci, puis l'anhydride arsénieux, pour obtenir

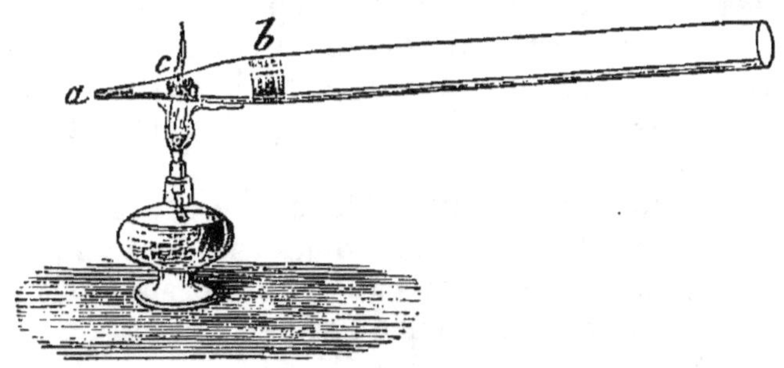

Fig. 31. — Réduction de l'anhydride arsénieux.

dans la partie froide du tube, en *b*, un anneau miroitant d'arsenic par suite de la réduction de l'anhydride arsénieux par le charbon chauffé au rouge.

d. Caractères. — L'anhydride arsénieux se reconnaît facilement aux caractères suivants :

1° *Chauffé avec du charbon, il est réduit et un anneau d'arsenic métalloïdique se dépose dans les parties froides du tube ;*

2° *Sa solution neutralisée par de l'ammoniaque jouit des propriétés des arsénites* (V. § 63, p. 191);

3° *L'hydrogène sulfuré donne, dans les solutions d'acide arsénieux acidulées par l'acide chlorhydrique, un précipité jaune de sulfure d'arsenic. Le précipité est soluble non seulement dans le sulfure ammonique mais encore dans l'ammoniaque.* (Car. dist. d'avec le sulfure d'antimoine.)

Lorsque la solution arsénieuse n'est pas acidulée par un autre acide, l'hydrogène sulfuré y produit seulement une coloration jaune (V. § 31, p. 122).

e. Toxicologie. 1° Action sur l'économie. — L'anhydride arsénieux est un poison violent. Mais ce n'est pas un poison purement caustique, comme les acides sulfurique, chlorhydrique, azotique. Ceux-ci peuvent être ingérés sans danger lorsqu'ils sont étendus. Il n'en est plus de même de l'anhydride arsénieux qui est aussi dangereux en solution étendue qu'en solution concentrée ou en fragments. De plus, les acides sulfurique, azotique, etc., ne sont plus toxiques lorsqu'ils sont neutralisés par de la soude, par exemple ; l'acide arsénieux neutralisé, c'est-à-dire les arsénites, sont au contraire tout aussi toxiques que l'acide libre.

Pourtant l'anhydride arsénieux est caustique comme nous l'avons dit. Mais il doit cette propriété, d'après Mohr, à ce fait que lorsqu'il pénètre les cellules il met obstacle à leur nutrition. Dès lors ces cellules ne peuvent plus accomplir les fonctions auxquelles elles sont destinées dans le corps vivant; elles deviennent des corps étrangers qui doivent être éliminés. L'anhydride arsénieux est donc caustique parce qu'il soustrait les organes à la métamorphose de la matière sur laquelle reposent les phénomènes de la vie.

C'est aussi, toujours suivant Mohr, grâce à cette propriété d'arrêter la métamorphose de la matière que l'anhydride arsénieux est non-seulement un caustique lorsqu'on l'applique à l'extérieur, mais encore un poison violent lorsqu'on l'administre à l'intérieur à doses trop élevées (1).

2° ÉLIMINATION. — L'anhydride arsénieux est éliminé par les urines, dans la forme aiguë de·l'empoisonnement par cette substance. Mais il est à remarquer que cette élimination est incomplète et qu'il ne passe par l'urine que de petites quantités d'anhydride arsénieux et alors seulement que ce corps a été ingéré en fortes proportions. On en trouve dans la bile et surtout dans le foie qui, loin de déterminer l'élimination, emmagasine, pour ainsi dire, ce corps. On le trouve encore dans cet organe, alors qu'il a disparu de toutes les autres parties du corps. Aussi, dans une expertise médico-légale, faut-il avoir soin de rechercher l'arsenic dans le foie.

3° ANTIDOTES. — *Les antidotes de l'anhydride arsénieux sont l'hydrate de magnésium et l'oxyde ferrique hydraté.* Ces deux oxydes forment avec l'acide arsénieux des arsénites insolubles.

On ne devra jamais administrer la magnésie dans de l'eau sucrée, qui dissout l'arsénite de magnésium ou même empêche sa formation, et, dans les deux cas, permet ainsi l'absorption du toxique.

4° RECHERCHE. — La recherche de l'anhydride arsénieux dans des matières suspectes nécessite trois séries d'opérations :

A) *Il faut séparer l'arsenic, sous une forme quelconque, des matières organiques des tissus.* Pour cela, on a recours à la série d'opérations suivante :

1° *On détruit les matières organiques.*

La destruction des matières organiques se fait généralement aujourd'hui à l'aide du mélange d'acide chlorhydrique et de chlorate de potassium (V. § 16, p. 74). Ce procédé a l'avantage de s'appliquer à la recherche de tous les poisons minéraux. Les ma-

_____

(1) *Toxicologie chimique,* trad. par L. Gautier.

tières suspectes, coupées en petits morceaux s'il y a lieu, sont mêlées avec leur poids d'acide chlorhydrique pur. On chauffe le mélange et on y projette par petites portions du chlorate de potassium, jusqu'à ce que le liquide soit devenu clair et filtrable. Dans un grand nombre de cas, la simple digestion des matières suspectes avec de l'acide chlorhydrique sera suffisante et même préférable.

2° *On précipite l'arsenic à l'état de sulfure insoluble.* Pour cela on dirige dans le liquide chlorhydrique clair et filtré un courant d'hydrogène sulfuré, en ayant soin de maintenir le liquide à une température de 60° environ. Puis on abandonne à elle-même, dans un vase bouchant à l'émeri et pendant au moins 24 heures, la liqueur chargée d'hydrogène sulfuré. Il y a ordinairement alors, au fond du vase, un dépôt jaune sale que l'on recueille sur un filtre. Ce dépôt renferme encore des matières organiques et les sulfures des métaux précipitables par l'hydrogène sulfuré en solution acide.

3° *On sépare le sulfure d'arsenic des matières étrangères qui ont été précipitées avec lui.* Pour opérer cette séparation, on lave d'abord à l'eau distillée le précipité qui se trouve sur le filtre, puis on l'arrose avec de l'ammoniaque étendue qui dissout le sulfure d'arsenic et est à peu près sans action sur le sulfure d'antimoine et les sulfures métalliques. La partie insoluble dans l'ammoniaque, qui par suite reste sur le filtre, est mise de côté et sert à la recherche des métaux toxiques. Le liquide qui s'écoule est reçu dans une capsule, puis évaporé à siccité. On obtient ainsi du sulfure d'arsenic qu'on peut caractériser directement.

Le plus souvent on préfère transformer le sulfure d'arsenic en un composé oxygéné de l'arsenic, de façon à pouvoir introduire cette combinaison dans l'appareil de Marsh et la caractériser par l'obtention de l'arsenic métalloïdique.

4° Pour cela *on oxyde le sulfure d'arsenic par l'acide azotique* qui transforme sous l'influence de la chaleur l'arsenic en acide arsénique et le soufre en acide sulfurique. L'opération se fait de la manière suivante : on traite le résidu sec qui renferme le sulfure d'arsenic ou directement le liquide ammoniacal qui le tient en dissolution, par de l'acide sulfurique étendu et on évapore dans une capsule de porcelaine en ajoutant de temps en temps un peu d'acide azotique ou d'azotate de potassium. L'acide sulfurique doit, dans ce dernier cas, rester toujours en excès. On chauffe jusqu'à 170°, température qu'il ne faut pas dépasser, de manière à chasser tout l'acide azotique sans perdre d'arsenic.

Il est important de ne pas introduire d'acide azotique dans

l'appareil de Marsh. Blondlot a, en effet, remarqué qu'il peut ne plus se former d'hydrogène arsénié dans l'action de l'hydrogène naissant sur l'anhydride arsénieux, en présence de l'acide azotique ; dans ce cas, le produit de la réduction de l'anhydride arsénieux est de l'arsenic métalloïdique.

B) Pour démontrer que le corps isolé dans les opérations précédentes est bien un composé d'arsenic, *il faut opérer sa réduction à l'état métalloïdique.* Cette réduction peut se faire par *la méthode de Marsh*, méthode fondée sur les principes suivants déjà énoncés :

1° Les acides arsénieux et arsénique sont réduits par l'hydrogène naissant à l'état d'hydrogène arsénié.

2° Cet hydrogène arsénié est décomposé au rouge en hydrogène et arsenic (V. § 60, p. 181).

L'appareil de Marsh se compose donc simplement d'un flacon à production d'hydrogène, fermé par un bouchon à deux trous

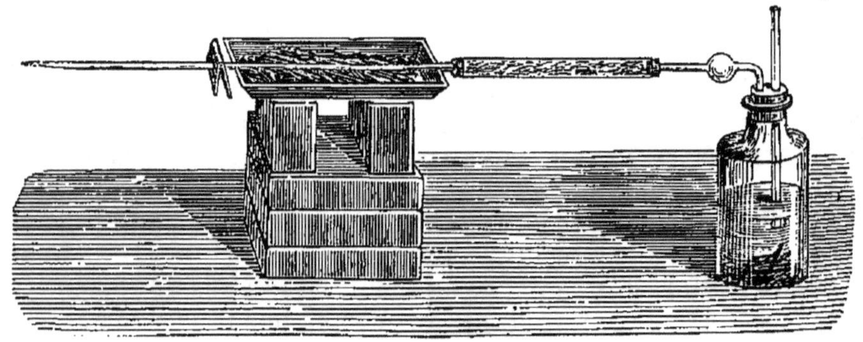

Fig. 32. — Appareil de Marsh.

dont l'un donne passage à un tube pour l'introduction des liquides (acide sulfurique étendu, matières suspectes) et l'autre à un tube recourbé qui communique avec un tube plus large contenant du coton destiné à retenir les gouttelettes de liquide qui peuvent être entraînées mécaniquement. Ce tube est lui-même uni à un tube en verre vert peu fusible et étiré à son extrémité (V. *fig.* 32).

Il faut avoir soin de ne pas introduire dans l'appareil de Marsh de liquides tenant en dissolution des matières organiques albuminoïdes. Il se formerait en effet, dans ce cas, des bulles qui rempliraient le vase, et le liquide finirait par déborder. C'est pour cette raison qu'on a soin de détruire les matières organiques. De plus, les liquides qu'on introduit dans l'appareil de Marsh ne doivent pas renfermer d'acide azotique, comme il a été dit plus haut.

La recherche de l'arsenic par l'appareil de Marsh se fait de la manière suivante : On introduit dans le flacon du zinc pur et on y ajoute, par petites portions, de l'acide sulfurique étendu d'eau (V. § 10, p. 44). On obtient ainsi un dégagement lent d'hydrogène. Au bout d'un certain temps, on chauffe le tube en verre et on s'assure qu'il ne se forme pas d'anneau arsenical dans la partie froide du tube. Cet essai préliminaire, destiné à contrôler la pureté du zinc et de l'acide sulfurique, doit durer au moins une demi-heure.

On verse alors, par petites portions, le liquide suspect obtenu en dissolvant dans l'eau le résidu sec préparé comme il a été dit en A et que l'on suppose être de l'acide arsénique. Si cette substance se trouve, en effet, dans le résidu, on ne tarde pas à obtenir, dans la partie froide du tube en verre vert de l'appareil de Marsh, un anneau miroitant d'arsenic métalloïdique. C'est cet anneau qu'il faudra caractériser.

Le dégagement d'hydrogène doit toujours être assez lent pour que l'hydrogène arsénié ait le temps de se décomposer.

Telle est la méthode dite de Marsh, méthode qui est généralement employée dans les recherches toxicologiques nécessitées par les empoisonnements par l'anhydride arsénieux.

C) Il faut démontrer que l'anneau métalloïdique obtenu est bien un anneau d'arsenic.

Les caractères de l'anneau arsenical sont les suivants :

1° *Il est d'un gris d'acier clair.*

2° *Il est volatil.* En le chauffant même légèrement, on peut le faire voyager d'un endroit à l'autre du tube.

3° *Lorsqu'on le chauffe au contact de l'oxygène de l'air, il dégage une odeur alliacée caractéristique.*

4° *On peut transformer cet arsenic métalloïdique en acide arsénieux et en acide arsénique et le caractériser par les réactions les plus nettes de ces deux acides.*

Pour cela on dissout l'anneau dans l'acide azotique qui transforme l'arsenic en acide arsénique et l'on divise la solution en deux portions que l'on évapore.

a) La première est additionnée d'acide sulfureux qui transforme l'acide arsénique en *acide arsénieux.* On chasse, à l'aide de la chaleur, l'excès d'acide sulfureux, et l'on caractérise l'acide arsénieux obtenu, à l'aide de l'hydrogène sulfuré qui, en solution acide, détermine immédiatement la formation d'un précipité jaune de sulfure d'arsenic, soluble dans l'ammoniaque (V. § 62, p. 185).

b) La deuxième portion, exactement neutralisée, donne avec l'azotate d'argent un précipité rouge-brique d'arséniate d'argent (V. § 65, p. 193).

Toutes ces réactions sont caractéristiques de la présence de l'arsenic.

Elles sont nécessaires, parce que les composés oxygénés de l'antimoine sont réduits par l'hydrogène naissant, comme les acides oxygénés de l'arsenic, et que l'hydrogène antimonié ainsi formé est décomposé par la chaleur, comme l'hydrogène arsénié, en hydrogène et en antimoine qui donne un anneau assez semblable à l'anneau arsenical.

On a décrit avec soin les différences des anneaux d'arsenic et des anneaux d'antimoine. Ceux-ci sont plus noirs, mats, moins volatils. On peut encore les distinguer à l'aide de l'hypochlorite de calcium qui dissout les anneaux ou taches d'arsenic et est sans action sur les taches d'antimoine.

§ 63. — Arsénites.

Les arsénites sont encore incomplètement connus et en général instables. *Les arsénites alcalins sont solubles* et peuvent même cristalliser. Les autres arsénites sont insolubles et s'obtiennent par double décomposition.

Les solutions des arsénites alcalins sont décomposées même par l'anhydride carbonique de l'air. On les obtient en faisant bouillir de l'anhydride arsénieux avec la solution d'un carbonate alcalin.

On se sert en médecine de *l'arsénite de potassium* AsO^3HK^2 qui constitue la base de la liqueur de Fowler. Cet arsénite agit comme l'anhydride arsénieux, sur lequel il a l'avantage d'être plus soluble dans l'eau.

Parmi les autres arsénites, il faut encore citer *l'arsénite de fer* qui se trouve dans certaines eaux minérales ferrugineuses; enfin *l'arsénite de cuivre*. Ce dernier s'obtient en précipitant le sulfate de cuivre par de l'arsénite de potassium. Il constitue un arsénite basique d'une jolie couleur verte, qui est connue dans le commerce sous le nom de *vert de Scheele*. Cette matière colorante est dangereuse et a occasionné de nombreux accidents.

La formation de l'arsénite de cuivre sert aussi à caractériser les arsénites.

Caractères. — 1° *La solution des arsénites, acidulée par l'acide chlorhydrique, est précipitée en jaune par l'hydrogène sulfuré. Le* *précipité est soluble dans le sulfure d'ammonium* (V. § 31, p. 122) *et dans l'ammoniaque.*

2o Les arsénites précipitent en vert clair (vert de Scheele) les solutions des sels de cuivre.

3o Ils précipitent en jaune l'azotate d'argent. Le précipité est soluble dans la potasse. Si l'on chauffe cette dissolution, il se dépose de l'argent métallique.

§ 64. — ACIDE ARSÉNIQUE.

$$AsO^4H^3.$$

L'acide arsénique est sans emploi en médecine. Son histoire ne nous arrêtera donc pas, d'autant plus que les principaux points de cette histoire nous sont déjà connus.

On l'obtient en oxydant l'anhydride arsénieux à l'aide de l'acide azotique.

C'est un corps cristallisable, beaucoup plus soluble dans l'eau que l'anhydride arsénieux. Il n'est pas volatil comme ce dernier.

L'acide sulfureux le réduit à l'état d'acide arsénieux. On voit donc qu'il est facile de transformer l'acide arsénieux en acide arsénique et inversement l'acide arsénique en acide arsénieux. Le charbon réduit l'un et l'autre de ces acides à l'état métalloïdique, sous l'influence de la chaleur.

L'hydrogène naissant réduit l'acide arsénique comme l'acide arsénieux et le transforme en hydrogène arsénié.

Sous l'influence de la chaleur, cet acide perd de l'eau, et, au rouge, donne une masse blanche d'anhydride arsénique As^2O^5 qui, à une température plus élevée encore, se décompose en oxygène et en anhydride arsénieux. Les acides pyro et méta-arsénique sont connus.

L'acide arsénique est caractérisé *par le précipité rouge-brique, d'arséniate d'argent, qu'il donne avec l'azotate d'argent, après avoir été préalablement neutralisé par l'ammoniaque.*

Enfin, l'acide arsénique est un poison violent qui agit comme l'anhydride arsénieux. Sa solution concentrée provoque sur la peau des ulcères douloureux. La toxicologie de l'acide arsénique se confond avec celle de l'anhydride arsénieux.

§ 65. — Arséniates.

Les arséniates sont analogues aux orthophosphates, avec lesquels ils sont isomorphes. On connaît des arséniates mono bi et trimétalliques, correspondant aux phosphates mono, bi et trimétalliques.

$$AsO^4H^2M', \qquad AsO^4HM'^2, \qquad AsO^4M'^3.$$
$$PhO^4H^2M', \qquad PhO^4HM'^2, \qquad PhO^4M'^3.$$

a. Procédés de préparation. — *1° On prépare les arséniates de sodium et de potassium en oxydant l'anhydride arsénieux par les azotates de sodium et de potassium (Codex).*

L'opération s'exécute en chauffant au rouge, dans un creuset de Hesse, le mélange de l'anhydride arsénieux et de l'azotate. On traite le résidu par l'eau et l'on fait cristalliser.

Pour obtenir la cristallisation de l'arséniate du Codex, on verse dans la liqueur du carbonate de sodium jusqu'à ce qu'elle ait une réaction alcaline bien prononcée. L'arséniate de sodium ainsi obtenu est un arséniate bimétallique AsO^4HNa^2.

Lorsqu'on prépare l'arséniate de potassium médicinal, on laisse cristalliser sans neutraliser. En effet, lorsque les eaux-mères ne rougissent plus le papier de tournesol, elles ne peuvent plus fournir le sel cristallisable, mais, lorsqu'on les évapore à siccité, elles laissent un résidu blanc, pulvérulent, déliquescent, qui est un arséniate de potassium contenant une plus forte proportion de métal que le précédent. L'arséniate de potassium du Codex est un arséniate acide ayant pour formule AsO^4H^2K.

2° La plupart des autres arséniates s'obtiennent par double décomposition.

b. Propriétés. — *Les arséniates monométalliques sont tous solubles dans l'eau, comme les phosphates correspondants. Les arséniates bi et trimétalliques sont tous insolubles, à l'exception des arséniates alcalins.*

Les métaux pesants ont une tendance à former des arséniates trimétalliques. Aussi, lorsqu'on traite l'azotate d'argent par une dissolution d'un arséniate neutre au papier de tournesol, mais renfermant encore un hydrogène acide, comme, par exemple, l'arséniate de sodium AsO^4HNa^2 correspondant au phosphate PhO^4HNa^2, on obtient un précipité d'arséniate d'argent trimétallique et de l'acide azotique libre (V. § 58, p. 177).

c. Caractères. — *1° Les arséniates, acidulés par l'acide chlorhydrique et traités par l'hydrogène sulfuré, donnent, après un certain temps, un précipité jaune de trisulfure d'arsenic.*

D'abord il ne se produit aucun précipité, mais, au bout d'un certain temps, l'acide arsénique est réduit à l'état d'acide arsénieux, il se précipite du soufre et du trisulfure d'arsenic. La chaleur accélère la formation du précipité.

2° *L'azotate d'argent donne avec les arséniates solubles un précipité rouge-brique d'arséniate d'argent.*

3° *On peut caractériser les arséniates par la mise en liberté de
l'arsenic,* comme il a été dit à propos de la toxicologie de l'anhydride arsénieux (V. § 62, p. 187).

Enfin, les arséniates, comme les phosphates, précipitent les
solutions ammoniacales des sels de magnésium. L'arséniate ammoniaco-magnésien qui prend naissance a pour formule AsO^4Mg
$(AzH^4) + 6H^2O$ et est isomorphe avec le phosphate ammoniaco-
magnésien $PhO^4Mg\,(AzH^4) + 6H^2O$.

Les arséniates acidulés par l'acide azotique donnent aussi,
avec le molybdate d'ammonium, un précipité d'arsénio-
molybdate d'ammonium, correspondant au phospho-molybdate
d'ammonium.

On emploie quelques arséniates en médecine. Les arséniates
alcalins, notamment, peuvent remplacer l'anhydride arsénieux,
dont ils ont les propriétés médicinales.

L'arséniate de potassium cristallise en prismes. Il est très
soluble dans l'eau. Sa dissolution est acide au papier de tournesol. Il a pour formule AsO^4H^2K et porte le nom de *sel arsenical de Macquer.*

L'arséniate de sodium entre dans la *liqueur de Pearson.* Lorsqu'on le fait cristalliser au-dessous de 20°, il se dépose avec
7 molécules d'eau de cristallisation et alors est efflorescent. Au-
dessus de 20°, il ne cristallise plus qu'avec 4 molécules d'eau et
n'est plus efflorescent. Il a pour formule AsO^4HNa^2.

L'arséniate ferreux est quelquefois employé en médecine. On
l'obtient en précipitant une dissolution de sulfate ferreux par de
l'arséniate de sodium ; c'est un corps amorphe d'un vert pâle,
qui s'oxyde partiellement au contact de l'air.

§ 66. — ANTIMOINE.

Mentionné dans les travaux de Basile Valentin au xv° siècle. — *Poids atomique :* 122.
Poids moléculaire : 488 (?)

a. État naturel ; emploi en médecine. — L'antimoine se
rencontre quelquefois, dans la nature, à l'état de liberté. Le minerai d'antimoine le plus répandu est le trisulfure d'antimoine
Sb^2S^3, connu sous le nom de *stibine.*

Plusieurs combinaisons antimoniales constituent des médicaments importants. On ne se sert plus aujourd'hui, en médecine,
de l'antimoine métalloïdique qu'on administrait autrefois,

comme purgatif, sous forme de pilules, lesquelles traversaient le tube digestif en restant en grande partie inattaquées (*Pilules perpétuelles*). On faisait aussi des coupes d'antimoine, dans lesquelles on faisait macérer du vin qui acquérait au bout d'un certain temps des propriétés émétiques (*Coupes émétiques ; calices vomitoires*).

b. Préparation. — On prépare industriellement l'antimoine en fondant son sulfure pour en séparer la gangue, grillant le sulfure ainsi purifié, de façon à le transformer partiellement en oxyde, et réduisant à l'aide de charbon imprégné de carbonate de sodium le mélange d'oxyde et de sulfure d'antimoine. Le charbon s'empare de l'oxygène et réduit l'oxyde d'antimoine à l'état d'antimoine libre, tandis que le soufre se combine au sodium pour former une scorie de sulfure de sodium qui surnage l'antimoine fondu.

c. Purification. — L'antimoine du commerce n'est pas pur. Il renferme du plomb, du soufre, de l'arsenic, etc., dont il faut le débarrasser pour les usages médicaux. De nombreux procédés ont été indiqués pour la purification de l'antimoine. Un des plus sûrs consiste à attaquer l'antimoine du commerce par de l'acide azotique qui transforme ce métalloïde en un oxyde insoluble et fait passer les impuretés à l'état de combinaisons solubles. On lave l'oxyde ainsi obtenu, on le dessèche et on le réduit en le fondant avec du sucre qui laisse un résidu de charbon par sa calcination en vase clos.

d. Propriétés. 1° PHYSIQUES. — L'antimoine est un corps solide, d'un blanc d'argent, possédant l'éclat métallique. Sa texture est lamelleuse. Il est cassant. Les pains d'antimoine du commerce présentent une cristallisation dite *en feuilles de fougère*. La densité de l'antimoine est d'environ 6,7. Ce métalloïde entre en fusion à 450° et se volatilise au rouge.

2° CHIMIQUES. — L'antimoine est inaltérable à l'air, à la température ordinaire ; mais lorsqu'on le porte au rouge, il brûle dans l'air atmosphérique avec un vif éclat, en répandant d'abondantes fumées blanches d'oxyde d'antimoine Sb^2O^3, sans qu'il y ait dégagement d'odeur alliacée. Il se combine directement au chlore, au brome et à l'iode.

L'acide chlorhydrique attaque difficilement l'antimoine. L'acide azotique transforme ce métalloïde en une poudre blanche insoluble (oxyde intermédiaire Sb^2O^4 ou acide antimonique). L'eau régale dissout l'antimoine en le transformant en protochlorure d'antimoine $SbCl^3$ ou en perchlorure d'antimoine $SbCl^5$.

L'antimoine, comme le phosphore et l'arsenic, paraît exister sous une modification allotropique.

COMBINAISONS DE L'ANTIMOINE AVEC L'HYDROGÈNE.

§ 67. — HYDROGÈNE ANTIMONIÉ.

SbH^3.

L'hydrogène antimonié présente avec l'hydrogène arsénié les plus grandes analogies.

Il n'a jamais été obtenu à l'état de pureté et se produit par l'action de l'hydrogène naissant sur un composé antimonié soluble, et par celle de l'acide chlorhydrique sur un alliage d'antimoine et de zinc.

L'hydrogène antimonié est gazeux et décomposable par la chaleur en antimoine et en hydrogène. Il brûle à l'air avec une flamme bleuâtre. Lorsqu'on écrase la flamme avec une soucoupe de porcelaine de façon à rendre la combustion incomplète, il se dépose sur la soucoupe de l'antimoine métalloïdique sous forme de taches semblables aux taches d'arsenic. Nous avons vu (V. § 60, p. 181) comment il était possible de distinguer les taches d'arsenic de celles d'antimoine.

Enfin, l'action de l'hydrogène antimonié sur le sang est moindre, mais de même nature que celle de l'hydrogène arsénié.

COMBINAISONS DE L'ANTIMOINE AVEC LE CHLORE.

§ 68. — TRICHLORURE D'ANTIMOINE.

$SbCl^3$.

Synonymie : Beurre d'antimoine. — *Poids moléculaire :* 226,5.

a. Emploi en médecine. — Le chlorure d'antimoine est un caustique des plus puissants. On s'en sert à l'état *liquide* contre la pustule maligne, les morsures des serpents venimeux et celles des chiens enragés ; ce caustique présente l'avantage de pénétrer profondément dans les tissus à travers les solutions de continuité produites par les morsures.

b. Préparation. — *On prépare le chlorure d'antimoine en décomposant le sulfure d'antimoine par l'acide chlorhydrique* (Codex).

(V. § 29, p. 116.) On concentre le liquide obtenu et on soumet
le produit à la distillation.

c. Propriétés. 1° Physiques. — Le chlorure d'antimoine est,
à la température ordinaire, un corps blanc jaunâtre, translucide. Il prend à l'air humide une consistance butyreuse qui lui
avait fait donner autrefois le nom de *beurre d'antimoine*. Ce composé entre en fusion à la température de 72° et bout à 223°. Il
est soluble dans l'acide chlorhydrique et dans très peu d'eau. Il
est même déliquescent.

2° Chimiques. — *Une plus grande quantité d'eau décompose le
chlorure d'antimoine en acide chlorhydrique et en oxychlorure d'antimoine* (V. § 13, p. 66) d'après l'équation :

$$SbCl^3 \; + \; H^2O \; = \; 2HCl \; + \; SbOCl$$

<table>
<tr><td>Chlorure
d'antimoine.</td><td>Eau.</td><td>Acide
chlorhydrique.</td><td>Oxychlorure
d'antimoine.</td></tr>
</table>

Pour que l'eau dissolve le chlorure d'antimoine, elle doit renfermer au moins 15 p. 100 d'acide chlorhydrique.

L'oxychlorure d'antimoine obtenu par l'action de l'eau sur le
chlorure se dissout dans une solution suffisamment concentrée
d'acide chlorhydrique et dans les solutions d'acide tartrique. Cette
dernière solution d'oxychlorure d'antimoine n'est plus précipitable, comme la solution chlorhydrique, par une plus grande
quantité d'eau.

Enfin, l'action prolongée de l'eau décompose l'oxychlorure
lui-même en donnant naissance à de l'oxyde d'antimoine. On
employait autrefois en médecine un précipité blanc connu sous
le nom de *poudre d'Algaroth*, qu'on obtenait en versant du protochlorure d'antimoine *liquide* dans 40 fois son poids d'eau. La
poudre d'Algaroth est de l'oxychlorure d'antimoine SbOCl mélangé d'oxyde d'antimoine Sb^2O^3.

D'après tout ce qui précède, on conçoit qu'il faut des précautions particulières pour obtenir une dissolution de trichlorure
d'antimoine. Le chlorure d'antimoine *liquide* se prépare en disposant un entonnoir sur un flacon et mettant dans la douille
de l'entonnoir des cristaux de chlorure d'antimoine. On place
le tout près d'une capsule pleine d'eau sous une cloche de verre
(Codex). Le chlorure d'antimoine absorbe alors l'humidité de
l'air et tombe en déliquescence.

En faisant passer un courant de chlore sur du trichlorure
d'antimoine ou en projetant de l'antimoine finement pulvérisé
dans du chlore en excès, on obtient un autre chlorure d'anti-

moine : le *pentachlorure* $SbCl^5$. C'est un liquide jaune, fumant, se prenant à 0° en une masse cristalline.

La distillation le décompose partiellement en chlore et en trichlorure. Enfin, le pentachlorure d'antimoine est également décomposé par l'eau.

§ 69. — COMBINAISONS DE L'ANTIMOINE AVEC L'OXYGÈNE.

On connaît trois composés oxygénés de l'antimoine, savoir : le *protoxyde d'antimoine* (Sb^2O^3), correspondant à l'anhydride azoteux Az^2O^3, à l'anhydride phosphoreux Ph^2O^3 et à l'anhydride arsénieux As^2O^3 ; l'*oxyde intermédiaire* (Sb^2O^4), analogue au peroxyde d'azote Az^2O^4 ; enfin, l'*anhydride antimonique* (Sb^2O^5), auquel correspondent les anhydrides azotique Az^2O^5, phosphorique Ph^2O^5 et arsénique As^2O^5.

A ces composés oxygénés de l'antimoine se rattachent des acides qui présentent avec les acides des métalloïdes de la troisième famille les plus grandes analogies. Toutefois le composé Sb^2O^3 est un oxyde indifférent qui se rapproche plutôt des oxydes basiques que des oxydes acides. Aussi lui donne-t-on habituellement le nom de protoxyde d'antimoine de préférence à celui d'anhydride antimonieux.

§ 70. — PROTOXYDE D'ANTIMOINE.

$$Sb^2O^3.$$

a. Emploi en médecine. — L'oxyde d'antimoine est rarement employé en médecine aujourd'hui. Son action est analogue à celle de l'émétique. Il entre dans la composition de la *poudre de James*, qui renferme en outre du phosphate tricalcique.

Le Codex mentionne les *fleurs argentines d'antimoine* ou oxyde d'antimoine cristallisé, obtenu par la voie sèche, et l'*oxyde d'antimoine par précipitation*.

b. Préparation. — 1° Les *fleurs argentines d'antimoine* s'obtiennent par la combustion de l'antimoine à l'air. L'oxydation s'effectue dans un têt à rôtir qu'on place dans le moufle d'un fourneau de coupellation. L'antimoine entre en fusion, s'oxyde et se convertit en oxyde d'antimoine qui se dépose généralement en cristaux prismatiques sur les parois du têt et sur la surface de l'antimoine.

2° *L'oxyde d'antimoine par précipitation* se prépare en décomposant l'oxychlorure d'antimoine par du carbonate acide de potassium. La formule suivante rend compte de la réaction :

$$2SbOCl + 2CO^3KH = 2CO^2 + H^2O + 2KCl + Sb^2O^3$$

Oxychlorure d'antimoine.	Carbonate acide de potassium.	Anhydride carbonique.	Eau.	Chlorure de potassium.	Oxyde d'antimoine.

On lave et l'on dessèche le précipité obtenu.

c. Propriétés. 1° PHYSIQUES. — L'oxyde d'antimoine constitue une masse blanche ou grisâtre. Il cristallise, comme l'anhydride arsénieux, tantôt en prismes, tantôt en octaèdres.

L'oxyde d'antimoine fond au rouge et se sublime lorsqu'on le chauffe à une température plus élevée et à l'abri du contact de l'air de manière à éviter une oxydation plus avancée de l'antimoine. Il est très peu soluble dans l'eau.

2° CHIMIQUES. — L'oxyde d'antimoine est soluble dans les acides. En général, lorsqu'on traite l'oxyde d'antimoine par un acide, il se produit un sel dans lequel l'hydrogène de l'acide est remplacé non par de l'antimoine, mais par le groupement monoatomique $(Sb'''O'')'$, groupement qui porte le nom *d'antimonyle.* Ex :

$$Sb^2O^3 + 2HCl = H^2O + 2SbOCl.$$

L'antimoine lui-même Sb''' peut se substituer à trois atomes d'hydrogène des acides pour former une deuxième série de sels semblables cette fois aux sels des métaux proprement dits ; mais ces composés sont très peu stables.

A l'anhydride antimonieux Sb^2O^3 correspond aussi un hydrate SbO^2H, qui fonctionne comme un acide faible. Cet hydrate, analogue à l'acide azoteux AzO^2H, fournit des antimonites, SbO^2M. L'hydrate normal SbO^3H^3, qui correspondrait aux acides phosphoreux PhO^3H^3 et arsénieux AsO^3H^3, et les sels de cet hydrate n'ont pas été obtenus.

d. Caractères des combinaisons antimonieuses en général. — 1° *Toutes les combinaisons d'antimoine chauffées avec du charbon et du carbonate de sodium sont réduites. Il se forme un globule d'antimoine qui, projeté sur le sol, se divise en une multitude de globules plus petits qui brûlent et laissent derrière eux une traînée blanche d'oxyde d'antimoine.*

2° *Les solutions acides des composés antimonieux (anhydride et sels) sont précipitées par l'eau* (V. § 68, p. 196). *Le précipité est soluble dans les acides tartrique et citrique ; la présence de ces aci-des empêche la formation d'un nouveau précipité sous l'influence d'une plus grande quantité d'eau.*

3° Ces solutions acides donnent, avec l'hydrogène sulfuré, un pré-cipité jaune-orange de sulfure d'antimoine (Sb^2S^3) soluble dans le sulfure ammonique, insoluble dans l'ammoniaque. (Car. dist. d'avec l'arsenic.) [V. § 62, p. 185.]

4° La potasse et la soude les précipitent en blanc. Le précipité est soluble dans un excès d'alcali. L'ammoniaque donne également un précipité blanc dans les solutions antimonieuses, mais le pré-cipité est insoluble dans un excès de réactif.

5° Le zinc précipite l'antimoine de ses dissolutions acides. Le pré-cipité se présente sous forme d'une poudre noire.

6° Enfin l'appareil de Marsh peut servir à caractériser l'anti-moine aussi bien que l'arsenic.

§ 71. — ANHYDRIDE ET ACIDES ANTIMONIQUES.

A l'anhydride antimonique Sb^2O^5 se rattachent plusieurs aci-des qui en dérivent par la fixation d'une ou de plusieurs molé-cules d'eau. Ces composés sont absolument analogues aux acides phosphoriques, c'est-à-dire qu'on connaît un acide antimonique normal SbO^4H^3, un acide pyro-antimonique $Sb^2O^7H^4$, un acide méta-antimonique SbO^3H, et ses polymères biméta-antimoni-que, etc.

L'acide normal SbO^4H^3 ne donne pas d'antimoniates corres-pondants. Traité par les alcalis, il donne des pyro-antimo-niates.

Tous ces acides perdent de l'eau sous l'influence de la chaleur et se convertissent en anhydride antimonique.

Deux de leurs sels présentent seuls un certain intérêt. Ce sont :

1° Le *biméta-antimoniate acide de potassium* $Sb^2O^6KH + H^2O$, appelé encore en pharmacie *antimoine diaphorétique lavé.* Pour préparer ce sel, on projette par petites portions, dans un creuset chauffé au rouge, un mélange d'antimoine et d'azotate de po-tassium pulvérisés. On maintient au rouge pendant quelque temps, puis on porphyrise la masse et on la lave à grande eau. On dissout ainsi l'azotate de potassium et du méta-antimoniate neutre. Le résidu, qui doit être d'une blancheur parfaite, cons-titue l'*antimoine diaphorétique lavé* (Codex). Cette préparation, également connue sous le nom d'*oxyde blanc d'antimoine*, est encore quelquefois employée en médecine. Elle agit comme le tartre stibié, mais avec moins de constance. En effet, toutes ces combinaisons insolubles de l'antimoine n'agissent qu'après être entrées en dissolution à la faveur d'un acide. Les quantités dissoutes sont donc variables et par conséquent l'effet physiologique cherché est lui-même variable.

Les eaux de lavage de la préparation de l'antimoine diaphorétique lavé renferment, avons-nous dit, du méta-antimoniate neutre soluble. Ces eaux de lavage, étant saturées par l'acide sulfurique, fournissent un précipité d'acide méta-antimonique SbO^3H, autrefois connu sous le nom de *matière perlée de Kerkringius* (Codex).

2° Le *pyro-antimoniate acide de potassium* $Sb^2O^7K^2H^2 + 6 H^2O$, auquel Frémy avait donné le nom de biméta-antimoniate de potassium. Ce sel est soluble dans l'eau et donne avec les sels de sodium un précipité grenu.

[On obtient facilement un réactif précipitant immédiatement les sels de sodium, en calcinant 1 partie d'antimoine avec 4 parties d'azotate de potassium, fondant le produit ainsi obtenu avec son poids de carbonate de potassium et dissolvant la masse dans l'eau.]

§ 72. — COMBINAISONS DE L'ANTIMOINE AVEC LE SOUFRE.

Aux deux oxydes d'antimoine Sb^2O^3 et Sb^2O^5 correspondent deux sulfures, Sb^2S^3 et Sb^2S^5.

1° Le *trisulfure d'antimoine* Sb^2S^3 se trouve dans la nature en masses radiées d'une structure cristalline, d'un gris d'acier. Il porte le nom minéralogique de *stibine*. Il sert à la préparation de l'antimoine, de l'hydrogène sulfuré, du chlorure d'antimoine, du kermès.

On peut préparer artificiellement le trisulfure d'antimoine pur en chauffant de l'antimoine purifié avec de la fleur de soufre (Codex).

On obtient aussi le trisulfure, sous forme d'un précipité jaune-orange, en faisant passer un courant d'hydrogène sulfuré dans la solution du trichlorure d'antimoine ou, en général, dans les solutions acides des combinaisons antimonieuses.

Calciné au contact de l'air, le sulfure d'antimoine entre en fusion, puis s'oxyde avec dégagement d'anhydride sulfureux et formation d'oxyde d'antimoine. Par une calcination incomplète, l'oxyde formé reste mélangé d'une certaine quantité de sulfure. On se servait autrefois en médecine de plusieurs de ces oxysulres connus sous les noms de *verre d'antimoine, foie d'antimoine, crocus metallorum,* etc. Ces préparations ne sont plus usitées que dans la médecine vétérinaire.

Le trisulfure d'antimoine est un véritable anhydrosulfide. Il se dissout dans les sulfures alcalins en donnant des sulfantimonites.

Le kermès est *un mélange de sulfure d'antimoine et d'antimonite de sodium renfermant un peu de sulfure de sodium.* Cette préparation a joui autrefois d'une grande réputation ; aujourd'hui encore, elle est fréquemment employée en médecine.

On prépare le kermès en faisant bouillir une dissolution de carbonate de sodium tenant en suspension du sulfure d'antimoine. Après une ébullition d'environ une demi-heure, on filtre la solution bouillante. Le kermès se dépose par le refroidissement du liquide, sous forme d'une poudre rouge.

Le kermès employé en médecine doit être exclusivement préparé par ce procédé, dit *méthode de Cluzel* (Codex).

On peut, en effet, préparer un kermès par voie sèche, en chauffant au rouge un mélange de carbonate de sodium et de sulfure d'antimoine et reprenant la masse par l'eau bouillante (*Méthode de Berzélius*).

La théorie de la préparation du kermès par la méthode de Cluzel est la suivante :

Une partie du carbonate de sodium réagit sur une partie du sulfure d'antimoine d'après l'équation :

$$Sb^2S^3 \; + \; 3CO^3Na^2 \; = \; 3CO^2 \; + \; 3Na^2S \; + \; Sb^2O^3$$

Sulfure d'antimoine.	Carbonate de sodium.	Anhydride carbonique.	Sulfure de sodium.	Oxyde d'antimoine.

Il y a donc dès lors quatre corps en présence : du sulfure d'antimoine, du sulfure de sodium, de l'oxyde d'antimoine et du carbonate de sodium. Le sulfure d'antimoine se dissout dans le sulfure de sodium (V. § 31, p. 122), et l'oxyde d'antimoine décompose le carbonate de sodium pour donner naissance à de l'antimonite de sodium. Mais la solubilité du sulfure d'antimoine dans la dissolution de sulfure de sodium et celle de l'antimonite de sodium sont moindres à froid. Par le refroidissement des liqueurs, il se dépose donc du sulfure d'antimoine et de l'antimonite de sodium, dont le mélange constitue le kermès.

Le kermès est souvent fraudé dans le commerce. *Il doit se dissoudre totalement dans l'acide chlorhydrique et former une solution incolore.* L'*ocre* et la *brique* qui peuvent avoir été mêlés au kermès resteraient au fond du vase. Le *peroxyde de fer* déterminerait la coloration jaune de la dissolution, dans laquelle on pourrait du reste facilement démontrer la présence d'un sel de fer (V. § 167).

Le kermès est une poudre d'un brun velouté; il est inodore et insoluble dans l'eau.

2° *Le pentasulfure d'antimoine* Sb^2S^5, *ou soufre doré d'antimoine, s'obtient en faisant passer un courant d'hydrogène sulfuré dans une dissolution acide de pentachlorure d'antimoine.* On emploie quelquefois en médecine, surtout en Allemagne, un pentachlorure d'antimoine préparé, *en décomposant le sulfantimoniate de sodium par l'acide chlorhydrique.*

$$2SbS^4Na^3 \quad + \quad 6HCl \quad = \quad 6NaCl \quad + \quad Sb^2S^5 \quad + \quad 3H^2S$$

Sulfantimoniate de sodium.	Acide chlorhydrique.	Chlorure de sodium.	Pentasulfure d'antimoine.	Hydrogène sulfuré.

Ce sulfure est une poudre jaune-orange. Il se dissout, comme le trisulfure, dans les hydrates et les sulfures alcalins en donnant dans le dernier cas des sels qui portent le nom de sulfantimoniates (V. § 31, p. 122).

L'un de ces sulfantimoniates, le *sulfantimoniate de sodium* ou *sel de Schlipp*, dont la formule est $SbS^4Na^3 + 9H^2O$, est également employé en médecine au même titre que le kermès surtout en Allemagne. Il sert aussi, comme nous l'avons dit, à préparer le soufre doré d'antimoine.

On prépare ce sel en fondant dans un creuset un mélange de trisulfure et de soufre en excès avec du carbonate de sodium. Le produit de la réaction étant refroidi, est épuisé à chaud par l'eau. La solution filtrée abandonne des cristaux volumineux et presque incolores de sulfantimoniate de sodium. Ce sel est très altérable et ses cristaux se recouvrent rapidement d'une couche de pentasulfure.

On peut également obtenir le soufre doré d'antimoine en précipitant les eaux-mères provenant de la préparation du kermès par un excès d'acide acétique (Codex).

Dans ce cas, on obtient un mélange de trisulfure et de pentasulfure d'antimoine. Il reste en effet, dans les eaux-mères de la préparation du kermès, du trisulfure d'antimoine en dissolution dans le sulfure de sodium, c'est-à-dire du sulfantimonite de sodium. A l'air, ce sulfantimonite passe partiellement à l'état de sulfantimoniate. Par l'action des acides, on obtiendra donc un mélange de trisulfure et de pentasulfure. Le trisulfure semble du reste exister constamment à côté du pentasulfure dans le soufre doré d'antimoine.

On emploie en peinture, sous le nom de *cinabre d'antimoine*, un oxysulfure (Sb²S²O) qu'on obtient en faisant bouillir un mélange d'une solution acide de chlorure d'antimoine et d'une solution d'hyposulfite de sodium en excès.

§ 73. — BISMUTH.

Signalé au xv° siècle par Agricola. — *Poids atomique : 210.* — *Poids moléculaire : 840 (?)*

a. Préparation. — Le bismuth se rencontre généralement à l'état natif. On le sépare de sa gangue par simple fusion. On trouve aussi le bismuth à l'état d'oxyde, de carbonate et de sulfure.

b. Purification. — Le bismuth du commerce n'est pas pur. Il renferme habituellement du fer, du plomb, du soufre, de l'arsenic. *On le purifie en le fondant avec de l'azotate de potassium.*

On transforme ainsi, en sulfate et en arséniate de potassium, le soufre et l'arsenic qui souillent le bismuth. Celui-ci se trouve à la partie inférieure du creuset et est recouvert d'une scorie qu'on sépare mécaniquement. Le bismuth ainsi obtenu n'est pas chimiquement pur ; mais il ne contient pas d'arsenic et peut servir de matière première pour la préparation du sous-nitrate de bismuth qu'on emploie en médecine.

c. Propriétés. 1° Physiques. — Le bismuth a l'apparence métallique avec une teinte jaune rougeâtre. Il est dur, cassant, fond à 267° et cristallise, en se refroidissant, en rhomboèdres très voisins du cube et superposés en trémies. Au rouge blanc, le bismuth entre en ébullition. Sa densité est de 9,9.

2° Chimiques. — Le bismuth s'unit directement au chlore en donnant un chlorure (BiCl³) analogue au trichlorure d'antimoine et, comme ce dernier, décomposable par l'eau, qui y détermine un précipité d'oxychlorure de bismuth (BiOCl).

Inaltérable à l'air sec, le bismuth se ternit à l'air humide. Chauffé en présence de l'air atmosphérique, le bismuth s'oxyde rapidement. Les oxydes de bismuth correspondent à ceux d'antimoine (V. § 72, p. 201). Toutefois ces oxydes se rapprochent des oxydes métalliques. Ainsi l'oxyde Bi²O³ est un anhydride basique. L'hydrate BiO²H ne fonctionne pas comme un acide, mais bien comme une base, et les acides bismuthiques, qui correspondent aux acides antimoniques, sont instables.

L'acide azotique dissout facilement le bismuth en donnant naissance à de l'azotate de bismuth (AzO³)³Bi‴.

d. Caractères des sels de bismuth. — 1° *Les sels normaux de bismuth, solubles dans l'eau ou dans les acides étendus, sont précipités par l'eau, comme les composés de l'antimoine; mais le précipité est insoluble dans l'acide tartrique.*

2° *L'hydrogène sulfuré détermine dans les solutions de bismuth un précipité noir de sulfure de bismuth* (Bi^2S^3). *Le précipité est insoluble dans l'acide chlorhydrique étendu et dans le sulfure ammonique* (2e section). (V. § 31, p. 122.)

3° *La potasse, la soude, l'ammoniaque, c'est-à-dire les oxydes alcalins, précipitent en blanc les sels de bismuth. Le précipité est insoluble dans un excès de réactif.*

Ce précipité n'est autre chose que l'hydrate de bismuth BiO^2H.

4° *L'acide sulfurique, qui précipite les solutions des sels de plomb, ne précipite pas celles de bismuth.*

§ 74. — Sous-nitrate de bismuth.

$AzO^4Bi''' + H^2O.$

Le sous-azotate de bismuth a pour formule $AzO^4Bi''' + H^2O$ et peut être considéré comme représentant un *azotate normal* correspondant à l'acide azotique normal AzO^4H^3 inconnu, et qui serait analogue aux acides phosphorique PhO^4H^3, arsénique AsO^4H^3, etc. On peut aussi l'envisager comme un *méta-azotate* (AzO^3M') renfermant le groupement monoatomique bismuthyle $(Bi'''O'')'$, analogue au groupement antimonyle $(Sb'''O'')'$. (V. § 70, p. 198.) Le sous-nitrate de bismuth devrait dans cette hypothèse se formuler : $AzO^3(BiO)$.

a. Emploi en médecine. — Le sous-nitrate de bismuth est un antacide. Il est décomposé par l'hydrogène sulfuré. Aussi, après son ingestion, les fèces sont-ils colorés en noir. On le prescrit à l'intérieur, à doses élevées (2-30 grammes), dans certaines diarrhées, dans des affections chroniques de l'estomac, etc.

Appliqué sur les plaies, il agit comme désinfectant.

b. Préparation. — *On prépare le sous-nitrate de bismuth en traitant le nitrate de bismuth en solution aqueuse par une grande quantité d'eau.* Il se précipite du sous-nitrate de bismuth, qu'on lave par décantation et qu'on dessèche.

c. Impuretés. — Le sous-nitrate de bismuth contient souvent du *plomb*, du *cuivre*, de l'*arsenic*.

En dissolvant le sous-nitrate dans l'acide azotique, on peut constater la présence du plomb à l'aide de l'acide sulfurique, qui donne un précipité blanc de sulfate de plomb, si ce métal se trouve dans la dissolution, et la présence du cuivre à l'aide de l'ammoniaque, qui communiquerait alors à la liqueur une teinte bleue. Quant à l'arsenic, on reconnaît sa présence en chauffant le sous-nitrate avec de l'acide sulfurique jusqu'à ce que les vapeurs nitreuses aient été chassées, et en introduisant le produit dans l'appareil de Marsh. S'il y a de l'arsenic, on obtient un anneau arsenical facile à caractériser.

d. Propriétés. — Le sous-nitrate de bismuth est une poudre d'un blanc nacré, insoluble dans l'eau. On doit la conserver à l'abri des émanations d'hydrogène sulfuré qui la colorent en brun.

§ 75. — RELATION DES ÉLÉMENTS DE LA TROISIÈME FAMILLE.

On observe, entre les différents éléments de cette famille, la gradation qui a été signalée entre les éléments de la première et de la deuxième famille, comme il est facile de s'en rendre compte par l'inspection du tableau ci-joint :

	Az.	Ph.	As.	Sb.	Bi.
Points de fusion..........	Inconnu (très-bas).	44°	180°	450°	247° Fait exception.
Poids atomiques..........	14	31	75	122	210
Densité de l'élément à l'état solide.................	Inconnue.	1,8	5,7	6,8	9,8

Les éléments de la première famille forment avec l'hydrogène des combinaisons dans lesquelles il entre un atome d'hydrogène et un atome du métalloïde de la famille. Ex. : HCl, HBr, HI, HFl. Ceux de la deuxième famille forment avec l'hydrogène des combinaisons dans lesquelles deux atomes d'hydrogène sont unis à un atome du métalloïde. Ex. : H^2O, H^2S, H^2Se, H^2Te. Les combinaisons hydrogénées des métalloïdes de la troisième famille ont pour formule $AzH^3, PhH^3, AsH^3, SbH^3$. On ne connaît pas de combinaison hydrogénée du bismuth.

Les relations des éléments de la troisième famille ressortent surtout de l'étude de leurs dérivés oxygénés. On connaît en effet deux séries d'anhydrides formés par ces métalloïdes.

Az^2O^3	Ph^2O^3	As^2O^3	Sb^2O^3	Bi^2O^3
Anhydride azoteux.	Anhydride phosphoreux.	Anhydride arsénieux.	Anhydride antimonieux.	Oxyde de bismuth.
Az^2O^5	Ph^2O^5	As^2O^5	Sb^2O^5	Bi^2O^5
Anhydride azotique.	Anhydride phosphorique.	Anhydride arsénique.	Anhydride antimonique.	Anhydride bismuthique.

A ces anhydrides correspondent plusieurs hydrates dont il a été question dans les paragraphes précédents.

En jetant un coup d'œil sur le tableau ci-joint des hydrates qui correspondent aux anhydrides ayant pour formule générale R^2O^3 et R^2O^5 (R étant l'un quelconque des éléments), il est facile de constater une fois de plus les relations étroites que présentent entre eux les éléments de la troisième famille. Tous les hydrates possibles n'existent pas pour chacun des métalloïdes, mais chaque membre de la famille est représenté par plusieurs d'entre ces hydrates.

L'hydrate bismutheux n'est pas un acide, comme nous l'avons déjà dit (V. § 73, p. 204), mais bien une base. Les acides bismuthiques sont des acides faibles et instables. D'une manière générale, le caractère acide de ces hydrates est de moins en moins prononcé à mesure que le poids atomique s'élève.

ACIDES CORRESPONDANT AUX ANHYDRIDES DE FORMULE GÉNÉRALE R^2O^3.

»	PhO^3H^3	AsO^3H^3	»	»
	Acide phosphoreux.	Acide arsénieux (arsénites).		
AzO^2H	»	»	SbO^2H	BiO^2H
Acide azoteux.			Hydrate antimonieux.	Hydrate bismutheux.

ACIDES CORRESPONDANT AUX ANHYDRIDES DE FORMULE GÉNÉRALE R^2O^5.

»	PhO^4H^3	AsO^4H^3	SbO^4H^3	»
	Acide phosphorique.	Acide arsénique.	Acide antimonique.	
»	$Ph^2O^7H^4$	$As^2O^7H^4$	$Sb^2O^7H^4$	$Bi^2O^7H^4$
	Acide pyro-phosphorique.	Acide pyro-arsénique.	Acide pyro-antimonique.	Acide pyro-bismuthique.

	$Ph^2O^6H^2$	$As^2O^6H^2$	$Sb^2O^6H^2$	$Bi^2O^6H^2$
»	Acide bimétaphosphorique.	Acide bimétaarsénique.	Acide bimétaantimonique.	Acide bimétabismuthique.

AzO^3H	PhO^3H	AsO^3H		
Acide azotique.	Acide mono-métaphosphorique.	Acide mono-métaarsénique.	»	»

MÉTALLOIDES DE LA IVe FAMILLE

§ 76. — BORE.

Isolé par Gay-Lussac et Thénard. — *Poids atomique : 11.* —
Poids moléculaire : 22 (?)

Le bore se rapproche du silicium par les propriétés de ses composés ; mais il est trivalent, tandis que le carbone et le silicium sont tétravalents.

L'histoire de ce métalloïde n'offre que peu d'intérêt pour le médecin. Un seul de ses composés, l'acide borique, nous arrêtera.

Cet acide existe dans la nature, et c'est en réduisant son anhydride à l'aide du sodium ou de l'aluminium qu'on est arrivé à isoler le bore.

$$2Bo^2O^3 \quad + \quad 3Na^2 \quad = \quad 2BoO^3Na^3 \quad + \quad Bo^2$$

Anhydride borique.	Sodium.	Borate de sodium.	Bore.

Le bore existe à l'état amorphe, sous forme d'une poudre verdâtre, infusible et à l'état cristallin. Les cristaux de bore sont d'une dureté excessive. Ils rayent le corindon et peuvent même rayer le diamant.

§ 77. — ACIDE BORIQUE.

$$BoO^3H^3.$$

Découvert en 1702 par Homberg. — *Poids moléculaire : 62.*

a. **État naturel ; emploi en médecine.** — L'acide borique existe, à l'état de sel de sodium, dans un grand nombre de sources minérales. Il existe à l'état de liberté dans de petits lacs de Toscane (Lagoni), où il est amené par de la vapeur d'eau sortant des crevasses du sol. Il suffit d'évaporer l'eau de ces lacs pour obtenir l'acide borique.

Cet acide est inusité aujourd'hui en médecine. Il sert en pharmacie à la préparation de la crème de tartre soluble (V. § 254) et du borax.

b. Préparation. — On prépare l'acide borique pur en traitant une dissolution concentrée et chaude de borate de sodium cristallisé par de l'acide sulfurique. L'acide borique, peu soluble dans l'eau froide, cristallise par le refroidissement.

On peut aussi purifier par cristallisation l'acide borique naturel.

c. Propriétés. 1° Physiques. — L'acide borique cristallise en paillettes nacrées, blanches, d'une saveur faible. Sa densité est de 1,48.

L'acide borique est peu soluble dans l'eau. Il faut 35 parties d'eau à $+$ 10° pour dissoudre une partie d'acide borique. La solubilité de cet acide est un peu plus grande à chaud.

2° Chimiques. — Lorsqu'on chauffe l'acide borique à 100°, il perd une molécule d'eau et donne naissance à un premier anhydride encore acide ayant pour formule BoO^2H. Au rouge, cet anhydride acide perd encore une molécule d'eau aux dépens de deux molécules d'acide et forme le dernier anhydride borique Bo^2O^3, d'après la formule :

$$\left.\begin{array}{l} BoO^2H \\ BoO^2H \end{array}\right\} - H^2O = Bo^2O^3$$

1er Anhydride borique.   2e Anhydride borique.

La simple inspection des formules Bo^2O^3, BoO^2H et BoO^3H^3 rappelle l'existence de composés analogues parmi les dérivés des métalloïdes de la troisième famille. A l'anhydride Bo^2O^3 correspondent les anhydrides Az^2O^3, Sb^2O^3, etc. A l'acide BoO^2H répondent les acides azoteux AzO^2H et antimonieux SbO^2H. Enfin l'acide phosphoreux PhO^3H^3 a une formule analogue à celle de l'acide borique BoO^3H^3.

Mais l'acide borique BoO^3H^3 est tribasique et par suite donne naissance à des sels dont la formule générale est BoO^3M^3. Ce sont les *orthoborates*. Les *métaborates* dérivent de l'acide BoO^2H et ont pour formule générale BoO^2M'.

Il existe encore d'autres borates. Le borate de sodium anhydre a pour formule $Bo^4O^7Na^2$. Il dérive d'un acide polyborique résultant de la condensation de 4 molécules d'acide borique BoO^3H^3 avec élimination de 5 molécules d'eau :

$$4BoO^3H^3 \quad - \quad 5H^2O \quad = \quad Bo^4O^7H^2.$$

Nous avons déjà cité plusieurs exemples d'éléments polyatomiques pouvant ainsi s'accumuler dans les combinaisons (acide disulfurique, acide pyrophosphorique, etc.).

d. Caractères. — Lorsqu'on ajoute de l'alcool à de l'acide borique ou à un mélange d'un borate et d'acide sulfurique, cet alcool brûle avec une flamme verte caractéristique.

§ 78. — CARBONE.

Poids atomique : 12. — Poids moléculaire : Inconnu.

a. État naturel ; emploi en médecine et en pharmacie. — Le carbone existe dans la nature. A l'état de pureté, il constitue le diamant et le graphite. L'anthracite, la houille, sont formés par du carbone mélangé de matières étrangères.

On se sert en médecine d'un charbon végétal, dont le mode de préparation est indiqué plus bas, comme désinfectant et antiputride, tant à l'intérieur qu'à l'extérieur.

En pharmacie, on se sert du charbon animal (V. plus bas) pour décolorer certaines solutions médicamenteuses.

b. Préparation. — *Le charbon s'obtient, d'une manière générale, toutes les fois que l'on soumet à la calcination, à l'abri de l'air, des matières carbonées animales ou végétales.*

Le *charbon végétal* destiné à l'usage médical se prépare en chauffant dans un creuset de terre fermé, des fragments de bois blanc, léger et non résineux. Le bois de peuplier est surtout convenable pour la préparation du charbon médicinal.

Le charbon végétal, bien préparé, ne doit dégager aucune trace de matière empyreumatique lorsqu'on le chauffe fortement dans un tube à essai (Codex). Il doit brûler sans flamme, odeur ni fumée.

c. Propriétés. 1° PHYSIQUES. — Le carbone existe sous un grand nombre de variétés. Les propriétés physiques communes à toutes ces variétés sont : *l'infusibilité* aux plus hautes températures et *l'insolubilité dans l'eau.*

Les principales variétés de carbone sont :

1° Le *diamant.* Le diamant est du carbone cristallisé dans le système cubique. Il est, en général, incolore. C'est, avec le bore cristallisé, le corps le plus dur que l'on connaisse. Sa densité est de 3,50. Fortement chauffé, le diamant se transforme en une substance analogue au graphite.

2° Le *graphite*. Cette variété de carbone existe dans la nature. Il cristallise en lames hexagonales noires et brillantes. Il est mou, tache les doigts et le papier. Il sert à faire les crayons. On l'emploie pour différents autres usages industriels.

3° Les *charbons*. Les charbons sont obtenus artificiellement, comme il a été dit, par la calcination des matières carbonées animales ou végétales. Ils renferment presque toujours des impuretés et surtout des sels minéraux. On peut obtenir du carbone pur en calcinant du sucre en vase clos.

a) Le *charbon de bois* s'obtient par la combustion incomplète du bois, ou par sa calcination en vase clos. *Il jouit de la propriété d'absorber les gaz.* On démontre cette propriété en éteignant un charbon incandescent (il est alors débarrassé de gaz) dans du mercure et le faisant passer dans une éprouvette remplie d'ammoniaque, par exemple. En quelques instants, tout le gaz est absorbé et le mercure remplit l'éprouvette. L'absorption d'un gaz par le charbon est d'autant plus grande que ce gaz est plus soluble dans l'eau.

Ces propriétés du charbon le font employer comme désinfectant, pour la purification d'eaux chargées de gaz infects, etc. Nous avons vu qu'il était également utilisé, à ce titre, en médecine.

Le charbon végétal fixe également dans ses pores des matières colorantes organiques et même des sels minéraux.

b) Mais c'est surtout le *noir animal* qui jouit de cette propriété. Le noir ou charbon animal se prépare en calcinant des os en vase clos. C'est un mélange de charbon, de phosphate et de carbonate de calcium. On se sert fréquemment, dans l'industrie et dans les laboratoires, du noir animal pour décolorer des liqueurs.

On peut facilement débarrasser le noir animal des impuretés qui le souillent en le lavant avec de l'acide chlorhydrique étendu. On dissout ainsi le phosphate et le carbonate de calcium.

D'après Collas, le *noir animal lavé* à l'acide chlorhydrique a des propriétés décolorantes moindres que le noir animal non lavé. Le pouvoir décolorant du noir animal est aussi plus considérable à chaud qu'à froid.

Il existe encore d'autres charbons tant naturels qu'artificiels. Ce sont : le *noir de fumée*, qu'on obtient en recevant dans de grandes chambres la fumée provenant de substances très-carbonées comme, par exemple, les résines. Le charbon se dépose en poussière très fine sur les parois. L'*anthracite*, qui constitue des masses noires difficilement combustibles ; la *houille*, qui résulte de la combustion lente de végétaux enfouis sous le sol ; le *coke*, qui provient de la calcination de la houille ; le *charbon des cornues à gaz*. Ce charbon se dépose sur les parois des cornues dans lesquelles se prépare le gaz de l'éclairage. Il provient de la décomposition des carbures d'hydrogène sous l'influence de la chaleur. Il est très dur, bon conducteur de la chaleur et de l'électricité, et, à ce titre, est employé dans certaines piles (piles de Bunsen).

2° CHIMIQUES. — Toutes les variétés de carbone jouissent de la propriété commune de brûler lorsqu'on les chauffe en présence de l'oxygène. Les produits de la combustion sont l'anhydride carbonique ou l'oxyde de carbone, suivant que l'oxygène ou le carbone sont en excès.

Chauffé avec du soufre, le carbone se combine avec cet élément et donne naissance à du sulfure de carbone.

En présence d'un alcali, le carbone fixe l'azote et donne naissance à un cyanure (V. § 296).

Le carbone s'unit aussi directement à l'hydrogène sous l'influence de l'étincelle électrique (V. § 190).

Enfin, un grand nombre de composés oxygénés sont réduits par le carbone. Ce métalloïde s'empare de l'oxygène pour donner de l'anhydride carbonique ou de l'oxyde de carbone, et l'élément qui se trouvait combiné à l'oxygène est mis en liberté. L'oxyde de fer, les oxydes de bismuth et d'antimoine, etc., sont ainsi réduits par le charbon. L'eau elle-même est décomposée lorsqu'on dirige sa vapeur sur du charbon chauffé au rouge. L'hydrogène est mis en liberté, et il se forme de l'oxyde de carbone et de l'anhydride carbonique.

§ 79. — COMBINAISONS DU CARBONE AVEC L'HYDROGÈNE.

Les carbures d'hydrogène constituent une classe de corps très-importante. Ils sont très nombreux et leur histoire appartient à l'étude de la chimie organique.

COMBINAISONS DU CARBONE AVEC L'OXYGÈNE.

§ 80. — OXYDE DE CARBONE.

CO.

Poids moléculaire : 28.

a. **Modes de production.** — L'oxyde de carbone s'obtient dans un grand nombre de circonstances. Il se produit :

1° *Dans la combustion du carbone en excés dans l'oxygène.*

$$2C \quad + \quad O^2 \quad = \quad 2CO$$

Carbone.   Oxygène.   Oxyde
de carbone.

2° *Dans la décomposition de l'anhydride carbonique par le carbone ou le fer chauffés au rouge.*

$$CO^2 \quad + \quad C \quad = \quad 2CO$$

Anhydride   Carbone.   Oxyde
carbonique.   de carbone.

3° *Dans la réduction par le charbon de certains corps oxygénés difficilement réductibles.* Ex. :

$$ZnO \quad + \quad C \quad = \quad Zn \quad + \quad CO$$

Oxyde   Carbone.   Zinc.   Oxyde
de zinc.   de carbone.

4° *Enfin, plusieurs acides organiques donnent de l'oxyde de carbone lorsqu'on les traite par l'acide sulfurique.* Celui-ci décompose l'acide organique en déterminant la formation d'eau aux dépens de l'hydrogène et de l'oxygène contenus dans la molécule de l'acide. Les acides formique, oxalique, tartrique, citrique, donnent ainsi de l'oxyde de carbone lorsqu'on les traite par l'acide sulfurique concentré et qu'on chauffe le mélange. Ex. :

$$CHO,OH \quad + \quad SO^4H^2 \quad = \quad (SO^4H^2 \quad + \quad H^2O) \quad + \quad CO$$

Acide   Acide   Acide sulfurique   Oxyde
formique.   sulfurique.   hydraté.   de carbone.

$$\begin{matrix} CO,OH \\ | \\ CO,OH \end{matrix} \quad + \quad SO^4H^2 \quad = \quad (SO^4H^2 \quad + \quad H^2O) \quad + \quad CO^2 \quad + \quad CO$$

Acide   Acide   Acide sulfurique   Anhydride   Oxyde de
oxalique.   sulfurique.   hydraté.   carbonique.   carbone.

b. Préparation. — *On prépare l'oxyde de carbone en chauffant l'acide oxalique avec de l'acide sulfurique.* On retient l'anhydride carbonique qui prend naissance en même temps, en faisant passer le mélange des gaz dans un flacon laveur renfermant une dissolution de potasse qui fixe l'anhydride carbonique.

On obtient aussi, facilement, de l'oxyde de carbone en chauffant du ferrocyanure de potassium avec de l'acide sulfurique renfermant très peu d'eau (V. § 298).

c. **Propriétés.** 1° PHYSIQUES. — L'oxyde de carbone est un gaz incolore, insipide. Il est insoluble dans l'eau. Sa densité est de 0,96.

2° CHIMIQUES. — L'oxyde de carbone brûle à l'air avec une flamme bleue ; le produit de la combustion est de l'anhydride carbonique.

$$2CO + O^2 = 2CO^2.$$

Il est assez avide d'oxygène pour enlever ce métalloïde à certains oxydes facilement réductibles ; l'oxyde de cuivre, par exemple.

Le carbone étant un élément tétravalent et l'oxygène un élément bivalent, le groupement $(C^{IV}O'')''$ est bivalent. Sous l'influence des rayons solaires, l'oxyde de carbone fixe, en effet, deux atomes de chlore et donne naissance à de l'*oxychlorure de carbone* ou chlorure de carbonyle.

$$CO + Cl^2 = COCl^2.$$

Le chlorure de carbonyle se décompose, au contact de l'eau, en anhydride carbonique et en acide chlorhydrique (V. § 51, p. 167).

$$COCl^2 + H^2O = 2HCl + CO^2.$$

L'acide carbonique qui devrait se former dans cette réaction n'existe pas à l'état de liberté et se décompose immédiatement en anhydride carbonique et en eau, quand on cherche à l'isoler.

Enfin, l'oxyde de carbone s'unit à la potasse pour donner du formiate de potassium (V. § 227).

d. **Caractères.** — L'oxyde de carbone se reconnaît aux caractères suivants :

1° *Il brûle à l'air avec une flamme bleue en donnant de l'anhydride carbonique ;*

2° *Il est absorbé par une dissolution ammoniacale de chlorure cuivreux.* Il se forme, dans ce cas, un composé ayant pour formule : $4Cu^2Cl^2,3CO,7H^2O$.

e. **Toxicologie.** 1° ACTION SUR L'ÉCONOMIE. — Il suffit d'un centième d'oxyde de carbone dans l'air pour tuer un oiseau. C'est à l'oxyde de carbone qu'il faut attribuer les effets toxiques des atmosphères rendues asphyxiantes par la combustion du charbon.

L'hémoglobine du globule sanguin forme, en effet, avec

l'oxyde de carbone une combinaison analogue à celles qu'elle forme avec l'oxygène et avec le bioxyde d'azote. Mais l'*hémoglobine oxycarbonée* est plus stable que l'oxyhémoglobine. Un courant d'oxygène qu'on fait passer à travers du sang chargé d'oxyde de carbone ne détermine pas le départ de ce gaz. Toutefois l'hémoglobine bioxyazotée est la plus stable des trois combinaisons, et le bioxyde d'azote déplace l'oxyde de carbone fixé par le sang, en se substituant à lui (1). Le sang chargé d'oxyde de carbone est d'un rouge vif ; cette couleur ne change pas sous l'influence de l'anhydride carbonique.

2° ELIMINATION. — Lorsque les doses d'oxyde de carbone inspirées ne sont point toxiques, l'oxyde de carbone tend toutefois à s'éliminer. De l'hémoglobine oxycarbonée exposée à l'air *in vitro* perd lentement son oxyde de carbone. Aussi trouve-t-on parmi les gaz de l'expiration un peu d'oxyde de carbone et une quantité d'anhydride carbonique plus considérable que dans l'état normal.

3° TRAITEMENT. — De tout ce qui précède, il est facile de conclure qu'il n'y a pas de substance qui puisse arrêter la marche de l'intoxication par l'oxyde de carbone. Le traitement à faire suivre au malade ne saurait consister qu'en inspirations d'air pur ou d'air mélangé d'oxygène.

4° RECHERCHE. — On peut reconnaître que du sang est chargé d'oxyde de carbone aux caractères suivants :

a. Le sang est d'un rouge vif et la coloration ne disparaît pas lorsqu'on fait passer un courant d'anhydride carbonique à travers ce sang.

b. Lorsqu'on ajoute au sang chargé d'oxyde de carbone une solution de potasse ou de soude, il reste rouge, tandis que du sang ordinaire devient brun presque noir.

c. Enfin les solutions étendues d'hémoglobine oxycarbonée donnent un spectre dans lequel existent deux bandes d'absorption tout à fait analogues aux bandes d'absorption de l'oxyhémoglobine (V. § 338). Mais sous l'influence des agents de réduction, du sulfure ammonique par exemple, les bandes d'absorption ne disparaissent pas, même au bout de plusieurs jours, si le sang est chargé d'oxyde de carbone; tandis que, sous la même influence, le sang oxygéné, au bout de quelques minutes déjà, ne présente plus qu'une bande d'absorption située entre les deux bandes primitives.

---

(1) L'oxyhémoglobine, l'hémoglobine bioxyazotée et l'hémoglobine oxycarbonée sont isomorphes.

§ 81. — ANHYDRIDE CARBONIQUE.

CO_2.

Découvert par Paracelse et Black. — *Poids moléculaire : 44.*

a. **État naturel ; emploi en médecine et en pharmacie.** — L'anhydride carbonique est très-répandu dans la nature. L'air atmosphérique en renferme toujours de petites quantités. Les eaux potables en contiennent toutes en dissolution ; un grand nombre d'eaux minérales sont même assez riches en anhydride carbonique pour mousser à l'air. Ce gaz existe également dans l'économie. Les gaz provenant de l'expiration sont relativement très riches en anhydride carbonique. Il en est de même des gaz contenus dans le tube digestif. Enfin le sang et un grand nombre de liquides de l'économie (lait, urine) tiennent de l'anhydride carbonique en dissolution.

L'anhydride carbonique est employé en médecine. Il s'administre en solution et à l'état gazeux. On le prescrit sous forme de boisson (eau de Seltz, de Condillac, de Saint-Galmier) pour stimuler l'appétit et la digestion gastrique. A l'état gazeux, on s'en est servi comme antiseptique, comme antiputride et comme excitant local. La respiration dans des atmosphères relativement riches en anhydride carbonique a été prescrite pour diminuer l'action de l'oxygène sur les poumons dans certaines formes de la phthisie pulmonaire.

b. **Modes de production.** — L'anhydride carbonique se produit dans un grand nombre de circonstances.

1° *La combustion du charbon, en présence d'oxygène en excès, donne naissance à de l'anhydride carbonique :*

$$C + O_2 = CO_2.$$

L'oxyde de carbone donne également, en brûlant à l'air, de l'anhydride carbonique.

2° *Ce gaz est un des produits des combustions lentes qui s'effectuent, sous l'influence de l'oxygène, aux dépens des matières organiques, tant* dans l'économie animale et végétale qu'en dehors de l'organisme. La respiration des animaux et des végétaux, la fermentation alcoolique et d'autres fermentations, la putréfaction, etc., produisent de grandes quantités d'anhydride carbonique.

3° *On obtient encore de l'anhydride carbonique par la calcina-*

tion des carbonates métalliques. Les carbonates alcalins font exception.

4° *Enfin, il se dégage de l'anhydride carbonique lorsqu'on traite les carbonates par les acides.*

c. Préparation. — *On prépare l'anhydride carbonique en décomposant le marbre blanc (carbonate de calcium) par de l'acide chlorhydrique :*

$$CO^3Ca + 2HCl = H^2O + CaCl^2 + CO^1.$$

L'acide chlorhydrique est, pour cet usage, préférable à l'acide sulfurique qui donne, en agissant sur le carbonate de calcium, du sulfate de calcium peu soluble qui se dépose sur les frag-

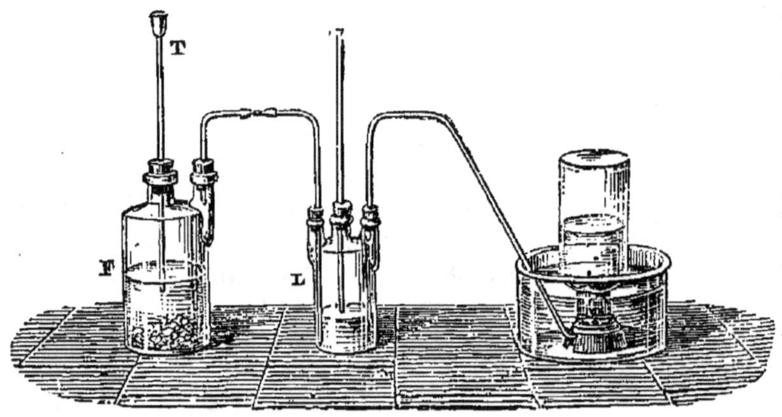

Fig. 33. — Préparation de l'anhydride carbonique.

ments de marbre et les soustrait au contact de l'acide. On lave le gaz pour le débarrasser de l'acide chlorhydrique qu'il entraîne mécaniquement, et on le recueille sur la cuve à eau (V. *fig.* 33).

d. Propriétés. 1° Physiques. — L'anhydride carbonique est un gaz incolore, inodore, d'une saveur légèrement acide. Il est assez soluble dans l'eau qui, à la température ordinaire et à la pression de 760 millimètres, en dissout environ son volume, et cette quantité croît proportionnellement à la pression. L'eau de Seltz artificielle est une dissolution d'anhydride carbonique dans l'eau, sous une pression de 5 à 6 atmosphères. C'est un gaz assez facilement liquéfiable (V. § 2, p. 9). L'anhydride carbonique liquide, en se volatilisant, absorbe une grande quantité de chaleur. Le froid produit est suffisant pour solidifier une partié de l'anhydride liquide. L'anhydride carbonique se présente sous forme d'une masse blanche semblable à de la neige. La densité de l'anhydride carbonique gazeux est de 1,524. Aussi ce gaz, lorsqu'il se produit dans un lieu où l'atmosphère n'est pas agitée, s'accumule-t-il dans les parties inférieures. On observe ce phénomène curieux dans la grotte du Chien, près de Naples. Un homme peut y entrer sans être incommodé, tandis qu'un chien y est rapidement asphyxié. La densité élevée de l'anhydride carbonique permet également de transvaser ce gaz à la manière des liquides.

2º CHIMIQUES. — L'anhydride carbonique ne forme pas d'acide par fixation des éléments de l'eau. Toutefois, la solution aqueuse d'anhydride carbonique rougit le papier de tournesol. On connaît les sels correspondant à l'acide carbonique hypothétique CO^3H^2. Les uns ont pour formule générale CO^3HM', ce sont les carbonates acides ; les autres, carbonates neutres, ont pour formule générale $CO^3M'^2$.

Ce gaz n'est pas combustible et n'entretient pas la combustion. Un certain nombre de corps lui enlèvent partie ou totalité de son oxygène, sous l'influence de la chaleur.

$$1º \quad CO^2 \quad + \quad C \quad = \quad 2CO$$

Anhydride carbonique.   Carbone.   Oxyde de carbone.

$$2º \quad 3CO^2 \quad + \quad 2K^2 \quad = \quad 2CO^3K^2 \quad + \quad C$$

Anhydride carbonique.   Potassium.   Carbonate de potassium.   Carbone.

e. **Caractères.** — L'anhydride carbonique se reconnaît aux caractères suivants :

1º *Il éteint les corps en combustion.*

2º *Il trouble l'eau de chaux, est absorbé par la potasse humide, mais ne l'est pas par le borax* (V. § 33, p. 126).

Le trouble produit dans l'eau de chaux est dû à la formation de carbonate de calcium insoluble. Le carbonate de calcium en suspension dans beaucoup d'eau est redissous par un excès d'anhydride carbonique.

f. **Physiologie.** 1º ORIGINE. — Nous avons déjà vu (§ 24, p. 96) qu'il se passe, dans l'intimité des tissus, des phénomènes de combustion ; que l'oxygène y disparaît, en même temps que se forment des produits d'oxydation. L'un des termes les plus importants de ces produits d'oxydation est précisément l'anhydride carbonique.

Lavoisier qui, le premier, reconnut que la respiration n'était autre chose qu'un phénomène de combustion lente, croyait à tort que cette combustion s'effectuait dans le poumon. Aujourd'hui, tous les physiologistes sont d'accord pour placer dans toutes les parties de l'organisme le siège des phénomènes de combustion qui ont lieu dans l'économie. Mais ils ont discuté longuement la question de savoir si les combustions qui ont lieu dans les différents organes se font dans le tissu même ou dans le sang qui circule dans les capillaires de l'organe. On peut, en effet, concevoir que les matières destinées à être brûlées passent des organes dans les vaisseaux capillaires pour y subir la combustion (*Estor et St-Pierre*), ou bien que l'oxygène sort des capillaires par endosmose et pénètre dans l'intimité des tissus de l'organe, en même temps que l'anhydride carbonique formé passe de l'organe dans les capillaires (*Hoppe-Seyler*). De nombreux arguments, qu'il serait trop long de citer, ont été donnés par les partisans de l'une ou de l'autre des deux théories. Il est probable que les combustions s'effectuent et dans le sang et dans l'intimité des tissus. Dans les asphyxies le sang renferme, en effet, des substances réductrices qui ont passé des organes dans les capillaires et qui n'y ont pas été brûlées, ce qui prouve que le passage dans le sang des matériaux destinés à la combustion est réel et que, par conséquent, ces matériaux sont oxydés dans le sang. D'autre part, l'expérience de Schützenberger, citée précédemment (V. § 24, p. 96), ne laisse aucun doute sur la possibilité du passage de l'oxygène à travers les parois des capillaires.

2º ÉTAT. — Malgré les nombreuses expériences faites pour savoir à quel état l'anhydride carbonique se trouve dans le sang, on ne saurait encore répondre d'une manière précise à cette question. L'anhydride carbonique paraît exister sous trois états différents dans le sang : 1º une partie semble en simple dissolution dans le plasma sanguin. Elle correspond sensiblement à la quantité de ce gaz que dissoudrait un égal volume d'eau à la température du sang. 2º Une autre partie est faiblement combinée avec le carbonate et le phosphate de sodium du plasma sanguin. Fernet a même établi la loi suivante : « Une molécule de phosphate de sodium *ordinaire* (PhO^4HNa^2) absorbe à l'état de combinaison deux molécules d'anhydride carbonique, c'est-à-dire la même quantité que deux molécules de carbonate de sodium. » Cette loi n'est vraie que pour des dissolutions de phosphate de sodium assez étendues. L'anhydride carbonique ainsi chimiquement fixé dans le plasma sanguin se dégage toutefois facilement, surtout en présence des globules sanguins. 3º Enfin, l'anhydride carbonique se fixe aussi sur le globule sanguin et en est chassé par l'oxygène.

3° ÉLIMINATION. — La cause du dégagement d'anhydride carbonique qui a lieu à la surface pulmonaire est également obscure. Les échanges gazeux ne se font pas, en effet, entre les gaz de l'atmosphère et ceux du sang, mais bien entre ces derniers et ceux des vésicules pulmonaires, qui sont relativement très riches en anhydride carbonique. D'après tout ce qui précède, on voit que l'oxygène, en pénétrant par diffusion dans le sang et en se fixant sur le globule sanguin, tend à déplacer l'anhydride carbonique, tant des globules que du plasma; la tension de ce gaz augmente alors dans le sang, elle triple ou quadruple (*Holmgren*), et l'on conçoit dès lors que l'anhydride carbonique s'exhale de la surface pulmonaire.

Les analyses suivantes montrent combien est grande la différence entre les quantités d'anhydride carbonique contenues dans l'air inspiré et dans les produits de l'expiration. Dans ces derniers, la quantité d'anhydride carbonique est au moins 100 fois plus grande que dans l'air atmosphérique.

	AIR atmosphérique.	GAZ de l'expiration.
Oxygène	20,81	16,033
Azote	79,15	79,557
Anhydride carbonique	0,04	4,380

Dans l'espace de 24 heures un homme adulte de moyenne taille élimine par les poumons environ 1 kilogr. d'anhydride carbonique. De plus, de petites quantités de ce gaz sont éliminées par la peau, par l'intestin et avec l'urine.

Enfin l'anhydride carbonique paraît, dans certaines circonstances, se réduire, en petite quantité, dans l'économie et se transformer en acide oxalique (V. § 246).

g. **Action sur l'économie.** — L'anhydride carbonique est irrespirable et détermine rapidement la mort par asphyxie. Nous avons vu (V. § 10, p. 48) que l'hydrogène, qui lui aussi est irrespirable, peut entrer dans la composition d'atmosphères artificielles d'oxygène et d'hydrogène, renfermant autant d'oxygène que l'air que nous respirons, sans altérer en rien la respiration des animaux qu'on fait vivre dans de pareilles atmosphères. Il n'en est plus de même de l'anhydride carbonique. Claude Bernard a démontré que les animaux meurent dans des atmosphères plus riches en oxygène que l'air ordinaire, mais renfermant 13 p. 100 d'anhydride carbonique. Les animaux ne meurent donc pas par privation d'oxygène, mais par suite de l'accumulation de l'anhydride carbonique dans le sang.

§ 82. — Carbonates.

a. Procédés de préparation. — 1° *On prépare dans l'industrie les carbonates de sodium et de potassium en décomposant, sous l'influence de la chaleur, les sulfates de ces métaux par un mélange de charbon et de carbonate de calcium.*

La théorie de cette opération est la suivante : Le charbon transforme le sulfate métallique en sulfure (V. § 38, p. 135.)

$$SO^4Na^2 \quad + \quad 2C \quad = \quad Na^2S \quad + \quad 2CO^2$$

Sulfate de sodium.   Charbon.   Sulfure de sodium.   Anhydride carbonique.

D'autre part, le carbonate de calcium se décompose par l'action de la chaleur, en oxyde de calcium et en anhydride carbonique. Dès lors l'oxyde de calcium et le sulfure alcalin produits réagissent l'un sur l'autre. Il se fait une double décomposition par suite de laquelle se forment du sulfure de calcium et de l'oxyde de sodium ou de potassium ; celui-ci s'empare de l'anhydride carbonique, d'où résulte la formation de carbonate de sodium ou de potassium. Quant au sulfure de calcium, il forme avec l'excès de chaux vive un oxysulfure de calcium insoluble. En traitant par l'eau la masse obtenue, on sépare les substances insolubles (charbon, oxysulfure de calcium, carbonate de calcium) des carbonates alcalins qui entrent en solution et qu'on purifie.

2° *Les carbonates alcalino-terreux et ceux des métaux proprement dits s'obtiennent en précipitant, par du carbonate de sodium, une dissolution d'un sel soluble de ces métaux.*

3° *Le carbonate d'ammonium s'obtient, par double décomposition, en chauffant un mélange de chlorure ammonique et de carbonate de calcium (craie). Le carbonate ammonique volatil se forme et se rend dans les parties froides de l'appareil.*

4° *On obtient les carbonates acides, nommés aussi bicarbonates, en faisant passer un courant d'anhydride carbonique dans la dissolution d'un carbonate neutre ou bien sur les cristaux humides de ce carbonate ou enfin dans de l'eau tenant en suspension le carbonate neutre, si ce carbonate est insoluble.*

b. Propriétés. 1° PHYSIQUES. — *Les carbonates neutres sont tous insolubles dans l'eau, à l'exception des carbonates alcalins.* Les carbonates acides n'existent qu'en solution, à l'exception des carbonates acides de sodium et de potassium. Ceux-ci sont moins solubles que les carbonates neutres correspondants.

2° Chimiques. — Les solutions des carbonates alcalins bleuissent le papier rouge de tournesol ; les carbonates acides de sodium et de potassium eux-mêmes font virer au bleu le papier de tournesol, mais moins énergiquement que les carbonates neutres (1).

Presque tous les carbonates neutres insolubles, tels que le carbonate de calcium, par exemple, se dissolvent plus ou moins dans l'eau chargée d'anhydride carbonique avec formation d'un carbonate acide soluble.

Les carbonates alcalins précipitent la plupart des solutions métalliques ; mais le précipité n'est pas toujours un carbonate. Dans un grand nombre de cas, le précipité est un oxyde ou un oxyde mélangé de carbonate. Il se dégage alors de l'anhydride carbonique.

Sous l'influence de la chaleur, les carbonates sont décomposés. Il se dégage de l'anhydride carbonique et il reste un résidu d'oxyde ou de métal, si l'oxyde est décomposable par la chaleur. Les carbonates alcalins font exception.

c. **Caractères.** — 1° *Les carbonates, traités par l'acide sulfurique ou par tout autre acide, donnent lieu à un dégagement d'anhydride carbonique facile à reconnaître.*

2° *Les carbonates solubles précipitent en blanc les sels de baryum. Le précipité est soluble avec effervescence dans les acides.*

3° *On distingue les carbonates neutres solubles des carbonates acides en ce que les premiers précipitent la solution de sulfate de magnésium, ce que ne font pas les seconds.*

d. **Dosage.** — Il est souvent très important de pouvoir doser la quantité d'anhydride carbonique en combinaison avec les bases. On y arrive facilement à l'aide d'appareils dans lesquels on introduit un poids donné du carbonate et une certaine quantité d'acide sulfurique. Ces appareils sont disposés de façon à ce que l'acide n'entre en contact avec le carbonate, qu'à la volonté de l'opérateur. On peut donc peser l'appareil chargé, laisser ensuite agir l'acide sur le carbonate. Il se dégage de l'anhydride carbonique, et une nouvelle pesée, à la fin de l'opération, indique la quantité d'anhydride carbonique qui s'est dégagée. L'anhydride carbonique ne peut sortir de l'appareil qu'après avoir traversé de l'acide sulfurique ou après avoir passé dans un petit tube renfermant du chlorure de calcium où il se dessèche. On n'a pas à craindre dès lors la perte de poids qui pourrait résulter de l'entraînement d'un peu d'eau par le dé-

(1) Par l'expression carbonate acide on n'indique pas que la réaction du sel soit acide ; mais seulement, comme il a été dit souvent, que dans ce sel il existe encore un hydrogène remplaçable par un métal.

gagement d'anhydride carbonique. Enfin on a soin, à la fin de l'opération et avant de faire la pesée, de balayer l'anhydride carbonique qui remplit l'appareil en y aspirant de l'air desséché. Les figures 34 et 35 rendent compte des dispositions que l'on peut adopter pour la construction de ces appareils.

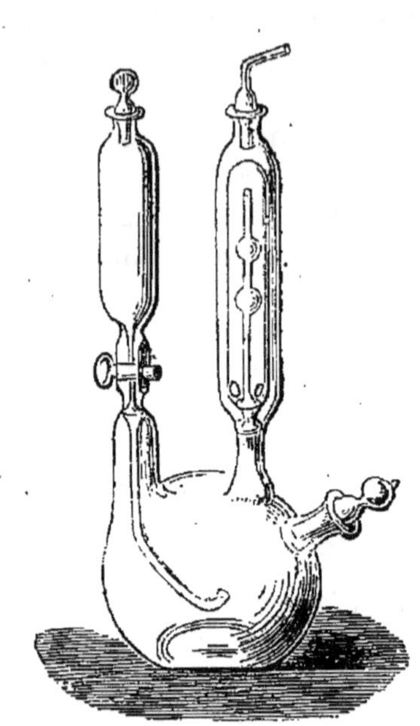

Fig. 34. — Appareil pour le dosage de l'anhydride carbonique.

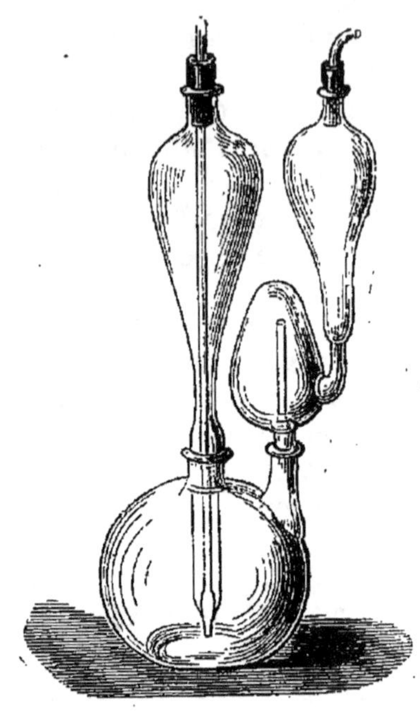

Fig. 35. — Appareil pour le dosage de l'anhydride carbonique.

L'écoulement de l'acide sulfurique s'obtient dans l'appareil représenté par la figure 35, en soulevant légèrement le tube de verre qui traverse l'ampoule contenant l'acide sulfurique et ferme l'ouverture inférieure du cylindre de verre qui fait suite à cette ampoule.

COMBINAISON DU CARBONE AVEC LE SOUFRE.

§ 83. — SULFURE DE CARBONE.

$$CS^2.$$

Poids moléculaire : 76.

Le sulfure de carbone (CS^2) est analogue à l'anhydride carbonique (CO^2). On l'obtient en faisant passer des vapeurs de soufre sur du charbon chauffé au rouge.

Il constitue un liquide neutre très mobile, fortement réfringent. Il bout à 46° et produit un grand froid en se volatilisant. C'est un dissolvant dont nous avons souvent parlé. Il dissout l'iode, le soufre, le phosphore, etc.

Le sulfure de carbone est combustible et s'enflamme avec une grande facilité ; les produits de sa combustion sont de l'anhydride carbonique, et de l'anhydride sulfureux :

$$CS^2 + 3O^2 = 2SO^2 + CO^2.$$

Le sulfure de carbone donne, en se combinant avec les sulfures alcalins, des sulfocarbonates (CS^3M^2), de même que l'anhydride carbonique, en agissant sur les oxydes, donne des carbonates (CO^3M^2).

Le sulfure de carbone est employé dans l'industrie. Ses vapeurs sont nuisibles aux ouvriers qui les respirent ; elles occasionnent des maux de tête, des accidents nerveux et une faiblesse générale des forces musculaires.

§ 84. — SILICIUM.

Découvert par Berzélius. — *Poids atomique : 28.*

Le *silicium* présente de grandes analogies avec le carbone. A l'état de combinaison avec l'oxygène, il est très répandu dans la nature ; mais le métalloïde lui-même ne nous arrêtera pas.

De même que le carbone, le silicium existe à l'état amorphe, à l'état cristallisé et à l'état graphitoïde. Ces diverses modifications allotropiques du silicium ont été obtenues et étudiées par H. Sainte-Claire-Deville.

Les combinaisons que le sicilium et le carbone forment avec les différents éléments montrent les relations étroites qui existent entre ces deux métalloïdes tétravalents. On trouvera dans le tableau ci-dessous les formules de quelques-unes de ces combinaisons.

COMBINAISONS DU CARBONE ET DU SILICIUM

	CARBONE.	SILICIUM.
avec l'hydrogène..	CH^4 Protocarbure d'hydrogène.	SiH^4 Hydrogène silicié.

avec le chlore.....	CCl^4 Chlorure de carbone.	$SiCl^4$ Chlorure de silicium.
	C^2Cl^6 Hexachlorure de carbone.	Si^2Cl^6 Hexachlorure de silicium.
avec l'oxygène.....	CO^2 Anhydride carbonique.	SiO^2 Anhydride silicique.
avec le soufre.....	CS^2 Sulfure de carbone.	SiS^2 Sulfure de silicium, etc.

Des différentes combinaisons que le silicium est susceptible de former, l'anhydride silicique et les silicates présentent seuls un certain intérêt pour le médecin.

§ 85. — ANHYDRIDE SILICIQUE.

SiO^2.

Synonymie : Silice. — *Poids moléculaire :* 60.

a. État naturel. — La silice est une des matières les plus abondamment répandues dans la nature. A l'état de liberté, elle constitue le quartz transparent ou cristal de roche, les agates, la pierre à fusil, etc. Combinée aux métaux, la silice forme des sels dont quelques-uns sont très abondants dans la nature. Tels sont les silicates d'aluminium ou argiles, et un grand nombre de silicates doubles.

On trouve des traces de silice dans les cendres du sang, de la bile, de l'urine, de l'œuf. La silice est surtout abondante dans les cendres des cheveux, des plumes, des excréments. Il faut remarquer que, dans le dernier cas, la silice trouvée peut provenir, en partie du moins, de sables siliceux ingérés avec les aliments.

b. Préparation. — On obtient de la silice pure et amorphe en traitant par l'acide chlorhydrique une dissolution de silicate de sodium ou de potassium. De la silice insoluble se précipite, sous forme d'une masse gélatineuse, qu'on chauffe à 100°. On obtient alors de la silice anhydre qu'on lave et qu'on dessèche.

c. Propriétés. — L'anhydride silicique ainsi préparé est une poudre blanche, amorphe, insoluble dans l'eau, infusible au feu de forge. Toutes les variétés de cristal de roche sont inattaquables par les acides autres que l'acide fluorhydrique. Le charbon ne réduit pas l'anhydride silicique. Au rouge l'anhydride silicique se combine aux alcalis et donne naissance à des *silicates*.

A cet anhydride correspondent de nombreux acides. Le silicium étant tétravalent, l'hydrate ou acide silicique normal a pour formule $Si^{IV}(OH)^4$, en formule brute SiO^4H^4. Ce premier hydrate peut perdre de l'eau et donner un nouvel hydrate $SiO(OH)^2$, en formule brute SiO^3H^2. Cet hydrate correspond à l'acide carbonique hypothétique CO^3H^2. Les silicates qui dérivent de l'acide silicique SiO^3H^2 sont analogues aux carbonates. Le précipité gélatineux qu'on obtient en décomposant le silicate de potassium par l'acide chlorhydrique constitue probablement l'un de ces hydrates. Enfin, l'acide silicique donne, comme tous les acides polybasiques, des acides condensés résultant de l'union de deux, trois, quatre, etc., molécules d'acide, avec perte de une, deux, trois molécules d'eau. Ces acides condensés peuvent eux-mêmes perdre de l'eau et donner de nouveaux anhydrides. On connaît beaucoup de silicates qui correspondent à de tels acides.

L'acide fluorhydrique ou, ce qui revient au même, un mélange de fluorure de calcium et d'acide sulfurique (V. § 22, p. 85) attaque l'anhydride silicique et le transforme en fluorure de silicium :

$$SiO^2 \quad + \quad 4HFl \quad = \quad 2H^2O \quad + \quad SiFl^4$$

Anhydride silicique. — Acide fluorhydrique. — Eau. — Fluorure de silicium.

Le fluorure de silicium est un gaz qui répand à l'air d'épaisses fumées blanches. L'eau décompose ce corps en anhydride silicique et en acide fluorhydrique qui, se combinant à du fluorure de silicium non décomposé, donne un acide : $SiFl^4,2HFl$, auquel on a donné le nom d'*acide hydro-fluosilicique* :

$$3SiFl^4 \quad + \quad 2H^2O \quad = \quad SiO^2 \quad + \quad 2(SiFl^4, 2HFl)$$

Fluorure de silicium. — Eau. — Anhydride silicique. — Acide hydro-fluosilicique.

L'acide hydrofluosilicique est employé comme réactif. Il donne en effet avec les sels de potassium un précipité blanc gélatineux d'hydrofluosilicate de potassium. Les hydrofluosilicates ont pour formule générale : $SiFl^6M'^2$.

Pour préparer l'acide hydrofluosilicique, on chauffe dans un ballon un mélange de silice, de fluorure de calcium et d'acide sulfurique. Le fluorure de silicium qui se forme dans ces conditions traverse un tube de dégagement qui plonge dans du mercure contenu dans une éprouvette et au-dessus duquel se trouve une couche d'eau. Le fluorure de silicium ne rencontre l'eau qu'après avoir traversé le mercure, et se décompose comme il a été dit plus haut. Grâce à cet artifice, le tube de dégagement ne peut être obstrué par la silice qui prend naissance dans la réaction. Lorsque l'opération est terminée, on jette sur un linge la gelée de silice et l'on exprime. Le liquide qui passe est une solution d'acide hydrofluosilicique.

§ 86. — Silicates.

Le silicate de potassium est le seul silicate employé en médecine. On le subtitue au plâtre et à la dextrine pour la préparation des appareils inamovibles. Des bandes de toile imprégnées de silicate de potassium durcissent en effet en quelques heures.

On prépare les silicates alcalins en fondant au rouge du sable siliceux avec du carbonate de potassium ou du carbonate de sodium. On coule la masse et on la dissout dans l'eau. On appelait autrefois *liqueur des cailloux* la dissolution du silicate de potassium ainsi obtenue.

Les silicates sont tous insolubles, à l'exception des silicates alcalins.

TROISIÈME PARTIE

MÉTAUX.

---

§ 87. — CLASSIFICATION.

a. Nous avons vu (§ 5, p. 28) que le caractère distinctif le plus net des métalloïdes et des métaux est tiré de la formation des acides, des bases et des sels. Les métalloïdes, en se combinant avec l'oxygène, forment des anhydrides qui, en fixant de l'eau, donnent des acides. Les métaux, au contraire, forment avec l'oxygène des anhydrides basiques, et les bases ne sont autre chose que des hydrates métalliques. Les sels proviennent de la double décomposition entre les bases et les acides.

Ce caractère distinctif n'est pourtant pas absolu. Quelques hydrates métalliques très riches en oxygène sont de véritables acides, comme, par exemple, les acides chromique, manganique. Mais s'il y a des hydrates métalliques jouant le rôle d'acide, il y a du moins toujours, pour chaque métal, un de ces hydrates qui se comporte avec les acides comme une base.

Dans l'histoire des métaux, nous aurons à décrire les différents sels de chaque métal qui présentent de l'intérêt, à un titre quelconque, pour le médecin. La préparation des sels, en général, a été indiquée dans l'histoire des métalloïdes. Nous ne reviendrons donc pas, à propos de chaque sel, sur les moyens de le préparer. Les moyens industriels d'extraction des métaux ne seront également décrits que sommairement. Les caractères de pureté et les propriétés des différents composés métalliques employés en médecine seront, au contraire, décrits avec soin.

b. Les métaux, à l'exception du mercure, sont des corps solides, ayant un éclat particulier dit métallique. Presque tous les métaux peuvent cristalliser. Ils sont en général *malléables*, c'est-à-dire qu'ils peuvent être réduits en lames minces et *ductiles*, c'est-à-dire étirables en fils.

Leur densité varie entre 0,59 et 21,8. Les métaux sont rangés dans le tableau suivant, dans l'ordre de leur densité.

Lithium......	0,59	Aluminium....	2,6	Cuivre.........	8,9
Potassium....	0,86	Baryum.......	3,6	Argent.........	10,5
Sodium	0,97	Chrome.......	5,9	Plomb	11,3
Calcium......	1,6	Zinc..........	7,1	Mercure	13,6
Magnésium...	1,75	Manganèse	7,2	Or............	19,3
Strontium	2,5	Fer...........	7,6	Platine........	21,8

On donne souvent le nom de métaux *lourds* aux métaux dont la densité dépasse 5, et de métaux *légers* à ceux dont la densité est inférieure à 5.

Les oxydes des métaux lourds sont plus facilement réductibles que ceux des métaux légers. Ceux-ci sont, inversement, plus facilement oxydables, à l'exception de l'aluminium.

Les métaux légers décomposent facilement l'eau. Le potassium et le sodium la décomposent rapidement à froid avec dégagement d'hydrogène.

Un plus grand nombre de métaux décomposent les acides en mettant l'hydrogène de l'acide en liberté. Ex.:

$$Zn + SO^4H^2 = SO^4Zn + H^2.$$

Les métaux déplacent facilement d'autres métaux de leurs sels. Ex.:

$$Zn + SO^4Cu = SO^4Zn + Cu.$$

Dans le tableau suivant, les principaux métaux sont rangés dans un ordre tel que chaque métal déplace tous ceux qui le suivent dans le tableau.

Potassium.	Zinc.	Mercure.
Sodium.	Fer.	Argent.
Calcium.	Plomb.	Platine.
Magnésium.	Étain.	Or.
Aluminium.	Cuivre.	

On voit que cet ordre est, à quelques exceptions près, celui des densités des métaux.

On désigne souvent le potassium, le sodium et le lithium sous le nom de *métaux alcalins*. Ils donnent, en effet, naissance à des bases solubles qui bleuissent énergiquement le papier de tournesol. Le baryum, le strontium et le calcium sont des *métaux alcalino-terreux*. Les anciens chimistes, croyant que les oxydes métalliques étaient des corps simples, les avaient partagés en *alcalis*, *terres alcalines* et *terres proprement dites*. Les métaux alcalino-terreux diffèrent des métaux alcalins par l'insolubilité de leurs carbonates.

c. La classification rationnelle des métaux présente de grandes difficultés. Chaque métal possède en effet des allures qui lui sont propres. Dumas et Würtz ont jeté les bases d'une classification rationnelle des métaux, analogue à la classification des métalloïdes. Plusieurs chimistes ont divisé les métaux en classes dont chacune renferme des métaux possédant la même valence.

J'adopterai cette base pour la classification des métaux ; mais je diviserai en plusieurs familles des métaux possédant la même valence. On peut ainsi classer les métaux en un certain nombre de familles très naturelles. Nous constaterons, après avoir fait l'étude des différents éléments de chaque famille, les relations étroites qui lient ces éléments entre eux.

MÉTAUX MONOVALENTS.

Première famille. — Potassium, sodium, ammonium, lithium, argent.

MÉTAUX BIVALENTS.

Deuxième famille. — Calcium, strontium, baryum, plomb.
Troisième famille. — Magnésium, zinc.
Quatrième famille. — Cuivre, mercure.

MÉTAUX TRIVALENTS.

Cinquième famille. — Or.

MÉTAUX TÉTRAVALENTS.

Sixième famille. — Fer, aluminium, manganèse, chrome, cobalt, nickel.
Septième famille. — Étain, platine, palladium.

MÉTAUX MONOVALENTS. — 1re FAMILLE

§ 88. — POTASSIUM.

Découvert en 1807, par Humphry Davy. — *Poids atomique : 39. — Poids moléculaire : 78 (?).*

a. Préparation. — Le potassium s'obtient en réduisant le carbonate de potassium par le charbon.

$$\underbrace{CO^3K^2}_{\substack{\text{Carbonate} \\ \text{de potassium.}}} \quad + \quad \underbrace{2C}_{\text{Charbon.}} \quad = \quad \underbrace{3CO}_{\substack{\text{Oxyde} \\ \text{de carbone.}}} \quad + \quad \underbrace{K^2}_{\text{Potassium.}}$$

L'opération se fait dans des bouteilles de fer en communication avec des récipients contenant de l'huile de naphte. Le potassium formé distille et se condense dans les récipients.

b. Propriétés. 1° Physiques. — Le potassium est un corps solide, d'un blanc métallique, se ternissant à l'air. Il est très mou, entre en fusion à 62°,5 et se volatilise au rouge. Sa densité est égale à 0,865.

2° Chimiques. — Le potassium est extrêmement avide d'oxygène. Il faut le conserver sous l'huile de naphte (pétrole), car au contact de l'oxygène de l'air, il s'oxyde rapidement et se convertit en potasse. Il décompose l'eau à la température ordinaire en s'emparant de l'oxygène. La chaleur produite est telle que l'hydrogène qui se dégage s'enflamme à l'air et brûle avec une flamme violette due aux vapeurs de potassium. La potasse qui prend naissance forme un globule qui tournoie sur l'eau sans toucher ce liquide, tant qu'il se dégage de l'hydrogène et qu'il se produit assez de vapeur d'eau pour le maintenir à une petite distance de la surface liquide. En se refroidissant, il tombe dans l'eau, et, comme il est encore très chaud, il se produit une petite explosion par suite de la formation d'une grande quantité de vapeur d'eau.

L'avidité du potassium pour l'oxygène est telle que ce métal décompose même l'anhydride carbonique en lui enlevant son oxygène (V. § 81, p. 217).

§ 89. — **Chlorure de potassium.**

KCl.

a. État naturel ; emploi médical. — Le chlorure de potassium se trouve pour ainsi dire dans tous les liquides de l'économie, en même temps que le chlorure de sodium, mais en moindre quantité que ce dernier. Le chlorure de potassium a été employé en médecine sous les noms de *sel fébrifuge de Sylvius* et de *sel digestif*. Le *sel de Guindre* est un mélange de sulfate de sodium et d'un peu de chlorure de potassium (Codex). Liebig avait proposé d'en ajouter au bouillon, dans le but de relever les forces des convalescents.

b. Préparation. — On l'extrait des cendres de varechs, des résidus de la préparation du sucre de betteraves ; enfin il existe à l'état de pureté en beaux cristaux (sylvine) et en combinaison avec le chlorure de magnésium, (carnallite) dans de grands dépôts salins, à Stassfurth (Prusse).

On le prépare, en pharmacie, en décomposant le carbonate de potassium par l'acide chlorhydrique.

c. Propriétés. — C'est un sel blanc, cristallisé en cubes, soluble dans l'eau.

§ 90. — **Iodure de potassium.**

IK.

a. Emploi médical. — L'iodure de potassium est un médicament des plus précieux. On l'emploie dans le traitement des affections syphilitiques et scrofuleuses ; on s'en sert souvent pour obtenir la résolution de tumeurs, etc.

b. Préparation. — On l'obtient toujours artificiellement quoiqu'il existe dans certaines eaux minérales, dans les fucus, etc. On peut le préparer par deux procédés :

1° *On décompose l'iodure ferreux par le carbonate de potassium* (Codex).

Pour cela on fait agir, en proportions données, de l'iode sur du fer en présence de l'eau. Il se forme de l'iodure ferreux qui est soluble et qui, comme l'iodure de potassium, jouit de la propriété de dissoudre l'iode. Aussi la liqueur se colore-t-elle en brun, coloration qui disparaît lorsque tout l'iode s'est combiné avec le fer. L'opération commence à froid ; on l'achève en chauffant le mélange. On filtre l'iodure de fer obtenu, puis on le décompose par du carbonate de potassium. Il se précipite du carbonate ferreux et de l'iodure de potassium reste en solution. On sépare par filtration et on fait cristalliser l'iodure de potassium.

2° On chauffe de l'iode avec de la potasse ou du carbonate de potassium jusqu'à ce que la décoloration n'ait plus lieu. On obtient ainsi un mélange d'iodure et d'iodate (V. § 20, p. 82). Ce mélange est amené à siccité, puis calciné. La calcination décompose l'iodate en iodure et en oxygène. On reprend la masse d'iodure par l'eau et on fait cristalliser.

c. Impuretés et purification. — 1° L'iodure de potassium du commerce contient souvent du *chlorure de potassium*. Pour déceler, dans un iodure de potassium, la présence de chlorure, on se sert du procédé suivant :

On traite une solution de l'iodure suspect par de l'azotate d'argent. Il se précipite de l'iodure et du chlorure d'argent si l'iodure renferme du chlorure de potassium. On traite le précipité par de l'ammoniaque qui dissout le chlorure d'argent et est sans action sur l'iodure. On filtre. Le chlorure d'argent dissous dans l'ammoniaque passe à travers le filtre. Il suffit de neutraliser la liqueur filtrée par l'acide azotique pour obtenir un précipité blanc de chlorure d'argent (V. § 13, p. 66).

2° L'iodure de potassium préparé par l'iodure de fer et le carbonate de potassium peut renfermer *un excès de ce dernier sel*. Dans ce cas, l'iodure de potassium possède une réaction alcaline qu'il n'a pas lorsqu'il est pur. De plus, si l'on projette dans une solution de cet iodure un petit morceau d'iode, celui-ci s'y dissout sans la colorer (V. plus haut). Enfin on détermine une effervescence due au dégagement d'anhydride carbonique en traitant un tel iodure par un acide. L'iodure de potassium renferme presque toujours un peu de carbonate de potassium; il n'y a fraude que lorsque ce sel est en proportions un peu fortes.

3° L'*iodate de potassium* se trouve souvent dans l'iodure préparé par l'action de l'iode sur la potasse. Cette impureté est très dangereuse. En effet, l'acide iodhydrique et l'acide iodique réagissent l'un sur l'autre, de telle sorte que l'iode des deux acides est mis en liberté :

$$5IH + IO^3H = 3H^2O + 3I^2.$$

Aussi suffit-il de verser dans un iodure de potassium renfermant de l'iodate un acide même très faible, tel que l'acide lactique ou l'acide acétique, pour déterminer la mise en liberté des acides iodhydrique et iodique et, par suite, celle d'iode.

Or, on sait que le suc gastrique renferme un acide libre. On comprend donc combien il est important que l'iodure de potassium soit exempt d'iodate, surtout si l'on remarque que, d'après la formule ci-dessus, il suffit d'une molécule d'iodate pour cinq molécules d'iodure, pour que tout l'iodure soit décomposé.

Pour débarrasser un iodure de l'iodate qu'il renferme, il faut le fondre à nouveau. On peut même ajouter à la masse, avant de la fondre, un peu de limaille de fer ou du charbon. Ces corps s'emparent de l'oxygène de l'iodate et aident ainsi l'action de la chaleur.

4° Enfin l'iodure de potassium peut encore renfermer du *bromure de potassium*. Pour reconnaître la présence de ce dernier sel, on ajoute à l'iodure supposé impur un excès de sulfate de cuivre, puis on y fait passer un courant d'anhydride sulfureux. L'iode est précipité à l'état d'iodure cuivreux et le bromure reste en solution. On constate sa présence par les moyens ordinaires (V. §20, p. 83), après avoir préalablement fait bouillir la liqueur pour chasser l'acide sulfureux.

d. Propriétés. — L'iodure de potassium est un sel blanc qui cristallise en cubes. Sa saveur est salée et âcre. Il est très soluble dans l'eau; fond au rouge. La solution aqueuse d'iodure de potassium dissout l'iode en se colorant en brun (*iodure de potassium ioduré*).

§ 91. — **Bromure de potassium**.

BrK.

a. Emploi médical. — Ce sel est un sédatif (1) du système nerveux. Il est aujourd'hui d'un usage fréquent.

b. Préparation. — L'histoire du bromure de potassium est pour ainsi dire calquée sur celle de l'iodure. On prépare le bromure de potassium en faisant agir du brome sur de la potasse. On obtient ainsi un mélange de bromure et de bromate, que l'on calcine pour transformer le bromate en bromure.

c. Impuretés. — Nous avons vu que les impuretés que peut renfermer l'iodure de potassium sont : le bromure, le chlorure, l'iodate et le carbonate de potassium. De même, le bromure de potassium renferme souvent de l'*iodure*, du *chlorure*, du *bromate* et du *carbonate de potassium*.

1° L'*iodure* se reconnaît aisément à l'aide de l'eau de chlore et de l'empois d'amidon (V. § 21, p. 84).

---

(1) Sédatif. Qui modère l'action augmentée d'un organe ou d'un système d'organes.

2° La présence de *bromate* dans le bromure se démontre, comme celle de l'iodate dans l'iodure, par l'addition de quelques gouttes d'un acide faible au bromure suspect. Si le bromure renferme du bromate, la liqueur se colore en jaune par suite de la mise en liberté de brome. On rend la présence du brome plus sensible par l'un des procédés décrits au § 17.

3° Le *carbonate de potassium* se reconnaît dans le bromure comme dans l'iodure.

4° Reste le *chlorure de potassium*. La constatation de la présence du chlorure de potassium dans le bromure est rendue très difficile par suite des analogies étroites que présentent entre eux les bromures et les chlorures. Il faut avoir recours au procédé indirect que voici (1) :

Un gramme de bromure de potassium pur exige $1^{gr},427$ d'azotate d'argent pour être converti en bromure d'argent, tandis que 1 gramme de chlorure de potassium pur n'est transformé en chlorure d'argent que par $2^{gr},279$ d'azotate d'argent. Si l'on suppose donc un mélange de 0,9 de bromure et de 0,1 de chlorure, la quantité d'azotate d'argent nécessaire pour leur conversion complète en bromure et en chlorure d'argent sera :

$$1.427 \times 0,9 + 2,279 \times 0,1 = 1,5122.$$

Par conséquent, si le bromure contenait $1/10^e$ de chlorure, on serait obligé, après avoir traité le mélange par $1^{gr},427$ d'azotate d'argent, d'y ajouter encore 0,0852 de ce dernier réactif. On voit donc que, si l'on dissout 0,852 d'azotate d'argent dans 100 centimètres cubes d'eau distillée, et si, après avoir traité 1 gr. de bromure par 1,427 d'azotate d'argent, on doit ajouter, pour obtenir une précipitation complète, 5, 10, 20, 30 centimètres cubes de liqueur titrée, c'est que le bromure de potassium analysé renferme 5, 10, 20, 30 p. 100 de chlorure de potassium, c'est là la *bromométrie*.

Toutefois, avant d'opérer comme il vient d'être dit, il faut s'assurer que le bromure de potassium ne renferme aucun sel étranger. On cherche non seulement l'iodure, le bromate et le carbonate, mais encore le sulfate et l'azotate de potassium dont on a souvent signalé la présence dans le bromure de potassium. En effet, lorsque ces sels, qui n'agissent pas sur l'azotate d'argent, existent en certaine quantité dans le bromure, il ne peut y avoir dans 1 gramme du mélange, qu'une certaine fraction de gramme de bromure pur. L'azotate d'argent qu'on ajoute au bro-

____

(1) Extrait d'un rapport de Poggiale sur un mémoire de Falières.

mure est donc en excès par rapport à ce dernier sel et peut précipiter une certaine quantité de chlorure qui passe ainsi inaperçue.

d. Propriétés. — Le bromure de potassium est un sel blanc cristallisé en cubes, d'une saveur salée et piquante. Il est très soluble dans l'eau, fusible au rouge.

e. Élimination. — Le bromure et l'iodure de potassium, qui ont pénétré dans l'économie, sont éliminés par les urines. Il en est de même de la plupart des bromures et iodures métalliques. Ces sels se répandent après leur ingestion dans un grand nombre de liquides de l'économie. On en trouve dans le lait, dans le suc pancréatique, dans le suc gastrique, dans la bile et la salive; mais pas dans la sueur.

§ 92. — **Oxydes et hydrate de potassium.**

$$K^2O ; KOH.$$

Le potassium forme avec l'oxygène plusieurs combinaisons ; un oxyde K^2O, un bioxyde K^2O^2 et un tétroxyde K^2O^4. Au premier de ces corps K^2O correspond une base KOH, connue sous le nom de *potasse caustique*, qui seule est employée en médecine et dans les laboratoires.

a. Emploi en médecine. — La potasse n'est guère employée à l'intérieur. Les carbonates alcalins jouissent en effet des mêmes propriétés que la potasse et n'ont pas ses effets irritants locaux. On s'en sert souvent à l'extérieur comme escharotique (1), sous le nom de *pierre à cautère*. Mais la potasse, surtout la potasse à l'alcool, a l'inconvénient de *couler* par suite de la facilité avec laquelle elle attire l'humidité de l'air. Il en résulte des eschares trop étendues. On évite ces inconvénients en mélangeant intimement la potasse avec son poids de chaux vive. On obtient ainsi la *poudre de Vienne*, dont on fait une pâte avec un peu d'alcool au moment de s'en servir. Le caustique *Filhos* s'obtient en coulant dans une lingotière de la potasse fondue additionnée de chaux et en enveloppant immédiatement de gutta-percha les crayons obtenus.

b. Préparation. — *On prépare la potasse en traitant une solution de carbonate de potassium par de la chaux éteinte et faisant bouillir le mélange dans une chaudière de fer.* Le carbonate de calcium qui prend naissance par double décomposition, étant insoluble, se précipite :

$$CO^3K^2 + CaO^2H^2 = CO^3Ca + 2KOH.$$

(1) Substance qui désorganise et détruit les parties vivantes.

La double décomposition n'a lieu que quand les dissolutions sont étendues. Dans le cas contraire, une réaction inverse aurait lieu, c'est-à-dire que la potasse décomposerait le carbonate de calcium.

On fait bouillir environ pendant une demi-heure. Pour s'assurer que l'opération est terminée, on traite une petite portion de la liqueur étendue de son volume d'eau et filtrée par quelques gouttes d'eau de chaux. La liqueur ne doit plus se troubler. Arrivé à ce point, on laisse reposer, on décante le liquide clair, on l'évapore à siccité dans une bassine d'argent; puis on chauffe fortement le produit jusqu'à ce qu'il éprouve la fusion ignée. Par le refroidissement on obtient la potasse sous forme de plaques blanches.

La potasse ainsi obtenue est ordinairement mélangée d'un peu de chaux, de sulfate et de chlorure de potassium, qui existent le plus souvent dans le carbonate de potassium.

Cette potasse porte le nom de *potasse à la chaux*. On la purifie, en la traitant par de l'alcool à 90°. L'alcool dissout la potasse, tandis que les impuretés se dissolvent dans l'eau que renferme l'alcool et forment une couche qui occupe la partie inférieure du vase et qu'il est facile de séparer de la couche supérieure. On évapore cette dernière et on fait fondre le résidu dans une bassine d'argent. La potasse ainsi purifiée est dite *potasse à l'alcool*.

c. Propriétés. — La potasse est un corps solide, blanc, fusible au rouge-sombre, volatil au rouge-blanc. A cette température, une partie de la potasse se déshydrate et se convertit en oxyde de potassium (K^2O). La potasse est très soluble dans l'eau et même déliquescente. C'est une base extrêmement puissante.

d. Toxicologie. — L'ingestion accidentelle ou volontaire de potasse caustique a déterminé de graves accidents. Les empoisonnements par la potasse sont extrêmement rares.

Le traitement des malades ayant ingéré de la potasse ou de la soude, qui agit comme la potasse, consiste dans l'administration de boissons acides, d'eau vinaigrée par exemple.

Quant à la recherche du poison, elle se fait de la manière suivante. On constate l'alcalinité énergique des liquides du tube digestif; on sépare par filtration les matières solides des matières liquides et on extrait de ces dernières la potasse ou la soude à l'aide de l'alcool.

Si un acide a été administré, on dosera les quantités de potassium et de sodium contenues dans les liquides suspects et on les comparera aux quantités contenues normalement dans l'économie. Gorup-Besanez a construit des tables indiquant les quantités relatives de sels de sodium et de potassium qui se trouvent dans les différents organes du corps humain.

§ 93. — Sulfures de potassium.

On connaît plusieurs combinaisons de soufre et de potassium. Le sulfhydrate de potassium (KSH) et le monosulfure de potassium (K^2S) correspondent à l'hydrate (KOH) et à l'oxyde de potassium (K^2O). Ils sont sans emploi en médecine.

Le *foie de soufre* est employé en médecine, rarement à l'intérieur, plus fréquemment à l'extérieur, dans le traitement des affections cutanées. On l'utilise journellement pour préparer des bains sulfureux dits *bains de Barèges artificiels*. Le foie de soufre est un mélange de trisulfure de potassium (K^2S^3) et d'hyposulfite, que l'on obtient en faisant fondre, sous l'influence de la chaleur, un mélange de carbonate de potassium sec et de fleur de soufre (V. § 31, p. 120). La matière fondue est divisée en fragments. Le foie de soufre constitue alors une masse d'un rouge-brun, entièrement soluble dans l'eau. Sa solution est d'un jaune foncé. Traité par les acides, le foie de soufre se décompose : il se dégage de l'hydrogène sulfuré et il se précipite du soufre.

La surface des fragments de foie de soufre se colore rapidement en jaune verdâtre. Le foie de soufre s'altère, en effet, à l'air humide et se convertit en un mélange de carbonate et d'hyposulfite de potassium. Aussi faut-il le conserver dans des flacons bien bouchés.

On emploie encore en médecine du *quintisulfure de potassium* (K^2S^5) *impur*, qu'on obtient, par voie humide, en faisant bouillir une dissolution de carbonate de potassium avec un excès de soufre. Le quintisulfure impur ressemble par ses propriétés au trisulfure.

Les sulfures de potassium et les sulfures alcalins en général (sulfures de sodium, d'ammonium) sont très vénéneux et agissent à peu près comme l'hydrogène sulfuré. On emploiera comme contre-poison le peroxyde de fer hydraté, que les sulfures alcalins convertissent en sulfure de fer insoluble.

§ 94. — Azotate de potassium.

$$AzO^3K.$$

Synonymie : Nitrate de potassium ; nitre ; salpêtre.

a. **État naturel; emploi en médecine.** — L'azotate de potassium existe dans la nature (V. § 41, p. 149), mais ne se rencontre pas, à l'état normal, dans l'organisme animal.

On emploie souvent ce sel en médecine comme diurétique (1). Pris à fortes doses, l'azotate de potassium est toxique, comme, en général, tous les sels de potassium ; on ne lui connaît pas de contre-poison chimique.

L'industrie consomme de grandes quantités de salpêtre pour la fabrication de la poudre à canon (2).

b. Préparation. — On extrayait autrefois l'azotate de potassium du sol, des vieux plâtras ou de nitrières artificielles où se trouvaient réunies les conditions favorables à la production du salpêtre. Aujourd'hui on prépare presque exclusivement l'azotate de potassium en traitant par du chlorure de potassium l'azotate de sodium qui se rencontre en gisements considérables au Chili et au Pérou.

Les solutions des deux sels sont portées à l'ébullition. Le chlorure de sodium, peu soluble à chaud par rapport à l'azotate de potassium, prend naissance par double décomposition et se précipite :

$$AzO^3Na + ClK = AzO^3K + ClNa.$$

On purifie l'azotate de potassium par cristallisation. Ce sel ne doit pas se troubler par l'addition de carbonate de sodium (présence d'azotate de calcium), ni par celle d'azotate d'argent (présence de chlorures). Il est rare toutefois que l'azotate de potassium soit absolument exempt de chlorures.

c. Propriétés. — L'azotate de potassium se présente sous forme de masses blanches, cristallisées en prismes à six pans, ordinairement cannelés, anhydres, mais renfermant un peu d'eau d'interposition. La saveur de l'azotate de potassium est fraîche et salée. Ce sel est soluble dans l'eau et sa solubilité croît très rapidement avec la température. 100 parties d'eau dissolvent à 0° un peu plus de 13 parties de nitrate de potassium, et, à l'ébullition, la même quantité d'eau dissout plus de 250 parties de ce sel. On met à profit cette grande différence de solubilité à chaud et à froid de l'azotate de potassium pour le purifier.

L'azotate de potassium entre facilement en fusion sous l'influence de la chaleur, et se décompose si la température est suffisamment élevée. Il cède facilement son oxygène aux substances combustibles et en détermine la combustion (V. § 49, p. 157).

---

(1) Corps qui augmentent la sécrétion de l'urine.

(2) La poudre de guerre française est un mélange de salpêtre, de soufre et de charbon dans les proportions suivantes : azotate de potassium, 75 ; soufre, 12,5 ; charbon, 12,5.

§ 95. — **Carbonate de potassium.**

$$CO_3K_2.$$

Le carbonate de potassium est aujourd'hui presque inusité en médecine.

On le prépare soit par lixiviation des cendres des végétaux qui croissent dans l'intérieur des terres (potasses des Vosges, d'Amérique, etc.), soit par la calcination du tartrate acide de potassium (V. § 254), soit enfin en décomposant le sulfate de potassium par un mélange de charbon et de carbonate de calcium V. § 82, p. 220).

M. R. Engel a récemment indiqué le procédé suivant pour la préparation industrielle du carbonate de potassium. On ajoute du carbonate de magnésium à une solution de chlorure de potassium et on agite la masse au contact de l'anhydride carbonique. Il se forme dans ces conditions un carbonate double acide de magnésium et de potassium d'après l'équation :

$$2KCl + CO_2 + 3MgCO_3 = 2(MgCO_3 + CO_3KH) + MgCl_2$$

Chlorure de potassium.	Anhydride carbonique	Carbonate de magnésium.	Carbonate acide de magnésium et de potassium.	Chlorure de magnésium.

Ce carbonate double peu soluble est lavé puis chauffé à 100°. Sous l'influence de la chaleur, il se décompose en carbonate de potassium soluble et en carbonate de magnésium insoluble qu'on sépare et qui sert à une nouvelle opération.

Le carbonate de potassium est un sel blanc, très soluble, déliquescent. Sa solution est fortement alcaline et possède une saveur caustique.

Le carbonate acide de potassium (CO_3HK), qui s'obtient en faisant passer de l'anhydride carbonique dans une dissolution de carbonate neutre de potassium, est un sel cristallisable en prismes rhomboïdaux. Lorsqu'on fait bouillir sa dissolution, il se dégage de l'anhydride carbonique, et le carbonate acide se convertit en carbonate neutre :

$$2CO_3HK = CO_3K_2 + H_2O + CO_2.$$

§ 96. — **Sels de potassium en général.**

a. **État naturel.** — Nous avons vu que les sels de potassium se rencontrent dans l'économie animale et dans l'économie végétale. Ils y existent à côté des sels de sodium. La quantité des sels de potassium qu'on trouve dans les différents organes est très-variable. Ainsi le globule sanguin contient environ dix fois plus de sels de potassium que le plasma. Les muscles sont également beaucoup plus riches en sels de potassium qu'en sels de sodium. Le jaune d'œuf, le lait, le cerveau, le foie, la salive, fournissent par incinération des cendres plus riches en sels de potassium qu'en sels de sodium. Enfin, les acides biliaires sont unis au potassium, et non au sodium, dans la bile des poissons de mer.

Les sels de potassium sont donc indispensables à la vie. Tous nos aliments en renferment.

L'ingestion d'une trop grande quantité de sels de potassium est toutefois très dangereuse. Les sels de potassium sont toxiques, alors que les sels de sodium correspondants ingérés à la même dose sont absolument inoffensifs. Ce fait remarquable est encore inexpliqué.

Le potassium qui existe dans l'économie animale s'y trouve ordinairement à l'état de chlorure, de phosphate, plus rarement de sulfate.

b. Caractères des sels de potassium. — Les sels de potassium sont presque tous solubles dans l'eau. On les reconnaît aux caractères suivants :

1° *L'hydrogène sulfuré, le sulfure ammonique, les carbonates alcalins ne les précipitent pas* (V. § 31, p. 123).

2° *Le bichlorure de platine* $PtCl^4$, *donne dans les solutions des sels de potassium un précipité jaune de chloroplatinate de potassium;* la composition de ce sel est représentée par la formule : $PtCl^4$, $2KCl$ (V. § 13, p. 66). Il est peu soluble dans l'eau, presque insoluble dans l'alcool. Lorsqu'on veut faire cet essai, il faut avoir soin de ne pas agir sur des liqueurs alcalines, car on obtiendrait un précipité jaune d'oxyde de platine. Dans le cas où la liqueur dans laquelle on veut constater la présence du potassium est alcaline, on la neutralise par un peu d'acide chlorhydrique, dont un léger excès ne nuit pas. Les sels ammoniques sont également précipités en jaune par le bichlorure de platine; nous verrons plus loin comment on distingue les sels potassiques des sels ammoniques.

3° *L'acide tartrique produit dans les sels de potassium un précipité blanc de tartrate acide de potassium, lorsque les solutions ne sont pas trop étendues.* L'agitation accélère la formation du précipité. On préfère employer le tartrate acide de sodium qui est très soluble et qui précipite le tartrate acide de potassium, sans mettre l'acide du sel en liberté. Les acides redissolvent, en effet, le précipité de tartrate acide de potassium.

4° *Les sels potassiques colorent la flamme en violet.* Pour faire l'essai, on fixe un peu du sel de potassium sur la boucle d'un fil de platine et on le porte dans la partie la plus chaude de la flamme (V. § 189) qui se colore en violet au-dessus du point où se fait l'essai. Lorsque le sel de potassium est souillé par une certaine quantité de sels de sodium, la coloration violette du potassium est complètement masquée par la coloration jaune du sodium. On constate alors la coloration violette en regardant la flamme à travers un prisme de verre creux renfermant une solution d'indigo, ou à travers un verre coloré en bleu par l'oxyde de cobalt. On arrête ainsi les rayons jaunes, tandis que les rayons violets passent un peu affaiblis.

5° Les acides hydrofluosilicique et perchlorique et le sulfate d'alumine précipitent également les sels de potassium.

§ 97. — SODIUM.

Découvert par Humphry Davy. — *Poids atomique : 23.*

L'histoire du sodium et de ses sels présente l'analogie la plus profonde avec celle du potassium.

Comme le potassium, le sodium s'obtient par la réduction de son carbonate par le charbon, sous l'influence de la chaleur.

Le sodium récemment coupé est d'un blanc d'argent. Il n'entre en fusion qu'à 95°. Au rouge, il se volatilise. Sa densité est de 0,97.

Le sodium, comme le potassium, est très oxydable à l'air. Il faut le conserver également dans l'huile de naphte. Il décompose l'eau à froid, mais moins énergiquement que le potassium. La chaleur développée est insuffisante pour enflammer l'hydrogène. Toutefois, si l'eau est déjà un peu chaude, ou si l'on empêche le globule de sodium de se mouvoir à la surface du liquide et de perdre ainsi une partie de sa chaleur, la décomposition se fait avec combustion de l'hydrogène qui se dégage. L'hydrogène brûle, dans ce cas, avec une flamme jaune due à la présence de vapeur de sodium.

§ 98. — **Chlorure de sodium.**

NaCl.

Synonymie : sel marin, sel gemme, sel de cuisine. — *Poids moléculaire : 58,5.*

a. État naturel ; emploi en médecine. — Le sel marin est extrêmement répandu dans la nature. On le trouve en gisements considérables (sel gemme) ; l'eau de la mer et certaines eaux minérales en renferment de grandes quantités. Le chlorure de sodium est de tous les sels inorganiques le plus répandu dans l'organisme. Tous les liquides, tous les organes de l'économie en renferment des quantités plus ou moins fortes. Le plasma sanguin est très-riche en chlorure de sodium, tandis que les globules qui y nagent en sont presque totalement dépourvus. La salive, le suc gastrique, le mucus, le pus, les exsudations séreuses, tiennent également en dissolution de fortes proportions de chlorure de sodium.

Le sel marin, à doses élevées, est purgatif. On ne l'emploie plus guère aujourd'hui, à l'intérieur, autrement que dans l'alimentation. On s'en sert à l'extérieur comme irritant.

b. Extraction. — On extrait le sel des mines de sel gemme ou de l'eau de la mer. Dans le dernier cas, on fait évaporer les eaux de la mer dans de grands bassins appelés marais salants, où le sel se dépose. On le réunit en tas et on l'abandonne à l'air humide. Le chlorure de magnésium et les sels déliquescents en général se liquéfient et s'écoulent. On obtient ainsi le sel brut qui est encore coloré en gris. On le raffine en le lavant avec de l'eau saturée de sel marin qui dissout les impuretés.

c. Impuretés. — Le sel du commerce, même le sel raffiné, est toujours impur. Il renferme ordinairement des *sulfates*, du *chlorure de magnésium*; quelquefois des *iodures alcalins*. Ces impuretés sont faciles à reconnaître (V. *Sulfates, Magnésium, Iodures*).

Pour purifier le chlorure de sodium, on précipite les sels terreux à l'aide d'une dissolution de carbonate de sodium. On filtre et on évapore la solution dans une capsule de porcelaine. Par l'évaporation, il se forme des cristaux de chlorure de sodium qu'on recueille sur un entonnoir, de façon à laisser égoutter les eaux-mères. On lave les cristaux avec un peu d'eau distillée, puis on les fait sécher (Codex).

Dans cette opération, le carbonate de sodium et le chlorure de magnésium, par exemple, réagissent l'un sur l'autre et il se précipite du carbonate de magnésium qui est insoluble :

$$MgCl^2 + CO^3Na^2 = CO^3Mg + 2NaCl.$$

d. Propriétés. — Le chlorure de sodium est un sel blanc qui cristallise en cubes. Ces cubes s'accolent fréquemment de façon à former de petites pyramides creusées à l'intérieur (trémies). Les cristaux de chlorure de sodium ne renferment pas d'eau de cristallisation, mais retiennent un peu d'eau d'interposition. Quand on les chauffe, ils décrépitent d'abord, puis entrent en fusion et finissent par se volatiliser si la température est assez élevée. La solubilité du chlorure de sodium est à peu près la même à chaud et à froid. 100 parties d'eau dissolvent, à 15°, environ 36 parties de chlorure de sodium, et environ 40 parties à l'ébullition de la solution saturée.

Fig. 36. — Chlorure de sodium.

e. **Physiologie.** — 1° ORIGINE. — Le chlorure de sodium pénètre dans l'économie avec les aliments et les boissons.

2° ÉTAT. — Il se trouve en dissolution dans les liquides de l'organisme. Même le chlorure de sodium qu'on rencontre dans les os, dans les dents, etc., est très probablement en simple dissolution dans les liquides qui les imprègnent.

3° RÔLE PHYSIOLOGIQUE. — Un grand nombre de faits prouvent l'importance du rôle que joue le chlorure de sodium dans l'économie. Sa répartition dans l'organisme n'est pas quelconque. Certains liquides, certains organes en renferment plus que d'autres. Le plasma sanguin, riche en chlorure de sodium, tient en suspension le globule sanguin qui est presque totalement dépourvu de sel marin. La quantité de chlorure de sodium contenue dans le plasma est, chose remarquable, assez constante et indépendante de la quantité de sel que renferment les aliments. Enfin, la présence du sel dans nos aliments, dans les eaux potables, l'avidité avec laquelle certains animaux, surtout les herbivores dont les aliments renferment beaucoup de sels de potassium, recherchent le sel marin, tous ces faits montrent l'importance de ce sel dans les actes physiologiques.

Au point de vue physique, le sel marin joue un rôle important dans les phénomènes de diffusion. Si l'on introduit une solution de chlorure de sodium dans un tube de verre fermé par une membrane animale et qu'on plonge cet appareil dans de l'eau ordinaire, on voit celle-ci s'élever dans le tube de verre. La solution de chlorure de sodium agit donc comme une pompe aspirante. Dans l'économie, le sel marin accélère le passage des liquides de cellule à cellule ; il constitue, suivant l'expression de Voit, l'un des principaux moteurs de l'économie. Aussi l'ingestion de chlorure de sodium avec les aliments *favorise-t-elle l'assimilation et détermine-t-elle une augmentation de la quantité d'urée excrétée, une élévation de la température animale et un engraissement plus rapide des animaux.* C'est aussi en tant que sel facilement dialysable que le chlorure de sodium agit comme purgatif.

Lorsqu'on boit une eau moins riche en sels que le sang, cette eau passe dans le torrent de la circulation et est éliminée par les reins. Il n'en est plus de même si l'eau est plus riche en sels que ne l'est le sang. Dans ce cas, l'élimination du liquide ne se fait plus par les reins, mais par le tube digestif. C'est là l'explication du mode d'action du sel marin, à doses purgatives, et des purgatifs salins en général.

Lorsque la quantité de chlorure de sodium devient insuffisante dans le sang, l'hémoglobine tend à s'extravaser du globule dans le plasma. La fibrine diminue dans ce liquide et le sang fixe moins facilement l'oxygène. Une expérience très simple rend palpable l'action du chlorure de sodium sur le sang. Si sur la surface du caillot d'une saignée on dépose des cristaux de chlorure de sodium, ces cristaux déterminent, au point qu'ils ont touché, une coloration rouge vif, se dissolvent, et le liquide, en se répandant le long des parties déclives du caillot noirâtre, laisse derrière lui des traînées écarlates. Cette action du chlorure de sodium est aussi, très probablement, une simple action physique, et l'action chimique déterminée (fixation plus facile d'oxygène par le globule) en est la conséquence.

Le rôle chimique du chlorure de sodium est très peu connu. Il est certain pourtant que des doubles décompositions ont lieu dans l'organisme entre le chlorure de sodium et d'autres sels. Le potassium est ingéré, surtout à l'état de phosphate, par les animaux herbivores. Or, Braconnot et Daurier ont observé ce fait remarquable, que des moutons, à la nourriture desquels on ajoutait journellement 15 grammes de chlorure de sodium, émettaient exclusivement par les urines du chlorure de potassium. La double décomposition qui s'est passée dans l'organisme, est ici manifeste. L'acide chlorhydrique du suc gastrique, le sodium qui sature les acides biliaires, paraissent également provenir du chlorure de sodium.

4° Élimination. — Le chlorure de sodium est en majeure partie éliminé par les urines. Un homme de moyenne taille en élimine par cette voie environ 12 grammes en 24 heures. Le mucus nasal, la salive, la sueur, les larmes, renferment également du chlorure de sodium et contribuent à son élimination.

§ 99. — Sulfures de sodium.

On emploie souvent en médecine les sulfures de sodium pour remplacer les sulfures de potassium dans la préparation des eaux sulfureuses et des bains de Barèges artificiels.

On fait usage du *monosulfure* (Na^2S) et du *pentasulfure* (Na^2S^5). Le monosulfure s'obtient en faisant passer jusqu'à refus un courant d'acide sulfhydrique dans une dissolution de soude caustique. La dissolution dépose des cristaux incolores de monosulfure de sodium. Les eaux-mères retiennent du sulfhydrate de sodium ($NaSH$) en dissolution (Codex).

Les cristaux de monosulfure de sodium renferment 9 molécules d'eau de cristallisation. Ils sont déliquescents et s'altèrent à l'air, mais moins facilement que le sulfure de potassium.

On se sert aussi en médecine du quintisulfure de sodium, qu'on prépare en faisant bouillir une dissolution de monosulfure avec du soufre. Comme la présence de l'hyposulfite de sodium semble, dans la plupart des cas, indifférente, on peut également préparer plus économiquement le quintisulfure en faisant bouillir, en proportions données, de la fleur de soufre avec une dissolution de soude caustique (Codex). [V. § 31, p. 121.]

Lorsque le soufre est dissous, on filtre. Ces dissolutions de quintisulfure préparées d'après les formules du Codex, renferment toutes deux, sous le même poids, la même quantité de quintisulfure.

§ 100. — **Sulfate de sodium.**

$$SO^4Na^2.$$

Synonymie : Sel de Glauber. — *Poids moléculaire :* 142.

Le sulfate de sodium (SO^4Na^2) est employé très fréquemment comme purgatif.

Ce sel est blanc et possède une saveur fraîche et amère. Il cristallise en prismes à quatre pans avec 10 molécules d'eau de cristallisation. Ces cristaux s'effleurissent à l'air. Quand on les chauffe, ils se dissolvent dans leur eau de cristallisation, c'est-à-dire qu'ils subissent la *fusion aqueuse*. Puis, l'eau s'évaporant, le sel redevient solide et ce n'est qu'à une haute température qu'il éprouve la *fusion ignée*.

On obtient aussi des cristaux de sulfate de sodium renfermant moins d'eau de cristallisation, en faisant cristalliser ce sel au-dessus de 35° et faisant varier la température.

Le sulfate de sodium à 10 molécules d'eau de cristallisation présente un maximum de solubilité à 33° au-dessus de zéro. 100 parties d'eau dissolvent 321 parties de ce sel à 33° et seulement 211 à 103°.

14.

Le sulfate de sodium présente à un haut degré le phénomène de la *sursaturation*. En saturant de l'eau à 33° et laissant refroidir lentement la dissolution à l'abri du contact de l'air (1), il ne se forme pas de cristaux, quoique la solubilité du sulfate de sodium soit beaucoup moindre au-dessous de 33°. Mais si l'on projette alors un cristal de sulfate de sodium à 10 molécules d'eau de cristallisation dans la liqueur, celle-ci se prend en masse et la température remonte à 33°. Le sulfate de sodium anhydre ne détermine pas la cristallisation. Il faut un cristal isomorphe avec le sulfate de sodium à 10 molécules d'eau. L'air atmosphérique détermine la cristallisation, car il tient en suspension, surtout dans les laboratoires, de petits cristaux de sulfate de sodium.

§ 101. — **Borate de sodium**.

$Bo^4O^7Na^2$. (V. § 77, p. 208.)

Synonymie : Borax.

Le borate de sodium est employé en médecine. C'est un alcalin et un diurétique. On le prescrit surtout dans les affections aphteuses et les inflammations de la bouche, en poudre, en gargarisme, etc., et d'une manière générale, on se sert de ce sel à titre d'antiputride.

Dumas a démontré, en effet, que sa présence entrave un certain nombre de fermentations, notamment les fermentations alcoolique et putride.

On emploie habituellement en médecine le borax *prismatique*. Le borax octaédrique renfermant moins d'eau de cristallisation que le sel précédent, ne doit pas lui être substitué sous le même poids.

Le borax s'extrait des eaux de certains lacs, ou bien se prépare en neutralisant l'acide borique naturel (V. § 77, p. 207) par du carbonate de sodium.

Le borate de sodium est un sel blanc qui cristallise en prismes ou en octaèdres, suivant la température à laquelle se sont formés les cristaux. Les cristaux prismatiques renferment 10 molécules

______

(1) On empêche le contact de l'air en recouvrant la dissolution d'une couche d'huile, ou bien en couvrant les verres à expérience avec une plaque de verre. La vapeur qui se dégage dissout le sulfate de sodium qui peut se trouver sur les parois du verre. Enfin, on peut encore opérer dans des tubes qu'on scelle à la lampe lorsque la dissolution est faite.

et les cristaux octaédriques 5 molécules d'eau de cristallisation. Ce sel est soluble dans 12 parties d'eau à la température ordinaire et dans 2 parties d'eau bouillante. Le borax prismatique est efflorescent dans l'air sec.

Quand on soumet ce sel à l'action de la chaleur, il fond dans son eau de cristallisation, se boursoufle, puis subit la fusion ignée. Il jouit, à l'état de fusion, de la propriété de dissoudre les oxydes métalliques et de former avec eux des borates colorés diversement. On se sert de cette propriété en analyse pour reconnaître la nature de certains composés métalliques.

§ 102. — Phosphates de sodium.

a. **État naturel ; emploi en médecine.** — Les phosphates alcalins de sodium et de potassium se trouvent dans l'économie animale. Tous les liquides de l'économie, tous les organes paraissent en renfermer. Dans les globules sanguins, il y a du phosphate de potassium ; dans le plasma, le phosphate de sodium prédomine. Le plus souvent, on constate dans les liquides de l'économie de l'acide phosphorique, du sodium et du potassium. On ne saurait conclure, dans ces cas, à la présence exclusive de l'un des phosphates ; il est très probable qu'ils existent tous deux, l'un à côté de l'autre. Les cendres du sang des herbivores sont plus pauvres en phosphates alcalins que celles du sang des carnivores. Il importe toutefois de remarquer que tout l'acide phosphorique trouvé dans ces cendres n'était pas combiné aux métaux alcalins dans le sang vivant. Le sang des herbivores et celui des carnivores renferment en effet une substance très complexe, la lécithine (V. § 283), dont la décomposition donne, entre autres produits, de l'acide phosphorique.

Le phosphate de sodium bimétallique ($PhO^4H\,Na^2$) est employé en médecine à titre de purgatif salin. Son goût peu prononcé et son action, plus douce que celle du sulfate de sodium, le font quelquefois préférer à ce dernier sel. On l'a aussi administré, à petites doses, dans le but d'augmenter la quantité de phosphates dans l'économie.

b. **Propriétés.** — On connaît trois phosphates de sodium dont la composition est représentée par les formules : PhO^4H^2Na, PhO^4HNa^2 et PhO^4Na^3 (V. § 58, p. 176). Le premier de ces sels est acide aux papiers réactifs ; les deux derniers bleuissent le papier de tournesol rougi par les acides.

Le *phosphate disodique*, encore désigné à tort sous le nom de *phosphate neutre de sodium,* est le plus important des trois phosphates mentionnés ci-dessus. Ce sel cristallise en prismes blancs, renfermant douze molécules d'eau de cristallisation. Il est efflorescent et soluble dans l'eau. Lorsqu'on le chauffe, il perd son eau de cristallisation à 100° et se transforme en pyrophosphate de sodium au rouge (V. § 57, p. 175).

c. Physiologie. 1° Origine. — Les phosphates alcalins se trouvent en petite quantité dans les végétaux et pénètrent par conséquent dans l'économie des herbivores et par suite dans celle des carnivores.

2° État. — Les phosphates alcalins sont évidemment en solution dans les liquides de l'organisme. Le phosphate disodique est le plus répandu. Toutefois, comme on trouve des phosphates dans les liquides acides (suc gastrique, urines), on doit admettre la présence de phosphate monosodique (PhO^4H^2Na) dans ces liquides.

3° Élimination. — Les phosphates alcalins sont éliminés par les urines. Les fèces renferment également des phosphates, mais surtout des phosphates alcalino-terreux (phosphates de calcium, de magnésium). Ces phosphates terreux, étant facilement solubles dans les liqueurs acides, se trouvent également en dissolution dans l'urine des carnivores et des omnivores.

§ 103. — Carbonates de sodium.

a. État naturel ; emploi en médecine. — On trouve du carbonate de sodium dans les cendres des différents organes des animaux. Ce sel provient surtout, dans ce cas, de la calcination de sels de sodium à acides organiques. Il semble hors de doute qu'il existe aussi du carbonate de sodium tout formé dans différents liquides de l'économie, notamment dans le plasma sanguin, quoique l'on ne soit pas parvenu à isoler ce sel de ces liquides.

Le carbonate de sodium neutre (CO^3Na^2) n'est guère employé en médecine qu'à l'extérieur. C'est un irritant moins énergique que le carbonate de potassium.

Le carbonate acide de sodium (CO^3HNa), appelé encore *bicarbonate de soude,* est au contraire d'un usage très fréquent comme antacide.

b. Préparation et impuretés. — Le carbonate neutre de sodium se retirait autrefois des cendres des végétaux qui croissent sur le bord de la mer. Aujourd'hui on le prépare industriellement par deux procédés principaux :

1° Le procédé Leblanc qui consiste à calciner un mélange de sodium, de charbon et de carbonate de calcium (V. § 82, p. 220);

2° Le procédé dit à l'ammoniaque, dans lequel on fait agir l'ammoniaque sur une solution de chlorure de sodium en présence d'un excès d'anhydride carbonique. Il se forme dans ces conditions du carbonate acide d'ammonium qui détermine la précipitation de carbonate acide de sodium peu soluble. On recueille ce sel, on le lave, et on le calcine. On obtient ainsi du carbonate de sodium. En même temps que le carbonate acide de sodium se précipite, il se forme du chlorure ammonique qui sert à la régénération de l'ammoniaque.

Les formules suivantes rendent compte des différentes réactions successives qui viennent d'être indiquées :

1°

$$AzH^3 + CO^2 + H^2O = CO^3HAzH^4$$

Ammoniaque.   Anhydride carbonique.   Eau.   Carbonate acide d'ammonium.

2°

$$CO^3HAzH^4 + NaCl = ClAzH^4 + CO^3HNa$$

Carbonate acide d'ammonium.   Chlorure de sodium.   Chlorure d'ammonium.   Carbonate acide de sodium.

3°

$$2(CO^3HNa) = CO^2 + H^2O + CO^3Na^2$$

Carbonate acide de sodium.   Anhydride carbonique.   Eau.   Carbonate de sodium.

4°

$$2(ClAzH^4) + CaO = CaCl^2 + H^2O + 2AzH^3$$

Chlorure ammonique.   Chaux.   Chlorure de calcium.   Eau.   Ammoniaque.

Le carbonate de sodium fourni par le procédé Leblanc est obtenu par cristallisation, sous forme de gros prismes rhomboïdaux à 10 molécules d'eau de cristallisation. Il est souillé par du sulfate et du chlorure de sodium.

Le carbonate de sodium obtenu par le procédé à l'ammoniaque est plus pur et est livré au commerce sous la forme d'une poudre farineuse anhydre qui provient de la calcination du carbonate acide de sodium.

On obtient du carbonate de sodium très pur par la calcination du carbonate acide préalablement bien lavé.

Le carbonate acide de sodium dont on fait usage en médecine s'obtient en faisant passer de l'anhydride carbonique sur des cristaux humides de carbonate neutre. Le carbonate acide de sodium étant anhydre, sa formation a lieu avec mise en liberté de beaucoup d'eau qui s'écoule en entraînant les impuretés que renfermait le carbonate neutre de sodium. Le carbonate acide de sodium ainsi préparé renferme souvent du carbonate neutre non encore transformé. On constate la présence de ce sel à l'aide du sulfate de magnésium, qui donne un précipité blanc dans la solution du carbonate neutre (V. § 82, p. 221). On peut déterminer la quantité de carbonate neutre qui souille un carbonate acide, en mesurant le volume d'anhydride carbonique que dégage, sous l'influence de la chaleur, un poids donné du carbonate acide. Ce sel perd, en effet, sous l'influence de la chaleur, là moitié de son anhydride carbonique. Cinq grammes de carbonate acide pur fournissent $0^{lit},65$ d'anhydride carbonique. L'opération se fait dans un ballon communiquant par un tube recourbé avec une éprouvette graduée remplie de mercure.

c. Propriétés. — Le carbonate *neutre* de sodium est un sel blanc ; sa saveur est caustique. Il cristallise en prismes rhomboïdaux avec 10 molécules d'eau de cristallisation. Ces cristaux sont transparents ; ils s'effleurissent à l'air. Lorsqu'on les chauffe, ils subissent d'abord la fusion aqueuse, puis la fusion ignée. Le carbonate de sodium est insoluble dans l'alcool, mais il est très soluble dans l'eau. Son maximum de solubilité est à 38°.

Le *carbonate acide* de sodium est un sel blanc qui cristallise en prismes anhydres. Sa saveur est salée et alcaline. Il est soluble dans l'eau, mais beaucoup moins que le carbonate neutre. Il faut 10 parties d'eau pour dissoudre une partie de carbonate acide de sodium. Par l'ébullition de sa dissolution, le carbonate acide de sodium perd de l'anhydride carbonique et se transforme en carbonate neutre. Sa solution bleuit le papier de tournesol rougi par les acides.

d. Physiologie. 1° ORIGINE. — Le carbonate de sodium qui existe dans le corps de l'homme et des animaux, n'y pénètre qu'en partie par les aliments et les boissons. Une autre partie se forme dans l'économie par suite de la combustion de sels de sodium à acides organiques qui se trouvent dans les aliments ou qui se forment dans l'organisme. On sait depuis longtemps qu'après l'ingestion de fruits tels que cerises, fraises, pommes, etc., l'urine de l'homme, ordinairement acide, devient alcaline et renferme des carbonates de sodium ou de potassium. Les fruits renferment, en effet, des sels alcalins, des acides citrique, malique, tartrique, et l'expérience directe a démontré la transformation des sels de ces acides en carbonates alcalins dans l'organisme. D'autre part, c'est précisément le sang et les urines des herbivores qui sont surtout riches en carbonates alcalins; le sang des carnivores doit son alcalinité principalement, et peut-être exclusivement, au phosphate de sodium.

2° ÉTAT. — Le sang paraît plutôt tenir en dissolution du carbonate acide de sodium que du carbonate neutre.

3° ÉLIMINATION. — Le carbonate de sodium qui a pénétré ou qui s'est formé dans l'économie, en est éliminé par les urines. Il est probable qu'une partie de ce carbonate de sodium se décompose dans l'organisme, sous l'influence d'acides libres qui pénètrent avec les aliments dans le tube digestif. Ces acides fixent le métal et mettent l'anhydride carbonique en liberté. Celui-ci est alors éliminé avec les gaz de l'intestin ou avec ceux de l'expiration.

4° RÔLE PHYSIOLOGIQUE. — Le rôle du carbonate de sodium dans l'économie est important. On sait que les sucs qui baignent nos tissus sont alcalins. Cette alcalinité, qui est due, en partie du moins, au carbonate de sodium, a une influence considérable sur les oxydations qui ont lieu dans l'intimité des tissus. On sait, en effet, qu'un grand nombre de matières organiques s'oxydent plus ou moins rapidement en présence de substances alcalines, alors que ces matières pures ne sont pas altérées par l'oxygène. Ainsi, par exemple, les acides gallique et pyrogallique sont rapidement oxydés en solutions alcalines par l'oxygène de l'air et ne s'altèrent au contraire que très lentement lorsqu'ils sont purs. Le glucose, la glycérine, l'alcool et beaucoup d'autres substances sont ainsi rapidement détruites par oxydation en liqueurs alcalines. Le carbonate de sodium favorise donc l'oxydation des matières destinées à être brûlées. En outre, il neutralise les acides libres que l'alimentation introduit dans l'organisme. Enfin, il faut attribuer aux carbonates alcalins une influence considérable sur le maintien en dissolution de l'albumine dans les liquides de l'économie.

§ 104. — Sels de sodium en général.

a. Le sodium est très répandu dans l'économie. On le trouve surtout à l'état de chlorure et de phosphate. Le sulfate de sodium est également disséminé dans tout l'organisme, mais en faible quantité. Enfin la bile de l'homme renferme deux sels de sodium à acides organiques, le glycocholate et le taurocholate de sodium. Sauf les exceptions citées au § 95, les sels de sodium sont, en général, plus abondamment répandus que les sels de potassium dans les différentes parties de l'économie.

b. Nous avons décrit d'une façon spéciale un petit nombre seulement de sels de sodium. L'histoire de la plupart des sels de ce métal se confond, en effet, avec celle des sels de potassium correspondants.

Le *bromure de sodium* est sédatif comme le bromure de potassium. Il semble être mieux toléré que ce dernier sel, à doses élevées.

L'*hydrate de sodium* (NaOH) est entièrement comparable à la potasse. On distingue, comme pour la potasse, la soude à la chaux et la soude à l'alcool.

L'*hypophosphite de sodium* a été préconisé dans le traitement de la phthisie. On l'obtient en précipitant l'hypophosphite de calcium ou l'hypophosphite de baryum par du carbonate ou du sulfate de sodium (V. § 55, p. 172). C'est un sel cristallisable, soluble dans l'eau.

c. Caractères des sels de sodium. — Les sels de sodium sont presque tous solubles dans l'eau. Leurs caractères sont surtout négatifs :

1° *Les sels de sodium ne sont pas précipités par l'hydrogène sulfuré, par le sulfure ammonique et par les carbonates alcalins.* Ils font en effet partie des métaux de la 5e section (V. § 31, p. 123).

2° *Le chlorure de platine, l'acide tartrique, l'acide perchlorique et l'acide hydrofluosilicique ne les précipitent pas* (Car. dist. d'avec les sels de potassium). [V. § 96, p. 240.]

3° *Le pyro-antimoniate acide de potassium* (V. § 71, p. 200) *précipite les sels de sodium en blanc.*

4° *Ces sels communiquent à la flamme une couleur jaune intense.*

§ 105. — LITHIUM.

Découvert en 1807 par Arfvedson. — *Poids atomique : 7.*

Le lithium est un métal peu important. On trouve des traces de sels de lithium dans un grand nombre d'eaux minérales et dans les cendres de certains végétaux. On a également constaté la présence de sels de lithium dans les cendres du sang et des muscles.

Quelques sels de lithium ont été employés en médecine.

a. Le *carbonate de lithium* a été préconisé contre la gravelle et la goutte. Il dissout en effet de notables quantités d'acide urique.

On prépare le carbonate de lithium en précipitant, à l'aide d'un carbonate alcalin, une solution d'un sel de lithium. Le carbonate de lithium, peu soluble, se précipite.

On purifie ce sel en le dissolvant dans de l'eau chargée d'anhydride carbonique et abandonnant la solution à l'air. Le carbonate de lithium se précipite à l'état cristallin au fur et à mesure que la solution perd son anhydride carbonique.

Le carbonate de lithium est un sel blanc cristallisable, peu soluble dans l'eau. Un litre d'eau ne dissout que 12 grammes environ de carbonate de lithium. Comme on le voit, ce sel est beaucoup moins soluble que les carbonates alcalins. Mais le carbonate acide de lithium est au contraire plus soluble dans l'eau que les carbonates acides de potassium et de sodium.

b. Le *bromure de lithium* a été prescrit pour remplacer le bromure de potassium comme sédatif. Il aurait sur le bromure de potassium certains avantages.

Les sels de lithium ne sont pas, en effet, aussi toxiques que les sels de potassium ; on peut donc administrer du brome sous forme de bromure de lithium à doses élevées.

On prépare le bromure de lithium en traitant le bromure de baryum par du sulfate de lithium. Il se forme par double décomposition du sulfate de baryum insoluble et du bromure de lithium, qui reste en dissolution :

$$Br^2Ba + SO^4Li^2 = 2BrLi + SO^4Ba.$$

Les sels de lithium colorent les flammes en rouge pourpre.

§ 106. — AMMONIUM.

$$AzH^4.$$

Radical composé jouant le rôle de métal. La théorie de l'ammonium est due à Ampère et à Berzélius. — *Poids moléculaire : 17.*

Théorie de l'ammonium. — Nous avons vu (§ 42, p. 147) que le gaz ammoniac s'unit directement aux acides et que les corps ainsi formés sont de véritables sels, comparables aux sels de potassium et de sodium avec lesquels ils présentent de nombreux cas d'isomorphisme. L'acide chlorhydrique, par exemple, s'unit au gaz ammoniac, et le composé qui résulte de cette combinaison renferme les éléments de l'acide chlorhydrique et ceux du gaz ammoniac. On peut le formuler : AzH^3. HCl. De même, l'acide sulfurique et le gaz ammoniac s'unissent entre eux et forment une combinaison : SO^4H^2. $2AzH^3$. Les corps ainsi formés sont absolument comparables aux sels de potassium et, comme ces derniers, obéissent aux lois de Berthollet relatives à l'action des acides, des bases et des sels sur les sels.

Les formules AzH^4. HCl et SO^4H^2. $2AzH^3$ ne font pas ressortir cette analogie avec les sels de potassium. Si, au contraire, on admet l'existence d'un groupement AzH^4 monovalent, fonctionnant comme un métal, les sels de ce métal composé, auquel on donne le nom d'*ammonium*, deviennent comparables aux sels de potassium.

$$K - Cl \qquad\qquad (AzH^4)' - Cl$$

Chlorure de potassium.   Chlorure d'ammonium.

$$K^2 = SO^4 \qquad\qquad (AzH^4)'^2 = SO^4$$

Sulfate de potassium.   Sulfate d'ammonium.

Cette *théorie de l'ammonium* est basée sur les faits suivants :

1° Les sels d'ammonium ressemblent complètement aux sels de potassium et de sodium, avec lesquels ils sont isomorphes.

2° L'ammonium, radical monovalent composé, passe par double décomposition, comme le potassium et le sodium, radicaux monovalents simples, d'une molécule dans une autre. Ex. :

$$(AzH^4)'Cl + AzO^3Ag = AgCl + AzO^3(AzH^4)'.$$

3° On sait que lorsqu'on fait agir sur un sel métallique un courant électrique, le métal du sel se porte au pôle négatif. (V. § 7, p. 37.) Or le radical AzH^4 se rend, comme les métaux, au pôle négatif, lorsqu'on soumet à l'électrolyse un sel d'ammonium. Seulement ce radical, étant instable, se décompose immédiatement en ammoniaque et en hydrogène :

$$2AzH^4 = 2AzH^3 + H^2.$$

4° On a pu préparer une combinaison de l'ammonium avec le mercure, en soumettant à l'électrolyse une solution concentrée de chlorure d'ammonium et faisant plonger le pôle négatif de la pile dans un globule de mercure et le pôle positif en platine dans le liquide. L'ammonium se rend au pôle négatif, s'unit au mercure, que l'on voit se gonfler, devenir épais et former une masse butyreuse.

On obtient encore cet *ammoniure de mercure*, en traitant une solution concentrée de chlorure d'ammonium par de l'amalgame de potassium ou de sodium. Le métal alcalin fixe le chlore, et l'ammonium, mis en liberté, s'unit au mercure d'après l'équation :

$$2AzH^4Cl + HgNa^2 = 2NaCl + (AzH^4)^2Hg.$$

Le mercure est toujours en grand excès par rapport à l'amalgame d'ammonium. Celui-ci est, du reste, instable et se décompose rapidement en mercure, ammoniaque et hydrogène.

5° L'hydrate d'ammonium $(AzH^4)'$ OH, correspondant à l'hydrate de potassium KOH, n'est pas connu. Mais on connaît des hydrates d'ammonium composés, dans lesquels les atomes d'hydrogène de l'ammonium sont remplacés par des radicaux alcooliques (V. § 279). Tel est, par exemple, l'hydrate d'ammonium tétra-éthylé $Az(C^2H^5)^4OH$, qui représente de l'hydrate d'ammonium dans lequel les quatre atomes d'hydrogène sont remplacés par de l'éthyle $(C^2H^5)'$. On admet l'existence de l'hydrate d'ammonium $(AzH^4),OH$, dans la dissolution aqueuse du gaz ammoniac.

§ 107. — **Chlorure d'ammonium.**

$$AzH^4Cl.$$

a. État naturel ; emploi en médecine. — On sait (V. § 42, p. 144) qu'on trouve des composés ammoniacaux dans le suc des plantes, dans les liquides de l'économie, et qu'on extrayait autrefois le chlorure d'ammonium, par sublimation, de la fiente de chameau.

Si l'existence de sels ammoniacaux dans l'économie n'est pas douteuse, il est du moins très difficile de savoir, d'une manière précise, quels sont ces sels. Le chlorure d'ammonium ne paraît avoir été bien constaté que dans le suc gastrique du mouton et du chien. Wiederhold prétend avoir observé aussi l'existence de ce corps dans les produits de l'expiration.

Le chlorure d'ammonium est employé en médecine comme stimulant.

b. Propriétés. — Le chlorure d'ammonium, purifié par sublimation ou par cristallisation, est un corps blanc qui cristallise en petits octaèdres ou en cubes qui se groupent en feuilles de fougère. Sa saveur est fortement salée, piquante et amère. Sous l'influence de la chaleur, il se dissocie sans fondre, c'est-à-dire qu'il se décompose en deux molécules, l'une d'ammoniaque, l'autre d'acide chlorhydrique, d'après la formule :

$$(AzH^4)'Cl = AzH^3 + HCl.$$

L'acide chlorhydrique et le gaz ammoniac régénèrent le chlorure ammonique par le refroidissement. Il en résulte que ce sel paraît se volatiliser sans décomposition.

Le chlorure d'ammonium est soluble dans l'eau et presque complètement insoluble dans l'alcool absolu.

§ 108. — **Carbonates d'ammonium.**

a. Emploi en médecine. — Le sesquicarbonate d'ammonium est employé à l'intérieur à titre de stimulant et de diaphorétique (1). Appliqué sur la peau, ce sel agit comme rubéfiant et détermine même la vésication.

Le *sel volatil anglais* est un mélange de carbonate de potassium et de chlorure d'ammonium. Ce mélange des deux sels dégage lentement du carbonate d'ammonium.

On a vu (§ 42, p. 145) que la distillation sèche de la corne de cerf donne naissance à du carbonate d'ammonium impur, connu en pharmacie sous le nom de *sel volatil de corne de cerf.*

b. Propriétés. — Le carbonate neutre d'ammonium, $CO^3(AzH^4)^2$, n'est pas connu à l'état solide ; il n'existe qu'en solution.

Le carbonate d'ammonium des pharmacies est une combinaison de carbonate neutre et de carbonate acide d'ammonium cristallisant avec deux molécules d'eau de cristallisation. Il est connu sous le nom de *sesquicarbonate d'ammonium* et a pour formule : $CO^3(AzH^4)^2$, $2[CO^3(AzH^4)H]+2H^2O$. On connaît de même un sesquicarbonate de sodium : CO^3Na^2, $2(CO^3NaH)+3H^2O$. Ce sel, qui s'obtient en chauffant un mélange de chlorure ammonique et de carbonate de calcium, a l'aspect d'une masse blanche. Il cristallise en prismes rhomboïdaux et se dissout dans l'eau. Sa saveur est piquante et il possède une odeur ammoniacale très forte. En effet, il dégage de l'ammoniaque à la température ordinaire et se convertit en carbonate acide d'ammonium : $CO^3(AzH^4)H$.

Ce dernier sel est le plus stable des trois carbonates d'ammonium. Il est inaltérable à l'air, tandis que le carbonate neutre et le sesquicarbonate se transforment facilement en carbonate acide d'ammonium.

§ 109. — **Sels ammoniacaux en général.**

Les sels ammoniacaux sont presque tous solubles et ressemblent aux sels de sodium et de potassium. Ils sont tous volatils avec ou sans décomposition.

(1) Qui excite une transpiration plus abondante que la transpiration naturelle.

Le *sulfure d'ammonium* est très employé dans les laboratoires comme réactif. On le prépare en saturant de gaz hydrogène sulfuré une solution de gaz ammoniac et ajoutant au produit obtenu un volume de la solution ammoniacale égal au volume qui a été saturé par l'acide sulfhydrique.

Le sulfure d'ammonium, désigné dans les laboratoires sous le nom de sulfhydrate d'ammonium, se polysulfurise rapidement à l'air et se colore en jaune. Il est volatil et très vénéneux. C'est à ce corps que les émanations des fosses d'aisances doivent leur action toxique.

L'*azotate d'ammonium* produit un grand froid en se dissolvant dans l'eau. (V. § 25, p. 100.) On le nomme quelquefois *sel réfrigérant*. La chaleur le décompose en eau et en protoxyde d'azote. (V. § 44, p. 149.)

L'*iodure d'ammonium* est quelquefois employé comme les iodures de potassium et de sodium. Il est très actif. On le prépare en décomposant l'iodure ferreux par du carbonate d'ammonium. (V. § 90, p. 231.) Il cristallise en cubes déliquescents et facilement décomposables. Sa saveur est désagréable.

Caractères des sels d'ammonium. — *1° L'hydrogène sulfuré, le sulfure ammonique et le carbonate de sodium ne précipitent pas les sels d'ammonium (5° section).*

2° Le chlorure de platine détermine dans les sels d'ammonium, comme dans les sels de potassium, un précipité jaune. Ce précipité est un chlorure double de platine et d'ammonium, semblable au chlorure double de platine et de potassium. On le désigne sous le nom de *chloroplatinate d'ammonium.* Sous l'influence de la chaleur, ce corps se décompose et ne laisse qu'un résidu de platine. Pour doser l'ammoniaque on précipite un de ses sels à l'état de chloroplatinate d'ammonium, on lave le précipité, on le calcine et on pèse le platine obtenu.

3° Le tartrate acide de sodium ou l'acide tartrique et le sulfate d'alumine précipitent les sels d'ammonium en blanc, de même qu'ils précipitent les sels de potassium. (V. § 96, p. 240.)

4° Chauffés avec une base, potasse ou chaux éteinte, les sels ammoniacaux dégagent de l'ammoniaque. (V. § 42, p. 145.) Ce caractère des sels ammoniacaux permet de les distinguer facilement des sels de potassium.

5° Enfin, les sels d'ammonium précipitent en brun le réactif de Nessler. (V. § 42, p. 147.)

§ 110. — ARGENT.

Poids atomique : 108. — Poids moléculaire : 216.

a. Préparation. — L'argent existe à l'état natif ; mais il est rare à cet état, et c'est surtout du sulfure d'argent que l'on extrait ce métal. On convertit l'argent en chlorure, en chauffant le minerai à l'air avec du chlorure de sodium, et on décompose le chlorure d'argent par le fer qui met l'argent en liberté. Puis on agite la masse avec du mercure qui dissout l'argent, forme avec lui un amalgame dont on retire l'argent en chassant le mercure à l'aide de la chaleur.

L'argent du commerce est presque toujours impur. L'argent de monnaie ou d'orfévrerie est toujours allié à du cuivre. On purifie cet argent en le dissolvant dans l'acide azotique, précipitant la dissolution par l'acide chlorhydrique et réduisant le précipité de chlorure d'argent lavé et desséché en le fondant avec du carbonate de sodium (Codex) :

$$4AgCl + 2CO^3Na^2 = 4NaCl + 2CO^2 + O^2 + 2Ag^2.$$

b. Propriétés. 1° PHYSIQUES. — L'argent est un métal blanc, inodore, insipide, susceptible d'un beau poli. Il est très malléable, ductile et tenace. Sa densité est de 10,47. Lorsqu'on le chauffe, il entre en fusion à la température de 1000° environ. L'argent fondu possède la propriété de dissoudre l'oxygène ; par le refroidissement lent, il cristallise en octaèdres.

La dureté de l'argent est très faible. Aussi dans les arts faut-il l'allier au cuivre, qui communique à l'argent une dureté plus grande.

Les quantités de cuivre qui peuvent être ajoutées à l'argent pour qu'il puisse être travaillé, sont fixées par la loi.

2° CHIMIQUES. — L'argent est inaltérable à l'air, même au rouge.

L'acide sulfurique n'attaque l'argent que lorsqu'il est concentré et sous l'influence de la chaleur. Il se forme du sulfate d'argent et il se dégage de l'anhydride sulfureux. L'acide chlorhydrique aussi n'est décomposé que difficilement par l'argent. L'acide azotique, au contraire, est décomposé déjà à froid par l'argent, avec production d'azotate d'argent et dégagement de vapeurs rutilantes.

Sous l'influence de l'acide sulfhydrique, l'argent noircit en se recouvrant d'une pellicule de sulfure d'argent.

§ 111. — **Azotate d'argent**.

$$AzO^3.Ag.$$

a. Emploi en médecine. — L'azotate d'argent fondu constitue, sous le nom de *pierre infernale*, un caustique des plus
usuels et des plus commodes. On l'a administré à l'intérieur,
en solution, dans le but de le faire agir sur la muqueuse
gastro-intestinale ; on le prescrit *en injection* dans la leu-
corrhée et la blennorrhagie, *en collyre* dans les ophthalmies
conjonctivales.

L'azotate d'argent a été également employé contre l'épilepsie.

b. Préparation. — On prépare l'azotate d'argent en dissolvant de l'argent pur dans de l'acide azotique et faisant cristalliser.

On peut aussi se servir de l'argent monnayé. Celui-ci renferme
toujours du cuivre. On obtient donc, en le dissolvant dans l'a-
cide azotique, un mélange d'azotates d'argent et de cuivre. On
évapore à siccité et on chauffe le résidu de manière à le fondre.
L'azotate de cuivre se décompose et laisse un résidu d'oxyde de
cuivre, tandis que l'azotate d'argent reste inaltéré. Après avoir
maintenu, pendant quelques instants, le mélange en fusion, on
reprend par l'eau, qui dissout l'azotate d'argent ; on filtre pour
séparer l'oxyde de cuivre insoluble et on fait cristalliser.

c. Impuretés. — L'azotate d'argent est souvent *acide*, lorsqu'on l'a fait cristalliser d'une solution renfermant un excès
d'acide azotique, qui favorise la cristallisation. On reconnaît la
présence d'acide azotique dans l'azotate d'argent, en le dissolvant dans l'eau. La solution rougit le papier de tournesol.

Il reste aussi quelquefois de l'*azotate de cuivre* dans l'azotate
d'argent. La solution bleuit alors sous l'influence d'un excès
d'ammoniaque. (V. § 144.)

Enfin, on ajoute quelquefois par fraude de l'*azotate de potassium* à l'azotate d'argent. On constate la présence de l'azotate de
potassium en chauffant fortement, dans un creuset de porcelaine, une petite quantité de l'azotate d'argent suspect. Le résidu,
repris par l'eau, est alcalin si l'azotate d'argent renfermait de
l'azotate de potassium. (V. § 49, p. 157.)

d. Propriétés. 1° PHYSIQUES. — L'azotate d'argent est un sel
blanc, à saveur métallique, amère et styptique. Il cristallise
en lames rhomboïdales transparentes, anhydres. Il est très soluble dans l'eau. Sa solution est neutre au papier de tournesol.

Lorsqu'on le chauffe, il entre en fusion au rouge sombre.

Il peut alors être coulé dans une lingotière (V. *fig.* 37) en petits cylindres. C'est sous cette forme que l'azotate d'argent est employé, en chirurgie, sous le nom de pierre infernale.

2° CHIMIQUES. — Chauffé plus fortement, l'azotate d'argent est décomposé et laisse un résidu d'argent métallique. Aussi la pierre infernale est-elle souvent colorée en noir. Les matières

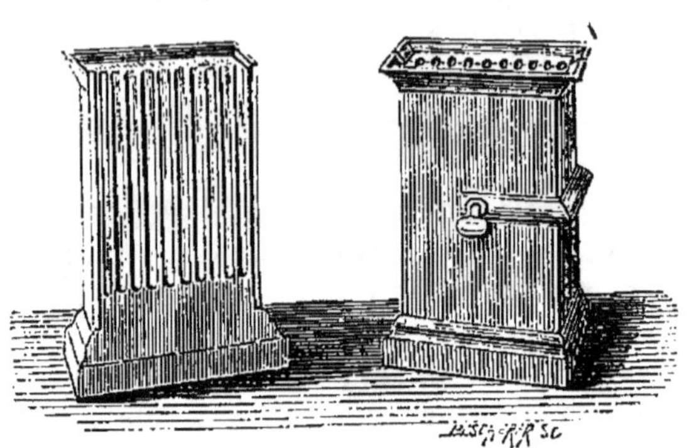

Fig. 37. — Lingotière.

organiques décomposent également l'azotate d'argent en donnant de l'argent métallique. Aussi l'azotate d'argent noircit-il la peau et sert-il à teindre les cheveux.

e. Action sur l'économie. — Lorsqu'il a été administré à petites doses pendant longtemps, les téguments externes prennent eux-mêmes une teinte olivâtre. Ce fait met hors de doute l'absorption de petites quantités d'azotate d'argent. Toutefois des fragments très volumineux de pierre infernale ont pu traverser l'économie sans causer d'accidents graves. Le nitrate d'argent rencontre, en effet, dans l'économie des chlorures et des matières albuminoïdes qui forment avec lui des composés insolubles ou difficilement solubles à la faveur des chlorures et des hydrates alcalins. Les eschares produites par l'azotate d'argent sont peu profondes, pour la même raison. Elles protègent elles-mêmes les parties sous-jacentes contre l'action de l'azotate d'argent. Les solutions d'azotate d'argent sont plus redoutables. Elles agissent sur une étendue plus grande et peuvent occasionner des accidents graves.

Il faudrait, dans un semblable cas, administrer, comme contre-poison, du chlorure de sodium qui déterminerait la précipitation de chlorure d'argent. On débarrasserait l'estomac et l'intestin du chlorure d'argent en provoquant les vomissements et en administrant des purgatifs.

L'azotate d'argent, ingéré pendant un certain temps, a été retrouvé dans presque toutes les parties du corps, mais surtout, d'après Orfila, dans le foie.

§ 112. — Sels d'argent en général.

Les sels d'argent sont incolores quand l'acide, dont les éléments entrent dans la composition du sel, est lui-même incolore. Ils noircissent généralement à la lumière. C'est sur ce fait qu'est basée la photographie. Quand ces sels sont solubles, leur saveur est métallique et styptique.

Caractères des sels d'argent. — *1° L'acide chlorhydrique et les chlorures alcalins produisent dans la dissolution des sels d'argent un précipité blanc caillebotté de chlorure d'argent.*

Le chlorure d'argent (AgCl) cristallise, par évaporation de sa dissolution ammoniacale, en octaèdres réguliers. Il est insoluble dans l'eau, dans l'acide azotique ; mais il se dissout dans l'ammoniaque, dans le cyanure de potassium et dans l'hyposulfite de sodium. Le chlorure d'argent est très rapidement décomposé par les rayons chimiques du spectre. Exposé aux rayons directs du soleil, ce sel devient immédiatement violet. Il se conserve sans altération dans l'obscurité et dans les lumières jaune et rouge. Lorsqu'on le chauffe, il entre en fusion et par le refroidissement prend l'aspect de la corne (*argent corné*).

2° L'hydrogène sulfuré et le sulfure ammonique précipitent en noir les sels d'argent. Le précipité est du sulfure d'argent (Ag^2S). Il est insoluble dans le sulfure ammonique.

3° La potasse et la soude précipitent les sels d'argent en brun. Le précipité est de l'hydrate d'argent (AgOH), qui est peu stable et se transforme rapidement en oxyde d'argent (Ag^2O) en perdant de l'eau. L'oxyde d'argent est très facilement décomposé par la chaleur en oxygène et en argent métallique. Lorsqu'on le fait digérer avec de l'ammoniaque pendant quelques heures, on obtient une poudre noire qui, desséchée, détone avec violence sous l'influence du frottement. La composition du corps ainsi obtenu n'est pas connue d'une façon certaine.

4° L'ammoniaque donne dans les sels d'argent le même précipité brun ; un excès de réactif redissout le précipité.

5° Le bromure et l'iodure de potassium précipitent les sels d'argent en blanc jaunâtre. Le bromure d'argent (AgBr) et l'iodure d'argent (AgI) ainsi formés sont insolubles dans l'eau. L'ammoniaque dissout le bromure d'argent, mais moins facilement que le chlorure. Quant à l'iodure d'argent, il est insoluble dans l'ammoniaque. (V. § 24, p. 84.)

6° *Les phosphates solubles donnent dans les sels d'argent un précipité jaune de phosphate d'argent, les arséniates solubles, un précipité rouge, brique d'arséniate d'argent, et le chromate de potassium un précipité rouge de chromate d'argent.* Ces précipités sont solubles dans les acides et dans l'ammoniaque.

7° *Le fer, le zinc, le cuivre, précipitent l'argent, de la solution de ses sels.* Les chlorure, bromure et iodure d'argent insolubles sont également réduits, lorsqu'ils sont humides, par ces métaux.

§ 113. — Relation des métaux de la première famille.

Les métaux de cette famille sont tous monovalents. Leurs sels sont donc représentés par des formules analogues :

$$ClK, \qquad ClNa, \qquad ClLi, \qquad Cl(AzH^4), \qquad ClAg.$$

$$AzO^3K, \qquad AzO^3Na, \qquad AzO^3Li, \qquad AzO^3(AzH^4), \qquad AzO^3Ag.$$

De plus, les sels des métaux de la première famille sont, en général, isomorphes.

Au point de vue de l'action sur l'économie des sels de sodium, de potassium et d'argent, il faut remarquer que le pouvoir toxique des dérivés correspondants de ces métaux croît avec le poids atomique du métal. C'est ainsi que les sels de potassium sont plus toxiques que les sels correspondants de sodium.

MÉTAUX BIVALENTS. — 2° FAMILLE

---

§ 114. — CALCIUM.

Découvert par H. Davy en 1809. — *Poids atomique : 40.*

Le calcium est un métal inusité, d'un jaune-paille, décomposant lentement l'eau à froid.

§ 115. — Chlorure de calcium.

$$CaCl^2.$$

Le chlorure de calcium est un sel blanc qui cristallise avec

6 molécules d'eau de cristallisation. Il est déliquescent et abaisse notablement la température de l'eau dans laquelle on le dissout. Soumis à l'action de la chaleur, il perd son eau de cristallisation et se dessèche. Il constitue alors une masse poreuse. Chauffé au rouge, il entre en fusion. Le chlorure de calcium desséché et le chlorure de calcium fondu sont .employés pour dessécher les gaz et les liquides. On ne peut se servir de chlorure de calcium pour l'ammoniaque, car ce sel jouit de la propriété d'absorber du gaz ammoniac et de former avec lui une combinaison ayant pour composition $CaCl^2 + 8\ AzH^3$.

§ 116. — **Oxyde de calcium.**

$$CaO.$$

Synonymie : Chaux.

a. Emploi en médecine. — On se sert en médecine de la *chaux vive* à titre de caustique. Elle entre dans la composition de la poudre de Vienne et du caustique de Filhos. (V. § 92, p. 235.)

L'eau de chaux est un *antacide* qu'on prescrit quelquefois à l'intérieur. A l'extérieur, l'eau de chaux est usitée en lotions dans certaines affections de la peau. Le liniment *oléo-calcaire*, composé de 900 parties d'eau de chaux et de 100 parties d'huile d'amandes douces, est employé avec avantage contre les brûlures au premier et au second degré.

L'eau de chaux sert à la préparation de l'eau phagédénique. (V. § 151.)

b. Préparation. — On prépare la chaux en calcinant au rouge le carbonate de calcium (marbre blanc de préférence). (V. § 82, p. 220.)

$$CO^3Ca = CaO + CO^2.$$

c. Propriétés. — La chaux est blanche, tendre et infusible aux plus hautes températures. En présence de l'eau, la chaux se transforme en un hydrate (CaO^2H^2), avec dégagement d'une grande quantité de chaleur.

La chaux, en s'hydratant, augmente de volume et se réduit en poussière. Elle prend alors le nom de *chaux éteinte*. La chaux est peu soluble dans l'eau et sa solubilité est moindre à chaud qu'à froid. 1000 parties d'eau dissolvent 1,30 partie de chaux à 15° et 0,79 seulement à 100°.

L'eau de chaux médicinale se prépare en agitant de la chaux

éteinte avec 40 fois son poids d'eau. On laisse reposer le liquide, on le décante et on le rejette. Cette opération a pour but
d'enlever la potasse que peut contenir la chaux. Cette potasse
provient des impuretés que renferment certains carbonates de
calcium. Puis on verse sur la chaux ainsi lavée 100 fois au
moins son poids d'eau distillée. On laisse au contact pendant
quelques heures, en ayant soin d'agiter de temps à autre, et on
abandonne au repos. La liqueur éclaircie et décantée est l'eau de
chaux médicinale (Codex) (1).

Le *lait de chaux* est une bouillie de chaux délayée dans
l'eau.

L'eau de chaux a une réaction alcaline. Elle absorbe rapidement l'anhydride carbonique et donne naissance à du carbonate de calcium. Cette propriété de la chaux éteinte, d'absorber
peu à peu l'anhydride carbonique de l'air et de se transformer
en carbonate de calcium dur et adhérent aux surfaces sur lesquelles il est déposé, est utilisée en industrie pour la fabrication
des mortiers.

Les carbonates de calcium qui renferment de l'argile (silicate
d'alumine) donnent par la calcination une chaux renfermant
du silicate et de l'aluminate de calcium, sels qui, en s'hydratant, deviennent très durs. Aussi, ces chaux sont-elles employées
pour la fabrication des *chaux hydrauliques* et des *ciments* qui
font prise avec l'eau.

§ 117. — Sulfure de calcium.

CaS.

Le sulfure de calcium pur se prépare en chauffant du sulfate
de calcium avec du charbon. Ce sel est blanc, amorphe, à réaction alcaline. L'eau bouillante le décompose. Il se forme de
l'hydrate et du sulfhydrate de calcium : CaS^2H^2.

On connaît plusieurs polysulfures de calcium. Le Codex mentionne un polysulfure de calcium impur, mélangé d'hyposulfite,
qu'on prépare en faisant bouillir de la fleur de soufre avec un
lait de chaux. (V. § 31, p. 121). On prolonge l'ébullition jusqu'à
ce qu'une petite quantité du mélange se prenne en masse par
le refroidissement. On coule alors la masse sur un marbre et
l'on obtient un produit verdâtre, soluble dans l'eau et connu
sous le nom de *foie de soufre calcaire*. Le foie de soufre calcaire
est un succédané des sulfures alcalins.

____

(1) On nommait autrefois cette eau de chaux, *eau seconde*.

§ 118. — **Sulfate de calcium.**

SO^4Ca.

Synonymie : Gypse, pierre à plâtre.

On trouve dans la nature du sulfate de calcium hydraté, renfermant deux molécules d'eau de cristallisation ; c'est le *gypse*, qui sert à la fabrication du plâtre.

Le sulfate de calcium hydraté est en cristaux transparents, ayant la forme de fer de lance. Ces cristaux se clivent facilement. Le sulfate de calcium ne se dissout que faiblement dans l'eau. Un litre d'eau dissout environ 2 grammes de ce sel. Lorsqu'on chauffe le gypse, il perd son eau de cristallisation, devient anhydre et se transforme en une masse pulvérulente, blanche, qui constitue le plâtre. Celui-ci, mélangé avec de l'eau, reprend son eau de cristallisation et durcit en augmentant de volume et en formant une masse compacte. Lorsqu'on chauffe trop fortement le gypse, il perd la propriété de se combiner avec l'eau. On obtient aussi du sulfate de calcium en traitant une dissolution d'un sel soluble de calcium par un sulfate soluble. Le sulfate de calcium, peu soluble, prend naissance par double décomposition et se précipite sous forme d'une poudre blanche.

§ 119. — **Phosphate de calcium.**

On connaît trois phosphates de calcium : le phosphate tricalcique $(PhO^4)^2Ca^3$; le phosphate dicalcique, improprement appelé phosphate neutre $(PhO^4)^2 Ca^2H^2$, et le phosphate monocalcique ou biacide $(PhO^4)^2 CaH^4$.

a. État naturel ; emploi en médecine. — Les phosphates de calcium sont disséminés dans tout l'organisme, quelquefois en quantité très faible, d'autres fois en proportions très considérables. Les dents et les os renferment plus des deux tiers de leur poids de phosphate de calcium. Certaines concrétions, les calculs urinaires, en sont quelquefois presque exclusivement composées. Les matières albuminoïdes, purifiées autant qu'il est possible de le faire, donnent toujours, par l'incinération, des cendres contenant du phosphate de calcium. Le tissu élastique seul semble faire exception.

Le phosphate tricalcique se rencontre dans un grand nombre de minéraux et forme souvent des couches assez puissantes. Les *coprolithes* sont des excréments d'animaux fossiles qu'on rencontre quelquefois en quantité considérable dans certains terrains. Ils renferment de 50 à 80 pour 100 de phosphate tricalcique. Enfin, il existe dans certaines eaux potables et dans les plantes.

On emploie en médecine le phosphate tricalcique à titre d'antacide et d'absorbant. Il entre dans la décoction blanche de Sydenham et dans diverses autres poudres absorbantes. Le phosphate tricalcique est encore et surtout employé à titre de reconstituant. Il sert en effet à la réparation du tissu osseux et est indiqué dans le ramollissement des os chez les enfants et les adultes. Dans ce dernier cas, il faut que l'absorption du phosphate ait lieu. Comme antacide et absorbant, le phosphate de calcium est incompatible avec les acides. Lorsqu'au contraire on le prescrit comme reconstituant, l'absorption ne peut avoir lieu qu'à la faveur des acides du suc gastrique, d ss ol-vent ce sel.

Il était donc naturel de chercher à administrer une substance soluble, c'est-à-dire à favoriser l'assimilation. On a préconisé l'emploi du phosphate acide de calcium qui est soluble et surtout les dissolutions de phosphate tricalcique dans l'acide lactique (*lacto-phosphate de calcium*) ou dans l'acide chlorhydrique (*chlorhydro-phosphate de calcium*).

b. Préparation. — Pour préparer le phosphate tricalcique, on traite des os calcinés à blanc et pulvérisés par de l'acide chlorhydrique étendu. On dissout ainsi le phosphate de calcium des os et l'on décompose le carbonate de calcium qui, sous l'influence de l'acide chlorhydrique, se transforme en chlorure de calcium en même temps qu'il se dégage de l'anhydride carbonique. On filtre la liqueur et on y verse de l'ammoniaque jusqu'à réaction alcaline. L'ammoniaque détermine la précipitation de phosphate tricalcique. On fait bouillir le tout, puis on laisse reposer. Le phosphate de calcium se dépose ; on le lave, on le fait égoutter et sécher. (Codex.)

c. Propriétés. — Le phosphate tricalcique est blanc, amorphe, insoluble dans l'eau. On trouve souvent, parmi les sédiments de l'urine, du phosphate de calcium sous forme de sphérules ou de petits sabliers. (V. fig. 38.) Souvent aussi on trouve des sédiments de phosphate de calcium cristallisé.

Les acides le dissolvent facilement. L'anhydride carbonique lui-même enlève au phosphate tricalcique une certaine quantité de calcium, et détermine la formation de phosphate acide de calcium soluble.

$$(PhO^4)^2Ca^3 + 2CO^2 + 2H^2O = 2CO^3Ca + (PhO^4)^2CaH^4.$$

L'assimilation de ce sel par les plantes peut s'expliquer par ce mécanisme. D'après P. Thénard, les plantes absorberaient, au contraire, du phosphate d'ammonium, et le phosphate de calcium se formerait dans l'économie végétale par double décomposition entre le phosphate ammonique et des sels solubles de calcium.

On se sert du phosphate de calcium comme engrais. On ajoute souvent de l'acide sulfurique à ce sel de manière à mettre l'acide phosphorique en liberté et à faciliter ainsi son assimilation par les plantes. On donne à l'engrais ainsi préparé le nom de *superphosphate de calcium*. Le phosphate tricalcique n'est pas seulement dissous par les acides même les plus faibles, il est encore

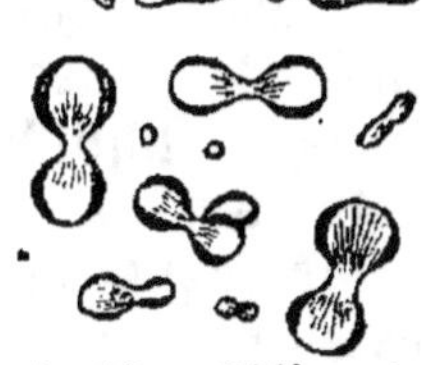

Fig. 38. — Sédiments de phosphate de calcium.

légèrement soluble dans les dissolutions de sels ammoniacaux, de chlorure de sodium et de gélatine.

d. Physiologie. 1° ORIGINE. — Le phosphate de calcium pénètre dans l'économie avec les aliments, qui en contiennent toujours. Ce sel ne semble pas toutefois provenir exclusivement de l'extérieur. Il peut se former dans l'économie même. Certains aliments sont, en effet, riches en phosphates alcalins. Ces phosphates pénètrent dans l'économie, où ils rencontrent du carbonate de calcium. Dès lors une double décomposition a lieu, par suite de laquelle du phosphate de calcium et un carbonate alcalin prennent naissance. Ainsi, les herbivores, dont la nourriture contient des phosphates alcalins, n'éliminent que fort peu de phosphates par l'urine. Il est important aussi de remarquer que les os des jeunes animaux renferment plus de carbonate de calcium et que peu à peu la proportion de phosphate de calcium y augmente.

On peut encore citer, comme preuve à l'appui de cette double décomposition, l'expérience suivante de Liebig. Si l'on dissout un peu de carbonate de calcium dans de l'eau chargée d'anhydride carbonique et qu'on étende la dissolution de beaucoup d'eau, il est facile de constater que la moindre trace de phosphate de sodium, qu'on ajoute à la dissolution de carbonate de calcium, y détermine un trouble permanent de phosphate de calcium.

Enfin, une partie de l'acide phosphorique du phosphate de calcium provient de la combustion ou de la décomposition des substances organiques phosphorées de l'économie, notamment de la lécithine. (V. § 283.)

2° ÉTAT. — Le phosphate de calcium se trouve, en majeure partie, à l'état solide dans les os, dans les dents et dans certains tissus, sous forme de phosphate tricalcique $(PhO^4)^2 Ca^3$.

Dans les urines acides, dans le suc gastrique, on trouve du phosphate acide de calcium $(PhO^4)^2\ CaH^4$ soluble.

Mais les liquides alcalins de l'économie contiennent aussi du phosphate de calcium. Ce sel ne peut exister dans ces liquides qu'à l'état de dissolution, et l'on sait que les phosphates di et tricalciques sont insolubles dans l'eau. Pour comprendre comment le phosphate tricalcique peut se trouver en dissolution dans les liquides, il faut se rappeler que ce sel est légèrement soluble dans les dissolutions de chlorure de sodium ; que l'anhydride carbonique a la propriété de dissoudre le phosphate de calcium ; enfin que les matières albuminoïdes renferment toujours du phosphate de calcium ; que par conséquent ce sel semble former avec les matières albuminoïdes une combinaison soluble.

3° ÉLIMINATION. — Le phosphate de calcium se trouve à l'état insoluble dans les fèces et est éliminé par les urines, à l'état de phosphate acide de calcium, lorsque les urines sont acides. Les urines alcalines (herbivores) ne renferment que des traces de phosphates terreux qui, le plus souvent, sont en suspension.

§ 120. — **Carbonate de calcium.**

$$CO^3Ca.$$

a. État naturel; emploi en médecine. — Le carbonate de calcium est très répandu dans la nature. Il s'y trouve à l'état cristallisé et à l'état amorphe. Le carbonate de calcium cristallise dans deux systèmes différents ; le *spath d'Islande* est en rhomboèdres, l'*arragonite* est en prismes. Le marbre présente une cassure cristalline. A l'état amorphe, le carbonate de calcium présente un grand nombre de variétés. Les différentes espèces de *marbre*, le *calcaire grossier*, la *craie*, l'*albâtre calcaire*, ne sont que des variétés de carbonate de calcium.

Ce sel existe également en dissolution, à la faveur d'un excès d'anhydride carbonique, dans un grand nombre d'eaux. (V. § 25, p. 105.)

Enfin, le carbonate de calcium est extrêmement répandu dans le règne animal. Il entre dans la composition de la charpente osseuse des animaux vertébrés et constitue au delà des neuf dixièmes des coquilles d'œufs et presque exclusivement les coquilles des mollusques. On le trouve à l'état amorphe dans les organes internes de certains entozoaires. Chez l'homme, on l'observe à l'état cristallin dans l'oreille interne, où il forme les concrétions connues sous le nom d'*otolithes*. Ces otolithes ont la

forme de petites colonnes constituées par des cristaux rhomboédriques. (V. fig. 39.) Le carbonate de calcium se rencontre
encore dans la salive, dans l'urine alcaline et dans un grand
nombre de concrétions pathologiques.

Les plantes renferment également des concrétions formées de
carbonate de calcium.

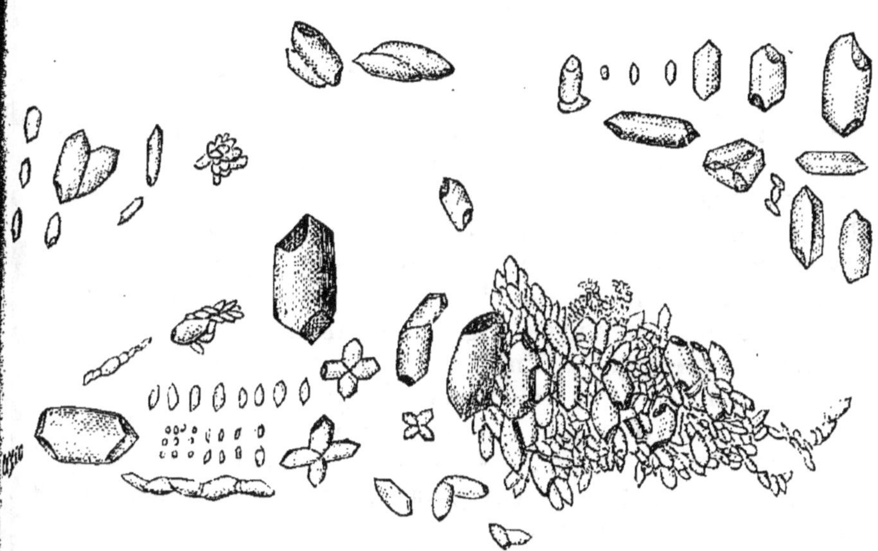

Fig. 39. — Otolithes formés par du carbonate de calcium.

Le carbonate de calcium ingéré en poudre est un absorbant
et un antacide qu'on emploie quelquefois en médecine.

b. Propriétés. — Le carbonate de calcium est insoluble et
s'obtient souvent par double décomposition. Il constitue alors
une poudre blanche, amorphe, insoluble dans l'eau, mais soluble
dans de l'eau chargée d'anhydride carbonique. Soumis à l'action
de la chaleur, le carbonate de calcium se décompose en anhydride carbonique et en oxyde de calcium.

c. Physiologie. 1° ORIGINE. — Le carbonate de calcium est
tantôt absorbé en nature avec les aliments et les boissons, tantôt formé de toutes pièces par suite de la décomposition dans
l'organisme des sels de calcium à acides organiques. (V. § 103,
p. 251.)

2° ÉTAT. — La majeure partie du carbonate de calcium se
trouve à l'état de dépôts solides dans l'économie. Une faible
quantité de ce sel se trouve en dissolution dans certains liquides
de l'organisme. L'anhydride carbonique qui existe dans ces
liquides sert d'agent de dissolution.

3° ÉLIMINATION. — Quant à l'élimination du carbonate de calcium, elle a lieu par les fèces et quelquefois par les urines. Il ne faut pas oublier qu'une partie du carbonate de calcium qui pénètre dans l'économie, subit, au contact des phosphates alcalins, une double décomposition par suite de laquelle prennent naissance du phosphate de calcium et des carbonates alcalins qui sont éliminés par les urines. (V. § 119, p. 267.)

§ 121. — **Sels de calcium en général.**

Comme on le voit, les sels de calcium jouent dans l'organisme un rôle considérable. Le phosphate et le carbonate de calcium donnent aux os leur dureté et leur résistance. Ces deux sels sont de beaucoup les plus importants parmi les sels de calcium. On a encore signalé la présence d'autres sels inorganiques de calcium dans l'économie. Le chlorure de calcium a été signalé par Braconnot dans le suc gastrique ; le fluorure de calcium, d'après Nicklès, existe dans l'émail, dans les os, dans le lait, dans le sang et dans d'autres liquides, mais en quantité très-faible.

Caractères des sels de calcium. — Les sels de calcium sont incolores. Le chlorure et l'azotate sont solubles dans l'alcool et communiquent à ce corps la propriété de brûler avec une flamme jaune rougeâtre.

1° *L'hydrogène sulfuré et le sulfure ammonique ne précipitent pas les sels de calcium solubles.*

2° *Ces sels sont précipités par les carbonates alcalins (4e section). Le carbonate d'ammonium mêlé de chlorure les précipite également.* (Caract. dist. d'avec les sels de magnésium.)

3° *La potasse pure précipite les sels de calcium en solution concentrée ; l'ammoniaque ne les précipite pas.*

4° *Les sulfates plus solubles que le sulfate de calcium précipitent les sels de calcium. Le précipité de sulfate de calcium est soluble dans beaucoup d'eau. Le sulfate de calcium ne précipite pas les sels de calcium.* (Caract. dist. d'avec les sels de strontium et de baryum.)

5° *Les oxalates solubles donnent dans les sels de calcium un précipité blanc d'oxalate de calcium soluble dans les acides chlorhydrique et azotique, insoluble dans l'acide acétique.*

§ 122. — STRONTIUM.

Métal découvert en 1807 par H. Davy. — *Poids atomique : 87,5.*

Le strontium présente les plus grandes analogies avec le baryum. Les sels de strontium sont sans usage et ne se rencontrent pas dans l'organisme.

Le sulfate de strontium (*célestine*) est le principal minerai de strontium. Il sert à la préparation des autres sels de ce métal. Pour cela, on transforme le sulfate en sulfure en le calcinant avec du charbon, et on traite la solution du sulfure par l'acide dont on veut le sel. On peut aussi précipiter le sulfure par un carbonate alcalin et préparer les différents sels avec le carbonate de strontium ainsi obtenu.

Caractères des sels de strontium. — Les sels de strontium sont incolores. Ils colorent la flamme en rouge cramoisi. Leurs caractères les rapprochent des sels de calcium.

1° *L'hydrogène sulfuré et le sulfure ammonique ne précipitent pas les sels de strontium solubles.*

2° *Les carbonates alcalins, le carbonate d'ammonium mêlé de chlorure, les précipitent.*

3° *Les sulfates solubles, y compris la solution de sulfate de calcium, précipitent les sels de strontium.* (Caract. dist. d'avec les sels de calcium.) Le sulfate de strontium est en effet moins soluble que le sulfate de calcium.

4° *La dissolution de sulfate de strontium est sans action sur les sels stronziques.* (Caract. dist. d'avec les sels de baryum.)

§ 123. — BARYUM.

Métal découvert en 1807 par H. Davy. — *Étymologie :* βάρυς, pesant. — *Poids atomique :* 137.

Les sels de baryum sont également inusités en médecine et n'existent pas dans l'économie animale.

Le principal minerai de baryum est le sulfate (*spath pesant*), qui sert à la préparation des sels de baryum, de même que le sulfate de strontium est le point de départ pour la préparation des sels stronziques. Pour cela, on transforme le sulfate en sulfure en le calcinant avec du charbon, et on traite la solution du sulfure par l'acide dont on veut le sel.

On se sert de l'*azotate* et du *chlorure de baryum*, comme réactifs, dans les laboratoires de chimie. Le *carbonate de baryum* est plus fixe que le carbonate de calcium et ne se décompose qu'aux plus hautes températures.

L'*oxyde de baryum* Ba O s'obtient par la décomposition de l'azotate de baryum, qui est plus facile que celle du carbonate. Comme la chaux, l'oxyde de baryum se combine avec l'eau pour former un hydrate Ba O^2 H^2. La combinaison se fait avec un grand dégagement de chaleur. L'hydrate de baryum est plus soluble dans l'eau que l'hydrate de calcium. On se sert également, dans les laboratoires, de l'*eau de baryte.*

Chauffé au rouge sombre dans un courant d'air, l'oxyde de baryum absorbe l'oxygène et se transforme en *bioxyde.* (V. § 24, p. 88.) Le bioxyde de baryum sert à préparer l'eau oxygénée.

Le *sulfate de baryum* est complètement insoluble et s'obtient par précipitation. Il est employé en peinture.

Les sels de baryum sont très denses. Les sels solubles sont très toxiques. L'action délétère des sels de baryum paraît due à la formation, au milieu des tissus, de sulfate de baryum qui ne trouve pas son dissolvant dans l'organisme. Le sulfate de sodium devra être administré, comme antidote, dans un cas d'empoisonnement par un composé barytique soluble.

Caractères des sels de baryum. — Les sels de baryum, de même que les sels de strontium et de calcium, sont incolores. Ils colorent la flamme en vert.

Leurs caractères sont les mêmes que ceux des sels de calcium et de strontium, dont ils se distinguent en ce que les dissolutions des sulfates de calcium et de strontium donnent un précipité dans les dissolutions des sels de baryum. La coloration de la flamme et la solubilité du chlorure de strontium dans l'alcool absolu servent encore à distinguer les sels de strontium des sels de baryum, dont le chlorure est complètement insoluble dans l'alcool.

§ 124. — PLOMB.

Le plomb portait, chez les alchimistes, le nom de *saturne.* — *Poids atomique :* 207.

a. Extraction. — Le minerai de plomb le plus important est la galène ou sulfure de plomb. Pour extraire le plomb métallique de son minerai, on grille celui-ci à l'air, de façon à le transformer partiellement en sulfate et en oxyde de plomb. De l'anhydride sulfureux se dégage :

$$PbS + 2O^2 = SO^4Pb$$

$$2PbS + 3O^2 = 2PbO + 2SO^2.$$

Au bout d'un certain temps on arrête l'accès de l'air et l'on chauffe fortement. Le soufre du sulfure de plomb non transformé s'empare de l'oxygène de l'oxyde et du sulfate de plomb formés. Il se dégage de nouvelles quantités d'anhydride sulfureux et du plomb métallique est mis en liberté :

$$PbS + SO^4Pb = 2SO^2 + 2Pb$$

$$PbS + 2PbO = SO^2 + 3Pb.$$

Lorsque la gangue du minerai est riche en silice, l'extraction se fait en chauffant la galène avec du fer qui s'empare du soufre et met le plomb en liberté. Celui-ci, plus dense, occupe les parties inférieures. On fait écouler dans un bassin latéral le sulfure de fer qui surnage. On évite par ce procédé, dit *procédé par réduction*, la formation de silicate de plomb.

b. **Propriétés.** 1° Physiques. — Le plomb est un métal d'une couleur gris bleuâtre, présentant l'aspect métallique, mais se ternissant rapidement à l'air. Il est mou, peut être rayé par l'ongle et laisse des traces sur le papier. Il entre en fusion vers 330 degrés. C'est un métal peu tenace, mauvais conducteur de la chaleur et de l'électricité. Sa densité est de 11,4.

2° Chimiques. — Le plomb se ternit rapidement à l'air par suite de la formation d'une couche mince d'oxyde de plomb qui préserve le métal contre une oxydation ultérieure. Sous l'influence de la chaleur, le plomb s'oxyde rapidement au contact de l'air.

Ce métal ne décompose pas l'eau pure privée de gaz et y reste inaltéré; mais lorsque l'eau renferme des gaz en dissolution, le plomb absorbe l'oxygène et se recouvre d'oxyde. Cet oxyde fixe l'anhydride carbonique et donne naissance à du carbonate de plomb. Les eaux même aérées qui renferment des sels solubles, notamment du sulfate de calcium, ne donnent pas naissance à du carbonate de plomb par leur action sur ce métal. Le plomb se recouvre d'un peu de sulfate de plomb et n'est plus attaqué. On comprend, d'après ces faits, pourquoi les conduites en plomb peuvent servir pour livrer passage aux eaux potables, quoique les composés plombiques soient très toxiques.

L'acide chlorhydrique et l'acide sulfurique ne sont presque pas décomposés par le plomb. L'acide sulfurique concentré et bouillant transforme le plomb en sulfate, en même temps qu'il se dégage de l'anhydride sulfureux. Le meilleur dissolvant du plomb est l'acide azotique, qui transforme ce métal en azotate.

§ 125. — **Oxydes de plomb.**

PbO, PbO^2, Pb^2O^3.

1° Le *protoxyde de plomb* PbO s'obtient en chauffant le plomb à l'air. Lorsque la température n'est pas suffisante pour fondre l'oxyde, on obtient une poudre jaune désignée sous le nom de *massicot*. Le massicot fondu prend une apparence cristalline par le refroidissement et porte alors le nom de *litharge*.

La litharge est inusitée à l'état libre, mais on l'emploie en pharmacie pour préparer l'extrait de saturne (V. § 230) et l'emplâtre simple. (V. § 238.)

La litharge est souvent impure ou falsifiée. Elle doit *se dissoudre entièrement dans l'acide azotique* (absence d'ocre, de sable, de brique) et ne contenir ni *fer*, ni *cuivre*. Pour constater la présence de ces métaux, on dissout la litharge dans l'acide azotique étendu, on précipite le plomb par l'acide sulfurique et l'on recherche, dans le liquide filtré, le fer et le cuivre à l'aide des réactifs de ces métaux.

Le protoxyde de plomb est presque complètement insoluble dans l'eau ; c'est un anhydride basique qui fait la double décomposition avec les acides et donne ainsi des sels de plomb très stables.

2° Le *bioxyde de plomb* PbO^2 ou *oxyde puce* est un anhydride acide qui donne, lorsqu'on le traite par les bases, des sels cristallisés. On connaît un plombate de potassium $PbO^3K^2 + 3H^2O$ bien cristallisé et un plombate de plomb PbO^3Pb, qui n'est autre chose que le *minium*. L'acide plombique PbO^3H^2, correspondant à cet anhydride, n'est pas connu.

On obtient le bioxyde de plomb en traitant le minium par de l'acide azotique étendu. Cet acide devrait théoriquement mettre en liberté l'acide plombique qui n'existe pas et se dédouble immédiatement en eau et bioxyde de plomb.

$$PbO^3Pb \quad + \quad 2AzO^3H \quad = \quad (AzO^3)^2Pb \quad + \quad PbO^2 \quad + \quad H^2O$$

| Plombate de plomb. | Acide azotique. | Azotate de plomb. | Bioxyde de plomb. | Eau. |

Le bioxyde de plomb est une poudre brune, insoluble dans l'eau. La chaleur le décompose en oxygène et en litharge ou protoxyde de plomb.

L'acide sulfurique transforme le bioxyde de plomb en sulfate de plomb en mettant de l'oxygène en liberté. (V. § 24, p. 89.)

L'acide chlorhydrique décompose le bioxyde de plomb avec formation de chlorure de plomb et mise en liberté de chlore. (V. 11, p. 48.)

3° Le *minium* Pb^2O^3 est un plombate de plomb, comme il a été dit plus haut. On l'obtient en chauffant au contact de l'air le massicot ou protoxyde de plomb. Celui-ci absorbe l'oxygène et se convertit en une poudre rouge, dont la composition n'est pas constante. Le minium ainsi obtenu perd de l'oxygène et se transforme en litharge quand on le chauffe plus fortement. Le minium est employé en peinture. En pharmacie, il sert à la préparation de quelques emplâtres et peut remplacer la litharge dans la préparation de l'emplâtre simple.

§ 126. — **Carbonate de plomb**.

$$CO_3Pb.$$

Synonymie : Céruse, blanc de plomb.

Le carbonate de plomb est quelquefois employé en médecine, à l'extérieur, comme astringent, sous forme de pommade et de cérat. On l'obtient dans les laboratoires en précipitant par un carbonate alcalin la solution d'un sel de plomb.

Le carbonate de plomb est blanc et est fréquemment employé en peinture sous les noms de *blanc de plomb* et de *céruse*. On prépare la céruse en grand, en décomposant l'acétate basique de plomb par l'anhydride carbonique. (V. § 230.)

$$(C_2H_3O_2)_2Pb, 2PbO \ + \ 2CO_2 \ = \ 2CO_3Pb \ + \ (C_2H_3O_2)_2Pb$$

Acétate basique. de plomb.	Anhydride carbonique.	Carbonate de plomb.	Acétate neutre de plomb.

L'acétate neutre est transformé en acétate basique par l'ébullition de sa solution avec de la litharge. Cet acétate basique est de nouveau soumis à l'action de l'anhydride carbonique et ainsi de suite.

Le carbonate de plomb est insoluble dans l'eau. L'hydrogène sulfuré le noircit, comme, en général, tous les sels de plomb.

§ 127. — **Sels de plomb en général**.

a. Toxicologie. 1° ACTION SUR L'ÉCONOMIE. — Les sels de plomb sont très vénéneux. La forme aiguë de l'empoisonnement est assez rare. La saveur des sels de plomb est, en effet, désagréable, et des doses assez élevées sont nécessaires pour amener la mort.

Les empoisonnements chroniques sont très fréquents. Le plomb et ses sels sont, en effet, souvent employés dans l'industrie. Les ouvriers qui fabriquent la céruse, les peintres, les fondeurs, sont souvent atteints d'accidents *saturnins*. L'usage de réservoirs, de tuyaux de conduite, de vases en plomb, et l'emploi de préparations plombiques comme cosmétiques, ont souvent déterminé des accidents graves. Les vernis qui se trouvent sur les poteries communes sont constitués par du silicate de plomb. On obtient ce vernis en recouvrant les poteries de galène délayée dans l'eau et les chauffant. La silice agit sur la galène et il se forme du silicate de plomb. Ces vernis ne résistent pas à l'attaque de l'acide acétique qui sert aux préparations culinaires. L'usage de ces poteries est donc dangereux, d'autant plus qu'il reste souvent de l'oxyde de plomb qui adhère à la surface du vase. Les symptômes de l'intoxication lente par le plomb sont d'abord de violentes coliques (colique des peintres), puis des douleurs dans les membres et surtout dans les articulations, enfin la paralysie des membres, spécialement celle des muscles extenseurs du poignet et des doigts.

2° ÉLIMINATION. — Le plomb absorbé se retrouve quelquefois, mais en petite quantité, dans l'urine. L'élimination du plomb par l'urine est souvent accompagnée d'albuminurie. C'est surtout dans les fèces qu'on retrouve le plomb ingéré. Il y est à l'état de sulfure.

3° ANTIDOTES. — Dans les cas d'empoisonnements aigus, on administrera, comme contre-poison, du sulfate de sodium ou du sulfate de magnésium. Le sulfate de plomb étant insoluble, tout le plomb qui se trouve à l'état de sel soluble dans l'estomac et dans l'intestin sera précipité à l'état insoluble.

Dans les cas chroniques on a conseillé l'emploi de l'iodure de potassium qui faciliterait l'élimination du poison.

4° RECHERCHE. — Pour rechercher le plomb dans les organes, il faut détruire les matières organiques, soumettre le liquide à l'action de l'hydrogène sulfuré, qui précipite le plomb à l'état de sulfure de plomb insoluble, et traiter le précipité ainsi obtenu par le sulfure ammonique. (V. § 62, p. 187.) Cette opération a pour but de s'assurer si le métal appartient à la première ou à la deuxième section. (V. § 31, p. 122.) Dans le cas du plomb, le sulfure ne se dissout pas dans le sulfure ammonique et reste sur le filtre. On le traite par l'acide azotique, qui dissout le sulfure de plomb. On obtient ainsi de l'azotate de plomb soluble qu'on caractérise comme il est dit plus bas. On obtient toujours, dans le traitement du sulfure de plomb par l'acide azotique, un précipité blanc de sulfate de plomb insoluble qu'on sépare par décantation. L'hydrogène sulfuré colore ce précipité en noir.

b. Caractères des sels de plomb. — Les sels de plomb sont incolores. Leur saveur est douce, métallique et astringente. Les sels de plomb solubles se reconnaissent aux caractères suivants :

1° *L'acide chlorhydrique les précipite en blanc. Le précipité de chlorure de plomb est soluble dans beaucoup d'eau, surtout si l'eau est chaude. L'ammoniaque ne le dissout pas et n'en change pas la couleur.* (Caract. dist. des sels d'argent et de mercurosum.)

Le chlorure de plomb cristallise par le refroidissement de sa dissolution dans l'eau chaude. Sous l'influence de la chaleur, il entre en fusion et donne, par le refroidissement, une masse translucide connue sous le nom de *plomb corné*. En fondant de la litharge avec du sel marin, on obtient des oxychlorures jaunes dont la composition atomique n'est pas connue et qui servent en peinture sous les noms de *jaune de Turner, jaune de Cassel*.

2° *L'hydrogène sulfuré précipite les sels de plomb en noir. Le précipité de sulfure de plomb* PbS *est insoluble dans le sulfure ammonique* (2° section). Le sulfure ammonique agit sur les sels de plomb comme l'hydrogène sulfuré.

Le sulfure de plomb se trouve dans la nature en cristaux cubiques. Il porte le nom de *galène*. Il est attaqué par l'acide azotique étendu et chaud, qui le transforme en azotate de plomb, avec dépôt de soufre ou formation d'un peu de sulfate de plomb.

3° *Les hydrates de potassium et de sodium donnent dans les sels de plomb un précipité blanc d'hydrate de plomb. Le précipité est soluble dans un excès de réactif.*

4° *L'ammoniaque agit comme la potasse et la soude, mais ne redissout pas le précipité.*

5° *L'iodure de potassium précipite les sels de plomb en jaune.*

L'iodure de plomb Pb I² qui se forme ainsi est un peu soluble dans l'eau bouillante et s'en sépare, par le refroidissement, en belles lames d'un jaune brillant. Cet iodure est quelquefois prescrit, sous forme de pommade, contre les engorgements scrofuleux.

6° *L'acide sulfurique et les sulfates donnent avec les sels de plomb un précipité blanc de sulfate de plomb.* Le sulfate de plomb est, comme le sulfate de baryum, d'une insolubilité presque absolue. Le tartrate d'ammonium le dissout. Le précipité ne se forme donc pas en présence de certains sels organiques.

7° *Les chromates solubles précipitent les sels de plomb en jaune.* Le chromate de plomb CrO⁴Pb est usité dans la peinture sous le nom de *jaune de chrome*.

8° *Le zinc précipite le plomb de ses dissolutions, en lames cristallines.*

§ 128. — **Relations des métaux de la deuxième famille.**

Le calcium, le strontium, le baryum et le plomb forment une famille très naturelle. Les principaux points de ressemblance entre ces métaux sont les suivants :

1° Leurs composés sont habituellement isomorphes ;

2° Ces métaux sont bivalents. Le plomb est tétravalent dans certains composés ;

3° A chacun des métaux de la famille correspond un bioxyde de formule RO² : CaO², SrO², BaO², PbO² ;

4° Les carbonates des métaux de la 2e famille sont tous insolubles. Les sulfates sont également insolubles ou peu solubles, et l'insolubilité du sulfate croît avec le poids atomique du métal. Le pouvoir toxique des métaux de la 2e famille, comme celui des métaux monovalents, croît avec le poids atomique du métal.

MÉTAUX BIVALENTS. — 3° FAMILLE

§ 129. — MAGNÉSIUM.

Découvert en 1831 par Bussy. — *Poids atomique : 24.*

Le magnésium s'obtient en décomposant le chlorure de magnésium par du sodium :

$$MgCl^2 + Na^2 = Mg + 2NaCl.$$

Le magnésium, par sa blancheur et son éclat, ressemble à l'argent. C'est un métal très léger. Sa densité est de 1,74. Il fond vers 500°, se volatilise au rouge et peut être distillé.

Le magnésium est inaltérable à l'air sec, mais se ternit à l'air humide. Il brûle à l'air avec un vif éclat, en se convertissant en oxyde de magnésium. Les acides étendus le dissolvent. Il se forme, dans ce cas, des sels de magnésium en même temps qu'il se dégage de l'hydrogène.

§ 130. — **Oxyde de magnésium.**

MgO.

Synonymie : Magnésie, magnésie calcinée.

a. Emploi en médecine. — La magnésie est fréquemment employée comme laxatif et même, à haute dose, comme purgatif. Introduite dans l'estomac, elle se combine, en effet, aux acides libres et se transforme en sels solubles qui agissent comme purgatifs. La magnésie est donc aussi un antacide.

Enfin, on sait que la magnésie est l'antidote de l'acide arsé nieux qu'elle précipite à l'état de sel insoluble, et des acides caustiques qu'elle neutralise et transforme en sels inoffensifs.

b. Préparation. — On prépare la magnésie en calcinant le carbonate de magnésium. Il faut éviter une trop haute température qui rendrait la magnésie plus dense et moins soluble dans les acides. On prépare une magnésie très dense, connue sous le nom de *magnésie anglaise*, en humectant le carbonate de magnésium, le tassant fortement dans les creusets, et le soumettant à une température élevée. Cette magnésie convient moins pour les usages médicaux. La calcination est suffisante lorsque, projetée après refroidissement dans de l'eau acidulée par l'acide sulfurique, la magnésie s'y dissout sans effervescence. (Codex.)

À l'oxyde de magnésium MgO correspond un hydrate MgO^2H^2 qu'on préfère à la magnésie calcinée comme contre-poison des acides. L'hydrate de magnésium s'obtient en délayant la magnésie calcinée dans beaucoup d'eau et faisant bouillir le mélange pendant quelque temps. On jette le tout sur une toile qui retient l'hydrate de magnésium. On le dessèche dans une étuve chauffée à 50 degrés. (Codex.) On obtient encore l'hydrate de magnésium, par précipitation, en traitant par de la potasse une dissolution de sulfate de magnésium :

$$SO^4Mg + 2KOH = MgO^2H^2 + SO^4K^2.$$

c. Propriétés. — La magnésie est blanche, infusible, extrêmement légère. L'eau la transforme en hydrate basique MgO^2H^2. Cet hydrate est très peu soluble dans l'eau, assez pourtant pour donner à l'eau la propriété de bleuir le papier de tournesol.

§ 131. — **Sulfate de magnésium.**

$$SO^4Mg.$$

Synonymie : Sel de Sedlitz, sel d'Epsom.

a. Emploi en médecine. — Le sulfate de magnésium est un purgatif salin dont l'action est la même que celle du sulfate de sodium. Il provoque l'exosmose aqueuse au travers des parois des capillaires de la muqueuse intestinale. (V. § 98, p. 244.) Ce sel existe, comme il a été dit, dans certaines eaux minérales

b. Préparation. — On prépare le sulfate de magnésium en traitant, par de l'acide sulfurique étendu, la *dolomie*, qui est un carbonate double de magnésium et de calcium très abondant dans la nature. Il se précipite du sulfate de calcium peu soluble, et le sulfate de magnésium reste en dissolution. On purifie ce sel par cristallisation.

On peut aussi extraire, par cristallisation, le sulfate de magnésium des eaux minérales, qui renferment ce sel en dissolution.

c. Propriétés. — Le sulfate de magnésium est en petits cristaux brillants, incolores, d'une saveur très amère et renfermant 7 molécules d'eau de cristallisation qu'ils perdent à 220 degrés. Ce sel est très soluble dans l'eau.

§ 132. — **Phosphates de magnésium.**

a. État naturel. — Le phosphate de magnésium $(PhO^4)^2Mg^3$, comme le phosphate tricalcique, se rencontre dans tous les liquides et dans toutes les parties solides de l'organisme (os, dents). Il s'y trouve en moindre quantité que le phosphate de calcium, excepté dans les muscles et dans le thymus.

Tout ce qui a été dit de l'origine, de l'état et de l'élimination des phosphates de calcium (V. § 119, p. 268) est vrai des phosphates de magnésium.

On connaît un phosphate trimagnésique $(PhO^4)^2Mg^3$ presque complètement insoluble, un phosphate dimagnésique (PhO^4) Mg^2H^2 ou $(PhO^4)MgH$, et un phosphate monomagnésique (PhO^4) MgH^4 ou phosphate acide, soluble.

b. Phosphate ammoniaco-magnésien. — Il existe également des phosphates doubles de magnésium et des métaux alcalins. L'un de ces phosphates doubles, le *phosphate ammoniaco-magnésien* (PhO^4) Mg (AzH^4) + $6 H^2O$, est très-important.

Il se forme lorsqu'on ajoute du phosphate de sodium PhO^4Na^2H à une solution d'un sel de magnésium, en présence de sels ammoniacaux. Ce sel est en petits cristaux presque complètement insolubles dans l'eau.

Le phosphate ammoniaco-magnésien (1) ne semble pas exister à l'état normal dans l'économie. Il s'y produit chaque fois qu'il se forme de l'ammoniaque dans l'organisme sous l'influence d'une cause quelconque. L'ammoniaque se combine alors avec le phosphate de magnésium répandu dans toute l'économie pour donner naissance à du phosphate ammoniaco-magnésien ; ce sel se dépose souvent, comme sédiment, des urines alcalines et de presque toutes les urines qui entrent en putréfaction. Les fèces en renferment fréquemment, surtout dans la fièvre typhoïde.

____

(1) Le phosphate ammoniaco-magnésien est souvent désigné sous le nom de *triple phosphate*.

Enfin, on rencontre le phosphate ammoniaco-magnésien dans certains calculs urinaires.

Le phosphate ammoniaco-magnésien est, le plus souvent, facile à reconnaître dans les sédiments. Il est en cristaux prismatiques dans lesquels les extrémités d'une même arête sont

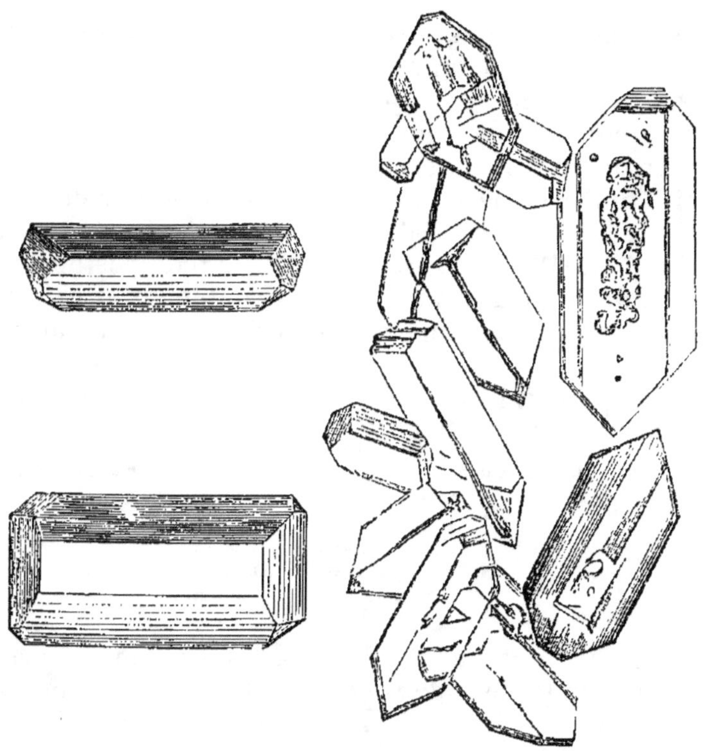

Fig. 40. — Phosphate ammoniaco-magnésien.

taillées obliquement en forme de couvercle de cercueil. (V. fig. 40.) Ces cristaux, facilement visibles au microscope, sont insolubles dans l'eau bouillante, mais se dissolvent dans tous les acides, même dans l'acide acétique, ce qui permet de les distinguer des cristaux d'oxalate de calcium avec lesquels on peut les confondre. Les alcalis sont sans action sur les cristaux de phosphate ammoniaco-magnésien.

§ 133. — Carbonates de magnésium.

Synonymie : Magnésie blanche.

α. **État naturel; emploi en médecine.** — Le carbonate de magnésium $MgCO_3$ existe dans l'organisme, où il accompagne

16.

fréquemment le carbonate de calcium. Le rôle de ce sel dans l'économie ne semble pas important. Les urines des herbivores renferment du carbonate de magnésium dissous dans un excès d'anhydride carbonique. Enfin ce sel se trouve aussi quelquefois, avec le carbonate de calcium, dans les concrétions qui se forment dans l'organisme.

Le carbonate de magnésium est employé en médecine. Il est antacide et purgatif comme la magnésie.

b. Préparation. — On prépare le carbonate de magnésium en précipitant une dissolution bouillante de sulfate de magnésium par un excès de carbonate de sodium. Il se forme un précipité qui est une combinaison de carbonate de magnésium CO^3Mg avec de l'hydrate de magnésium MgO^2H^2 et dont la formule est : $3CO^3Mg, MgO^2H^2 + 3H^2O$. La composition de cet *hydrocarbonate* de magnésium varie suivant la durée de l'ébullition. La formation de ce composé a lieu d'après l'équation :

$$4SO^4Mg \;+\; 4CO^3K^2 \;+\; 4H^2O \;=\; (CO^3Mg)^3\, MgO^2H^2 + 3H^2O)$$

Sulfate   Carbonate   Eau.   Hydrocarbonate
de magnésium.   de potassium.   de magnésium.

$$+\; 4SO^4K^2 \;+\; CO^2$$

Sulfate   Anhydride
de potassium.   carbonique.

C'est cet hydrocarbonate de magnésium qui est employé en médecine sous le nom de *magnésie blanche* et dont on se sert en pharmacie pour préparer la magnésie calcinée.

c. Impuretés. — Le carbonate de magnésium doit se dissoudre entièrement, avec effervescence, dans l'acide sulfurique dilué et la dissolution, amenée à l'état neutre et additionnée de sel ammoniac, ne doit pas précipiter par le carbonate d'ammonium (absence de carbonate de calcium). Le carbonate de magnésium pourrait, en effet, renfermer du carbonate de calcium. On se rappelle que le sulfate de magnésium s'obtient en traitant la dolomie par de l'acide sulfurique. On obtient ainsi du sulfate de calcium et du sulfate de magnésium qu'on purifie par cristallisation. Ce sel peut donc souvent être souillé par du sulfate de calcium, et, par conséquent, le carbonate de magnésium qu'on prépare avec un tel sulfate peut lui-même être impur. Il arrive aussi fréquemment qu'on ajoute, par fraude, du carbonate de calcium à la magnésie blanche.

d. Propriétés. — L'hydrocarbonate de magnésium se trouve dans le commerce en pains rectangulaires, très blancs, très légers, insolubles dans l'eau. Il se dissout facilement dans de l'eau chargée d'anhydride carbonique. On prépare, en pharmacie, une *eau magnésienne* tenant ainsi du carbonate de magnésium en dissolution, à la faveur de l'anhydride carbonique.

§ 134. — **Silicates de magnésium.**

Il existe dans la nature un grand nombre de minéraux qui sont constitués par du silicate de magnésium. Les plus importants de ces minéraux sont : le *talc de Venise*, l'*amiante* ou *asbeste* et l'*écume de mer*.

§ 135. — **Sels de magnésium en général.**

Les sels de magnésium sont neutres aux papiers réactifs, incolores; leur saveur est très amère.

Ils ont une tendance remarquable à former des sels doubles de magnésium et d'ammonium solubles. Aussi la plupart des réactifs ne produisent pas de précipités dans les sels magnésiens, en présence de sels ammoniacaux ; les phosphates alcalins font exception, le phosphate ammoniaco-magnésien étant presque totalement insoluble.

e. Caractères des sels de magnésium. — Les sels de magnésium se reconnaissent aux caractères suivants :

1° *L'hydrogène sulfuré et le sulfure ammonique ne les précipitent pas* (4° ou 5° section).

2° *Le carbonate de sodium les précipite en blanc* (4° section).

3° *La précipitation n'a pas lieu si l'on ajoute au préalable un sel ammoniacal, du chlorure d'ammonium par exemple, au sel de magnésium.* (Caract. dist. d'avec les sels de calcium, de strontium et de baryum, qui appartiennent à la même section.)

4° *La potasse et la soude les précipitent en blanc.* Le précipité, qui est de l'hydrate de magnésium, ne se forme pas en présence des sels ammoniacaux. L'ammoniaque précipite incomplètement les sels magnésiens par suite de la formation d'un sel ammoniacal qui dissout une partie de la magnésie.

5° *Le phosphate de sodium précipite en blanc les solutions magnésiennes concentrées.*

Le précipité est du phosphate de magnésium.

6° *En présence du chlorure ammonique et d'un excès d'ammoniaque, le phosphate de sodium donne immédiatement, dans les sels de magnésium, un précipité blanc cristallin de phosphate ammoniaco-magnésien.*

§ 136. — ZINC.

Poids atomique : 65,2. — Poids moléculaire : 65,2.

a. Extraction. — Les minerais dont on extrait surtout le zinc sont le sulfure de zinc ou *blende* et le carbonate de zinc ou *calamine*. On grille ces minerais, qui se transforment ainsi en oxyde, et l'on réduit l'oxyde par le charbon. Le zinc mis en liberté se volatilise et se condense dans des récipients.

b. Purification. — Le zinc du commerce est ordinairement impur. Il renferme le plus souvent du *fer*, du *plomb*, du *cuivre*, du *soufre*, de l'*arsenic*. On peut l'obtenir plus pur en le distillant; mais il vaut mieux le fondre plusieurs fois avec un peu de salpêtre qui oxyde les métaux étrangers.

c. Propriétés. — Le zinc est un métal d'un gris bleuâtre très-malléable. Sa densité varie entre 6,8 et 7,2. Il entre en fusion à 500 degrés et distille au rouge blanc.

Il se recouvre à l'air humide d'une couche blanche d'oxyde ou de carbonate de zinc qui préserve le métal contre une oxydation complète. Chauffé au rouge blanc le zinc brûle à l'air avec une belle flamme verdâtre et en répandant des fumées blanches d'oxyde de zinc.

Le zinc se dissout facilement dans les acides étendus en dégageant de l'hydrogène.

Ce métal est très-employé dans l'industrie. Les vases en zinc ne doivent pas servir à la préparation ou à la conservation des aliments. L'eau, le lait, le vin, se chargent rapidement de sels de zinc qui sont vénéneux.

§ 137. — **Chlorure de zinc.**

$$ZnCl^2.$$

a. Emploi en médecine. — Le chlorure de zinc est un caustique fréquemment employé en médecine. Incorporé à de la pâte de farine de froment, le chlorure de zinc constitue la *pâte de Canquoin.*

b. Préparation. — On le prépare en faisant réagir de l'acide chlorhydrique étendu sur du zinc. Celui-ci renfermant presque toujours du fer, la liqueur contient en dissolution, en même temps que du chlorure de zinc, un peu de chlorure ferreux. On débarrasse le chlorure de zinc de cette impureté en faisant passer à travers la dissolution un courant de chlore qui transforme le chlorure ferreux en chlorure ferrique. Puis on chauffe de façon à chasser l'excès de chlore, et on ajoute à la dissolution portée à l'ébullition un peu d'oxyde de zinc. Le chlorure ferrique est transformé en chlorure de zinc, et de l'oxyde ferrique se précipite. On décante le liquide clair et on le soumet à l'évaporation jusqu'à ce qu'on puisse le couler en plaques.

c. Propriétés. — Le chlorure de zinc ainsi préparé est blanc, anhydre, déliquescent. Il forme avec l'eau un hydrate $ZnCl^2 + H^2O$ qui cristallise en octaèdres. Le chlorure de zinc anhydre fond à 250 degrés. Il est extrêmement soluble dans l'eau. Le chlorure de zinc décompose certaines molécules, à la manière de l'acide sulfurique, en déterminant la formation d'eau aux dépens de l'oxygène et de l'hydrogène qui s'y trouvent. C'est ainsi que l'alcool est transformé par le chlorure de zinc en éthylène :

$$\underbrace{C^2H^5, OH}_{\text{Alcool.}} = \underbrace{H^2O}_{\text{Eau.}} + \underbrace{C^2H^4}_{\text{Éthylène.}}$$

Aussi le chlorure de zinc est-il fréquemment employé dans les recherches chimiques comme déshydratant.

§ 138. — **Oxyde de zinc**.

ZnO.

Anciennes dénominations : *Nihil album, lana philosophica.*

a. Emploi en médecine. — L'oxyde de zinc est prescrit en médecine comme antispasmodique. On l'a employé pour combattre l'épilepsie.

b. Préparation. — On prépare l'oxyde de zinc en brûlant le zinc à l'air et recueillant les flocons blancs, légers, qui prennent naissance et auxquels les alchimistes donnaient le nom de *lana philosophica*. On obtient également de l'oxyde de zinc en calcinant l'azotate ou le carbonate de zinc. Il est alors pulvérulent et plus dense.

c. Propriétés. — L'oxyde de zinc est blanc, infusible, insoluble dans l'eau. Lorsqu'on le chauffe, l'oxyde devient jaune, mais il reprend sa couleur blanche par le refroidissement. Cet oxyde est un anhydride basique susceptible de se combiner aux acides et de donner des sels bien définis.

A l'oxyde de zinc ZnO correspond un hydrate ZnO^2H^2 qu'on obtient en précipitant un sel de zinc par de la potasse. Cet hydrate est une base puissante. Toutefois, en présence de bases assez énergiques, l'hydrate de zinc se comporte comme un acide, c'est-à-dire qu'il échange son hydrogène contre un métal et fournit des zincates métalliques. Aussi l'hydrate de zinc est-il dissous par les hydrates de potassium, de sodium et d'ammonium.

L'oxyde de zinc est employé dans la peinture sous le nom de *blanc de zinc*.

§ 139. — Sulfate de zinc.

$$SO^4Zn.$$

Synonymie : Vitriol blanc, couperose blanche.

a. Emploi en médecine. — Le sulfate de zinc entre dans la composition d'un grand nombre de collyres et de pommades. C'est un astringent assez employé en médecine. Pris à l'intérieur, il se comporte, suivant les doses, comme un émétique ou comme un poison irritant.

b. Préparation. — On prépare le sulfate de zinc en faisant agir l'acide sulfurique sur le zinc. Dans l'industrie on obtient le sulfate de zinc en grillant la blende (sulfure de zinc) :

$$ZnS + 2O^2 = SO^4Zn.$$

Le sulfate de zinc préparé par l'un ou l'autre de ces procédés est presque toujours ferrugineux. On le purifie en le calcinant au rouge dans un creuset. Le sulfate de fer est décomposé, avec formation d'oxyde ferrique insoluble, tandis que le sulfate de zinc reste inaltéré. On reprend le résidu par l'eau qui dissout le sulfate de zinc, on filtre pour séparer l'oxyde ferrique et l'on fait cristalliser.

c. Propriétés. — Le sulfate de zinc est un sel blanc, soluble dans l'eau et qui cristallise, comme le sulfate de magnésium, avec sept molécules d'eau de cristallisation. Sa saveur est styptique. Sous l'influence de la chaleur, le sulfate de zinc subit la fusion aqueuse et perd son eau de cristallisation à 240 degrés. Il ne se décompose qu'à une haute température en oxyde de zinc, anhydride sulfureux et oxygène.

§ 140. — Sels de zinc en général.

Caractères des sels de zinc. — Les sels de zinc sont incolores. Leur saveur est désagréable et styptique. Ils sont véneux. On reconnaît les sels de zinc aux caractères suivants :

1° *L'hydrogène sulfuré ne précipite pas les sels de zinc, en solutions légèrement acides.* Les sels neutres de zinc ne sont précipités que partiellement par l'hydrogène sulfuré. En effet, sous l'influence de l'hydrogène sulfuré, il se forme, en même temps que du sulfure de zinc, un acide qui empêche la précipitation ultérieure de sulfure de zinc soluble dans les acides étendus. (V. § 31, p. 123.)

$$SO^4Zn + H^2S = ZnS + SO^4H^2.$$

Mais certains sels de zinc à acides organiques sont précipitables par l'hydrogène sulfuré, parce que ces acides ne jouissent pas de la propriété de dissoudre le sulfure de zinc.

2° *Le sulfure ammonique précipite les sels de zinc en blanc.* Le précipité est du sulfure de zinc insoluble dans l'eau.

3° *Les carbonates alcalins y donnent un précipité blanc de carbonate de zinc insoluble dans un excés de réactif.*

4° *La potasse, la soude et l'ammoniaque les précipitent en blanc. Le précipité d'hydrate de zinc est soluble dans un excès de réactif.* (V. § 138.)

5° *Le ferrocyanure de potassium y fait naître un précipité blanc de ferrocyanure de zinc.*

§ 141. — **Relations des métaux de la troisième famille.**

Le magnésium et le zinc forment une famille très naturelle. Ces métaux sont bivalents. Leurs sels sont donc représentés par des formules analogues :

$MgSO^4$	$MgCl^2$	MgO	MgO^2H^2
$ZnSO^4$	$ZnCl^2$	ZnO	$ZnO^2H^2.$

Cette analogie dans les formules des composés est commune aux métaux de la deuxième et de la troisième famille; mais les métaux de la troisième famille se distinguent de ceux de la deuxième par plusieurs caractères.

1° Le magnésium et le zinc ne donnent pas naissance à des bioxydes de formule MO^2, comme les métaux de la deuxième famille.

2° Les sulfates de magnésium et de zinc sont, contrairement aux sulfates de calcium, de baryum, de strontium et de plomb, facilement solubles dans l'eau. Ils cristallisent tous deux avec sept molécules d'eau de cristallisation.

3° Enfin, les sels de zinc sont isomorphes avec ceux de magnésium.

Le pouvoir toxique des métaux de cette famille croît avec le poids atomique du métal. Nous avons déjà constaté ce fait dans les deux premières familles.

MÉTAUX BIVALENTS. — 4ᵉ FAMILLE

§ 142. — CUIVRE.

Poids atomique : 65,5. — Poids moléculaire : 65,5 (?).

a. Extraction. — Le principal minerai de cuivre est la *pyrite cuivreuse* qui est un sulfure double de cuivre et de fer. Divers procédés sont usités pour l'extraction du cuivre, suivant la nature du minerai et de la gangue (1) qui l'accompagne. D'une manière générale, on se débarrasse du fer en grillant le minerai et transformant ainsi le sulfure de fer en oxyde, qui passe dans les scories à l'état de silicate fusible. Le produit de cette première opération est grillé de nouveau. Le sulfure de cuivre est partiellement transformé en oxyde, qui réagit sur le sulfure non décomposé et donne naissance à du cuivre métallique.

b. Propriétés. 1° PHYSIQUES. — Le cuivre est rouge, malléable, ductile et tenace. Il acquiert par le frottement une odeur désagréable. Sa densité est de 8,85. Il fond vers 1200 degrés.

2° CHIMIQUES. — Le cuivre est inaltérable à l'air sec à la température ordinaire. Il s'oxyde au rouge. Exposé à l'air humide, le cuivre se recouvre d'une couche de carbonate de cuivre hydraté qu'on désigne souvent sous le nom de *vert-de-gris*. En présence des acides faibles ou étendus et de l'oxygène de l'air, le cuivre s'altère lentement et donne naissance à des sels. Aussi est-il dangereux de laisser séjourner des aliments dans des vases de cuivre.

L'acide sulfurique dissout le cuivre à chaud. Il se forme du sulfate de cuivre, et de l'anhydride sulfureux se dégage. (V. § 33, p. 125.)

L'acide azotique le transforme à froid en azotate de cuivre, avec dégagement de bioxyde d'azote. (V. § 45, p. 150.)

L'acide chlorhydrique n'agit sur le cuivre que lentement et à chaud ou à froid, en présence de l'air.

Le cuivre s'oxyde à l'air sous l'influence de l'ammoniaque, qui dissout l'oxyde de cuivre formé en se colorant en bleu.

Les alliages de cuivre sont nombreux et très-usités. Le *laiton*

---

(1) Nom donné aux substances étrangères mélangées aux minerais.

est un alliage de cuivre et de zinc; le *bronze* renferme du cuivre et de l'étain; le *maillechort* est un alliage de cuivre, de zinc et d'étain.

Le cuivre est bivalent et fournit une série de sels dont les formules correspondent à celles des dérivés des métaux bivalents déjà étudiés. Mais ce métal jouit, de plus, de la propriété de former un groupement Cu^2 bivalent comme l'atome de cuivre lui-même. Ce groupement Cu^2 provient de l'union de deux atomes de cuivre qui échangent entre eux une de leurs valences (-Cu″--Cu″-)″. On sait d'ailleurs que d'autres éléments bivalents, l'oxygène par exemple, peuvent ainsi former des groupements O^2, O^3, etc., bivalents comme l'atome d'oxygène lui-même.

Le cuivre forme donc deux séries de composés. Les premiers ont reçu le nom de composés *au maximum, cuivriques* ou de *cupricum*; les seconds sont dits composés *au minimum, cuivreux* ou de *cuprosum*.

Les composés cuivreux, désignés encore quelquefois sous le nom de proto-sels, sont peu stables et se transforment facilement en composés cuivriques au contact de l'oxygène de l'air.

On n'emploie guère en médecine que le sulfate cuivrique.

§ 143. — **Sulfate de cuivre.**

$$SO^4Cu.$$

Synonymie : Vitriol bleu, couperose bleue.

a. Emploi en médecine. — Le sulfate de cuivre est astringent et légèrement caustique. On se sert fréquemment de ce sel à l'extérieur pour cautériser les ulcères. Il entre dans la composition de plusieurs préparations caustiques ou astringentes. La *pierre divine*, la *liqueur de Villate* renferment du sulfate de cuivre au nombre de leurs composants.

Pris à l'intérieur, à la dose de 5-20 centigrammes, le sulfate de cuivre est émétique.

Enfin, à très petites doses longtemps répétées, le sulfate de cuivre jouirait de propriétés antispasmodiques.

b. Préparation. — On obtient, dans les laboratoires, du sulfate de cuivre comme produit accessoire de la préparation de l'anhydride sulfureux.

Dans l'industrie, on prépare le sulfate de cuivre en grillant à l'air le sulfure de cuivre, qui se transforme en sulfate, et lessivant la masse pour séparer le sulfate de cuivre soluble du sulfure non transformé et des autres impuretés insolubles.

ENGEL. — Chimie méd. 17

c. Impuretés; purification. — Le sulfate de cuivre du commerce renferme toujours un peu de *sulfate ferreux*. On le purifie en le chauffant avec un peu d'acide azotique, qui transforme le sulfate ferreux en sulfate ferrique incristallisable, et séparant, par cristallisation, le sulfate de cuivre. On peut aussi décomposer le sulfate ferrique en ajoutant, au mélange de ce sel et de sulfate de cuivre, un excès d'hydrate cuivrique qui précipite l'oxyde ferrique.

d. Propriétés. — 1° PHYSIQUES. — Le sulfate de cuivre se présente sous forme de beaux cristaux bleus, renfermant cinq molécules d'eau de cristallisation. Il est soluble dans l'eau et insoluble dans l'alcool. Lorsqu'on le chauffe, il perd son eau de cristallisation vers 250 degrés et devient blanc et pulvérulent. Le sulfate de cuivre anhydre reprend son eau de cristallisation au contact de l'eau et redevient bleu.

2° CHIMIQUES. — Chauffé plus fortement, le sulfate de cuivre se décompose en oxyde cuivrique, oxygène et anhydride sulfureux.

La solution, traitée par un excès d'ammoniaque, donne une liqueur d'un beau bleu (*eau céleste*) qui, additionnée d'alcool, fournit un précipité formé de cristaux bleus. Ces cristaux ont pour composition $(SO^4 Cu, 4 Az H^3) + H^2 O$. Ils constituent le sulfate de cuivre ammoniacal qui entre dans la composition de collyres et a été préconisé contre l'épilepsie.

§ 144. — Sels de cuivre en général.

a. On trouve presque constamment du cuivre en petite quantité dans le sang et surtout dans la bile de l'homme. Ce cuivre, dit *normal*, provient très probablement des vases dans lesquels on cuit les aliments. Il est d'ailleurs important de remarquer que le cuivre existe aussi dans le sang de l'écrevisse, des mollusques, etc.

b. Composés cuivreux et cuivriques. — 1° Les *sels cuivreux* ne comprennent qu'un petit nombre de composés, savoir: l'hydrure cuivreux (V. § 55, p, 172), le chlorure, le bromure, l'iodure, l'oxyde et le sulfure.

Le *chlorure cuivreux* $Cu^2 Cl^2$ s'obtient en chauffant une solution de chlorure cuivrique dans l'acide chlorhydrique avec de la tournure de cuivre. Le chlorure cuivrique passe à l'état de chlorure cuivreux, qui est soluble dans l'acide chlorhydrique.

Le chlorure cuivreux, insoluble dans l'eau, se précipite sous forme d'une poudre blanche lorsqu'on étend d'eau la liqueur chlorhydrique. Ce sel est soluble dans l'acide chlorhydrique et dans l'ammoniaque. Ces dissolutions jouissent de la propriété d'absorber l'oxyde de carbone. (V. § 80, p. 213.) La dissolution ammoniacale de chlorure cuivreux absorbe également l'acétylène et d'autres carbures d'hydrogène.

L'*oxyde cuivreux* Cu^2O s'obtient en réduisant les sels cuivriques en solution alcaline, par le glucose (V. § 204). Il constitue une poudre rouge, insoluble dans l'eau, soluble dans l'ammoniaque. Cette dissolution est incolore, mais elle bleuit rapidement à l'air en absorbant de l'oxygène. *On obtient un précipité jaune d'hydrate cuivreux* $Cu^2O^2H^2$ *en précipitant par de la potasse les dissolutions cuivreuses, par exemple la solution chlorhydrique de chlorure cuivreux.* Cette réaction permet de distinguer les sels cuivreux des sels cuivriques.

2° Les *sels cuivriques* sont colorés en bleu ou en vert. Ce sont les sels de cuivre ordinaires.

L'*oxyde cuivrique* CuO s'obtient en chauffant du cuivre à l'air, ou bien en calcinant l'azotate cuivrique. C'est une poudre noire qu'on peut porter à une haute température sans qu'elle subisse d'altération. L'oxyde de cuivre cède, au contraire, facilement son oxygène lorsqu'on le chauffe avec du charbon, dans un courant d'hydrogène ou avec des substances organiques ; de là son emploi pour l'analyse des substances organiques. L'oxyde de cuivre est un anhydride basique faisant la double décomposition avec les acides.

Lorsqu'on précipite un sel cuivrique par de la potasse, on obtient un précipité bleu d'hydrate cuivrique CuO^2H^2 qui perd de l'eau et se transforme en oxyde de cuivre anhydre noir, lorsqu'on fait bouillir la liqueur dans laquelle il est en suspension. L'hydrate cuivrique est soluble dans l'ammoniaque. La solution est d'un bleu très intense.

c. Toxicologie. — Les sels de cuivre sont très vénéneux. Les contre-poisons à administrer sont : la limaille de fer qui précipite du cuivre métallique, ou l'albumine qui forme avec les sels de cuivre un coagulum insoluble.

La recherche du cuivre dans les organes se fait comme celle du plomb. On dissout dans l'acide azotique le précipité de sulfure de cuivre produit par l'hydrogène sulfuré, et l'on caractérise la solution d'azotate cuivrique, comme il est dit plus loin. De simples traces de cuivre ne sont pas suffisantes pour conclure à un empoisonnement, le cuivre se trouvant presque toujours en petite quantité dans l'économie. Le cuivre est d'ailleurs employé pour la fabrication d'ustensiles de cuisine. On a aussi ajouté des sels de cuivre, en petite quantité, au pain pour le rendre plus blanc et aux légumes verts conservés (pois, haricots) pour leur donner une nuance verte plus prononcée.

d. Caractères des sels cuivriques. — *1° Les sels de cuivre sont précipités en noir par l'hydrogène sulfuré et par les sulfures alcalins.* Le précipité est du sulfure de cuivre (CuS). Ce sulfure est insoluble dans un excès de sulfure ammonique (2° section). Il est très altérable et se convertit à l'air humide en sulfate de cuivre. Aussi faut-il laver le précipité de sulfure de cuivre avec de l'eau chargée d'hydrogène sulfuré.

2° La potasse les précipite en bleu. Le précipité noircit par l'é-bullition.

3° L'ammoniaque en excès donne dans les sels de cuivre une coloration d'un beau bleu.

4° Le ferrocyanure de potassium les précipite en brun-marron (ferrocyanure cuivrique). La réaction est très sensible.

5° Lorsqu'on plonge une lame de fer dans une solution acidulée d'un sel de cuivre, elle se recouvre d'un dépôt rouge.

Les sels de cuivre colorent la flamme en vert.

§ 145. — MERCURE.

Poids atomique : 200. — Poids moléculaire : 200.

a. Emploi en médecine. — Le mercure métallique est employé en médecine, dans les affections syphilitiques. On le prescrit quelquefois à l'intérieur, sous forme de pilules, mais on l'emploie surtout à l'extérieur, en frictions, sous forme de pommade. Lorsqu'on le triture avec de la graisse, le mercure se divise, *s'éteint* comme on dit. *L'onguent napolitain* ou *pommade mercurielle* est composé d'une partie de mercure et d'une partie de graisse.

b. Préparation. — Le mercure existe à l'état natif, mais on l'extrait surtout de son sulfure ((*cinabre*) en grillant le minerai dans un courant d'air. Le soufre s'oxyde, passe à l'état d'anhydride sulfureux, tandis que le mercure, mis en liberté, distille et se condense dans des récipients.

c. Impuretés; Purification. — Le mercure est rarement pur ; il renferme presque toujours des métaux étrangers, plomb, étain, bismuth, cuivre.

Pour le purifier on le met en contact avec une petite quantité d'acide azotique étendu qui dissout les métaux étrangers. L'action est terminée au bout de 24 heures environ. Il faut avoir soin d'agiter de temps en temps le mélange. Après ce traitement, on lave le mercure à grande eau et on le fait sécher. (Codex.)

d. Propriétés. — 1° Physiques. — Le mercure est liquide à la température ordinaire, opaque et possède l'éclat métallique. Il se solidifie à — 40°, bout à 360° et émet des vapeurs à toutes les températures. Sa densité est de 13,59. Il est insoluble dans l'eau.

2° Chimiques. — Le mercure est inaltérable, à la température ordinaire. Il s'oxyde lentement à l'air vers 350°.

Le soufre, le chlore, le brome, l'iode, s'unissent au mercure déjà à froid.

Les acides chlorhydrique, sulfurique et azotique agissent sur le mercure comme ils agissent sur le cuivre.

En présence de l'air, les dissolutions des chlorures alcalins agissent sur le mercure et le transforment lentement en sublimé corrosif, d'après la formule :

$$2NaCl + Hg + O + H^2O = HgCl^2 + 2NaOH.$$

On explique, par cette réaction, l'absorption du mercure métallique par la peau dans les frictions mercurielles. La sueur renferme en effet constamment du chlorure de sodium. Pour d'autres auteurs, l'absorption du mercure qui succède aux frictions mercurielles a lieu par pénétration du métal à l'état de vapeur à travers la peau et surtout par les voies respiratoires.

Le mercure est bivalent comme le cuivre, et comme lui forme deux séries de composés, les uns dans lesquels entre l'atome de mercure Hg″, les autres dans lesquels entre le groupement bivalent $(Hg^2)″$, analogue au groupement $(Cu^2)″$. Les premiers ont reçu les noms de combinaisons *au maximum, mercuriques* ou de *mercuricum ;* les seconds sont dits combinaisons *au minimum, mercureuses* ou de *mercurosum.*

COMPOSÉS MERCUREUX.

§ 146. — Chlorure mercureux.

$$Hg^2Cl^2.$$

Synonymie : Calomel. Protochlorure de mercure. Précipité blanc.

a. Emploi en médecine ; Préparation. — Le calomel est un purgatif cholalogue (1) et un vermifuge. Les selles qu'il dé-

(1) Qui agit sur l'appareil biliaire.

termine ont une teinte verdâtre, herbacée, due probablement à la plus grande quantité de bile sécrétée. Le calomel est altérant (1) à petites doses comme les autres sels de mercure.

Il existe sous trois formes différentes :

1° Le *calomel cristallisé* s'obtient en distillant le sulfate mercureux avec du chlorure de sodium (V. § 13, p. 65) et recueillant les cristaux qui se déposent dans les parties froides de l'appareil. On porphyrise le produit obtenu et on le lave à l'eau bouillante pour enlever un peu de sublimé corrosif qui souille toujours le calomel.

2° Le *calomel à la vapeur* se prépare en chauffant du chlorure mercureux en morceaux dans un tube de terre T (V. *fig.* 41), et dirigeant les vapeurs dans un grand récipient froid J, où elles se condensent sans s'agglomérer. Le calomel à la vapeur est en poudre impalpable. Son apparence est encore cristalline.

3° Le *calomel par précipitation* ou *précipité blanc* s'obtient en

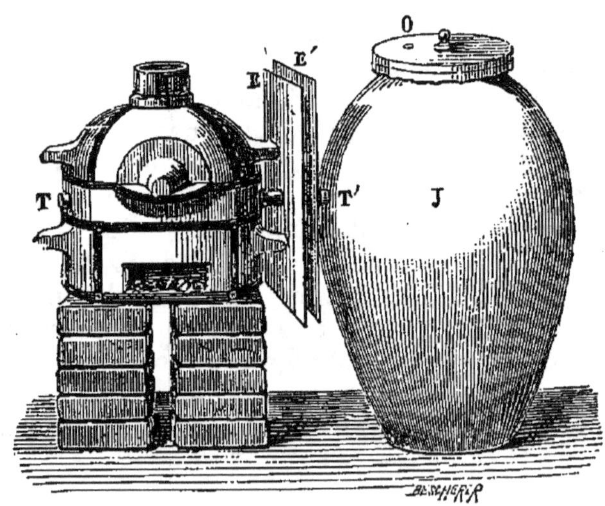

Fig. 41. — Préparation du calomel à la vapeur (*).

décomposant une solution d'azotate mercureux par une solution de chlorure de sodium (V. § 13, p. 65) et lavant le précipité obtenu. Le précipité blanc est encore plus divisé que le calomel à la vapeur et par conséquent plus actif.

b. Impuretés. — Le calomel contient souvent du chlorure mercurique qui est soluble. La présence de sublimé est donc

(*) E, E', écrans destinés à empêcher le récipient de s'échauffer.

(1) Qui modifie graduellement la constitution.

facile à constater. Il suffit de traiter le calomel par de l'eau bouillante et de constater dans la liqueur filtrée la présence des sels mercuriques. On y mélange aussi frauduleusement du sulfate de baryum ou d'autres poudres blanches. Le calomel non falsifié doit se volatiliser entièrement lorsqu'on le chauffe.

c. **Propriétés.** — Physiques. — Le calomel est un corps blanc qui cristallise en prismes lorsqu'on le sublime. Il se volatilise sans fondre entre 420 et 450°. Il est complètement insoluble dans l'eau.

La lumière le décompose lentement en sublimé corrosif et en mercure :

Aussi devient-il gris à la lumière. Il faut donc le conserver dans des flacons opaques.

L'acide chlorhydrique et les chlorures alcalins le transforment lentement en sublimé corrosif au contact de l'oxygène. L'action a lieu déjà vers 35-40°. C'est à l'action des chlorures alcalins qui se trouvent dans les sucs digestifs qu'il faut attribuer la dissolution d'une petite quantité du calomel ingéré. Aussi faut-il éviter l'ingestion de chlorure de sodium lorsqu'on prescrit le calomel à l'intérieur. La quantité de sublimé formé pourrait, en effet, devenir trop grande et empoisonner le malade.

§ 147. — **Iodure mercureux.**

L'iodure mercureux, qui sert de base à un grand nombre de préparations pharmaceutiques, s'obtient en triturant du mercure et de l'iode avec un peu d'alcool. On continue la trituration jusqu'à ce que le tout soit converti en une pâte verte. On introduit l'iodure mercureux dans un matras et on le lave à l'alcool pour lui enlever un peu d'iodure mercurique qui s'est formé en même temps.

L'iodure mercureux est une poudre d'un jaune verdâtre, insoluble dans l'eau et dans l'alcool.

L'iodure de potassium le transforme en mercure et en iodure mercurique qui se dissout dans l'excès d'iodure de potassium. Les chlorures alcalins donnent naissance, en agissant sur l'iodure mercureux, à du sublimé corrosif.

§ 148. — **Sels mercureux en général.**

Les sels mercureux sont plus stables que les sels cuivreux, quoique leur transformation en sels mercuriques soit facile, comme on l'a vu. Ces composés sont isomorphes avec les composés cuivreux correspondants.

Caractères des sels mercureux. — 1° *L'acide chlorhydrique précipite en blanc les sels mercureux solubles.* Le précipité formé est du calomel Hg^2Cl^2. L'ammoniaque noircit ce précipité. (Car. dist. d'avec le chlorure d'argent et le chlorure de plomb.) La substance noire formée a reçu le nom de chloro-amidure mercureux. Sa composition est exprimée par la formule $(Hg^2)^2H^4Az^2Cl^2$, qui représente deux molécules de chlorure d'ammonium dans lesquelles quatre atomes d'hydrogène sont remplacés par deux molécules de mercurosum $(Hg^2)''$.

2° *L'acide sulfhydrique et les sulfures alcalins les précipitent en noir. Le précipité est insoluble dans un excès de sulfure ammonique et dans l'acide azotique.*

3° *La potasse les précipite en noir.* Le précipité est de l'oxyde mercureux qui se dédouble en oxyde mercurique et en métal.

4° *L'iodure de potassium donne avec les sels mercureux un précipité jaune verdâtre d'iodure mercureux.*

5° *Une lame de cuivre précipite les sels mercureux et se recouvre de mercure.* Par le frottement la lame de cuivre devient blanche, par suite de la formation d'amalgame. En la chauffant on volatilise le mercure et la lame reprend sa couleur.

COMPOSÉS MERCURIQUES.

§ 149. — Chlorure mercurique.

$$HgCl^2.$$

Synonymie : Sublimé corrosif.

a. Emploi en médecine. — Le sublimé corrosif entre dans la composition de plusieurs préparations pharmaceutiques. La *liqueur de Van Swieten*, les *pilules de Dupuytren*, renferment du chlorure mercurique.

b. Propriétés. — 1° Physiques. — Le sublimé corrosif est en masses blanches. Sa saveur est âcre et styptique. Il est très véneux. Lorsqu'on le sublime, il cristallise en octaèdres. Il est soluble dans l'eau et sa solubilité croît avec la température. 100 parties d'eau dissolvent environ 7 parties de sublimé corrosif à 15° et 53 parties à 100°. Ce sel est plus soluble dans l'alcool que dans l'eau. Lorsqu'on le fait cristalliser par refroidissement de sa dissolution dans l'eau bouillante, il est en prismes droits à base rhombe. Le chlorure mercurique fond vers 265° et bout vers 300°.

2° CHIMIQUES. — La dissolution de sublimé corrosif coagule l'albumine. Aussi le blanc d'œuf est-il le meilleur contre-poison du sublimé corrosif. Le coagulum formé par le sublimé corrosif et l'albumine est soluble dans les chlorures alcalins et dans les liqueurs alcalines. Il faut donc, dans un cas d'empoisonnement, pour éviter la redissolution et l'absorption ultérieure du poison, provoquer le vomissement après l'administration d'albumine.

Enfin, le sublimé corrosif donne avec les chlorures alcalins des sels doubles ayant pour formule générale $HgCl^2 + 2MCl$. L'un de ces composés, le chlorure double d'ammonium et de mercure (*sel d'Alembroth*) a été employé en médecine. Il est plus soluble que le sublimé corrosif.

§ 150. — **Iodure mercurique.**

L'iodure mercurique agit comme l'iodure mercureux; mais il est plus vénéneux que ce dernier sel. Appliqué sur la peau, il est irritant et caustique.

On prépare ce sel en décomposant une molécule de sublimé corrosif en solution aqueuse par deux molécules d'iodure de potassium.

$$HgCl^2 + 2IK = 2KCl + HgI^2.$$

Un excès de l'un ou de l'autre réactif redissout le précipité. La quantité d'iodure de potassium doit toutefois être un peu supérieure à la quantité théoriquement nécessaire, pour que le précipité obtenu soit d'un beau rouge.

On constate la pureté de l'iodure mercurique à l'aide des essais suivants : il se volatilise entièrement sous l'influence de la chaleur et se dissout sans résidu dans l'alcool et dans l'iodure de potassium.

L'iodure mercurique est un précipité d'un beau rouge, très légèrement soluble dans l'eau, soluble dans l'alcool bouillant. Avec les iodures alcalins, il forme des iodures doubles solubles, $HgI^2 + 2MI$. Sous l'influence de la chaleur il devient jaune, entre en fusion et se sublime en cristaux jaunes. Ces cristaux redeviennent rouges par le refroidissement et plus rapidement lorsqu'on les frotte avec un corps dur. Ce sel est donc dimorphe.

§ 151. — **Oxyde mercurique.**

HgO.

Synonymie : Oxyde rouge de mercure. Précipité *per se*.

L'oxyde mercurique rouge est un escharotique et un stimulant qui entre dans la composition d'un grand nombre de pommades antiophthalmiques.

Cet oxyde se forme lorsqu'on chauffe le mercure à l'air. On le prépare plus souvent en calcinant l'azotate mercurique qui lui-même s'obtient en dissolvant du mercure dans de l'acide azotique en excès. L'oxyde préparé par l'un de ces deux procédés est rouge.

On obtient une variété jaune d'oxyde mercurique en précipitant un sel mercurique soluble par de la potasse.

$$HgCl^2 + 2KOH = HgO + H^2O + 2KCl.$$

L'oxyde mercurique jaune est la base de *l'eau phagédénique jaune* qui s'obtient en versant du sublimé corrosif dans de l'eau de chaux en léger excès. Si l'on versait une base dans du sublimé corrosif en excès, il ne se formerait pas d'oxyde mercurique jaune, mais un oxychlorure brun.

L'oxyde mercurique jaune est plus divisé et plus facilement attaqué par les réactifs que l'oxyde rouge.

Les deux variétés d'oxyde mercurique sont très peu solubles dans l'eau, qui n'en dissout pas 1/20000e de son poids. Lorsqu'on le chauffe à 400°, l'oxyde mercurique se décompose en mercure et en oxygène.

§ 152. — **Sulfure mercurique.**

Synonymie : Cinabre, vermillon.

Il existe deux variétés de sulfure mercurique. Ce sel se trouve dans la nature en masses compactes rouges (cinabre). On peut le préparer artificiellement en chauffant un mélange de soufre et de mercure.

Si l'on traite un sel de mercure par de l'hydrogène sulfuré, il se précipite du sulfure mercurique noir. Le sulfure noir se transforme en cinabre rouge par la sublimation. On obtient aussi un sulfure noir, auquel on a donné le nom *d'œthiops minéral*, en triturant du soufre avec du mercure. L'œthiops minéral a été employé en médecine comme purgatif et vermifuge. Il contient presque toujours du mercure métallique non encore attaqué. C'est à ce mercure qu'il faut attribuer l'action de l'œthiops ; le sulfure mercurique est en effet complètement insoluble et inattaquable par la plupart des réactifs. L'œthiops minéral est donc une préparation dont les effets sont incertains.

Le sulfure mercurique se volatilise sans décomposition lorsqu'on le chauffe fortement. Lorsqu'on le calcine à l'air, il se convertit en mercure et en anhydride sulfureux. Il est insoluble dans l'acide azotique ; l'eau régale le dissout rapidement.

Le cinabre est employé en peinture. On se sert également d'une variété de sulfure mercurique (vermillon) dont la couleur est plus belle, et qu'on obtient en triturant dans de certaines proportions et en présence de l'eau du soufre, du mercure et de la potasse. Il se forme d'abord une masse noire qui prend peu à peu une belle couleur rouge écarlate, par suite de l'action du sulfure de potassium qui s'est formé en même temps.

§ 153. — Azotate mercurique.

$$(AzO^3)^2Hg.$$

On emploie en médecine, comme caustique, de l'azotate mercurique en solution dans un excès d'acide azotique. Ce sel, qui porte le nom d'*azotate acide de mercure*, s'obtient en dissolvant à chaud du mercure dans un excès d'acide azotique.

§ 154. — Sels mercuriques en général.

a. **Toxicologie.** — Les sels de mercure sont toxiques, comme il a été dit. Le sublimé corrosif a occasionné le plus fréquemment des accidents, à cause de sa solubilité.

Dans la forme aiguë de l'empoisonnement, on arrive souvent à sauver la personne empoisonnée, lorsqu'on administre à temps de l'eau albumineuse. Le sulfure ferreux précipité peut aussi être employé comme contre-poison du sublimé corrosif en particulier et des sels de mercure en général. Il détermine, en effet, la formation de sulfure de mercure insoluble.

La forme lente de l'empoisonnement qui s'observe chez les ouvriers qui manient le mercure ou les préparations de mercure, est remarquable par ses symptômes. Les gencives se gonflent, l'haleine devient fétide, puis apparaît une salivation spéciale à cette intoxication. Des troubles nerveux sont également

observés. On peut combattre la forme lente de l'empoisonnement par les sels de mercure en administrant de l'iodure de
potassium, qui favorise l'élimination du mercure. Les sels de
mercure sont d'ailleurs éliminés, comme les sels de plomb et de
cuivre, par les urines et par les fèces.

Quant à la présence du mercure dans les matières suspectes,
elle est indiquée si le précipité noir produit par l'hydrogène sulfuré
(V. *Arsenic*, *Plomb*) est insoluble dans l'acide azotique bouillant.
On dissout le sulfure de mercure dans l'eau régale, on évapore
à siccité, on reprend par l'eau distillée. On recherche la présence du mercure dans le liquide filtré, comme il est dit plus
bas.

b. Caractères des sels mercuriques. — 1° *L'acide chlorhydrique ne les précipite pas.* (Car. dist. d'avec les sels mercureux.)

2° *L'hydrogène sulfuré et le sulfure ammonique les précipitent
en noir.* Le précipité est d'abord jaune, puis brun et ne devient
noir que sous l'influence d'une plus grande quantité d'hydrogène
sulfuré. Il est insoluble dans l'acide azotique.

3° *La potasse les précipite en jaune.* (Car. dist. d'avec les sels
mercureux.)

4° *L'ammoniaque détermine dans le sublimé corrosif, non pas
un précipité jaune d'oxyde mercurique, mais un précipité blanc de
chloramidure mercurique,* ayant pour formule : $(Hg\,Cl)^2\,H^2\,Az,\,Cl$.
Ce sel, encore connu sous le nom de précipité blanc des Alle-
mands, est quelquefois employé en médecine, surtout en
Allemagne.

5° *L'iodure de potassium précipite les sels mercuriques en rouge.*
(Car. dist. d'avec les sels mercureux.) Le précipité est soluble
dans un excès de réactif.

6° *Le chlorure stanneux réduit les sels mercuriques.* Il se forme
d'abord du calomel et, sous l'influence d'un excès de chlorure
stanneux et à chaud, du mercure métallique.

7° *Le cuivre se recouvre de mercure dans les dissolutions acidulées
des sels mercuriques.*

§ 155. — **Relations des métaux de la quatrième famille.**

Les métaux de la quatrième famille, cuivre et mercure,
se distinguent des autres métaux bivalents, par la propriété
que possèdent leurs atomes de se doubler de manière à former
des groupements $(Cu^2)''$, $(Hg^2)''$ bivalents. Ils donnent deux
séries de composés, les uns *au minimum*, spéciaux aux métaux

de cette famille, les autres *au maximum* comparables aux composés des autres métaux bivalents. Les sels cuivreux et mercureux présentent entre eux la plus grande analogie; ils sont isomorphes.

MÉTAUX TRIVALENTS. — 5ᵉ FAMILLE

§ 156. — OR.

Poids atomique : 197.

a. Emploi en médecine. — L'or et les sels d'or ne sont plus guère employés en médecine. Le chlorure d'or est caustique. Pris à l'intérieur, à haute dose, il agit comme poison corrosif. A doses plus faibles, le chlorure d'or ou le chlorure double d'or et de sodium ont été administrés contre les accidents syphilitiques secondaires. On préfère généralement, aujourd'hui, les composés mercuriels.

b. Extraction. — L'or se rencontre à l'état natif dans la nature. On l'isole des roches préalablement broyées et des sables qui le renferment, en lavant le minerai de façon à enlever les parties terreuses plus légères et traitant les parties plus denses par du mercure qui dissout l'or. L'amalgame formé est soumis à la distillation; l'or reste comme résidu.

L'or ainsi obtenu est presque toujours mélangé d'argent et de cuivre. On le purifie en attaquant l'alliage par de l'acide sulfurique concentré et bouillant, qui dissout le cuivre et l'argent et est sans action sur l'or.

c. Propriétés. — 1° PHYSIQUES. — L'or est un métal d'un beau jaune, qui entre en fusion vers 1200°. Sa densité est de 19,5. C'est le plus malléable des métaux. On peut le réduire en feuilles de $1/13000^c$ de millimètre. Vu par transmission, l'or est vert. Ce métal est mou; aussi faut-il l'allier au cuivre pour le travailler.

2° CHIMIQUES. — L'or est inaltérable à l'air, à froid et à chaud, ne décompose l'eau à aucune température et n'est attaqué ni par les acides, ni par les bases. L'eau régale le dissout et le transforme en chlorure d'or. Le chlore et le brome l'attaquent également, même à froid.

Ce métal diffère des métaux étudiés jusqu'à présent en ce qu'il est trivalent et fonctionne dans quelques composés comme monovalent. Il donne naissance à deux séries de composés ; les uns saturés, les autres non saturés.

<table>
<tr><td align="center">COMPOSÉS NON SATURÉS.</td><td align="center">COMPOSÉS SATURÉS.</td></tr>
<tr><td align="center">$AuCl$</td><td align="center">$AuCl^3$</td></tr>
<tr><td align="center">Protochlorure d'or.</td><td align="center">Perchlorure d'or.</td></tr>
<tr><td align="center">Au^2O</td><td align="center">Au^2O^3</td></tr>
<tr><td align="center">Protoxyde d'or.</td><td align="center">Peroxyde d'or.</td></tr>
</table>

Le *perchlorure d'or* est employé comme réactif. On l'obtient en dissolvant l'or métallique dans l'eau régale et évaporant la dissolution. On obtient ainsi un liquide qui, par le refroidissement, se prend en une masse cristalline déliquescente. Le perchlorure d'or est facilement soluble dans l'eau ; sa dissolution est jaune. Lorsqu'on le chauffe à 160°, le perchlorure d'or perd deux atomes de chlore et se transforme en protochlorure Au Cl. Le perchlorure d'or en solution aqueuse est réduit facilement en présence des matières organiques ou en général des corps avides d'oxygène. Il est *oxydant indirect* à la manière du chlore. Ex. :

$$2AuCl^3 + 3C^2O^4H^2 = 6HCl + 6CO^2 + 2Au$$

Perchlorure d'or.   Acide oxalique.   Acide chlorhydrique.   Anhydride carbonique.   Or.

Enfin, le chlorure d'or forme des chlorures doubles avec d'autres chlorures métalliques. Le chlorure d'or et de sodium a pour formule : $AuCl^3 + NaCl + 2H^2O$. Il est jaune comme le chlorure d'or, soluble dans l'eau, mais plus difficilement réductible.

d. Caractères des sels d'or. — Les composés non saturés sont, en général, peu stables. Les composés saturés ou composés *auriques* se reconnaissent aux caractères suivants :

1° *L'hydrogène sulfuré y produit, à froid, un précipité jaune-brun de persulfure d'or soluble dans le sulfure ammonique* (1re section). Le persulfure d'or Au^2S^3 se comporte donc comme le sulfure d'arsenic et donne avec les sulfures alcalins de véritables sulfosels.

2° *La potasse y détermine un précipité jaune-brun d'oxyde aurique, soluble dans un excès.* Le peroxyde d'or se dissout dans les acides en donnant des sels d'or peu stables, et dans les bases avec lesquelles il forme des aurates cristallisés. Il se comporte donc tantôt comme un anhydride basique, tantôt comme un anhydride acide.

3° *Le sulfate ferreux, l'acide oxalique, les matières organiques réduisent les sels d'or à l'état métallique.* Le précipité est ordinairement brun ; quelquefois l'or se dépose avec sa couleur jaune et dore les parois du vase. Le chlorure stanneux réduit également les sels d'or. Lorsque ce sel est mêlé avec du chlorure stannique, le précipité est d'un beau pourpre. On le nomme *pourpre de Cassius.* D'après Debray, le pourpre de Cassius serait une laque (V. § 176) d'acide stannique colorée par de l'or métallique très-divisé.

MÉTAUX TÉTRAVALENTS. — 6ᵉ FAMILLE

§ 157. — FER.

Poids atomiques : 56.

a. Emploi en médecine. — Le fer est employé en médecine à l'état métallique. On se sert de la *limaille de fer*, du *fer réduit par l'hydrogène* et du *fer réduit par l'électricité.* Les sels de fer sont astringents, toniques, coagulants, hémostatiques et reconstituants. On administre les ferrugineux aux personnes chlorotiques, anémiques, dont le sang est peu riche en globules rouges. Or, ceux-ci contiennent du fer au nombre de leurs éléments.

b. Extraction ; Préparation. — Les principaux minerais de fer sont les oxydes et le carbonate de ce métal. On en extrait le fer, dans l'industrie, en réduisant les minerais par le charbon :

Le fer en s'unissant au charbon donne de la *fonte.* On peut transformer la fonte en *fer doux*, qui seul est employé en médecine, en maintenant la fonte en fusion dans un fort courant d'air qui brûle le charbon que renferme la fonte. Cette opération porte le nom d'*affinage de la fonte.* La fonte est plus facilement fusible que le fer doux. Celui-ci renferme toujours quelques impuretés : carbone, silicium, soufre, arsenic.

1º La *limaille de fer préparée* s'obtient en divisant du fer doux à l'aide d'une lime d'acier. On obtient ainsi une poudre grossière qu'on conserve dans des flacons secs et bien bouchés. (Codex).

2º La *limaille de fer porphyrisée* se prépare en porphyrisant par petites portions et à sec la limaille de fer préparée, jusqu'à ce qu'elle soit réduite en une poudre impalpable. La limaille porphyrisée est très oxydable et doit être conservée dans des flacons secs et bien bouchés (Codex).

3° Le *fer réduit par l'hydrogène* s'obtient en disposant dans un tube de porcelaine T (*fig.* 42) du peroxyde de fer desséché, qu'on prépare en précipitant du perchlorure de fer par de l'ammoniaque, et faisant passer sur cet oxyde ferrique un courant d'hydrogène. Quand l'air est entièrement expulsé, on chauffe le tube au rouge sombre. Il se forme de l'eau qui s'échappe en E, et du fer métallique reste dans le tube. Plusieurs précautions sont nécessaires pour obtenir une bonne préparation. Il faut d'abord que l'hydrogène soit exempt d'hydrogène sulfuré, d'hy-

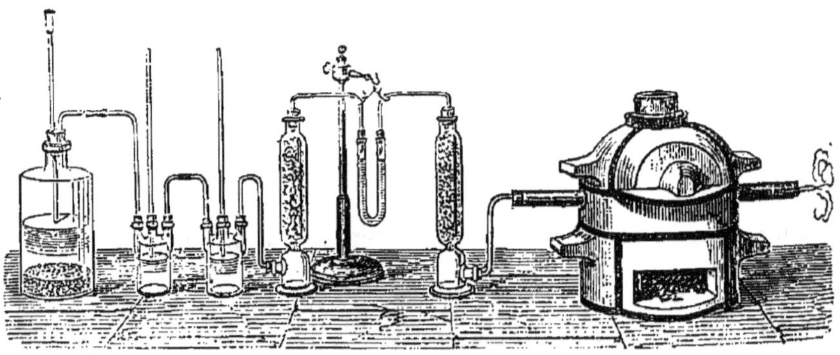

Fig. 42. — Préparation du fer réduit.

drogène arsénié, etc. Ces gaz sont, en effet, décomposés par la chaleur, et le soufre et l'arsenic provenant de cette décomposition s'uniraient au fer et souilleraient la préparation. Il faut donc avoir soin de purifier l'hydrogène (V. § 10, p. 45). Il est aussi important de chauffer le tube T au rouge sombre. En effet, si la réduction a lieu au-dessous du rouge, le fer réduit est noir et dans un état de division très grand. Il s'oxyde alors à l'air avec une telle énergie qu'il est porté au rouge ; on le dit *pyrophorique*. Si la réduction s'opère au rouge vif, le produit s'agglutine et devient moins soluble.

Le fer réduit doit être d'un gris foncé. Il n'a pas les qualités de pureté qu'on lui attribuait. Il ne renferme guère que 87 p. 100 de fer métallique, car il se forme dans sa préparation un oxyde Fe^2O irréductible par la chaleur. Lorsqu'on le dissout dans l'acide chlorhydrique, l'hydrogène qui se dégage est rarement inodore. De plus le fer réduit se dissout difficilement dans les acides étendus. Enfin sa préparation est difficile et longue et le produit n'est pas constamment le même. Aussi le fer réduit par l'hydrogène est-il de moins en moins employé en médecine.

4° Le *fer réduit par l'électricité* a, sur le produit précédent, l'avantage d'être très pur, et de se dissoudre plus facilement dans les acides dilués. On le prépare en faisant passer un courant électrique à travers une solution de chlorure ferreux. Le pôle négatif de la pile est en communication avec des plaques d'acier qui plongent dans le liquide et sur lesquelles le fer vient se déposer. On le sèche et on le porphyrise (Collas).

c.**Propriétés.** — 1° PHYSIQUES. — Le fer est un métal gris bleuâtre, doué de l'éclat métallique, ductile, malléable et très tenace. Sa densité varie entre 7,2 et 7,9. Il est attirable à l'aimant. Sa texture est cristalline. Il entre en fusion vers 1600°. Au rouge blanc il se ramollit et jouit alors de la propriété de se souder à lui-même lorsqu'on le martèle.

L'*acier* est du fer renfermant du carbone, mais en moindre quantité que la fonte. Il devient très dur par la *trempe*. Cette opération consiste à refroidir brusquement l'acier chauffé au rouge-cerise.

2° CHIMIQUES. — Le fer est inoxydable à l'air sec et à la température ordinaire. Au rouge, le fer s'oxyde et se convertit en un oxyde Fe^3O^4 (oxydes des battitures). Lorsque le fer est très divisé, il s'oxyde à l'air en dégageant une quantité de chaleur telle qu'il est porté au rouge (fer pyrophorique). Le fer décompose rapidement l'eau au rouge. Il s'oxyde lentement à l'air humide et se convertit en hydrate de peroxyde de fer (rouille), par suite de la décomposition de l'eau dont l'oxygène se porte sur le fer, tandis que l'hydrogène naissant s'unit en partie à l'azote de l'air atmosphérique et fournit un peu d'ammoniaque dont la rouille est toujours imprégnée.

Le fer s'unit directement à un grand nombre de métalloïdes, chlore, brome, iode, soufre. Les acides sulfurique et chlorhydrique et un grand nombre d'acides organiques sont décomposés par le fer avec dégagement d'hydrogène. Dans l'acide azotique concentré le fer devient *passif* (V. § 48, p. 156).

Le fer est tétravalent et donne naissance à deux séries de composés. Dans les uns (composés au *minimum, ferreux* ou de *ferrosum*), l'atome de fer se comporte comme bivalent. Les sels ferreux ressemblent, par leur constitution, aux sels des métaux bivalents. Ils sont isomorphes avec les sels de zinc et de magnésium. Dans les autres, l'atome de fer tétravalent se soude à un autre atome de fer et forme un groupement Fe^2 hexavalent, par suite de l'échange d'une valence entre les deux atomes de fer : $(\equiv Fe\text{-}\text{-}Fe\equiv) = (Fe^2)^{VI}$.

Les composés qui renferment le groupement (Fe²)'' sont dits au *maximum, ferriques* ou de *ferricum*.

Lorsqu'on veut saturer les sels ferreux, on n'obtient pas de composé dans lequel l'atome de fer entre seul comme élément tétravalent; mais bien un composé ferrique dans lequel entre le groupement ferricum (Fe²) ^{vi}.

La tétravalence des métaux de la famille du fer a pourtant été démontrée directement pour l'un de ces métaux, le manganèse (V. § 168, p. 313).

COMPOSÉS FERREUX.

§ 158. — Chlorure ferreux.

$$FeCl^2.$$

Le chlorure ferreux s'obtient à l'état anhydre en dirigeant un courant d'acide chlorhydrique sec sur du fer porté au rouge dans un tube de porcelaine.

Le chlorure ferreux anhydre est en écailles blanches, nacrées, volatiles, solubles dans l'eau et dans l'alcool.

Lorsqu'on soumet à l'évaporation la dissolution aqueuse de chlorure ferreux, il se dépose des cristaux volumineux ayant pour formule : $FeCl^2 + 4H^2O$. On prépare ces cristaux en dissolvant de la limaille de fer dans de l'acide chlorhydrique étendu, filtrant et évaporant la dissolution. Les cristaux de chlorure ferreux sont verdâtres. Ils perdent leur eau de cristallisation lorsqu'on les chauffe; mais en même temps une partie de l'eau est décomposée, et de l'oxyde ferrique prend naissance. La dissolution de chlorure ferreux s'altère à l'air en absorbant de l'oxygène et se convertit en oxychlorure ferrique : $4FeCl^2 + 0^2 = 2Fe^2Cl^4O$. Le chlore transforme le chlorure ferreux en chlorure ferrique.

§ 159. — Iodure ferreux.

Synonymie : Protoiodure de fer.

L'iodure ferreux est fréquemment employé en médecine. On le prescrit sous forme de sirop ou en pilules (*Pilules de Blancard*).

On prépare l'iodure ferreux en triturant de l'iode et du fer sous l'eau. On chauffe légèrement; la liqueur se colore d'abord en brun, l'iodure ferreux déjà formé dissolvant une certaine quantité d'iode. Dès que la décoloration est complète et que le liquide ne présente plus que la teinte verte des sels ferreux, on filtre et l'on évapore rapidement. Par évaporation partielle et refroidissement de la liqueur, il se dépose des cristaux verts d'iodure ferreux hydraté $FeI^2 + 4H^2O$.

On continue souvent l'évaporation après avoir ajouté quelques lames de fer qui empêchent l'oxydation du sel, jusqu'à ce que le liquide se prenne en masse par le refroidissement. On coule alors l'iodure ferreux sur des plaques de faïence et quand il est pris en masse, on l'enferme dans des flacons secs et bien bouchés.

L'iodure ferreux est déliquescent et très altérable. Sa dissolution s'oxyde à l'air et de l'oxyiodure ferrique insoluble s'en sépare. Il est essentiel, pour l'usage médical, que l'iodure ferreux ne soit pas altéré. Il doit être entièrement soluble. On évite l'altération en ajoutant à l'iodure ferreux du miel ou du sucre, corps réducteurs qui s'opposent à son oxydation. On peut alors le façonner en pilules qu'on recouvre d'une couche de sucre ou de baume de Tolu.

§ 160. — **Oxyde ferreux.**

$$FeO,$$

On obtient de l'oxyde ferreux, sous forme d'une poudre blanche, en réduisant au rouge du peroxyde de fer par l'oxyde de carbone. Lorsqu'on traite un sel ferreux par de la potasse, il se forme un précipité blanc d'hydrate ferreux (FeO^2H^2), très altérable à l'air, qui verdit rapidement, puis brunit en se transformant en hydrate ferrique.

§ 161. — **Sulfure ferreux.**

Le sulfure ferreux précipité est un excellent contre-poison du cuivre, du mercure, du plomb et, en général, des métaux de la deuxième section, qu'il convertit en sulfures insolubles. On prépare le sulfure de fer, par voie sèche, en chauffant un mélange de soufre et de fer, et coulant le sulfure de fer en fusion sur des plaques de fonte. Le composé ainsi obtenu est noir, dur et cassant. Il sert dans les laboratoires à préparer de l'hydrogène sulfuré.

Par voie humide, on obtient du sulfure ferreux, sous forme d'un précipité noir, pulvérulent, très oxydable, en traitant un sel ferreux par un sulfure alcalin (sulfure d'ammoniun ou monosulfure de potassium).

Le *bisulfure ferreux* FeS^2 constitue la pyrite de fer, qui est abondamment répandue dans la nature.

On la rencontre sous deux modifications : la *pyrite cubique* est jaune et très commune, la *pyrite prismatique* est blanche et plus rare. Cette dernière modification est plus oxydable que la première.

§ 162. — **Sulfate ferreux.**

$$SO^4Fe.$$

Synonymie : Vitriol vert.

Le sulfate ferreux se prépare en dissolvant du fer dans de l'acide sulfurique étendu. L'industrie prépare de grandes quantités de ce sel en grillant les pyrites naturelles. Le sulfate de fer du commerce renferme fréquemment du cuivre et du sulfate ferrique. Pour le purifier, on le dissout dans l'eau et on ajoute à la solution de la tournure de fer, et un peu d'acide sulfurique. Le cuivre se dépose sur le fer, et l'hydrogène qui se dégage réduit le sulfate ferrique. On filtre la liqueur bouillante. Par le refroidissement on obtient du sulfate ferreux cristallisé.

Le sulfate ferreux est en cristaux verts qui renferment sept molécules d'eau de cristallisation. Il est soluble dans l'eau. Lorsqu'on le chauffe à 300°, il perd son eau de cristallisation et devient anhydre. Il est alors blanc. A 100° déjà, il perd six molécules d'eau. Au rouge, le sulfate ferreux se décompose en anhydride sulfureux, anhydride sulfurique et peroxyde de fer :

$$2FeSO^4 = SO^3 + SO^2 + Fe^2O^3.$$

Les cristaux et la dissolution de sulfate ferreux s'altèrent à l'air en absorbant de l'oxygène. Il se forme du sulfate ferrique basique. Les oxydants le décomposent rapidement.

Le sulfate ferreux absorbe le bioxyde d'azote et se colore alors en brun. Ce sel sert à désinfecter les fosses d'aisances. Il transforme en effet le sulfure ammonique en sulfure ferreux.

§ 163. — **Carbonate ferreux.**

$$CO^3Fe.$$

Le carbonate ferreux est fréquemment employé en médecine. Il constitue la base des pilules de Blaud et de Vallet.

On le prépare en précipitant une solution de sulfate ferreux par du carbonate de sodium. Le précipité est blanc-verdâtre, mais s'altère rapidement à l'air en dégageant de l'anhydride carbonique et se convertissant en oxyde ferrique rouge-brun. On prévient l'oxydation du carbonate ferreux en y ajoutant du sucre ou de la gomme.

Le carbonate ferreux, insoluble dans l'eau, est soluble dans l'eau chargée d'anhydride carbonique ; il se trouve ainsi en dissolution dans un grand nombre d'eaux minérales ferrugineuses.

§ 164. — Sels ferreux en général.

Les sels ferreux sont verts et s'altèrent rapidement à l'air. On peut les transformer en sels ferriques en ajoutant à leur solution un excès de l'acide dont le sel dérive, et oxydant la solution à l'aide du chlore.

Caractères des sels ferreux. — On reconnaît les sels ferreux aux caractères suivants :

1° *L'hydrogène sulfuré ne les précipite pas ;*

2° *Le sulfure ammonique donne, dans les solutions neutres des sels ferreux, un précipité noir de sulfure ferreux* (3° section) ;

3° *Le carbonate de soude, la potasse, l'ammoniaque, les précipitent en blanc verdâtre.* (Car. dist. d'avec les sels ferriques.) Le précipité est du carbonate ferreux ou de l'hydrate ferreux.

4° *Le ferrocyanure de potassium les précipite en blanc. Le précipité bleuit rapidement à l'air* (V. § 297).

5° *Le ferricyanure de potassium les précipite en bleu* (Car. dist. d'avec les sels ferriques) ;

6° *Le tannin et le sulfocyanure de potassium sont sans action sur les sels ferreux* (Car. dist. d'avec les sels ferriques.)

COMPOSÉS FERRIQUES.

§ 165. — Chlorure ferrique.

$$Fe^2Cl^6.$$

Le chlorure ferrique en dissolution est très fréquemment employé comme hémostatique. On le prescrit aussi à l'intérieur contre les tendances hémorrhagiques ou simplement à titre de ferrugineux, soit en solution aqueuse, soit en dissolution dans l'éther.

On prépare ce sel en dissolvant du fer dans de l'acide chlorhydrique étendu et faisant passer un courant de chlore dans la dissolution du chlorure ferreux obtenu. Lorsque tout le protochlorure a été transformé en perchlorure, ce qui a lieu lorsqu'un échantillon de la liqueur ne précipite plus en bleu par le ferricyanure de potassium, on chauffe la solution à 50° en y faisant passer un courant d'air. On chasse ainsi l'excès de chlore. Il suffit alors d'étendre d'eau ou de concentrer la liqueur, suivant le cas, de manière à l'amener à 30° Baumé. (Codex).

Le chlorure ferrique anhydre s'obtient en paillettes brillantes, couleur d'ailes de cantharides, en faisant passer un courant de chlore sur du fer chauffé au rouge. Le chlorure ferrique se condense dans une allonge.

Ce sel est volatil, soluble dans l'eau, dans l'alcool et dans l'éther.

Sa solution aqueuse est jaune. La solution officinale est désignée sous le nom de *perchlorure de fer liquide*. Par concentration, elle laisse déposer des cristaux jaunes de perchlorure de fer hydraté renfermant quatre ou six molécules d'eau de cristallisation. La solution de chlorure ferrique dissout de fortes proportions d'oxyde ferrique, précipite la gomme et coagule l'albumine ; mais le coagulum est soluble dans un excès de perchlorure de fer. C'est à cette propriété que possède le perchlorure de fer de coaguler l'albumine, que ce sel doit d'être hémostatique.

§ 166. — **Oxydes et hydrates ferriques.**

a. Préparation. — *a*) 1° L'*oxyde ferrique* Fe^2O^3 s'obtient par la calcination du sulfate ferreux. — On le désigne souvent sous le nom de *colcothar*.

2° Sous le nom de *safran de Mars astringent*, on employait autrefois en médecine une variété d'oxyde ferrique qu'on obtient en calcinant au rouge des hydrates ferriques, notamment le safran de Mars apéritif.

b) 3° L'*hydrate ferrique* $Fe^2O^3 + 3H^2O = FeO^6H^6$ se prépare en versant une solution étendue de perchlorure de fer dans un excès d'ammoniaque. On lave par décantation le précipité obtenu. (Codex.) L'hydrate ferrique est gélatineux. Il constitue le meilleur contre-poison de l'anhydride arsénieux. — La précipitation ne doit pas être faite à l'aide de la potasse ou de la soude, car l'hydrate ferrique retiendrait une certaine quantité d'alcali.

4° L'hydrate ferrique perd une partie de son eau lorsqu'on le dessèche dans le vide. Il répond alors à la formule : $2Fe^2O^3 + 3H^2O$. La *rouille* et le *safran de Mars apéritif* ont la même composition. Ce dernier corps s'obtient en desséchant sur des toiles, à la température ordinaire et à l'air libre, du carbonate ferreux. Celui-ci perd peu à peu son anhydride carbonique, fixe de l'oxygène et se transforme en hydrate ferrique.

b. Propriétés. — 1° Le *colcothar* est une poudre amorphe, d'un rouge-brun, insoluble dans l'eau. C'est un anhydride basique. Toutefois, les acides puissants seuls le dissolvent en le transformant en sels ferriques. L'hydrogène et le charbon réduisent facilement l'oxyde ferrique.

2° Le *safran de Mars astringent* disparaît aujourd'hui des formulaires. Il ne diffère du colcothar que par son état d'agrégation.

3° L'*hydrate ferrique* est un précipité gélatineux, brun, insoluble dans l'eau, facilement soluble dans les acides. Lorsqu'on le conserve pendant quelque temps dans l'eau, le précipité n'est plus gélatineux et se dissout moins facilement dans les acides. Récemment préparé, l'hydrate ferrique est également soluble dans le sirop de sucre. On a proposé de l'administrer à l'intérieur sous forme de *saccharate de fer*.

A l'hydrate ferrique $Fe^2O^6H^6$ correspondent des anhydrides. L'un d'eux $(Fe^2O^4H^2)$, qui dérive de l'hydrate normal par perte de deux molécules d'eau : $Fe^2O^6H^6 - 2H^2O = Fe^2O^4H^2$, fait fonction d'acide. Du moins on connaît un sel ferreux de cet hydrate : c'est l'*oxyde de fer magnétique* $Fe^3O^4 = Fe^2O^4Fe$. Cet oxyde porte encore le nom d'*oxyde ferroso-ferrique*. Il existe dans la nature et constitue les aimants naturels. On obtient artificiellement un oxyde ferroso-ferrique, qu'on a employé en médecine sous le nom d'*œthiops martial*, en oxydant de la limaille de fer en présence de l'air et de l'eau ou, mieux encore, en versant dans une dissolution bouillante de carbonate de sodium, une dissolution renfermant un mélange de sulfate ferreux et de sulfate ferrique dans le rapport des poids moléculaires de ces deux sels. Si, inversement, l'on versait le carbonate de sodium dans ce mélange, il se précipiterait d'abord de l'hydrate ferrique, puis du carbonate ferreux et pas d'oxyde ferroso-ferrique.

Enfin, lorsqu'on dirige un courant de chlore à travers une dissolution de potasse tenant en suspension de l'hydrate ferrique, on obtient un sel rouge ayant pour formule : FeO^4K^2. Le ferrate de potassium correspond au manganate de potassium MnO^4K^2 et au sulfate de potassium SO^4K^2. L'acide ferrique FeO^4H^2 et l'anhydride ferrique FeO^3 n'ont pas été isolés.

Quand on cherche à isoler l'acide ferrique, il se décompose en peroxyde de fer, eau et oxygène.

§ 167. — **Sels ferriques en général.**

Les sels ferriques en solution sont d'un jaune rougeâtre ; quelquefois ils sont tout à fait rouges. Les agents réducteurs, acide sulfhydrique, hydrogène naissant, limaille de fer, ramènent les sels ferriques à l'état de sels ferreux.

Caractères des sels ferriques. — 1° *L'hydrogène sulfuré les réduit à l'état de sels ferreux, en même temps qu'il se précipite du soufre. Ex :*

$$(SO^4)^3Fe^2 + H^2S = SO^4H^2 + 2SO^4Fe + S.$$

2° *Le sulfure ammonique donne dans les dissolutions des sels ferriques un précipité noir de sulfure ferreux mêlé de soufre.*

3° *Les carbonates alcalins, la potasse, la soude, les précipitent en brun.* (Car. dist. d'avec les sels ferreux). Le précipité est de l'hydrate ferrique.

4° *Le ferrocyanure de potassium donne dans les sels ferriques un précipité bleu.* (Bleu de Prusse.)

5° *Le ferricyanure de potassium les colore en vert.* (Car. dist. d'avec les sels ferreux.)

6° *Le sulfocyanure de potassium les colore en rouge de sang, le tannin les précipite en noir.* (Car. dist. d'avec les sels ferreux.)

§ 168. — MANGANÈSE.

Poids atomique : 55.

Le manganèse se trouve dans l'économie animale, en très petite quantité, à côté du fer. Aussi emploie-t-on quelquefois en médecine le carbonate et le sulfate manganeux comme succédanés du fer.

On obtient ce métal en réduisant, à une très haute température, l'un de ses oxydes par le charbon.

Le manganèse est gris, cassant, très dur. Il ne fond qu'aux températures les plus élevées qu'on puisse produire. Enfin, il s'oxyde facilement à l'air et décompose l'eau à 100°.

Le manganèse est tétravalent. Comme le fer, ce métal donne naissance à deux séries de composés. Les uns, au *minimum* ou *manganeux*, renferment l'atome de manganèse Mn qui fonctionne comme bivalent ; les autres, au *maximum* ou *manganiques*, renferment le groupement hexavalent $(Mn^2)^{VI}$. Mais les sels manganeux sont plus stables que les sels ferreux ; les sels manganiques, au contraire, sont moins stables que les sels ferriques.

La tétravalence du manganèse a d'ailleurs été démontrée directement par Nicklès, qui a pu obtenir un tétrachlorure de manganèse $MnCl^4$. Ce tétrachlorure est instable et se décompose rapidement en chlorure de manganèse et en chlore ; mais il forme avec l'éther une combinaison moléculaire assez stable. Le tétrafluorure de manganèse est beaucoup plus stable que le tétrachlorure.

§ 169. — **Composés oxygénés du manganèse.**

On connaît plusieurs combinaisons oxygénées du manganèse ; quelques-unes sont importantes.

1º L'*oxyde manganeux* Mn O s'obtient, sous forme d'une poudre verte, en faisant passer un courant d'hydrogène sur du bioxyde de manganèse qu'on chauffe légèrement. L'hydrate manganeux est un précipité blanc, instable, qui se transforme rapidement à l'air en hydrate manganique ; il se précipite lorsqu'on ajoute un alcali à la dissolution d'un sel manganeux.

2º Le *bioxyde de manganèse* MnO^2 se trouve dans la nature (pyrolusite) en masses cristallines noirâtres. Cet oxyde est employé dans l'industrie pour la fabrication du chlore. — Il sert à préparer tous les autres composés du manganèse.

3º L'*oxyde manganique* Mn^2O^3 se trouve également dans la nature (*braunite, acerdèse*). Les acides le dissolvent en donnant naissance à des sels manganiques rouges, peu stables. Le sulfate manganique acquiert de la stabilité en présence des sulfates alcalins, avec lesquels il se combine en donnant naissance à des aluns de manganèse (V. § 38, p. 134).

4º L'*oxyde rouge de manganèse* ou *oxyde manganoso-manganique* Mn^3O^4 se forme lorsqu'on chauffe les autres oxydes de manganèse (V. § 24, p. 88). Il est analogue à l'oxyde ferroso-ferrique et peut s'écrire $(Mn^2)^{VI}O^4Mn''$.

5º L'*acide manganique* MnO^4H^2 n'a pas été isolé, mais on connaît le manganate de potassium MnO^4K^2 correspondant au ferrate de potassium FeO^4K^2. Ce sel s'obtient en chauffant fortement du peroxyde de manganèse MnO^2 avec de la potasse. Il est en prismes verts. Il est soluble dans l'eau alcaline et donne alors une coloration verte. Mais l'eau pure et les acides même les plus faibles le décomposent en le transformant en peroxyde de manganèse ou s'il y a un acide en présence, en un sel manganeux et en permanganate de potassium qui est rouge :

$$3MnO^4K^2 \; + \; 2H^2O \; = \; 4KOH \; + \; MnO^2 \; + \; 2MnO^4K$$

Manganate de potassium.   Eau.   Potasse.   Peroxyde de manganèse.   Permanganate de potassium.

Le permanganate de potassium repasse à l'état de manganate vert lorsqu'on le traite par les alcalis. Ce changement de coloration a fait donner au manganate de potassium le nom de *caméléon minéral*.

6° Le *permanganate de potassium* a été employé surtout à l'extérieur, dans le pansement des plaies, comme désinfectant et antiseptique. On le prépare en chauffant au rouge un mélange de bioxyde de manganèse, de potasse et de chlorate de potassium. On reprend la masse refroidie et on la filtre sur de l'amiante. Ce sel est en cristaux presque noirs, solubles dans environ quinze fois leur poids d'eau. La solution aqueuse de permanganate de potassium est d'un beau pourpre.

Le permanganate de potassium est un oxydant énergique qui abandonne facilement de l'oxygène aux corps réducteurs.

Le papier décompose rapidement la solution de ce sel. Aussi faut-il filtrer la dissolution de permanganate de potassium sur de l'amiante. C'est cette action oxydante qui fait employer le permanganate de potassium en chimie comme réactif et en médecine comme désinfectant et antiseptique.

Sous l'influence de la potasse, le permanganate de potassium se convertit en manganate vert :

$$4MnO^4K \; + \; 4KOH \; = \; 4MnO^4K^2 \; + \; 2H^2O \; + \; O^2$$

Permanganate de potassium.   Potasse.   Manganate de potassium.   Eau.   Oxygène.

Enfin, lorsqu'on fait passer un courant de vapeur d'eau sur du permanganate de sodium, il se forme de l'oxygène, du peroxyde de manganèse et de la soude :

$$2MnO^4Na \; + \; H^2O = 2MnO^2 + 2NaOH + O^3.$$

Le mélange de peroxyde de manganèse et de soude régénère le permanganate de sodium lorsqu'on le chauffe fortement dans un courant d'air ; d'où un moyen de préparer de grandes quantités d'oxygène (Tessier du Motay).

§ 170. — Sels de manganèse en général.

Nous avons déjà dit que les sels manganiques sont peu stables ; les sels manganeux nous occuperont donc exclusivement.

Ils sont légèrement rosés et se préparent tous en partant du carbonate de manganèse. Le carbonate de manganèse s'obtient en décomposant, par du carbonate de sodium, le chlorure manganeux, produit accessoire de la fabrication du chlore.

Le sulfate manganeux cristallise avec sept molécules d'eau comme le sulfate ferreux.

Caractères des sels de manganèse. — Les sels de manganèse se reconnaissent aux caractères suivants :

1° *L'hydrogène sulfuré ne précipite pas leur dissolution ;*

2° *Le sulfure ammonique donne, dans les solutions des sels de manganèse, un précipité, couleur de chair, de sulfure de manganèse ;*

3° *La potasse et la soude les précipitent en blanc.* Le précipité est de l'hydrate manganeux qui s'altère et brunit rapidement à l'air.

4° *Lorsqu'on calcine un sel de manganèse avec un mélange de carbonate et d'azotate de potassium, on obtient une masse verte de manganate de potassium ;*

5° *Enfin, lorsqu'on fait bouillir leur dissolution avec du peroxyde de plomb et de l'acide azotique, on obtient une coloration pourpre, par suite de la formation d'acide permanganique.*

§ 171. — CHROME.

Découvert en 1797 par Vauquelin. — *Poids atomique : 52.*

Le chrome est un métal dur, cassant, qui n'a aucun usage. Comme le fer et le manganèse, le chrome est tétravalent et donne deux séries de composés salins. Les uns renferment l'atome de chrome bivalent, les autres, le groupement hexavalen $(Cr^2)^{VI}$. Les sels chromeux sont peu stables et se transforment facilement en sels chromiques. Aucun d'eux n'a reçu d'emploi en médecine.

§ 172. — Composés oxygénés du chrome.

1° *L'oxyde chromeux* CrO est peu stable. Son hydrate CrO^2H^2 s'obtient en précipitant un sel chromeux par de la potasse.

2° L'*oxyde chromique* Cr^2O^3 est une poudre verte, presque inattaquable par les acides lorsqu'elle a été soumise à l'action de la chaleur. On l'obtient en calcinant du chromate de potassium avec du soufre. Ce métalloïde enlève au dichromate de potassium, de l'oxygène et du potassium, et passe à l'état de sulfate de potassium :

$$\underbrace{Cr^2O^7K^2}_{\substack{\text{Dichromate} \\ \text{de potassium.}}} \quad + \quad \underbrace{S}_{\text{Soufre.}} \quad = \quad \underbrace{Cr^2O^3}_{\substack{\text{Oxyde} \\ \text{chromique.}}} \quad + \quad \underbrace{SO^4K^2}_{\substack{\text{Sulfate} \\ \text{de potassium.}}}$$

L'hydrate chromique s'obtient en précipitant un sel chromique par de l'ammoniaque. Il est bleuâtre. On se sert en peinture, sous le nom de *vert Guignet*, d'un hydrate chromique obtenu par un procédé différent.

2° L'*acide chromique* CrO^4H^2 n'a pas été isolé ; mais on connaît les sels de cet acide et son anhydride CrO^3, qu'on désigne souvent improprement sous le nom d'acide chromique.

L'anhydride chromique, en solution aqueuse, est assez fréquemment employé en médecine, comme caustique. On obtient ce composé en ajoutant de l'acide sulfurique pur à une dissolution concentrée de dichromate de potassium. La liqueur s'échauffe d'abord, puis, par le refroidissement, laisse déposer des cristaux d'anhydride chromique. L'anhydride chromique est en longues aiguilles rouges, solubles dans l'eau. La chaleur le décompose en oxygène et en oxyde chromique. Sa richesse en oxygène et son instabilité en font un puissant agent d'oxydation, L'alcool le réduit immédiatement, il en est de même de tous les corps réducteurs.

L'acide chromique, comme tous les acides polybasiques, est susceptible de fournir des acides condensés. Du moins on connaît des sels qui dérivent de ces acides condensés. Tel est le dichromate de potassium, qui a pour formule : $Cr^2O^7K^2$. Il dérive d'un acide dichromique inconnu $Cr^2O^7H^2$ correspondant à l'acide disulfurique $S^2O^7H^2$, l'acide chromique CrO^4H^2 ayant la même constitution que l'acide sulfurique SO^4H^2.

Le *dichromate de potassium* $Cr^2O^7K^2$ s'obtient en chauffant avec un mélange de carbonate et d'azotate de potassium, le fer chromé, qui est le principal minerai de chrome. On obtient ainsi du chromate de potassium que souille du silicate de potassium, provenant de l'action du carbonate de potassium sur la silice qui se trouve mêlée au minerai. On dissout la masse fondue dans l'eau et on traite la dissolution par de l'acide azotique qui précipite la silice et transforme le chromate de potassium en dichromate, que l'on sépare par cristallisation.

Ce sel est en cristaux orangés, solubles dans environ dix fois leur poids d'eau froide. Traité par l'acide sulfurique, il donne naissance à de l'oxygène (V. § 24, p. 89).

Le *chromate de potassium* CrO^4K^2 se prépare en ajoutant du carbonate de potassium au dichromate :

$$Cr^2O^7K^2 \quad + \quad CO^3K^2 \quad = \quad CO^2 \quad + \quad 2CrO^4K^2$$

| Dichromate de potassium. | Carbonate de potassium. | Anhydride carbonique. | Chromate de potassium. |

Ce sel est en cristaux jaunes, solubles dans l'eau. Le pouvoir colorant du chromate de potassium est considérable. Sa dissolution donne avec les sels de plomb un précipité jaune de chromate de plomb (jaune de chrome) et avec les sels d'argent un précipité rouge de chromate d'argent.

Les agents réducteurs (hydrogène sulfuré, acide sulfureux, mélange d'acide sulfurique et d'alcool) transforment les chromates et dichromates en sels chromiques.

§ 173. — Sels de chrome en général.

Les sels chromiques présentent des modifications allotropiques remarquables. Leurs solutions sont tantôt vertes, tantôt violettes. Le sulfate chromique $(SO^4)^3Cr^2$, par exemple, est violet lorsqu'on le prépare en dissolvant l'hydrate chromique, préalablement desséché, dans de l'acide sulfurique. Si l'on fait bouillir sa dissolution, elle devient verte. Chauffé à 200°, le sulfate chromique passe au rouge. Ce sel s'unit aux sulfates alcalins pour donner naissance à des aluns de chrome. L'alun de chrome et de potassium est violet et est isomorphe avec les aluns de fer, de manganèse et d'alumine.

Caractères des sels chromiques. — Les sels chromiques se reconnaissent aux caractères suivants :

1° *L'hydrogène sulfuré ne précipite pas leurs dissolutions.*

2° *Le sulfure ammonique y donne un précipité vert d'hydrate chromique en même temps que de l'acide sulfhydrique se dégage.* Le sulfure de chrome, de même que le sulfure d'aluminium, ne s'obtient pas, en effet, par voie humide.

3° *La potasse et la soude les précipitent en violet ou en vert. Le précipité est soluble dans un excès de réactif et se reprécipite par l'ébullition de la dissolution.*

18.

4° *Les composés de chrome donnent tous une masse jaune de chromate de potassium lorsqu'on les fait fondre avec un mélange de carbonate et d'azotate de potassium.*

§ 174. — ALUMINIUM.

Isolé en 1827 par Wœhler. — *Poids atomique : 27,5.*

L'aluminium est très répandu dans la nature à l'état d'oxyde et de silicate. Le silicate d'aluminium pur constitue le *kaolin* dont on se sert pour fabriquer la porcelaine ; mêlé à des silicates ferriques, il forme les argiles.

L'oxyde d'aluminium est irréductible par la chaleur. L'extraction de ce métal se fait en réduisant, à une haute température, le chlorure double d'aluminium et de sodium par le sodium.

L'aluminium est blanc bleuâtre, malléable, ductile et tenace. Il est très léger. Sa densité est de 2,5. Il est très sonore et entre en fusion un peu avant l'argent.

L'aluminium ne s'altère pas à l'air, même aux plus hautes températures. Il ne décompose pas l'eau. Les acides sulfurique et azotique ne l'attaquent que difficilement et à chaud. L'acide chlorhydrique le dissout, au contraire, facilement. Les bases puissantes en solution (potasse et soude) le dissolvent également. Il se dégage, dans ce cas, de l'hydrogène, et il se forme de l'oxyde aluminique, soluble dans un excès de potasse.

Ce métal est aujourd'hui devenu un métal usuel et se prépare en grand dans l'industrie. Allié à un peu de cuivre, il donne le bronze d'aluminium.

L'aluminium forme des sels qui renferment le groupement hexavalent (Al^2) ^{VI}. Ces sels sont isomorphes avec les sels ferriques. On est donc porté à considérer l'aluminium comme tétravalent et à le placer dans la même famille que le fer. Les composés de l'aluminium analogues aux composés ferreux, dans lesquels n'entre qu'un atome d'aluminium fonctionnant comme bivalent, ne sont pas connus. Enfin, on a obtenu une combinaison d'aluminium et de méthyle à laquelle on a assigné la formule : $Al(CH^3)^3$. D'après cette formule, l'aluminium serait trivalent ; mais il est important de faire remarquer que la densité de vapeur de ce composé varie suivant la température à laquelle elle est prise, et qu'à une certaine température elle est, au contraire, voisine de la densité théorique calculée pour la formule $Al^2(CH^3)^6$.

§ 175. — **Chlorure d'aluminium.**

$$Al^2Cl^6.$$

On obtient du chlorure d'aluminium en dissolvant de l'hydrate aluminique dans l'acide chlorhydrique ; mais la dissolution obtenue se décompose lorsqu'on l'évapore (V. § 13, p. 66) :

$$Al^2Cl^6 + 3H^2O = 6HCl + Al^2O^3.$$

Le chlorure anhydre se prépare en décomposant l'oxyde aluminique par le chlore et par le charbon :

$$Al^2O^3 + 3C + 3Cl^2 = 3CO + Al^2Cl^6.$$

On fait, avec de l'oxyde d'aluminium, du charbon et de l'huile, une pâte que l'on calcine et que l'on soumet à l'action d'un courant de chlore.

Le chlorure d'aluminium est une substance blanche, fusible et volatile.

En ajoutant à la pâte d'alumine, de charbon et d'huile, une quantité suffisante de chlorure de sodium, on obtient, par la calcination en présence du chlore, le chlorure double d'aluminium et de sodium qui sert à préparer l'aluminium.

§ 176. — **Oxyde d'aluminium.**

$$Al^2O^3.$$

Synonymie : Alumine.

L'alumine pure ou colorée par des traces d'oxydes étrangers se trouve dans la nature en cristaux (corindon, saphir, rubis oriental). L'alumine amorphe se prépare en calcinant le sulfate d'aluminium ou l'alun ammoniacal. C'est une poudre blanche, poreuse, fixe, happant à la langue, soluble dans les acides et dans les bases. Elle fonctionne donc tantôt comme anhydride acide, tantôt comme anhydride basique. L'aluminate de potassium a pour formule : $Al^2O^4K^2 + 3 H^2O$.

Quand l'alumine a été fortement calcinée, elle n'est plus que difficilement attaquée par les acides et par les bases.

L'*hydrate d'aluminium*, $Al^2O^6H^6 = Al^2O^3 + 3 H^2O$, s'obtient en précipitant un sel aluminique par l'ammoniaque. Il est facilement soluble dans les acides et dans les bases fixes. Mais, lorsqu'on le met en suspension dans l'eau et qu'on maintient pendant quelque temps le liquide en ébullition, l'hydrate cesse d'être soluble dans les acides et dans les bases.

L'hydrate d'aluminium forme avec les matières colorantes des combinaisons insolubles appelées *laques*. On les obtient en faisant bouillir de l'eau tenant en suspension de l'hydrate d'aluminium avec une solution de matière colorante. Celle-ci est enlevée au liquide et fixée par l'alumine.

§ 177. — **Sulfate double d'aluminium et de potassium.**

$$(SO^4)^3Al^2 + SO^4K^2.$$

Synonymie : Alun.

a. Emploi en médecine. — L'alun est un astringent puissant qu'on emploie fréquemment à l'extérieur en poudre ou en solution. Il entre dans la composition de l'*eau hémostatique de Pagliari*.

b. Préparation. — L'alun, sulfate double d'aluminium et de potassium (V. § 38, p. 134), s'obtient en mélangeant du sulfate d'aluminium et du sulfate de potassium. De l'alun moins soluble se précipite. Le sulfate d'aluminium s'obtient d'ailleurs facilement par l'action de l'acide sulfurique sur le kaolin (silicate d'aluminium) ou sur l'hydrate d'aluminium naturel (bauxite).

On prépare de grandes quantités d'alun en chauffant une pierre, nommée *alunite*, qu'on trouve dans plusieurs localités d'Italie et qui renferme du sulfate d'aluminium, un excès d'alumine et du sulfate de potassium. Il suffit de la lessiver après calcination pour obtenir une dissolution d'alun, d'où l'on sépare ce sel par cristallisation. L'alun ainsi préparé porte dans le commerce le nom d'*alun de Rome*.

c. Propriétés. — L'alun est un corps blanc qui cristallise en octaèdres volumineux, quelquefois en cubes lorsqu'il cristallise en présence d'un peu de sulfate basique d'aluminium. L'alun de Rome est en cubes. La saveur de ce sel est astringente. L'alun est beaucoup plus soluble dans l'eau chaude que dans l'eau froide, dont 100 parties ne dissolvent que 3,2 parties de ce sel. Il cristallise avec 24 molécules d'eau. Les cristaux s'effleurissent extérieurement à l'air. Quand on les chauffe, ils entrent en fusion à 92°, et si l'on élève la température, la masse se boursoufle et toute l'eau de cristallisation s'échappe. On obtient ainsi une masse spongieuse à laquelle on donne le nom d'alun calciné.

§ 178. — **Sels d'aluminium en général.**

Les sels d'aluminium sont incolores. Leur saveur est astringente. On les reconnaît aux caractères suivants :

Caractères. — 1° *L'hydrogène sulfuré ne précipite pas leurs dissolutions.*

2° *Le sulfure ammonique les précipite en blanc* (3e section). Le précipité est de l'hydrate d'aluminium.

3° *La potasse et la soude y donnent un précipité blanc d'hydrate d'aluminium. Le précipité est soluble dans un excès du réactif précipitant.*

4° *L'ammoniaque donne de même, dans les dissolutions des sels d'aluminium, un précipité blanc d'hydrate d'aluminium; mais le précipité est insoluble dans un excès du réactif.*

§ 179. — **Relations des métaux de la sixième famille.**

Aux métaux de la sixième famille que nous avons étudiés, il faut ajouter le nickel et le cobalt. Ces deux métaux et leurs sels ne présentent que peu d'intérêt pour le médecin. Comme le fer, le manganèse, le chrome et l'aluminium, le nickel et le cobalt fournissent un oxyde M^2O^3. Mais les sels de cet oxyde ne sont pas connus ou sont très instables. On connaît en outre des oxydes cobalteux CoO et nickéleux NiO analogues à l'oxyde ferreux FeO. Ces oxydes font la double décomposition avec les acides et donnent des sels qui ressemblent complètement aux sels ferreux.

Tous les métaux de la sixième famille ont donc ceci de commun, c'est qu'ils fournissent tous un oxyde de formule $(M^2)^{vi}O^3$. Mais par le nickel et le cobalt ils se rattachent aux métaux bivalents, et s'en éloignent par l'aluminium dont l'atome ne fonctionne jamais comme bivalent.

Le tableau suivant contient les formules des principaux composés formés par les métaux tétratomiques et fait ressortir, d'une part, les analogies de ces composés avec les composés formés par les éléments bivalents en général ; de l'autre, les caractères qui sont spéciaux aux métaux de cette famille.

Composés dans lesquels l'atome du métal fonctionne comme bivalent.

	Ni.	Co.	Fe.	Mn.	Cr.	Al.
On ne connaît pas de dérivés de ces métaux dans lesquels entre le goupement $(M''^2)''$ analogue aux groupements cuprosum et mercurosum $(Cu^2)''$ et $(Hg^2)''$ formés par le cuivre et par le mercure.	$NiCl^2$ Chlorure nickéleux.	$CoCl^2$ Chlorure cobalteux.	$FeCl^2$ Chlorure ferreux.	$MnCl^2$ Chlorure manganeux.	$CrCl^2$ Chlorure chromeux.	Manque.
	NiO Oxyde nickéleux.	CoO Oxyde cobalteux.	FeO Oxyde ferreux.	MnO Oxyde manganeux.	CrO Oxyde chromeux.	Manque.
	NiO^2H^2 Hydrate nickéleux.	CoO^2H^2 Hydrate cobalteux.	FeO^2H^2 Hydrate ferreux.	MnO^2H^2 Hydrate manganeux.	CrO^2H^2 Hydrate chromeux.	Manque.
Les sulfates formés par tous ces métaux fonctionnant comme bivalents sont isomorphes entre eux et avec les sulfates de la troisième famille.	$NiSO^4$ Sulfate nickéleux.	$CoSO^4$ Sulfate cobalteux.	$FeSO^4$ Sulfate ferreux.	$MnSO^4$ Sulfate manganeux.	$CrSO^4$ (peu stable). Sulfate chromeux.	Manque.
Les ferrates, manganates et chromates sont isomorphes avec les sulfates SO^4K^2.	Manquent.	Manquent.	FeO^4M^2 Ferrates métalliques.	MnO^4M^2 Manganates métalliques.	CrO^4M^2 Chromates métalliques.	Manquent.
Les permanganates sont isomorphes avec les perchlorates. Le manganèse dans ces composés semble donc fonctionner comme monovalent.	Manquent.	Manquent.	Manquent.	MnO^4M' Permanganates métalliques.	Manquent.	Manquent.
Les dichromates sont analogues aux disulfates.	Manquent.	Manquent.	Manquent.	Manquent.	$Cr^2O^7M^2$ Dichromates métalliques.	Manquent

Composés dans lesquels entre le groupement hexatomique M^2.

	Ni.	Co.	Fe.	Mn.	Cr.	Al.
	Ni^2O^3 Oxyde nickélique.	Co^2O^3 Oxyde cobaltique.	Fe^2O^3 Oxyde ferrique.	Mn^2O^3 Oxyde manganique.	Cr^2O^3 Oxyde chromique.	Al^2O^3 Oxyde aluminique.
	Manque.	Co^2Cl^6 (Instable). Chlorure cobaltique.	Fe^2Cl^6 Chlorure ferrique.	Mn^2Cl^3 Chlorure manganique.	Cr^2Cl^6 Chlorure chromique.	Al^2Cl^6 Chlorure aluminique.
Les sulfates ayant pour formule générale $(M^2)^{vi}(SO^4)^3$ forment avec les sulfates alcalins des sulfates doubles qui cristallisent avec 24 molécules d'eau et auxquels on donne le nom d'*aluns*.	Manque.	Manque.	$Fe^2(SO^4)^3$ Sulfate ferrique.	$Mn^2(SO^4)^3$ Sulfate manganique.	$Cr^2(SO^4)^3$ Sulfate chromique.	$Al^2(SO^4)^3$ Sulfate aluminique.

MÉTAUX TÉTRAVALENTS. — 7ᵉ FAMILLE

§ 180. — ÉTAIN.

Poids atomique : 118.

L'étain, autrefois préconisé comme vermifuge, est aujourd'hui à peu près complètement inusité en médecine.

On le prépare en réduisant par le charbon le bioxyde d'étain qu'on trouve dans la nature (cassitérite).

L'étain est un métal blanc, mou, très malléable, à texture cristalline. Il acquiert une odeur particulière par le frottement. Sa consistance molle ne permet pas de le pulvériser dans un mortier. On obtient de l'étain en poudre en fondant ce métal, l'introduisant dans une boîte en fer ou en bois chauffée et enduite de craie et agitant jusqu'à la solidification du métal. Lorsqu'on plie de l'étain, on entend un bruit particulier (cri de l'étain). Ce métal entre en fusion à 228°. Sa densité est de 7,2.

L'étain est inoxydable à l'air, à la température ordinaire, mais s'empare de l'oxygène au rouge et se transforme en anhydride stannique SnO^2. Il se combine directement au soufre, au chlore, au brome et à l'iode. L'acide sulfurique ne l'attaque que difficilement. L'acide chlorhydrique le transforme en chlorure stanneux en dégageant de l'hydrogène. Enfin, l'acide azotique oxyde l'étain et le transforme en acide métastannique insoluble.

L'étain fournit deux séries de combinaisons. Dans les unes, combinaisons *stanneuses* ou au *minimum*, l'atome d'étain fonctionne comme bivalent ; dans les autres, combinaisons *stanniques* ou au *maximum*, l'étain est tétravalent. L'oxyde stanneux est un anhydride basique, l'oxyde stannique est un anhydride acide. L'étain est donc un corps intermédiaire entre les métalloïdes et les métaux. Nous rapprochons toutefois ce corps du platine avec lequel il a de nombreuses analogies.

§ 181. — Composés stanneux.

Le *chlorure stanneux* $SnCl^2$ s'obtient dans l'industrie en dissolvant de l'étain dans l'acide chlorhydrique. C'est un corps solide, blanc. Les cristaux obtenus par refroidissement de sa solution chaude et saturée renferment deux molécules d'eau de cristallisation. Ce sel est un puissant agent réducteur fréquemment employé en chimie et dans l'industrie.

L'oxyde stanneux SnO s'obtient par la dessiccation de son hydrate sous forme d'une poudre noire ou olive. Il est polymorphe. L'hydrate se précipite du chlorure stanneux par addition à la dissolution de ce sel, de potasse ou d'ammoniaque. L'oxyde stanneux est susceptible de se dissoudre dans les acides et dans les bases puissantes. Il joue donc tantôt le rôle d'anhydride basique, tantôt celui d'anhydride acide.

Caractères des sels stanneux. — Les sels stanneux sont décomposés par beaucoup d'eau, à la manière des composés de l'antimoine. Ils présentent les caractères suivants :

1° *L'hydrogène sulfuré les précipite en brun-marron.* Le précipité est du sulfure stanneux SnS. Il est soluble dans le sulfure ammonique (1re section).

2° *La potasse, la soude, l'ammoniaque, donnent dans les sels stanneux un précipité blanc d'hydrate stanneux soluble dans un excés de potasse ou de soude.*

3° *Le chlorure mercurique est réduit par le chlorure stanneux, d'abord à l'état de calomel (précipité blanc), puis à l'état métallique si le sel stanneux est en excés.* (Caract. dist. d'avec les composés stanniques.)

§ 182. — **Composés stanniques.**

Le *chlorure stannique ou tétrachlorure d'étain* s'obtient par l'action du chlore en excès sur l'étain ; c'est un liquide jaune, fumant à l'air, volatil et susceptible de former avec l'eau un hydrate cristallisé.

L'oxyde stannique SnO^2 constitue une masse blanche, susceptible de se combiner avec les bases et de donner avec elles des stannates. L'acide stannique a pour formule SnO^3H^2. Il correspond à l'acide silicique SiO^3H^2 et à l'acide carbonique hypothétique CO^3H^2. On l'obtient en précipitant les stannates SnO^3M^2 par l'acide chlorhydrique.

L'acide métastannique, qu'on obtient par l'action de l'acide azotique sur l'étain, a pour formule $Sn^5O^{13}H^2$. Il constitue le premier anhydride d'un acide pentastannique inconnu.

Le *sulfure stannique* (or mussif) SnS^2 est en paillettes d'un jaune d'or lorsqu'il a été préparé par voie sèche. On l'obtient en chauffant un mélange de 12 parties d'étain amalgamé avec 6 parties de mercure, 7 parties de soufre et 6 parties de chlorure d'ammonium. Le mercure accélère la combinaison du soufre et de l'étain.

Caractères des composés stanniques. — Les stannates peuvent être transformés en chlorure stannique par l'acide chlorhydrique. La dissolution acide de ce sel présente les caractères suivants :

1° *L'hydrogène sulfuré la précipite en jaune.* Le précipité est du sulfure stannique soluble dans le sulfure ammonique (1re section).

2° *La potasse en précipite de l'acide stannique blanc.* Le précipité est soluble dans un excès de réactif.

3° *Le sublimé corrosif n'est pas réduit par le chlorure stannique.* (Caract. dist. d'avec les sels stanneux.)

Tous les composés d'étain donnent un globule métallique d'étain lorsqu'on les chauffe avec du charbon et un peu de carbonate de sodium.

§ 183. — PLATINE.

Poids atomique : 197,5.

a. Extraction. — Le platine se trouve, à l'état natif, mélangé à d'autres métaux, or, fer, palladium, iridium, etc. Pour extraire le platine, on enlève d'abord l'or en traitant le minerai par le mercure. On dissout le résidu dans l'eau régale, on concentre et on traite par le chlorure d'ammonium. Il se précipite du chloroplatinate d'ammonium qui par calcination laisse un résidu spongieux de platine (*éponge de platine*) (V. § 109, p. 257). On obtient du platine plus divisé encore, en précipitant par des lames de zinc le platine de la dissolution de son chlorure (*noir de platine*.

b. Propriétés. 1° Physiques. — Le platine est un métal blanc, ductile, malléable, très-lourd. Sa densité varie entre 21,1 et 21,5. On peut le fondre à l'aide du chalumeau à gaz oxhydrique. Au rouge, le platine peut se souder à lui-même comme le fer.

Le platine très divisé, *noir et mousse* ou *éponge de platine*, jouit à un haut degré de la propriété de condenser les gaz, qui ont alors des affinités plus énergiques. Aussi la mousse de platine détermine-t-elle souvent des combinaisons, par exemple celle de l'hydrogène et de l'oxygène.

2° Chimiques. — Le platine est inaltérable à l'air à toutes les températures. Son inaltérabilité à l'air et l'élévation de son point de fusion le font employer dans les laboratoires et dans l'industrie, sous forme de capsules et de creusets, pour la calcination d'un grand nombre de corps et pour la préparation de substances qui attaqueraient les autres métaux.

Le chlore attaque lentement le platine. L'arsenic, l'antimoine, le soufre, ainsi que plusieurs métaux se combinent avec lui à chaud.

L'acide chlorhydrique, l'acide azotique et l'acide sulfurique sont sans action sur le platine. Mais l'eau régale transforme ce métal en tétrachlorure $PtCl^4$.

La potasse et la soude déterminent l'oxydation du platine. Il se forme un platinate alcalin fusible.

Le platine, comme l'étain, forme deux séries de composés. Les unes, *platineuses* ou *au minimum*, renferment l'atome de platine bivalent ; les autres, *platiniques* ou *au maximum*, contiennent l'atome de platine tétravalent.

Le *chlorure platinique* $PtCl^4$ s'obtient en dissolvant le platine dans l'eau régale. Il est en aiguilles rouge-brun. Il se décompose, sous l'influence de la chaleur, en chlore et en chlorure platineux $PtCl^2$. La solution est colorée en rouge-brun. Elle donne, avec les chlorures alcalins, des sels doubles (V. § 13, p. 66). Les alcalis en précipitent l'*hydrate platinique* PtO^4H^4 qui, par calcination ménagée, donne l'*anhydride platinique* PtO^2.

Le *chlorure platineux* $PtCl^2$ est une poudre verte insoluble dans l'eau. La chaleur le décompose en chlore et en platine métallique. La potasse le transforme en *oxyde platineux* PtO.

Les oxydes platineux et platiniques, comme les oxydes stanneux et stanniques, sont des oxydes indifférents qui peuvent faire la double décomposition avec les acides et avec les bases. On connaît des sels de platine et des platinates métalliques. Le chlorure platinique est le seul composé platinique dont on se sert habituellement dans les laboratoires.

c. **Caractères des sels de platine.** — 1° *L'hydrogène sulfuré les précipite en noir. Le précipité est soluble dans le sulfure ammonique* (1re *section*).

2° *Les chlorures d'ammonium et de potassium les précipitent en jaune.* Le précipité est un chloro-platinate de potassium ou d'ammonium.

§ 184. — **Relations des métaux de la septième famille.**

L'étain et le platine sont tétravalents comme les métaux de la sixième famille. Comme ces métaux, ils fournissent deux séries de composés, les uns au minimum, les autres au maximum. Mais ils diffèrent des métaux de la sixième famille en ce que, dans les composés au maximum, l'atome de l'étain et du platine a sa capacité de saturation maxima et que ces deux métaux ne forment pas de groupements hexavalents (M^2).[VI]

Les oxydes de ces deux métaux sont indifférents et jouent tantôt le rôle d'anhydride basique, tantôt celui d'anhydride acide.

QUATRIÈME PARTIE

CHIMIE ORGANIQUE.

---

§ 185. — NOTIONS PRÉLIMINAIRES.

a. Définition. — On faisait autrefois, dans cette partie de la chimie qu'on a désignée sous le nom de *chimie organique*, l'étude des espèces chimiques contenues dans les organes des plantes et des animaux. Plus tard, on est arrivé à faire synthétiquement, en partant des éléments, des composés qui se rapprochent par leurs propriétés, des corps qu'on trouve tout formés dans la nature et que l'on considérait comme tout à fait distincts des substances minérales.

On peut définir aujourd'hui la chimie organique, l'*histoire des composés du carbone.*

Il est essentiel de distinguer les corps organiques des corps organisés. Les premiers sont des espèces chimiques définies ; les seconds présentent une texture particulière, propre à la vie, soit qu'ils fassent partie actuellement d'un être vivant, soit qu'ils aient cessé de vivre.

b. Analyse organique. — Un petit nombre seulement d'éléments forme, en s'unissant au carbone, la majeure partie des composés organiques. Ces éléments sont : l'hydrogène, l'oxygène, l'azote, le soufre, le phosphore. Ils constituent, par leur association, toutes les substances organiques qui se rencontrent dans l'organisme animal et végétal. On peut en outre faire entrer dans les molécules organiques, du chlore, du brome, de l'iode, de l'arsenic et des métaux.

L'*analyse immédiate* est cette opération qui consiste à séparer, sans les altérer, plusieurs composés organiques définis qui se trouvent mélangés les uns aux autres.

L'analyse élémentaire a pour but, étant donné un composé défini, de déterminer la quantité de chaque élément qui entre dans la composition du corps.

1° *Dosage de l'hydrogène et du carbone.* — Le dosage de l'hydrogène et du carbone est basé sur ce fait que toute substance renfermant ces deux éléments est entièrement brûlée lorsqu'on la chauffe fortement avec de l'oxyde de cuivre (V. § 144, p. 291). Le carbone passe à l'état d'anhydride carbonique et l'hydrogène à l'état d'eau. Du poids de ces deux substances il est facile de déduire la quantité de carbone et d'hydrogène que renferme un poids donné du composé organique. L'opération se fait dans

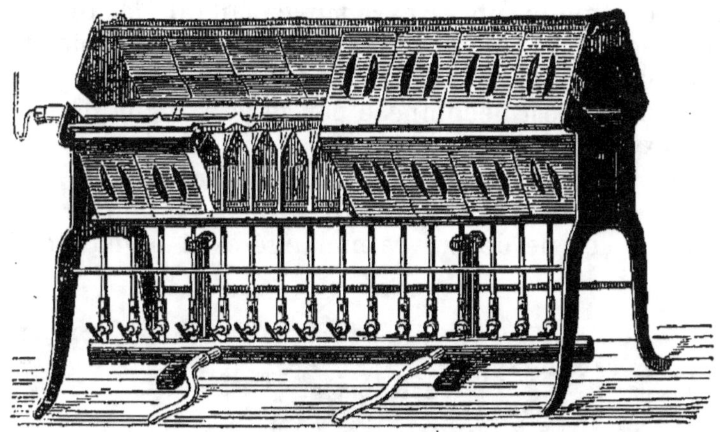

Fig. 43. — Grille à gaz pour l'analyse organique.

un tube de verre vert peu fusible, de 70 centimètres de long environ, qu'on chauffe à l'aide d'une grille à gaz (V *fig.* 43).

Le tube en verre vert est mis en communication avec un tube

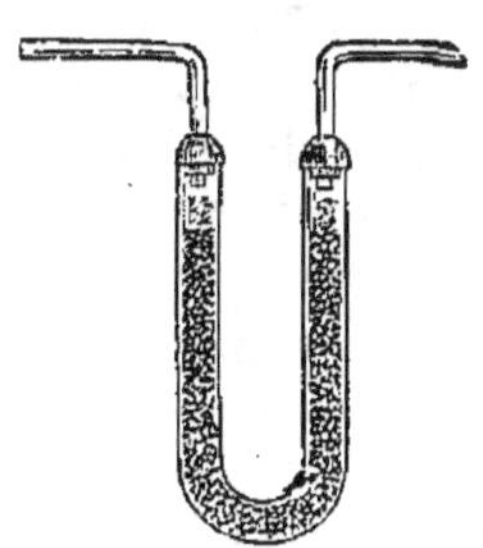
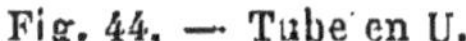

Fig. 44. — Tube en U.

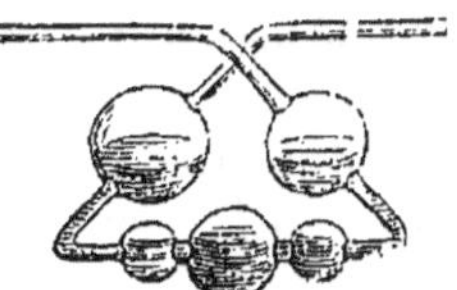

Fig. 45. — Tube à boules de Liebig.

en U rempli de pierre ponce imprégnée d'acide sulfurique qui retient la vapeur d'eau. Ce tube est suivi d'un tube à boules de Liebig contenant une dissolution de potasse et d'un dernier tube en U renfermant de la ponce sulfurique. Ces deux tubes sont destinés, le premier à retenir l'anhydride carbonique, le second à arrêter la vapeur d'eau qui pourrait s'échapper de la dissolution de potasse. A la fin de l'opération, on fait passer dans l'appareil un courant d'oxygène pur et sec qui entraîne l'anhydride carbonique et la vapeur d'eau, en même temps qu'il brûle les dernières traces du corps qui auraient pu échapper à l'action de l'oxyde de cuivre.

Lorsque le corps est en même temps oxygéné, l'oxygène se déduit par différence.

2° *Dosage de l'azote.* — Pour doser l'azote contenu dans une substance organique, on se base sur ce fait que les matières organiques azotées dégagent de l'azote mélangé de bioxyde d'azote, lorsqu'on les calcine avec de l'oxyde de cuivre, et que le bioxyde d'azote est décomposé par le cuivre chauffé au rouge qui fixe l'oxygène de ce gaz.

L'opération se fait comme précédemment. On a soin d'introduire d'abord dans le tube un peu de carbonate acide de sodium, puis l'oxyde de cuivre mélangé avec la matière à ana-

Fig. 46. — Dosage de l'ammoniaque.

lyser, et enfin de la tournure de cuivre. Celle-ci est destinée à décomposer le bioxyde d'azote. Quant au carbonate acide de sodium, il donne sous l'influence de la chaleur, du gaz anhydride carbonique qui chasse l'air de l'appareil au début de l'opération, et, à la fin de l'expérience, entraîne les dernières traces d'azote. On recueille le mélange d'azote et d'anhydride carbonique ; on absorbe ce dernier gaz par de la potasse et on mesure le volume d'azote obtenu, d'où il est facile de déduire le poids.

Dans un grand nombre de cas, on transforme l'azote de la substance en ammoniaque en la chauffant avec de la chaux sodée (1) [V. § 42, p. 145], et l'on reçoit l'ammoniaque dans une dissolution titrée d'acide sulfurique (V. *fig.* 46). On peut alors

____

(1) Mélange de soude et de chaux calciné.

facilement déterminer, par une analyse volumétrique, la quantité d'ammoniaque formée.

3° *Dosage du soufre et du phosphore*. — Pour doser le soufre et le phosphore dans les matières organiques, on convertit ces éléments en acides sulfurique et phosphorique en chauffant à 200° avec de l'acide azotique, dans des tubes scellés, les substances qui les renferment.

L'acide sulfurique est dosé à l'état de sulfate de baryum et l'acide phosphorique à l'état de phosphate ammoniaco-magnésien.

c. Séries homologues ; isomérie. — Le nombre des composés organiques est immense. Comment se fait-il que le carbone, en se combinant avec un petit nombre seulement d'éléments, puisse fournir un si grand nombre de composés ? On sait (V. § 14, p. 70) que certains éléments bivalents peuvent s'accumuler dans les combinaisons en s'unissant à eux-mêmes par l'échange de deux de leurs valences. Le carbone jouit au plus haut degré de cette propriété de se souder à lui-même et de s'accumuler dans les combinaisons. Comme ce métalloïde est tétravalent, on conçoit tout de suite que deux atomes de carbone pourront se souder l'un à l'autre par l'échange de deux, quatre ou six de leurs huit valences. De plus trois, quatre, cinq, etc., atomes pourront s'unir diversement entre eux ; d'où une série de groupements bi, tétra, hexa-valents, etc., qui peuvent être saturés par de l'hydrogène, de l'oxygène, de l'azote, ou par des radicaux composés. Ne considérons que les combinaisons de carbone et d'hydrogène ou *carbures d'hydrogène*. Le premier carbure saturé, le *méthane*, a pour formule CH^4.

Lorsque deux atomes de carbone s'unissent entre eux, le cas le plus simple est celui où cette union se fait par l'échange de deux des valences de ces atomes. On a alors un groupement hexavalent $(C-C)^{VI}$ qui, saturé par de l'hydrogène, constitue le corps C^2H^6 ou éthane, deuxième carbure saturé, et qui diffère comme on voit du méthane CH^4 par CH^2 en plus. L'union de trois atomes de carbone se fait le plus simplement par l'échange entre eux de quatre de leurs valences, et le groupement C^3 aura donc 8 valences libres qui pourront être saturées par 8 atomes d'hydrogène et donner naissance au propane C^3H^8, différant de l'éthane par CH^2 et ainsi de suite.

Les formules suivantes rendent facilement compte de la constitution de ces carbures :

$$CH^4. \qquad C^2H^6. \qquad C^3H^8. \qquad C^4H^{10}.$$

$$
\begin{array}{cccc}
H & H & H & H \\
| & | & | & | \\
H\text{-}C\text{-}H & CH^2 & CH^2 & CH^2 \\
| & | & | & | \\
H & CH^2 & CH^2 & CH^2 \\
 & | & | & | \\
 & H & CH^2 & CH^2 \\
 & & | & | \\
 & & H & CH^2 \\
 & & & | \\
 & & & H
\end{array}
$$

Ces corps, possédant les mêmes fonctions chimiques et différant entre eux par CH^2 en plus ou en moins, sont appelés *corps homologues*. Cette première *série* de carbures homologues a pour formule générale $C^n H^{2n+2}$.

Mais chacune de ces formules ne s'applique pas à un carbure unique. On connaît des carbures ayant la même formule et qui diffèrent par leurs propriétés. De tels corps sont dits *isomères*.

Les trois premiers termes ne peuvent avoir d'isomères, mais le quatrième, le butane, a deux isomères.

En effet, l'existence de ce carbure est basée sur l'échange entre les deux atomes de carbone de 6 valences. Or cet échange peut se faire de deux façons, comme le démontrent les formules suivantes :

$$
\begin{array}{cc}
(1) & (2) \\
CH^3 & CH^3 \\
| & | \\
CH^2 & H\text{-}C\text{-}CH^3 \\
| & | \\
CH^2 & CH^3 \\
| & \\
CH^3 &
\end{array}
$$

Les deux isomères possibles du butane sont connus. Le pentane a trois isomères possibles.

$$
\begin{array}{ccc}
CH^3 & & \\
| & & \\
CH^2 & CH^3 \ CH^3 & \\
| & \diagdown \diagup & \\
CH^2 & C\text{-}H & CH^3 \\
| & | & | \\
CH^2 & CH^2 & CH^3\text{-}C\text{-}CH^3 \\
| & | & | \\
CH^3 & CH^3 & CH^3 \\
\hline
\text{Pentane} & \text{Pentane} & \text{Pentane} \\
\text{primaire} & \text{secondaire.} & \text{tertiaire} \\
\text{ou } \textit{normal.} & &
\end{array}
$$

Le nombre des isomères possibles des carbures croît rapidement avec le nombre des atomes de carbone. Le 6e terme a 5 isomères possibles; le 7e terme, 9; le 8e terme, 18, etc.

Les formules des pentanes isomères font voir qu'on distingue trois classes d'hydrocarbures : les hydrocarbures primaires ou normaux dans lesquels chaque atome de carbone est uni au plus à deux autres atomes de carbone, les hydrocarbures secondaires dans lesquels un ou plusieurs atomes de carbone sont unis à trois atomes de carbone; les hydrocarbures tertiaires dans lesquels un ou plusieurs atomes de carbone sont unis à quatre atomes de carbone.

Ce qui vient d'être dit montre que, d'après la définition de l'homologie, le propane aurait deux butanes homologues.

Il convenait donc de restreindre la notion de l'homologie. Le véritable homologue du propane est le butane 1. *On a donné le nom de corps homologues vrais à des composés qui diffèrent par* CH^2 *non pas en formule brute, mais par le groupement diatomique* $(CH^2)''$ *intercalé entre deux atomes de carbone de l'un.*

Cette notion de l'homologie permet, étant données les propriétés de l'un des termes d'une série de corps homologues, de prévoir les propriétés des autres termes. Lorsque plusieurs homologues sont liquides et volatils, on a remarqué que le point d'ébullition de ces corps augmente de 19° environ pour chaque addition de CH^2 dans la molécule du premier de ces composés. Cette loi est approximative et ne concerne que les homologues vrais.

Nous venons de déduire de la tétravalence du carbone une première série de corps homologues ayant pour formule générale : $C^n H^{2n+2}$. Ces carbures sont saturés, c'est-à-dire que toutes les valences du carbone y sont satisfaites, comme le montrent les formules rationnelles de ces composés.

Mais chacun de ces carbures en perdant deux atomes d'hydrogène donne un radical bivalent qui existe à l'état de liberté, excepté le premier terme CH^2. Ces carbures diffèrent encore les uns des autres par CH^2; ils forment donc une deuxième série homologue.

Les carbures de cette nouvelle série peuvent encore perdre deux atomes d'hydrogène et donner naissance à une troisième série de carbures homologues ayant pour formule générale: $C^n H^{2n-2}$, et ainsi de suite. On trouvera dans le tableau de la p. 336 les noms des principaux carbures et leur place dans les séries homologues. On remarquera que les carbures placés sur une même ligne horizontale diffèrent tous du précédent par deux d'hydrogène en moins.

On voit aussi facilement, en jetant un coup d'œil sur le tableau, que le premier terme de la troisième série renferme deux atomes de carbone, que le premier terme de la quatrième série renferme trois atomes de carbone, et ainsi de suite. Les premiers termes de chaque série ne peuvent plus perdre d'hydrogène sans retourner à l'état de charbon.

Jusqu'à présent nous avons supposé que les carbures des séries $C^n H^{2n}$, $C^n H^{2n} - 2$ etc. ne sont pas saturés. On peut concevoir également que les atomes de carbone de ces carbures échangent entre eux plus de deux atomicités et que, par conséquent, ces carbures sont saturés.

Ainsi l'éthylène pourra s'écrire :

$$\underbrace{\begin{array}{c} CH^2 \\ \| \\ CH^2 \end{array}}_{\substack{\text{Carbure} \\ \text{saturé.}}} \qquad \text{et} \qquad \underbrace{\left(\begin{array}{c} CH^2 \\ | \\ CH^2 \end{array}\right)''}_{\substack{\text{Radical} \\ \text{diatomique.}}}$$

Toutes les données sur les propriétés de ces carbures à l'état de liberté font admettre que, dans la série $C^n H^{2n}$, deux atomes de carbone sont réunis par l'échange entre eux de quatre de leurs valences. Il est probable que dans la série $C^n H^{2n} - 2$ les carbures libres constituent de même des édifices moléculaires saturés.

$$\underbrace{C^2 H^2 = \begin{array}{c} CH \\ \parallel\!\!\parallel \\ CH \end{array}}_{\text{Acétylène.}}$$

Les propriétés générales des carbures non saturés sont analogues jusqu'à un certain point aux propriétés des carbures saturés. Ils présentent ce trait commun et caractéristique qu'ils fournissent facilement des produits d'addition ; c'est-à-dire que, dans un grand nombre de réactions, deux des quatre valences, par exemple, qu'échangent entre eux deux atomes de carbone des carbures $C^n H^{2n}$, sont saturées par des radicaux.

$$\begin{array}{c} CH^2 \\ \| \\ CH^2 \end{array} + Cl^2 = \begin{array}{c} Cl \\ | \\ CH^2 \\ | \\ CH^2 \\ | \\ Cl \end{array}$$

Sous l'influence du chlore, le carbure saturé $C^2 H^6$ ne donne pas, au contraire, de produits d'addition ; le chlore se substitue à une partie de l'hydrogène du carbure.

C^nH^{2n+2}	C^nH^{2n}	C^nH^{2n-2}	C^nH^{2n-4}	C^nH^{2n-6}	C^nH^{2n-8}	C^nH^{2n-10}	C^nH^{2n-12}	C^nH^{2n-14}	C^nH^{2n-16}	C^nH^{2n-18}	C^nH^{2n-20}
—	—	—	—	—	—	—	—	—	—	—	—
CH^4 Méthane.	CH^2										
C^2H^6 Éthane.	C^2H^4 Éthylène.	C^2H^2 Acétylène.									
C^3H^8 Propane.	C^3H^6 Propylène.	C^3H^4 Allylène.	C^3H^2								
C^4H^{10} Butanes.	C^4H^8 Butylènes.	C^4H^6 Crotonylène.	C^4H^4	C^4H^2							
C^5H^{12} Pentanes.	C^5H^{10} Amylènes.	C^5H^8 Valérylène.	C^5H^6 Valylène.	C^5H^4	C^5H^2						
C^6H^{14} Hexanes.	C^6H^{12} Hexylènes.	C^6H^{10} Hexoylène.	C^6H^8	C^6H^6 Benzine.	C^6H^4	$[C^6H^2$					
C^7H^{16} Heptanes.	C^7H^{14}	C^7H^{12}	C^7H^{10}	C^7H^8 Toluène.	C^7H^6	C^7H^4	C^7H^2				
C^8H^{18} Octanes.	C^8H^{16}	C^8H^{14}	C^8H^{12}	C^8H^{10} Xylènes.	C^8H^8 Styrol.	C^8H^6	C^8H^4	C^8H^2			
C^9H^{20}	C^9H^{18}	C^9H^{16}	C^9H^{14}	C^9H^{12} Cumène.	....	....	C^9H^6	C^9H^4	C^9H^2		
$C^{10}H^{22}$	$C^{10}H^{20}$	$C^{10}H^{18}$	$C^{10}H^{16}$ Terpènes.	$C^{10}H^{14}$ Cymène.	....	....	$C^{10}H^8$ Naphtaline.	$C^{10}H^6$	$C^{10}H^4$	$C^{10}H^2$	
$C^{11}H^{24}$	$C^{11}H^{22}$	$C^{11}H^{20}$	$C^{11}H^{18}$	$C^{11}H^{16}$	....	....	....	$C^{11}H^8$	$C^{11}H^6$	$C^{11}H^4$	$C^{11}H^2$
								$C^{12}H^{10}$	$C^{12}H^8$	$C^{12}H^6$	$C^{12}H^4$
									$C^{13}H^{10}$	$C^{13}H^8$	$C^{13}H^6$
									$C^{14}H^{12}$ Stilbène.	$C^{14}H^{10}$ Antracène.	$C^{14}H^8$
											$C^{16}H^{10}$
											$C^{18}H^{12}$ Chrysène.
$C^{16}H^{34}$	....										

d. **Classification.** — D'après ce qui vient d'être dit plus haut, on comprend combien est grand le nombre des carbures d'hydrogène possibles, surtout si l'on se rappelle qu'à la plupart de ces carbures se rattachent de nombreux isomères.

D'autre part, chacun de ces carbures donne naissance à des composés nombreux qui en dérivent par addition ou par substitution à un ou plusieurs atomes d'hydrogène de radicaux simples ou composés. Les corps qui dérivent de la même manière des carbures homologues se trouveront naturellement rangés en séries homologues. Ainsi à la série homologue des carbures saturés $C^n H^{2n+2}$ correspond une série homologue de composés qui dérivent de ces carbures par la substitution d'un groupement oxhydryle à un atome d'hydrogène de chaque carbure. Ex. :

$$C^2H^5, \ H \qquad\qquad C^2H^5, \ OH$$
$$C^3H^7, \ H \qquad\qquad C^3H^7, \ OH$$
$$C^4H^9, \ H \qquad\qquad C^4H^9, \ OH$$
$$C^5H^{11}, H \qquad\qquad C^5H^{11}, OH$$

Après avoir étudié les carbures d'hydrogène, nous aurons donc à étudier successivement, par séries homologues, les dérivés de ces carbures, qui, d'après leur composition, d'après leurs propriétés générales, possèdent la même *fonction chimique*, comme on dit, et doivent être rangés dans un même groupe.

Les groupements monovalents C^2H^5, C^3H^7, C^4H^9 sont des radicaux, appelés *radicaux alcooliques*, parce que les hydrates de ces radicaux sont les *alcools*. Le groupement C^2H^4, qui dérive de l'éthane $C^2 H^6$ par perte des deux atomes d'hydrogène, est un radical alcoolique bivalent. Le groupement $C^3.H^5$, qui dérive du propane C^3H^8 par perte de trois atomes d'hydrogène, est un radical alcoolique trivalent, etc.

Les radicaux alcooliques dérivent donc des carbures par perte d'un ou de plusieurs atomes d'hydrogène. Parmi ces radicaux, ceux qui possèdent un nombre pair d'atomes d'hydrogène existent à l'état de liberté ; les autres n'existent qu'en combinaison avec d'autres radicaux simples ou composés.

On considère en chimie organique, un autre ordre de radicaux qui proviennent des radicaux alcooliques par la substitution d'un atome d'oxygène à deux atomes d'hydrogène attachés au même atome de carbone du radical alcoolique, ou, en général, de n atomes d'oxygène à $2n$ atomes d'hydrogène. Ces radicaux sont appelés *radicaux acides* parce que leurs hydrates sont des acides. Ceux-ci s'obtiennent par oxydation des alcools. Ex. :

$$\underbrace{C^2H^5,\ OH}_{\substack{\text{Hydrate}\\\text{d'éthyle.}\\\text{(Alcool ordinaire.)}}} + \underbrace{O^2}_{\text{Oxygène.}} = \underbrace{H^2O}_{\text{Eau.}} + \underbrace{C^2H^3O,\ OH}_{\substack{\text{Hydrate}\\\text{d'acétyle.}\\\text{(Acide acétique.)}}}$$

Comme on le voit par cet exemple, l'acide acétique est l'hydrate d'un radical C^2H^3O qui a reçu le nom d'acétyle et qui diffère du radical alcoolique C^2H^5, qui porte le nom d'éthyle, par la substitution d'un atome d'oxygène à deux atomes d'hydrogène.

Ces radicaux alcooliques et acides donnent, en se combinant avec les autres radicaux simples ou composés, différentes familles de corps que nous allons définir :

1° *a*) Les *hydrocarbures* sont les hydrures des radicaux d'alcools. Ex. : C^2H^5, H.

b) Les *aldéhydes* sont les hydrures des radicaux d'acides. Ex. : C^2H^3O, H.

2° *a*) Les *alcools* sont les hydrates des radicaux d'alcools. Ex. : C^2H^5, OH.

b) Les *acides* sont les hydrates des radicaux d'acides. Ex. : C^2H^3O, OH.

3° *a*) On appelle *amines* des corps qui dérivent de l'ammoniaque par la substitution de radicaux alcooliques à un ou plusieurs atomes d'hydrogène de l'ammoniaque. Ex. : AzH^2, C^2H^5.

b) Les *amides* sont des corps qui dérivent de l'ammoniaque par la substitution de radicaux d'acides à un ou plusieurs atomes d'hydrogène de l'ammoniaque. Ex. : AzH^2, C^2H^3O.

c) Les *alcalamides* dérivent de l'ammoniaque par la substitution à l'hydrogène, de plusieurs radicaux dont les uns sont des radicaux d'alcools et les autres des radicaux d'acide.

4° Les *acétones* sont des combinaisons de radicaux d'acides avec les radicaux alcooliques.

5° Les *éthers* sont en tout comparables aux sels. On peut les définir : des acides dont l'hydrogène est remplacé par un radical d'alcool.

La plupart des composés organiques rentrent dans l'une ou l'autre de ces familles. On a dû toutefois créer encore d'autres groupes de corps. C'est ainsi que l'on désigne sous le nom de *mercaptans* des alcools dont l'oxygène est remplacé par le soufre, sous celui d'*urées composées* des produits de substitution de l'urée, par des radicaux alcooliques, etc.

Beaucoup de corps jouissent à la fois de plusieurs fonctions : l'acide lactique, par exemple, est à la fois un alcool et un acide.

Ces corps, à fonctions mixtes, sont rangés dans l'une ou l'autre des familles suivant la fonction qui y prédomine.

Une dernière distinction a été faite parmi les composés organiques : celle des *composés gras* et des *composés aromatiques*.

Aucune idée scientifique bien nette n'était attachée autrefois à ces mots.

Dans le premier groupe rentraient les graisses et les composés qui en dérivent ; dans le second, les essences et les corps qui se rangent autour de l'acide benzoïque, et dont plusieurs possèdent une odeur aromatique.

Ces corps, riches en charbon, ayant dans leurs propriétés certaines allures particulières, vinrent se placer, à quelques exceptions près, dans la classification en séries homologues, dans la cinquième série et les suivantes.

Aujourd'hui on a subdivisé ce groupe de composés en deux autres : l'un comprenant les *corps aromatiques proprement dits*, l'autre, les *produits d'addition de la série aromatique*, substances plus riches en hydrogène et pouvant se transformer facilement, en composés aromatiques proprement dits ; et l'on a désigné sous le nom de COMPOSÉS AROMATIQUES PROPREMENT DITS, tous les dérivés par substitution de la benzine.

Les fonctions des composés aromatiques et des composés gras sont, dans leur ensemble, les mêmes dans les deux séries. Mais la présence du noyau C^6H^6, dans les composés aromatiques, leur imprime des propriétés nouvelles, profondes et qui sont spéciales à ce noyau.

Les quatre premières séries homologues ne renferment pas de composés aromatiques vrais ; ce sont les séries grasses. Les autres séries homologues ne renferment, à une exception près, que des composés aromatiques ; mais l'existence d'un carbure gras C^6H^6, de la cinquième série, carbure isomère de la benzine, permet de prévoir qu'on pourra obtenir des composés gras dans les séries qui aujourd'hui ne renferment que des composés aromatiques. Quant aux produits d'addition de la série aromatique, ils rentrent par leur composition dans les séries C^nH^{2n-4}, C^nH^{2n-2} et C^nH^{2n}, qui renferment surtout des composés gras et pas du tout de composés aromatiques vrais. En formule brute, les produits d'addition de la série aromatique sont donc, pour ainsi dire, des termes de transition entre les composés gras et les composés aromatiques, et nous voyons que la classification sériaire n'établit pas de ligne de démarcation nette entre ces deux grandes classes de corps.

Nous décrirons, dans chaque famille, les composés aromatiques à la suite des composés gras, après avoir étudié les propriétés spéciales du noyau $C^5 H^6$.

1re FAMILLE. — HYDROCARBURES.

§ 186. — HYDROCARBURES DE LA PREMIÈRE SÉRIE:
$C^n H^{2n+2}$.

a. Nomenclature. — Les noms des hydrocarbures de la première série ont été déduits, à partir du cinquième, du nombre d'atomes de carbone qu'ils renferment et sont terminés par la désinence *ane*. Ex. : *pentane, hexane, heptane, décane*, etc. Les quatre premiers carbures ont reçu des noms spéciaux déduits de celui d'un de leurs dérivés, alcool ou acide, *méthane, éthane, propane, butane.*

Les radicaux, dont les carbures sont les hydrures, sont terminés par la désinence *yle* (1). On désigne aussi fréquemment les carbures de la première série sous les noms *d'hydrure de méthyle*, d'*éthyle*, de *propyle*, ..., d'*hexyle*.

b. État naturel; préparation. — 1° Un grand nombre d'hydrocarbures de la première série existent dans la nature. Le méthane est un gaz qui se dégage de la vase des marais; les hydrocarbures supérieurs, depuis le 4e jusqu'au 16e, qui bout vers 260°, sont liquides et constituent par leur mélange les pétroles d'Amérique. Ceux-ci renferment encore des carbures solides qui sont en solution dans les carbures liquides et qui n'entrent en ébullition qu'à une température plus élevée. On désigne sous le nom de *paraffine* (de *parum affinis*, affinités faibles) le mélange de carbures d'hydrogène solides de la formule générale $C^n H^{2n+2}$ obtenus par la distillation des pétroles. On retire aussi la paraffine de la tourbe, des schistes bitumineux, etc.

La paraffine est un corps solide, blanc, fusible entre 45° et 65° suivant sa composition. Elle est insoluble dans l'eau, soluble dans l'alcool, l'éther et la benzine. Elle bout à 300° ou au-dessus. Ses vapeurs s'enflamment facilement et brûlent avec une flamme très éclairante; aussi fabrique-t-on des bougies avec la paraffine.

(1) De ὕλη, matière.

2° *Le méthane a été obtenu synthétiquement en faisant passer sur du cuivre chauffé au rouge un mélange d'hydrogène sulfuré et de sulfure de carbone.* (Berthelot.) Ces deux substances peuvent d'ailleurs être obtenues elles-mêmes par l'union des éléments. La formule suivante rend compte de la formation du méthane dans ces circonstances :

$$CS^2 + 2H^2S + 4Cu = 4CuS + CH^4$$

3° Les carbures supérieurs peuvent aussi être obtenus par synthèse. *L'éthane s'obtient en faisant agir le sodium sur l'iodure de méthyle,* qui se prépare par voie indirecte en partant de l'alcool méthylique. (V. *Iodure d'éthyle.*)

$$2\ CH^3I + Na^2 = 2\ INa + C^2H^6$$

4° *Le propane s'obtient par l'action du sodium sur un mélange d'iodure de méthyle et d'iodure d'éthyle et ainsi de suite.* (Würtz.)

$$CH^3I + C^2H^5I + Na^2 = 2INa + C^3H^8$$

5° *Plusieurs hydrocarbures, notamment le méthane, s'obtiennent en chauffant avec un excès d'alcali les acides de la série* $C^n H^{2n} O^2$. Ex. :

$$\underbrace{C^2H^3O.ONa}_{\text{Acétate de sodium.}} + \underbrace{NaOH}_{\text{Hydrate de sodium.}} = \underbrace{CO^3Na^2}_{\text{Carbonate de sodium.}} + \underbrace{CH^4}_{\text{Méthane.}}$$

c. **Propriétés.** 1° Physiques. — Les premiers termes des hydrocarbures de la série $C^{2n}H^{n+2}$ sont gazeux à la température ordinaire. A partir du cinquième terme, ces carbures constituent des liquides dont la densité et le point d'ébullition vont en augmentant à mesure qu'on monte dans la série. Les derniers termes sont des carbures solides à la température ordinaire.

2° Chimiques. — Ces hydrocarbures sont saturés. Aussi ne fixent-ils directement aucun élément. Sous l'influence du chlore ou du brome, ils échangent leur hydrogène contre ces métalloïdes et fournissent ainsi des produits de substitution :

$$\underbrace{C^2H^6}_{\text{Éthane.}} + \underbrace{Cl^2}_{\text{Chlore.}} = \underbrace{HCl}_{\text{Acide chlorhydrique.}} + \underbrace{C^2H^5Cl}_{\text{Éthane monochloré.}}$$

Les carbures monochlorés, ainsi obtenus sont de véritables

éthers chlorhydriques, et comme ces derniers, perdent leur chlore sous l'influence de la potasse en donnant naissance à des alcools:

$$C^2H^5Cl \quad + \quad KOH \quad = \quad KCl \quad + \quad C^2H^5,OH$$

Éthane	Hydrate	Chlorure	Alcool
monochloré.	de potassium.	de potassium.	éthylique.

Par oxydation, les carbures gras donnent des acides renfermant le même nombre d'atomes de carbone qu'eux.

§ 187. — **Méthane.**

$$CH^4.$$

Synonymie : Hydrure de méthyle, protocarbure d'hydrogène, gaz des marais.

a. État naturel. — Le protocarbure d'hydrogène se dégage du fond des marais. Il est un des produits de la putréfaction des matières organiques.

Ce gaz existe aussi en petites quantités dans l'économie animale. Il se trouve, d'une manière presque constante, parmi les gaz de l'intestin. Ceux-ci sont surtout riches en gaz des marais (jusque 56 p. 100) dans l'alimentation par les légumes secs.

Le protocarbure d'hydrogène se dégage du sol dans beaucoup de localités. On le rencontre aussi souvent dans les mines de houille, où il se mêle avec l'air atmosphérique et constitue alors un mélange connu sous le nom de *feu grisou,* qui fait explosion au contact d'une flamme. Ces explosions causent souvent la mort de nombreux ouvriers. On les évite en se servant de la *lampe de Davy,* qui se compose d'une lampe ordinaire entourée d'une cage en toile métallique. Lorsque le mélange détonant pénètre dans l'intérieur de la cage, l'explosion qui a lieu ne se propage pas au dehors. La toile métallique refroidit en effet suffisamment les gaz pour que la combustion du gaz des marais avec l'oxygène n'ait pas lieu.

b. Propriétés. — Le méthane qu'on prépare en chauffant de l'acétate de potassium avec un excès de potasse caustique (V. § 186, p. 341), est un gaz incolore, inodore, insipide. Il est peu soluble dans l'eau. Sa densité est de 0,557.

Il brûle à l'air avec une flamme peu éclairante. Lorsqu'on le mêle à de l'oxygène, il détone au contact d'un corps en ignition.

Le chlore, sous l'influence de la lumière solaire ou d'un corps en ignition, enlève l'hydrogène au gaz des marais et met le charbon en liberté.

$$CH^4 + 2Cl^2 = 4HCl + C$$

A la lumière diffuse, des produits de substitution, parmi lesquels du chlorure de méthyle, prennent naissance.

§ 188. — HYDROCARBURES DE LA DEUXIÈME SÉRIE :

$$C^nH^{2n}.$$

a. Nomenclature. — Les noms des hydrocarbures de la deuxième série ont été déduits, pour la plupart, comme ceux des carbures de la première série, du nombre d'atomes de carbone qu'ils renferment. Ils sont terminés par la désinence *yléne*. Quelques-uns de ces carbures ont des noms spéciaux, mais on les termine toujours par la désinence *éne*, *éthyléne*, *propyléne*, *butyléne*, *amyléne*, *hexyléne*, *heptyléne*,... *décyléne*, etc.

b. Préparation. — Les hydrocarbures C^nH^{2n} s'obtiennent dans un grand nombre de circonstances spéciales.

D'une manière générale, on *obtient des hydrocarbures de la deuxième série en chauffant les alcools mono-acides saturés avec des agents avides d'eau.*

$$C^2H^5OH = H^2O + C^2H^4$$

On emploie ordinairement, pour opérer cette déshydratation de l'alcool, l'acide sulfurique concentré ou le chlorure de zinc.

Les alcools monoacides saturés peuvent d'ailleurs être obtenus synthétiquement en partant des hydrocarbures de la première série. (V. § 197, p. 364.)

c. Propriétés. — 1° Ces carbures, constituent très probablement des édifices moléculaires saturés, mais font fonction de radicaux bivalents. Ils s'unissent directement au chlore, au brome, à l'iode et donnent avec ces éléments des combinaisons ayant pour formule générale $C^nH^{2n}M^2$, M' désignant un de ces métalloïdes. On peut aussi obtenir des dérivés chlorés, bromés, etc., de ces hydrocarbures. Pour cela on soumet les hydrocarbures chlorés, par exemple, à l'action d'une solution alcoolique de potasse :

$$C^2H^4Cl^2 + KOH = KCl + H^2O + C^2H^3Cl$$

L'éthylène chloré ainsi formé peut à son tour fixer du chlore et donner du chlorure d'éthylène chloré $C_2H_3Cl.Cl_2$, auquel on peut de même enlever du chlore et de l'hydrogène de manière à obtenir de l'éthylène bichloré, et ainsi de suite.

2° Les carbures C_nH_{2n} s'unissent directement aux acides sulfurique, chlorhydrique, bromhydrique et iodhydrique :

$$C_2H_4 \;+\; SO_4H_2 \;=\; SO_4H, C_2H_5$$

Éthylène.   Acide sulfurique.   Acide éthysulfurique.

3° Enfin, dans cette série de carbures, on constate encore de nombreux cas d'isomérie.

Ainsi le chlorure d'éthylène $C_2H_4Cl_2$ présente un isomère, le *chlorure d'éthylidène*. Les formules suivantes rendent compte de cette isomérie :

$$\begin{array}{cc} CH_2Cl & CH_3 \\ | & | \\ CH_2Cl & CHCl_2 \end{array}$$

Chlorure d'éthylène.   Chlorure d'éthylidène.

L'éthylidène $(CH_3 — CH)''$ bivalent comme l'éthylène $(CH_2 — CH_2)''$ ne paraît pas exister à l'état de liberté.

§ 189. — Éthylène.

$$C_2H_4.$$

Synonymie : Gaz oléfiant, bicarbure d'hydrogène.

a. Modes de production ; Préparation. — L'éthylène se forme, en même temps que le gaz des marais, dans la distillation sèche d'un grand nombre de matières organiques. Il constitue avec le protocarbure d'hydrogène et l'hydrogène la majeure partie du gaz d'éclairage.

On le prépare dans les laboratoires en chauffant de l'alcool avec 5 ou 6 fois son poids d'acide sulfurique concentré.

On lave le gaz dans un flacon laveur renfermant une solution de potasse, de manière à retenir les traces d'acide sulfurique entraînées mécaniquement et les anhydrides carbonique et sulfureux qui prennent naissance vers la fin de l'opération.

b. Propriétés. 1° Physiques. — Le bicarbure d'hydrogène est un gaz incolore, d'une odeur éthérée, insipide. Il est peu soluble dans l'eau, plus soluble dans l'alcool. Sa densité est de 0,97.

2º Chimiques. — L'éthylène brûle avec une flamme très éclairante (1).

Il se combine directement avec le chlore à la température ordinaire pour former du chlorure d'éthylène $C^2H^4Cl^2$. Le chlorure d'éthylène, aussi appelé *liqueur des Hollandais*, est liquide, d'une consistance huileuse (d'où le nom de gaz oléfiant donné à l'éthylène), d'une odeur éthérée et agréable. Il bout à 82º.

§ 190. — HYDROCARBURES DE LA 3e SÉRIE :

$$C^nH^{2n-2}.$$

Les carbures de cette série portent tous des noms spéciaux.

a. Préparation. — 1º L'acétylène C^2H^2 se forme dans beaucoup de circonstances, notamment dans la combustion incomplète d'une foule de substances organiques riches en charbon. Berthelot a obtenu ce corps par synthèse directe en dirigeant un courant d'hydrogène sur du charbon porté à l'incandescence sous l'influence d'un très fort courant électrique.

2º Les autres carbures d'hydrogène de la série C^nH^{2n-2} ne s'obtiennent que par un seul procédé général. Ce procédé consiste à chauffer les carbures monobromés de la série C^nH^{2n} avec de l'éthylate de sodium.

$$C^nH^{2n-1}Br + C^2H^5ONa = BrNa + C^2H^5OH + C^nH^{2n-2}$$

b. Propriétés. — Ces hydrocarbures s'unissent directement au chlore et au brome. Ils fixent également une ou deux molécules des acides chlorhydrique, bromhydrique et iodhydrique.

Quelques-uns de ces carbures sont absorbés par le chlorure cuivreux ammoniacal. L'acétylène donne avec ce réactif un précipité brun d'acétylénure cuivreux ayant pour formule :

$$\left. \begin{array}{l} (C^2HCu^2)' \\ (C^2HCu^2)' \end{array} \right\rangle O$$

L'acétylène est un gaz incolore, d'une odeur particulière et

(1) Lorsqu'on examine avec soin une flamme, on y remarque trois parties : au centre, un cône obscur ; à la périphérie une enveloppe mince, peu éclairante ; au milieu le champ brillant de la flamme. La partie extérieure de la flamme qui est en rapport avec l'oxygène de l'air est le siège des combustions. C'est là la partie la plus chaude et la partie oxydante de la flamme. La partie médiane de la flamme est rendue brillante par du charbon en suspension qui y est porté au rouge ; c'est là la flamme de réduction. Quant au charbon qui s'y trouve en suspension, il provient de la décomposition, sous l'influence de la chaleur, des carbures d'hydrogène qui existent dans le cône obscur.

désagréable. Il brûle à l'air avec une flamme très-éclairante. Il est assez soluble dans l'eau.

§ 191. — HYDROCARBURES DE LA 4e SÉRIE:

$$C^nH^{2n-4}.$$

Ces hydrocarbures sont encore peu connus et ne nous arrêteront pas. Cette série contient l'essence de térébenthine $C^{10}H^{16}$ et ses isomères qui paraissent être des produits d'addition de composés aromatiques. On désigne sous le nom de *terpènes* les hydrocarbures qui répondent à la formule $C^{10}H^{16}$.

§ 192. — **Essence de térébenthine.**

$$C^{10}H^{16}.$$

Synonymie : Térébenthène.

a. Emploi en médecine. — L'essence de térébenthine est un excitant et un stimulant qu'on emploie tant à l'intérieur qu'à l'extérieur. Elle est, d'après Personne, le meilleur antidote du phosphore.

b. Préparation. — Certains pins et sapins laissent s'écouler, lorsqu'on les incise, des sucs résineux de consistance fluide appelés *térébenthines*. Lorsqu'on distille la térébenthine avec de l'eau, la vapeur entraîne de l'essence de térébenthine $C^{10}H^{16}$ et il reste dans la cornue une substance amorphe, friable, transparente, jaune, qui porte le nom de *colophane*. Cette matière entre dans la composition de la *poudre hémostatique* du Codex.

c. Propriétés. 1° PHYSIQUES. — L'essence de térébenthine est un liquide incolore, d'une odeur particulière, d'une saveur âcre et caustique. Sa densité est de 0,864 à 16°. Elle bout à 160°. L'essence de térébenthine jouit du pouvoir rotatoire; mais elle est tantôt dextrogyre, tantôt lévogyre, suivant son origine. Elle est insoluble dans l'eau, mais se dissout dans l'alcool et dans l'éther. L'essence de térébenthine dissout elle-même un grand nombre de *substances*, entre autres le phosphore, le soufre, le caoutchouc, les résines, etc.

2° CHIMIQUES. — L'essence de térébenthine se charge d'ozone lorsqu'on l'agite au contact de l'air. Au bout d'un certain temps, elle jaunit et se résinifie à l'air. Elle absorbe l'acide chlorhydrique et forme avec lui deux chlorhydrates isomères ayant pour formule $C^{10}H^{16}$. HCl, l'un liquide, l'autre solide, cristallisé, auquel son odeur et son aspect ont fait donner le nom de *camphre arti-*

ficiel. L'acide azotique oxyde l'essence de térébenthine et la transforme en acide térephtalique $C^8H^6O^4$, isomère de l'acide phtalique.

Essences hydrocarbonées. — Un grand nombre d'essences, celles de citron, de bergamote, de sabine, de genièvre, etc., sont isomères de l'essence de térébenthine, dont elles diffèrent

Fig. 47. — Préparation des essences (*).

par l'odeur, le pouvoir rotatoire, le point d'ébullition, etc. Les essences se trouvent surtout dans les fleurs et dans les fruits des plantes. Elles sont peu solubles dans l'eau, solubles dans l'alcool, l'éther, le sulfure de carbone, etc. Elles s'altèrent presque toutes à l'air. Les essences sont assez souvent employées en médecine sous forme d'oléo-saccharures pour parfumer des médicaments. On appelle *oléo-saccharures* des mélanges d'essence et de sucre

(*) M, bain-marie; D, diaphragme placé dans le bain-marie et sur lequel on dispose les plantes; TT, tube conduisant la vapeur de la cucurbite sous le diaphragme.

pulvérisé, qu'on prépare en triturant ensemble ces deux substances. Les essences se trouvent dans les oléo-saccharures dans un grand état de division.

On extrait quelquefois les essences par *expression* des parties des plantes qui les renferment. Quelquefois aussi on les extrait à l'aide de dissolvants (alcool, éther). Le plus grand nombre d'essences se prépare par *distillation*, soit en chauffant les plantes aromatiques avec de l'eau, soit en faisant passer de la vapeur d'eau sur ces plantes (V. *fig.* 47). On recueille les produits de la distillation (eau et essence) dans des *récipients florentins*, où les essences se séparent de l'eau et s'accumulent dans la partie supérieure du récipient si elles sont plus légères que l'eau, ou au fond de l'appareil si elles sont plus lourdes. Le récipient est d'ailleurs disposé de façon à ce que, dans les deux cas, l'excès d'eau puisse s'écouler (V. *fig.* 48). L'essence s'accumule donc dans le récipient.

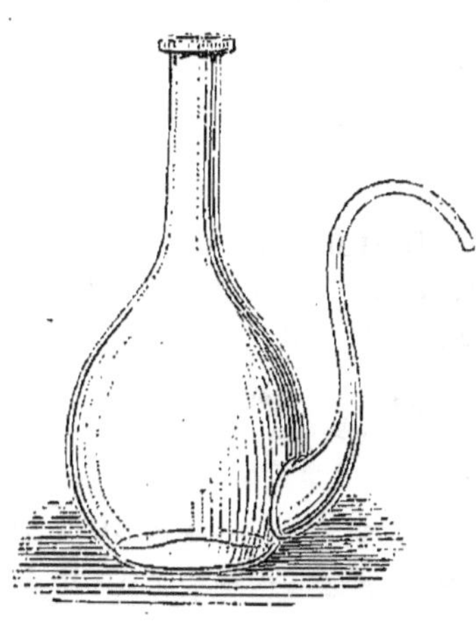
Fig. 48. — Récipient florentin.

§ 193. — HYDROCARBURES DE LA 5ᵉ SÉRIE:

$$C^nH^{2n-6}.$$

Les carbures de la série C^nH^{2n-6} et des séries supérieures appartiennent, à une exception près, au groupe des composés aromatiques. L'hydrocarbure aromatique le plus simple, celui d'où dérivent tous les autres composés aromatiques, est la benzine C^6H^6. Ce corps jouit de propriétés spéciales qui se retrouvent dans tous les composés aromatiques.

a. **Propriétés spéciales du carbure aromatique** C^6H^6. 1° Dérivés chlorés. — Lorsqu'on fait agir à la lumière diffuse le chlore sur la benzine, on obtient une série de produits de substitutions analogues aux dérivés substitués de l'éthane, comme le fait comprendre le tableau suivant:

Dérivés chlorés de la benzine.		Dérivés chlorés de l'éthane.	
C^6H^5Cl	Benzine monochlorée,	C^2H^5Cl	Éthane monochlorée,
$C^6H^4Cl^2$	dichlorée,	$C^2H^4Cl^2$	dichlorée,
$C^6H^3Cl^3$	trichlorée, etc.	$C^2H^3Cl^3$	trichlorée, etc.
$C^6H^2Cl^4$		$C^2H^2Cl^4$	
$C^6H\,Cl^5$		$C^2H\,Cl^5$	
C^6Cl^6	Protochlorure de carbone.	C^2Cl^6	Sesquichlorure de carbone.

Mais si nous comparons entre eux la benzine et l'éthane monochlorés, par exemple, nous constatons entre ces deux corps
une différence profonde.

a) L'éthane monochloré perd son chlore lorsqu'on le traite par
la potasse.

$$C^2H^5.Cl + KOH = KCl + \underbrace{C^2H^5.OH}_{\text{Alcool.}}$$

b) La benzine monochlorée ne perd pas son élément halogène
sous l'influence de la potasse même en fusion.

2° DÉRIVÉS NITRÉS. — *a*) Lorsqu'on traite la benzine par l'acide
nitrique, on obtient des produits de substitution nitrés.

$$C^6H^6 + AzO^3H = H^2O + \underbrace{C^6H^5 (AzO^2)}_{\text{Nitrobenzine.}}$$

Lorsqu'on chauffe le mélange de benzine et d'acide nitrique,
il se forme de la binitrobenzine $C^6H^4 (AzO^2)^2$ ou même de la tri-
nitrobenzine $C^6H^3 (AzO^2)^3$.

b) L'éthane ne subit aucune action analogue de la part de
l'acide azotique. Les dérivés nitrés des carbures gras ne peuvent
s'obtenir qu'indirectement.

3° DÉRIVÉS SULFUREUX. — *a*) Lorsqu'on chauffe la benzine avec
de l'acide sulfurique, les deux corps agissent l'un sur l'autre ; il
s'élimine de l'eau et l'on obtient des acides, qu'on a appelés
sulfoconjugués, par la substitution du reste sulfureux SO^3H à un
ou plusieurs atomes d'hydrogène. Ex. :

$$C^6H^6 + SO^4H^2 = H^2O + \underbrace{C^6H^5 (SO^3H)}_{\substack{\text{Acide} \\ \text{phénysulfureux.}}}$$

$$C^6H^6 + 2(SO^4H^2) = 2H^2O + \underbrace{C^6H^4 (SO^3H)^2}_{\substack{\text{Acide} \\ \text{phénylène-disulfureux.}}}$$

Ces acides sulfoconjugués, fondus avec de la potasse, donnent des phénols par la substitution de l'oxhydryle au reste
SO^3H.

$$C^6H^5SO^3H + 2KOH = SO^3K^2 + H^2O + C^6H^5,OH.$$

b) L'éthane n'est pas attaqué par l'acide sulfurique.

4° PRODUITS D'OXYDATION. — *a*) La benzine offre une grande
résistance aux agents d'oxydation. Lorsque ces agents sont très
puissants, la molécule se détruit et il se forme de l'anhydride
carbonique et de l'acide oxalique. En outre, on trouve, parmi
les produits d'oxydation, de petites quantités des acides benzoï-

que $C^7H^6O^2$ et phtalique $C^8H^6O^4$ qui, comme on le voit par leurs formules, renferment plus de carbone que la benzine et sont, par conséquent, formés par synthèse, c'est-à-dire qu'une molécule de benzine étant détruite avec formation d'anhydride carbonique et d'acide formique, ce dernier concourt à la formation de l'acide benzoïque et de l'acide phtalique en se soudant à une molécule de benzine non encore détruite, l'une et l'autre molécule perdant de l'hydrogène par oxydation.

$$C^6H^6 + CHOOH + O = H^2O + C^7H^6O^2.$$

Jamais on n'obtient dans l'oxydation de la benzine d'acide renfermant 6 atomes de carbone.

b) Les carbures gras, au contraire, donnent par oxydation des acides renfermant le même nombre d'atomes de carbone qu'eux.

5° Dérivés hydroxylés. — En substituant à un atome d'hydrogène de l'éthane le groupe oxhydryle OH, on obtient l'hydrate d'éthyle C^2H^5. OH. Une substitution analogue dans la benzine donne l'hydrate de phényle C^6H^5. OH, le résidu C^6H^5 ayant reçu le nom de phényle.

Ce sont les dérivés hydroxylés de la benzine et des carbures gras qui, de tous les dérivés étudiés jusqu'à présent, présentent les différences les plus profondes. Ces différences sont telles qu'on a fait, des dérivés hydroxylés de la benzine, une classe spéciale de corps.

Le composé C^2H^5. OH est un *alcool*.

Le composé C^6H^5. OH est un *phénol*.

Nous comparerons plus loin les propriétés du phénol à celles des alcools.

En résumé :

I. La benzine C^6H^6 se scinde difficilement sous l'influence des réactifs ; elle offre à leur action une résistance relativement plus grande que les carbures gras.

II. L'hydrogène en est facilement remplaçable par des éléments ou des résidus monovalents, et les composés substitués obtenus ainsi gardent les allures du noyau. La plupart des corps ainsi formés ont leurs analogues dans la série grasse, mais n'ont pu le plus ordinairement être obtenus dans cette série que par des moyens détournés et moins simplement que dans la série aromatique.

b. Homologues de la benzine. — Nous avons vu (§ 185, p. 334) que deux corps sont homologues vrais lorsqu'ils diffèrent par CH^2 non pas en formule brute, mais par le groupement bivalent $(CH^2)''$ intercalé entre deux atomes de carbone de l'un.

Tous les faits connus prouvent que la benzine n'a pas d'homologue vrai. Les carbures qui renferment CH^2 ou nCH^2 de plus que la benzine, en dérivent tous par la substitution du méthyle CH^3, de l'éthyle C^2H^5, de l'amyle C^5H^{11}, c'est-à-dire d'un résidu monovalent de carbure gras saturé, à un ou plusieurs atomes d'hydrogène du noyau C^6H^6.

L'hydrocarbure C^7H^8 par exemple, peut être représenté par la formule de constitution : $C^6H^5 - CH^3$

Kekulé a nommé *chaînes latérales* ces radicaux alcooliques qui se sont substitués à l'hydrogène du noyau C^6H^6.

Le toluène, au contraire, a des homologues vrais qui sont l'éthylbenzine, la propylbenzine, etc.

$$C^6H^5 - CH^3 \qquad C^6H^5\text{-}(CH^2)\text{-}CH^3 \qquad C^6H^5\text{-}(CH^2)^n\text{-}CH^3$$

Toluène.   Éthylbenzine.   Formule générale des homologues du toluène.

La substitution de l'hydrogène de la benzine par un résidu alcoolique peut se faire deux fois, trois fois, etc. On obtient ainsi des corps ayant même formule brute, mais qui diffèrent les uns des autres par leur constitution. Ainsi les deux corps

$$C^6H^4\!\!<\genfrac{}{}{0pt}{}{CH^3}{CH^3} \qquad\text{et}\qquad C^6H^5\text{-}C^2H^5$$

Diméthylbenzine   Éthylbenzine.
(xylène).

ont même formule brute et diffèrent complètement par leurs propriétés. Ce sont des *isomères par compensation*.

La constitution des carbures homologues de la benzine a été démontrée par les belles synthèses de Fittig et Tollens. Ces deux chimistes, appliquant à la série aromatique le procédé indiqué par Wurtz pour la synthèse des carbures homologues de la série grasse, ont préparé un grand nombre d'hydrocarbures aromatiques. Ce procédé consiste à chauffer avec du sodium un mélange de benzine bromée et de bromure d'un radical alcoolique. Ex. :

$$C^6H^5Br + CH^3Br + Na^2 = 2NaBr + C^6H^5\text{-}CH^3$$

Méthylbenzine
(toluène).

$$C^6H^4\!\!<\genfrac{}{}{0pt}{}{Br}{Br} + 2CH^3Br + 2Na^2 = 4NaBr + C^6H^4\!\!<\genfrac{}{}{0pt}{}{CH^3}{CH^3}$$

Diméthylbenzine
(xylène).

$$C^6H^5Br + C^2H^5Br + Na^2 = 2NaBr + \underline{C^6H^5\text{-}C^2H^5}$$

Éthylbenzine
(isomérique avec le
xylène).

Les principaux homologues de la benzine sont les suivants :

C^6H^6 Benzine.
C^7H^8 Toluène $C^6H^5 - CH^3$ Méthylbenzine.

C^8H^{10} {Xylène $C^6H^4 \genfrac{}{}{0pt}{}{CH^3}{CH^3}$ Diméthylbenzine.

                                                     $C^6H^5 - C^2H^5$ Éthylbenzine.

           {Cumène $C^6H^5 - C^3H^7$ Isopropylbenzine.
                                                     $C^6H^5 - C^3H^7$ Propylbenzine.
C^9H^{12} {Mésitylène $C^6H^3 \equiv (CH^3)^3$ Triméthylbenzine.

                                                     $C^6H^4 \genfrac{}{}{0pt}{}{CH^3}{C^2H^5}$ Méthyléthylbenzine.

           {Cymène (de l'essence de cumin) $C^6H^4 \genfrac{}{}{0pt}{}{CH^3}{C^3H^7}$ Méthylpropylbenzine.

$C^{10}H^{14}$ {Cymène (du camphre) $C^6H^4 \genfrac{}{}{0pt}{}{CH^3}{C^3H^7}$ Méthylisopropylbenzine.

                                            $C^6H^4 \genfrac{}{}{0pt}{}{C^2H^5}{C^2H^5}$ Diéthylbenzine.

           {Durol $C^6H^2 \equiv (CH^3)^4$ Tétraméthylbenzine.

Ces carbures jouissent de propriétés mixtes et donnent des dérivés appartenant les uns à la série grasse, les autres à la série aromatique, suivant que la substitution se fait dans le résidu gras CH^3, C^2H^5, C^3H^7, etc., ou dans le résidu aromatique C^6H^5. Le toluène donnera, par exemple, les deux séries de dérivés :

$C^6H^5.CH^3$ $C^6H^5.CH^3$
Toluène   Toluène.

$C^6H^4Cl.CH^3$ $C^6H^5.CH^2Cl$
Toluène chloré.   Chlorure de benzyle.

$C^6H^4OH.CH^3$ $C^6H^5.CH^2OH$
Crésylol (phénol).   Alcool benzylique.

$C^6H^4AzH^2.CH^3$ $C^6H^5.CH^2AzH^2$
Toluidine.   Benzylamine.

                                                     $C^6H^5.COOH$
                                                     Acide benzoïque.

                                                     $C^6H^5.COH$
                                                     Aldéhyde benzoïque.

§ 193 *bis*. — CONSTITUTION DES COMPOSÉS AROMATIQUES.

a. Constitution de la benzine. — Kékulé, le premier, a abordé l'étude de la constitution des composés aromatiques, et malgré d'autres tentatives plus récentes, les idées qu'il a émises ont encore aujourd'hui cours dans la science. Loin de s'affaiblir par le nombre immense de faits dont elle a suscité la découverte, l'hypothèse de Kékulé a, au contraire, pris des bases de plus en plus solides et s'est élevée aujourd'hui au rang d'une *théorie*.

Partant de ces faits que les composés aromatiques les plus simples renferment *six* atomes de carbone et que les corps de ce groupe plus riches en carbone sont susceptibles de fournir, dans des conditions convenables, des substances renfermant au moins six atomes de carbone, Kékulé admet dans toutes les combinaisons aromatiques un seul et même groupe, un noyau composé de six atomes de carbone, possédant encore six valences libres. Ces six atomes de carbone ne seraient pas reliés entre eux de la même manière que dans la série grasse, mais groupés en anneau (chaine fermée) par l'échange entre les atomes de carbone de dix-huit de leurs valences. D'autre part, l'expérience démontre que lorsqu'on substitue à un seul hydrogène de la benzine, un radical monovalent simple ou composé, on n'obtient qu'un seul dérivé substitué et jamais d'isomères de ce dérivé. On ne connaît qu'une seule benzine monochlorée, qu'un seul phénol, qu'une seule phénylamine, qu'un seul acide benzoïque, etc.

Pour représenter graphiquement cette propriété de la benzine, Kekulé a placé les six atomes de carbone de la benzine aux six angles d'un hexagone régulier. Il est évident qu'une figure plane ne peut être la représentation exacte de la position des atomes d'une molécule dans l'espace. L'hexagone de Kékulé établit simplement que dans la benzine, chaque atome d'hydrogène a la même valeur et que, par suite, quel que soit l'atome d'hydrogène remplacé par un radical monovalent, le corps obtenu sera le même. C'est l'expression d'un fait d'expérience.

La formule qui fait le mieux ressortir la symétrie parfaite de la molécule benzénique tout en rendant compte de l'échange entre les six atomes de carbone de dix-huit valences, est la suivante :

Elle diffère, en ce qui concerne la manière dont les atomes de carbone échangent leurs valences, de la formule primitivement donnée par Kékulé (1).

Cette formule de la benzine, carbure fondamental de la série aromatique, explique la grande stabilité des corps aromatiques, la résistance que le noyau benzique oppose aux agents chimiques.

De la benzine ainsi constituée, dérivent tous les corps aromatiques par la substitution, à un ou plusieurs atomes d'hydrogène, de radicaux ou de groupes monovalents. Exemples :

$$C^6H^5Cl \qquad C^6H^4Cl^2 \qquad C^6H^5OH \qquad C^6H^5(AzH^2)$$

Chlorobenzine   Dichloro-   Phénol.   Amidobenzine
(Chlorure de phényle). benzine.   (Aniline).

$$C^6H^5CH^3 \qquad C^6H^4(CH^3)^2 \qquad C^7H^3(CH^3)^3$$

Toluène.   Diméthylbenzine.   Triméthylbenzine.

$$C^6H^5CO^2H \qquad C^6H^4(CO^2H)^2 \qquad C^6H^3(CO^2H)^3 \text{ etc.}$$

Acide benzoïque.   Acide phtalique.   Acide trimésique.

b. Isomérie de position. — Nous avons vu précédemment que les hydrocarbures de la série grasse ont des isomères d'autant plus nombreux qu'ils occupent un rang plus élevé dans la série.

Si nous substituons, par exemple, dans le méthane à un atome d'hydrogène le résidu monovalent C^3H^7, ou à trois hydrogènes trois résidus CH^3, nous aurons deux carbures ayant même formule C^4H^{10}, mais dont les propriétés sont différentes.

$$
\begin{array}{ccc}
C^3H^7 & & CH^3 \\
| & & | \\
H-C-H & \text{et} & CH^3-C-CH^3 \\
| & & | \\
H & & H
\end{array}
$$

De même l'éthylbenzine et la diméthylbenzine sont deux isomères du même ordre.

$$C^6H^5\text{-}C^2H^5 \qquad\qquad C^6H^4\!\!<\genfrac{}{}{0pt}{}{CH^3}{CH^3}$$

On désigne ces isomères sous le nom d'isomères *par compensation*.

Mais il existe une autre espèce d'isomérie qui, sans être spéciale à la série aromatique, imprime aux composés de cette série des caractères particuliers : l'isomérie *de position*.

Désignons dans l'hexagone de Kékulé les six atomes d'hydrogène par les chiffres 1, 2, 3, 4, 5, 6.

La méthylbenzine (toluène) ne pourra avoir d'isomère, quel que soit l'hydrogène auquel le groupe méthyle se substitue.

Mais supposons que dans le toluène le méthyle occupe la place 1, et

_____

(1) Wurtz, *Dictionnaire de chimie. Suppl.*, Art. *Série aromatique*, par Henninger.

remplaçons un second hydrogène par un nouveau reste méthyle, de manière à donner naissance à une diméthylbenzine.

Ce nouveau reste méthyle pourra occuper cinq places différentes, de telle sorte que les positions relatives des deux groupes méthyles de la benzine seront représentées par les symboles (1.2) (1.3) (1.4) (1.5) (1.6). De ces cinq diméthylbenzines, la première (1.2) et la dernière (1.6) doivent être identiques, vu la symétrie de la benzine; il en est de même de la troisième (1.3) et de la cinquième (1.5). Il nous restera en somme trois diméthylbenzines isomériques, savoir les composés (1.2), (1.3) et (1.4). L'expérience confirme ces prévisions de la théorie de Kékulé. On connaît les trois xylènes isomériques et on n'a jamais pu préparer de quatrième diméthylbenzine.

Tous les dérivés deux fois substitués de la benzine nous offrent ces trois cas d'isoméries, et aucune quatrième isomérie du même ordre n'est connue.

Ces trois séries d'isomères sont désignées sous le nom d'*ortho-série*, de *méta-série* et de *para-série*.

Si maintenant nous envisageons des dérivés trois fois substitués, par exemple les triméthylbenzines, on constatera facilement, par des considérations du même ordre que précédemment, qu'il existe trois séries d'isomères qui seront représentés par les symboles :

$$1.2.3 \; ; \; 1.2.4 \; ; \; 1.3.5.$$

Dans les mêmes réactions on obtient le plus souvent deux ou même les trois isomères possibles.

c. Produits d'addition de la série aromatique. — Les carbures aromatiques peuvent, comme les carbures gras non saturés, donner des produits d'addition, *mais ils ne retournent pas au type saturé* C^nH^{2n+2} *comme ces derniers*. De plus, les produits d'addition de la série aromatique se transforment facilement en composés aromatiques proprement dits.

Si nous considérons, par exemple, le dipropargyle, isomère gras de la benzine, nous voyons que ce carbure fixe 8 atomes de chlore et retourne au type saturé C^nH^{2n+2}, tandis que la benzine ne fixe que 6 atomes de chlore et donne une hexachlorure $C^6H^6Cl^6$.

Ce sont ces particularités qui ont fait ranger les composés dont il s'agit dans une classe spéciale, bien qu'ils rentrent par leur formule dans les séries C^nH^{2n-4}, C^nH^{2n-2} et C^nH^{2n} qui renferment surtout des composés gras.

La formule schématique de la benzine donnée plus haut permet d'interpréter facilement la constitution des produits d'addition. En effet, lorsqu'un corps aromatique fixe deux, quatre ou six radicaux monovalents, une, deux ou trois liaisons des atomes de carbone de la benzine sont rompues. Si une quatrième liaison se rompait, il en résulterait deux nouvelles valences libres et, comme conséquence, la possibilité d'ajouter deux nouveaux radicaux monovalents. On obtiendrait ainsi un dérivé de la série grasse saturée.

On conçoit donc que les composés aromatiques donnent des produits d'addition comme les composés gras, mais qu'ils ne peuvent retourner au type saturé C^nH^{2n+2} sans cesser d'être des corps aromatiques et, que, d'autre part, ces produits d'addition ont les allures générales des composés. aromatiques et retournent facilement à la série aromatique proprement dite.

L'essence de térébenthine est un corps de cette nature. Elle doit être considérée comme un bihydrure de cymène.

$$C^6H^4 \cdot (H^2) \Big\langle {}^{C^3H^7}_{CH^3}$$

En effet : 1° elle peut donner deux nouveaux produits d'addition. On connaît un monochlorhydrate de térébenthine $C^{10}H^{16} \cdot HCl$ et un dichlorhydrate $C^{10}H^{16} \cdot 2HCl$. On ne connaît pas de produit d'addition plus riche, et l'on voit que dans la térébenthine il y a deux éléments monovalents ajoutés au cymène, dans le chlorhydrate de térébenthine il y en a 4, et dans le dichlorhydrate il y a addition de 6 éléments monovalents.

2° Elle fixe deux éléments de brome et le produit obtenu perd de l'acide bromhydrique par distillation ; il se forme alors du cymène.

3° L'acide sulfurique transforme aussi l'essence de térébenthine en cymène. L'hydrogène perdu par l'essence de térébenthine réduit l'acide sulfurique à l'état d'anhydride sulfureux (Riban).

$$C^{10}H^{16} + SO^4H^2 = 2H^2O + SO^2 + C^{10}H^{14}$$

Les camphres, dont la constitution est encore mal connue, doivent être rangés également parmi les produits d'addition de la série aromatique.

§ 194. — **Benzine**

$$C^6H^6.$$

Synonymie : Benzol.

a. Modes de production. — La benzine s'obtient : 1° en distillant de l'acide benzoïque avec un excès de chaux.

$$\underbrace{C^7H^6O^2}_{\text{Acide benzoïque.}} = \underbrace{CO^2}_{\substack{\text{Anhydride} \\ \text{carbonique.}}} + \underbrace{C^6H^6}_{\text{Benzine.}}$$

2° Par l'action de la chaleur sur l'acétylène. Cette synthèse de la benzine a été réalisée par Berthelot.

$$\underbrace{3C^2H^2}_{\text{Acétylène.}} = \underbrace{C^6H^6}_{\text{Benzine.}}$$

3° L'industrie livre aujourd'hui au commerce de grandes quantités de benzine qu'elle obtient en distillant les huiles de goudron de houille et recueillant le produit qui passe à 81°.

b. Propriétés. — La benzine est un liquide incolore, très mobile, d'une odeur spéciale. Sa densité est de 0,88 à 15°. Elle est presque insoluble dans l'eau, mais se dissout dans l'alcool et dans l'éther. La benzine cristallise à 0° et bout à 81°.

Elle dissout l'iode, le soufre, le phosphore et beaucoup de matières organiques.

Les propriétés chimiques de la benzine ont déjà été décrites (V. § 193, p. 348). Ce carbure brûle facilement avec une flamme très brillante et fuligineuse.

§ 195. — HYDROCARBURES DES SÉRIES SUIVANTES.

Nous avons vu que la benzine C^6H^6 a une stabilité beaucoup plus considérable que les carbures gras non saturés. Il en résulte que dans les réactions, au lieu de tendre à se saturer, elle donne plutôt des produits de substitution. Elle se comporte donc, d'une façon générale, comme les carbures gras saturés de la série C^nH^{2+2}. Aussi la série C^nH^{2n-6}, à laquelle appartient la benzine, est-elle nommée quelquefois *série aromatique saturée*.

Les séries suivantes sont à la série aromatique saturée ce que les séries grasses non saturées sont à la première série. Elles dérivent en effet du noyau benzique par substitution de résidus gras appartenant à des carbures non saturés, comme les homologues de la benzine en dérivent par substitution de résidus gras appartenant à la série saturée.

Ainsi à l'éthylbenzine C^8H^{10} correspond le styrol ou phényléthylène C^8H^8. Le premier dérive de la benzine par la substitution à un atome d'hydrogène de la benzine du groupe C^2H^5, le second par la substitution du groupe $(CH — CH^2)$. Le groupe $(C^2H^3)'$ est à l'éthylène C^2H^4 ce que le groupe $(C^2H^5)'$ est à l'éthane C^2H^6.

$$C^6H^5 — (C^2H^5) \qquad C^6H^5 — (C^2H^3)$$

Éthylbenzine.   Styrol.

A la propylbenzine correspond de même l'allylbenzine.

$$C^6H^5 — (C^3H^7) \qquad C^6H^5 — (C^3H^5)$$

Propylbenzine.   Allylbenzine.

On le voit, les carbures aromatiques des séries qui suivent

celle de la benzine tiennent à l'existence des carbures isologues gras et en dérivent.

Les propriétés de ces carbures sont en tout semblables aux propriétés des homologues de la benzine. De plus, n'étant pas saturés, ils se comportent comme les carbures gras non saturés, c'est-à-dire qu'ils peuvent s'unir directement au chlore, au brome, à l'iode et retourner au type aromatique saturé.

Les différentes séries homologues aromatiques, provenant de la substitution à l'hydrogène de la benzine de résidus gras ne sont donc qu'au nombre de quatre, puisque, si l'on excepte le dipropargyle, tous les carbures gras connus appartiennent jusqu'à présent aux quatre premières séries homologues.

Ainsi si nous considérons le 12ᵉ terme de ces différentes séries nous y trouverons successivement les carbures :

$$C^nH^{2n-8} \qquad C^nH^{2n-10} \qquad C^nH^{2n-12} \qquad C^nH^{2n-14}$$
$$C^6H^5(C^6H^{11}) \qquad C^6H^5(C^6H^9) \qquad C^6H^5(C^6H^7) \qquad C^6H^5(C^6H^5)$$
$$C^{12}H^{16} \qquad C^{12}H^{14} \qquad C^{12}H^{12} \qquad C^{12}H^{10}$$

Le carbure $C^{12}H^{10}$ est le diphényle. Il provient, comme on le voit, de la substitution à l'hydrogène de la benzine, non plus d'un résidu gras, mais du résidu aromatique C^6H^5 de la benzine.

Mais tous les carbures connus ne rentrent pas dans ces neuf séries dont 4 grasses et 5 aromatiques, la dernière étant la série du diphényle. Il existe en effet encore des carbures dont l'origine est différente. Ils ne s'obtiennent pas par substitution à de l'hydrogène de la benzine de résidus divers, mais sont des produits de condensation de la benzine elle-même. Ils jouent le rôle de carbures fondamentaux aromatiques, comme la benzine constitue le carbure fondamental de la série aromatique saturée, et donnent des dérivés substitués. Ils ne peuvent revenir par addition, comme les carbures aromatiques non saturés dérivant de la benzine, à la série aromatique saturée, tout comme la benzine ne peut passer par addition à la série grasse. Ces nouveaux carbures dérivent de la benzine d'après une loi très simple. Pour chaque molécule de benzine condensée, il y a perte de deux CH^2.

Carbures fondamentaux aromatiques :

Séries.	Noms.	Formules.
C^nH^{2n-12}	Naphtaline.	$C^{10}H^8 = 2C^6H^6 - 2CH^2$
C^nH^{2n-18}	Anthracène.	$C^{14}H^{10} = 3C^6H^6 - 4CH^2$
C^nH^{2n-24}	Chrysène.	$C^{18}H^{12} = 4C^6H^6 - 6CH^2$

Comme la benzine, ces nouveaux carbures fondamentaux ne peuvent donner, par oxydation, d'acides ayant le même nombre d'atomes de carbone qu'eux. On peut obtenir des acides, mais par destruction du noyau comme cela arrive pour la benzine. Ainsi, lorsqu'on oxyde la naphtaline $C^{12}H^8$, on obtient de l'acide phtalique $C^8H^6O^4$.

Comme pour la benzine les produits de substitution hydroxylés sont des phénols. Aucun de ces carbures ne peut donner d'alcools proprement dits, comme le font les homologues supérieurs de la benzine et, en général, tous les carbures à l'exception des carbures fondamentaux aromatiques.

La *naphtaline* $C^{10}H^8$ se trouve en grande quantité parmi les produits de la distillation de la houille qui passent à une température élevée. Ce carbure est en lames blanches, brillantes, fusibles à 79°. La naphtaline bout à 220° environ ; mais se sublime à une température inférieure. Elle est insoluble dans l'eau, soluble dans l'alcool bouillant et dans l'éther.

La naphtaline a quelquefois été employée dans le traitement des affections des bronches.

L'*anthracène* $C^{14}H^{10}$ se retire également du goudron de houille. Ce carbure entre en fusion à 213° et bout vers 370°. Grœbe et Libermann sont parvenus à transformer ce carbure en *alizarine*, matière colorante de la garance.

2ᵉ FAMILLE. — ALCOOLS.

§ 196. — ALCOOLS EN GÉNÉRAL.

a. Définition. — Nous avons vu que les alcools sont des hydrates de radicaux, qu'on a appelés radicaux d'alcools (V. § 185, p. 338). Aux radicaux d'alcools de valences différentes, correspondent des alcools de valences différentes.

Ainsi, par exemple, le radical C^2H^5 est monovalent ; en le saturant par de l'oxhydryle, on obtient un alcool monovalent C^2H^5. OH. C'est l'alcool ordinaire.

Le radical C^2H^4 est bivalent. Ses deux valences peuvent être satisfaites par deux oxhydryles. On obtient alors un alcool bivalent $C^2H^4(OH)^2$, le *glycol*. On peut rapprocher les formules C^2H^5OH et $C^2H^4(OH)^2$, des formules KOH et $Ba(OH)^2$ qui représentent les hydrates, la première d'un métal monovalent, la seconde d'un métal bivalent. Si l'on conçoit qu'au lieu de saturer le radical C^2H^4 par deux oxhydryles, on ne le combine qu'avec un seul résidu (OH), on obtient un radical monovalent (C^2H^4—OH.) Ce radical a reçu le nom d'*oxéthylène*. Il entre dans la constitution de plusieurs corps qui se trouvent dans l'organisme (V. *Névrine*).

Outre les alcools monovalents et les alcools bivalents ou *glycols*, il existe deux alcools trivalents dont le seul important est la glycérine ordinaire, deux alcools tétravalents. Enfin la mannite est un alcool hexavalent.

b. Fonction. — Les alcools jouissent tous de la propriété de se combiner avec les acides pour former des corps neutres qu'on appelle *éthers*. Un éther est un alcool dans lequel l'hydrogène de l'oxhydryle a été remplacé par un radical d'acide. Lorsqu'on fait agir directement un acide sur un alcool, il y a en même temps formation d'éther et formation d'eau par double décomposition. Ex. :

$$C^2H^5.OH \; + \; C^2H^3O.OH \; = \; C^2H^5.OC^2H^3O \; + \; H.OH$$

$$\underbrace{}_{\text{Alcool.}} \qquad \underbrace{}_{\text{Acide acétique.}} \qquad \underbrace{}_{\text{Éther acétique.}} \qquad \underbrace{}_{\text{Eau.}}$$

Il est facile de comprendre que les alcools monovalents dans la molécule desquels n'entre qu'un oxhydryle ne peuvent donner naissance qu'à une seule espèce d'éthers.

On dit que ces alcools sont *monacides,* comme on dit d'une base qu'elle est monacide lorsqu'elle ne renferme qu'un hydrogène remplaçable par un radical d'acide, ou d'un acide qu'il est monobasique lorsqu'il ne renferme qu'un hydrogène remplaçable par un métal.

Les alcools bivalents peuvent donner naissance à deux espèces d'éthers. On peut, par exemple, traiter le glycol ordinaire par une seule molécule d'acide :

$$C^2H^4{<}^{HO}_{HO} \; + \; C^2H^3O.OH \; = \; C^2H^4{<}^{OC^2H^3O}_{OH.} \; + \; HOH$$

$$\underbrace{}_{\text{Glycol.}} \qquad \underbrace{}_{\text{Acide acétique.}} \qquad \underbrace{}_{\substack{\text{Monoacétine} \\ \text{du glycol.}}} \qquad \underbrace{}_{\text{Eau.}}$$

On obtient dans ce cas la *monoacétine* du glycol, avec élimination d'une seule molécule d'eau. Le corps ainsi formé est un composé tenant à la fois des propriétés des éthers et de celles des alcools.

Mais si l'on traite le glycol par deux molécules d'acide acétique, on obtient un éther complet, la *diacétine* du glycol, avec élimination de deux molécules d'eau :

$$C^2H^4 {<}^{OH}_{OH} + {}^{C^2H^3O.OH}_{C^2H^3O.OH} = C^2H^4 {<}^{OC^2H^3O}_{OC^2H^3O} + {}^{H.OH}_{H.OH}$$

Glycol.   Acide acétique.   Diacétine.   Eau.
(2 mol.)   (2 mol.)

Les glycols sont donc des alcools biacides.

La glycérine, alcool triacide, donne naissance à trois espèces d'éthers, comme les formules suivantes le font comprendre :

$$C^3H^5 {<}^{OC^2H^3O}_{\substack{OH \\ OH}} \qquad C^3H^5 {<}^{OC^2H^3O}_{\substack{OC^2H^3O \\ OH}} \qquad C^3H^5 {<}^{OC^2H^3O}_{\substack{OC^2H^3O \\ OC^2H^3O}}$$

La mannite donne naissance à des éthers hexacides (mannite hexa-stéarique) avec élimination de six molécules d'eau.

c. Division. — Les alcools se divisent en alcools *primaires, secondaires* et *tertiaires*.

1° Considérons, par exemple, l'alcool éthylique C^2H^5, OH. On peut le regarder comme de l'alcool méthylique dans lequel un atome d'hydrogène est remplacé par le radical CH^3

$$\begin{array}{c} H \\ | \\ C{-}H \\ |\ \ ^{-}H, \\ OH \end{array} \qquad\qquad \begin{array}{c} CH^3 \\ | \\ C{-}H \\ |\ \ ^{-}H \\ OH \end{array}$$

Alcool méthylique.   Alcool éthylique.

Cette substitution d'un seul radical à un atome d'hydrogène de l'alcool méthylique a fait donner à ces alcools le nom d'alcools *primaires*.

Comme on le voit, il entre dans la molécule des alcools primaires *le groupement — (CH². OH) qui est caractéristique pour les alcools primaires*. Ces alcools jouissent de la propriété caractéristique de *donner des acides sous l'influence des agents d'oxydation*. Ex. :

$$\begin{array}{c} CH^3 \\ | \\ C{-}H \\ |\ \ ^{-}H \\ OH \end{array} + O^2 = H^2O + \begin{array}{c} CH^3 \\ | \\ C{=}O \\ | \\ OH \end{array}$$

Les deux atomes d'hydrogène du groupement CH^2OH sont, comme on le voit, remplacés par un atome d'oxygène bivalent. Le groupement — (CO.OH) qui résulte de cette substitution, est caractéristique pour les acides.

ENGEL. — Chimie méd.   21

Les alcools primaires sont les alcools le plus anciennement
et le mieux connus. Leurs propriétés générales seront étudiées
plus loin.

L'alcool propylique primaire a pour formule :

$$\begin{array}{c} C^2H^5 \\ | \\ C \begin{array}{l} -H \\ -H \end{array} \\ | \\ OH \end{array} = C^3H^7.OH.$$

Il résulte de la substitution du radical éthyle à un atome d'hydrogène de l'alcool méthylique et ainsi de suite.

2° Si dans l'alcool méthylique on remplace deux atomes d'hydrogène par deux radicaux alcooliques monovalents, on obtient
un alcool secondaire qui contient *le groupement* $= CH.OH$ *caractéristique pour les alcools secondaires.*

$$\begin{array}{c} H \\ | \\ C \begin{array}{l} -H \\ -OH \end{array} \\ | \\ H \end{array} \qquad\qquad \begin{array}{c} CH^3 \\ | \\ C \begin{array}{l} -H \\ -OH \end{array} \\ | \\ CH^3 \end{array}$$

Alcool   Alcool propylique
méthylique.   secondaire.

La propriété caractéristique des alcools secondaires est *de se
transformer sous l'influence des agents d'oxydation, non plus en un
acide, mais en une acétone.*

$$\begin{array}{c} CH^3 \\ | \\ C \begin{array}{l} -H \\ -OH \end{array} \\ | \\ CH^3 \end{array} + O = H^2O + \begin{array}{c} CH^3 \\ | \\ C = O \\ | \\ CH^3 \end{array}$$

Alcool propylique Oxygène.   Eau.   Acétone.
secondaire.

Les alcools secondaires ont été découverts par Friedel en soumettant l'acétone à l'action de l'hydrogène naissant :

$$\begin{array}{c} CH \\ | \\ C = O \\ | \\ CH^3 \end{array} + H^2 = \begin{array}{c} CH^3 \\ | \\ C \begin{array}{l} -H \\ -OH \end{array} \\ | \\ CH^3. \end{array}$$

3° Les alcools tertiaires résultent de la substitution de trois
radicaux alcooliques à trois atomes d'hydrogène de l'alcool méthylique.

$$
\begin{matrix}
& H & \\
& | & \\
H - & C & - OH \\
& | & \\
& H &
\end{matrix}
\qquad\qquad
\begin{matrix}
& CH^3 & \\
& | & \\
CH^3 - & C & - OH \\
& | & \\
& CH^3 &
\end{matrix}
$$

Alcool
méthylique.　　　　　Alcool
butylique tertiaire.

Les alcools tertiaires renferment le *groupement caractéristique* $\equiv (C - OH)$.

Ces alcools diffèrent des alcools primaires et des alcools secondaires, en ce que les agents d'oxydation ne les transforment plus, ni en acides renfermant le même nombre d'atomes de carbone que l'alcool, ni en acétones, mais détruisent leur molécule. Chacun de ces trois radicaux d'alcool s'oxyde isolément et donne un acide renfermant le même nombre d'atomes de carbone que lui. Un des radicaux, le plus simple s'il y en a plusieurs, reste uni au carbone auquel est fixé l'oxhydryle alcoolique et donne ainsi un acide ayant un atome de carbone de plus que lui.

Le premier terme de la série des alcools tertiaires a été obtenu par Boutlerow en faisant agir le zinc-méthyle sur le chlorure d'acétyle et saponifiant par l'eau le produit obtenu.

$$
\begin{matrix}
CH^3 \\ | \\ C \!=\! O \\ | \\ Cl
\end{matrix}
\; + \;
Zn\!\!<\!\!\begin{matrix} CH^3 \\ CH^3 \end{matrix}
\; = \;
ZnO
\; + \;
\begin{matrix}
CH^3 \\ | \\ C\!\!-\!\!\begin{matrix}CH^3\\CH^3\end{matrix} \\ | \\ Cl
\end{matrix}
$$

Chlorure
d'acétyle.　　Zinc-méthyle.　　Oxyde
de zinc.　　Chlorure
de l'alcool tertiaire.

$$
\begin{matrix}
CH^3 \\ | \\ C\!\!-\!\!\begin{matrix}CH^3\\CH^3\end{matrix} \\ | \\ Cl
\end{matrix}
\; + \;
HOH
\; = \;
HCl
\; + \;
\begin{matrix}
CH^3 \\ | \\ C\!\!-\!\!\begin{matrix}CH^3\\CH^3\end{matrix} \\ | \\ OH
\end{matrix}
$$

Chlorure
de l'alcool tertiaire.　　Eau.　　Acide
chlorhydrique.　　Alcool
butylique tertiaire.

Les autres alcools tertiaires s'obtiennent en remplaçant le chlorure d'acétyle par d'autres chlorures de radicaux d'acides.

Les alcools primaires, secondaires et tertiaires se divisent eux-mêmes en alcools *normaux* et en alcools non *normaux*, suivant qu'ils dérivent des hydrocarbures normaux ou non normaux. Ainsi les deux alcools :

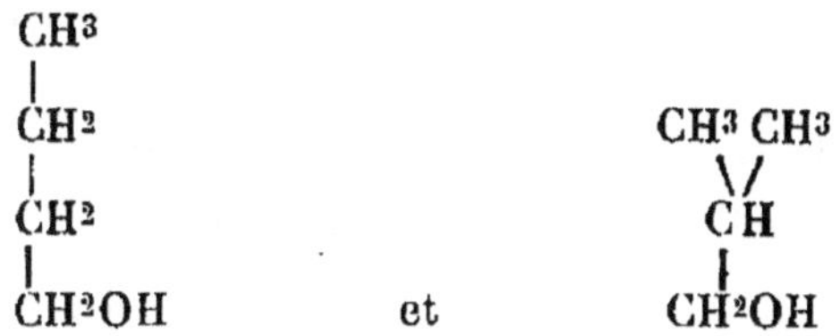

sont tous deux des alcools primaires. Mais le premier est l'alcool butylique primaire normal, le second l'alcool butylique primaire non normal, encore appelé alcool *isobutylique*. Ces deux alcools donnent tous deux un acide sous l'influence des agents d'oxydation ; mais l'alcool normal donne de l'acide butyrique normal, tandis que l'alcool non normal donne de l'acide butyrique non normal.

Enfin, les alcools polyacides peuvent être à la fois primaires, secondaires et tertiaires. On connaît, par exemple, des glycols deux fois primaire, des glycols primaire-secondaire, etc. Ex. :

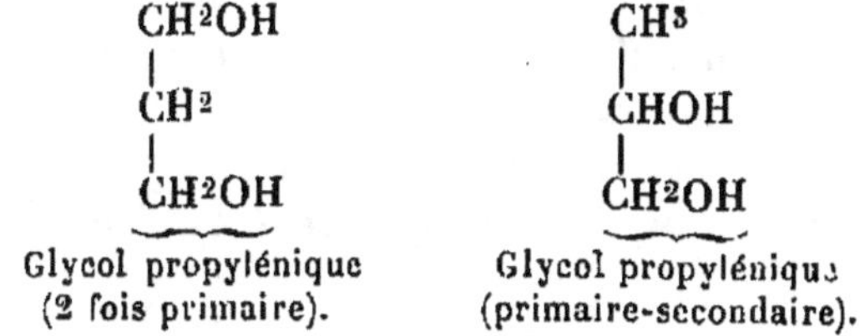

La glycérine est un alcool triacide deux fois primaire et une fois secondaire. Aussi ne connaît-on que deux acides trivalents correspondant à la glycérine, l'un monobasique et l'autre bibasique. Les formules suivantes montrent les relations de ces acides avec la glycérine.

CH²OH	COOH	COOH
CHOH	CHOH	CHOH
CH²OH	CH²OH	COOH
Glycérine.	Acide glycérique.	Acide tartronique.

§ 197. — ALCOOLS MONOACIDES EN GÉNÉRAL.

a. Procédés généraux de préparation. — On peut préparer synthétiquement les alcools en partant des carbures d'hydrogène :

1° *En traitant un carbure saturé par du chlore, il se forme de l'acide chlorhydrique et un chlorure de radical d'alcool qu'il suffit de saponifier (V. Ethers) pour obtenir l'alcool correspondant. Ex. :*

$$C^2H^5.H \quad + \quad Cl^2 \quad = \quad HCl \quad + \quad C^2H^5.Cl.$$

Hydrure d'éthyle.   Chlore.   Acide chlorhydrique.   Chlorure d'éthyle.

$$C^2H^5.Cl \quad + \quad K.OH \quad = \quad KCl \quad + \quad C^2H^5.OH$$

Chlorure d'éthyle.   Potasse.   Chlorure de potassium.   Alcool.

2° En traitant un carbure non saturé de la formule générale C^2H^{2n} par de l'acide chlorhydrique, on obtient encore un chlorure de radical d'alcool que l'on peut saponifier. Ex. :

$$C^2H^4 \quad + \quad H.Cl \quad = \quad C^2H^5.Cl.$$

$$C^2H^5.Cl \quad + \quad K.OH \quad = \quad K.Cl \quad + \quad C^2H^5.OH.$$

Ce procédé est de Berthelot. Wurtz a montré qu'à l'exception de l'alcool éthylique, les alcools obtenus par ce moyen sont des alcools secondaires.

On peut également obtenir les alcools par deux procédés, en partant des aldéhydes.

3° En traitant une aldéhyde par de la potasse alcoolique, il se forme en même temps l'acide et l'alcool qui correspondent à l'aldéhyde. Ex. :

$$2C^7H^5O.H \quad + \quad K.OH \quad = \quad C^7H^5OOK \quad + \quad C^7H^7.OH$$

Aldéhyde benzoïque.   Benzoate de potassium.   Alcool benzylique.

Mais on verra plus loin que la potasse résinifie certaines aldéhydes ; aussi ce procédé n'est-il applicable qu'aux aldéhydes de la série aromatique. En remplaçant la potasse par la chaux éteinte, on a pu étendre ce procédé aux aldéhydes de la série grasse.

4° On peut obtenir des alcools en fixant sur des aldéhydes de l'hydrogène naissant obtenu au moyen de l'amalgame de sodium et de l'eau.

$$C^2H^3O.H \quad + \quad H^2 \quad = \quad C^2H^5OH$$

Aldéhyde.   Hydrogène.   Alcool.

5° On obtient aussi des alcools en partant des amines. Lorsqu'on traite de l'ammoniaque par de l'acide azoteux, on obtient de l'eau et de l'azote ; *si au lieu d'ammoniaque on traite une amine par de l'acide azoteux, on obtient de l'eau, de l'alcool et de l'azote.* Les formules suivantes font saisir l'identité de ces réactions :

$$Az \underset{\backslash H}{\overset{/H}{\underset{|}{\longleftarrow H}}} + AzO.OH = \frac{H\backslash}{H/}O + \frac{H\backslash}{H/}O + Az^2$$

Ammoniaque.   Acide azoteux.   Eau,   Eau,   Azote.

$$Az \underset{\backslash H}{\overset{/C^2H^5}{\underset{|}{\longleftarrow H}}} + AzO.OH = \frac{H\backslash}{H/}O + \frac{C^2H^5\backslash}{H/}O + Az^2$$

Éthylamine.   Acide azoteux.   Eau.   Alcool.   Azote.

L'excès d'acide azoteux se combine avec l'alcool pour former un éther.

b. Propriétés. — 1° Sous l'influence des agents de déshydratation les alcools donnent naissance à un carbure d'hydrogène provenant d'une molécule d'alcool par perte d'une molécule d'eau, ou à un éther provenant de l'union de deux molécules d'alcool par perte de H^2O. Ex. :

$$C^2H^5.OH \quad - \quad H^2O \quad = \quad C^2H^4$$

Alcool éthylique.   Eau.   Éthylène.

$$\begin{matrix} C^2H^5.OH \\ C^2H^5.OH \end{matrix} \quad - \quad H^2O \quad = \quad \frac{C^2H^5}{C^2H^5}O$$

Alcool éthylique.   Eau.   Éther ordinaire.
(2 mol.)

2° Sous l'influence des agents d'oxydation les alcools primaires sont susceptibles de donner naissance d'abord à des aldéhydes, ensuite à des acides, et les alcools secondaires à des acétones. (V. § 96, p. 362.)

3° Le chlore, le brome, etc., ne se substituent pas à l'hydrogène du radical de l'alcool. Lorsqu'on fait agir le chlore sur l'alcool éthylique, il lui enlève d'abord deux atomes d'hydrogène, et se substitue ensuite aux hydrogènes restant du radical. Il en résulte une aldéhyde trichlorée, le chloral. Ex. :

$$C^2H^5.OH \quad + \quad 4Cl^2 \quad = \quad 5HCl \quad + \quad C^2Cl^3O.H$$

Alcool.   Chlore.   Acide   Chloral.
chlorhydrique.

4° Les métaux alcalins se substituent à l'hydrogène de l'oxhydryle de l'alcool. Ex. :

$$2\,C^2H^5.OH + Na^2 = 2C^2H^5.ONa + H^2.$$

5° Lorsqu'on fait agir les chlorures, bromures, iodures de phosphore sur l'alcool, ce dernier perd son oxhydryle auquel se substitue du chlore, du brome ou de l'iode. Il se forme ainsi un chlorure, un bromure ou un iodure du radical de l'alcool. Ex. :

$$C^2H^5OH \qquad\qquad Cl \qquad\qquad OH \qquad\qquad C^2H^5Cl$$
$$C^2H^5OH \;+\; PhO\,Cl \;=\; PhO\,OH \;+\; C^2H^5Cl$$
$$C^2H^5OH \qquad\qquad Cl \qquad\qquad OH \qquad\qquad C^2H^5Cl$$

Alcool. Oxychlorure Acide Chlorure
(3 mol.) de phosphore. phosphorique. d'éthyle. (3 mol.)

En traitant l'alcool par le perchlorure de phosphore, il y a d'abord formation d'oxychlorure, d'après la formule :

$$C^2H^5OH \;+\; PhCl^5 \;=\; C^2H^5Cl \;+\; PhOCl^3 \;+\; HCl$$

Alcool. Pentachlorure Chlorure Oxychlorure Acide
de phosphore. d'éthyle. de phosphore. chlorhydrique.

6° Lorsqu'on chauffe un acide avec un alcool, il se forme de l'eau et un éther (V. § 196, p. 360). Ex. :

$$C^2H^3O.OH \;+\; C^2H^5.OH \;=\; H.OH \;+\; C^2H^3O.OC^2H^5$$

Acide acétique. Alcool. Eau. Acétate d'éthyle.

Comme nous le verrons, les éthers sont décomposés par l'eau, comme certains sels ; il en résulte que l'action de l'acide sur l'alcool n'est pas complète. En effet, une partie de l'éther formé tend à se décomposer, sous l'influence de l'eau formée en même temps, en alcool et en acide, d'où résulte pour chaque température un état d'équilibre entre l'acide, l'alcool, l'éther et l'eau.

7° La potasse en fusion transforme les alcools en leur acide. Ex. :

$$C^2H^5.OH \;+\; K.OH \;=\; C^2H^3O.OK \;+\; 2H^2$$

Alcool. Potasse. Acétate de potassium. Hydrogène.

8° Enfin les alcools jouissent de la propriété de se combiner avec un grand nombre de sels pour former des combinaisons cristallines définies dans lesquelles l'alcool joue le même rôle que l'eau de cristallisation des sels. L'éther ordinaire $(C^2H^5)^2O$ se combine également avec certains sels, comme l'eau et l'alcool.

§ 198. — ALCOOLS POLYACIDES ET ALCOOLS CONDENSÉS.

Les alcools polyacides jouissent plusieurs fois de la fonction *alcool*, c'est-à-dire de la propriété caractéristique de pouvoir échanger l'hydrogène de leurs oxhydryles alcooliques contre un radical d'acide, pour former des éthers. Je ne décrirai pas, vu le petit nombre de ces alcools, leurs propriétés générales. Faire l'histoire, par exemple, des alcools triacides serait faire l'histoire de la glycérine. Je ne ferai qu'introduire ici une notion nouvelle, celle d'*alcool condensé*. Il suffira, pour faire saisir l'importance de l'étude des alcools condensés, de dire que le sucre de canne, le sucre de lait et toutes les matières amylacées appartiennent à cette classe de corps.

Lorsqu'à deux molécules d'alcool éthylique on enlève une molécule d'eau (V. § 197, p. 366), on obtient un corps nouveau, l'oxyde d'éthyle :

$$
\begin{matrix}
C^2H^5.OH \\
C^2H^5.OH
\end{matrix}
\quad - \quad H^2O \quad = \quad
\begin{matrix}
C^2H^5 \\
C^2H^5
\end{matrix} \!\!> O.
$$

Alcool.   Eau.   Éther ordinaire.
(2 mol.)   (Oxyde d'éthyle.)

Ce corps ne renferme plus d'oxhydryle, ce n'est plus un alcool. Il n'en est plus de même si nous enlevons une molécule d'eau à deux molécules de glycol :

$$
\begin{matrix}
CH^2OH \\
| \\
CH^2OH \\
\\
CH^2OH \\
| \\
CH^2OH
\end{matrix}
\quad - \quad H^2O \quad = \quad
\begin{matrix}
CH^2OH \\
| \\
CH^2 \\
\;\;\; \searrow \\
\;\;\; O \\
CH^2 \nearrow \\
| \\
CH^2OH
\end{matrix}
$$

Glycol. (2 mol.)   Glycol condensé.

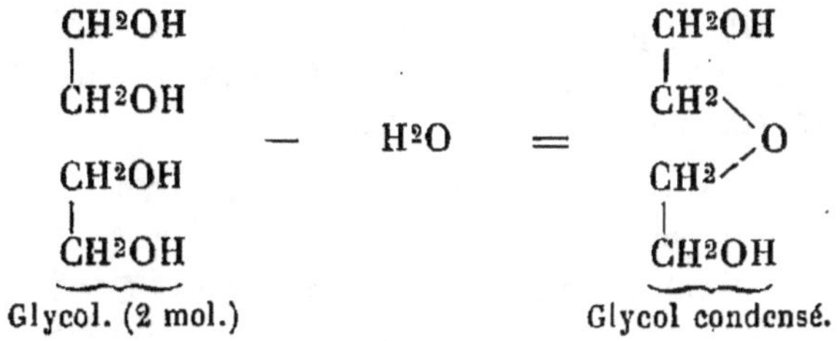

Nous avons ici un corps nouveau qui possède encore deux oxhydryles alcooliques et qui provient de la *condensation* de deux molécules de glycol en une seule, par la perte d'une molécule d'eau. C'est là un alcool condensé, un alcool *diglycolique*. Nous pourrons obtenir de même un alcool *triglycolique*, etc. Ce que nous venons de dire des glycols s'applique à la glycérine, au glucose.

Le tableau suivant suffira pour faire comprendre ces alcools condensés.

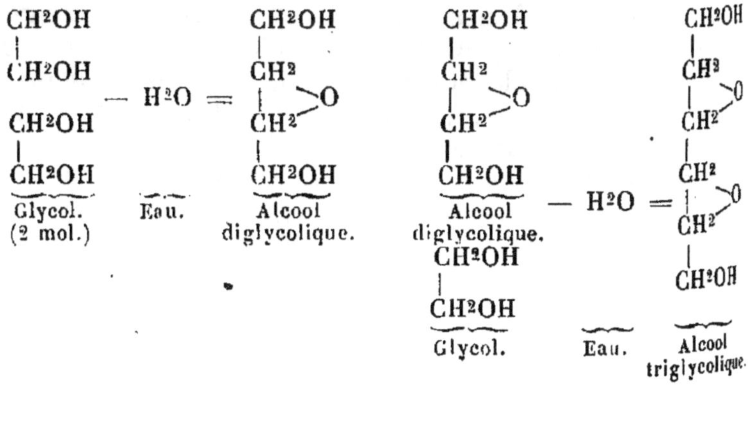

$$C^3H^5(OH,^3 \atop C^3H^5(OH)^3} - H^2O = {C^3H^5 \langle {-OH \atop O} \atop C^3H^5 \langle {OH \atop OH}}$$

Glycérine. (2 mol.) — Eau. — Alcool diglycérique.

$${C^3H^5 \langle {OH \atop O} \atop C^3H^5 \langle {OH \atop OH}}$$

Alcool diglycérique. $C^3H^5(OH)^3$ Glycérine. — Eau.

$$- H^2O = {C^3H^5 \langle {OH \atop OH} \atop O \atop C^3H^5 \langle {OH} \atop O \atop C^3H^5 \langle {OH \atop OH}}$$

Alcool triglycérique.

A chacun de ces alcools condensés, correspondent des anhydrides qui, pour les glucoses condensés, sont très-nombreux. Un premier anhydride dérive de ces alcools par la perte d'une molécule d'eau, un deuxième par la perte de deux molécules d'eau et ainsi de suite.

Un fait important, c'est que les premiers anhydrides, soit de l'alcool simple, soit des différents alcools condensés, sont des polymères les uns des autres. Ainsi, en formule brute,

$$\begin{aligned}
\text{le glucose est} \quad & C^6H^{12}O^6 \\
\text{son 1}^{er}\text{ anhydride sera} \quad & C^6H^{10}O^5 \\
\text{l'alcool diglucosique est} \quad & C^{12}H^{22}O^{11} \\
\text{son 1}^{er}\text{ anhydride sera} \quad & C^{12}H^{20}O^{10} = (C^6H^{10}O^5)^2 \\
\text{l'alcool triglucosique est} \quad & C^{18}H^{32}O^{16} \\
\text{son 1}^{er}\text{ anhydride sera} \quad & C^{18}H^{30}O^{15} = (C^6H^{10}O^5)^3.
\end{aligned}$$

Cette formule $C^6H^{10}O^5$ représente précisément le rapport qui existe entre les quantités de carbone, d'hydrogène et d'oxygène d'un grand nombre de corps, savoir : les matières amylacées, la dextrine, le glucogène, la cellulose, les gommes.

Ces différents corps ont-ils pour formule moléculaire des multiples différents de $C^6H^{10}O^5$? C'est ce qu'on ignore encore. Musculus ayant pu dédoubler, sous l'influence des agents d'hydratation, l'amidon en dextrine et en glucose, assigne à l'amidon la formule $(C^6H^{10}O^5)^3$. L'amidon serait donc le premier anhydride de l'alcool triglucosique. D'après le même auteur, la formule de la dextrine serait $(C^6H^{10}O^5)^2$. La dextrine serait donc le premier anhydride de l'alcool diglucosique.

Les formules qui représentent ces dédoublements sont :

$$(C^6H^{10}O^5)^3 + H^2O = (C^6H^{10}O^5)^2 + C^6H^{12}O^6$$

Amidon.   Eau.   Dextrine.   Glucose.

$$(C^6H^{10}O^5)^2 + 2H^2O = 2C^6H^{12}O^6$$

Dextrine.   Eau.   Glucose.

LISTE DES PRINCIPAUX ALCOOLS.

ALCOOLS MONOVALENTS PRIMAIRES — ALCOOLS BIVALENTS, TRIVALENTS, TÉTRAVALENTS

SÉRIES.	TERMES.	ALCOOLS	POINT d'ébullition.	ACIDES correspondant.
$C^nH^{2n+2}O$	1	Méthylique. (Esprit de bois.)	66°	Formique.
	2	Éthylique.	78°,4	Acétique.
	3	Propyliques.	97°	Propionique.
	4	Butyliques : normal Isobutylique.	117° 108°	Butyrique normal. Isobutyrique.
	5	Amyliques : normal Isoamylique.	137° 129-130°	Valérique normal ordinaire.
	6	Caproylique.	157°	Caproïque.
	8	Capryliques.	178°	Caprylique.
	16	Cétylique ou éthal.	Haute température.	Palmitique.
	27	Cérylique.	Se décompo-sent en partie par la distillation.	Cérotique.
	30	Myricique.		Mélissique.
$C^nH^{2n}O$	3	Allylique.	97°	Acrylique.
$C^nH^{2n-2}O$	10	Camphre de Bornéo.	212°	Camphique.
$C^nH^{2n-6}O$	7	Benzylique.	207°	Benzoïque.
$C^nH^{2n-8}O$	9 26	Cinnamique. Cholestérine.	350°	Cinnamique.
$C^nH^{2n+2}O^2$	2	Glycol éthylénique.	197°,5	Glycolique et Oxalique.
$C^nH^{2n+2}O^3$	3	Glycérine.	290°	Glycérique et Tartronique.
$C^nH^{2n+2}O^4$	4	Érythrite.	300° (avec décomposition partielle).	

Enfin parmi les alcools pentatomiques et hexatomiques, on range les matières sucrées et amylacées dont nous discuterons la constitution. (V. § 203.)

Cet alcool se trouve dans les produits de la distillation du bois. L'essence de *Gaultheria procumbens* est en grande partie constituée par du salycilate de méthyle.

L'alcool primaire a été découvert par Chancel parmi les produits de la fermentation alcoolique. L'alcool secondaire a été obtenu par Friedel en faisant agir l'hydrogène naissant sur l'acétone (V. § 196, p. 362).

C'est l'alcool isobutylique qu'on trouve parmi les produits de la fermentation alcoolique. Lieben a obtenu l'alcool normal en traitant suivant le procédé général (V. p. 365) l'aldéhyde butyrique par l'hydrogène naissant. On connait aussi les alcools butyliques secondaire et tertiaire.

L'alcool amylique non normal se trouve dans les produits de la fermentation alcoolique en plus grande quantité que les précédents. Aussi existe-t-il souvent dans les eaux-de-vie. On le caractérise en formant un de ses éthers, l'acétate d'amyle, qui a une odeur de poires. Cet éther est employé en parfumerie.

La théorie prévoit dix-sept alcools hexyliques. Le normal existe dans les produits de la fermentation alcoolique.

Sous l'influence de la potasse, l'acide ricinoléique se dédouble en *alcool caprylique secondaire* et en acide sébacique.

La majeure partie du blanc de baleine ou spermaceti est du *palmitate de cétyle*. Le blanc de baleine est la partie concrète d'une huile qui remplit les sinus crâniens des cétacés. Il entre dans la composition du cold-cream.

La cire de Chine (sécrétée par plusieurs espèces d'arbres à la suite de la piqûre d'un *Coccus*) est du *cérotate de céryle*.

La cire d'abeilles est un mélange de deux corps : un acide gras, l'acide cérotique, et un éther, le *palmitate de myricile*. On sépare ces deux corps par l'alcool qui dissout aisément l'acide cérotique, difficilement le palmitate de myricile qu'on nomme aussi *myricine*. La cire est la base des cérats.

Deux essences importantes renferment le radical allyle : l'essence d'ail, qui est du *sulfure d'allyle*, et l'essence de moutarde, qui est du *sulfocyanate d'allyle*.

Il s'extrait du *Dryobalanops camphora*. Le camphre ordinaire en est l'aldéhyde.

Existe à l'état d'éther cinnamique dans le baume du Pérou ou de Tolu. Ces baumes s'obtiennent en faisant bouillir avec l'eau l'écorce des *Myroxylon peruiferum* ou *toluiferum*.

Existe à l'état d'éther cinnamique dans le storax. Le storax est un baume qui provient du styrax officinalis.

On connait encore une autre glycérine, l'amylglycérine $C^5H^{12}O^3$.

L'acide tartrique semble être l'acide correspondant à l'érythrite.

Le premier anhydride du glucose a été nommé glucosane. La levulosanc est le premier anhydride d'un isomère du glucose, la lévulose.

§ 199. — **Alcool éthylique ou alcool ordinaire,**

$$C^2H^5 . OH.$$

a. État naturel ; emploi en médecine. — L'alcool, suivant Béchamp, existe normalement dans l'économie. Il se trouve même dans l'urine des personnes qui ne font aucun usage de boissons fermentées.

Le lait des herbivores renfermerait également de notables proportions d'alcool. Dans tous les cas, l'alcool se trouve dans le sang, les urines et dans différents viscères, notamment dans le foie et dans le cerveau, chez les individus atteints d'alcoolisme.

L'alcool est fréquemment employé en médecine, tant à l'intérieur qu'à l'extérieur.

En pharmacie, on l'emploie comme dissolvant et comme agent de conservation des matières organiques.

On appelle *alcoolés* ou teintures alcooliques, des médicaments liquides qui résultent de l'action dissolvante de l'alcool sur diverses substances ;

Alcoolatures, des teintures alcooliques préparées avec des plantes fraîches qui souvent perdent leurs propriétés par la dessiccation.

Alcoolats, les produits de la distillation de l'alcool sur des substances médicamenteuses.

b. Mode de formation ; fermentation. — Lorsqu'on abandonne à lui-même le moût de raisin ou le suc sucré d'autres fruits, on observe après un certain temps, une *effervescence* produite par le dégagement d'un gaz, l'anhydride carbonique. Au bout de quelques jours le dégagement de gaz cesse, le jus sucré a perdu sa douceur et renferme de l'alcool. En même temps, il se dépose une substance grise appelée la *levûre* qui, examinée au miscroscope, se présente sous forme d'un amas de cellules de 1/100 de m.m. de diamètre. Ces cellules, lorsqu'on les sème dans le jus sucré d'un fruit, se multiplient par bourgeonnement, en déterminant de nouveau la transformation du sucre en alcool avec dégagement d'anhydride carbonique.

On appelle *fermentation* (de *fervere*, bouillir) une réaction chimique dans laquelle une matière organique (matière fermentescible) se transforme sous l'influence d'un être organisé vivant, qui porte le nom de *ferment*.

La levûre est anaérobie (V. § 24, p. 96), c'est-à-dire qu'elle emprunte l'oxygène au sucre qu'elle détruit. La transformation du sucre ne se fait pas exclusivement sous l'influence de la levûre. Des cellules de nature très-diverses, lorsqu'elles cessent de pouvoir respirer aux dépens de l'oxygène libre, poursuivent leur vie en enlevant l'oxygène de matières oxygénées comme le sucre, et par suite les transforment en d'autres substances.

D'une façon générale, nous voyons les cellules des deux règnes s'accroître et se multiplier dans le même temps que se produisent les phénomènes de métamorphose chimique qu'elles provoquent. Nous pouvons donc envisager la cellule comme un ferment et son activité comme fermentation (Wundt).

La fermentation alcoolique est la production d'alcool et d'anhydride carbonique aux dépens du glucose ou d'autres matières sucrées sous l'influence de la levûre et sous celle d'autres cellules vivantes :

Cette production d'alcool a lieu d'après la formule :

$$C^6H^{12}O^6 \quad = \quad 2C^2H^5OH \quad + \quad 2CO^2 \quad \text{(Gay-Lussac)}.$$

$$\underbrace{\qquad}_{\text{Glucose.}} \qquad \underbrace{\qquad}_{\text{Alcool.}} \qquad \underbrace{\qquad}_{\substack{\text{Anhydride} \\ \text{carbonique.}}}$$

Cette équation, toutefois, n'est vraie que pour 95 p. 100 environ du glucose employé. *Pasteur*, le premier, constata que la quantité d'alcool produite par la fermentation était un peu inférieure à celle qu'indiquait la formule de *Gay-Lussac*, et la quantité d'anhydride carbonique un peu supérieure ; que, de plus, le déficit en alcool n'était pas comblé par l'anhydride carbonique en excès. D'autres substances encore existent, en effet, dans les produits de la fermentation : ce sont notamment la glycérine et l'acide succinique.

Enfin, en opérant sur de grandes masses de jus sucrés, on a trouvé de petites quantités d'alcools homologues de l'alcool éthylique, notamment les alcools propylique, butylique, amylique.

c. Préparation. — On prépare l'alcool en distillant des liquides fermentés tels que le vin, le jus de betteraves fermenté ou le produit de la fermentation du glucose obtenu par la saccharification de la fécule. Le point d'ébullition de l'alcool étant inférieur à celui de l'eau, l'alcool passe le premier à la distillation. Les appareils perfectionnés que possède l'industrie, permettent d'obtenir de l'alcool à 95° centésimaux par simple distillation. Pour obtenir l'alcool absolu, c'est-à-dire complètement privé d'eau, on laisse séjourner de l'alcool à 95° sur de la chaux pendant 24 heures, puis on distille. Ce produit lui-même retient encore quelques traces d'humidité qu'on lui enlève en le laissant séjourner pendant 24 heures sur de la baryte anhydre, dans un ballon bien bouché, et distillant ensuite.

d. Impuretés et purification. — L'eau ne doit pas être considérée comme une impureté de l'alcool. On n'emploie pas en pharmacie l'alcool absolu.

Lorsqu'un liquide ne renferme que de l'eau et de l'alcool, on peut déterminer avec une très-grande précision la richesse du mélange en alcool absolu, en prenant la densité à l'aide d'un aréomètre. Gay-Lussac a construit un aréomètre (aréomètre centésimal de Gay-Lussac) qui donne par une simple lecture la richesse en alcool d'un mélange d'eau et d'alcool.

L'alcool renferme souvent ces alcools homologues que nous avons vus se produire dans la fermentation alcoolique, des acides gras et par suite des éthers. Ces substances communiquent à l'alcool une odeur différente de celle de l'alcool pur.

Pour essayer un alcool, on constate d'abord sa neutralité, puis on en évapore une petite quantité à une douce température ; l'odeur franche de l'alcool ne doit pas changer depuis le commencement jusqu'à la fin de l'opération ; de plus, il ne doit rester aucun résidu. Enfin l'addition de l'eau ne doit ni troubler l'alcool, ni développer de saveur étrangère ou d'odeur désagréable.

On transforme l'alcool *mauvais goût* en alcool *bon goût* par la distillation sur du charbon qui le désinfecte, ou bien sur de la potasse. Celle-ci saponifie les éthers et fixe les acides. Quant aux alcools homologues de l'alcool éthylique, ils sont tous moins volatils que lui et la simple distillation suffit pour les éliminer.

En médecine on doit toujours préférer l'alcool de vin.

e. Propriétés physiques et chimiques. — L'alcool est un liquide incolore, d'une saveur brûlante qui diminue lorsqu'il est étendu d'eau, d'une odeur agréable. Son point d'ébullition est 78°,4, et sa densité 0,80625 à 0°. Il n'a pas été solidifié.

L'alcool se mêle à l'eau en toutes proportions avec dégagement de chaleur et contraction.

Il dissout les résines, les éthers, les essences, les alcaloïdes, quelques corps simples, tels que le brome, l'iode, le phosphore ; enfin, la potasse, la soude et quelques sels.

L'alcool est très-inflammable. Ses propriétés chimiques sont faciles à déduire de celles des alcools en général. Lorsqu'on traite l'alcool par l'acide sulfurique, on obtient, suivant les conditions de l'expérience, de l'acide sulfovinique, de l'éther ou du bicarbure d'hydrogène.

L'acide sulfovinique s'obtient lorsque la température du mélange ne dépasse pas 100°.

Si les proportions d'acide sulfurique et d'alcool sont telles que le mélange puisse être porté à 140° environ, soit une partie d'alcool pour deux d'acide sulfurique, on obtient de l'éther ordinaire.

Enfin, lorsqu'on mélange quatre parties d'acide sulfurique et une partie d'alcool, et qu'on humecte du sable avec ce mélange de façon à pouvoir élever davantage encore la température, on obtient du bicarbure d'hydrogène.

Il faut toujours verser l'acide sulfurique dans l'alcool, comme s'il s'agissait d'eau, car le mélange s'échauffe fortement.

f. Recherche et caractères. — Il est difficile de caractériser nettement de petites quantités d'alcool. Pour cela on distille les matières dans lesquelles on veut démontrer la présence de l'alcool (par exemple le contenu de l'estomac dans un cas de mort par ivresse). On rectifie le produit sur du carbonate de potassium, et on le soumet aux essais suivants :

1° On traite une portion du liquide distillé par un mélange de bichromate de potassium et d'acide sulfurique. En chauffant légèrement on obtient une coloration verte. (V. § 172.) Ce caractère est loin de suffire, car d'autres substances réduisent également le mélange de bichromate de potassium et d'acide sulfurique.

2° On ajoute à une deuxième portion du liquide distillé un peu de potasse et une quantité d'iode suffisante pour communiquer au liquide une teinte jaunâtre. Après quelque temps on obtient un précipité jaune cristallin qui, examiné au microscope, se compose de lamelles hexagonales. C'est de l'iodoforme. (V. ce mot.) [Réaction de l'iodoforme (Lieben).] Cette réaction a lieu également avec d'autres corps que l'alcool.

3° Enfin, on traite une dernière portion de la liqueur à caractériser par un peu d'acide sulfurique concentré et une à deux gouttes d'acide butyrique. Même à froid, il se produit du butyrate d'éthyle reconnaissable à son odeur d'ananas. Cette odeur devient surtout nette par l'addition d'un peu d'eau qui sépare l'éther formé.

g. Physiologie. — L'alcool coagule l'albumine et par suite le sang. Injecté dans les veines, il tue rapidement. Pris à l'intérieur en certaine quantité, il produit l'ivresse et quelquefois la mort avec les lésions de l'asphyxie. On a préconisé l'ammoniaque contre l'ivresse. L'alcool est éliminé en partie par les poumons, en partie par l'urine ; enfin une partie est brûlée.

§ 200. — **Vins.**

Les vins proviennent de la fermentation du moût de raisin.
L'alcool en est certainement la substance la plus importante.
Mais beaucoup d'autres corps entrent encore avec l'eau et l'alcool
dans la composition du vin. Les uns préexistaient dans le moût;
les autres ne se trouvent dans le vin que par suite de la fermentation. Parmi les premiers, il faut citer comme les plus importants : des matières albuminoïdes, les acides malique et tartrique libres, du tartrate acide de potassium, des sulfates et des
chlorures alcalins (potassium et sodium), des sels ammonia-

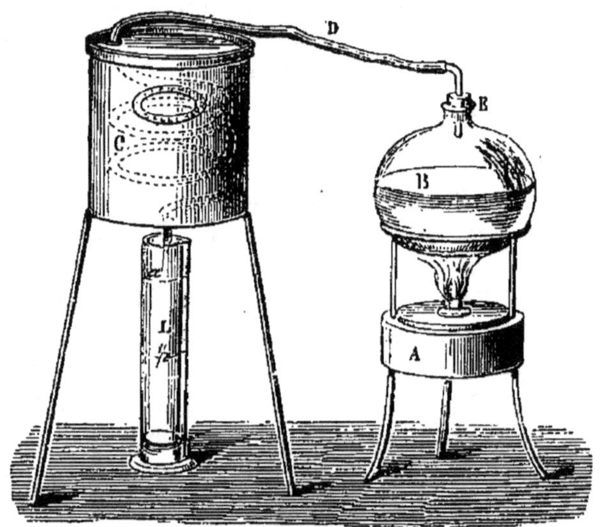

Fig. 49. — Appareil de Salleron.

caux ; parmi les seconds, la matière colorante qui se trouvait
dans la pellicule des grains et qui a été dissoute par l'alcool
formé pendant la fermentation, du tannin provenant de la grappe
et du pépin, de la glycérine, de l'acide succinique, des éthers,
notamment l'éther œnanthique auquel on attribue surtout le
bouquet du vin.

Il est souvent important de déterminer le titre alcoolique d'un
vin. On se sert pour cela de l'alcoomètre centésimal de Gay-
Lussac après avoir préalablement distillé le vin pour le débarrasser des matières salines qu'il contient. Salleron a construit à
cet effet un petit appareil distillatoire très-commode, dont la
figure 49 fait aisément comprendre la disposition. L'éprouvette

est remplie de vin jusqu'au trait *a*. Le vin ainsi mesuré est introduit dans le ballon de verre B. On rince l'éprouvette et on ajoute l'eau de lavage au vin ; puis on distille. Le liquide distillé est recueilli dans la même éprouvette. On pousse la distillation jusqu'à ce que l'on ait recueilli environ la moitié du volume du vin employé, c'est-à-dire jusqu'à ce que le liquide affleure au trait $\frac{1}{2}$. On est sûr alors que tout l'alcool a distillé. On remplit l'éprouvette jusqu'en *a* d'eau distillée. On a ainsi un volume de liquide égal au volume du vin employé. On note, à l'aide d'un thermomètre et d'un alcoomètre joints à l'appareil, la température et la richesse alcoolique du liquide et on fait les corrections de température à l'aide de tables.

On peut encore se servir du *liquomètre de Musculus et Valson*. Cet appareil est fondé sur ce fait que l'ascension de l'alcool dans un tube capillaire est moindre que celle de l'eau dans le même tube. Il se compose d'un tube capillaire gradué dans lequel le vin s'élève d'autant moins qu'il est plus alcoolique. Les corrections se font à l'aide de tables.

TITRES ALCOOLIQUES DES

Vins......................	7 à 15 p. 100.
Cidres	2 à 7 —
Bières.................	1 à 8 —
Eaux-de-vie	30 à 50 —

Analyse des vins. — Les vins sont souvent sophistiqués. La fraude principale à laquelle on soumet les vins consiste à les colorer artificiellement dans le but de les étendre d'eau sans changer leur teinte.

On reconnaît le *mouillage* en déterminant le poids du résidu sec du vin. Pour cela on soumet une certaine quantité de vin à la dessiccation à 100° pendant environ 4 heures. Les vins laissent en général un résidu de 22 p. 1000.

Les principales matières colorantes qu'on ajoute aux vins sont : la fuchsine, la cochenille, le campêche, les baies de sureau, la rose trémière, le coquelicot. Plusieurs de ces matières colorantes peuvent être décelées dans les vins avec beaucoup de précision.

Fuchsine. — Pour rechercher la présence de la fuchsine dans un vin, on évapore à moitié une certaine quantité de vin (100 centimètres cubes environ), *puis* on ajoute au liquide refroidi quelques gouttes d'ammoniaque de manière à dépasser la saturation. On agite avec de l'éther, on décante la solution éthérée et on l'évapore doucement dans une capsule en ajoutant un morceau de laine blanche. Celle-ci est colorée en rouge ou en rose si le vin est fuchsiné.

Cochenille. — Un excellent procédé pour la détermination des matières colorantes employées pour falsifier les vins, et notamment de la cochenille et du campêche, a été donné par G. Chancel.

Le principe de la méthode suivie par G. Chancel repose sur l'emploi du sous-acétate de plomb qui précipite la cochenille et le campêche et ne précipite pas la fuchsine. On isole cette dernière substance en agitant le liquide filtré, acidulé par de l'acide acétique, avec de l'alcool amylique.

A 10 centimètres cubes de vin on ajoute 3 centimètres cubes environ d'une solution de sous-acétate de plomb au 1/20e; on chauffe, on filtre et on lave le précipité avec de l'eau chaude. Le précipité est ensuite traité sur le filtre même par une solution de carbonate de potassium à 2 p. 100 qu'on fait repasser à plusieurs reprises sur le précipité. Celui-ci cède au réactif la cochenille; le campêche est retenu sur le précipité. On acidule la liqueur filtrée par de l'acide sulfurique, puis on agite avec de l'alcool amylique qui enlève la cochenille. La solution amylique se prête aisément à l'examen spectral. Le spectre de la cochenille est interrompu par deux bandes obscures situées l'une dans le jaune verdâtre (entre les raies D et E), la seconde dans le vert; une troisième bande, moins acccusée, se montre dans le bleu.

Campêche. — On chauffe quelques centimètres cubes de vin avec un peu de carbonate de potassium, on ajoute une ou deux gouttes d'eau de chaux, et l'on filtre. Le liquide filtré est jaune verdâtre si le vin est naturel; il prend une belle coloration rouge s'il renferme du campêche et présente alors le spectre d'absorption de cette matière colorante.

Baies de sureau, rose trémière, coquelicot. — La présence de ces matières colorantes dans les vins est très difficile à démontrer.

La matière colorante rouge d'un vin présente des caractères qui sont communs à d'autres matières colorantes végétales.

Du vin naturel se colore en vert lorsqu'on le neutralise par l'ammoniaque et qu'on y ajoute du sulfure ammonique. Lorsque la coloration obtenue dans ces conditions est violette ou rouge, on peut affirmer la présence d'une matière colorante étrangère. Mais la coloration verte ne prouve pas l'absence de ces matières.

Lorsqu'on traite du vin rouge par une dissolution saturée à 15° de borax, il se colore en gris. Une coloration rouge ou lilas permet d'affirmer la présence d'une matière colorante étrangère au vin. (*Moitessier.*)

§ 201. — **Cholestérine**.

$$C^{26}H^{44}O.$$

a. État naturel. — 1° *Économie animale*. A l'état physiologique, la cholestérine se trouve en solution dans la bile de l'homme et dans celle de presque tous les animaux. Elle existe également dans le plasma sanguin et dans presque tous les autres liquides de l'organisme. Les globules sanguins en renferment aussi. On ne la trouve pas normalement dans les urines ; mais les fèces en contiennent, ainsi que le méconium. Enfin, elle se trouve en quantité notable dans le cerveau et dans les nerfs. Elle existe dans le jaune d'œuf.

On trouve pathologiquement la cholestérine dans les vieux épanchements, dans les liquides des kystes (hydrocèle, kystes de l'ovaire, etc.), dans les tuniques des artères athéromateuses, dans le pus, dans les masses tuberculeuses, le cancer. Dans certains cas pathologiques, notamment dans la dégénérescence graisseuse des reins, l'urine en renferme. Des cristaux de cholestérine dans l'humeur vitrée sont la cause de la maladie connue sous le nom de *synchisis étincelant*. Mais c'est surtout dans les calculs biliaires, que la cholestérine existe en grande quantité. Quelques-uns de ces calculs sont presque exclusivement formés par de la cholestérine.

2° *Économie végétale*. Jusque dans ces derniers temps on croyait que l'organisme animal seul renfermait de la cholestérine. Il n'en est rien. L'huile d'olive, le maïs, les pois, les haricots, les lentilles en contiennent aussi.

b. Préparation. — On extrait la cholestérine des calculs biliaires. Pour cela, on pulvérise ces calculs et on les traite par l'alcool bouillant qui dissout la cholestérine. On filtre à chaud et on laisse cristalliser par le refroidissement. On reprend alors la masse cristallisée par une solution alcoolique de potasse et on fait bouillir pour dissoudre les acides gras qui peuvent la souiller. On fait de nouveau cristalliser, puis on lave la masse à l'alcool froid et à l'eau. Enfin, on la redissout dans l'alcool éthéré et on laisse cristalliser par évaporation spontanée.

c. Propriétés. 1° PHYSIQUES. — La cholestérine est un corps solide, blanc, inodore, gras au toucher. Elle cristallise en lames rhomboïdales très-minces. Les angles de ces lames sont souvent brisés irrégulièrement (V. *fig.* 50 et 51). Ces cristaux renferment une molécule d'eau de cristallisation. Lorsqu'on dissout la cholestérine dans l'éther, le chloroforme ou la benzine exempts d'eau, on obtient des aiguilles fines, brillantes et anhydres. La cholestérine fond à 137°. Elle distille dans le vide à 360°. Elle est insoluble dans l'eau, les acides étendus, les alcalis même concentrés. L'alcool froid ne la dissout pas ; mais l'alcool bouillant, l'éther, le chloroforme, la benzine, les huiles, la dissolvent aisément. Elle est encore soluble, mais moins que dans les liquides précédents, dans la solution des sels des acides biliaires et dans une dissolution de savon. La cholestérine dévie à gauche le plan de polarisation ; son pouvoir rotatoire est de 32°.

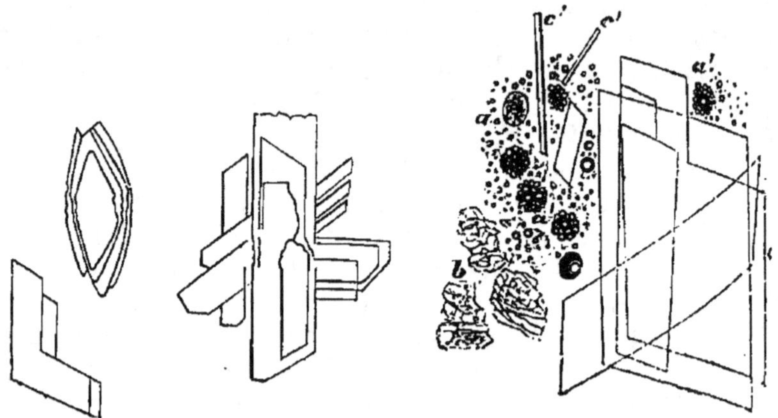

Fig. 50. — Cristaux de cholestérine.   Fig. 51. — Cristaux de cholestérine.

2° CHIMIQUES. La cholestérine se comporte comme un alcool, ainsi que l'a montré Berthelot. En effet, les agents de déshydratation, l'acide sulfurique par exemple, enlèvent à la cholestérine, comme aux alcools en général, une molécule d'eau, et l'on obtient plusieurs carbures isomères ayant pour formule $C^{26}H^{42}$ et auxquels on a donné le nom de *cholestérilènes*. L'acide phosphorique agit de même. Mais les carbures obtenus (*cholestérones*) diffèrent des précédents par leurs propriétés physiques.

En chauffant ce corps avec des acides dans des tubes scellés, ainsi que l'a fait Berthelot, on obtient des éthers. Ces éthers saponifiés régénèrent l'acide et la cholestérine qui leur avaient donné naissance.

Les agents d'oxydation ne donnent pas, par leur action sur la cholestérine, l'acide $C^{26}H^{42}O^2$. L'acide azotique, par exemple, oxyde la cholestérine et donne naissance à de l'acide acétique, à des homologues de cet acide et à un acide $C^8H^{10}O^5$ qui est l'acide cholestérique.

La cholestérine semble donc être un alcool tertiaire.

d. Recherche et caractères. — Pour démontrer dans un tissu ou dans un liquide la présence de la cholestérine, on traite ce tissu ou ce liquide par l'éther qui en extrait la cholestérine. On filtre et on évapore. Le résidu est traité par une solution de potasse dans l'alcool et le tout porté à l'ébullition dans le but de saponifier les graisses extraites avec la cholestérine par l'éther. On évapore à nouveau. La masse est mise alors dans l'eau et agitée avec de l'éther qui enlève la cholestérine à l'eau et laisse en solution dans ce liquide les produits de la saponification des graisses. On décante l'éther et on évapore. On obtient ainsi la cholestérine qu'il est facile de caractériser par l'examen microscopique et par les deux réactions suivantes :

1° Lorsqu'on traite un cristal de cholestérine par l'acide sulfurique concentré et qu'on ajoute au mélange un peu de chloroforme, on obtient une coloration rouge. Cette coloration finit par disparaître à l'air, après avoir passé par le bleu et le vert. Elle disparaît rapidement par l'addition d'un peu d'eau.

2° Lorsqu'on ajoute à un peu de cholestérine une goutte d'acide azotique et qu'on évapore à siccité à une douce chaleur, on obtient une tache jaune qui devient rouge par l'addition d'un peu d'ammoniaque. Il faut avoir soin de ne pas trop chauffer.

e. Physiologie. — 1° ORIGINE. On ne sait pas encore avec précision aux dépens de quelle substance se forme la cholestérine.

a) On a soutenu que la cholestérine provient d'une combustion incomplète des matières grasses. Il suffit, pour faire tomber cette théorie, de remarquer que la cholestérine est moins oxygénée que les corps gras et que par conséquent elle ne saurait être un produit de leur oxydation.

b) D'après un mémoire d'Austin Flint, la cholestérine serait le produit de la désassimilation de la substance cérébrale et dériverait de la lécithine . Pour prouver cette manière de voir, Flint a fait une série d'expériences ; mais ces expériences sont peu probantes.

En effet, Flint n'opère pas sur des quantités de sang constamment les mêmes, et il rapporte à 1000 parties de sang la cholestérine trouvée. Il multiplie donc l'erreur. Supposons qu'en pesant sa cholestérine il commette (et il est impossible qu'il en soit autrement) une erreur de 0,^{gr}0001. Lorsqu'il opère sur un gramme de sang, l'erreur pour 1000 grammes sera 0,1 ; lorsqu'au contraire la quantité de sang dans laquelle il recherche la cholestérine est 10 grammes, l'erreur ne sera plus pour 1000 que 0,01. Aussi chaque fois que, dans les chiffres cités par Flint, la quantité de sang analysée est faible, la quantité de cholestérine trouvée est forte. Ainsi, par exemple, Flint analyse le sang de la jugulaire interne chez trois chiens ; voici les chiffres qu'il donne:

Quantité de sang analysée.	Cholestérine p. 1000.
8,733	0,801
6,338	0,947
1,293	1,545

Que peut-on dès lors conclure des expériences de Flint lorsque, pour prouver que la cholestérine provient de la désassimilation de la substance cérébrale, il compare les quantités de cette substance contenues dans le sang de la carotide et dans celui de la jugulaire interne, et pour cela analyse les quantités de sang suivantes :

	Sang de la carotide.	Sang de la jugulaire.
1re exp.	11,628	8,733
2e exp.	9,306	1,293
3e exp.	9,126	6,338

On voit que la quantité de sang analysée est toujours inférieure lorsqu'il s'agit de la jugulaire, il n'est donc pas étonnant que la quantité de cholestérine trouvée dans le sang de cette veine soit plus forte que celle trouvée dans le sang de l'artère.

Enfin Flint a fait des expériences sur le sang veineux provenant d'un membre paralysé, il n'y a pas trouvé trace de cholestérine. Comment expliquer que ce sang ne renfermait même pas la quantité de cholestérine que contient normalement le sang artériel qui pénètre dans le membre ?

Les conclusions de Flint méritaient d'être discutées, car elles sont admises dans la plupart des ouvrages de physiologie.

c) Enfin, pour Mialhe la cholestérine dérive des matières albuminoïdes par oxydation incomplète. L'observation nous permet, en effet, d'affirmer que *chaque fois que les phénomènes d'oxydation sont ralentis soit dans l'organisme tout entier, soit dans un organe, il y a accumulation de cholestérine dans l'organisme ou dans cet organe.*

Ainsi, les calculs de cholestérine sont fréquents chez les vieillards, les femmes, les personnes dont la vie est sédentaire. L'emprisonnement est également une cause prédisposante des calculs biliaires. Il y a augmentation de cholestérine dans les fèces pendant l'hibernation des animaux, la respiration étant alors très-peu énergique. Enfin, on sait depuis longtemps qu'il y a coïncidence entre la goutte et les calculs biliaires.

2° ÉTAT. — La cholestérine est en solution dans le sang et dans la bile. Nous savons, en effet, que ce corps est soluble dans les corps gras, les solutions de savon et les solutions des sels des acides biliaires.

3° ÉLIMINATION. — L'élimination de la cholestérine se fait par le foie. La cholestérine arrive dans l'intestin avec la bile et de là est rejetée hors de l'organisme avec les fèces.

D'après Schultze, le suint de mouton renfermerait, à côté de la cholestérine, un isomère de ce corps, l'*iso-cholestérine*. L'existence de cet isomère de la cholestérine n'est pas prouvée d'une manière suffisante.

§ 202. — Glycérine.

$$C^3H^5(OH)^3.$$

Découvert par Scheele. — *Poids moléculaire : 92.*

a. État naturel; emploi en médecine. — La glycérine n'existe pas à l'état de liberté dans l'organisme. Certains auteurs (Hoppe-Seyler), toutefois, prétendent qu'il s'en forme de petites quantités dans l'intestin grêle par l'action du suc pancréatique sur les corps gras, qui sont des éthers de la glycérine.

Les vins en renferment de petites quantités et lui doivent en partie leur saveur sucrée.

La glycérine est employée en médecine; on s'en sert dans le pansement des plaies. Mais c'est surtout comme véhicule des substances actives qu'on emploie la glycérine. Sa solubilité dans l'eau lui donne sur les cérats, les pommades, etc., le grand avantage de pouvoir être enlevée par lavages. On nomme *glycérés* ou *glycérolés* les médicaments obtenus à l'aide de la glycérine lorsqu'ils sont liquides ; on les nomme *glycérats* lorsqu'ils ont la consistance d'une pommade.

La glycérine enfin sert encore à la conservation des substances organiques.

b. Préparation. — On prépare la glycérine par la saponification des corps gras au moyen de l'oxyde de plomb et de l'eau. Il se forme un savon de plomb insoluble (V. *Savons*) et la glycérine reste en dissolution dans l'eau. Elle tient alors en solution un peu d'oxyde de plomb. On fait passer dans le liquide un courant d'hydrogène sulfuré qui précipite le plomb à l'état de sulfure ; on filtre et l'on évapore à consistance sirupeuse.

On obtient aussi la glycérine, comme résidu, dans la fabrication des bougies stéariques. Dans cette fabrication, la saponification se fait par la chaux.

Enfin, dans l'industrie, on saponifie encore les corps gras par la vapeur d'eau surchauffée. La vapeur d'eau entraîne la glycérine et les acides gras qui, par le refroidissement, se prennent en masse et peuvent alors être séparés de la glycérine restée en solution (1).

c. Impuretés; purification. — Suivant son origine, la glycérine peut renfermer du plomb ou de la chaux. Pour qu'une glycérine puisse être employée en pharmacie, elle doit être inodore, incolore, neutre au papier de tournesol, ne doit précipiter ni par l'oxalate d'ammonium (chaux), ni changer de couleur sous l'influence du sulfure ammonique (plomb). Enfin, chauffée fortement sur une lame de platine, elle ne doit laisser aucun résidu.

On peut purifier la glycérine, en la distillant dans un courant de vapeur d'eau.

d. Propriétés. — La glycérine est un liquide épais, incolore, inodore, d'une saveur sucrée. Elle est soluble dans l'eau et dans l'alcool. Elle dissout elle-même un grand nombre de substances. Elle est neutre aux papiers réactifs. Elle distille dans le vide vers 290°. Lorsqu'elle est parfaitement sèche, elle se prend sous l'influence d'un froid prolongé, en une masse cristalline fusible à 17°.

Par oxydation ménagée, la glycérine donne un acide monobasique, l'acide glycérique (V. § 196, p. 364.)

Traitée par les acides, elle donne des éthers. Les déshydratants, tels que l'anhydride phosphorique, le disulfate de potassium, la transforment en une aldéhyde, l'*acroléine*.

Ce corps est l'aldéhyde de l'acide acrylique, qui lui-même correspond à l'alcool allylique.

$$C^3H^5.(OH)^3 \; - \; 2H^2O \; = \; C^3H^3O.H$$

| Glycérine. | Eau. | Acroléine. |

L'acroléine est un liquide très-volatil, d'une odeur forte et suffocante ; elle provoque le larmoiement. C'est ce corps qui prend naissance toutes les fois que l'on chauffe fortement la glycérine ou bien des corps gras.

Lorsqu'on fait agir sur la glycérine un mélange d'acide azotique et d'acide sulfurique, il se forme de la nitroglycérine qui se sépare lorsqu'on verse le mélange dans l'eau. La nitroglycé-

(1) La glycérine ainsi préparée est plus pure que la glycérine obtenue par la saponification à l'aide des oxydes métalliques. Elle porte le nom de glycérine anglaise.

rine est de la glycérine dans laquelle trois atomes d'hydrogène ont été remplacés par trois groupements (AzO^2).

$$C^3H^8O^3 \quad + \quad 3AzO^3H \quad = \quad C^3H^5O^3(AzO^2)^3 \quad + \quad 3H^2O$$

Glycérine.   Acide azotique.   Nitroglycérine.   Eau.

La nitroglycérine est une huile incolore, jaune, plus lourde que l'eau et insoluble dans ce liquide. Elle est toxique et occasionne de violentes migraines lorsqu'on respire ses vapeurs. Elle détone violemment, quelquefois spontanément. Mêlée à des poudres inertes (silice, alumine), elle est moins dangereuse à manier et constitue la *dynamite*.

§ 203. — GLUCOSES EN GÉNÉRAL.

Constitution. — En dissolvant la manne, suc concret sécrété par le *Fraxinus ornus*, dans l'alcool, filtrant et laissant refroidir, on obtient un corps blanc, cristallisé, ayant une saveur sucrée, soluble dans l'eau, auquel on a donné le nom de *mannite* et qui a pour formule $C^6H^{14}O^6$.

Chauffée avec des acides, la mannite donne naissance à des éthers et fonctionne comme alcool hexavalent.

Sous le nom de *glucoses*, on réunit un certain nombre de corps sucrés ayant pour formule $C^6H^{12}O^6$ c'est-à-dire renfermant deux atomes d'hydrogène de moins que la mannite. Leur constitution est encore mal connue.

On peut envisager ces corps ou bien comme des alcools non saturés isologues de la mannite, ou bien comme des aldéhydes fonctionnant encore comme alcools pentavalents. Les travaux de Fittig et ceux de Schützenberger justifient cette dernière manière de voir. L'inosite, toutefois, paraît être un alcool hexacide non saturé. Les raisons qui font considérer les glucoses comme des aldéhydes sont les suivantes :

1° Les glucoses et la mannite donnent par oxydation un acide bibasique, l'acide saccharique ou son isomère l'acide mucique. Il est difficile de comprendre la formation de cet acide par oxydation des glucoses, si l'on considère ces corps comme alcools hexavalents ; au contraire, les glucoses considérés comme aldéhydes, peuvent être représentés par la formule :

$$\begin{array}{c} COH \\ | \\ (CHOH)^4 \\ | \\ CH^2OH \end{array}$$

La formule de la mannite étant :

$$CH^2OH$$
$$|$$
$$(CHOH)^4$$
$$|$$
$$CH^2OH$$

Ces formules font aisément comprendre la possibilité d'obtenir par oxydation et de la mannite et du glucose un acide bibasique

$$COOH$$
$$|$$
$$(CHOH)^4$$
$$|$$
$$COOH$$

qui est l'acide saccharique.

L'oxydation de l'inosite ne donne pas lieu à la production d'acide saccharique, mais bien à celle d'acide oxalique.

2° Le glucose ne donne pas, avec les acides, d'éthers hexacides. Colley (1) a pu obtenir un éther pentacide du glucose, et Schützenberger, un éther octacétique du saccharose qui représente l'alcool diglucosique. Ces faits prouvent que le glucose doit être considéré comme un alcool pentavalent.

L'inosite au contraire peut être transformé en éther hexacétrique, et par suite fonctionne comme alcool hexavalent.

3° On sait qu'en oxydant un alcool on obtient une aldéhyde; on n'a jamais obtenu ainsi d'alcool moins saturé. Or, Gorup-Besanez, en oxydant la mannite, a obtenu un glucose, la mannitose, d'après la formule :

$$\underbrace{\begin{array}{c} CH^2OH \\ | \\ (CH\,OH)^4 \\ | \\ CH^2OH \end{array}}_{\text{Mannite.}} + \underbrace{O}_{\text{Oxygène.}} = \underbrace{H^2O}_{\text{Eau.}} + \underbrace{\begin{array}{c} CO\,H \\ | \\ (CH\,OH)^4 \\ | \\ CH^2OH \end{array}}_{\text{Glucose.}}$$

On n'a jamais obtenu d'inosite d'une façon analogue.

4° Enfin d'autres propriétés séparent encore les glucoses proprement dits de l'inosite. Les glucoses réduisent la liqueur cupropotassique (V. § 204, p. 390), l'inosite ne la réduit pas. Les glucoses fermentent alcooliquement sous l'influence de la levûre de bière ; l'inosite ne subit pas cette fermentation.

____

(1) *Compt. rend.*, t. LXX, 401.

Ces différences de propriétés entre les glucoses proprement dits et l'inosite, la propriété qu'ont certains glucoses de donner sous l'influence des agents d'oxydation non plus de l'acide saccharique, mais un isomère de cet acide, l'acide mucique, enfin le pouvoir rotatoire, permettent de diviser les principaux corps ayant pour formule $C^6H^{12}O^6$, comme il est indiqué dans le tableau ci-joint :

Corps fermentant alcooliquement sous l'influence de la levûre de bière et réduisant le tartrate cupro-potassique.	Donnant par oxydation de l'acide saccharique.	Dextrogyres..	Glucose. Sucre musculaire.
		Lévogyres...	Chondroglycose. Levulose.
		Inactifs......	Mannitose.
	de l'acide mucique.	Dextrogyre..	Galactose.
Corps ne fermentant pas alcooliquement et ne réduisant pas le tartrate cupro-potassique,	....		Inosite.

§ 204. — Glucose.

Synonymie : Sucre de raisin, sucre de diabète.

a. État naturel. — Le glucose est abondamment répandu dans le règne végétal. Beaucoup de fruits en renferment; le miel, qui provient des matières sucrées puisées par les abeilles dans le nectaire des fleurs, n'est autre chose qu'un mélange de glucose, de lévulose et de saccharose.

On rencontre également le glucose dans l'organisme animal.

A l'état normal, on le trouve dans le foie, dans le contenu de l'intestin grêle et dans le chyle après l'ingestion d'aliments sucrés ou amylacés. Il existe normalement dans le sang, dans l'urine du fœtus pendant toute la vie intra-utérine, dans les liquides amniotique et allantoïdien des herbivores, dans l'œuf (blanc et jaune). On a aussi signalé l'existence de petites quantités de glucose dans l'urine des femmes enceintes, des femmes en couches, des nourrices, surtout immédiatement après le sevrage. Enfin, d'après certains auteurs, l'urine normale renferme presque toujours de petites quantités de glucose.

Mais ce n'est que dans des cas pathologiques, dans le diabète, que le sucre apparaît en grande quantité dans les urines ; alors la salive, la sueur et presque tous les liquides de l'organisme en renferment.

b. Modes de production. — Le glucose se produit dans plusieurs circonstances importantes ; on l'obtient en traitant par les acides étendus ou par certains ferments : 1° *le sucre de canne* (V. § 210), 2° *l'amidon, la dextrine, le glucogène, la cellulose, la tunicine* (V. ces mots), 3° *les glucosides* (V. *Éthers*).

c. Extraction et préparation. — Pour extraire le glucose de l'urine des diabétiques, on concentre l'urine au bain-marie jusqu'à consistance sirupeuse ; puis on l'abandonne à la cristallisation. Après quelques jours, quelquefois seulement après plusieurs semaines, le tout se prend en une masse cristalline. On lave alors ces cristaux à l'alcool froid pour enlever l'urée et les matières extractives, puis on les dissout dans l'alcool bouillant, on filtre à chaud et on abandonne le liquide filtré. Par le refroidissement, le glucose cristallise. On répète cette opération plusieurs fois pour avoir le glucose pur. Lorsque le glucose existe en petite quantité dans l'urine, il se combine avec le chlorure de sodium, et au lieu de glucose, il se dépose après l'évaporation des cristaux de la combinaison de glucose et de chlorure de sodium.

Dans l'industrie, on obtient le glucose en saccharifiant l'amidon. Pour cela, on traite l'amidon par un peu d'acide sulfurique étendu et on chauffe le mélange, au moyen d'un courant de vapeur d'eau, jusqu'à ce que l'iode ne colore plus en bleu une petite portion du liquide (V. *Car. de l'amidon*). On neutralise alors l'acide par le carbonate de calcium, on filtre, on évapore à consistance sirupeuse et on fait cristalliser.

d. Propriétés. 1° Physiques. — Le glucose est un corps blanc, inodore, d'une saveur sucrée. Il cristallise sous forme de petites masses constituées par la réunion de lamelles rhomboïdales (V. fig. 52). Ces cristaux renferment une molécule d'eau de cristallisation qu'ils perdent à 80 ou 90° après avoir subi la fusion aqueuse. Le glucose anhydre constitue une masse jaune très épaisse. On obtient aussi le glucose en cristaux anhydres lorsqu'on le dissout dans de l'alcool à 95° bouillant et qu'on laisse refroidir. Ces cristaux se présentent sous forme d'aiguilles.

Le glucose est soluble dans l'eau, qui en dissout presque son poids à 17°. Toutefois la solubilité du glucose dans l'eau est trois fois moindre que celle du sucre de canne. Sa solution est aussi environ trois fois moins sucrée que celle de ce sucre à égale concentration ; c'est-à-dire qu'il faudrait dissoudre dans une même quantité d'eau une partie de sucre de canne et trois parties de glucose pour avoir deux solutions également sucrées. Lorsqu'on évapore une solution aqueuse de glucose, la masse prend d'abord l'état sirupeux, et la cristallisation ne se fait souvent qu'après un temps assez long.

Le glucose est assez soluble dans l'alcool faible bouillant; il est moins soluble dans l'alcool froid, et est complètement insoluble dans l'éther. L'alcool absolu n'en dissout aussi que de très-petites quantités.

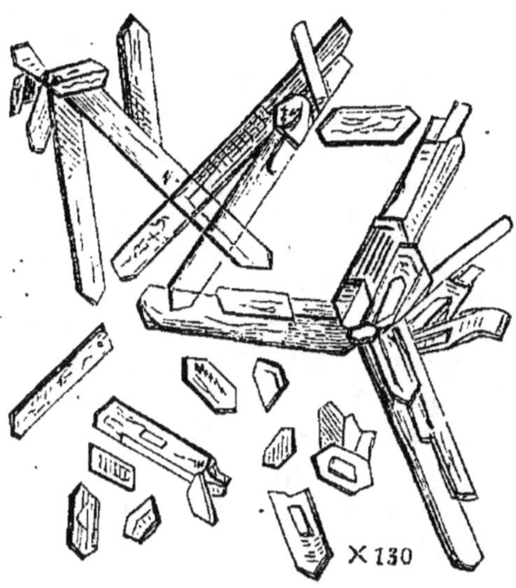

Fig. 52. — Glucose cristallisé.

Le glucose jouit du pouvoir rotatoire et est dextrogyre. Son pouvoir rotatoire spécifique est + 56° pour la teinte de passage. Une solution récemment préparée de glucose cristallisé possède un pouvoir rotatoire beaucoup plus considérable au début; mais le pouvoir diminue peu à peu à froid, rapidement à chaud pour s'arrêter à $\alpha = + 56°$.

2° CHIMIQUES. — Lorsqu'on chauffe le glucose à 170° environ, il perd de l'eau et se transforme en glucosane.

$$C^6H^{12}O^6 \quad = \quad H^2O \quad + \quad C^6H^{10}O^5$$

Glucose.   Eau.   Glucosane.

A une température plus élevée, le glucose se convertit en caramel et enfin se décompose. — L'acide azotique étendu transforme, sous l'influence de la chaleur, le glucose en acide saccharique et en acide oxalique. Les acides butyrique, acétique, etc., chauffés avec du glucose, s'y combinent avec élimination d'eau et forment de véritables éthers du glucose; ce sont les glucosides. — La solution de glucose dissout certaines bases,

22.

par exemple : la potasse, la chaux, la baryte, l'oxyde de cuivre, en formant de véritables combinaisons.

Le glucosate de potassium est soluble dans l'eau, insoluble dans l'alcool. On le prépare en mélangeant une solution alcoolique de glucose avec une solution alcoolique de potasse. La combinaison se précipite en flocons blancs.

Le glucosate de plomb est insoluble dans l'eau. On le prépare en traitant le glucose par de l'acétate basique de plomb, puis par l'ammoniaque. L'acétate de plomb basique ne précipite pas le glucose sans l'addition d'ammoniaque.

La plupart de ces glucosates sont instables et se détruisent soit à l'ébullition, soit même, à la longue, à froid.

Le glucose forme également une combinaison cristalline avec le chlorure de sodium. La composition de ce corps est représentée par la formule ($C^6H^{12}O^6 + NaCl + H^2O$).

Le glucose jouit de propriétés réductrices considérables. Ce sont ces propriétés qui servent surtout à le caractériser, comme nous allons le voir.

En solution dans l'eau et additionné de levure de bière, il subit la fermentation alcoolique. (V. § 199.)

Mis en contact avec des matières azotées (lait caillé, fromage), le glucose subit la fermentation lactique ou la fermentation butyrique.

Enfin dans l'urine diabétique, le glucose se transforme en acide lactique et en acide acétique. Il y a en même temps formation de traces d'autres acides gras volatils.

e. Caractères et recherche. — Pour caractériser le glucose, on peut employer les procédés suivants : 1° on constate le pouvoir dextrogyre de la solution.

2° Lorsqu'on traite une solution de glucose par une lessive de potasse ou par un peu de chaux éteinte et qu'on chauffe, la liqueur se colore en jaune, puis en rouge-brun.

3° *Réaction de Mülder.* Lorsqu'on verse dans une solution de glucose un peu d'une solution d'indigo rendue alcaline par du carbonate de sodium, la liqueur devient d'abord pourpre, puis jaune lorsqu'on la chauffe. Par agitation au contact de l'air, elle repasse au bleu pour se décolorer de nouveau par le repos. Ce sont là deux phénomènes, l'un de réduction, l'autre d'oxydation, qui se suivent.

4° *Réaction de Trommer.* Lorsqu'on traite une solution de glucose par un peu de potasse et qu'on ajoute quelques gouttes de sulfate de cuivre étendu, il ne se forme pas de précipité, ou, s'il s'en forme un, il se redissout immédiatement (car nous avons vu que le glucose dissout l'oxyde de cuivre), mais le liquide devient d'un beau bleu. Si l'on chauffe ce liquide dans un tube à essai, il jaunit, puis peu à peu il se forme un précipité d'oxyde cuivreux rouge. Le glucose réduit, à l'état de protoxyde, le bioxyde qu'il avait dissous, en même temps que l'oxygène mis en liberté oxyde le glucose. Cette réduction se fait, même à froid, après un certain temps.

Il faut avoir soin de ne pas mettre trop de sulfate de cuivre. En effet, si ce corps se trouvait en excès par rapport au glucose, la potasse en précipiterait, à l'ébullition, de l'oxyde cuivrique noir qui masquerait la réaction.

5° *Procédés de Bareswill et de Fehling.* Bareswill a modifié le procédé de Trommer en réunissant la potasse et le sulfate de cuivre que Trommer faisait agir séparément. Pour obtenir un liquide limpide, il faut ajouter du tartrate de potassium au sulfate de cuivre. La potasse alors n'y forme plus de précipité. Fehling a substitué la soude à la potasse dans le réactif de Bareswil et a obtenu ainsi un réactif moins altérable. Nous verrons, à propos du dosage du glucose, comment on le prépare. Il faut le conserver à l'abri de la lumière solaire ; car sous l'influence des rayons chimiques du spectre solaire, il se fait une réduction spontanée. Pour se servir du tartrate cupro-potassique, on le chauffe d'abord dans un tube à essai pour s'assurer qu'il ne se fait pas de réduction spontanée, puis on ajoute quelques gouttes d'une solution de glucose et on ne tarde pas à voir l'oxyde cuivreux se précipiter.

Le glucose réduit également l'azotate d'argent ammoniacal et le chlorure d'or.

6° La fermentation peut servir à caractériser le glucose. Pour cela, on fait passer, à l'aide d'une pipette recourbée, la solution de glucose additionnée d'un peu de levûre de bière bien lavée dans un tube à essai rempli de mercure et retourné dans une petite cuve à mercure. On abandonne le tout à une température d'environ 30°. Il se fait alors un dégagement de gaz, Lorsque tout dégagement a cessé, on fait passer sous l'éprouvette un peu de potasse caustique qui absorbe l'anhydride carbonique formé. On constate ainsi que le gaz est bien de l'anhydride carbonique.

Nous venons de citer un grand nombre de réactions du glucose ; mais il s'en faut que toutes ces réactions considérées isolément soient caractéristiques. La plupart d'entre elles ne sont que des phénomènes de réduction, et un grand nombre de substances jouissent de propriétés réductrices. On n'est certain de la présence du glucose, dans un cas tout à fait général, que lorsque le corps considéré jouit en même temps des propriétés réductrices et des deux propriétés plus caractéristiques, de tourner à droite le plan de la lumière polarisée et de subir la fermentation alcoolique.

Jusqu'à présent nous avons considéré le cas où l'on a une solution de glucose pur. Lorsqu'on veut rechercher la présence du glucose dans un liquide de l'organisme, il n'en est jamais ainsi. Dans ce cas, il faut sinon complètement isoler le glucose, du moins le séparer des substances qui pourraient gêner l'action des réactifs.

Parmi ces substances, il faut citer en première ligne l'albumine. Ce corps nuit dans presque toutes les réactions que nous avons citées. Il tourne à gauche le plan de la lumière polarisée; il empêche la précipitation de l'oxyde cuivreux dans les réactions de Trommer, de Bareswill et de Fehling. Il en est de même de la créatine, de l'ammoniaque et en général des corps qui, sous l'action de la potasse à chaud, donnent de l'ammoniaque. En effet, l'ammoniaque dissout de petites quantités d'oxyde cuivreux ; on sait qu'elle dissout aisément l'oxyde cuivrique. Lorsqu'on cherche à opérer la réduction de la liqueur de Fehling par le glucose en présence d'un de ces corps, la liqueur se décolore, mais il ne se forme pas de précipité. — Enfin lorsqu'on veut faire l'épreuve de la fermentation, l'albumine gêne dans certaines conditions, notamment lorsqu'il s'agit de l'urine. Celle-ci entre facilement en putréfaction dans ces conditions, ce qui donne naissance à un dégagement de gaz.

Aussi est-il indispensable de se débarrasser de l'albumine. On y arrive en neutralisant le liquide, s'il est alcalin, par quelques gouttes d'acide acétique, faisant bouillir et filtrant. (V. *Albumine.*)

D'autres substances, outre l'albumine, gênent dans la recherche du sucre. L'un des réactifs les plus employés, tant pour la simple constatation de la présence du glucose que pour son dosage, la liqueur de Fehling, est réduit non-seulement par le glucose, mais encore par la leucine, l'allantoïne, la créatine, la créatinine, l'acide urique, le mucus. Il importe donc, après avoir constaté la réduction de la liqueur de Fehling, en opérant comme nous l'avons indiqué, de faire, dans les cas douteux, une deuxième épreuve qui consiste à traiter un peu du liquide dans lequel on cherche le glucose par la liqueur de Fehling et d'abandonner le mélange sans le chauffer. Le glucose réduit la solution cuivrique à froid après un certain temps (24 heures suffisent), tandis que la plupart des substances qui agissent comme le glucose à chaud, ne réduisent plus la liqueur de Fehling à froid.

f. Dosage. — Le dosage du glucose peut se faire : 1° par fermentation ; 2° par réduction à l'aide de la liqueur de Fehling ; 3° par la méthode optique qu'on décrit en physique.

a) Pour doser le glucose par fermentation, on se sert du petit appareil représenté par la figure 53. Dans le ballon A, on introduit un poids donné de la substance dans laquelle on veut doser le glucose. On y ajoute un peu de levure de bière sèche et on abandonne le tout pendant vingt-quatre ou quarante-huit heures dans un endroit chaud. L'opération est terminée, lorsqu'il n'y a plus de dégagement de gaz. Le gaz qui se dégage est obligé de traverser le ballon B où il se dessèche en barbotant dans de

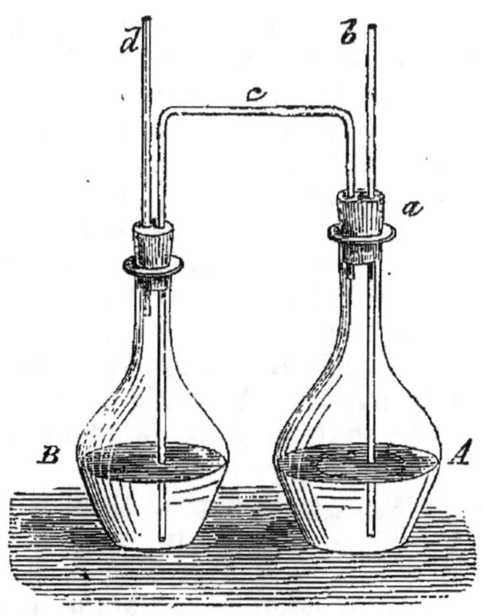

Fig. 53. — Dosage du glucose par fermentation.

l'acide sulfurique. On pèse l'appareil au début et à la fin de l'opération, après avoir aspiré un peu d'air par le tube *d* de manière à déplacer l'anhydride carbonique qui se trouvait emprisonné dans l'appareil. La perte de poids indique la quantité d'anhydride carbonique qui s'est dégagée. Or, d'après la formule de Gay-Lussac (V. § 198, p. 373), 48,89 d'anhydride carbonique correspondent à 100 de glucose. Le procédé que nous venons d'indiquer sommairement n'est pas très-rigoureux. Nous savons en effet que la formule de Gay-Lussac n'est pas exacte ; d'autres produits se forment toujours en même temps que l'anhydride carbonique et de l'alcol. On n'obtient que 47 d'anhydride carbonique pour 100 de glucose.

b) La méthode de dosage du glucose par la liqueur de Fehling repose sur ce fait, qu'une molécule de glucose précipite le cuivre de 10 molécules de sulfate de cuivre. On prépare une liqueur cupro-potassique, titrée en dissolvant d'une part 34^{gr},65 de sulfate de cuivre cristallisé, parfaitement pur, dans environ 200 grammes d'eau, d'autre part, 173 grammes de tartrate de potassium également pur dans 500 ou 600 grammes de lessive de soude caustique d'un poids spécifique de 1,12 ; on ajoute la solution de sulfate de cuivre à la solution de tartrate de potassium et on étend à un litre avec de l'eau distillée : 10 centimètres cubes de cette solution sont exactement réduits, par 0^{gr},05 de glucose.

Pour doser le glucose au moyen de la liqueur titrée de Fehling, on introduit 10 centimètres cubes de la liqueur cupro-potassique titrée dans un petit ballon, on y ajoute environ 40 centimètres cubes d'eau et on porte le tout à l'ébullition, puis on y ajoute, jusqu'à décoloration complète, le liquide dans lequel on veut doser le glucose et qu'on a préalablement mis dans une burette graduée. (Si ce liquide est trop concentré, on l'étend préalablement à un titre connu.) Pour bien saisir la fin de la réaction, il convient de laisser déposer l'oxyde cuivreux, ce qui se fait d'autant plus vite qu'on est plus près de la décoloration complète. On saisit alors très bien la moindre coloration bleue du liquide surnageant. Pendant toute l'opération, il faut maintenir le liquide contenu dans le ballon près de son point d'ébullition.

A la fin de l'opération, on pourra s'assurer que tout le cuivre a été précipité en filtrant à chaud (pour éviter que, par l'accès de l'air, un peu d'oxyde cuivreux ne se redissolve) un peu du liquide contenu dans le ballon, acidulant le liquide filtré par un peu d'acide chlorhydrique, et le traitant par l'hydrogène sulfuré qui ne devra pas noircir la liqueur. En chauffant une seconde portion de la liqueur filtrée avec un peu de liqueur de Fehling, on s'assurera qu'on n'a pas ajouté un trop grand excès de glucose.

Le nombre de centimètres cubes de la liqueur sucrée qu'il a fallu employer pour arriver à la précipitation complète de la liqueur de Fehling, renfermera 0^{gr},05 de glucose ; on calculera aisément combien 100 centimètres cubes de solution renfermeront de glucose.

g. Physiologie. — L'origine du sucre dans l'organisme est double, comme l'a montré Cl. Bernard ; l'une de ces origines est extrinsèque et accidentelle, l'autre intrinsèque et constante. Le glucose, en effet, provient d'une part de l'alimentation, soit par la digestion des matières féculentes, soit par celle des matières sucrées proprement dites (saccharose, glucose, lactose). D'autre part, le foie est une source constante de glucose. Nous verrons plus loin que le glucose n'est pas directement produit par le foie, mais provient d'une véritable matière amylacée qui prend naissance dans le foie, *le glucogène.*

Le glucose se trouve a l'état de solution dans l'organisme. Quant à son élimination, elle ne se fait pas en nature à l'état normal. Le glucose provenant des aliments se transforme en partie dans l'intestin, par fermentation, en acides lactique et butyrique. Après l'ingestion de matières féculentes, le duodénum et l'iléon ont en effet une réaction acide et on y trouve de l'acide lactique ; dans le cœcum et le gros intestin on trouve encore de l'acide lactique, mais surtout de l'acide butyrique. Une autre partie du glucose est absorbée et se détruit alors rapidément dans le sang; il en est de même du glucose provenant du foie. Le glucose qu'on injecte dans le sang est en effet détruit assez rapidement pour ne pas passer dans les urines. Ce n'est que lorsque la quantité de glucose est relativement très élevée dans le sang 0,4 p. 100, que le sucre commence à passer dans l'urine. Les produits de destruction sont l'eau et l'anhydride carbonique. Les expériences de Regnault et celles de Pettenkofer prouvent que, lorsque l'alimentation devient plus riche en féculents, la quantité d'anhydride carbonique exhalée devient également plus grande.

Mais dans cette oxydation y a-t-il des termes intermédiaires? Les avis des physiologistes sont partagés. Pour les uns (Gorup-Besanez), l'oxydation se ferait sans termes intermédiaires en eau et en anhydride carbonique, grâce aux alcalis du sang ; pour les autres (Bouchardat, Robin et Verdeil, Cl. Bernard), le glucose se transformerait dans l'organisme en acide lactique ou (Blondeau) en alcool par fermentation ; Cl. Bernard base son opinion sur le fait suivant. La lévulose se détruit plus rapidement que le glucose sous l'influence des alcalis, moins rapidement sous l'influence des ferments. Si donc on donne à des animaux de la saccharose qui se dédouble, comme nous le verrons (§ 209), en parties égales de glucose et de lévulose avant d'être absorbé, le glucose devra dominer dans le sang si la destruction s'y fait grâce aux alcalis, la lévulose, si la destruction se fait par fermentation. Or le polarimètre indique toujours un excès de lévulose. En donnant d'assez fortes quantités de saccharose, la lévulose passera dans les urines en beaucoup plus grande quantité que le glucose.

Ainsi donc, le glucose de l'organisme provient de l'alimentation et du dédoublement de la matière glucogène ; il est à l'état de solution dans l'économie et est détruit par fermentation.

§ 205. — Sucre musculaire.

Meissner a extrait des muscles un glucose qui jouit des propriétés réductrices du glucose ordinaire. Mais ce corps est encore trop mal connu pour qu'on puisse en faire avec Meissner une espèce à part. Il semble se transformer dans les muscles en acide lactique.

§ 206. — Lévulose.

$$C^6H^{12}O^6.$$

a. État naturel. — La lévulose est un glucose qui jouit de la propriété de tourner à gauche le plan de la lumière polarisée.

Elle se trouve mêlée au glucose dans le miel, certains fruits et dans le sucre interverti.

b. Préparation. — Pour l'isoler du glucose ordinaire avec lequel elle est mélangée dans la plupart des cas, on fait fermenter le mélange de glucose et de lévulose ; le glucose est détruit en premier lieu et l'on obtient la lévulose en arrêtant à temps l'opération. On peut aussi triturer le mélange de glucose et de lévulose avec de l'eau et une certaine quantité de chaux éteinte.

La masse devient bientôt pâteuse par suite de la formation de lévulosate de calcium peu soluble. Le glucosate de calcium reste au contraire en dissolution. On exprime fortement le mélange avec une bonne presse et l'on décompose la partie solide, mise en suspension dans l'eau, par de l'acide oxalique qui précipite le calcium à l'état d'oxalate de calcium insoluble. On filtre la solution et l'on évapore. — Enfin, on obtient de la lévulose pure en traitant à chaud, par l'acide sulfurique étendu, de l'inuline qui est à la lévulose ce que l'amidon est au glucose.

c. Propriétés. — La lévulose est sirupeuse, incristallisable. Son pouvoir rotatoire est égal à — 106° à 15° ; mais il diminue par l'élévation de la température. A -+- 90° il n'est plus que de — 53°. La lévulose est plus altérable que la glucose sous l'influence des acides et de la chaleur ; mais résiste mieux à l'action des ferments et des alcalis.

On a signalé dans les muscles un sucre lévogyre (Meissner), et d'après Neubauer l'urine renfermerait, dans certains cas, un glucose lévogyre et incristallisable, qui semble n'apparaître dans l'urine qu'après l'ingestion de grandes quantités de sucre de canne.

§ 207. — **Chondroglucose**.

Bödecker a obtenu un glucose particulier en faisant bouillir la chondrine avec de l'acide chlorhydrique. Ce corps se forme également par l'action du suc gastrique sur la chondrine. On lui a donné le nom de *chondroglucose*. Ce sucre est incristallisable, réduit le tartrate cupro-potassique, dévie à gauche la lumière polarisée. Enfin, ce sucre éprouve difficilement la fermentation alcoolique. D'après de Bary, il en resterait toujours une partie non décomposée.

§ 208. — **Inosite**.

$$C^6H^{12}O^6.$$

a. **État naturel**. — L'inosite se trouve normalement dans l'organisme. Elle existe dans le sérum des muscles, notamment dans celui du cœur, dans le foie, la rate, les poumons, le pancréas, le cerveau. Le rein surtout en renferme de grandes quantités.

On l'a rencontrée dans l'urine, dans un grand nombre de cas pathologiques, notamment dans le diabète, où quelquefois elle se substitue au glucose (*inosurie*), dans l'albuminurie, et plus souvent encore dans la polyurie. Mais il s'en faut que l'inosite existe constamment dans l'urine des malades atteints de l'une ou de l'autre de ces affections. Gallois ne l'a trouvée que 5 fois seulement chez 30 diabétiques, 2 fois dans 15 cas d'albuminurie. Il est des états pathologiques dans lesquels on n'a trouvé l'inosite qu'une ou deux fois. Dans ces cas, il est possible qu'il n'y ait que coïncidence entre la présence de l'inosite et l'état pathologique. On l'a rencontrée quelquefois dans les urines, après la lésion du plancher du 4e ventricule chez les animaux, lésion qui, comme l'a montré Cl. Bernard, produit la glycosurie : enfin les muscles volontaires des ivrognes semblent en renfermer de notables quantités.

L'inosite se trouve également dans l'organisme végétal. Vohl l'a retirée des haricots verts et l'avait nommée *phaséomannite*. On l'a également trouvée dans les pois avant la maturité, les lentilles vertes, le jus de raisin, le vin, etc.

b. **Extraction**. — On l'extrait en même temps que plusieurs autres substances, de la viande et du tissu des glandes. (V. *Créatine.*)

c. Propriétés. 1° Physiques. — L'inosite est un corps solide blanc, d'une saveur sucrée. Elle cristallise en tables rhomboïdales contenant deux molécules d'eau de cristallisation. Ces cristaux s'effleurissent dans l'air sec, et perdent leur eau à 100°. A 210°, l'inosite entre en fusion, et, par le refroidissement, se prend en une masse de petits cristaux en aiguilles. Elle est soluble dans l'eau froide, peu soluble dans l'alcool fort, surtout à froid, insoluble dans l'alcool absolu et l'éther. L'inosite n'exerce aucune action sur la lumière polarisée.

2° Chimiques. — L'acide nitrique la transforme en un éther, l'inosite hexanitrique. Les acides chlorhydrique et sulfurique étendus sont sans action sur l'inosite, même à l'ébullition.

L'acétate neutre de plomb ne précipite pas l'inosite ; mais le sous-acétate la précipite. Le précipité ne semble pas avoir de composition constante.

Enfin, l'inosite ne subit pas la fermentation alcoolique, mais sous l'influence des matières animales en putréfaction elle subit, comme le glucose, les fermentations lactique et butyrique.

d. Caractères. — 1° *L'inosite ne jouit pas des propriétés réductrices du glucose.* Elle ne brunit pas par la potasse, ne précipite pas d'oxyde cuivreux de la liqueur de Fehling.

Fig. 54. — Cristaux d'inosite.

2° *Réaction de Schérer.* En évaporant un peu d'inosite avec quelques gouttes d'acide azotique, traitant le résidu par de l'ammoniaque et un peu de chlorure de calcium et évaporant de nouveau, on voit se produire une belle coloration rose.

3° *Réaction de Gallois.* Lorsqu'on traite un peu d'une solution d'inosite par une goutte d'azotate de bioxyde de mercure, il se forme un précipité jaunâtre. En le chauffant avec précaution, on obtient un résidu d'abord jaune-blanchâtre, puis rouge plus ou moins foncé. La coloration disparaît par le refroidissement pour reparaître de nouveau sous l'influence d'une chaleur modérée.

e. Physiologie. 1° Origine. — Quoique l'inosite se trouve dans les plantes et par conséquent pénètre dans l'organisme avec les aliments, sa formation dans l'économie, aux dépens des matières albuminoïdes ne semble pas douteuse, vu le nombre d'organes dans lesquels on la rencontre.

2° État. — L'inosite paraît exister à l'état de simple solution dans les liquides de l'économie.

3° Élimination. — Quant à son élimination, l'inosite ne se

trouvant normalement dans aucune excrétion, doit nécessairement subir des modifications ultérieures dans l'organisme. Les
produits ultimes de décomposition sont, comme pour le glucose,
l'eau et l'anhydride carbonique. Mais pour l'inosite, comme
pour le glucose, on ne sait pas s'il se forme dans cette combustion des produits intermédiaires. La facile décomposition de
l'inosite en acide lactique et en acide butyrique et ce fait que,
partout où l'on a trouvé de l'inosite, on a trouvé de l'acide lactique (la réciproque de ce fait n'est pas vraie), rendent probable le dédoublement de l'inosite en acide lactique.

§ 209. — Saccharoses ou alcools polyglucosiques.

Les saccharoses sont des glucoses condensés (V. § 198).
Elles proviennent de la condensation en une seule molécule et
avec élimination d'une molécule d'eau, de deux molécules, soit
d'un même glucose, soit de deux glucoses différents.

Deux espèces de saccharoses nous occuperont spécialement, le
sucre de canne et le sucre de lait. On connaît en outre : la mé-
litose, la tréhalose, la mycose, la mélézitose et la parasaccha-
rose.

La propriété caractéristique des saccharoses est de se dédoubler, en absorbant une molécule d'eau, en deux molécules
de glucose. Ce dédoublement est surtout caractéristique et jette
un grand jour sur la constitution des corps dont nous parlons,
lorsque les deux glucoses qui en proviennent ne sont pas identiques. Le sucre de canne, par exemple, se dédouble, en s'hydratant, en une molécule de glucose ordinaire dextrogyre et en une
molécule de lévulose. La lactose se dédouble de même en deux
molécules de glucoses différents (1).

§ 210. — Sucre de canne.

$$C^{12}H^{22}O^{11}.$$

a. **État naturel ; emploi en médecine.** — Le sucre de
canne n'existe pas dans l'organisme animal, mais il se trouve
dans l'organisme végétal, dans la canne à sucre, dans un grand
nombre de fruits, dans la betterave, la carotte, etc. Il sert d'aliment.

On l'emploie en pharmacie, soit comme *adjuvant* (dans les

(1) V. Fudokoski (*Bull. de la Soc. chim.*, 1866, t. VI, p. 238, et *ibid.*, 1867, t. VIII,
p. 120). — G. Bouchardat (*Bull. de la Soc. chim.*, 1871, t. XV, p. 21).

pâtes, pastilles, etc.), soit comme *correctif*, soit enfin, comme agent de conservation des substances animales et végétales. Les médicaments dans lesquels entre une forte proportion de sucre se nomment *saccharolés*.

b. Propriétés. 1° PHYSIQUES. — Le sucre de canne sé retire soit de la canne à sucre, soit de la betterave. C'est un corps blanc, inodore, d'une saveur très-sucrée. Il cristallise en gros prismes rhomboïdaux (*sucre candi*). Le sucre ordinaire est aussi cristallisé; mais les cristaux sont très-petits. L'eau dissout 3 fois son poids de sucre à froid et le dissout en toute proportion à chaud. L'éther et l'alcool absolu ne le dissolvent pas. Le sucre est dextrogyre. Son pouvoir rotatoire est $+ 73°,8$ et ne varie pas avec la température. A 160°, il fond sans s'altérer et se prend en une masse vitreuse par le refroidissement (*sucre d'orge*). Le sucre d'orge finit par s'opacifier par suite de la formation de petits cristaux à sa surface.

2° CHIMIQUES. — Maintenu pendant longtemps à cette température de 160°, le sucre de canne se dédouble en glucose et en lévulosane $C^6H^{10}O^5$, analogue à la glucosane. Nous avons vu que sous l'influence de la chaleur la lévulose est plus altérable que le glucose (V. § 204), ce qui fait comprendre la formation de lévulosane sans qu'il y ait en même temps formation de glucosane. A une température comprise entre 190° et 200°, il se forme du caramel. Enfin, à une température plus élevée encore, le sucre se décompose, brûle à l'air en répandant une odeur caractéristique de *sucre brûlé* et laisse un résidu de charbon.

L'acide sulfurique concentré charbonne le sucre.

L'acide azotique l'oxyde et donne naissance à de l'acide saccharique et à de l'acide oxalique.

Les acides organiques gras se combinent avec le sucre de canne à 120° pour former des éthers.

Les acides étendus et bouillants, la levûre de bière et d'autres ferments existant dans l'organisme animal et végétal, le transforment en un mélange de parties égales de glucose et de lévulose. C'est ce mélange qui constitue le *sucre interverti*. Comme la lévulose a un pouvoir rotatoire plus élevé que le glucose et de sens contraire, le sucre interverti tourne à gauche le plan de la lumière polarisée. Mais si l'on chauffe le sucre interverti, il arrive un moment où il dévie à droite le plan de la lumière polarisée, car nous avons vu que le pouvoir rotatoire de la lévulose diminue avec la température et finit par devenir inférieur au pouvoir rotatoire du glucose.

Le sucre de canne, comme le glucose, dissout certains oxydes, la chaux par exemple, en se combinant avec eux.

Il ne réduit pas la liqueur de Fehling et ne brunit pas par les alcalis. Enfin, le sucre de canne ne fermente pas directement. Il est d'abord interverti.

c. Physiologie. Digestion. — Quoique soluble, le sucre de canne introduit dans le tube digestif comme aliment, ne passe pas dans le sang; jamais, quelle que soit la quantité de sucre ingérée, on n'en trouve dans les urines. Au contraire, lorsqu'on injecte le sucre de canne dans les veines, on le retrouve dans les urines. Dans le premier cas, le sucre de canne a été modifié et a servi à l'alimentation; dans le second, il n'a fait que traverser l'organisme comme un produit inerte et en a été éliminé. Ce fait, selon la remarque de Cl. Bernard, est très-important. Il montre que la digestion ne consiste pas en une simple dissolution; la digestion modifie encore moléculairement les substances de façon à leur permettre de servir à la nutrition. La digestion transforme en aliments des substances qui sans elle seraient inertes quoique solubles.

La digestion du sucre de canne consiste en son dédoublement en glucose et en lévulose. Nous avons vu que cette interversion du sucre se fait, *in vitro*, sous l'influence des acides étendus et de certains ferments. L'expérience physiologique seule pouvait nous apprendre si, dans l'organisme, l'interversion est dévolue à l'acide du suc gastrique ou à un ferment. Cl. Bernard a montré que le suc gastrique n'intervertit que très-faiblement le sucre de canne; que la salive, la bile, le suc pancréatique, le sang sont sans action sur lui, enfin, qu'au contraire, le suc intestinal transforme très-rapidement le sucre de canne en un mélange de glucose et de lévulose. Il y a, en effet, dans le suc intestinal un ferment analogue à la ptyaline, à la pancréatine, ferment que Cl. Bernard a isolé par l'alcool, comme les autres ferments analogues, et qu'il a nommé *ferment inversif*, qui produit l'inversion de la saccharose.

Le glucose et la lévulose, formés aux dépens de la saccharose, sont alors absorbés et détruits dans l'organisme comme nous l'avons dit. (V. § 206, p. 395.)

Les mêmes phénomènes se passent dans l'organisme végétal. Là aussi la saccharose n'est pas directement assimilable; là aussi, avant de servir à la nutrition de la plante, le sucre est interverti, digéré, si je puis dire; enfin cette interversion dans l'organisme végétal comme dans l'organisme animal, ne se fait pas sous l'influence des acides qui peuvent exister dans ces organismes, mais grâce à des ferments particuliers, ainsi que le prouvent les expériences de Berthelot et de Buignet.

§ 211. — **Lactose.**

$$C^{12}H^{22}O^{11}.$$

a. État naturel. — Jusque dans ces derniers temps la lactose, ou sucre de lait, n'avait été trouvée que dans le lait des mammifères. Récemment G. Bouchardat a constaté la présence du sucre de lait dans l'organisme végétal ; ce chimiste a extrait du sapotillier une matière sucrée renfermant parties égales de saccharose et de lactose. Déjà avant la découverte de G. Bouchardat, on avait constaté la présence du sucre de lait dans certaines graines, les haricots par exemple.

b. Préparation. — On coagule le caséum du lait écrémé par un peu d'acide acétique, on chauffe, puis on filtre, pour séparer le coagulum. Le liquide filtré est concentré par évaporation, puis abandonné à lui-même. Le sucre de lait ne tarde pas à cristalliser. On redissout dans l'eau les cristaux et on les fait recristalliser après un traitement au noir animal.

c. Propriétés. 1° PHYSIQUES. — Le sucre de lait est un corps blanc, inodore, craquant sous la dent et d'une saveur faiblement sucrée. Il cristallise en prismes orthorhombiques. Les cristaux sont hémiédriques et renferment une molécule d'eau de cristallisation. Le sucre de lait est soluble dans 6 parties d'eau froide et 2,5 parties d'eau bouillante. Il est insoluble dans l'alcool et dans l'éther. Son pouvoir rotatoire (calculé pour la formule $C^{12}H^{22}O^{11}$) est égal à + 59°,3. Il est un peu plus élevé avec une solution récente de lactose, mais diminue rapidement, surtout à chaud, pour s'arrêter au chiffre indiqué plus haut.

2° CHIMIQUES. — Sous l'influence de la chaleur, à 140°, le sucre de lait perd son eau de cristallisation. A une température plus élevée, il dégage une odeur de caramel et finit par se décomposer.

L'acide sulfurique concentré ne le charbonne pas à froid. Sous l'influence des acides minéraux étendus, il se transforme en deux molécules de glucose. Ces deux molécules de glucose ne semblent pas identiques. Toutes les deux ont un pouvoir rotatoire dextrogyre ; mais le pouvoir rotatoire de l'une est de + 99°,74, celui de l'autre de + 67°,53. On a donné le nom de *galactose* au mélange de ces deux glucoses dont le pouvoir rotatoire est, d'après Pasteur, + 83°,22.

L'acide azotique transforme à chaud la lactose en acide mucique et ultérieurement en acide oxalique. On a aussi signalé parmi les produits de cette oxydation, les acides saccharique et tartrique.

Chauffée avec des acides gras, la lactose donne des éthers, comme la saccharose.

Elle se combine avec les bases. Ces combinaisons, comme les glucosates, se détruisent à l'ébullition.

Le sucre de lait, en présence d'une grande quantité de levûre de bière, subit la fermentation alcoolique, après avoir été préalablement transformé en galactose. En présence de caséine et de craie, la lactose subit la fermentation lactique et ultérieurement la fermentation butyrique. Il y a toujours en même temps formation d'un peu d'alcool. La quantité d'alcool qui se produit dans la fermentation lactique est surtout considérable, lorsqu'on ne neutralise pas par la craie l'acide qui se forme.

La lactose, comme le glucose, brunit par l'action de la potasse à chaud et réduit le tartrate cupro-potassique.

d. Physiologie. 1° Origine. — Le sucre de lait n'existe que dans le lait des mammifères, on ne l'a jamais trouvé dans d'autres liquides de l'organisme animal. Sa formation dans la mamelle est donc incontestable. Quelques physiologistes inclinent à penser que la lactose se forme aux dépens du glucose de l'organisme. Ils citent à l'appui de leur idée une expérience de Cl. Bernard. Ce savant a constaté que lorsqu'on injecte du glucose dans le sang d'une chienne ayant du lait, ou lorsqu'on la rend diabétique par la piqûre du plancher du 4e ventricule, jamais le glucose ne passe dans le lait, alors qu'il se trouve dans tous les autres liquides de l'organisme, ce qui, d'après les physiologistes dont nous venons de citer l'opinion, prouverait la transformation, dans la mamelle, du glucose en lactose.

D'après d'autres auteurs, la lactose proviendrait de la métamorphose des matières albuminoïdes. Ils n'admettent pas le premier mécanisme, à cause de la difficulté qu'il y aurait à concevoir que le sang puisse apporter à la glande mammaire assez de glucose pour élaborer le sucre de lait.

2° État. — La lactose se trouve à l'état de solution dans le lait.

3° Élimination. — La lactose, résorbée en même temps que le lait, se transforme en glucose et est alors détruite dans l'organisme. On ne trouve, en effet, jamais de lactose dans le sang au moment où le lait est résorbé. Ingérée avec le lait comme aliment, la lactose se transforme dans l'intestin en glucose. Cl. Bernard a montré que le suc pancréatique intervertit facilement la lactose. Toutefois, il est probable qu'une partie du sucre de lait est aussi absorbée en nature et ne se transforme en glucose que dans le torrent de la circulation. En effet, tandis que, comme nous l'avons vu, le sucre de canne ne s'intervertit pas dans le sang et est éliminé par les urines lorsqu'on l'injecte dans les veines, la lactose est intervertie très-rapidement dans le sang. Lorsqu'on injecte du sucre de lait dans les veines, ce corps n'est pas éliminé par les urines, et si la proportion injectée devient considérable, il passe dans les urines du glucose et jamais de sucre de lait.

§ 212. — Anhydrides des alcools polyglucosiques.

Les premiers anhydrides du glucose et des alcools polyglucosiques ont pour formule : $(C^6H^{10}O^5)$. Ces corps ont pour propriété essentielle de pouvoir se transformer en glucose en fixant de l'eau.

§ 213. — Amidon.

$$(C^6H^{10}O^5)^3 ?$$

a. État naturel; emploi en médecine. — L'amidon est très-répandu dans l'organisme végétal. On le trouve surtout dans les graines des céréales et dans les pommes de terre (*fécule de pomme de terre*).

On a aussi signalé la présence de l'amidon dans l'organisme animal. D'après Rouget, l'amidon se trouve dans l'épithélium de l'amnios et du placenta et dans les cellules épidermiques d'autres organes. On a aussi signalé l'amidon dans le mucus bronchique et dans d'autres productions pathologiques.

En médecine, on se sert de l'amidon comme topique dans un grand nombre d'affections de la peau; on l'emploie souvent comme émollient dans les inflammations intestinales.

b. Extraction. — On extrait l'amidon mécaniquement, en l'entraînant au moyen d'un filet d'eau que l'on fait tomber sur de la pulpe de pomme de terre placée sur un tamis, ou bien sur un pâton fait avec de la farine, selon la matière amylacée que l'on veut obtenir. Dans le dernier cas, il reste, après l'action de l'eau, une substance azotée élastique, le *gluten*. L'amidon que l'eau a entraîné, se dépose rapidement au fond du vase.

c. Propriétés. — L'amidon est un corps blanc, encore organisé. Au microscope, il apparaît sous forme de grains composés de couches concentriques, symétriquement placées autour d'un point de la circonférence, *le hile*. On rend cette structure évidente en désagrégeant l'amidon par de l'eau chaude (V. fig. 55). Examinés à la lumière polarisée, les grains de fécule présentent une croix noire, dont les branches partent du hile [Moitessier] (V. fig. 57). L'amidon du blé ne présente ce phénomène qu'à un faible degré. Les grains de fécule sont obscurément elliptiques

Fig. 55. — Grain d'amidon gonflé par l'eau.

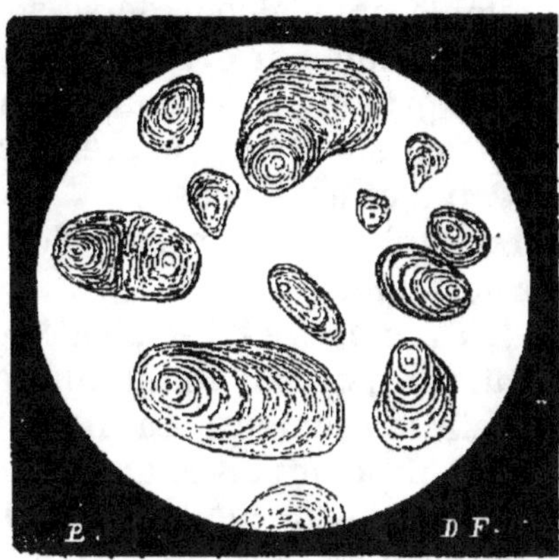

Fig. 56. — Fécule.

(V. fig. 56). Ils ont un diamètre de 185-200 millièmes de milli-mètre. Les grains d'amidon du blé sont lenticulaires et plus petits. Ils n'ont qu'un diamètre de 50 millièmes de millimètre.

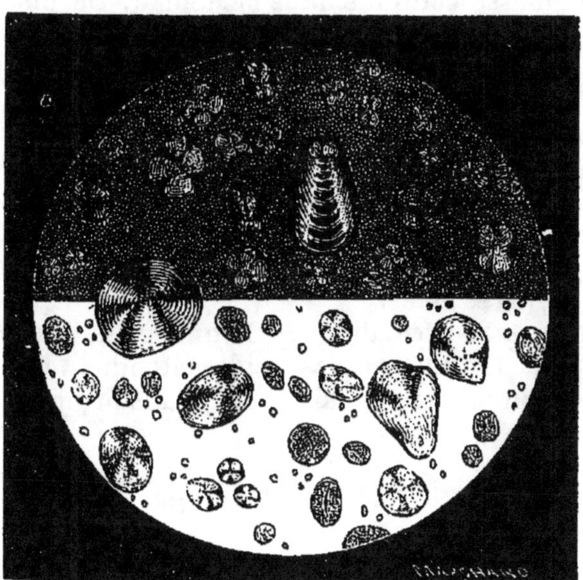

Fig. 57. — Grains de fécule vus à la lumière polarisée.

L'amidon est insoluble dans l'eau, l'alcool et l'éther. L'eau bouillante convertit l'amidon en une masse gélatineuse (*empois*), mais ne le dissout pas.

24.

Traité par la diastase, ferment spécial qui se trouve dans l'orge germé, ou par les acides étendus, l'amidon se transforme en une modification isomère, soluble dans l'eau, et précipitable par l'alcool de sa solution aqueuse. Cette modification de l'amidon porte le nom d'*amidon soluble* (Béchamp). Lorsqu'on prolonge l'action des mêmes agents (acides étendus et diastase) sur l'amidon, celui-ci se dédouble en fixant de l'eau en dextrine et en glucose.

Lorsqu'on chauffe l'amidon à environ 200°, il se transforme en dextrine.

d. Caractéres. — *L'iode colore l'amidon en bleu.* — Cette coloration disparaît sous l'influence de la chaleur et reparaît par le refroidissement. La liqueur bleue obtenue par l'action de l'iode sur l'empois d'amidon est précipitée, par le chlorure de calcium, en flocons bleus. On a donné à cette matière le nom d'*iodure d'amidon*, mais il n'y a pas là de combinaison définie.

e. Physiologie. Digestion. — L'amidon qui pénètre dans le tube digestif se transforme en glucose et est alors absorbé.

Lorsque l'amidon est cuit, comme dans le pain par exemple, sa transformation en glucose a déjà lieu sous l'influence de la ptyaline, ferment spécial qu'on rencontre dans la salive. Cette transformation se continue dans l'estomac. De nombreuses expériences ont, en effet, établi que l'action de la salive sur les matières amylacées n'est pas empêchée par le liquide faiblement acide du suc gastrique.

L'amidon cru et la fécule de pommes de terre même cuite ne sont pas transformés en glucose sous l'influence de la salive. La transformation se fait seulement dans l'intestin grêle, sous l'influence du suc pancréatique ; ce liquide achève également la digestion de l'amidon cuit, digestion déjà commencée dans les premières voies.

Quoique la transformation de l'amidon en glucose se fasse, *in vitro*, sous l'influence des acides étendus, l'acide du suc gastrique est impuissant à faire cette transformation.

§ 214. — Farines.

a. Composition. — Les farines des céréales sont d'un usage journalier comme aliments. Elles sont essentiellement constituées par le mélange de 60-75 p. 100 d'amidon, et de 7-14 p. 100 de gluten. Elles renferment en outre 10 p. 100 d'eau, un peu de glucose, de dextrine, de son et environ 2 p. 100 de matières minérales.

On s'assure de la qualité des farines par l'examen de leurs
caractères physiques, le dosage des substances minérales, l'appréciation des qualités du gluten et la recherche des fécules
étrangères.

b. Caractères physiques. — Une farine de bonne qualité
est douce au toucher, sèche, d'une teinte jaunâtre uniforme,
d'une saveur fade et sucrée. Elle ne doit pas sentir le moisi ;
avec l'eau elle doit former une pâte homogène élastique.

Les farines avariées ne présentent pas ces caractères.

c. Substances minérales. — On ajoute souvent de la craie,
de la cendre d'os ou d'autres substances minérales blanches
aux farines avariées, pour les rendre plus blanches. Une farine
pure ne doit pas laisser plus de 2 p. 100 de cendres, après incinération.

d. Qualités du gluten. — On sait (V. § 213, p. 404) que
lorsqu'on fait tomber un filet d'eau sur un pâton fait avec de la
farine, il reste après l'action de l'eau une substance azotée élastique, le gluten.

En opérant sur un poids donné de farine, on peut déterminer
la proportion de gluten qu'elle renferme, en pesant, après
l'opération, le gluten humide, dont le poids
est environ le triple de celui du gluten sec.

Le gluten doit être gris, très-élastique
et ne pas adhérer aux doigts. Le gluten est
une matière protéique très-nutritive. On
prépare du gluten granulé pour potages,
et Bouchardat a recommandé aux diabétiques l'usage du pain de gluten. Les qualités
du gluten s'apprécient par l'examen de ses
caractères physiques et à l'aide d'un appareil qui porte le nom d'aleuromètre.

L'aleuromètre permet d'évaluer l'augmentation de volume que prend un pâton
de gluten, sous l'influence de la cuisson.

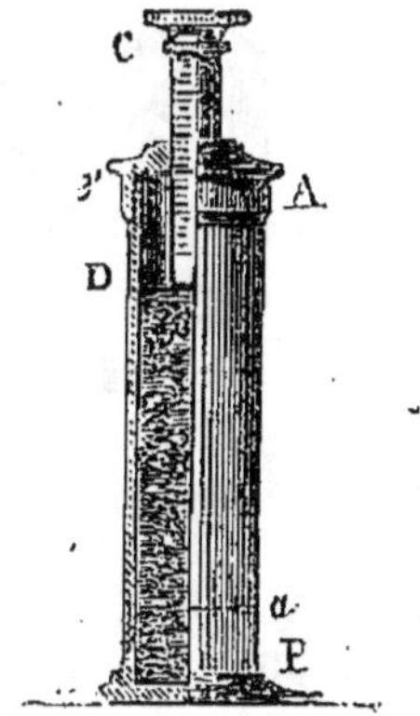

Fig. 58. — Cylindre de l'aleuromètre.

Cet appareil (V. fig. 58) se compose d'un
cylindre D, fermé à la partie inférieure par
une petite capsule métallique B qu'on peut fixer en *a* au cylindre.
La partie supérieure du cylindre est munie d'une virole A, que
traverse une tige de cuivre C. Cette tige est terminée par un
plateau de même métal, percé d'un trou qui permet à la vapeur
d'eau de s'échapper ; elle ne peut descendre jusqu'à la partie inférieure de l'appareil et a été graduée de telle sorte qu'un mauvais gluten n'atteigne pas la plaque de cuivre en se dilatant. La
première division marquée sur la tige à la partie supérieure, est

25, la dernière 50. Un bon gluten, en se dilatant, soulève la plaque et fait monter la tige graduée d'autant plus qu'il est meilleur.

Pour faire une opération, on graisse le cylindre avec un peu d'huile d'olive, on introduit dans la capsule un pâton de gluten de 7 grammes enrobé avec un peu d'amidon, on fixe la capsule au cylindre et on introduit le tout dans un bain d'huile A (V. fig. 59) porté à 150°. On chauffe pendant environ 10 minutes, puis on éteint le feu et on abandonne l'appareil en soulevant de temps en temps la tige, de façon à faciliter son déplacement. Lorsque l'élévation de la tige est arrivée à son maximum, on lit le degré aleurométrique.

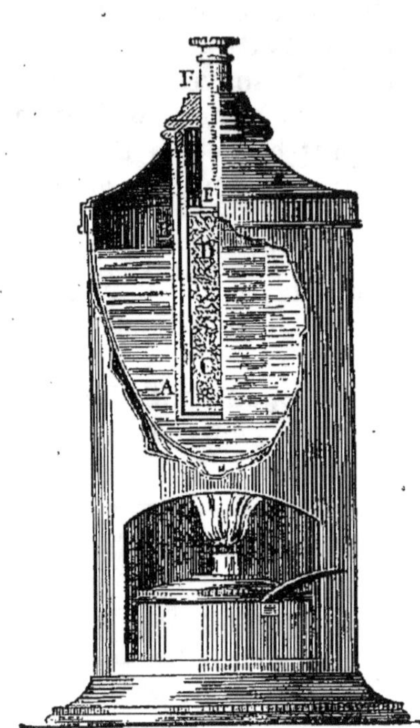

Fig. 59. — Aleuromètre.

e. Fécules étrangères. — 1° *Mélange de fécule.* On extrait l'amidon de la farine (V. § 213, p. 404) et on décante les eaux de lavage avant que le dépôt de l'amidon ne soit complet. On répète plusieurs fois l'opération et on examine le dépôt au microscope. Les grains de fécule plus lourds se trouvent en majeure partie dans le dépôt. On les reconnaît à leur dimension et à leur forme elliptique. (Examinés au microscope polarisant, les grains de fécule présentent une croix noire dont les branches partent du hile ([V. § 213, p. 405].) Enfin, traités par une solution de potasse, les grains de fécule s'étendent en grandes plaques minces, dont les dimensions sont faciles à apercevoir en neutralisant la potasse par un peu d'acide chlorhydrique et colorant l'amidon avec un peu d'eau iodée. Les grains d'amidon du blé éprouvent peu de changements sous l'influence de la potasse.

2° *Mélange de maïs et de riz.* Les grains d'amidon du maïs et du riz sont polyédriques et peuvent facilement être reconnus au microscope.

3° *Mélange de légumineuses.* Les grains d'amidon des légumineuses sont lenticulaires. Le hile est ordinairement remplacé par une fente longitudinale d'où partent, à angle droit, de petites fentes transversales.

Les farines de légumineuses renferment un tannin qui colore en vert ou en noir le sulfate ferreux.

§ 215. — **Dextrine.**

$$(C^6H^{10}O^5)^2?$$

a. État naturel ; emploi en médecine. — La dextrine a été trouvée dans le sang des herbivores, et dans la viande de cheval. D'après Poiseuille et Lefort, elle ne se trouve pas dans le sang des chiens nourris avec de la viande.

On s'est servi de la dextrine en chirurgie, pour faire des appareils inamovibles. On fait aussi quelquefois des sirops de dextrine pour frauder le sirop de gomme.

b. Préparation. — Nous avons déjà vu (V. § 213, p. 406) comment on peut obtenir la dextrine au moyen de l'amidon. Dans l'industrie, c'est surtout par le grillage de l'amidon qu'on prépare la dextrine. Elle porte alors le nom de *léiocome*.

c. Propriétés. — C'est un corps amorphe, blanc (celui du commerce est jaunâtre), soluble en toute proportion dans l'eau, insoluble dans l'alcool.

La dextrine dévie fortement à droite le plan de la lumière polarisée, d'où son nom. Son pouvoir rotatoire est environ trois fois plus grand que celui du glucose.

La diastase, les acides étendus et bouillants transforment la dextrine en glucose.

La solution de dextrine ne réduit pas le tartrate cupropotassique lorsqu'elle est pure ; mais on comprend, d'après son mode de préparation, qu'il en est rarement ainsi. Aussi la plupart des ouvrages de chimie indiquent-ils la réduction du tartrate cupro-potassique par la dextrine. On la purifie en la précipitant par l'alcool de sa solution aqueuse.

d. Caractères. — Elle ne bleuit plus par l'iode comme l'amidon.

Le perchlorure de fer, l'acétate et le sous-acétate de plomb ne précipitent pas la dextrine de sa dissolution. ce qui permet de distinguer une solution de dextrine d'avec une solution de gomme. Le sous-acétate de plomb additionné d'ammoniaque précipite la dextrine.

e. Physiologie. — Nous verrons plus loin (V. § 216) qu'il existe dans l'organisme un corps analogue à la dextrine, le glucogène. L'existence du glucogène et de la dextrine dans l'organisme sont deux faits complètement indépendants. A l'existence du premier de ces corps, se rattache une fonction physiologique constante; la dextrine ordinaire ne se trouve qu'accidentellement dans l'organisme.

Poiseuille et Lefort ont montré que le sang des animaux nourris exclusivement avec de la viande ne renferme pas de dextrine et Cl. Bernard est allé plus loin : il a montré que, même chez les herbivores, la présence de la dextrine n'est pas constante. En effet, on trouve aisément de la dextrine dans le sang d'un lapin qu'on a nourri avec du blé ; on n'en trouve pas chez un lapin qu'on a alimenté avec des carottes. La dextrine qui est un produit de dédoublement de l'amidon, est, en effet, absorbée en partie dans le tube digestif à la suite de l'ingestion de grandes quantités de substances amylacées. C'est là l'origine de la dextrine dans le sang de certains animaux, surtout dans celui des chevaux nourris avec de l'avoine.

Le glucogène est tellement altérable qu'il ne peut exister dans le sang. La dextrine, au contraire, se transforme lentement dans le sang en glucose. Des muscles renfermant de la dextrine peuvent être conservés quelque temps, avant que toute la dextrine en ait disparu. Il en est de même du sang. C'est dans ces faits que Cl. Bernard croit voir la cause de la grande diffusion du sucre dans l'économie des chevaux.

§ 216. — Glucogène.

$$(C^6H^{10}O^5)^2?$$

a. État naturel. — Le glucogène a été découvert par Cl. Bernard dans le foie des animaux et dans celui de l'homme. Il se trouve d'une façon constante dans cet organe, tant que les animaux sont en bonne santé. Cl. Bernard a également trouvé la matière glucogène chez le fœtus, avant que le foie ne fonctionne, dans les muscles, les muqueuses, la peau. Pendant la gestation, on trouve aussi le glucogène chez les mammifères dans le placenta et l'amnios, chez les oiseaux dans la membrane ombilicale, qui représente le placenta des mammifères (Rouget, Cl. Bernard).

Le glucogène se rencontre encore dans le poumon et les muscles des animaux qui hibernent et, en général, dans les muscles en repos, par exemple après la section des nerfs du mouvement. Enfin, Hoppe-Seyler a trouvé le glucogène dans les jeunes cellules et dans les globules blancs du sang.

b. Préparation. — On choisit un animal en bonne santé, bien nourri, et on le tue brusquement. On extrait le foie, on le coupe en morceaux qu'on saisit par l'eau bouillante pour arrêter la transformation du glucogène en glucose, puis on le triture dans un mortier et on fait bouillir la pulpe obtenue avec environ vingt fois son poids d'eau. On filtre, on concentre le liquide par évaporation et on précipite le glucogène par l'alcool. Le produit précipité renferme encore des matières albuminoïdes. On le purifie en le dissolvant dans l'eau et en le soumettant à l'ébullition avec du noir animal. On filtre et on précipite à nouveau par l'alcool. Un autre moyen de le purifier consiste à faire bouillir le précipité obtenu par l'addition d'alcool à la décoction du foie, avec de la potasse étendue, tant qu'il se dégage de l'ammoniaque. Le glucogène ainsi obtenu est encore purifié par des lavages à l'alcool et à l'éther anhydre. Sans cette précaution, le produit, au lieu d'être pulvérulent, se présenterait sous forme d'une masse gommeuse.

c. Propriétés. 1° Physiques. — Le glucogène est un corps blanc, pulvérulent, inodore, très-soluble dans l'eau, insoluble dans l'alcool, l'éther et l'acide acétique concentré. La solution du glucogène est laiteuse, opalescente. Son pouvoir rotatoire est égal à trois fois celui du glucose et de même sens (Hoppe-Seyler). Il est donc sensiblement le même que celui de la dextrine.

2° Chimiques. — Le glucogène a pour formule, $C^6H^{10}O^5$. On ne sait pas trop s'il faut considérer ce corps comme un amidon ou comme une dextrine. Le pouvoir rotatoire du glucogène, sa solubilité dans l'eau et ce fait, qu'en le saccharifiant on n'a jamais pu trouver nettement de corps intermédiaire entre lui et le glucose, rapprochent le glucogène plutôt de la dextrine que de l'amidon.

L'anhydride acétique se combine au glucogène pour former un éther triacétique. L'acide azotique forme avec le glucogène un composé nitré.

Les acides minéraux étendus, la salive, le suc pancréatique, le sang, l'extrait hépatique, transforment le glucogène en glucose. Le glucose ainsi obtenu est tout à fait identique au glucose ordinaire, ainsi que Berthelot et de Luca l'ont montré.

La potasse étendue n'altère pas le glucogène, même à l'ébullition, mais fait disparaître l'opalescence de sa solution.

d. Caractères et recherche. — 1° *L'iode colore la matière glucogène en rouge violacé.* La chaleur et un excès de glucogène font disparaître cette teinte.

2° *Le glucogène ne réduit pas le tartarte cupro-potassique.*

Pour constater la présence du glucogène, on peut se servir de l'iode, toutes les fois qu'on n'aura pas à risquer de confusion avec la matière amyloïde. Du reste, sauf la réaction de l'iode, les autres caractères de la matière amyloïde (insolubilité dans l'eau et non-transformation en glucose par la fermentation) et du glucogène sont tellement différents que la confusion est impossible. Dans les tissus, la recherche du glucogène doit être faite rapidement pour éviter sa transformation en glucose.

e. Physiologie. 1° ORIGINE. — Le glucogène, qui se rencontre normalement dans le foie des animaux bien portants, n'en disparaît que dans certaines maladies, dans l'état fébrile, les souffrances prolongées. Cl. Bernard a constaté qu'après une alimentation riche en sucre, la matière glucogène augmente dans le foie, sans que la quantité du sucre augmente considérablement dans le sang. En effet, le glucose formé dans le sang arrive au foie par la veine porte et là semble arrêté, emmagasiné, selon l'expression de Cl. Bernard, pour être distribué à l'organisme suivant ses besoins. Blondlot déjà avait remarqué ce fait. En oblitérant lentement la veine porte et forçant ainsi le sang de l'intestin à passer directement par les anastomoses dans la veine cave sans traverser le foie, Cl. Bernard constata que le glucose introduit dans l'estomac passait plus facilement dans les urines. D'autre part, le glucogène existe chez des chiens nourris exclusivement avec de la viande. Dans ce dernier cas, il est évident que le glucogène a été formé aux dépens des matières albuminoïdes. Bock et Hoffmann ont montré que le glucogène augmente dans le foie après l'injection d'albumine et de gélatine, et relativement à la possibilité de la transformation des matières albuminoïdes en matières amylacées, Cl. Bernard cite une expérience qui ne permet plus de doute. Si l'on dépose des œufs de mouche sur de la viande dans laquelle il n'y a ni glucogène ni glucose, les vers qui proviennent de ces œufs et qui se nourrissent de cette viande, ne tardent pas à renfermer de grandes quantités d'amidon animal. Il est donc indubitable que le glucogène peut se former aux dépens et du glucose et des matières albuminoïdes.

2° ÉTAT. — La matière glucogène n'est pas en dissolution; elle forme des dépôts dans les cellules. Tous les observateurs sont d'accord sur ce point. Cl. Bernard a constaté que le glucogène existe dans les cellules épithéliales chez le fœtus; dans le placenta, le glucogène se trouve également dans les cellules. Rouget, Schiff, ont de même constaté que le glucogène se trouve dans les cellules, soit dans le foie, soit dans d'autres organes. Enfin, comme nous l'avons dit, Hoppe-Seyler a trouvé le glucogène dans les globules blancs et, en général, dans les jeunes cellules.

3° ÉLIMINATION. — Cl. Bernard avait remarqué, avant la découverte de la matière glucogène, que le sang des veines sus-hépatiques est habituellement plus riche en glucose que celui de la veine porte. Cette expérience fut facile à interpréter, lorsque ce savant eut extrait du foie la matière glucogène et eut démontré que l'extrait hépatique jouit de la propriété de transformer le glucogène en glucose. Le foie renferme donc et la matière glucogène et un ferment capable de transformer cette matière en glucose. Plusieurs auteurs pourtant (Pavy, Meissner) ont prétendu que le glucose ne se trouve pas dans le foie à l'état normal et que sa présence dans cet organe est un phénomène cadavérique. Ces expériences et ces conclusions ne paraissent pas répondre à la réalité. En effet, Cl. Bernard a constamment trouvé du sucre dans le foie des aminaux, alors même qu'il opérait avec la plus grande célérité. Il l'a également trouvé en grande quantité chez l'homme, en opérant sur des décapités. John Dalton a également étudié cette question et a toujours constaté la présence du sucre dans le foie. D'autre part, pendant l'hiver, le foie des grenouilles ne renferme pas le ferment capable de transformer le glucogène en glucose. Alors, le glucogène s'accumule dans le foie ; mais au printemps, le ferment prend naissance dans le foie de la grenouille et la transformation du glucogène en glucose a lieu. Le glucogène qui s'était accumulé dans le foie en disparaît rapidement et bientôt cet organe ne contient plus que la proportion de glucogène qu'il renferme pendant l'été. Dans les végétaux, on a de nombreux exemples de faits analogues. Ainsi dans la pomme de terre, il se développe au printemps un ferment capable de transformer l'amidon en glucose ; personne ne pensera que ce sont là des phénomènes cadavériques.

Enfin, il est à remarquer que, de même que dans les graines, l'amidon, en se transformant en glucose fournit un aliment à la jeune plante, de même le glucogène contenu dans le placenta sert, en se transformant en glucose, à l'alimentation du fœtus.

Ainsi donc le glucogène peut se former aux dépens du glucose et des matières albuminoïdes provenant de l'alimentation ; il se trouve dans l'économie, non pas en solution, mais à l'état solide dans des cellules ; enfin, il se transforme, dans l'économie, en glucose, sous l'influence de ferments.

§ 217. — **Cellulose.**

$$(C^6H^{10}O^5)n.$$

a. État naturel ; emploi en médecine. — La cellulose est très-répandue dans l'organisme végétal. La moelle du sureau, les parois des cellules végétales ne sont que de la cellulose.

Les fibres ligneuses sont formées de cellulose souillée par des matières incrustantes.

L'aspect et la consistance de la cellulose naturelle sont très-variables. La cellulose du fruit du *phytelephas* est tellement dure qu'on lui a donné le nom d'ivoire végétal.

Dans l'organisme d'animaux situés à la partie inférieure de l'échelle animale, notamment dans l'enveloppe des tuniciers, on a aussi trouvé un corps ayant la formule et les propriétés de la cellulose et auquel Berthelot a donné le nom de *tunicine*.

La cellulose nitrée ou coton-poudre, dissoute dans un mélange d'alcool et d'éther, constitue le *collodion* qu'on emploie fréquemment en médecine.

b. Préparation. — On prépare la cellulose pure au moyen du coton, du papier, du vieux linge, qui sont formés de cellulose presque pure. Pour cela on fait bouillir ces substances avec une solution de potasse, puis on les débarrasse de tous les corps étrangers qui peuvent les souiller, en les épuisant successivement par l'eau de chlore, l'acide acétique, l'alcool, l'éther et l'eau.

c. Propriétés. — La cellulose est un corps blanc, inodore, insipide, insoluble dans tous les dissolvants, excepté dans la solution d'oxyde de cuivre ammoniacal (*réactif de Schweizer*). Ce réactif s'obtient en dissolvant du cuivre au contact de l'air, ou mieux encore de l'oxyde cuivrique récemment précipité, dans de l'ammoniaque. Les acides, les sels neutres, précipitent la cellulose de sa dissolution dans le réactif de Schweizer.

Si l'on plonge pendant peu de temps du papier dans de l'acide sulfurique puis qu'on lave à grande eau, on obtient un papier plus résistant que le papier ordinaire et qui remplace le parchemin animal. On lui a donné le nom de papier parchemin. En prolongeant l'action de l'acide sulfurique, on convertit successivement la cellulose en amidon, en dextrine et enfin en glucose.

La distillation sèche de la cellulose la transforme en des produits gazeux et liquides, en même temps qu'il reste un résidu de charbon. Les gaz provenant de cette distillation sont des carbures d'hydrogène combustibles de l'anhydride carbonique et de l'oxyde de carbone. Les produits liquides se séparent en deux couches, l'une insoluble, le *goudron de bois* ; l'autre est essentiellement formée d'eau, d'alcool méthylique, d'acétone et d'acide acétique.

Lorsqu'on plonge du coton dans de l'acide azotique normal AzO^3H, il se forme des dérivés nitrés provenant de la substitution d'un ou de plusieurs radicaux azotyles à un même nombre d'atomes d'hydrogène. C'est le *fulmi-coton, coton-poudre* ou *pyroxyline*. Le fulmi-coton offre l'aspect du coton, mais brûle subitement sans laisser de résidu. C'est un corps détonant.

Il est insoluble dans l'eau, l'alcool, l'éther, le réactif de Schweizer. Sa composition varie suivant le procédé dont on se sert pour le préparer.

En introduisant par petites portions 55 grammes de coton dans un mélange de 500 grammes d'acide azotique, à 1,42, et de 1000 grammes d'acide sulfurique, à 1,34 (*formule du Codex*), on obtient un coton-poudre soluble dans un mélange d'alcool et d'éther ; cette solution constitue le *collodion*. Par l'évaporation de l'alcool et de l'éther, le collodion laisse une mince pellicule résistante et très-adhérente. Le collodion ainsi préparé se contracte fortement. On se sert en médecine du *collodion riciné* ou collodion *élastique*, composé de 93 p. 100 de collodion ordinaire et de 7 p. 100 d'huile de ricin (Codex).

La cellulose, sous l'influence de la potasse en fusion, donne de l'acide oxalique.

d. Physiologie. — Dans le tube digestif de l'homme la cellulose n'est pas digérée ; tout au plus est-il possible que la cellulose très jeune, comme celle qui se trouve dans les légumes verts, le soit. La transformation de la cellulose en amidon, dextrine et glucose, fait comprendre qu'il peut en être ainsi. Il est hors de doute que, chez les herbivores, la cellulose est partiellement digérée.

§ 218. — **Gommes, mucilages, matières pectiques.**

Les *gommes* et les *mucilages* sont très-répandus dans le règne végétal ; on les emploie en médecine comme *émollients*.

Les gommes sont des composés amorphes, vitreux, d'une saveur fade. Elles donnent à l'eau une consistance mucilagineuse en s'y dissolvant ; les mucilages ne font que se gonfler dans l'eau, sans s'y dissoudre. C'est là ce qui distingue ces deux classes de corps. Les mucilages existent dans un grand nombre de plantes (semences de lin, semences de coing, etc.).

Les gommes se transforment, sous l'influence des acides étendus, en un sucre fermentescible. Elles donnent de l'acide mucique, lorsqu'on les oxyde par l'acide azotique. Le sous-acétate de plomb et le perchlorure de fer précipitent leur solution.

D'après Frémy, la gomme arabique est un sel de calcium dont l'acide est l'acide *gummique*, matière isomérique avec l'amidon. Cet acide, chauffé à environ 150° ou traité par de l'acide sulfurique, se transforme en acide *métagummique* insoluble. La gomme du pays (cerisier, prunier), dont une partie est insoluble, est, d'après le même auteur, un mélange de gummate de calcium soluble et de métagummate de calcium insoluble. Par l'ébullition dans l'eau, le métagummate de calcium se transforme en gummate soluble. Aussi la gomme du pays se dissout-elle lorsqu'on la fait bouillir avec de l'eau.

Les matières pectiques sont mal définies par leurs formules. Les fruits non mûrs, diverses racines, les carottes, les betteraves, renferment une substance insoluble, la *pectose*. Lorsque le fruit mûrit, cette pectose se transforme, sous l'influence des acides du fruit, en un corps soluble dans l'eau, mais insoluble dans l'alcool, ce qui permet de déceler sa présence. Ce nouveau corps est la *pectine*.

La pectine, traitée par les alcalis étendus, se transforme en deux acides gélatineux, à froid en acide *pectosique*, à chaud en acide *pectique*. La *pectase*, ferment qui se trouve dans les fruits mûrs, opère également cette transformation.

Certains fruits, comme on le sait, donnent par expression des sucs qui, après leur ébullition, se prennent en gelée par le refroidissement. D'après Frémy, à qui sont dus les faits dont nous venons de parler, la pectine qui se trouvait dans ces sucs, a été transformée en acide pectique gélatineux par l'action du ferment dont nous avons parlé, la pectase.

Enfin une plus longue action des alcalis ou de la pectase, transforme l'acide pectique en un nouvel acide, l'acide *métapectique*. Dans les fruits blets, cet acide métapectique se trouverait à l'état de sels de potassium et de calcium.

§ 219. — **Phénols.**

Les phénols sont des produits de substitution hydroxylés des carbures aromatiques. Le phénol ordinaire dérive de la benzine par substitution de l'oxhydryle à un atome d'hydrogène de la benzine. Sa formule est donc C^6H^5OH. D'après la formule de constitution de la benzine, on voit que le phénol renferme le groupement $\equiv (CH - OH)$ caractéristique des alcools tertiaires et que, par suite, il ne donnera ni aldéhyde, ni acide, ni acétone par oxydation.

Le phénol se distingue donc nettement des alcools primaires et secondaires, mais se rapproche des alcools tertiaires, comme Boutlerow, à qui est due la découverte des alcools tertiaires, l'avait déjà fait remarquer.

Le phénol se combine plus facilement avec les bases que les alcools; ce qui avait fait considérer autrefois les phénols comme des acides.

Comme les alcools, les phénols donnent des éthers. Mais l'é-thérification d'un phénol est moins facile que celle d'un alcool, et l'éther une fois formé est plus stable, plus difficilement saponifiable que les éthers dérivés des alcools.

Lorsqu'on traite l'alcool éthylique, par exemple, par de l'acide sulfurique, on obtient un éther, du sulfate acide d'éthyle :

$$C^2H^5OH \quad + \quad SO^2{<}^{OH}_{OH} \quad = \quad H^2O \quad + \quad SO^2{<}^{OC^2H^5}_{OH}$$

Alcool.   Acide   Eau.   Sulfate
                     sulfurique.   acide d'éthyle.

Dans les mêmes conditions, le phénol donne un dérivé de substitution qui résulte de la substitution du reste (SO^2OH) à un atome d'hydrogène du groupe phényle, l'oxydryle du phénol restant intact.

$$C^6H^5.OH \quad + \quad SO^2{<}^{OH}_{OH} \quad = \quad H^2O \quad + \quad C^6H^4(SO^2.OH)OH$$

Phénol.   Acide   Eau.   Acide
                     sulfurique.   phénolsulfureux.

De même lorsqu'on traite le phénol par le chlore, le brome, l'acide azotique, ces métalloïdes, ou le radical AzO^2 de l'acide azotique, se substituent à l'hydrogène du phényle, et les dérivés ainsi substitués jouissent de propriétés acides mieux caractérisées.

Ces réactions, qui différencient les phénols et les alcools, ont fait considérer les premiers de ces corps comme distincts des alcools et jouissant d'une fonction spéciale, la fonction *phénol*.

Il existe des corps qui jouissent deux fois, trois fois, etc., de la fonction phénol, comme il est des alcools biacides, triacides.

Ainsi le corps $C^6H^4(OH)^2$ qui dérive de la benzine par substitution de deux oxhydryles à deux hydrogènes, est un phénol bivalent qui correspond au glycol.

§ 220. — **Phénol.**

$$C^6H^5.OH.$$

Synonymie : Acide phénique, acide carbolique.

a. État naturel ; emploi en médecine. — Le phénol a été trouvé parmi les produits de la distillation de l'urine du bœuf, préalablement additionnée d'un peu d'acide sulfurique. On a aussi constaté, dans diverses circonstances, la présence de ce corps dans l'urine de l'homme et dans celle d'autres animaux.

Le phénol pur est caustique. Il jouit, en outre, de propriétés antiseptiques puissantes. A doses un peu fortes, le phénol est toxique.

Plusieurs produits lui doivent, en partie du moins, leurs propriétés antiseptiques. Le goudron de bois et le goudron de houille ou *coaltar* renferment de notables quantités de phénol, en même temps que des carbures et d'autres phénols.

b. Modes de production. Préparation. — Le phénol se produit dans la distillation sèche d'une foule de substances tirées du règne animal et du règne végétal.

On l'extrait, dans l'industrie, du goudron de houille. Pour cela, on soumet le goudron à la distillation et on recueille les produits qui passent entre 160° et 200°. On traite ces produits par une dissolution de potasse qui dissout le phénol. Les carbures insolubles surnagent. On décante et on traite la solution aqueuse par de l'acide chlorhydrique qui précipite le phénol.

On purifie le produit ainsi obtenu, en le distillant et recueillant les produits qui passent entre 185° et 190°. Puis on refroidit le phénol à — 10° ; il se forme des cristaux qu'on égoutte pour les séparer des liquides dont il peut encore être souillé.

c. Propriétés. 1° PHYSIQUES. — Le phénol est un corps solide, blanc, d'une odeur désagréable, d'une saveur caustique. Il cristallise en gros prismes incolores, fusibles à 37°. Il bout à 188°. Il se dissout dans 20 fois son poids d'eau, en toute proportion dans l'alcool, dans l'éther et dans la glycérine La lumière le colore en brun.

2° CHIMIQUES. — Le phénol ordinaire, comme tous les phénols, fait la double décomposition avec la potasse et la soude. Les combinaisons ainsi formées (phénates alcalins) sont cristallisées et solubles dans l'eau.

Le phénol coagule l'albumine. Mis en contact avec la peau, il la cautérise, en produisant une tache blanche.

d. Caractères. — On reconnaît le phénol aux caractères suivants :

1° En présence du chlorure ferrique, le phénol, même dans un grand état de dilution, prend une teinte bleue ;

2° Un copeau, imprégné d'acide phénique, devient bleu foncé lorsqu'on le soumet à l'action de l'acide chlorhydrique et qu'on l'expose ensuite aux rayons solaires ;

3° L'eau de brome détermine un précipité blanc laiteux qui se transforme en cristaux soyeux de tribromophénol, dans les solutions même étendues de phénol.

e. Physiologie. — Lorsqu'on eut découvert la présence du phénol parmi les produits de la distillation de l'urine de la vache, on admit d'abord l'existence de ce composé à l'état de liberté dans l'économie. Baumann a démontré récemment que le phénol est contenu dans l'urine à l'état de phénylsulfate de potassium. Ce sel, qu'il ne faut pas confondre avec le phénolsulfite de potassium $C^6H^4(OH)SO^3K$, a pour formule $C^6H^5SO^4K$. Il est comparable à l'éthylsulfate de potassium $C^2H^5SO^4K$. On a pu le préparer synthétiquement, en faisant bouillir du sulfate acide de potassium avec une solution concentrée de phénate de potassium en excès, additionnant d'alcool et filtrant bouillant ; le phénylsulfate de potassium se dépose, par le refroidissement, en lamelles nacrées. Ce sel, chauffé avec des acides forts, se dédouble en phénol et en sulfate acide de potassium. Cette décomposition explique la présence du phénol parmi les produits de la distillation de l'urine de certains animaux, préalablement additionnée d'acide sulfurique ou d'acide chlorhydrique.

Le phénol, qui pénètre par ingestion dans l'économie, est éliminé à l'état de phénylsulfate de potassium ou de sodium, et en même temps, la proportion des sulfates contenus normalement dans l'urine diminue notablement. Les sulfates de l'économie servent donc à la production des phénylsulfates. Ceux-ci n'ont aucun effet toxique sur l'économie.

f. Toxicologie. — D'après ce qui précède, les sulfates alcalins constituent un véritable antidote du phénol. Le sucrate de chaux a aussi été recommandé comme contre-poison de ce corps.

§ 221. — **Acide picrique.**

$$C^6H^2(AzO^2)^3.OH.$$

Synonymie : Trinitrophénol. Acide trinitrophénique.

On obtient l'acide picrique en dissolvant le phénol dans l'acide azotique, et faisant bouillir jusqu'à ce qu'il ne se dégage plus de vapeurs rutilantes. L'indigo, la soie, etc., fournissent également de l'acide picrique, sous l'influence de l'acide azotique.

L'acide picrique est en cristaux jaunes peu solubles dans l'eau froide. Sa saveur est amère ($\pi\iota\varkappa\rho\grave{o}\varsigma$, amer). Lorsqu'on le chauffe doucement, il entre en fusion et se sublime. Chauffé brusquement, l'acide picrique détone avec violence. Le pouvoir colorant de l'acide picrique est très-grand ; la soie et la laine sont colorées en jaune par cet acide sans l'intermédiaire de mordants.

Les picrates sont tous colorés en jaune. Ils détonent avec violence quand on les chauffe. Mélangés avec d'autres sels, comme le chlorate de potassium, ils détonent par le choc. Le mélange de picrate d'ammonium et de chlorate de potassium est employé comme poudre de mine et sert à la fabrication des torpilles. Le picrate de potassium est très-peu soluble dans l'eau.

L'acide picrique se colore en rouge foncé lorsqu'on le chauffe avec de la potasse renfermant un peu de sulfure ammonique.

§ 222. — **Crésol.**

$$C^6H^4{<}^{CH^3}_{OH.} = C^7H^8O.$$

Le crésol est l'homologue supérieur du phénol ; il dérive du toluène. On connaît les trois crésols isomériques de l'orthosérie, de la parasérie et de la métasérie.

Stædeler a extrait de l'urine de vache un corps analogue au phénol, auquel il a donné le nom d'*acide taurylique*. Sa composition répond à la formule C^7H^8O. Ce corps paraît donc être un des crésols isomériques.

§ 223. — **Thymol.**

$$C^6H^3{<}^{CH^3}_{C^3H^7}_{OH} = C^{10}H^{14}O.$$

Synonymie : Acide thymique.

L'un des thymols isomériques se trouve dans l'essence de thym.

On l'en extrait en traitant l'essence par une dissolution de potasse, décantant la partie aqueuse et la précipitant par l'acide chlorhydrique. Les propriétés de ce corps offrent une analogie complète avec celles du phénol. Son odeur est agréable. On l'emploie quelquefois en médecine au même titre que le phénol.

§ 224. — Pyrocatéchine.

$$C^6H^4{<}{\overset{OH}{}\atop\underset{OH}{}} = C^6H^6O^2.$$

La pyrocatéchine est un phénol biacide. Ses deux isomères sont l'*hydroquinone* et la *résorcine*.

L'urine de cheval et quelquefois l'urine de l'homme contiennent un corps qui, par l'action de l'acide chlorhydrique, donne de la pyrocatéchine, de même que le phénylsulfate de potassium donne du phénol, sous l'influence de l'acide chlorhydrique.

D'autre part, la pyrocatéchine ingérée augmente la quantité d'acide sulfoconjugué éliminé par l'urine. Lorsqu'on chauffe une semblable urine avec de l'acide chlorhydrique, on peut en extraire de la pyrocatéchine. Cette substance paraît donc, comme le phénol, se trouver dans l'urine à l'état d'acide sulfoconjugué.

La résorcine, isomère de la pyrocatéchine, donne également un acide sulfoconjugué dans son passage à travers l'économie. Il en est de même du crésol, du thymol, etc. Le phénomène est donc général. (Baumann.)

Lorsqu'on chauffe la résorcine avec de l'anhydrique phtalique, on obtient un corps fluorescent, la *fluorescéine* par union des deux corps réagissants avec élimination d'eau.

$$2\,C^6H^6O^2 \;+\; C^8H^4O^3 \;=\; C^{20}H^{12}O^5 \;+\; 2H^2O$$

Résorcine.　　Anhydride　　Fluorescéine.　　Eau.
　　　　　　　phtalique.

La fluorescéine donne des dérivés employés comme matières colorantes. L'*éosine* est le dérivé tétrabromé de la fluorescéine. C'est une belle matière colorante rouge.

§ 225. — Pyrogallol.

$$C^6H^3{<}{\overset{OH}{}\atop{\overset{OH}{}\atop\underset{OH}{}}} = C^6H^6O^3.$$

Synonymie : Acide pyrogallique.

On prépare, dans les arts, le pyrogallol par la distillation sèche de l'acide gallique :

ENGEL. — Chimie méd.　　　　　　　24

$$\underbrace{C^7H^6O^5}_{\substack{\text{Acide} \\ \text{gallique.}}} = \underbrace{CO^2}_{\substack{\text{Anhydride} \\ \text{carbonique.}}} + \underbrace{C^6H^6O^3}_{\text{Pyrogallol.}}$$

Le pyrogallol est en aiguilles blanches, d'une saveur amère. Il fond à 115° et passe à la distillation à 210°.

Le pyrogallol est un phénol triacide. Il s'oxyde très-facilement, surtout sous l'influence des alcalis en devenant noir.

L'eau de chaux colore le pyrogallol en pourpre, puis en brun; le chlorure ferrique donne avec les solutions de pyrogallol une coloration rouge.

On ne connaît pas, jusqu'ici, de phénol d'une atomicité supérieure à trois.

3° FAMILLE. — ACIDES.

§ 226. — ACIDES EN GÉNÉRAL.

Les acides organiques sont les hydrates des radicaux d'acides. (V. § 185, p. 338.) Ils dérivent par oxydation des alcools primaires.

$$\underbrace{\begin{matrix} CH^3 \\ | \\ CH^2.OH \end{matrix}}_{\text{Alcool.}} + \underbrace{O^2}_{\text{Oxygène.}} = \underbrace{H^2O}_{\text{Eau.}} + \underbrace{\begin{matrix} CH^3 \\ | \\ CO.OH \end{matrix}}_{\text{Acide acétique.}}$$

Le premier de ces corps renferme le groupement — (CH²OH), le second le groupement — (CO.OH), qui est caractéristique pour les acides. L'hydrogène de ce groupement est basique, c'est-à-dire qu'il peut être remplacé par un métal. Le corps qui résulte de cette substitution est un sel. $C^2H^3O.ONa$ est l'acétate de sodium. L'acide acétique, ne renfermant qu'un groupement, — (CO.OH), est, monobasique; il est aussi monovalent, car il ne renferme qu'un seul oxhydryle. L'acétate d'un métal bivalent a pour formule $(C^2H^3O^2)^2M''$.

Par l'oxydation d'un alcool biacide deux fois primaire, le glycol ordinaire par exemple, on obtient deux espèces d'acides:

$$\underbrace{\begin{matrix} CH^2OH \\ | \\ CH^2OH \end{matrix}}_{\text{Glycol.}} \qquad \underbrace{\begin{matrix} COOH \\ | \\ CH^2OH \end{matrix}}_{\substack{\text{Acide} \\ \text{glycolique.}}} \qquad \underbrace{\begin{matrix} COOH \\ | \\ COOH \end{matrix}}_{\substack{\text{Acide} \\ \text{oxalique.}}}$$

L'un, l'acide glycolique, est bivalent, car il renferme deux oxhydryles, et monobasique, car il ne renferme qu'une fois le groupement CO.OH. L'autre, l'acide oxalique, est encore bivalent, mais il est aussi bibasique ; il renferme en effet deux fois le groupement CO.OH, dont l'hydrogène est basique.

On pourra avoir trois espèces d'acides trivalents : un acide monobasique, un acide bibasique ; et un acide tribasique ; quatre espèces d'acides tétravalents, et ainsi de suite.

Nous allons successivement étudier ces différentes classes d'acides.

§ 227. — ACIDES MONOBASIQUES MONOVALENTS.

Les acides monobasiques se divisent en séries homologues correspondantes à celles des alcools monoacides. On trouvera plus loin la liste des principaux acides que renferme chacune de ces séries. Les séries des acides gras et aromatiques saturés sont de beaucoup les plus importantes et offrent entre elles de grandes relations.

a. **Préparation.** — On obtient ces acides :

1° *En oxydant les alcools correspondants.* On emploie ce procédé pour la préparation des acides acétique et valérique. Les acides sont *normaux* ou *non normaux,* suivant qu'ils dérivent des alcools normaux ou des alcools non normaux.

2° *En oxydant les aldéhydes* (V. *Aldéhydes*).

3° *En oxydant les carbures des séries* C^nH^{2n+2} *et* C^nH^{2n}.

Ainsi, en traitant l'éthylène par l'acide chromique, on obtient de l'acide acétique (Berthelot) :

$$C^2H^4 \quad + \quad O^2 \quad = \quad C^2H^3O.OH$$

Éthylène.   Oxygène.   Acide acétique.

4° *Le cyanure d'un radical d'alcool, traité par la potasse et l'eau, donne l'acide correspondant à l'homologue supérieur de l'alcool dont on est parti :*

$$\underset{\text{Cyanure d'éthyle.}}{\overset{\displaystyle C^2H^5}{\underset{\displaystyle CAz}{|}}} \quad + \quad \underset{\text{Eau.}}{\overset{\displaystyle H}{\underset{\displaystyle H}{\diagup}}O} \quad + \quad \underset{\text{Potasse.}}{\overset{\displaystyle K}{\underset{\displaystyle H}{\diagup}}O} \quad = \quad \underset{\text{Ammoniaque.}}{AzH^3} \quad + \quad \underset{\substack{\text{Propionate} \\ \text{de potassium.}}}{\overset{\displaystyle C^2H^5}{\underset{\displaystyle CO.OK}{|}}}$$

C'est ainsi qu'on prépare le plus aisément l'acide propionique. Ce procédé de préparation des acides rend compte de l'action de l'eau et de la potasse sur l'acide prussique, qui est du cyanure d'hydrogène.

$$\underset{\substack{\text{Acide} \\ \text{prussique.}}}{\underbrace{\overset{H}{\underset{CAz}{|}}}} + \underset{\text{Eau.}}{\underbrace{\overset{H}{\underset{H}{}}\!\!>\!O}} = \underset{\text{Potasse.}}{\underbrace{\overset{K}{\underset{H}{}}\!\!>\!O}} = \underset{\substack{\text{Formiate} \\ \text{de potassium.}}}{\underbrace{\overset{H}{\underset{CO.OK}{|}}}} + \underset{\text{Ammoniaque.}}{\underbrace{AzH^3}}$$

5° L'acide formique s'obtient synthétiquement par l'union de l'oxyde de carbone et de la potasse.

$$\underset{\substack{\text{Oxyde} \\ \text{de carbone.}}}{\underbrace{CO}} + \underset{\text{Potasse.}}{\underbrace{KOH}} = \underset{\substack{\text{Formiate} \\ \text{de potassium.}}}{\underbrace{\overset{H}{\underset{CO.OK}{|}}}}$$

Nous avons déjà plusieurs fois eu l'occasion de remarquer que l'hydrogène se comporte comme un radical d'alcool. Si nous remplaçons dans l'équation précédente l'hydrate de potasse KOH par l'éthylate de potassium $KO.C^2H^5$, nous obtiendrons du propionate de potassium. Berthelot a en effet obtenu ainsi l'acide propionique. Ce procédé serait général si les alcools potassés ne renfermaient pas toujours un peu de potasse qui absorbe l'oxyde de carbone pour former du formiate de potassium.

6° Dans la série aromatique, on obtient des acides en chauffant le sel de potassium d'un acide sulfo-conjugué avec du formiate de potassium.

$$\underset{\substack{\text{Phénysulfite} \\ \text{de potassium.}}}{\underbrace{C^6H^5SO^3K}} + \underset{\substack{\text{Formiate} \\ \text{de potassium.}}}{\underbrace{CHOOK}} = \underset{\substack{\text{Sulfite acide} \\ \text{de potassium.}}}{\underbrace{SO^3KH}} + \underset{\substack{\text{Benzoate} \\ \text{de potassium.}}}{\underbrace{C^6H^5COOK}}$$

b. Propriétés. — Sous l'influence des réactifs, les acides donnent naissance à un certain nombre de corps.

A. DÉRIVÉS DES ACIDES DANS LESQUELS LE RADICAL DE L'ACIDE RESTE INTACT. 1° *Chlorure de radicaux d'acides.* — Lorsqu'on traite les alcools par un chlorure de phosphore, on obtient un chlorure de radical d'alcool. *Lorsqu'on traite un acide par le perchlorure, l'oxychlorure ou le trichlorure de phosphore, on obtient de même un chlorure de radical d'acide.* Ex. :

$$\underset{\text{Acide acétique}}{\underbrace{3C^2H^3O.OH}} + \underset{\substack{\text{Oxychlorure} \\ \text{de phosphore.}}}{\underbrace{PhOCl^3}} = \underset{\substack{\text{Acide} \\ \text{phosphorique.}}}{\underbrace{PhO(OH)^3}} + \underset{\substack{\text{Chlorure} \\ \text{d'acétyle.}}}{\underbrace{3C^2H^3O.Cl}}$$

On obtient de la même manière, des bromures et des iodures de radicaux d'acides.

a) Les chlorures de radicaux d'acides, traités par l'eau, donnent de l'acide chlorhydrique et régénèrent l'acide dont ils dérivent. Ex. :

$$C^2H^3O.Cl \quad + \quad H.OH \quad = \quad HCl \quad + \quad C^2H^3O.OH$$

Chlorure d'acétyle.   Eau.   Acide chlorhydrique.   Acide acétique.

b) Traités par un alcool, les chlorures de radicaux d'acides donnent naissance à un éther. La réaction est analogue à la précédente.

$$C^2H^3O.Cl \quad + \quad C^2H^5.OH \quad = \quad HCl \quad + \quad C^2H^3O.OC^2H^5$$

Chlorure d'acétyle.   Alcool.   Acide chlorhydrique.   Acétate d'éthyle.

c) L'ammoniaque agit sur les chlorures de radicaux d'acides en donnant naissance à des amides.

2° *Anhydrides.* — *On obtient les anhydrides d'acides, en distillant le sel de potassium de l'acide avec le chlorure du radical de l'acide :*

$$C^2H^3O.OK \quad + \quad C^2H^3O.Cl \quad = \quad KCl \quad + \quad C^2H^3O-O-C^2H^3O$$

Acétate de potassium.   Chlorure d'acétyle.   Chlorure de potassium.   Anhydrique acétique.

En traitant de même le sel de potassium d'un acide par le chlorure du radical d'un autre acide, on obtient un anhydride mixte :

$$C^2H^3O.OK \quad + \quad C^3H^5O.Cl \quad = \quad KCl \quad + \quad \begin{matrix} C^2H^3O \\ C^3H^5O \end{matrix}\!\!>\!\!O$$

Acétate de potassium.   Chlorure de propionyle.   Chlorure de potassium.   Anhydride acéto-propionique.

a) L'eau dédouble les anhydrides en deux molécules d'acide :

$$\begin{matrix} C^2H^3O \\ C^2H^3O \end{matrix}\!\!>\!\!O \quad + \quad H.OH \quad = \quad 2C^2H^3O.OH$$

Anhydride acétique.   Eau.   Acide acétique.

b) L'ammoniaque dédouble les anhydrides en une amide et en un sel ammoniacal.

3° *Aldéhydes ou hydrures de radicaux d'acides.* — *Lorsqu'on distille un mélange du sel de calcium d'un acide avec du formiate de calcium, on obtient une aldéhyde. Ex. :*

$$\left(\begin{matrix} CH^3 \\ | \\ CO.O \end{matrix}\right)_{\!2}\!\!Ca \quad + \quad \left(\begin{matrix} H \\ | \\ CO.O \end{matrix}\right)_{\!2}\!\!Ca \quad = \quad 2(CO^3Ca) \quad + \quad 2\left(\begin{matrix} CH^3 \\ | \\ CO.H \end{matrix}\right)$$

Acétate de calcium.   Formiate de calcium.   Carbonate de calcium.   Aldéhyde.

4° Acétones. — Si au lieu de distiller l'acétate de calcium avec du formiate, on le distille seul, on obtient de l'acétone. Cette réaction est analogue à la précédente, comme la formule suivante le fait comprendre :

$$\left(\begin{array}{c} CH^3 \\ | \\ CO.O \end{array} \right)_2 Ca \;+\; \left(\begin{array}{c} CH^3 \\ | \\ CO.O \end{array} \right)_2 Ca \;=\; 2(CO^3Ca) \;+\; 2 \left\{ \begin{array}{c} CH^3 \\ | \\ CO \\ | \\ CH^3 \end{array} \right.$$

Acétate   Acétate   Carbonate.   Acétone.
de calcium.   de calcium.   de calcium.

L'acétate de calcium est du formiate de calcium dans lequel l'hydrogène a été remplacé par le radical CH^3 ; de même l'acétone est une aldéhyde dans laquelle l'hydrogène combiné avec le radical acétyle a été remplacé par le même radical CH^3.

B. Dérivés des acides dans lesquels le radical a été modifié par substitution. — *Lorsqu'on fait agir le chlore ou le brome sur les acides, on obtient des acides nouveaux dans lesquels l'hydrogène du radical a été remplacé plus ou moins complètement par le chlore ou le brome.*

La substitution s'opère tantôt à froid, tantôt à chaud, tantôt elle exige l'influence des rayons directs du soleil.

On connaît un acide monochloracétique...... $C^2H^2ClO.OH$
— un acide dichloracétique......... $C^2HCl^2O.OH$
— un acide trichloracétique... .... $C^2Cl^3O.OH$

dont le chloral $C^2Cl^3O.H$ est l'aldéhyde.

a) Les acides monochlorés, soumis à l'action de l'oxyde d'argent et de l'eau, se transforment en acides à 3 atomes d'oxygène.

Cazeneuve (de Lyon) a transformé directement l'acide acétique en acide glycolique, c'est-à-dire en un acide à trois atomes d'oxygène, en chauffant l'acétate de cuivre en présence de l'eau vers 200°.

b) Soumis à l'action de l'ammoniaque, ils se transforment en une amine acide.

C. Dérivés dans lesquels le radical de l'acide ne subsiste plus. — Lorsqu'on chauffe fortement ces acides avec une base en excès, on obtient un carbure qui n'est autre que l'hydrure du radical de l'alcool inférieur. (V. § 186, p. 341.)

Telles sont les principales propriétés chimiques des acides des séries grasses et aromatiques. Les propriétés physiques de ces acides varient graduellement au fur et à mesure qu'on s'élève dans la série. La série des acides gras saturés dans laquelle un grand nombre de termes sont connus, est surtout propre à faire ressortir ce fait. Il suffit de jeter un coup d'œil sur le tableau de la page 428 pour voir : 1º que le point d'ébullition augmente de 16º—20º environ, en passant d'un acide à son homologue supérieur (les derniers acides sont décomposés avant d'entrer en ébullition ; les dix premiers peuvent facilement être distillés) ; 2º que la solubilité de ces acides dans l'eau diminue au fur et à mesure qu'on s'élève dans la série. Il en est de même de leur solubilité dans l'alcool ; 3º que, sauf quelques exceptions parmi les premiers termes de la série, le point de fusion va toujours en augmentant. Enfin, la fluidité de ces acides, très-grande pour les premiers termes, diminue rapidement pour les termes qui suivent.

On divise souvent les acides de la série grasse saturée en acides gras volatils et en acides gras fixes.

Jusqu'à l'acide caprique inclusivement, les acides gras se volatilisent avec la vapeur d'eau, parce qu'à la température de 100º, leur tension de vapeur est déjà sensible. Les acides supérieurs à l'acide caprique ne passent plus sensiblement à la distillation avec la vapeur d'eau. Pourtant cette distinction n'est pas absolue.

LISTE DES PRINCIPAUX ACIDES MONOVALENTS.

Série $C^nH^{2n}O^2$. (Série acétique).

TERMES.	ACIDES.	POINT d'ébullition.	SOLUBILITÉ dans 100 parties d'eau.	POINT de fusion.	
1	Formique	100°	∞ (1)	+ 8°,6	
2	Acétique	118°	∞	+ 17°	
3	Propionique	140°	∞	− 21°	
4	Butyrique	163°	∞	»	L'acide de fermentation est l'acide normal.
5	Valérique	184°	4	»	L'acide qui se trouve dans l'économie animale et végétale est l'acide isopropylacétique $[(CH^3)^2 = CH — CH^2 — COOH]$.
6	Caproïque	205°	1	− 8°	
7	OEnanthylique	223°	»	− 10°5	Se forme dans l'oxydation de l'huile de ricin par l'acide azotique.
8	Caprylique	236°	0,23	+ 16°	
9	Pélargonique	254°	»	+ 12°	Existe dans l'huile volatile de pelargonium roseum.
10	Caprique	270°	0,1	+ 30°	
12	Laurique	»	Ins. (2)	+ 42°	Existe dans les baies de laurier, le beurre de coco, le blanc de baleine.
14	Myristique	»	Id	+ 53°	Existe dans le beurre de muscade, le blanc de baleine, le beurre de vache.
15	Bénique	»	Id	»	Se trouve dans l'huile de Ben.
16	Palmitique	»	Id	+ 62°	Existe dans l'organisme animal et dans l'huile de palme, d'où son nom.
17	Margarique	»	Id	+ 60°?	Celui des graisses ne serait qu'un mélange d'acide palmitique et d'acide stéarique. (Heintz.)
18	Stéarique	»	Id	+ 69°,2	
20	Arachidique	»	Id	»	Existe dans l'huile d'arachide.
22	Bénique	»	Id	+ 76°	Deuxième acide trouvé dans l'huile de Ben. On le nomme souvent beno-stéarique, pour le distinguer du premier.
25	Hyénique	»	Id	+ 77°	Trouvé dans les glandes anales de l'hyène.
27	Cérotique	»	Id	+ 78°	Existe dans la cire d'abeilles.
30	Mélissique	»	Id	+ 81°	S'obtient en fondant l'alcool correspondant (alcool mélissique) avec de la chaux sodée. N'a pas été rencontré dans la nature.

Série $C^nH^{2n-2}O^2$. (Série acrylique.)

3	Acrylique	140°	∞	7°	N'existe pas dans la nature. S'obtient par oxydation de l'acroléine. (V. § 201, p. 424.)
4	Crotonique	182°	∞	− 5°	S'extrait par saponification de l'huile de croton-tiglium.
5	Angélique	190°	P. s. (3	45°	Existe dans la racine d'angélique et à l'état d'éther dans l'essence de camomille romaine.
16	Hypogéique	»	Ins	33°	Se trouve à l'état de glycéride dans l'huile d'arachide.
18	Oléique	»	Ins	14°	

Série $C^nH^{2n-4}O^2$.

6	Sorbique	225°	Sol	134°,5	Se trouve dans le suc des sorbes vertes.
16	Linoléique	»	»	»	Existe dans l'huile de lin et les huiles siccatives.

Série $C^nH^{2n-8}O^2$. (Série benzoïque.)

7	Benzoïque	250°	0,5	120°	
10	Cuminique	»	»	»	L'aldéhyde correspondant à l'acide cuminique, le cuminol existe dans l'essence du cumin.

Série $C^nH^{2n-10}O^2$. (Série cinnamique.)

9	Cinnamique	293°	P. s.	136°	Préexiste dans le styrax liquide, dans les baumes du Pérou et de Tolu. L'essence de cannelle contient l'aldéhyde cinnamique. La potasse dédouble l'acide cinnamique en acide benzoïque et en acide acétique. L'acide cinnamique introduit dans l'organisme semble éprouver ce dédoublement; en effet, il s'y transforme, en acide hippurique.
20	Pimarique	»	Ins	149°	Cet acide se trouve dans les résines. Il forme la majeure partie de la résine du pin maritime.

(1) ∞ veut dire : en toute proportion.

(2) Ins. veut dire : insoluble.

(3) P. s. veut dire : peu soluble. Les points de fusion et d'ébullition et la solubilité dans l'eau des premiers acides se rapportent aux acides normaux. Les différents isomères des autres acides ne sont pas connus.

ÉTUDE DES PRINCIPAUX ACIDES.

§ 228. — Acide formique

CHO.OH.

a. État naturel. — L'acide formique existe dans l'organisme animal soit à l'état libre, soit à l'état de sels. Les fourmis rouges, certains insectes, les chenilles processionnaires, sécrètent de l'acide formique; chez l'homme, on a trouvé cet acide dans le sang, la sueur, les urines, le suc musculaire, la rate, le pancréas, le thymus, le cerveau.

L'acide formique se trouve aussi dans l'organisme végétal, notamment dans les orties, dont il constitue le liquide irritant, dans les tamarins, le fruit de la saponaire, etc. Enfin, il s'en forme dans l'oxydation lente de la térébenthine. L'acidité de l'essence de térébenthine du commerce est due à l'acide formique.

b. Modes de production. — Nous connaissons déjà les principaux modes de production de l'acide formique (V. § 227). On trouve encore ce corps parmi les produits d'oxydation d'un grand nombre de substances organiques, matières albuminoïdes, corps gras neutres, acides gras, matières amylacées et sucrées, etc. Enfin la décomposition par les acides de la matière colorante du sang donne naissance à de l'acide formique.

c. Préparation. — On prépare ordinairement l'acide formique en distillant un mélange d'acide oxalique et de glycérine aqueuse. L'acide oxalique se décompose en acide formique, qui passe à la distillation, et en anhydride carbonique, sans que la glycérine s'altère :

$$C^2H^2O^4 \;=\; CO^2 \;+\; CH^2O^2$$

$$\underbrace{C^2H^2O^4}_{\substack{\text{Acide} \\ \text{oxalique.}}} \;=\; \underbrace{CO^2}_{\substack{\text{Anhydride} \\ \text{carbonique.}}} \;+\; \underbrace{CH^2O^2}_{\substack{\text{Acide} \\ \text{formique.}}}$$

L'acide formique ainsi obtenu est très-aqueux. Pour l'obtenir exempt d'eau, on traite l'acide aqueux par l'oxyde de plomb. On dessèche le formiate de plomb obtenu, et on l'introduit dans un tube de verre en communication avec un récipient refroidi. On chauffe le tube de verre au bain de sable en même temps qu'on y fait passer un courant d'hydrogène sulfuré bien sec. Il se forme du sulfure de plomb et l'acide formique vient se condenser dans le récipient.

d. Propriétés. — L'acide formique est un liquide incolore, d'une odeur piquante, analogue à celle de l'acide acétique. Il bout à 100°, cristallise à + 1°. Sa vapeur est combustible. Il est très-corrosif; déposé sur la peau, il y détermine une ampoule.

C'est un acide monobasique. Les formiates sont presque tous solubles. Les formiates de plomb et d'argent sont peu solubles.

e. Caractères. — On reconnaît l'acide formique libre ou combiné avec les bases, aux caractères suivants :

1° *L'acide formique a une odeur piquante*; lorsqu'on a à caractériser un formiate, on perçoit cette odeur en traitant le sel par de l'acide sulfurique, qui met l'acide formique en liberté.

2° *Les corps déshydratants, tels que l'acide sulfurique, décomposent l'acide formique en eau et en oxyde de carbone.*

$$CHO.OH \quad = \quad H^2O \quad + \quad CO$$

| Acide formique. | Eau. | Oxyde de carbone. |

Pour faire l'essai, il suffit de chauffer de l'acide formique ou un formiate, dans un tube de verre, avec quelques gouttes d'acide sulfurique concentré; on obtient un abondant dégagement d'oxyde de carbone.

3° Les corps oxydants décomposent facilement l'acide formique en anhydride carbonique et en eau.

$$2CHO.OH \quad + \quad 2O \quad = \quad 2CO^2 \quad + \quad 2H^2O$$

| Acide formique. | Oxygène. | Anhydride carbonique. | Eau. |

L'acide formique a même une telle tendance à s'oxyder, qu'il se comporte comme un corps réducteur. *Il réduit à l'ébullition l'azotate d'argent et transforme le sublimé corrosif en calomel, qui se précipite.*

4° *Enfin, en traitant l'acide formique par un peu d'alcool et d'acide sulfurique, on obtient, en chauffant le mélange, un éther, le formiate d'éthyle, qui possède l'odeur du rhum.*

f. Physiologie. — 1° ORIGINE. — D'après les modes de production des acides gras volatils de la série $C^n H^{2n} O^2$ en général et de l'acide formique en particulier, on peut assigner à ces acides deux origines possibles dans l'organisme.

a. Ces acides peuvent provenir de l'oxydation soit des matières albuminoïdes, soit des corps gras neutres et des acides gras plus élevés dans la série. Nous avons vu, en effet, que l'acide formique est l'un des produits de l'oxydation des corps que nous venons de citer.

b. Ces acides peuvent prendre naissance par fermentation. En effet, le glucose donne naissance par fermentation à de l'acide butyrique et même aux acides propionique et acétique. Klinger a remarqué que l'acide formique se trouve parmi les produits de certaines fermentations, notamment de la fermentation de l'urine des diabétiques. Il est donc possible que les acides gras soient, en partie du moins, le produit de fermentations.

2° ÉTAT. — L'acide formique est évidemment en solution dans les liquides où il a été trouvé. Sa solubilité et celle de tous ses sels dans l'eau ne laisse aucun doute à ce sujet.

3° ÉLIMINATION. — L'acide formique s'oxyde facilement, comme nous l'avons vu. On comprend donc aisément qu'il soit brûlé dans l'organisme. De plus, on trouve de petites quantités de cet acide dans la sueur et dans l'urine. Une partie en est donc éliminée en nature de l'économie.

§ 229. — **Acide acétique.**

$$C^2H^3O.OH.$$

a. État naturel ; emploi en médecine. — On trouve l'acide acétique soit libre, soit combiné avec les bases, mais toujours en petite quantité, dans la sueur, le suc musculaire, la rate, etc., c'est-à-dire dans les liquides et dans les organes où se trouve aussi l'acide formique.

Dans les troubles de la digestion, le contenu de l'estomac (vomissements) renferme souvent de l'acide acétique ; cet acide provient de la fermentation des matières sucrées ou amylacées introduites dans le tube digestif par l'alimentation. C'est surtout chez les petits enfants que les matières vomies renferment souvent de l'acide acétique en même temps que de l'acide lactique.

Cet acide se rencontre également dans l'organisme végétal.

L'acide acétique concentré est quelquefois employé comme caustique. En pharmacie, les vinaigres, dont l'acidité est due à l'acide acétique, servent à dissoudre des principes médicamenteux. Les *vinaigres médicinaux* se préparent par macération.

b. Préparation. — On extrait l'acide acétique des produits liquides de la distillation du bois. Pour cela on les soumet à la distillation ; l'alcool méthylique qui bout à 60° passe le premier. Les produits qui passent ensuite renferment de fortes proportions d'acide acétique. On neutralise les liqueurs acides par du carbonate de sodium et l'on chauffe, vers 300°, l'acétate de sodium formé. En *frittant* ainsi l'acétate de sodium, on carbonise les matières bitumineuses qui souillent ce sel. On dissout la masse dans l'eau et l'on fait cristalliser l'acétate de sodium. Il suffit de distiller cet acétate, préalablement desséché avec de l'acide sulfurique, pour obtenir de l'acide acétique. On le purifie en le distillant sur un peu d'acétate de baryum qui retient, à l'état de sulfate de baryum, des traces d'acide sulfurique entraînées, et on soumet le liquide distillé à la congélation. Les parties liquides au-dessous de 0° sont rejetées.

Les vinaigres s'obtiennent par la fermentation acétique du vin. Cette fermentation consiste dans l'oxydation de l'alcool du vin par l'oxygène de l'air. Le ferment qui la détermine est le *mycoderma aceti* appelé vulgairement *mère de vinaigre*.

c. **Propriétés.** — L'acide acétique est un liquide incolore, d'une odeur piquante. Il est corrosif. Soumis à une température comprise entre 0° et $+$ 4°, il cristallise en grandes lames. Ces cristaux une fois formés, ne fondent qu'à $+$ 17°. Il bout à 119°. Sa vapeur est inflammable. L'acide acétique se mêle à l'eau avec contraction. Le maximum de contraction a lieu pour un mélange représenté par la formule $C^2H^4O^2 + H^2O$.

L'acide acétique est monobasique et ne peut, par conséquent, donner naissance qu'à une seule espèce de sels. Plusieurs acétates, par exemple l'acétate de potassium, peuvent se combiner avec une molécule d'acide acétique, pour former ce qu'on a appelé des biacétates. L'acide acétique joue, dans ces combinaisons, le même rôle que l'eau de cristallisation dans certains sels.

Les acétates sont tous solubles. L'acétate d'argent et l'acétate mercureux sont peu solubles ; celui de molybdène est presque insoluble.

d. **Caractères.** — 1° *Lorsqu'on ajoute à de l'acide acétique un peu d'acide sulfurique concentré et qu'on chauffe, le mélange noircit en même temps qu'il se dégage de l'anhydride sulfureux et de l'anhydride carbonique.* Dans les mêmes conditions, l'acide formique n'est pas noirci, mais se décompose en oxyde de carbone et en eau.

2° *En solution concentrée, l'acide acétique et les acétates produisent dans l'azotate d'argent un précipité blanc cristallin d'acétate d'argent.* Le précipité est plus soluble à chaud. A l'ébullition, le mélange ne se réduit pas. L'acide formique au contraire réduit l'azotate d'argent.

3° *Lorsqu'on calcine un peu d'acétate de sodium avec de l'anhy-*

dride arsénieux, il se dégage des vapeurs blanches, douées d'une odeur alliacée. Ces vapeurs sont, en grande partie, formées par de l'oxyde de cacodyle. Si l'on voulait caractériser l'acide acétique libre, on le neutraliserait d'abord par de la potasse et l'on évaporerait à siccité.

Le cacodyle est un radical monovalent provenant de la combinaison de deux molécules de méthyle monovalent avec un atome d'arsenic trivalent. Sa formule est $(CH^3)^2As$.

L'oxyde de cacodyle a pour formule :

$$[(CH^3)^2As]' - O - [(CH^3)^2As]'.$$

Les acides supérieurs se comportent dans cette réaction comme l'acide acétique ; mais l'acide formique ne donne pas d'oxyde de cacodyle, lorsqu'après l'avoir neutralisé on calcine le sel formé avec de l'anhydride arsénieux.

4° *En traitant l'acide acétique ou un acétate par un peu d'alcool et quelques gouttes d'acide sulfurique et chauffant le mélange, il se dégage une odeur agréable d'éther acétique.*

5° *Les acétates sont colorés en rouge par l'addition d'un peu de perchlorure de fer.* Cette coloration est due à la formation d'acétate ferrique. Lorsqu'on porte à l'ébullition un mélange de chlorure ferrique et d'acétate de sodium, il se produit un précipité d'hydrate ferrique.

Les formiates se comportent vis-à-vis du perchlorure de fer comme les acétates.

§ 230. — Acétates.

On prépare les acétates soit par l'action de l'acide acétique sur les oxydes ou sur les carbonates, soit par double décomposition à l'aide de l'acétate de plomb et du sulfate du métal dont on veut obtenir l'acétate. Il se précipite du sulfate de plomb et l'acétate reste en solution.

Les *acétates de potassium et de sodium* sont employés en médecine comme diurétiques.

L'*acétate d'ammonium* est un stimulant assez actif. On se servait autrefois, sous le nom d'*esprit de Mindererus*, d'un acétate d'ammonium contenant des produits pyrogénés et qu'on obtenait en traitant par l'acide acétique le sel volatil de corne de cerf [carbonate d'ammonium imprégné de produits pyrogénés obtenu par la distillation de la corne de cerf]. (V. § 42, p. 155.)

L'*acétate de cuivre* neutre $(C^2H^3O^2)^2Cu + H^2O$ (*cristaux de Vénus, Verdet cristallisé*) se présente sous forme de gros cristaux d'un vert bleuâtre foncé. Il perd son eau de cristallisation vers 140°. Chauffé vers 300°, l'acétate de cuivre se décompose; il se dégage de l'acide acétique en même temps que de l'acétone, de l'anhydride carbonique et des gaz combustibles. Le produit rectifié de la distillation de l'acétate de cuivre était employé autrefois en médecine sous le nom de *vinaigre radical*.

L'acétate de cuivre sert en médecine aux mêmes usages que le sulfate de cuivre ; il est plus actif que ce dernier.

Le *vert-de-gris* ou *Verdet de Montpellier* n'est pas un produit défini. Il renferme plusieurs acétates basiques de cuivre, surtout de l'acétate bibasique.

L'acétate bibasique est bleu. Traité par l'eau, il se forme de l'acétate neutre qui se dissout, en même temps qu'il se dépose de l'acétate tribasique insoluble et d'une couleur verte.

On obtient le verdet de Montpellier en abandonnant à l'air des piles de lames de cuivre séparées par des couches de marc de raisin. L'alcool qui imprègne le marc s'oxyde à l'air et se transforme en acide acétique. Le cuivre s'oxyde également; il se forme de l'oxyde de cuivre qui se combine avec l'acide acétique.

Le verdet, quoique n'étant pas entièrement soluble, est employé à l'extérieur comme escharotique.

Le *vert de Schweinfurt*, qu'on emploie dans l'industrie comme matière colorante et qui a souvent donné lieu à des empoisonnements, est une combinaison d'acétate de cuivre et d'arsénite de cuivre.

L'*acétate neutre de plomb* $(C^2H^3O^2)^2 Pb + 3H^2O$, aussi désigné sous le nom de *sucre de Saturne*, s'obtient en traitant la litharge ou le massicot par l'acide acétique en léger excès. Il est soluble dans l'eau; sa saveur est à la fois douce et astringente; il dissout l'oxyde de plomb en produisant des acétates basiques. La solution d'oxyde de plomb dans l'acétate de plomb est employée en médecine sous le nom d'*extrait de Saturne*. Ce produit est constitué en majeure partie par de l'acétate tribasique de plomb.

Lorsqu'on verse l'extrait de Saturne, encore désigné sous le nom de *sous-acétate de plomb*, dans de l'eau de puits, qui renferme toujours de l'anhydride carbonique, des sulfates et des carbonates, il se forme un abondant précipité blanc composé de sulfate et de carbonate de plomb. Cette liqueur constitue l'*eau blanche* ou *eau de Goulard*. On emploie en médecine l'extrait de Saturne comme astringent et résolutif.

L'acétate neutre se distingue aisément du sous-acétate de plomb. En effet : 1° *Le premier de ces sels a une réaction légèrement acide ; le second ramène au bleu le papier de tournesol rougi.* 2° *Une solution de gomme précipite le sous-acétate de plomb et ne précipite pas l'acétate neutre. 3° L'anhydride carbonique précipite aussi, exclusivement, le sous-acétate de plomb.*

§ 231. — **Vinaigres.**

Les vinaigres servent en pharmacie à dissoudre diverses substances médicamenteuses, notamment le camphre, des essences, des résines. On doit employer exclusivement en pharmacie des vinaigres obtenus par la fermentation du vin. L'industrie prépare encore des vinaigres par la fermentation de l'eau-de-vie, de la bière, du cidre, etc., et en étendant d'eau l'acide acétique obtenu par la distillation du bois.

Il est facile de reconnaître les vinaigres de vin en ce qu'ils renferment les mêmes substances que le vin, notamment des chlorures, des sulfates, des matières colorantes, de la crème de tartre.

On falsifie quelquefois les vinaigres en augmentant leur acidité par l addition d'acides minéraux (sulfurique, chlorhydrique).

Pour démontrer la présence de l'acide sulfurique dans un vinaigre, il ne suffit pas de constater que ce vinaigre donne avec le chlorure de baryum un précipité de sulfate de baryum, car on sait que les vins, et par conséquent les vinaigres, renferment des sulfates. Il faut séparer l'acide sulfurique libre de l'acide sulfurique combiné. Pour cela, on évapore un peu de vinaigre, on traite le résidu par un mélange d'alcool et d'éther, qui dissout l'acide sulfurique libre et laisse les sulfates (V. § 37, p. 133). On évapore ensuite l'alcool éthéré. On reprend le résidu par un peu d'eau et, après y avoir ajouté quelques gouttes d'acide azotique, on le traite par le chlorure de baryum. L'obtention dans ces conditions d'un précipité blanc de sulfate de baryum démontre la présence d'acide sulfurique libre dans le vinaigre.

L'acide chlorhydrique ne saurait, pas plus que l'acide sulfurique, être reconnu en opérant directement sur le vinaigre, qui renferme toujours des chlorures. Il faut distiller une certaine quantité de vinaigre sans pousser la distillation jusqu'à siccité et démontrer, par les moyens ordinaires, la présence de l'acide chlorhydrique dans les produits de la distillation.

§ 232. — **Acide propionique.**

$$C^3H^5O.OH.$$

L'existence de l'acide propionique dans l'organisme animal, quoique probable, n'est pas démontrée. Quelques auteurs prétendent l'avoir trouvé dans la sueur, le suc gastrique, la bile.

On prépare l'acide propionique en chauffant le cyanure d'éthyle avec de la potasse. (V. § 227, p. 423.)

C'est un liquide oléagineux, incolore, d'une odeur rappelant à la fois celle de l'acide acétique et celle de l'acide butyrique. Il bout à 140°. Il est soluble en toutes proportions dans l'eau. Le chlorure de calcium le sépare de sa solution aqueuse. Les propionates ressemblent beaucoup aux acétates.

§ 233. — **Acide butyrique.**

$$C^4H^7O.OH.$$

a. État naturel. — L'acide butyrique se trouve à l'état d'éther glycérique dans le beurre et dans un grand nombre de graisses. Il existe en notables proportions dans la sueur, le gros intestin, les fèces ; on l'a aussi trouvé dans le sang (?), les urines (rarement), le suc musculaire, la rate, le contenu de l'estomac (dans les troubles de la digestion).

Cet acide se rencontre également dans l'économie végétale. Le fruit du caroubier, le suc laiteux de l'arbre de la vache, le fruit de la saponaire et celui du tamarinier en renferment.

b. Préparation. — On prépare l'acide butyrique, en abandonnant à la fermentation du glucose en solution ou même de l'empois d'amidon avec du fromage pourri. On ajoute à la masse de la craie pulvérisée, pour saturer l'acide au fur et à mesure de sa formation. Au bout d'un certain temps, le tout se prend en une masse de lactate de calcium. La fermentation continuant, la masse redevient liquide, par suite de la formation de butyrate de calcium. On traite le butyrate de calcium formé par du carbonate de sodium ; il se précipite du carbonate de calcium, et du butyrate de sodium reste en solution. On filtre, on évapore le butyrate avec de l'acide sulfurique. L'acide butyrique passe à la distillation.

La fermentation butyrique suit, comme on le voit, la fermentation lactique. La production d'acide butyrique par fermentation a lieu d'après la formule :

$$2(C^3H^6O^3) \quad = \quad C^4H^8O^2 \quad + \quad 2CO^2 \quad + \quad 2H^2$$

| Acide lactique. | | Acide butyrique. | Anhydride carbonique. | Hydrogène. |

c. Propriétés. — L'acide butyrique est un liquide incolore, d'une odeur de beurre rance. Il est soluble dans l'eau, mais moins que l'acide propionique. Les sels avides d'eau, comme le chlorure de calcium, le séparent de sa dissolution dans l'eau. L'acide butyrique vient alors surnager.

Il forme avec les bases des butyrates, généralement solubles dans l'eau. Le butyrate de calcium, plus soluble à froid qu'à chaud, se prend en masse lorsqu'on porte à l'ébullition sa solution saturée à froid. Lorsqu'on projette de petits fragments de butyrate de baryum sur l'eau, ceux-ci se mettent à tournoyer comme le camphre.

d. Caractères. — *Chauffé avec de l'alcool et quelques gouttes d'acide sulfurique, l'acide butyrique répand l'odeur d'ananas.* Il se forme en effet, dans ces conditions, du butyrate d'éthyle, connu en parfumerie sous le nom d'essence d'ananas.

§ 234. — Acide valérique.

$$C^5H^9O \; OH.$$

a. État naturel. — Chevreul a, le premier, trouvé cet acide dans la graisse du dauphin et l'avait appelé *acide phocénique.* Peut-être provient-il dans cette graisse d'une altération des corps gras. L'acide valérique se trouve dans les excréments. L'urine en renferme, dans certains cas, surtout dans le typhus, la variole, l'atrophie aiguë du foie. Cet acide existe aussi dans la racine de valériane.

b. Préparation. — On obtient facilement l'acide valérique en oxydant l'alcool amylique par le bichromate de potassium et l'acide sulfurique.

c. Propriétés. — L'acide valérique est un liquide oléagineux, d'une odeur forte, rappelant la valériane. Il est moins soluble dans l'eau que l'acide butyrique.

d. Physiologie. — La leucine (V. ce mot) donne facilement naissance à de l'acide valérique. C'est probablement à une décomposition de la leucine qu'il faut attribuer la formation de l'acide valérique qu'on trouve dans l'organisme.

§ 235. — Acides caproïque, caprylique, caprique.

Ces acides existent, à l'état de composés glycériques, dans le beurre. L'huile de coco, le fromage de Limbourg, en renferment de notables proportions. Leur séparation est si difficile, lorsqu'on ne possède que de petites quantités de ces acides, qu'il est à peu près impossible d'affirmer que ces acides se trouvent tous trois dans l'organisme. On a indiqué leur présence dans les fèces, dans la sueur et dans le sang.

Ils ont tous trois une odeur désagréable, rappelant celle du bouc.

On extrait ces acides par saponification, soit du beurre, soit de l'huile de coco.

§ 236. — Acides palmitique et stéarique,

$$C^{16}H^{31}O.OH \text{ et } C^{18}H^{35}O.OH.$$

a. État naturel. — Ces deux acides se rencontrent, à l'état de combinaisons glycériques, dans toutes les graisses des animaux. Ils se trouvent à l'état de sels de sodium dans le sang, et à l'état de sels de calcium dans les fèces et le gras de cadavre. Ils existent à l'état de liberté dans le pus en décomposition, dans les masses tuberculeuses ét, souvent en assez gros cristaux, dans les crachats de la gangrène pulmonaire.

b. Préparation et séparation. — Pour préparer ces acides, on saponifie une graisse par de la potasse. Les acides gras se combinent avec la potasse et forment avec elle des sels solubles (savons) qu'on sépare en ajoutant à la solution du chlorure de sodium (V. § 237, p. 440). On recueille le savon et on le traite par l'acide chlorhydrique, qui s'empare de la potasse et met les acides gras en liberté. On recueille ces acides et on les comprime fortement entre des doubles de papier Berzelius, qui s'imbibe de l'acide oléique qui accompagne les acides palmitique et stéarique dans la plupart des graisses.

Quant aux acides palmitique et stéarique, on les sépare par la méthode des précipitations fractionnées. Cette séparation est fondée sur le fait suivant : Lorsqu'on traite une solution alcoolique d'un mélange de palmitate et de stéarate de sodium par une solution chaude et saturée d'acétate de baryum, il se précipite d'abord du stéarate de baryum, puis un mélange de stéarate et de palmitate de baryum, enfin du palmitate de baryum. On recueille séparément les différents précipités et on constate la pureté des premiers et des derniers, en dosant le baryum que renferme un poids donné de sel.

100 parties de palmitate de baryum renferment........ 21,17 de baryum.
100   —   de stéarate............................. 19,49   —

Pour isoler l'acide de ces sels, on les met en suspension dans l'eau et on les traite par de l'acide chlorhydrique qui met l'acide gras en liberté.

Heintz, en opérant par la méthode des précipitations fractionnées, s'est assuré que l'acide margarique $C^{17}H^{34}O^2$, qu'on indiquait comme se trouvant dans presque toutes les graisses, n'est qu'un mélange d'acide palmitique et d'acide stéarique, et que cet acide n'existe pas dans les corps gras naturels.

c. Propriétés. — Les acides palmitique et stéarique sont tous deux blancs, gras au toucher, insolubles dans l'eau, solubles dans l'alcool bouillant, l'éther, le chloroforme, l'acide acétique. L'eau les précipite de leurs solutions dans l'alcool et dans l'acide acétique.

L'acide palmitique fond à $+$ 62°. Une solution alcoolique bouillante de cet acide le laisse déposer, par le refroidissement, en aiguilles réunies en touffes.

L'acide stéarique fond à $+$ 69°,2. Il cristallise, par le refroidissement de sa dissolution dans l'alcool bouillant, en paillettes nacrées qui, vues au microscope, se présentent sous la forme de losanges dont les angles obtus sont arrondis.

L'examen microscopique des cristaux de ces deux acides permet, avec leur point de fusion et l'analyse de leur sel de baryum, de les caractériser.

d. Physiologie. — La présence des acides gras dans les dernières parties du tube digestif s'explique par ce fait que le suc pancréatique possède la propriété de décomposer les graisses neutres (éthers glycériques des acides gras) en glycérine et en acides gras.

Les acides gras ne se trouvent, à l'état de liberté, que dans des liquides qui, soit dans l'organisme, soit en dehors de l'économie, ont subi un commencement de putréfaction ; ces acides semblent donc provenir de la décomposition des corps gras neutres.

§ 237. — Savons.

On appelle *savons* les produits de la saponification des corps gras par la potasse ou la soude. Les savons sont donc des mélanges de palmitates, stéarates et oléates alcalins. Par extension, on appelle aussi savons les sels purs des acides gras.

Les palmitates, stéarates et oléates alcalins sont solubles dans l'eau. Les autres sels de ces trois acides sont insolubles et peuvent s'obtenir par double décomposition au moyen des sels alcalins. Ceux-ci sont décomposés par une grande quantité d'eau en alcali libre et en sel acide complètement analogue au biacétate de potassium. Les palmitates, stéarates et oléates acides sont insolubles et se précipitent. Le chlorure de sodium précipile les savons de leur solution dans l'eau. Enfin, les acides décomposent ces sels et en précipitent les acides gras.

Les savons sont employés en médecine tant à l'intérieur qu'à l'extérieur. On peut se servir des savons comme contre-poison des acides et des sels métalliques.

Les savons de sodium sont plus durs que les savons de potassium.

On emploie en médecine le *savon amygdalin*, qu'on obtient en saponifiant, par la soude caustique, l'huile d'amandes douces, et le *savon animal*, qu'on prépare en saponifiant, par la soude caustique, la moelle de bœuf. Ce dernier savon est réservé pour l'usage externe.

L'*emplâtre* (1) *simple* est un savon de plomb obtenu par la saponification, au moyen de la litharge, d'un mélange d'axonge et d'huile d'olive.

L'emplâtre simple est blanc. On l'emploie rarement seul ; mais il sert à la préparation des autres emplâtres.

§ 238. — **Acide oléique.**

$$C^{18}H^{33}O.OH.$$

a. État naturel. — L'acide oléique se trouve, à l'état de combinaison glycérique, dans presque toutes les graisses. Il existe surtout en grande quantité dans les huiles. On ne trouve guère l'acide oléique à l'état de liberté que dans le chyle et dans le contenu de l'intestin.

b. Préparation et recherche. — L'oléate de plomb est soluble dans l'éther, tandis que les sels de plomb de tous les acides gras solides y sont insolubles. Cette propriété de l'oléate de plomb permet de séparer l'acide oléique des autres acides gras. Pour cela, on saponifie par de la potasse la graisse dont on veut extraire ou dans laquelle on veut rechercher l'acide oléique. S'il s'agit de préparer cet acide, on emploie l'huile d'olives ou l'huile d'amandes douces. On traite le savon obtenu par l'acide chlorhydrique, qui met les acides gras en liberté. On fait digérer ces acides gras avec du massicot en poudre fine pendant assez longtemps ; enfin on épuise le mélange de sels de plomb par l'éther, qui dissout l'oléate. On décompose par l'acide chlorhydrique la solution éthérée d'oléate de plomb. Il se précipite du chlorure de plomb, tandis que l'acide oléique reste en solution

---

(1) On appelle *emplâtres* des médicaments solides caractérisés par une consistance telle qu'à la chaleur du corps ils se ramollissent sans couler.

dans l'éther. On évapore l'éther et l'on obtient ainsi de l'acide oléique.

On purifie cet acide en le neutralisant par de l'ammoniaque, traitant l'oléate d'ammonium par du chlorure de baryum et purifiant, par cristallisation dans l'alcool bouillant, l'oléate de baryum formé. On extrait l'acide oléique de l'oléate de baryum, en décomposant ce sel par une solution d'acide tartrique purgé d'air. L'opération doit se faire, autant que possible, à l'abri de l'air, pour éviter l'oxydation de l'acide oléique.

c. **Propriétés**. 1° Physiques. — L'acide oléique est un liquide huileux, incolore, inodore, insipide. A 4°, il se prend en une masse cristalline qui fond à 14°. Comme les acides palmitique et stéarique, l'acide oléique est insoluble dans l'eau, soluble dans l'alcool, l'éther, le chloroforme. Sa solution dans l'alcool ne rougit pas le papier de tournesol.

2° Chimiques. — Exposé à l'air, l'acide oléique absorbe rapidement l'oxygène, jaunit et finit par répandre une odeur de rance. Il est alors fortement acide.

Fondu avec de la potasse, l'acide oléique se dédouble en acide acétique et en acide palmitique.

Plusieurs autres acides de la série oléique jouissent ainsi de la propriété de se dédoubler sous l'influence de la potasse, en acide acétique et en un autre acide de la série saturée.

L'acide acrylique, par exemple, se scinde en acide acétique et en acide formique ; l'acide angélique en acide acétique et en acide propionique. Ex. :

$$C^5H^8O^2 + 2KOH = C^2H^3OOK + C^3H^5OOK + H^2$$

Acide angélique.	Potasse.	Acétate de potassium.	Propionate de potassium.	Hydrogène.

Le peroxyde d'azote transforme l'acide oléique en un isomère, l'acide *élaïdique*, qui ne fond qu'à 45°. Aussi sous l'influence des vapeurs rutilantes, même en petite quantité, l'acide oléique se prend-il en masse.

Les oléates alcalins sont solubles dans l'eau. Les autres oléates sont insolubles. L'oléate de potassium est liquide, celui de sodium est solide. Aussi le savon potassique est-il plus mou que le savon sodique. La solution aqueuse d'un oléate alcalin est précipitée par l'acétate neutre de plomb. *L'oléate de plomb précipité est soluble dans l'éther.*

d. **Caractères**. — *La solubilité de l'oléate de plomb dans l'éther et l'action du peroxyde d'azote sur l'acide oléique caractérisent cet* acide.

§ 239. — **Acide benzoïque.**

$$C^6H^5.CO.OH.$$

a. État naturel ; emploi en médecine. — L'acide benzoïque ne semble pas exister, à l'état de liberté, dans l'économie. On le trouve dans les urines putréfiées des herbivores, et aussi, en petite quantité, dans celles de l'homme. Il provient, dans ce cas, de la décomposition de l'acide hippurique. Il est probable que l'acide benzoïque qu'on a trouvé dans le smegma du prépuce, dans la sueur, dans les capsules surrénales, a la même origine. Certains auteurs prétendent pourtant que l'acide benzoïque se trouve en nature dans l'urine des chevaux surmenés ou mal nourris.

L'acide benzoïque a été employé en médecine comme tonique de la muqueuse des voies respiratoires. C'est surtout l'acide benzoïque obtenu par sublimation qui semble efficace. Il est à remarquer que l'acide benzoïque obtenu ainsi contient une huile volatile à laquelle il doit son odeur et peut-être ses propriétés médicinales. Introduit dans l'organisme, l'acide benzoïque se transforme en acide hippurique, qui est éliminé par les urines.

b. Modes de production et préparation. — 1° On obtient de l'acide benzoïque lorsqu'on oxyde les matières albuminoïdes par le permanganate de potassium.

2° Cet acide se trouve tout formé dans le benjoin. On l'en extrait : *a*) en chauffant le benjoin dans un vase sur lequel on tend un papier buvard et qu'on recouvre ensuite d'un cône de carton (V. *fig.* 60). L'acide benzoïque se volatilise, traverse le

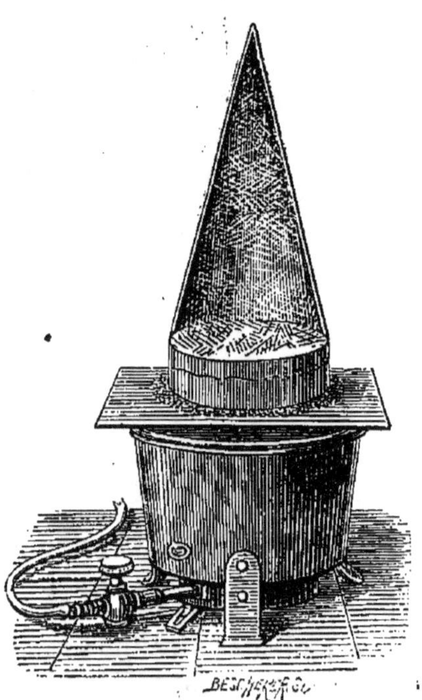

Fig. 60. — **Préparation de l'acide benzoïque.**

diaphragme de papier qui retient les produits empyreumatiques et vient se condenser dans le cône de carton ; *b*) en faisant bouillir le benjoin avec un lait de chaux. Il se forme du benzoate de calcium. On filtre, on concentre le liquide filtré et on précipite l'acide benzoïque par l'acide chlorhydrique.

3° On extrait de grandes quantités d'acide benzoïque de l'urine des herbivores. Il suffit de les faire bouillir avec de l'acide chlorhydrique. L'acide hippurique que renferment ces urines est décomposé et l'acide benzoïque cristallise par le refroidissement.

c. Propriétés. 1° Physiques. — L'acide benzoïque est un corps blanc, inodore, quand il est pur. Obtenu par sublimation, il se présente sous forme d'aiguilles ou de lamelles. Les cristaux qu'on obtient par précipitation à froid sont mal formés. Ceux qui se déposent par le refroidissement d'une solution chaude d'acide benzoïque, paraissent au microscope sous forme de tables rectangulaires, larges, minces. Quelquefois il y a des troncatures sur les arêtes. Ces cristaux sont souvent superposés les uns aux autres (V. *fig.* 61).

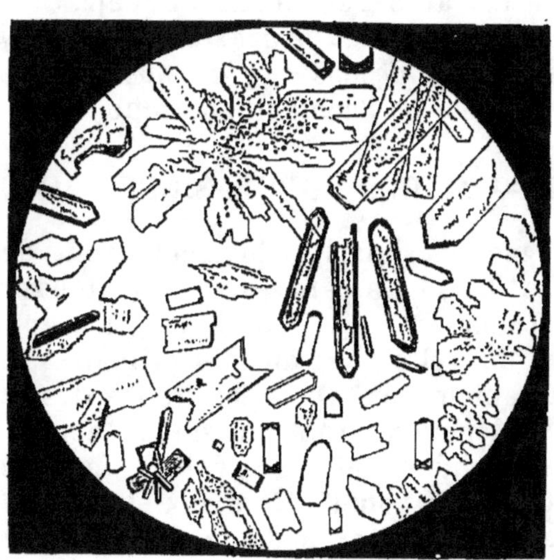

Fig. 61. — Acide benzoïque.

L'acide benzoïque est assez soluble dans l'eau bouillante, très peu soluble dans l'eau froide. L'alcool et l'éther le dissolvent facilement. Il fond à 121°, bout à 249° et distille sans altération. Sa vapeur provoque la toux. Lorsqu'on fait bouillir une solution aqueuse d'acide benzoïque, cet acide se volatilise en partie avec la vapeur d'eau.

2° Chimiques. — L'acide azotique transforme à l'ébullition l'acide benzoïque en acide nitrobenzoïque :

$$C^7H^5O.OH \quad + \quad AzO^3.OH \quad = \quad C^7H^4(AzO^2)O.OH \quad + \quad H.OH$$

Acide benzoïque.   Acide azotique.   Acide nitrobenzoïque.   Eau.

L'acide nitrobenzoïque, introduit dans l'économie, s'y transforme en acide nitrohippurique.

La plupart des benzoates sont solubles dans l'eau. Ceux des métaux lourds y sont peu solubles. Les benzoates alcalins sont solubles dans l'alcool. Il en est de même du benzoate de baryum, ce qui permet de séparer l'acide benzoïque de l'acide succinique.

Les caractères de l'acide benzoïque et des benzoates sont les suivants :

1° Les acides minéraux précipitent l'acide benzoïque de ses sels.

2° Le perchlorure de fer donne dans les solutions des benzoates alcalins un précipité jaune brunâtre de benzoate ferrique.

3° Un mélange d'alcool, d'ammoniaque et de chlorure de baryum ne précipite que par l'addition d'acide benzoïque ou d'un benzoate alcalin [car. dist. d'avec l'acide succinique].

4° L'acide benzoïque, chauffé avec un excès de chaux hydratée, se décompose et il se dégage de la benzine, mais pas d'ammoniaque [car. dist. d'avec l'acide hippurique].

§ 240. — ACIDES MONOBASIQUES BIVALENTS.

Les acides monobasiques et bivalents sont des composés à fonction mixte. Ils sont à la fois acides monobasiques et alcools primaires, secondaires ou tertiaires. Ils jouissent des propriétés des acides et de celles des alcools primaires, secondaires ou tertiaires, suivant le cas. Dans le groupe des acides monobasiques et bivalents rentrent aussi les acides phénols, tels que l'acide salicylique, C^6H^4 (OH) COOH. Les acides des séries $C^n H^{2n} O^3$ et $C^n H^{2n-8} O^3$ sont les mieux étudiés.

Ces acides, comme les acides monovalents, présentent de nombreux cas d'isomérie. On connaît, par exemple, deux acides lactiques. L'un de ces acides dérive du glycol propylénique deux fois primaire, l'autre du glycol propylénique primaire-secondaire. Les formules suivantes rendent compte de la différence de constitution de ces acides :

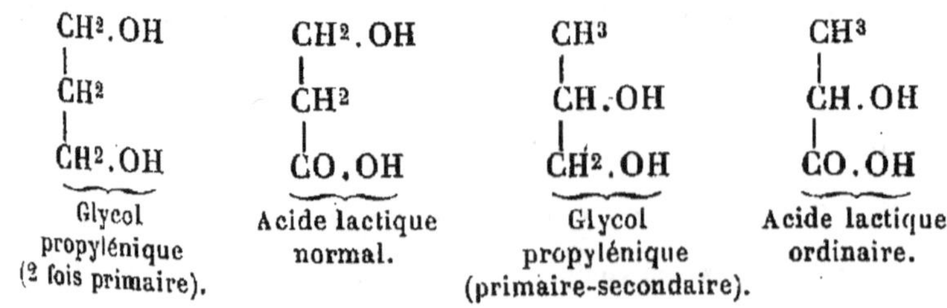

Le premier de ces acides, l'*acide lactique normal*, est encore désigné sous le nom d'*acide éthyléno-lactique*. D'après les formules ci-dessus, on voit en effet que cet acide renferme le radical *éthylène* (CH^2-CH^2). Le second acide lactique, l'*acide lactique ordinaire*, est encore nommé *acide lactique de fermentation* et acide *éthylidéno-lactique*. Il renferme en effet le radical *éthylidène* $(CH^3—CH)''$ (V. § 188, p. 344).

a. Préparation. — On obtient des acides bivalents et monobasiques :

1° *Par l'oxydation incomplète des glycols.*

En oxydant la saligénine (V. § 275), corps qui se comporte comme un alcool-phénol, on obtient l'acide salicylique :

$$C^6H^4{<}^{CH^2.OH}_{OH} \quad + \quad O^2 \quad = \quad H^2O \quad + \quad C^6H^4{<}^{CO.OH}_{OH}$$

Saligénine. Oxygène. Eau. Acide salicylique.

2° *En faisant agir l'oxyde d'argent et l'eau sur les dérivés chlorés ou bromés des acides monobasiques saturés :*

$$2 \left\{{}^{CH^2.Cl}_{CO.OH}\right. \quad + \quad Ag^2O \quad + \quad H^2O \quad = \quad 2AgCl \quad + \quad 2\left\{{}^{CH^3.OH}_{CO.OH}\right.$$

Acide mono-chloracétique. Oxyde d'argent. Eau. Chlorure d'argent. Acide glycolique.

L'acide. chlorobenzoïque fondu avec de la potasse, donne de l'acide salicylique :

$$C^6H^4{<}^{CO.OH}_{Cl} \quad + \quad KOH \quad = \quad KCl \quad + \quad C^6H^4{<}^{CO.OH}_{OH}$$

Acide chloro-benzoïque. Potasse. Chlorure de potassium. Acide salicylique.

3° *En traitant la monocyanhydrine d'un glycol par l'eau et la potasse.* On obtient, dans ce cas, l'acide qui dérive de l'homologue supérieur du glycol d'où l'on est parti :

$$C^2H^4.CAz.OH \quad + \quad H.OH \quad + \quad K.OH \quad = \quad AzH^3 \quad + \quad C^2H^4.CO.OK.OH$$

Monocyanhydrine du glycol. Eau. Potasse. Ammoniaque. Lactate de potassium.

La monocyanhydrine du glycol s'obtient elle-même en chauffant la monochlorhydrine avec une solution alcoolique de cyanure de potassium :

$$C^2H^4.Cl.OH \quad + \quad CAzK \quad = \quad ClK \quad + \quad C^2H^4.CAz.OH.$$

4° En faisant agir l'acide azoteux sur les amines-acides obtenus par l'action de l'ammoniaque sur les dérivés monochlorés des acides monovalents :

$$
\underbrace{\begin{matrix} CH^2.AzH^2 \\ | \\ CO.OH \end{matrix}}_{\text{Glycocolle.}} + \underbrace{AzO^2H}_{\begin{matrix}\text{Acide}\\\text{azoteux.}\end{matrix}} = \underbrace{\begin{matrix} CH^2.OH \\ | \\ CO.OH \end{matrix}}_{\begin{matrix}\text{Acide}\\\text{glycolique.}\end{matrix}} + \underbrace{Az^2}_{\text{Azote.}} + \underbrace{H^2O}_{\text{Eau.}}
$$

Tous ces procédés de préparation sont analogues aux modes de préparation des acides monobasiques ou à ceux des alcools monoacides. Il est, en effet, facile de remarquer que le corps dont on part pour obtenir l'acide bivalent et monobasique possède déjà soit la fonction acide, soit la fonction alcool. Dans le premier cas, le mode de préparation rentre dans les modes de préparation des alcools ; il s'agit en effet de donner la fonction alcool à ce composé qui possède déjà la fonction acide, de manière à obtenir un alcool-acide. Dans le second cas, le procédé de préparation rentre dans les procédés de préparation des acides monobasiques.

b. Propriétés. — Les acides monobasiques et bivalents jouissent à la fois des propriétés des alcools et de celles des acides.

Comme les alcools biacides et comme les acides bibasiques, les acides monobasiques et bivalents donnent naissance à des produits condensés *par perte* d'un molécule d'eau. Dans ce cas, la formation d'eau se fait aux dépens d'un oxhydryle alcoo-liquide et d'un oxhydryle acide. Il en résulte que le corps obtenu est un véritable éther (V. *Éthers*) et qu'il est encore à la fois alcool et acide. Il rentre donc lui-même dans la classe des acides bivalents et monobasiques. Ex. :

$$
\underbrace{\begin{matrix} CH^2.OH \\ | \\ CO.OH \\ CH^2.OH \\ | \\ CO.OH \end{matrix}}_{\begin{matrix}\text{Acide glycolique}\\\text{(2 molécules).}\end{matrix}} - H^2O = \underbrace{\begin{matrix} CH^2.OH \ldots \ldots \text{(Alcool.)} \\ | \\ C\,O \\ {>}O \ldots \ldots \text{(Éther.)} \\ CH^2 \\ CO.OH \ldots \ldots \text{(Acide.)} \end{matrix}}_{\text{Acide diglycolique.}}
$$

On peut obtenir de même un acide dilactique, un acide tri-glycolique, etc. Enfin, tous ces acides condensés peuvent perdre une molécule d'eau et donner des anhydrides.

LISTE DES PRINCIPAUX ACIDES BIVALENTS ET MONOBASIQUES.

Série $C^nH^{2n}O^3$.

TERMES.	ACIDES.	
2	Glycolique.	S'obtient par l'oxydation du glycol éthylénique. Il se forme encore par l'action de l'acide azoteux sur le glycocolle.
3	Lactiques.	
4	Oxybutyriques.	
5	Oxyvalériques.	
6	Leucique.	Obtenu par l'action de l'acide azoteux sur la leucine.

Série $C^nH^{2n}-2O^3$.

18	Ricinoléique.	Cet acide est contenu à l'état de glycéride dans l'huile de ricin. Il se décompose, sous l'influence de la chaleur, en acide sébacique et en alcool caprylique.

Série $C^nH^{2n}-8O^3$.

7	Salicylique.	On connaît les trois isomères prévus par la théorie.

§ 241. — Acides lactiques.

$C^3H^6O^3$.

a. État naturel. — L'acide lactique ordinaire (V. § 20, p. 508) se trouve en partie à l'état de liberté, en partie à l'état de sel dans l'estomac, dans l'intestin grêle et le gros intestin. Il se forme dans le lait, par suite de la fermentation lactique du sucre de lait. La fermentation des urines diabétiques donne également naissance à de l'acide lactique ordinaire.

Le suc musculaire de l'homme et des animaux renferme un acide lactique qu'on a longtemps considéré comme identique avec l'acide normal, qui par suite avait été nommé aussi acide *sarcolactique*.

On a encore signalé la présence du même acide lactique dans le suc des glandes, le cerveau, les os dans l'ostéomalacie, dans la sueur des femmes atteintes de fièvre puerpérale.

b. Isomérie. — D'après les récentes recherches de Wislicenus, l'acide sarcolactique, c'est-à-dire l'acide lactique qui se trouve dans la chair des animaux après la mort, est un mélange de deux acides isomères et non un composé unique. L'un de ces acides, que Wislicenus a nommé *acide paralactique*, est très voisin par ses propriétés de l'acide lactique de fermentation. Il ne s'en distingue que par la propriété qu'il a de dévier à droite le plan de la lumière polarisée. L'isomérie des acides lactique ordinaire et paralactique est donc une isomérie physique analogue à celle des acides tartriques. Le second acide, qui n'est contenu qu'en petite quantité dans le mélange, est identique avec l'acide lactique normal. Le sel de zinc de cet acide est incristallisable et se dissout très-bien dans l'acool, tandis que le paralactate de zinc est presque complètement insoluble dans ce dissolvant. Cette différence de solubilité dans l'alcool des sels de zinc, de l'acide lactique normal et de l'acide paralactique, a permis de séparer ces acides.

Le nom d'acide sarcolactique doit donc être abandonné ou donné à l'acide paralactique.

c. Préparation. — 1° *Acide lactique ordinaire*. On prépare l'acide lactique en faisant subir la fermentation lactique au sucre de lait, au sucre de canne, au glucose ou même à l'amidon. Pour cela, on ajoute à une solution de glucose, du lait écrémé, un peu de fromage et du carbonate de calcium pour neutraliser l'acide au fur et à mesure de sa formation ; on abandonne le tout à une température d'environ 30° à 35°. Si l'on n'avait pas soin d'ajouter du carbonate de calcium, la fermentation ne tarderait pas à s'arrêter, le ferment lactique ne pouvant vivre dans les liqueurs acides. Au bout de quelques jours, le tout se prend en une masse de lactate de calcium. On dissout ce sel dans l'eau bouillante et on précipite le calcium par l'acide sulfurique. On filtre, on neutralise la liqueur filtrée par du carbonate de zinc et on purifie par cristallisation le lactate de zinc formé. Pour extraire l'acide lactique du lactate de zinc, il suffit de dissoudre ce sel dans l'eau et de le traiter par l'hydrogène sulfuré. Il se précipite du sulfure de zinc et l'acide lactique est mis en liberté. On filtre, on évapore au bain-marie ; on dissout le résidu dans l'éther, et, par l'évaporation de la solution éthérée, on obtient l'acide lactique pur.

Cette fermentation se produit naturellement dans un grand nombre de circonstances.

2° *Acide paralactique*. On extrait l'acide paralactique de la viande. Pour cela, on épuise de la viande finement hachée par de l'eau froide. On traite les liquides réunis par un peu d'acide sulfurique et on fait bouillir. On coagule ainsi l'albumine. On filtre et, dans le liquide filtré, on précipite l'acide phosphorique par la baryte. On filtre de nouveau et on précipite l'excès de baryte par un courant d'anhydride carbonique dirigé dans le liquide chaud. On évite ainsi la formation de carbonate acide de baryum soluble. Le liquide filtré est évaporé à consistance sirupeuse, puis traité par l'acide sulfurique qui met l'acide lactique en liberté. On épuise la masse sirupeuse par l'éther, qui dissout l'acide lactique et aussi l'excès d'acide sulfurique. On sépare la couche éthérée au moyen d'un entonnoir à robinet et on l'évapore au bain-marie. Le résidu est de l'acide lactique souillé par de l'acide sulfurique et par des traces d'acide gras. On transforme ces acides en sels de calcium en les étendant d'eau et les faisant bouillir avec du carbonate de calcium. On filtre à chaud pour séparer l'excès de carbonate de calcium et le sulfate de calcium, et on purifie le lactate de calcium par plusieurs cristallisations et un traitement au noir animal. On extrait l'acide lactique de son sel de calcium en précipitant le calcium par l'acide oxalique. L'acide lactique ainsi obtenu est un mélange d'acide paralactique et d'un peu d'acide lactique normal. On sépare ces acides en les transformant en sels de zinc et séparant ces sels par l'alcool, comme il a été dit (V. p. 449.)

d. Propriétés. 1° PHYSIQUES. — Les divers acides lactiques constituent des liquides sirupeux, incolores ou quelquefois légèrement colorés en jaune, inodores, d'une saveur acide, incristallisables et miscibles en toute proportion avec l'eau, l'alcool et l'éther.

2° CHIMIQUES. — Lorsqu'on chauffe l'un des acides lactiques à 140° environ, deux molécules d'acide perdent une molécule d'eau et donnent un premier anhydride, l'acide dilactique (V. § 240, p. 447):

$$
\begin{array}{ccc}
C^3H^4O \diagdown \begin{array}{c} OH \\ OH \end{array} & & C^3H^4O \diagup \begin{array}{c} OH \\ \diagdown O \end{array} \\[2ex]
C^3H^4O \diagdown \begin{array}{c} OH \\ OH \end{array} \quad - \quad H^2O \quad = & & C^3H^4O \diagdown \begin{array}{c} \diagup \\ OH \end{array} \\[1ex]
\underbrace{}_{\substack{\text{Acide lactique}\\(2\ \text{molécules}).}} & \underbrace{}_{\text{Eau.}} & \underbrace{}_{\text{Acide dilactique.}}
\end{array}
$$

Lorsqu'on prolonge l'action de la chaleur, l'acide dilactique lui-même perd une molécule d'eau et se transforme en deux molécules de lactide ou anhydride lactique $C^3H^4O^2$. L'acide dilactique et la lactide se transforment de nouveau en acide lactique par leur ébullition avec l'eau. Les alcalis favorisent cette transformation. L'acide lactique obtenu par l'ébullition de la lactide avec l'eau est toujours l'acide ordinaire, alors même qu'on a opéré sur la lactide provenant de l'action de la chaleur sur un autre acide lactique. Chauffé avec de l'acide sulfurique concentré, l'acide lactique dégage de l'oxyde de carbone. L'acide lactique est aisément transformé en acide butyrique sous l'influence de certains ferments (V. § 233, p. 437).

Tous les lactates sont solubles dans l'eau. La plupart se dissolvent également dans l'alcool. Ils sont insolubles dans l'éther.

e. Recherche et caractères. — Pour reconnaître avec certitude la présence de l'acide lactique dans un liquide, il faut isoler cet acide. On y arrive par la méthode qui permet d'extraire l'acide lactique des muscles.

On ne connaît pas de réactions caractéristiques de l'acide lactique; on parvient pourtant à reconnaître facilement la présence de cet acide en se basant sur les caractères microscopiques de deux de ses sels, celui de calcium et celui de zinc.

Ces caractères appartiennent aux sels de l'acide lactique or-

Fig. 62. — Lactate de calcium.

dinaire et à ceux de l'acide lactique qu'on extrait de la viande, c'est-à-dire de l'acide paralactique.

Le lactate de calcium cristallise en fines aiguilles groupées sous forme de touffes (V. *fig.* 62).

Le lactate de zinc se présente sous forme d'aiguilles groupées en amas globuleux, lorsque la cristallisation s'est faite rapidement. Lorsque la formation des cristaux est plus lente, on obtient des prismes droits. Ces prismes s'amincissent souvent à leurs extrémités, tandis que le milieu grossit. Ils apparaissent alors sous forme de *massues tronquées* ou de *tonneaux*. Ce mode de cristallisation est caractéristique pour le lactate de zinc.

Plusieurs des cristaux de la figure 63 sont en forme de massue.

f. Physiologie. 1° Origine. — L'acide lactique qui se trouve dans l'estomac et dans l'intestin et l'acide sarcolactique ont certainement une origine différente. Le premier de ces acides prend naissance par la fermentation des matières amylacées et sucrées qui nous servent d'aliments. Il n'est pas sécrété par les glandes du tube digestif. Dans un cas d'anus contre nature du côlon ascendant, Lehmann a pu constater que le contenu de l'intestin avait une réaction acide, quoique le suc intestinal soit

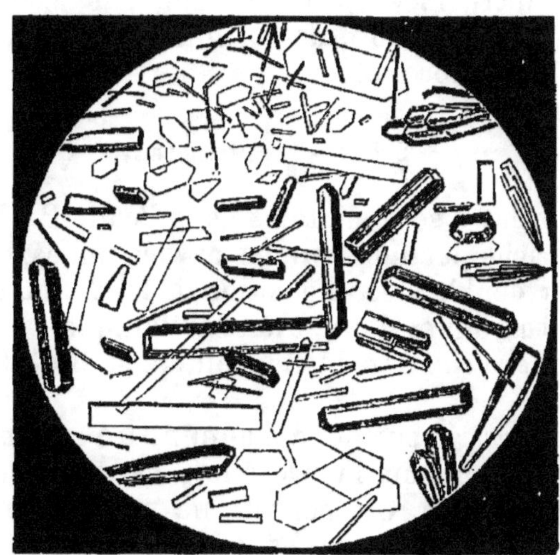

Fig. 63. — Lactate de zinc.

alcalin, et que cette réaction acide était due à l'acide lactique. Celui-ci a donc dû se former aux dépens des matières amylacées et sucrées. On sait d'ailleurs que l'acide lactique qui se trouve dans l'estomac et dans l'intestin est identique avec l'acide lactique de fermentation.

L'acide lactique des muscles est un produit de la métamorphose régressive de la matière ; mais il est impossible d'indiquer les substances dont il dérive. D'après Hilger il se formerait par fermentation du sucre musculaire et de l'inosite.

2° État. — L'acide lactique libre et les lactates sont partout en simple dissolution. Les muscles en repos ne sont pas acides. Ce n'est qu'après la mort, ou après un travail musculaire considérable (Dubois-Reymond), que l'acidité s'y manifeste. Les muscles renferment toutefois toujours des lactates.

3° Élimination. — De nombreuses expériences ont établi que l'acide lactique est brûlé dans l'organisme. Les produits de la combustion de cet acide sont les termes ultimes de l'oxydation des matières organiques, l'anhydride carbonique et l'eau. Lehmann a constaté que, déjà 15 minutes après l'ingestion de lactate de sodium, ses urines devenaient alcalines par suite de la formation de carbonate de sodium. Aussi ne trouve-t-on que rarement l'acide lactique dans les urines normales.

Cet acide se rencontre dans les urines après l'ingestion de grandes quantités de lactates ou d'aliments qui peuvent donner naissance à de l'acide lactique, et surtout lorsque l'oxydation se fait d'une manière incomplète comme, par exemple, dans les troubles de la respiration, de la nutrition, dans l'empoisonnement par le phosphore, etc.

§ 242. — **Lactates.**

Tous les lactates sont solubles dans l'eau. On les prépare par l'action de l'acide lactique sur les oxydes ou carbonates métalliques et par double décomposition à l'aide du lactate de calcium ou de baryum et d'un sulfate métallique.

Le *lactate de calcium* est blanc, soluble dans 9-10 parties d'eau froide.

Le *lactate ferreux* a surtout été administré comme ferrugineux, alors que l'on admettait la présence, dans le suc gastrique, de l'acide lactique libre. On pensait ne pas enlever ainsi l'acide lactique au suc gastrique. Il est encore employé aujourd'hui, à cause de sa saveur peu styptique et de sa conservation facile relativement aux autres sels ferreux.

Le lactate ferreux cristallise en aiguilles verdâtres. Il se dissout dans 48 parties d'eau froide. Il est plus soluble dans l'eau chaude. Il est inaltérable lorsqu'il est bien sec. A l'air humide, il s'oxyde et se transforme en sel ferrique. Il devient alors brun.

Ce sel s'obtient par double décomposition à l'aide du lactate de calcium et du sulfate ferreux en solutions chaudes. Il se précipite du sulfate de calcium. On filtre à chaud et on fait cristalliser par refroidissement de la liqueur.

§ 243. — **Acide salicylique.**

$$C^6H^4 {<}^{CO\ OH}_{OH}.$$

a. Emploi en médecine. — L'acide salicylique est employé comme antiseptique et dans le traitement des affections rhumatismales.

b. Propriétés. 1° Physiques. — Cet acide cristallise en prismes fusibles à 159°. Il est soluble dans l'eau bouillante, peu soluble dans l'eau froide. L'alcool et l'éther le dissolvent très bien.

2° Chimiques. — Sous l'influence de la chaleur, il se décompose en anhydride carbonique et en phénol.

Avec l'acide azotique, le chlore, le brome, l'acide sulfurique, il donne des produits de substitution. Cette substitution porte sur le groupement aromatique C^6H^4.

Il colore les sels ferriques en violet.

c. Élimination. — L'acide salicylique se transforme dans l'économie en acide salicylurique, de même que l'acide benzoïque qui a été ingéré passe dans les urines à l'état d'acide hippurique.

L'acide salicylurique diffère de l'acide hippurique par la substitution d'un résidu OH à un atome d'hydrogène, de même que l'acide salicylique diffère de l'acide benzoïque par la même substitution d'oxhydryle à un atome d'hydrogène.

§ 244. — ACIDES BIBASIQUES ET BIVALENTS.

Ces acides renferment deux fois le groupement carboxyle CO. OH. Ils dérivent par oxydation complète des glycols deux fois primaires. La formule générale des acides bivalents et bibasiques saturés est :

$$C^nH^{2n''}\begin{cases} CO.OH \\ CO.OH \end{cases}$$

Cette formule permet de comprendre facilement les modes de synthèse et les propriétés de ces acides.

Ainsi, de même qu'on obtient un acide monobasique en oxydant un alcool monoacide, de même *on obtient un acide bibasique par oxydation des glycols deux fois primaires.*

En traitant un cyanure d'un radical d'alcool monoacide par l'eau et la potasse, on donne naissance à un acide monobasique; de même, *les acides bibasiques se forment dans l'action de l'eau et de la potasse sur les dicyanures des radicaux alcooliques bivalents.* Ex. :

$$C^2H^5CAz + HOH + KOH = AzH^3 + C^2H^5.CO.OK$$

Cyanure d'éthyle.   Eau.   Potasse.   Ammoniaqué.   Propionate de potassium.

$$C^2H^4{<}^{CAz}_{CAz} + 2HOH + 2KOH = 2AzH^3 + C^2H^4{<}^{CO.OK}_{CO.OK}$$

Cyanure d'éthylène.   Eau.   Potasse.   Ammoniaque.   Succinate de potassium.

Par l'action de la potasse sur le cyanure d'un radical monovalent renfermant une fois déjà le groupement CO. OH *(acides monobasiques cyanés) on obtient également des acides bibasiques :*

$$C^2H^4.CAz.COOH + 2KOH = AzH^3 + C^2H^4.COOK.COOK$$

Acide cyanopropionique.   Potasse.   Ammoniaque.   Succinate de potassium.

Quant aux propriétés de ces acides, elles sont également faciles à déduire des propriétés des acides monobasiques. Ainsi ces derniers ne peuvent donner naissance qu'à une seule espèce de sels et à une seule espèce d'éthers. Aux acides bibasiques correspondent deux espèces de sels et deux espèces d'éthers; un sel et un éther acides, un sel et un éther neutres.

LISTE DES PRINCIPAUX ACIDES BIVALENTS ET BIBASIQUES.

SÉRIES.	TERMES.	ACIDES.	
$C^nH^{2n}-2O^4$	2	Oxalique.	
	3	Malonique.	L'acide étyléno-lactique donne de l'acide malonique, sous l'influence des agents d'oxydation.
		Succinique.	
	4	Pyrotartrique.	S'obtient par l'action de la chaleur sur l'acide tartrique.
	5	Pimélique.	Ces acides se trouvent parmi les produits de l'oxydation des corps gras.
	8	Subérique.	
	10	Sébacique.	
$C^nH^{2n}-4O^4$	4	Maléique.	Ces deux acides isomères s'obtiennent lorsqu'on chauffe l'acide malique vers 180°.
		Fumarique.	L'acide fumarique se trouve dans la *Fumaria officinalis.*
$C^nH^{2n}-10O^4$	8	Phtalique (ortho-).	$C^6H^4{<}^{COOH}_{COOH}$
		Isophtalique (méta-).	
		Térephtalique (para-).	S'obtient dans l'oxydation de l'essence de térébenthine par l'acide azotique. (Cailliot.)

§ 245. — **Acide oxalique.**

$$CO - OH$$
$$|$$
$$CO - OH.$$

a. État naturel; emploi en médecine. — On n'a trouvé l'acide oxalique dans l'économie qu'à l'état d'oxalate de calcium. Ce sel existe normalement, mais en très-petite quantité, dans l'urine de l'homme. Les aliments végétaux, les vins mousseux, la bière, les carbonates acides, pris à l'intérieur, augmentent la proportion d'oxalate de calcium dans l'urine.

L'oxalate de calcium se trouve souvent dans les sédiments de l'urine et dans les calculs des reins et de la vessie (calculs muraux). On le rencontre également, mais plus rarement, dans les concrétions de la vésicule biliaire, les calculs intestinaux, les fèces. Enfin, la muqueuse de l'utérus, pendant la grossesse, renferme également de l'oxalate de calcium.

Ce sel est plus abondamment répandu dans l'organisme des herbivores. Chevreul en a trouvé dans le suint.

L'acide oxalique est très-répandu dans le règne végétal. On l'y trouve sous la forme de sels neutres et de sels acides. Les diverses variétés de *Rumex* et d'*Oxalis* renferment de l'oxalate acide de potassium d'où le nom de sel d'oseille donné à ce sel. La partie aérienne de la rhubarbe contient de l'oxalate de potassium ; la racine, de l'oxalate de calcium. Les algues, les lichens renferment souvent de fortes proportions de ce sel.

A petites doses, l'acide oxalique est rafraîchissant; on en fait quelquefois des limonades. L'emploi des acides citrique et tartrique est de beaucoup préférable à celui de l'acide oxalique, qui est un poison redoutable à la dose de 8 à 15 grammes.

b. Préparation. — L'acide oxalique se trouve parmi les produits d'oxydation d'une foule de substances organiques. L'industrie le prépare, soit en oxydant le sucre ou l'amidon par l'acide azotique, soit en traitant la sciure de bois (cellulose) par la potasse à une température élevée. Dans le second cas, on obtient de l'oxalate de potassium que l'on transforme en oxalate de calcium, en ajoutant à sa solution un lait de chaux. On décompose l'oxalate de calcium formé par l'acide sulfurique qui précipite le calcium à l'état de sulfate de calcium peu soluble, tandis que l'acide oxalique entre en solution.

On peut aussi retirer l'acide oxalique du sel d'oseille. Pour cela, on précipite celui-ci par le sous-acétate de plomb et on décompose l'oxalate de plomb obtenu par l'acide sulfurique. Il se forme du sulfate de plomb, et l'acide oxalique est mis en liberté.

Pour obtenir cet acide tout à fait pur, il faut le faire cristalliser plusieurs fois en rejetant les premières et les dernières portions. Il peut, en effet, suivant son mode de préparation, renfermer de l'acide azotique, de l'acide sulfurique, des oxalates alcalins, etc.

c. Propriétés. 1° PHYSIQUES. — L'acide oxalique est un corps blanc, cristallisé sous forme de prismes renfermant 2 molécules d'eau de cristallisation. Sa saveur est très-acide. Les cristaux d'acide oxalique s'effleurissent à l'air et perdent leur eau dans le vide sec ou à 100°. Ils se dissolvent dans l'eau et dans l'alcool.

L'acide oxalique fond à 98° dans son eau de cristallisation. Il se sublime en partie vers 160°, en même temps qu'une autre portion d'acide oxalique se décompose en anhydride carbonique, oxyde de carbone, eau et acide formique.

2° CHIMIQUES. — L'acide oxalique étant un acide bibasique donne deux espèces de sels : des oxalates acides et des oxalates neutres. L'oxalate acide de potassium peut se combiner avec une molécule d'acide oxalique et former ainsi un sel analogue à l'acétate acide de potassium (V. § 229, p. 433), le *quadroxalate de potassium*.

d. Caractères. — 1° *Lorsqu'on chauffe de l'acide oxalique sec ou un oxalate avec de l'acide sulfurique concentré, il se dégage un mélange d'anhydride carbonique et d'oxyde de carbone.* L'acide sulfurique, dans ce cas, détermine la formation d'eau aux dépens de l'acide oxalique, qui est décomposé :

$$\begin{array}{c} CO.OH \\ | \\ CO.OH \end{array} = CO^2 \; + \; CO \; + \; H^2O$$

| Acide oxalique. | Anhydride carbonique. | Oxyde de carbone. | Eau. |

2° *L'acide oxalique et les oxalates alcalins donnent, avec le chlorure de baryum, un précipité blanc d'oxalate de baryum soluble dans les acides chlorhydrique et azotique, insoluble dans l'acide acétique.* (Car. dist. d'avec les phosphates.)

L'acide oxalique précipite également l'eau de chaux [car. dist. d'avec l'acide citrique] (V. § 254, p. 476) et tous les sels de calcium y compris le sulfate [car. dist d'avec l'acide tartrique] (V. § 252, p. 472). Le précipité d'oxalate de calcium est également soluble dans les acides chlorhydrique et azotique, insoluble dans l'acide acétique. Ce précipité se transforme en carbonate de calcium par la calcination.

Lorsqu'on traite le chlorure de baryum ou celui de calcium par l'acide oxalique, ce dernier n'est pas totalement précipité à l'état d'oxalate de calcium ou de baryum. En effet, par suite de la précipitation d'une certaine quantité d'oxalate de baryum ou de calcium, il y a mise en liberté d'acide chlorhydrique qui maintient en dissolution un peu de ces oxalates. La précipitation est complète si l'on neutralise préalablement l'acide.

3° L'acide oxalique neutralisé exactement avec de l'ammoniaque, précipite en blanc l'azotate d'argent. Le précipité d'azotate d'argent est soluble dans l'acide azotique et dans l'ammoniaque.

4° Les agents d'oxydation transforment l'acide oxalique en anhydride carbonique. L'acide oxalique se comporte même comme un puissant agent de réduction. Il réduit à chaud le chlorure d'or, transforme le sublimé corrosif en calomel, décolore la solution de permanganate de potassium acidulé par un peu d'acide sulfurique, etc.

On transforme aisément les oxalates insolubles, tels que l'oxalate de calcium, en oxalates solubles, en les faisant bouillir avec du carbonate de sodium et filtrant. Le liquide filtré tient en dissolution de l'oxalate de sodium, tandis qu'il reste sur le filtre le carbonate ou l'oxyde du métal dont on avait l'oxalate insoluble.

e. Toxicologie. 1° Antidotes. — L'acide oxalique est un poison puissant. Comme antidote, on peut administrer de l'eau de chaux, de la magnésie, de la craie réduite en poudre et tenue en suspension dans l'eau. Il se forme de l'oxalate de calcium ou de magnésium insolubles. Les carbonates ou bicarbonates alcalins ne peuvent être employés comme contre-poison de l'acide oxalique ; les oxalates alcalins sont, en effet, solubles et tout aussi vénéneux que l'acide oxalique.

2° Recherche. — Dans une expertise médico-légale, trois cas peuvent se présenter : 1° l'empoisonnement est dû à de l'acide oxalique ; 2° il est dû à de l'oxalate acide de potassium (sel d'oseille) ; 3° un contre-poison (eau de chaux, magnésie) a été administré.

Dans les deux premiers cas, on fait un extrait aqueux des matières suspectes et on l'évapore au bain-marie. On traite le résidu de l'évaporation par l'alcool, qui dissout l'acide oxalique et ne dissout pas l'oxalate acide de potassium. 1° On évapore la solution alcoolique d'acide oxalique ; on reprend le résidu par l'eau et on caractérise l'acide oxalique, comme il a été dit plus haut. 2° On dissout dans l'eau bouillante l'oxalate acide de potassium qui se trouve dans la partie insoluble dans l'alcool et on caractérise ce sel.

Lorsqu'un contre-poison a été administré, on dessèche les matières au bain-marie ; on reprend le résidu par l'alcool acidulé par de l'acide chlorhydrique. L'acide oxalique mis en liberté se dissout dans l'alcool. On évapore la solution alcoolique et on caractérise l'acide oxalique.

f. Physiologie. 1° Origine. — Une partie de l'acide oxalique qui se trouve dans l'organisme humain provient de l'alimentation. L'expérience prouve, en effet, que la quantité d'oxalate de calcium qui se trouve dans l'urine augmente notablement après l'ingestion d'aliments riches en acide oxalique, tels que l'oseille, par exemple.

D'un autre côté, l'acide oxalique étant l'un des produits les plus communs de l'oxydation des substances organiques, il est extrêmement probable qu'il s'en produit dans l'organisme. Parmi les corps qui, dans l'économie, peuvent donner naissance à de l'acide oxalique, il faut citer l'acide urique. Les derniers termes de l'oxydation de cet acide sont l'anhydride carbonique, l'urée et l'eau ; mais sous l'influence d'une oxydation ménagée, l'acide urique donne naissance entre autres corps à de l'acide oxalique. On comprend donc la possibilité de la production d'acide oxalique dans l'économie par suite de l'oxydation de l'acide urique. Cette production est rendue excessivement probable par les faits suivants :

a) En général, les oxydations, dans l'organisme, sont ménagées, et ce n'est que graduellement et par des substances intermédiaires que l'on arrive aux derniers termes d'oxydation d'un corps.

b) C'est précisément dans les troubles de la respiration, alors que les oxydations se font mal, qu'on trouve, en même temps qu'une augmentation d'acide urique, une plus grande quantité d'oxalate de calcium dans les urines. L'oxalate de calcium se trouve du reste le plus souvent à côté de l'acide urique dans les calculs des reins et de la vessie.

c) Enfin, des expériences directes ont établi qu'après l'ingestion d'acide urique ou d'urates alcalins, la quantité d'oxalate de calcium contenue dans les urines augmente notablement en même temps que l'urée (1).

L'acide oxalique semble encore se former dans l'économie par réduction de l'anhydride carbonique. C'est du moins l'interprétation la plus simple que l'on puisse donner de ce fait, que l'oxa-

---

(1) Frerichs u. Wöhler : *Annal. d. Chem. u. Pharm.*, LXV, 335.

late de calcium augmente notablement dans les urines après l'ingestion de boissons riches en anhydride carbonique ou de bicarbonates alcalins.

Drechsel a d'ailleurs obtenu synthétiquement l'acide oxalique par réduction de l'anhydride carbonique en faisant réagir avec ménagement le sodium sur cet anhydride :

$$2CO^2 + Na^2 = C^2O^4Na^2$$

Anhydride   Sodium.   Oxalate
carbonique.   de sodium.

2° ÉTAT. — L'acide oxalique ne se trouve dans l'économie, qu'à l'état d'oxalate de calcium. Ce sel est complètement insoluble dans l'eau. Neubauer, en montrant que le phosphate acide de sodium dissout une certaine quantité d'oxalate de calcium, a expliqué le fait de la dissolution de ce sel dans l'urine.

3° ÉLIMINATION. — Quant à l'élimination de l'acide oxalique, elle se fait par les urines à l'état d'oxalate de calcium. De ce que ce sel ne se trouve pas d'une façon constante dans les urines, et de ce qu'après l'ingestion de petites quantités d'oxalates les urines deviennent fréquemment alcalines et renferment des carbonates, il faut conclure qu'une partie de l'acide oxalique est brûlée dans l'économie. Les produits de la combustion sont l'eau et l'anhydride carbonique.

§ 246. — Oxalates.

a. **Préparation.** — On prépare les oxalates : 1° en saturant une solution d'acide oxalique par une base ; 2° par double décomposition, au moyen de l'oxalate d'ammonium et d'un sel soluble du métal dont on veut l'oxalate. Ce dernier mode de préparation s'applique aux oxalates insolubles.

b. **Propriétés.** — *Les oxalates neutres sont tous insolubles dans l'eau, à l'exception des oxalates alcalins.* Ceux-ci sont insolubles dans l'alcool.

Lorsqu'on les calcine, les oxalates dégagent de l'oxyde de carbone et laissent un résidu de carbonate :

$$C^2O^4Ca = CO^3Ca + CO.$$

Oxalate acide de potassium. On obtient ce sel en saturant l'acide oxalique par la moitié du carbonate de potassium qui serait nécessaire pour produire le sel neutre, ou bien en ajoutant à une solution d'oxalate neutre de potassium une quantité d'acide oxalique égale à celle que renferme ce sel. L'oxalate acide de potassium forme des cristaux transparents, acides, solubles dans 40 parties d'eau froide et dans 6 parties d'eau bouillante. Il est insoluble dans l'alcool.

Le sel d'oseille est un mélange d'oxalate acide et de quadroxalate (V. § 245, p. 457) de potassium.

Oxalate de calcium. Ce sel est très répandu dans l'organisme des animaux et des végétaux. C'est un corps blanc, amorphe quand il a été obtenu par précipitation au moyen d'un sel de calcium et d'oxalate d'ammonium, insoluble dans l'eau, l'acide acétique et l'ammoniaque, soluble dans les acides chlorhydrique et azotique ainsi que dans le phosphate de sodium. Lorsqu'il se sépare de l'urine comme sédiment, il cristallise en octaèdres. Ces cristaux, facilement reconnaissables au microscope, appa-

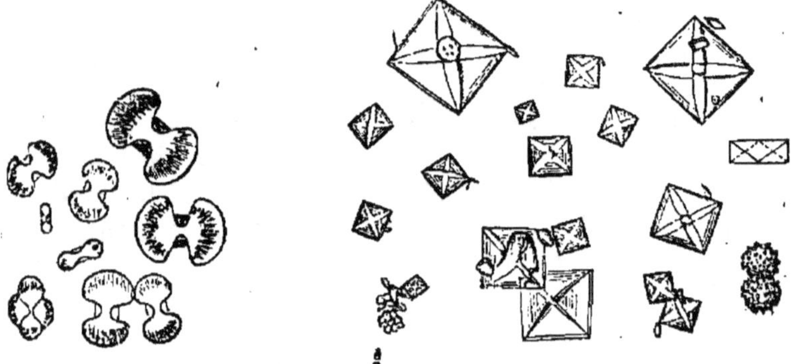

Fig. 64. — Oxalate de calcium.   Fig. 65. — Oxalate de calcium.

raissent sous la forme d'enveloppes de lettres (V. fig. 65). On ne pourrait les confondre qu'avec les cristaux de phosphate ammoniaco-magnésien dont les distingue leur insolubilité dans l'acide acétique.

Beneke décrit aussi des cristaux d'oxalate de calcium en forme de sabliers. Ces cristaux, qui se rencontrent plus rarement, ressemblent donc beaucoup aux cristaux de phosphate de calcium (V. fig. 64 et 38), dont les distingue également leur insolubilité dans l'acide acétique.

§ 247. — **Acide succinique.**

$$C^2H^4<^{COOH}_{COOH} \quad \text{(Éthyléno-succinique)}.$$

ᵃ· État naturel. — Cet acide se trouve normalement, en

petite quantité, dans les sucs de la rate, du thymus, du corps thyroïde, dans le sang et l'urine de l'homme et de certains animaux. On le rencontre également dans le liquide de l'hydrocèle et dans la sérosité des échinocoques. Il augmente dans l'urine de l'homme après l'ingestion de quantités un peu fortes de malate de calcium, d'asparagine ou d'aliments qui renferment ces corps.

L'acide succinique a été également signalé dans l'économie végétale (laitue vireuse, absinthe).

b. Modes de production et préparation. — 1° On prépare l'acide succinique par la distillation sèche du succin (1) (ambre jaune). Au début de l'opération, le récipient se tapisse de cristaux d'acide succinique. (On employait autrefois en médecine, sous le nom de *sel volatil du succin*, l'acide succinique impur obtenu ainsi. Cette préparation figure encore dans le Codex.) On purifie l'acide impur en le traitant par l'acide azotique, qui ne l'altère pas, et le faisant recristalliser.

En continuant à distiller le succin, on obtient un liquide qui se sépare en deux couches : l'une supérieure, huileuse, mal connue au point de vue chimique (*huile volatile de succin*); l'autre aqueuse, qui renferme de l'acide succinique, de l'acide acétique et des produits pyrogénés (*esprit volatil de succin*). L'huile volatile et l'esprit volatil de succin étaient aussi employés autrefois en médecine, comme antispasmodiques.

2° On prépare encore l'acide succinique en faisant fermenter le malate de calcium, préalablement dissous dans l'eau et additionné de fromage blanc. L'équation suivante rend compte de la formation d'acide succinique dans ce cas :

$$3C^4H^6O^5 = 2C^4H^6O^4 + C^2H^4O^2 + 2CO^2 + H^2O$$

Acide malique.   Acide succinique.   Acide acétique.   Anhydride carbonique.   Eau.

L'asparagine donne également naissance à de l'acide succinique par fermentation.

La réduction de l'acide malique en acide succinique se fait aussi sous l'influence de l'acide iodhydrique (V. § 249, p. 467).

3° Il se forme de l'acide succinique dans la fermentation alcoolique.

4° On trouve encore de l'acide succinique parmi les produits de l'oxydation des corps gras. Cette oxydation donne naissance à des acides de la série acétique et de la série oxalique, parmi

---

1) Résine fossile qu'on trouve surtout sur les rivages de la Baltique.

lesquels les acides oxalique, succinique, pimélique ($C^7H^{12}O^4$), subérique ($C^8H^{14}O^4$) et sébacique ($C^{10}H^{18}O^4$).

c. Propriétés. 1° PHYSIQUES. — L'acide succinique est un corps blanc, d'une saveur un peu aigre. Il cristallise en gros prismes ou en lames hexagonales, incolores, facilement reconnaissables au microscope (V. *fig.* 66). Il est soluble dans l'eau,

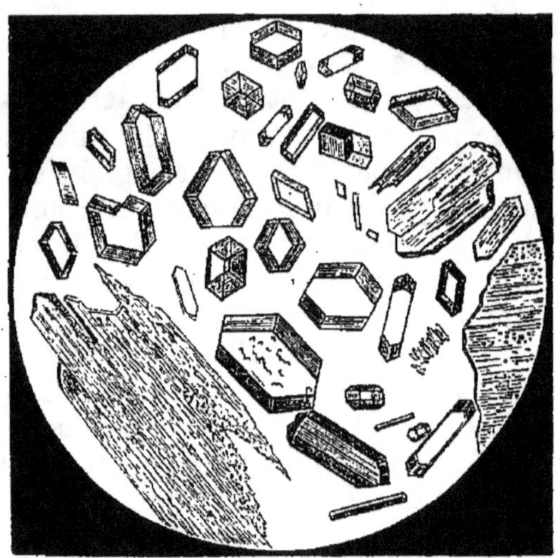

Fig. 66. — Acide succinique.

peu soluble dans l'alcool froid et dans l'éther, facilement dans l'alcool chaud. Il fond vers 180° et distille vers 235°.

A cette température, il se décompose partiellement en anhydride succinique et en eau :

$$C^4H^6O^4 \quad = \quad H^2O \quad + \quad C^4H^4O^3$$

<table>
<tr><td>Acide</td><td>Eau.</td><td>Anhydride</td></tr>
<tr><td>succinique.</td><td></td><td>succinique.</td></tr>
</table>

2° CHIMIQUES. — Chauffé en vase clos avec du brome, il se transforme en acide monobromo-succinique et en acide bibromo-succinique. Ces deux dérivés bromés se convertissent, le premier en acide malique, le second en acide tartrique, lorsqu'on les chauffe avec de l'oxyde d'argent humide (V. § 249).

C'est un des acides organiques les plus stables. On peut le traiter par de l'acide azotique bouillant sans l'altérer.

Les succinates alcalins sont solubles dans l'eau ; ceux de calcium et de baryum sont peu solubles. Les succinates alcalins, ainsi que ceux de baryum et de calcium, sont insolubles dans l'alcool. Les succinates de fer, de plomb et d'argent sont insolubles dans des liqueurs neutres.

d. Caractères. — L'acide succinique et les succinates se reconnaissent aux caractères suivants :

1° L'acide succinique peut être sublimé dans un tube à essai; les cristaux, obtenus par évaporation d'une solution de cet acide, sont reconnaissables au microscope (V. *fig.* 66).

2° *Le perchlorure de fer donne, dans les solutions des succinates alcalins, un précipité rouge-brunâtre de succinate ferrique (plus rouge que le benzoate).*

[Ce précipité est soluble dans les acides ; il en résulte que l'acide succinique n'est pas précipité complètement par le perchlorure de fer. Pour avoir une précipitation complète, il faut neutraliser préalablement l'acide libre. L'ammoniaque enlève l'acide succinique au fer, il se précipite du peroxyde de fer plus brun que le succinate, et du succinate d'ammonium reste en solution et peut être employé pour des essais ultérieurs.]

3° *Un mélange d'alcool, d'ammoniaque et de chlorure de baryum est précipité en blanc (succinate de baryum) par l'addition d'acide succinique ou d'un succinate alcalin* [car. dist. d'avec l'acide benzoïque].

4° *Chauffé avec un excès de chaux hydratée, l'acide succinique ne dégage pas d'ammoniaque* [car. dist. d'avec l'acide hippurique].

Les acides benzoïque, hippurique et succinique se trouvent souvent mélangés dans les liquides de l'économie. Il est facile de séparer l'acide succinique des deux autres acides en neutralisant le mélange par la potasse, évaporant à siccité et reprenant le résidu par l'alcool absolu qui dissout le benzoate et l'hippurate de potassium et ne dissout pas le succinate.

e. Physiologie. — L'acide succinique se forme dans l'économie ; nos aliments n'en renferment pas.

Meissner et Koch ont constaté une augmentation d'acide succinique dans l'urine après l'ingestion d'acide malique et d'asparagine. Cette transformation se fait probablement dans le tube digestif. Sous l'influence du suc gastrique, de la pepsine (même sans acide), l'acide malique et l'asparagine se transforment, en effet, en acide succinique en dehors de l'organisme. Or, comme on a trouvé l'asparagine et l'acide aspartique parmi les produits de dédoublement des matières albuminoïdes, on peut admettre avec quelque degré de certitude, que l'acide succinique se forme dans l'économie aux dépens de l'asparagine et doit par suite être envisagé comme un produit de la métamorphose régressive des matières albuminoïdes.

L'acide succinique formé est absorbé et en partie brûlé dans le sang, en partie éliminé par les urines. On remarque, en effet, que la quantité d'acide succinique qu'on trouve dans les urines n'est pas du tout en rapport avec la quantité d'acide malique ingérée. Du reste, la combustion partielle de l'acide succinique est prouvée par ce fait que ce corps, pris à l'intérieur, ne passe dans les urines que si les doses sont un peu fortes.

L'acide succinique se trouve dans les urines à l'état de sel.

On connaît un isomère de l'acide succinique, l'acide isosuccinique ou éthylidéno-succinique, qui a pour formule :

$$\underset{CH}{\overset{CH^3}{|}}\diagdown\begin{matrix} \diagup CO.OH \\ \diagdown CO.OH. \end{matrix}$$

§ 248. — ACIDES POLYVALENTS.

Les acides polyvalents bien étudiés des différentes séries, ne sont pas nombreux. Les plus importants de ces acides sont :

ACIDES TRIVALENTS.

BASICITÉ.	ACIDES.	FORMULES.	
Monobasiques.....	Glycérique	$C^3H^6O^4$....	(V. § 196, p. 364.)
	Protocatéchique...	$C^7H^6O^4$....	(V. § 250, p. 468.)
Bibasiques.......	Tartronique.......	$C^3H^4O^5$....	(V. § 196, p. 364.)
	Malique..........	$C^4H^6O^5$.	
Tribasiques......	Trimésique........	$C^9H^6O^6$....	(V. § 193, p. 354.)

ACIDES TÉTRAVALENTS.

Monobasiques.....	Érythrique	$C^4H^8O^5$....	Premier acide dérivé de l'érythrite. (V. p. 470.)
	Gallique	$C^7H^6O^5$.	
Bibasiques	Tartrique........	$C^4H^6O^6$.	
Tribasiques	Citrique..........	$C^6H^8O^7$.	

ACIDES HEXAVALENTS.

Monobasiques.....	Mannitique.......	$C^6H^{12}O^7$..	Premier acide dérivé de la mannite.
	Tannin...........	$C^{14}H^{10}O^9$..	
Bibasiques	Mucique..........		
	Saccharique	$C^6H^{10}O^8$..	(V. § 203, p. 386.)

§ 249. — **Acide malique.**

$$C^4H^6O^5.$$

a. État naturel. — L'acide malique se rencontre dans une foule de végétaux, à côté des acides tartrique et citrique. Les cerises, les pommes, les baies de sorbier, renferment de l'acide malique. On extrait habituellement cet acide des baies de sorbier.

b. Propriétés. 1° PHYSIQUES. — L'acide malique cristallise en prismes groupés en mamelon. Il est très soluble dans l'eau et même déliquescent. Il fond à 100°. La dissolution de l'acide malique naturel dévie à gauche le plan de la lumière polarisée.

2° CHIMIQUES. — Lorsqu'on chauffe l'acide malique à 176°, il perd une molécule d'eau et donne naissance à deux acides isomères ayant pour formule : $C^4H^4O^4$. Ces deux acides, *maléique et fumarique*, sont bibasiques.

Cet acide est surtout intéressant par les relations qu'il présente avec les acides succinique et tartrique. Les trois acides ont pour formule brute :

$$C^4H^6O^4 \qquad C^4H^6O^5 \qquad C^4H^6O^5$$

Acide succinique.   Acide malique.   Acide tartrique.

L'acide malique a été préparé synthétiquement au moyen de l'acide monobromo-succinique. La formule suivante rend compte de la réaction et nous dévoile la constitution de l'acide malique :

$$
\begin{array}{c}
CO.OH \\
| \\
CH^2 \\
| \\
CH.Br \\
| \\
CO.OH
\end{array}
\;+\; AgOH \;=\; AgBr \;+\;
\begin{array}{c}
CO\;OH \\
| \\
CH^2 \\
| \\
CH.OH \\
| \\
CO.OH
\end{array}
$$

Acide mono-bromo-succinique.   Oxyde d'argent hydraté.   Bromure d'argent.   Acide malique.

Réciproquement, l'acide malique subit une réduction, lorsqu'on le chauffe avec de l'acide iodhydrique, et passe à l'état d'acide succinique.

La formule ci-dessus fait voir que l'acide malique diffère de l'acide succinique par la substitution d'un oxhydryle à un atome d'hydrogène, ou, ce qui revient au même, en formule brute, par un atome d'oxygène en plus. Les mêmes relations s'observent entre l'acide tartrique et l'acide malique. L'acide tartrique s'obtient en traitant l'acide succinique bibromé par l'oxyde d'argent et l'eau :

$$
\begin{array}{c}
CO.OH \\
| \\
CH.Br \\
| \\
CH.Br \\
| \\
CO.OH
\end{array}
\quad + \quad Ag^2O \quad + \quad H^2O \quad = \quad 2AgBr \quad +
\begin{array}{c}
CO.OH \\
| \\
CH.OH \\
| \\
CH.OH \\
| \\
CO.OH
\end{array}
$$

| Acide bibromo-succinique. | Oxyde d'argent. | Eau. | Bromure d'argent. | Acide tartrique. |

De même qu'on obtient de l'acide succinique en réduisant l'acide malique par l'acide iodhydrique, de même on peut réduire, par une proportion convenable d'acide iodhydrique, l'acide tartrique en acide malique :

$$
\begin{array}{c}
CO.OH \\
| \\
CH.OH \\
| \\
CH.OH \\
| \\
CO.OH
\end{array}
\quad + \quad 2IH \quad = \quad I^2 \quad + \quad H^2O \quad +
\begin{array}{c}
CO.OH \\
| \\
CH^2 \\
| \\
CH.OH \\
| \\
CO.OH
\end{array}
$$

| Acide tartrique. | Acide iodhydrique. | Iode. | Eau. | Acide malique. |

L'inspection des formules de constitution des acides succinique, malique et tartrique fait parfaitement saisir les relations qui existent entre ces acides.

§ 250. — Acide gallique.

$$C^7H^6O^5.$$

a. État naturel. — L'acide gallique existe tout formé dans certains végétaux.

b. Préparation et synthèse. — On l'obtient en abandonnant à la fermentation une dissolution du tannin que renferment les noix de galle, ou en traitant ce tannin par de l'acide sulfurique étendu. Ce tannin se dédouble, en fixant de l'eau, en deux molécules d'acide gallique.

L'acide gallique a aussi été obtenu synthétiquement en traitant l'acide diiodo-salicylique par la potasse. Cette synthèse dévoile la constitution de l'acide gallique ; elle est analogue à la synthèse de l'acide salicylique (V. § 240, p. 446) :

$$C^6H^2I^2 \begin{smallmatrix} \diagup CO.OH \\ \diagdown OH \end{smallmatrix} \quad + \quad 2KOH \quad = \quad 2IK \quad + \quad C^6H^2.(OH)^3 \begin{smallmatrix} \diagup CO.OH \\ \diagdown OH \end{smallmatrix}$$

<table>
<tr><td>Acide
diiodo-salicylique.</td><td>Potasse.</td><td>Iodure
de potassium.</td><td>Acide gallique.</td></tr>
</table>

L'acide salicylique étant de l'acide oxybenzoïque, l'acide gallique est, d'après cette synthèse, de l'acide trioxybenzoïque, c'est-à-dire de l'acide benzoïque dans lequel trois atomes d'hydrogène ont été remplacés par trois oxhydryles.

A l'acide benzoïque $C^7H^6O^2$ correspondent les acides oxybenzoïques suivants :

$$C^7H^6O^3 \qquad\qquad C^7H^6O^4 \qquad\qquad C^7H^6O^5$$

<table>
<tr><td>Acides
monoxybenzoïques
(salicylique).</td><td>Acides
dioxybenzoïques
(protocatéchique).</td><td>Acides
trioxybenzoïques
(gallique).</td></tr>
</table>

c. Propriétés. 1° Physiques. — L'acide gallique cristallise avec 3 molécules d'eau de cristallisation, en longues aiguilles soyeuses. Il est soluble dans l'eau, l'alcool et l'éther. Sa saveur est légèrement acide et astringente.

2° Chimiques. — L'acide gallique est très oxydable, surtout en présence des alcalis.

Lorsqu'on le chauffe vers 215°, il se décompose en anhydride carbonique et en pyrogallol :

$$C^6H^2(OH)^3CO.OH \quad = \quad CO^2 \quad + \quad C^6H^3(OH)^3$$

<table>
<tr><td>Acide gallique.</td><td>Anhydride
carbonique.</td><td>Pyrogallol.</td></tr>
</table>

En traitant l'acide gallique par l'oxychlorure de phosphore, Schiff a pu enlever une molécule d'eau à deux molécules d'acide gallique. L'acide digallique ainsi obtenu est identique avec le tannin qui se trouve dans la noix de galle.

d. Caractères. — *L'acide gallique colore les sels ferriques en bleu ; il précipite l'émétique, mais ne précipite ni la gélatine, ni les alcalis végétaux, ni l'albumine* [car. dist. d'avec le tannin]. Il réduit les sels d'or et d'argent.

Un isomère de l'acide gallique, l'*acide ellagique*, a été trouvé dans certains bézoards (1).

(1) Nom donné à des concrétions formées dans l'estomac ou dans les intestins de quelques animaux (chèvre, gazelle, bœuf, chamois, etc.).

§ 251. — **Tannin.**

$$C^{14}H^{10}O^9.$$

Synonymie : Acide tannique, gallotannique.

a. Emploi en médecine. — Le tannin, qu'on retire de la noix de galle, est le plus puissant des astringents végétaux. C'est à ce titre qu'on l'emploie en médecine dans les hémorrhagies, les diarrhées, les leucorrhées, etc. On l'a aussi indiqué comme antidote, dans l'empoisonnement par les alcaloïdes. Il se convertit, dans l'organisme, en acide gallique et est éliminé à cet état par les urines.

b. Préparation. — Pour extraire le tannin, on introduit de la poudre grossière de noix de galle dans une allonge bouchée à l'émeri et placée sur une carafe. Sur cette poudre on verse de l'éther aqueux. Le liquide qui tombe dans la carafe se divise en deux couches : *l'une inférieure, aqueuse et chargée de tannin*; *l'autre supérieure, éthérée.* On décante la couche aqueuse et on l'abandonne dans une étuve bien chaude. Le liquide s'évapore et laisse une masse spongieuse de tannin.

Le tannin s'obtient synthétiquement par l'action de l'oxychlorure de phosphore sur l'acide gallique. Dans ce cas, deux molécules d'acide gallique perdent une molécule

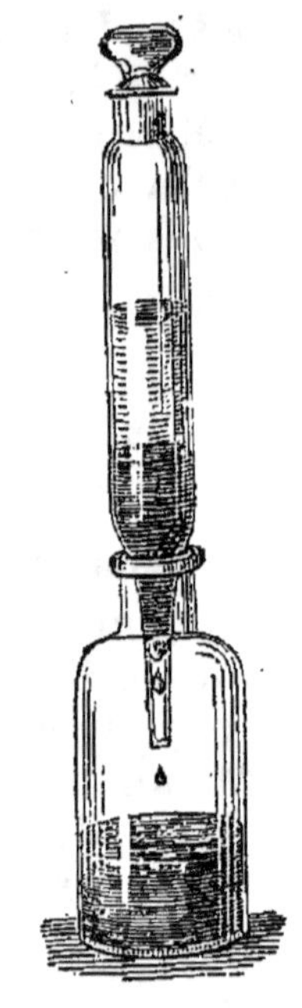

Fig. 67. — Préparation du tannin.

d'eau qui se forme aux dépens d'un oxhydryle acide et d'un oxhydryle phénolique. Le tannin ou acide digallique est donc hexavalent et monobasique, comme le fait comprendre la formule suivante :

$$
\begin{array}{ccc}
C^6H^2(OH)^3COOH & & C^6H^2(OH)^3CO \\
 & & \big| \\
 - \quad H^2O \quad = & & O \\
 & & \big/ \\
C^6H^2(OH)^3COOH & & C^6H^2(OH)^2COOH \\
\hline
\text{Acide gallique} & \text{Eau.} & \text{Tannin.} \\
\text{(2 molécules).} & &
\end{array}
$$

c. Propriétés. 1° PHYSIQUES. — Le tannin présente l'aspect de lames cristallines, quoiqu'il ne soit pas cristallisé. Il est jaunâtre, très léger, inodore, d'une saveur astringente. Il est soluble dans l'eau et dans l'alcool, insoluble dans l'éther.

2° CHIMIQUES. — Lorsqu'on le chauffe vers 215°, le tannin, comme l'acide gallique, donne du pyrogallol.

Sa solution fermente à l'air et se convertit en acide gallique. Par l'ébullition avec de l'acide sulfurique étendu, le tannin fixe également de l'eau et se transforme en acide gallique. La même hydratation a lieu, dans l'économie animale, après l'ingestion de tannin.

Le tannin est un acide; il rougit le tournesol, fait la double décomposition avec les bases et décompose les carbonates alcalins. Les tannates alcalins sont solubles, mais, comme les gallates, s'altèrent rapidement à l'air en se colorant en brun. Les autres tannates sont presque tous insolubles; aussi le tannin précipite-t-il la plupart des solutions métalliques.

d. Caractères. — 1° *Le tannin précipite les sels ferriques en bleu très foncé, presque noir.* Il est sans action sur les sels ferreux. Le précipité obtenu par l'action du tannin sur les sels ferriques constitue l'encre à écrire.

2° *Il précipite l'albumine, la gélatine, l'émétique, les alcaloïdes végétaux.* Il faut donc avoir soin de ne jamais associer, dans les formules médicales, le tannin à une de ces substances.

Le tannin transforme les peaux en une matière imputrescible (cuir). Lorsqu'on plonge un morceau de peau dans une dissolution de tannin, la totalité du tannin se fixe sur la peau. On peut ainsi séparer l'acide gallique, qui ne se fixe pas sur la peau, d'avec le tannin.

Tannins. On donne le nom générique de *tannins* à des substances analogues au tannin de la noix de galle et qui possèdent, comme lui, la propriété de précipiter l'albumine, la gélatine, les alcaloïdes végétaux, et de donner avec les sels ferriques un précipité bleu, vert ou noir. Ces tannins diffèrent entre eux et sont mal déterminés. Ils ne donnent pas, comme le tannin de la noix de galle, d'acide gallique. On les trouve dans le café, l'écorce de chêne, la racine de ratanhia, le cachou, le quinquina et dans beaucoup d'autres produits végétaux.

§ 252. — Acide tartrique.

$$C^4H^6O^6.$$

a. État naturel; emploi en médecine. — Cet acide se rencontre dans une foule de végétaux, soit à l'état libre, soit à l'état de sels. L'oseille, le tamarin, le raisin et, par suite, les vins, le poivre noir, etc., en renferment. L'acide tartrique pénètre donc fréquemment dans l'économie humaine, avec les aliments. La plus grande partie y est oxydée; de petites quantités de ce corps peuvent passer dans les urines et même dans la sueur.

L'acide tartrique sert en médecine au même titre que l'acide citrique. Plusieurs tartrates sont d'un emploi très fréquent. L'acide tartrique, pris en grande quantité, est toxique. On ne connaît qu'un cas d'empoisonnement par cet acide.

b. Préparation. — On retire l'acide tartrique de la crème de tartre des tonneaux de vin, mélange de tartrate acide de potassium et d'un peu de tartrate de calcium. Pour cela, on purifie le tartrate acide de potassium par plusieurs cristallisations dans l'eau bouillante, puis on le traite par du carbonate de calcium. Il se précipite du tartrate neutre de calcium, et du tartrate neutre de potassium reste en dissolution :

$$2C^4H^4O^6.KH + CaCO^3 = C^4H^4O^6.Ca + C^4H^4O^6K^2 + H^2O + CO^2$$

Tartrate acide de potassium.	Carbonate de calcium.	Tartrate neutre de calcium.	Tartrate neutre de potassium.	Eau.	Anhydride carbonique.

On recueille le tartrate de calcium et l'on précipite le tartrate neutre de potassium par du chlorure de calcium. On obtient une nouvelle quantité de tartrate neutre de calcium, qu'on ajoute à la première et l'on traite le tout par l'acide sulfurique qui met l'acide tartrique en liberté. On purifie par cristallisation.

c. Isomérie. — L'acide ainsi obtenu dévie à droite la lumière polarisée. Kestner a retiré de certains tartres un acide sans action sur la lumière polarisée, *inactif*. Cet acide, appelé *paratartrique* ou *racémique*, a été dédoublé par Pasteur en deux autres acides, l'un déviant à droite la lumière polarisée et l'autre la déviant à gauche. Pasteur est arrivé à dédoubler l'acide paratartrique, en neutralisant par l'ammoniaque le paratartrate acide de sodium. Il se forme un paratartrate double de sodium et d'ammonium qui se sépare, par cristallisation, en un tartrate double déviant à droite la lumière polarisée, et en un tartrate double la déviant à gauche. Les cristaux du premier de ces sels sont hémièdres à droite, ceux du second hémièdres à gauche. On sépare mécaniquement ces cristaux et l'on isole l'acide qui leur correspond. On obtient ainsi l'acide tartrique droit (ordinaire) et un acide tartrique déviant à gauche la lumière polarisée. En mélant des dissolutions d'acide tartrique droit et d'acide tartrique gauche, ces deux acides se combinent avec dégagement de chaleur et formation d'acide racémique.

D'après ce qui précède, on voit qu'il y a trois modifications de l'acide tartrique :

1° Un acide dextrogyre, dont les cristaux sont hémièdres à droite : c'est l'acide ordinaire (acide tartrique droit);

2° Un acide lévogyre, dont les cristaux sont hémièdres à gauche : c'est l'acide tartrique gauche;

3° Un acide inactif dont la molécule est double et qui peut être dédoublé en acide droit et en acide gauche : c'est l'acide paratartrique ou racémique. Ses cristaux ne présentent pas de facettes hémiédriques.

Jungfleisch a démontré récemment que l'acide tartrique droit se convertit en acide paratartrique, lorsqu'on le chauffe avec de l'eau vers 175°. S'appuyant sur ce fait, Jungfleisch a pu, le premier, obtenir artificiellement un corps jouissant du pouvoir rotatoire. Tous les corps doués du pouvoir rotatoire avaient été extraits des tissus des plantes et des animaux. Pour obtenir ce corps, Jungfleisch a fait la synthèse totale de l'acide tartrique en partant du bromure d'éthylène, le transformant en dicyanhydrine (V. *Cyanures*) et ultérieurement en acide succinique (V. §241, p. 455). L'acide succinique ainsi obtenu fut lui-même transformé en acide tartrique (V. § 249, p. 467). Celui-ci, chauffé avec un peu d'eau à 175°, a donné de l'acide paratartrique dédoublable en acide droit et en acide gauche.

L'acide racémique précipite les solutions des sels de calcium (sulfate, chlorure), tandis que l'acide tartrique ordinaire ne les précipite pas. Les autres propriétés chimiques de tous ces acides sont les mêmes.

d. Propriétés. — L'acide tartrique ordinaire cristallise en gros prismes solubles dans $\frac{1}{2}$ partie d'eau froide et dans l'alcool. Il fond à 170°. Lorsqu'on chauffe l'acide tartrique, il donne naissance à deux produits pyrogénés : l'acide pyruvique $C^3H^4O^2$ et l'acide pyrotartrique $C^5H^3O^4$.

L'acide tartrique est un acide tétravalent et bibasique. Il peut donc former deux espèces de sels : des tartrates acides et des tartrates neutres.

e. Caractères. — 1° *L'acide tartrique et les tartrates soumis à la calcination répandent une forte odeur de caramel.*

2° *L'acide tartrique précipite l'eau de-chaux à froid* [caract. dist. d'avec l'acide citrique et d'avec l'acide malique]. *Le précipité se redissout dans un excés d'acide tartrique, le tartrate acide de calcium étant soluble.* Il ne précipite pas les solutions des sels de [calcium caract. dist. d'avec l'acide oxalique], mais le précipité se forme, si l'on neutralise l'acide libre par l'ammoniaque. Le précipité de tartrate de calcium ainsi obtenu est soluble même dans l'acide acétique, tandis que l'oxalate de calcium y est insoluble. Les tartrates alcalins ne précipitent pas le sulfate de calcium (ce n'est qu'à la longue qu'il se dépose du tartrate de calcium), tandis que les oxalates alcalins précipitent immédiatement le sulfate de calcium.

3° *L'acide tartrique en excès précipite le sulfate de potassium*; il se forme par l'agitation du tartrate acide de potassium peu soluble [caract. dist. d'avec l'acide citrique et l'acide malique].

4° *Il réduit le chlorure d'or à l'ébullition.*

§ 253. — **Tartrates et émétiques.**

Tartrate acide de potassium (crème de tartre). On obtient ce sel en purifiant par cristallisation le *tartre brut* des tonneaux. On s'en sert quelquefois en médecine comme purgatif léger.

C'est un sel blanc qui cristallise en prismes orthorhombiques. Il craque sous la dent, a une saveur acide et est peu soluble dans l'eau. L'alcool ne le dissout pas; calciné, il se transforme en carbonate noirci par du charbon (flux noir). A cause du peu de solubilité du tartrate acide de potassium, on préfère pour l'emploi médical la crème de tartre soluble (V. plus bas).

Tartrate neutre de potassium. On obtient ce sel en neutralisant, par du carbonate de potassium, une solution bouillante de crème de tartre.

Ce sel est soluble dans son poids d'eau et cristallise difficilement. Peu employé en médecine.

Tartrate neutre de potassium et de sodium (sel de Seignette). On prépare ce sel en neutralisant, par du carbonate de sodium, une solution bouillante de crème de tartre. Il cristallise avec quatre molécules d'eau en gros prismes orthorhombiques, et se dissout dans deux parties d'eau froide et dans 1/2 partie d'eau bouillante. Il était fort employé autrefois comme purgatif.

Émétiques. — On appelle émétiques des tartrates doubles dans lesquels la moitié des hydrogènes basiques de l'acide tartrique est remplacée par un métal, l'autre par un groupe oxygéné tel que (SbO)' (V. § 70, p. 198). Ex. :

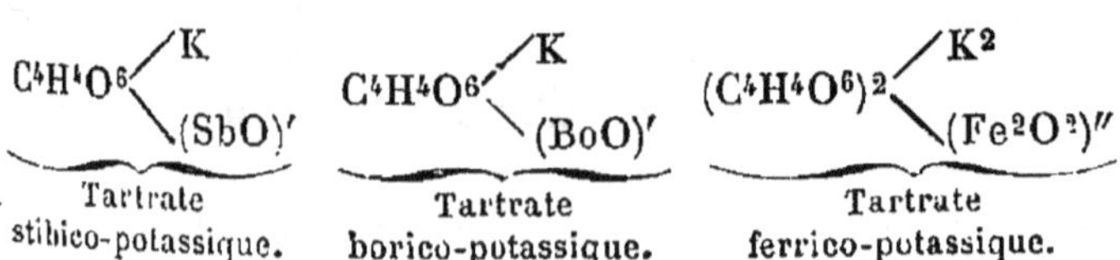

L'antimoine et le bore étant trivalents et l'oxygène bivalent, les groupes (SbO) et (BoO) fonctionnent comme des radicaux monovalents. Le ferricum Fe^2 étant hexavalent, le groupement

Fe^2O^2 est bivalent et la formule du tartrate ferrico-potassique devra être écrite comme nous l'avons fait plus haut.

Ces émétiques s'obtiennent en faisant bouillir une solution de crème de tartre avec de l'oxyde d'antimoine, de l'oxyde ferrique ou de l'acide borique.

Tartrate stibico-potassique (émétique, tartre stibié). L'émétique est fréquemment employé en médecine en qualité de vomitif et d'hyposthénisant. Appliqué sur la peau, il l'irrite violemment et détermine une éruption pustuleuse. Pris à l'intérieur, à dose élevée, il détermine une inflammation de la muqueuse du tube digestif. Son action vomitive n'est pas due toutefois à un effet local sur la muqueuse de l'estomac, car on a observé sur les animaux que ce sel produit le vomissement, alors même qu'on l'introduit dans la circulation par injection intra-veineuse, par exemple. L'émétique s'obtient en beaux cristaux dont la composition est représentée par la formule : $[C^4H^4O^6.K(SbO)]^2 + H^2O$.

Ces cristaux s'effleurissent à l'air et perdent complètement leur eau de cristallisation à 100°. Ils se dissolvent dans 2 parties d'eau bouillante et dans 14 parties d'eau froide. Leur solution aqueuse rougit faiblement le papier de tournesol. L'émétique est insoluble dans l'alcool.

Chauffé à 200°, l'émétique perd de l'eau qui se forme aux dépens des deux hydrogènes alcooliques de l'acide tartrique et de l'oxygène du radical $(SbO)'$, et il reste un corps ayant pour formule $C^4H^2Sb'''KO^8$.

La solution d'émétique se décompose lorsqu'on l'abandonne à elle-même ; il se fait un dépôt blanc d'oxyde d'antimoine.

L'hydrogène sulfuré colore en jaune orangé la solution d'émétique. Il ne se précipite du sulfure d'antimoine qu'en acidulant la liqueur.

La potasse y forme un précipité blanc d'hydrate antimonieux, soluble dans un excès de réactif.

L'ammoniaque trouble à peine la solution étendue et froide d'émétique ; elle précipite en blanc une solution concentrée et bouillante. Le précipité n'est pas soluble dans un excès de réactif.

L'acide chlorhydrique donne dans les solutions d'émétique un précipité blanc d'oxychlorure d'antimoine, soluble dans un excès d'acide.

Les acides sulfurique et azotique précipitent également en blanc les solutions d'émétique.

Le tannin précipite l'émétique en blanc-jaunâtre. Il ne faut donc pas administrer l'émétique dans des potions qui renfermeraient des matières astringentes.

Une lame d'étain plongée dans une solution d'émétique en précipite l'antimoine.

L'émétique a causé des empoisonnements. Il faudrait employer, comme contre-poison, le tannin de la noix de galle.

Tartrate borico-potassique (crème de tartre soluble). Cet émétique constitue un corps amorphe. Obtenu par l'évaporation de sa solution aqueuse, il se présente sous forme de fragments transparents. Il se dissout très bien dans l'eau, a une saveur acide et rougit le tournesol. On s'en sert comme purgatif.

Tartrate ferrico-potassique. Cette substance s'obtient en faisant digérer, à 60° environ, une dissolution de crème de tartre avec du peroxyde de fer.

On filtre, on évapore à consistance sirupeuse et l'on étend la masse en couches minces sur des assiettes que l'on chauffe à l'étuve jusqu'à dessiccation.

Ainsi obtenu, le tartrate ferrico-potassique se présente sous forme de lamelles amorphes, d'un rouge grenat. Il est soluble dans l'eau. On doit le conserver à l'abri de l'humidité. C'est un ferrugineux assez employé. Il constitue la partie essentielle d'une préparation connue sous le nom de *boules de Mars* ou *de Nancy*.

§ 254. — **Acide citrique.**

$$C^6H^8O^7.$$

a. État naturel ; emploi en médecine. — L'acide citrique est très répandu dans l'économie végétale. On le trouve dans les citrons, les oranges, les groseilles, les framboises, etc.

On emploie en médecine l'acide citrique en limonade (limonade citrique). Introduit dans l'économie, il est brûlé et transformé en anhydride carbonique. Aussi les urines deviennent-elles alcalines après l'ingestion de quantités un peu fortes d'acide citrique, par suite de l'élimination de carbonates alcalins.

b. Préparation. — On extrait cet acide du jus de citron. Lorsque celui-ci commence à fermenter (la fermentation détermine la séparation des matières mucilagineuses), on le neutralise par la chaux, on décompose le citrate de calcium formé par l'acide sulfurique, et l'on purifie par cristallisation l'acide citrique obtenu.

L'acide citrique ne doit pas renfermer d'acide sulfurique. Quelquefois on mélange de l'acide tartrique à l'acide citrique. La fraude est facile à reconnaître (V. *Caractères de l'acide tartrique*).

c. Propriétés. — L'acide citrique se présente sous forme de gros prismes rhomboïdaux incolores et d'une saveur très acide. Il se dissout dans son poids environ d'eau froide. La solution se recouvre rapidement de moisissures. L'acide citrique est également soluble dans l'alcool et dans l'éther.

Chauffé à 100°, il fond ; à 175° il perd de l'eau et se transforme en un produit pyrogéné, l'acide aconitique $C^6H^6O^6$, identique avec l'acide que l'on extrait de l'aconit. Chauffé davantage, il perd de l'anhydride carbonique et se transforme en deux acides isomériques (acides itaconique et citraconique).

L'acide citrique est un acide tribasique. Il peut donc donner trois séries de sels.

d. Caractères. — 1° *La solution d'acide citrique ne précipite pas à froid lorsqu'on la neutralise par l'eau de chaux*, mais à l'ébullition il se forme un précipité qui se redissout par le refroidissement [car. dist. d'avec l'acide tartrique] (V. § 252, p. 472). Le précipité de citrate de calcium se dissout dans la potasse.

2° *L'acide citrique, exactement neutralisé par de la potasse ou de l'ammoniaque, et les citrates alcalins précipitent le chlorure de calcium lorsque les liqueurs ne sont pas trop étendues*. Le précipité se forme à l'ébullition même dans des liqueurs étendues.

3° *Il ne précipite pas le sulfate de potassium* [car. dist. d'avec l'acide tartrique].

La synthèse de l'acide citrique a été faite par Grimaux.

§ 255. — Citrates.

Plusieurs citrates métalliques sont employés en médecine. Le *citrate de magnésium* est un purgatif dont la saveur est moins désagréable que celle des autres sels de magnésium.

On le prépare en saturant une solution d'acide citrique par du carbonate de magnésium. Il faut éviter l'élévation de la température pendant la réaction ; sans cette précaution, on obtient un citrate basique insoluble.

Le citrate de magnésium est un sel blanc, soluble dans l'eau. Il cristallise difficilement.

Le *citrate de fer et d'ammonium* s'emploie comme le tartrate ferrico-potassique.

On le prépare en faisant digérer de l'acide citrique avec de l'hydrate ferrique et ajoutant de l'ammoniaque. On filtre, on évapore à consistance sirupeuse et on étend la liqueur en couche mince sur des assiettes. On dessèche à l'étuve.

Le citrate de fer ammoniacal est incristallisable. Il se présente sous forme de paillettes d'un brun-rouge. Il est soluble dans l'eau.

On emploi aussi quelquefois en médecine, comme purgatif, le *citrate de sodium, citrate double de fer et de magnésium* comme ferrugineux. Ce sel n'amène pas la constipation, comme la plupart des ferrugineux.

ACIDES NON SÉRIÉS.

§ 256. — **Acide cholalique**.

$$C^{24}H^{40}O^5.$$

Étymologie : de χόλη, bile.

a. État naturel. — L'acide cholalique ne se trouve pas dans la bile fraîche ; mais, d'après Hoppe-Seyler, cet acide existe, en petite quantité, dans le contenu du gros intestin, les fèces et même dans l'urine dans certains cas d'ictère.

b. Préparation. — L'acide cholalique est un produit du dédoublement sous l'influence des acides, des bases et des ferments, des acides glycocholique et taurocholique qui se rencontrent dans la bile.

On le prépare en faisant bouillir, pendant 12 à 24 heures, de la bile avec une dissolution saturée à chaud de baryte. On sursature le liquide par de l'acide chlorhydrique qui précipite l'acide avec de l'eau, on le redissout dans une lessive de soude et on le précipite une seconde fois par l'acide chlorhydrique. Le précipité est lavé et mis pendant quelques jours en contact d'éther qui rend la masse cristalline. On décante l'éther, on exprime la masse, on la dissout dans l'alcool chaud et l'on ajoute de l'eau jusqu'à ce qu'un léger trouble commence à se former. On abandonne alors la liqueur au refroidissement; l'acide cholalique se dépose en cristaux.

c. Propriétés. 1° PHYSIQUES. — L'acide cholalique est un corps blanc d'une saveur très amère avec un arrière-goût sucré. Il existe à l'état amorphe et à l'état cristallisé.

A l'état amorphe il est cireux, plastique, un peu soluble dans l'eau, assez soluble dans l'éther et en toute proportion dans l'alcool.

En abandonnant à elle-même une solution d'acide cholalique amorphe dans l'éther aqueux, on obtient des prismes à quatre pans avec des faces pyramidales à chaque extrémité.

Ces cristaux renferment une molécule d'eau de cristallisation.

Les cristaux d'acide cholalique sont transparents, insolubles dans l'eau, solubles seulement dans 27 parties d'éther Ils se dissolvent facilement dans l'alcool, mais plus en toute proportion, comme l'acide amorphe.

L'acide cholalique dévie à droite la lumière polarisée.

2° Chimiques. — Lorsqu'on chauffe l'acide cholalique vers 200° ou lorsqu'on le fait bouillir longtemps avec les acides, il se transforme, en perdant deux molécules d'eau, en un corps résineux, la *dyslysine* $C^{24}H^{36}O^3$. Cette substance se trouve, en petite quantité, dans le contenu de l'intestin et dans les fèces. Elle est insoluble dans l'alcool, très peu soluble dans l'éther, mais elle se dissout dans les solutions d'acide cholalique et de cholalates. En la faisant bouillir avec une solution alcoolique de potasse, elle reprend deux molécules d'eau et régénère l'acide cholalique. Elle donne, avec la solution de sucre et l'acide sulfurique, la réaction de Pettenkofer (V. plus bas).

L'acide cholalique est un acide monobasique; sa solution alcoolique rougit le tournesol. Il se dissout dans les alcalis et décompose à chaud les carbonates en déplaçant l'anhydride carbonique.

Les cholalates alcalins sont solubles en toutes proportions dans l'eau. Ces sels sont également solubles dans l'alcool et cristallisent par évaporation de leur solution dans ce liquide. Les cholalates de plomb, d'argent et de calcium sont insolubles dans l'eau, solubles dans l'alcool bouillant.

On trouve quelquefois ce dernier sel dans les concrétions des

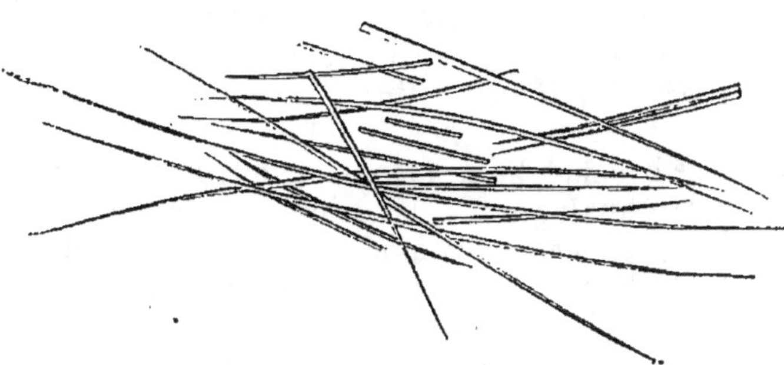

Fig. 68. — Cholalate de calcium.

ruminants. Il forme souvent des couches terreuses formées de fines aiguilles cristallines enchevêtrées (V. *fig.* 68).

Par évaporation de sa solution alcoolique, le cholalate de calcium se dépose en aiguilles tantôt effilées à leurs deux extrémités, tantôt obtuses (V. *fig.* 69).

d. **Caractères.** — *Lorsqu'on ajoute à la solution aqueuse d'acide cholalique quelques gouttes d'une solution de sucre de canne et un peu d'acide sulfurique concentré, jusqu'à ce que la température se soit élevée à 50-70°, le liquide se colore en rouge pourpre* (Réaction de Pettenkofer). Tous les acides biliaires donnent la réaction de Pettenkofer.

Les matières albuminoïdes, l'acide oléique, l'alcool amylique, sont préjudiciables à la réaction, car ils développent une coloration propre.

On ne confondera pas l'acide cholalique avec les acides glyco et taurocholique qui sont des substances azotées (V. ces mots).

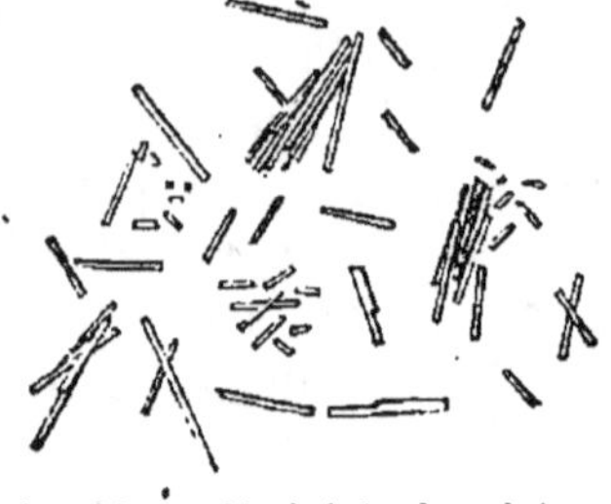

Fig. 69. — Cholalate de calcium.

e. **Physiologie.** — La décomposition des acides glycocholique et taurocholique en acide cholalique sous l'influence des bases, des ferments et pendant leur putréfaction, permet de comprendre le fait de la présence de l'acide cholalique dans l'intestin et dans les fèces.

On trouve dans la bile du porc deux acides biliaires qui diffèrent des acides glycocholique et taurocholique. Ces acides portent le nom d'acides *hyocholique* et *hyotaurocholique*. Ils se dédoublent, comme les acides de la bile de l'homme, le premier en glycocolle et en un acide analogue à l'acide cholalique, l'acide *hyocholalique* $C^{25}H^{40}O^4$, le second en taurine et en acide hyocholalique.

Dans la bile d'oie se trouve un acide auquel on a donné le nom d'acide *chénotaurocholique*. Ce corps se dédouble en taurine et en acide *chénocholalique* $C^{27}H^{42}O^4$, homologue de l'acide hyocholalique.

A ces acides hyocholalique et chénocholalique correspondent des anhydrides analogues à la dyslysine. La dyslysine, qui correspond au premier de ces acides, a pour formule $C^{25}H^{38}O^3$; celle qui correspond à l'acide chénocholalique a pour formule $C^{27}H^{40}O^3$.

Dans les bézoards orientaux on a trouvé un acide $C^{20}H^{36}O^4$, auquel on a donné le nom d'acide *lithofellinique*.

Tous ces acides donnent une coloration rouge avec le réactif de Pettenkofer.

4° FAMILLE. — ALDÉHYDES.

§ 257. — ALDÉHYDES EN GÉNÉRAL.

a. Définition. — *Les aldéhydes sont des hydrures de radicaux d'acides.* Lippmann est, en effet, arrivé à remplacer le chlore d'un chlorure de radical d'acide par l'hydrogène et a obtenu ainsi l'aldéhyde correspondant à l'acide.

$$C^6H^5.CO.Cl \cdot + H^2 = HCl + C^6H^5.CO.H$$

Chlorure de benzoyle. Hydrogène. Acide chlorhydrique. Aldéhyde benzoïque.

Réciproquement, les aldéhydes traitées par un courant de chlore donnent, entre autres produits, le chlorure du radical d'acide (Würtz).

$$C^2H^3O.H + Cl^2 = HCl + C^2H^3O.Cl.$$

Aldéhyde ordinaire. Chlore. Acide chlorhydrique. Chlorure d'acétyle.

b. Fonction. — Les aldéhydes jouissent des propriétés caractéristiques suivantes :

1° Elles dérivent des alcools primaires par oxydation incomplète ;

2° Elles régénèrent les alcools primaires sous l'influence de l'hydrogène naissant ;

3° Elles fixent de l'oxygène, sous l'influence des agents d'oxydation, en produisant un acide.

Les acides renferment le groupement $(O = C — OH')$ et les aldéhydes, le groupement $(O = C — H')$, qui est caractéristique pour la fonction aldéhyde.

c. Division. — Les aldéhydes sont donc des corps intermédiaires entre les alcools et les acides. Elles diffèrent des alcools par deux atomes d'hydrogène en moins, et des acides par un atome d'oxygène en moins :

$$C^2H^6O \qquad C^2H^4O \qquad C^2H^4O^2$$

Alcool éthylique. Aldéhyde ordinaire. Acide acétique.

A chaque alcool primaire ou à chaque acide correspond une

aldéhyde. On comprend facilement qu'aux alcools deux fois primaires correspondront deux aldéhydes, de même qu'à ces alcools correspondent deux acides, etc. L'une de ces aldéhydes est un composé à fonction mixte, aldéhyde-alcool, de même que les premiers acides dérivés des glycols sont des acides-alcools. L'autre sera un composé jouissant deux fois de la fonction aldéhyde. On connaît de même d'autres aldéhydes à fonction mixte, des aldéhydes-acides, par exemple. Les glycols qui ne sont pas deux fois primaires ne peuvent donner qu'une seule aldéhyde, de même qu'ils ne peuvent donner qu'un seul acide.

LISTE DES PRINCIPALES ALDÉHYDES.

SÉRIES.	TERMES.	ALDÉHYDES.	POINTS d'ébullition.	
$C^nH^{2n}O$	2	Acétique.	21°	Le chloral est l'aldéhyde correspondant à l'acide trichloracétique.
	3	Propioniqué.	46°	
	4	Butylique.	74°	
$C^nH^{2n-2}O$	3	Acrylique.	53°	Cette aldéhyde porte aussi le nom d'acroléine (V. § 202, p. 384).
$C^nH^{2n-8}O$	7	Benzoïque.	180°	Essence d'amandes amères.
	10	Cuminique.	237°	L'essence de cumin est un mélange de cymène (V. § 193, p. 352) et d'aldéhyde cuminique.
$C^nH^{2n-10}O$	9	Cinnamique.		Cette aldéhyde existe dans l'essence de cannelle.

L'aldéhyde salicylique (hydrure de salicyle) est un composé à fonction mixte (aldéhyde-phénol), on l'obtient par l'oxydation de la saligénine qui est un alcool-phénol.

§ 258. — **Aldéhyde.**

C^2H^4O.

Synonymie : Hydrure d'acétyle.

a. Modes de production et préparation. — On obtient l'aldéhyde :

1° *En oxydant l'alcool éthylique.*

$$2\,C^2H^5.OH + O^2 = 2\,H^2O + 2\,C^2H^3O.H.$$

2° *En soumettant à la distillation un mélange intime d'acétate et de formiate de calcium* (V. § 227, p. 425).

$$\underbrace{(C^2H^3O^2)^2Ca}_{\substack{\text{Acétate}\\\text{de calcium.}}} + \underbrace{(CHO^2)^2Ca}_{\substack{\text{Formiate}\\\text{de calcium.}}} = \underbrace{2CO^3Ca}_{\substack{\text{Carbonate}\\\text{de calcium.}}} + \underbrace{C^2H^3O.H}_{\text{Aldéhyde}}$$

Les autres aldéhydes s'obtiennent d'une façon analogue. Ces deux modes de production sont, en effet, tout à fait généraux.

Pour préparer l'aldéhyde, on oxyde l'alcool ordinaire à l'aide d'un mélange de bichromate de potassium et d'acide sulfurique (V. § 24, p. 89).

On recueille les produits volatils dans de l'éther anhydre fortement refroidi, puis on dirige dans l'éther chargé d'aldéhyde un courant de gaz ammoniac sec. Des cristaux d'aldéhyde-ammoniaque, insolubles dans l'éther, ne tardent pas à se déposer. On les recueille et on les fait sécher à l'air libre. Puis on les décompose dans un petit appareil distillatoire par de l'acide sulfurique qui fixe l'ammoniaque. L'aldéhyde passe à la distillation.

b. Propriétés. 1° PHYSIQUES. — L'aldéhyde est un liquide incolore, d'une odeur particulière. Sa densité à 0° est de 0,805. Elle bout à 21° et se dissout en toute proportion dans l'eau, l'alcool et l'éther.

2° CHIMIQUES. — 1° L'aldéhyde, sous l'influence des agents d'oxydation, même par le fait de son exposition à l'air, fixe un atome d'oxygène et se transforme en acide acétique.

$$\underbrace{2\,C^2H^3O.H}_{\text{Aldéhyde.}} + \underbrace{O^2}_{\text{Oxygène.}} = \underbrace{2\,C^2H^3O.OH}_{\text{Acide acétique.}}$$

Cette propriété de l'aldéhyde en fait un puissant agent réducteur. Elle réduit l'azotate d'argent additionné de quelques gouttes d'ammoniaque.

2° L'hydrogène naissant se fixe sur l'aldéhyde et la transforme en alcool (Würtz).

$$\underbrace{C^2H^3O.H}_{\text{Aldéhyde.}} + \underbrace{H^2}_{\text{Hydrogène.}} = \underbrace{C^2H^5.OH}_{\text{Alcool.}}$$

3° Lorsqu'on fait agir le chlore ou le brome sur l'aldéhyde, il se forme du chlorure ou du bromure d'acétyle (V. § 257, p. 480).

4° L'aldéhyde s'unit aux sulfites acides alcalins, tels que le sulfite acide de sodium SO^3HNa, molécule à molécule. Les composés ainsi formés sont bien cristallisés et solubles dans l'eau.

5° L'aldéhyde se combine aussi avec le gaz ammoniac sec;

l'aldéhyde-ammoniaque est soluble dans l'eau, insoluble dans l'éther. Les acides la décomposent facilement.

6° L'aldéhyde, en présence de l'acide cyanhydrique, de l'eau et de l'acide chlorhydrique, donne naissance à une amine-acide, l'alanine.

$$C^2H^4O \quad + \quad CAzH \quad + \quad H^2O \quad = \quad C^3H^7AzO^2$$

Aldéhyde.   Acide   Eau.   Alanine.
cyanhydrique.

7° L'aldéhyde, soumise à l'influence d'une solution aqueuse de potasse, se résinifie.

Toutes les aldéhydes, homologues de l'aldéhyde ordinaire, possèdent des propriétés analogues.

On se sert plus spécialement de la propriété que possèdent les aldéhydes de se combiner avec le sulfite acide de sodium, pour reconnaître si un corps possède ou non la fonction aldéhyde. Cette réaction est, en effet, très générale.

§ 259. — Chloral.

$$C^2Cl^3O.H.$$

Découvert par Liebig en 1832. — Employé pour la première fois, comme médicament, en 1860, par O. Liebreich. — *Synonymie :* Hydrure de trichloracétyle.

a. Emploi en médecine. — Le chloral est aujourd'hui fréquemment prescrit comme hypnotique et sédatif. On l'a employé aussi contre le tétanos. On se sert exclusivement, en médecine, de l'hydrate de choral. D'après Personne, le chloral se transforme dans le sang, sous l'influence des carbonates alcalins, en chloroforme et en acide formique.

b. Préparation. — *Le chloral s'obtient en faisant agir le chlore sec sur l'alcool absolu.* On fait passer un courant de chlore dans de l'alcool absolu refroidi à 0°. Quand l'absorption se ralentit, on laisse le liquide s'échauffer ; finalement on chauffe le ballon qui renferme l'alcool, tout en continuant l'action du chlore. Lorsque le liquide, presque bouillant, paraît ne plus agir sur le chlore, ce qui arrive au bout de 12 à 15 heures, on arrête l'opération. On agite le produit avec de l'acide sulfurique et on le distille sur ce corps. Cette opération a pour but de transformer en éther l'alcool non attaqué et de fixer l'eau qui souille le chloral brut. Le produit volatil obtenu est soumis à une nouvelle distillation sur de la chaux vive en poudre, qui fixe l'acide chlorhydrique que renferme toujours le chloral brut. On recueille le liquide qui passe entre 94° et 99°.

c. Propriétés. 1º Physiques. — Le chloral anhydre est un liquide incolore, d'une odeur éthérée pénétrante. Il bout à 95º. Il est soluble dans l'alcool et dans l'éther, insoluble dans l'eau.

Abandonné à l'air humide, ou mélangé avec de l'eau, le chloral anhydre s'hydrate. L'hydrate de chloral $C^2Cl^3O.H + H^2O$ est blanc, cristallisé, d'aspect saccharoïde. Son odeur est plus faible que celle du chloral anhydre ; sa saveur est désagréable. Il fond à 46º et entre en ébullition à 96-98º. Il se sublime lentement à la température ordinaire. Il est très soluble dans l'eau. Lorsqu'on le distille avec de l'acide sulfurique, l'hydrate de chloral perd de l'eau et repasse à l'état de chloral anhydre.

2º Chimiques. — Le chloral est une aldéhyde : c'est l'hydrure de trichloracétyle. L'hydrogène naissant lui enlève le chlore et le transforme en aldéhyde ordinaire :

$$C^2Cl^3O.H \quad + \quad 3H^2 \quad = \quad 3HCl \quad + \quad C^2H^3O.H$$

Chloral.　　Hydrogène.　　Acide chlorhydrique.　　Aldéhyde ordinaire.

Comme les aldéhydes, le chloral forme des combinaisons cristallisées avec le sulfite acide de sodium ; comme elles, il fournit un acide, l'acide trichloracétique (V. § 227, p. 426), sous l'influence des agents d'oxydation.

$$2C^2Cl^3O.H \quad + \quad O^2 \quad = \quad 2C^2Cl^3O.OH$$

Chloral.　　Oxygène.　　Acide trichloracétique.

Les alcalis dédoublent le chloral anhydre ou hydraté en chloroforme et en formiate alcalin :

$$C^2Cl^3O.H \quad + \quad KOH \quad = \quad CHCl^3 \quad + \quad CHO.OK$$

Chloral.　　Potasse.　　Chloroforme.　　Formiate de potassium.

Comme l'aldéhyde, le chloral réduit l'azotate d'argent additionné de quelques gouttes d'ammoniaque.

§ 260. — **Aldéhyde benzoïque.**

$$C^7H^6O.$$

a. Emploi en médecine. — L'essence d'amandes amères, telle que la fournit le procédé de préparation du Codex, est de l'aldéhyde benzoïque combinée avec une certaine quantité d'acide prussique auquel elle doit son action toxique. On trouve cette essence dans les eaux distillées d'amandes amères, de laurier-cerise, dans le looch blanc, le sirop d'orgeat, etc. Cette essence n'est pas employée à l'état de pureté en médecine. On s'en sert comme aromate.

b. Préparation. — L'essence d'amandes amères ne préexiste pas dans les amandes. Elle résulte du dédoublement d'un principe azoté que renferment les amandes amères, l'amygdaline (V. § 275).

Pour la préparer, on soumet les amandes amères, privées par expression de leur huile fixe, à l'action de l'eau tiède. Après 24 heures de macération, on distille ; l'essence passe avec la vapeur d'eau et gagne le fond du récipient.

Pour obtenir l'hydrure de benzoyle pur, on agite l'essence d'amandes amères avec une solution concentrée de sulfite acide de sodium. Au bout de quelques jours, la combinaison de l'aldéhyde avec le sulfite acide de sodium cristallise. On recueille ces cristaux, on les dissout dans l'eau bouillante et on les décompose au moyen de la soude caustique ; l'aldéhyde est mise en liberté. On la sépare, par décantation, de la partie aqueuse et on la rectifie sur du chlorure de calcium qui la dessèche.

c. Propriétés. — L'hydrure de benzoyle est un liquide incolore, réfringent, d'une saveur brûlante, d'une odeur amère. Il bout à 180° et se dissout dans 30 parties d'eau froide.

Au contact de l'oxygène de l'air, il s'oxyde et se transforme en acide benzoïque.

d. Impuretés. — On ajoute souvent à l'essence d'amandes amères de la nitrobenzine (V. § 193, p. 349), qu'on désigne dans le commerce sous le nom d'*essence de mirbane.*

La nitrobenzine est un liquide jaunâtre qui bout à 219° et possède l'odeur agréable de l'essence d'amandes amères. Elle est toxique. Quelquefois on vend, sous le nom d'essence d'amandes amères, de l'essence de mirbane pure.

On découvre cette fraude en traitant l'essence suspecte par une dissolution concentrée de sulfite acide de sodium. L'hydrure de benzoyle forme avec ce sel une combinaison soluble, tandis que l'essence de mirbane vient former à la surface du liquide une couche huileuse.

On peut aussi convertir la nitrobenzine en aniline (V. ce mot), à l'aide de l'acide acétique et du fer, et caractériser l'aniline formée.

§ 261. — ACÉTONES.

a. Définition. — *Les acétones sont des composés formés par l'u-*

nion d'un radical d'acide avec un radical d'alcool. Les acétones se rapprochent des aldéhydes :

$$C^2H^3O.H \qquad\qquad C^2H^3O.CH^3$$

Hydrure d'acétyle.   Méthylure d'acétyle.
(Aldéhyde.)   (Acétone.)

On voit, d'après les formules de l'aldéhyde et de l'acétone ordinaire, que ce dernier corps représente de l'aldéhyde dont l'hydrogène, qui ne fait pas partie du radical de l'acide, est remplacé par le radical méthyle.

Le radical acétyle ayant pour formule de constitution $(CH^3 — CO)$, l'acétone est $(CH^3 — CO — CH^3)$.

Les acétones résultent donc de la combinaison du groupement bivalent $= (C = O)$ avec deux radicaux alcooliques qui peuvent être identiques ou différents.

Cette constitution des acétones est prouvée par l'expérience. On sait que l'oxyde de carbone fixe, sous l'influence des rayons solaires, deux atomes de chlore et donne naissance à de l'oxychlorure de carbone $COCl^2$ (V. § 80, p. 213). Cet oxychlorure de carbone fournit de l'acétone ordinaire, lorsqu'on le fait agir sur le sodium-méthyle :

$$Cl — CO — Cl \;+\; 2(NaCH^3) \;=\; 2ClNa \;+\; CH^3 — CO — CH^3$$

Oxychlorure   Sodium-   Chlorure   Acétone.
de carbone.   méthyle.   de sodium.

On donne le nom d'*acétones mixtes* aux acétones dans lesquelles le groupement $(CO)''$ est saturé par deux radicaux alcooliques différents.

On désigne les acétones en faisant précéder le mot acétone par le nom des deux radicaux alcooliques unis au groupement CO. Ex. :

$$CO\!\!<^{CH^3}_{CH^3} \qquad\qquad CO\!\!<^{C^2H^5}_{CH^3} \qquad\qquad CO\!\!<^{C^3H^7}_{C^2H^5}$$

Diméthylacétone.   Ethylméthyl-   Propyléthyl-
(Acétone ordinaire.)   acétone.   acétone.

b. Fonction. — Les acétones sont caractérisées par les propriétés suivantes qui les rapprochent et les distinguent à la fois des aldéhydes :

1° Elles dérivent des alcools *secondaires* par oxydation ;

2° Elles régénèrent les alcools secondaires sous l'influence de l'hydrogène naissant (V. § 196, p. 362) ;

3° Elles ne fixent pas d'oxygène sous l'influence des agents d'oxydation. Dans ce cas, la molécule se détruit et deux acides prennent naissance. Le groupe CO reste uni au radical alcoolique le moins riche en carbone. Dans l'oxydation des alcools tertiaires, le radical alcoolique le moins riche en carbone reste également réuni au carbone auquel sont fixés les radicaux alcooliques (V. § 196, p. 363).

$$CO\big<^{CH^3}_{C^3H^7} \quad + \quad O^3 \quad = \quad C^2H^3O.OH \quad + \quad C^3H^5O.OH$$

Méthylpropyl-
acétone.   Oxygène.   Acide
acétique.   Acide
propionique.

On connaît des acétones à fonction mixte, notamment des acétones-acides. On a nommé ces corps *acides acétoniques*.

L'acide pyruvique et l'acide mésoxalique sont des acides acétoniques. Ils ont pour formule :

$$\begin{array}{ccc} CH^3 & & CO.OH \\ | & & | \\ CO & \quad\text{et}\quad & CO \\ | & & | \\ CO.OH & & CO.OH \end{array}$$

Acide pyruvique.   Acide mésoxalique.

<h3 style="text-align:center;">§ 262. — Acétone.</h3>

C^3H^6O.

a. État naturel. — Markownikoff a constaté la présence de l'acétone dans l'urine des diabétiques.

b. Modes de production et préparation. — On obtient l'acétone :

1° En oxydant l'alcool propylique secondaire (V. § 196, p. 362) ;

2° En soumettant à la distillation de l'acétate de calcium sec (V. § 227, p. 426).

Les autres acétones s'obtiennent d'une façon analogue. Les acétones mixtes s'obtiennent en soumettant à la distillation un mélange des sels de calcium de deux acides différents. Le dernier mode de production des acétones se confond avec un des modes de production des aldéhydes (V. § 227, p. 425).

Pour obtenir de l'acétone pure, on rectifie, sur du chlorure de calcium, le produit de la distillation de l'acétate de calcium et on recueille ce qui passe entre 50° et 60°. Par une nouvelle distillation, on obtient de l'acétone pure bouillant à 56°.

c. Propriétés. 1° Physiques. — L'acétone est un liquide incolore, d'une odeur éthérée. Elle bout à 56°. Sa densité est de 0,814. Elle se dissout en toute proportion dans l'eau, l'alcool et l'éther.

2° CHIMIQUES. — L'acétone se détruit sous l'influence des agents d'oxydation et se convertit en alcool propylique secondaire sous l'influence de l'hydrogène naissant. Elle se combine, comme les aldéhydes, avec le sulfite acide de sodium. Les acétones qui ne renferment pas le radical méthyle ne se combinent que très difficilement avec les bisulfites alcalins.

§ 263. — Camphres.

a. Emploi en médecine. — Les camphres paraissent être des produits de la série aromatique. Le *camphre de Bornéo* ou *Bornéol* $C^{10}H^{18}O$, qui s'extrait du *Dryobalanops camphora*, se comporte comme un alcool monovalent. Le *camphre du Japon* ou *camphre des laurinées* $C^{10}H^{16}O$ se présente comme l'aldéhyde ou l'acétone du bornéol, suivant qu'on considère celui-ci comme un alcool primaire ou comme un alcool secondaire.

On n'emploie en médecine que le camphre des laurinées. A faible dose, le camphre passe pour sédatif et antispasmodique. On l'emploie journellement à l'extérieur, en solution dans l'alcool (alcool camphré), dans l'huile (huile camphrée), comme sédatif. Le camphre est un antiseptique utile. On panse souvent les plaies de mauvaise nature avec de la poudre de camphre.

b. Extraction. — Le camphre s'extrait du *Laurus camphora*, arbre qui croît en Chine et au Japon, en soumettant à la distillation avec l'eau le bois de l'arbre, préalablement fendu en éclats. On condense les vapeurs dans des chapiteaux en paille de riz. Le camphre se dépose sur la paille en cristaux grisâtres qu'on purifie, par sublimation, en Europe.

c. Propriétés. — Le camphre est un corps solide, blanc, demi-transparent. Sa saveur est amère et brûlante ; son odeur est forte et particulière. Il fond à 175° et bout à 204°. Sa tension de vapeur est considérable déjà à la température ordinaire. Aussi le camphre se sublime-t-il en tables hexagonales dans les vases où on le conserve. La densité du camphre est égale à celle de l'eau à 0°. A 10°, elle n'est plus que 0,992.

Le camphre est presque insoluble dans l'eau. Lorsqu'on projette sur l'eau de petits morceaux de camphre, ils sont aussitôt animés d'un mouvement giratoire très rapide, par suite de la volatilisation du camphre. La moindre trace de graisse arrête ce mouvement.

Le camphre se dissout avec facilité dans l'alcool, l'éther, l'a-

cide acétique, les huiles grasses. Sa solution alcoolique est précipitée par l'eau.

5° FAMILLE. — ÉTHERS.

§ 264. — ÉTHERS EN GÉNÉRAL.

Sous le nom d'éthers, on comprend deux classes différentes de
composés. Les uns, *éthers salins*, proviennent de l'action des
acides sur les alcools, avec élimination d'eau ; les autres, *éthers
oxydes*, dérivent de deux molécules d'alcool, moins une molécule d'eau. Les éthers salins présentent une grande analogie
avec les sels ; les éthers oxydes sont aux éthers salins ce que
les oxydes métalliques sont aux sels métalliques (V. § 27,
p. 109).

§ 265. — ÉTHERS SALINS.

a. Définition. — *Les éthers salins sont des acides dont l'hydrogène est remplacé par un radical d'alcool.* Ils sont comparables aux
sels. Ex. :

ClH	$ClNa$	ClC^2H^5
Acide chlorhydrique.	Chlorure de sodium. (Sel.)	Chlorure d'éthyle. (Éther.)
$C^2H^3O.OH$	$C^2H^3O.ONa$	$C^2H^3O.OC^2H^5$
Acide acétique.	Acétate de sodium. (Sel.)	Acétate d'éthyle. (Éther.)

Les éthers dérivés des hydracides ont été nommés *éthers
simples* ; les éthers dérivés des oxacides portent le nom d'*éthers
composés*. Ces derniers peuvent être envisagés ou bien comme
des acides dont l'hydrogène basique a été remplacé par un radical d'alcool, ou comme des alcools dont l'hydrogène de l'oxhydryle a été remplacé par un radical d'acide. Ex. :

$C^2H^3O.OH$	$C^2H^5.OH.$
Acide acétique.	Alcool.
$C^2H^3O.OC^2H^5$	$C^2H^5.OC^2H^3O$
Acétate d'éthyle.	Acétate d'éthyle.

b. Fonction. — Les éthers salins ont pour propriété essentielle de pouvoir se dédoubler, dans certaines circonstances, en fixant de l'eau, en leur acide et en leur alcool. On donne le nom de *saponification* à ce dédoublement des éthers.

c. Division. — Les acides monobasiques ne peuvent donner avec les alcools monoacides qu'un seul éther. Il y a dans ce cas élimination d'une molécule d'eau.

$$\underbrace{C^2H^3O.OH}_{\text{Acide acétique.}} + \underbrace{C^2H^5.OH}_{\text{Alcool.}} = \underbrace{H^2O}_{\text{Eau.}} + \underbrace{C^2H^3O.OC^2H^5}_{\text{Acétate d'éthyle.}}$$

Les acides polybasiques forment avec les alcools monoacides plusieurs espèces d'éthers. Ainsi, à l'acide sulfurique correspondent deux éthers qui ont respectivement pour formule générale:

$$SO^4R'.H \qquad et \qquad SO^4R'^2$$

R′ désignant un radical alcoolique monovalent. La première de ces formules représente un *éther acide*, car elle renferme encore un hydrogène basique, c'est-à-dire remplaçable par un métal ou par un autre radical d'alcool. $SO^4R'^2$ est un *éther neutre*. Les éthers acides et les éthers neutres sont comparables aux sels acides et aux sels neutres. A l'acide phosphorique tribasique correspondent trois éthers, etc.

Les alcools polyacides donnent de même plusieurs espèces d'éthers avec les acides monobasiques. On connaît, par exemple, une monoacétine et une diacétine du glycol. La glycérine donne naissance à trois espèces d'éthers, etc. (V. § 196, p. 361).

Lorsque les atomes d'hydrogène des oxhydryles de l'alcool ne sont remplacés que partiellement par des radicaux d'acides, les éthers obtenus sont des éthers à fonction mixte, des éthers-alcools.

Enfin, lorsque la réaction se passe entre des acides polybasiques et des alcools polyacides, on obtient un plus grand nombre encore d'éthers. Quelques-uns de ces éthers sont à la fois des éthers, des alcools et des acides. Si l'on fait agir, par exemple, une molécule d'acide phosphorique sur une molécule de glycérine, on obtient un éther qui est encore alcool biacide et acide bibasique, comme le fait comprendre la formule suivante:

$$\underbrace{PhO{\Big\langle}{\overset{\displaystyle OH}{\underset{\displaystyle OH}{-OH}}}}_{\substack{\text{Acide}\\ \text{phosphorique.}}} + \underbrace{{\overset{\displaystyle OH}{\underset{\displaystyle OH}{OH-}}}C^3H^5}_{\text{Glycérine.}} = \underbrace{H^2O}_{\text{Eau.}} + \underbrace{PhO{\Big\langle}{\overset{\displaystyle O-C^3H^5{\big\langle}{\overset{OH}{OH}}}{\underset{\displaystyle OH}{-OH}}}}_{\substack{\text{Acide.}\\ \text{phosphoglycérique.}}}$$

d. Préparation. — I. *Éthers simples.* Les éthers simples s'obtiennent :

1° *En faisant agir les hydracides du chlore, du brome ou de l'iode sur les alcools.*

$$C^2H^5.OH \ + \ HCl \ = \ H^2O \ + \ C^2H^5.Cl.$$

2° *En substituant le chlore ou le brome à l'hydrogène des hydrures des radicaux alcooliques* (carbures) (V. § 186, p. 341).

3° *En traitant les alcools par les chlorures, bromures et iodures de phosphore :*

$$3\,C^2H^5.OH \ + \ PhCl^3 \ = \ PhO^3H^3 \ + \ 3\,C^2H^5.Cl.$$

II. *Éthers composés.* On peut préparer les éthers composés :

1° *En faisant agir l'acide sur l'alcool.* Lorsque l'acide est fort, la réaction a lieu à froid. Dans le cas contraire, il faut chauffer. Si l'acide est polybasique, l'éther obtenu est ordinairement un éther acide.

2° *En traitant l'éther simple de l'alcool dont on veut obtenir l'éther, par un sel d'argent.* Ex. :

$$C^2H^5.Cl \ + \ C^2H^3O.OAg \ = \ AgCl \ + \ C^2H^3O.OC^2H^5$$

Chlorure d'éthyle.	Acétate d'argent.	Chlorure d'argent.	Acétate d'éthyle.

3° *En faisant réagir un chlorure de radical d'acide sur le dérivé sodé d'un alcool.*

$$C^2H^3O.Cl \ + \ C^2H^5.ONa \ = \ ClNa \ + \ C^2H^3O.OC^2H^5$$

Chlorure d'acétyle.	Éthylate de sodium.	Chlorure de sodium.	Acétate d'éthyle.

4° *En distillant l'acide qu'on veut éthérifier avec l'alcool, en présence d'un acide plus énergique, acide sulfurique ou chlorhydrique.*

Une petite quantité d'acide sulfurique suffit pour déterminer la combinaison d'une grande quantité de l'alcool et de l'acide.

Williamson a fait voir que, dans ce cas, l'éthérification s'exécute en deux phases. Supposons qu'on veuille obtenir de l'acétate d'éthyle. Pour cela, on fait un mélange d'alcool éthylique et d'acide acétique, on ajoute au mélange quelques gouttes d'acide sulfurique et on soumet le tout à la distillation.

Dans une première phase de la réaction, l'acide sulfurique forme avec l'alcool de l'acide éthylsulfurique :

$$C^2H^5.OH \quad + \quad SO^4\!\!<^H_H \quad = \quad H^2O \quad + \quad SO^4\!\!<^H_{C^2H^5}$$

Alcool.   Acide   Eau.   Acide
                sulfurique.   éthysulfurique.

Dans une deuxième phase, l'acide éthylsulfurique, au contact de l'acide acétique, donne naissance à de l'éther acétique et l'acide sulfurique est régénéré :

$$SO^4\!\!<^H_{C^2H^5} \quad + \quad C^2H^3O.OH \quad = \quad C^2H^3O.OC^2H^5 \quad + \quad SO^4\!\!<^H_H$$

Acide   Acide acétique.   Acétate d'éthyle   Acide
éthysulfurique.   sulfurique.

La théorie de Williamson explique ce fait qu'une petite quantité d'acide sulfurique peut déterminer la formation d'une quantité presque illimitée d'un éther composé. L'acide sulfurique est en effet constamment régénéré.

e. Propriétés. — 1° Les éthers, lorsqu'on les chauffe avec de l'eau, se décomposent en fixant les éléments de ce corps et régénèrent l'alcool et l'acide primitifs. La *saponification* des éthers se produit plus sûrement sous l'influence des bases.

$$C^2H^3O.OC^2H^5 \quad + \quad KOH \quad = \quad C^2H^3O.OK \quad + \quad C^2H^5.OH$$

Acétate d'éthyle.   Potasse.   Acétate de potassium.   Alcool.

2° Sous l'influence de l'ammoniaque, les éthers composés donnent de l'alcool et une amide.

$$C^2H^3O.OC^2H^5 \quad + \quad AzH^3 \quad = \quad C^2H^3O.AzH^2 \quad + \quad C^2H^5.OH$$

Acétate d'éthyle.   Ammoniaque.   Acétamide.   Alcool.

3° Les éthers simples sont également décomposés par l'ammoniaque. Il se forme dans ce cas une amine.

$$C^2H^5.Cl \quad + \quad 2AzH^3 \quad = \quad AzH^4Cl \quad + \quad C^2H^5.AzH^1$$

Chlorure   Ammoniaque.   Chlorure   Éthylamine.
d'éthyle.   d'ammonium.

4° Lorsqu'on traite les éthers simples, notamment les iodures alcooliques par certains métaux, on obtient une combinaison du métal avec le radical de l'alcool. Ex. :

$$2C^2H^5.I \quad + \quad 2Zn \quad = \quad ZnI^2 \quad + \quad (C^2H^5)^2Zn$$

Iodure d'éthyle   Zinc.   Iodure de zinc.   Zinc-éthyle.

On a donné aux combinaisons des métaux avec les radicaux alcooliques, le nom de composés *organo-métalliques*.

Le zinc-éthyle est un liquide qui bout à 118°. Il brûle au contact de l'air, avec formation d'oxyde de zinc.

§ 266. — Chloroforme.

$$CHCl^2.Cl.$$

Découvert simultanément en 1831, en France par Soubeiran, en Allemagne par Liebig. — *Synonymie :* Éther méthyl-chlorhydrique bichloré, chlorure de méthyle bichloré.

a. Emploi en médecine. — Le chloroforme, appliqué sur la peau, détermine une irritation qui peut aller jusqu'à la vésication. Lorsque la puissance caustique du chloroforme est mitigée par son mélange avec une autre substance, il amène, au bout d'un certain temps, l'anesthésie locale. On utilise le chloroforme à l'extérieur, en l'incorporant dans une pommade ou dans un liniment.

Introduit dans la circulation par les voies respiratoires, le chloroforme agit comme anesthésique puissant. On l'emploie journellement dans les opérations chirurgicales pour supprimer la douleur. Les propriétés anesthésiques du chloroforme ont été découvertes, en 1849, par Simpson en Angleterre et par Flourens en France.

Le chloroforme est un agent puissant qui a souvent déterminé la mort. Celle-ci á presque toujours lieu par syncope, rarement par asphyxie, quoique l'inspiration du chloroforme gêne considérablement l'hématose.

b. Préparation. — *On prépare le chloroforme en faisant agir sur l'alcool du chlorure de chaux renfermant un excès de chaux.*

La théorie de la réaction est probablement la suivante : l'hypochlorite de calcium étant un agent chlorurant (V. § 15, p. 71), détermine d'abord la formation de chloral (V. § 259, p. 483). Celui-ci se décompose au fur et à mesure de sa formation, en formiate de calcium et en chloroforme sous l'influence de la chaux en excès.

L'opération s'exécute de la manière suivante : on introduit, dans la cucurbite d'un alambic, le chlorure de chaux et la chaux éteinte préalablement délayés dans l'eau, sous forme de bouillie claire. On élève la température du mélange jusqu'à 40°, on y ajoute l'alcool et, après avoir ajusté les différentes pièces de l'alambic, on chauffe. La réaction se déclare vers 80°. On ralentit alors le feu et on abandonne l'opération à elle-même. La distillation s'effectue. Au bout d'un certain temps, le liquide qui a passé dans le récipient se sépare en deux couches dont l'une, la couche inférieure, est en grande partie constituée par du chloroforme. On sépare celle-ci de la couche surnageante par décantation ; on la lave avec de l'eau pour lui enlever l'alcool qu'elle contient et on l'agite avec une dissolution faible de carbonate de potassium pour la débarrasser du chlore en excès. Enfin, on met en contact pendant 24 heures avec du chlorure de calcium bien sec et on distille à une douce chaleur.

e. Impuretés. — Le chloroforme peut être souillé par de *l'alcool*, de l'*acide chlorhydrique* ou du *chlore*, des *matières organiques* (hydrocarbures).

On soumet le chloroforme aux essais suivants pour constater sa pureté :

1° On le fait évaporer lentement sur un linge et l'on odore de temps en temps. L'odeur du chloroforme doit rester la même jusqu'à la dessiccation complète. On s'assure ainsi de l'absence de produits moins volatils qui altéreraient l'odeur vers la fin de l'opération.

2° Sa densité doit être de 1,48 à 18°. Le chloroforme doit distiller complétement à 61°.

3° Il ne doit pas se colorer en noir sous l'influence de l'acide sulfurique (matières organiques).

4° Il ne doit pas précipiter l'azotate d'argent (acide chlorhydrique et chlore).

5° On agite le chloroforme avec de l'eau distillée. Il se réunit au fond et reste limpide s'il est pur. Il devient opalescent, laiteux, s'il renferme de l'alcool.

6° On peut également constater la présence de l'alcool dans le chloroforme, à l'aide du mélange de dichromate de potassium et d'acide sulfurique qui verdit lorsqu'on le chauffe avec de l'alcool, et dans les mêmes conditions, garde sa coloration rouge en présence du chloroforme pur.

d. Propriétés. 1° Physiques. — Le chloroforme est un liquide incolore, très mobile, d'une saveur piquante et sucrée, d'une odeur éthérée agréable. Sa densité à 18° est de 1,48. Il bout à 61°. Le chloroforme est très peu soluble dans l'eau. Il communique pourtant à ce liquide une saveur sucrée très marquée. Il se dissout très bien dans l'alcool et dans l'éther. Le chloroforme dissout lui-même le brome, l'iode, le soufre, le phosphore, les corps gras et la plupart des matières organiques riches en carbone.

2° Chimiques. — Le chloroforme brûle difficilement. Une mèche imprégnée de chloroforme brûle avec une flamme verte.

Cette couleur de la flamme est caractéristique pour toutes les substances organiques chlorées. Pendant la combustion, il se forme de l'acide chlorhydrique.

Lorsqu'on le chauffe avec une dissolution de potasse, le chloroforme se décompose avec formation de chlorure. et de formiate de potassium.

$$CHCl^3 + 4KOH = 3ClK + CHO.OK + 2H^2O$$

Chloroforme.   Potasse.   Chlorure   Formiate   Eau.
                              de potassium.   de potassium.

e. **Toxicologie.** RECHERCHE. — La recherche du chloroforme dans les organes est basée sur la décomposition de cette substance au rouge, décomposition par suite de laquelle de l'acide

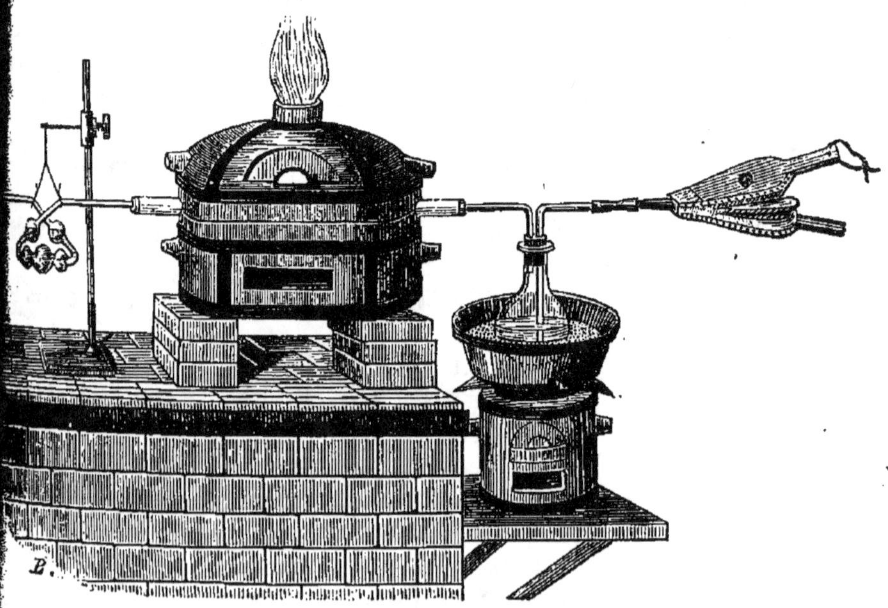

Fig. 70. — Recherche du chloroforme.

chlorhydrique, facilement reconnaissable, prend naissance. On introduit les matières suspectes (sang, foie, cerveau, de préférence) dans un ballon chauffé à 40° au bain-marie et on y dirige, à l'aide d'un soufflet, un courant d'air. La vapeur de chloroforme est entraînée et traverse un tube de porcelaine que l'on porte au rouge (V. *fig*. 70). Ce tube se continue par un appareil à boules de Liebig contenant une solution d'azotate d'argent. Le chloroforme se décompose en traversant le tube de porcelaine et l'acide chlorhydrique formé précipite l'azotate d'argent en blanc. Le précipité est du chlorure d'argent facile à caractériser (V. § 12, p. 58). Il est bon d'intercaler entre le ballon et le tube de porcelaine un autre appareil à boules de Liebig, également chauffé à 40° et renfermant une solution d'azotate d'argent. On s'assure ainsi de l'absence de l'acide chlorhydrique parmi les produits volatils entraînés par le courant d'air. L'acide chlorhydrique ne s'est donc formé que dans le tube de porcelaine.

§ 267. — Iodoforme.

$CHI^2.I.$

Découvert par Sérullas en 1824. — *Synonymie :* Éther iodhydrique biiodé.

a. Emploi en médecine. — L'iodoforme est un anesthésique local. Employé en poudre sur les plaies, il ne cause aucune irritation, mais produit une anesthésie marquée. On l'applique surtout, à cet état, sur les chancres mous, dont il amène rapidement la cicatrisation.

b. Préparation. — L'iodoforme représente du chloroforme dont le chlore a été remplacé par de l'iode. On l'obtient en traitant l'alcool par de l'iode, en présence du carbonate de potassium. On chauffe vers 80° et bientôt il se sépare de l'iodoforme qu'on recueille. Comme on le voit, la préparation de l'iodoforme est analogue à celle du chloroforme.

c. Propriétés. — L'iodoforme est un corps solide, jaune, cristallisé en tables hexagonales. Il possède une odeur désagréable. Il est insoluble dans l'eau, soluble dans l'alcool et dans l'éther. Il fond vers 120° et se volatilise partiellement sans altération. Quand on le chauffe au-dessus de cette température, il se décompose.

§ 268. — Chlorure d'éthyle.

$C^2H^5Cl.$

a. Emploi en médecine. — L'éther chlorhydrique a été employé comme calmant et anesthésique. Il est très volatil et ne doit être manié comme anesthésique qu'avec de grandes précautions.

b. Préparation. — On prépare le chlorure d'éthyle en distillant de l'alcool saturé de gaz chlorhydrique. Il se dégage de l'acide chlorhydrique et du chlorure d'éthyle. On fait passer le mélange dans un flacon laveur renfermant de l'eau, qu'on a soin de maintenir à une température supérieure à 15°. L'acide chlor-hydrique se dissout dans l'eau. Celle-ci ne retient pas le chlorure d'éthyle, qui bout vers 12°. Le chlorure d'éthyle traverse ensuite un tube renfermant du chlorure de calcium où il se dessèche, et est recueilli dans un récipient entouré d'un mélange réfrigérant.

c. Propriétés. — Le chlorure d'éthyle est, au-dessous de 12°, un liquide incolore, doué d'une odeur agréable. Il est peu soluble dans l'eau, soluble en toutes proportions dans l'alcool. Il bout à 12°. On peut donc l'obtenir facilement à l'état gazeux. Il brûle avec une flamme verte. Le chlore y est dissimulé, comme dans le chloroforme. Il ne précipite pas, en effet, l'azotate d'argent, comme les chlorures inorganiques.

§ 269. — **Iodure d'éthyle.**

$$C^2H^5I.$$

L'iodure d'éthyle s'obtient le plus aisément en faisant agir sur l'alcool de l'iodure de phosphore, ou, ce qui revient au même, de l'iode et du phosphore.

Cet éther entre plus facilement en réaction que le chlorure d'éthyle; il se prête mieux aux doubles décompositions. Il en est de même des autres iodures de radicaux alcooliques qui sont fréquemment employés dans les recherches de laboratoire.

Récemment préparé, l'iodure d'éthyle est un liquide incolore, d'une odeur éthérée. Il est plus lourd que l'eau, dans laquelle il est insoluble. Il bout à 72°. L'iodure d'éthyle décompose facilement, souvent à froid, les sels d'argent.

§ 270. — **Azotite d'éthyle.**

$$AzO^2.C^2H^5.$$

a. Emploi en médecine. — L'azotite d'éthyle ou éther azoteux est excitant et diurétique. On l'emploie quelquefois en dissolution dans l'alcool (*esprit de nitre dulcifié, alcool nitrique*). Il dissout très bien le copahu. Aussi se trouve-t-il associé au copahu dans certaines préparations (Potion de Choppart).

b. Préparation. — On le prépare en dirigeant des vapeurs nitreuses dans de l'alcool et recueillant l'éther dans un récipient bien refroidi. L'esprit de nitre dulcifié s'obtient en versant peu à peu de l'acide nitrique sur de l'alcool. Une partie de l'acide azotique se décompose et oxyde l'alcool. L'acide azoteux, résultant de la décomposition de l'acide azotique, se combine avec une autre partie d'alcool en donnant naissance à de l'éther azoteux qui reste en solution dans l'excès d'alcool.

c. Propriétés. — L'éther azoteux est un liquide jaunâtre, d'une odeur de pomme de reinette. Il bout à 18°. Il est très altérable, surtout en présence de l'eau et des alcalis.

§ 271. — Azotate d'éthyle.

$$AzO^3C^2H^5.$$

L'azotate d'éthyle s'obtient en distillant un mélange d'acide azotique et d'alcool, en présence d'une petite quantité d'urée. Ce corps a pour but de détruire les vapeurs nitreuses qui, en réagissant sur l'alcool, donneraient de l'azotite d'éthyle.

L'éther azotique est un liquide d'une odeur suave, d'une saveur sucrée. Il bout à 86°.

§ 272. — Acétate d'éthyle.

$$C^2H^3O.OC^2H^5.$$

L'acétate d'éthyle a été employé à l'extérieur en frictions contre le rhumatisme et les névralgies. Il est peu usité à l'intérieur.

C'est un liquide d'une odeur agréable, plus léger que l'eau. Il bout à 74°. Il est soluble dans 7 parties d'eau et, en toutes proportions, dans l'alcool et dans l'éther.

§ 273. — Corps gras.

a. Constitution; nomenclature. — Les corps gras naturels sont des mélanges d'éthers neutres de la glycérine et d'acides gras. On donne le nom de *glycérides* aux éthers de la glycérine. Pour les nommer, on remplace dans le nom de l'acide la terminaison *ique* par la terminaison *ine* et l'on ajoute au nom ainsi formé le mot glycérique ; car on termine aussi en *ine* les éthers des autres alcools polyacides. Ainsi les composés

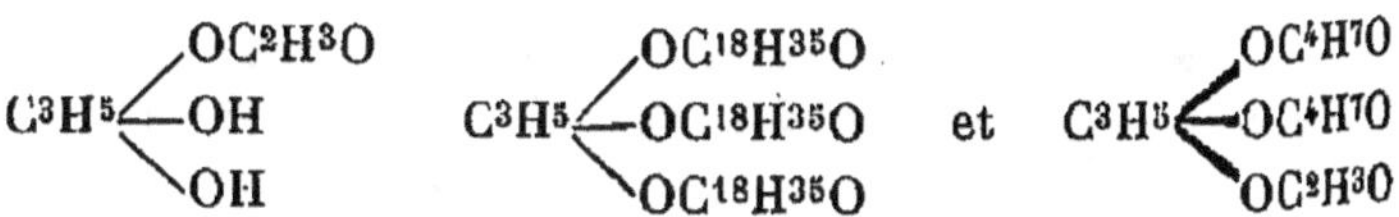

portent respectivement les noms de mono-acétine glycérique, tri-stéarine glycérique et dibutyro-acétine glycérique. Quand on ne parle que des corps gras naturels, on supprime souvent le mot glycérique, la confusion avec un éther d'un autre alcool étant dans ce cas impossible.

En faisant réagir, en vase clos, à des températures plus ou moins élevées, les acides gras sur la glycérine, Berthelot a pu obtenir artificiellement les corps gras fournis par la nature.

b. État naturel. — Les corps gras se trouvent normalement dans tous les organes et dans tous les liquides de l'économie, excepté dans l'urine. On les trouve en grande quantité dans certaines parties du corps, dans les cellules graisseuses.

c. Propriétés. 1° PHYSIQUES. — Les corps gras présentent un ensemble de propriétés communes. Ils sont inodores et insipides, liquides ou solides à la température ordinaire, fusibles à une température peu élevée, insolubles dans l'eau, ordinairement aussi dans l'alcool froid, solubles dans l'éther, le chloroforme et les huiles essentielles. Les solutions de savon et d'albumine dissolvent de petites quantités de corps gras. Ceux-ci se dissolvent réciproquement. C'est ainsi que les huiles, qui renferment surtout de l'oléine, contiennent aussi de la margarine ou de la stéarine en dissolution dans l'oléine. A — 6° l'huile d'olive, par exemple, dépose de la stéarine. Les corps gras ne passent pas à la distillation avec la vapeur d'eau. Lorsqu'ils sont liquides, ils tachent le papier.

Lorsqu'on agite les corps gras liquides avec des solutions d'albumine ou avec des mucilages, ils se divisent en gouttelettes très fines qui ne se réunissent qu'après un temps très long. Le corps gras se trouve alors en suspension dans le liquide; on donne le nom d'*émulsion* à cet état particulier des corps gras en suspension dans un liquide.

2° CHIMIQUES. —Les corps gras s'altèrent peu à peu, au contact de l'air, *rancissent* en donnant naissance à des acides gras volatils.

Lorsqu'on les chauffe fortement, ils se décomposent en donnant naissance à de l'*acroléine* (V. § 202, p. 384), facilement reconnaissable à son odeur irritante. Les vapeurs d'acroléine provoquent le larmoiement.

À une température élevée, la vapeur d'eau saponifie les corps gras. La saponification des corps gras est très facile sous l'influence des bases.

d. Corps gras en particulier. — Les corps gras les plus importants sont : la stéarine, la palmitine et l'oléine.

Les graisses solides renferment de la palmitine, de la stéarine et de petites quantités seulement d'oléine. Le beurre renferme en outre de la tributyrine, de la tricapryline et d'autres glycérides encore.

Dans les huiles, c'est l'oléine qui prédomine. Certaines huiles renferment des glycérides spéciaux. Parmi les huiles, les unes rancissent au contact de l'air sans se solidifier ; d'autres, au contraire, absorbent de l'oxygène et s'épaississent. On les nomme huiles *siccatives* (huiles de lin, de noix, de ricin).

Tristéarine. $C^3H^5O^3$. $(C^{18}H^{35}O)^3$. La tristéarine est moins soluble dans l'alcool bouillant et dans l'éther que les autres corps gras. Son point de fusion est 63°.

Tripalmitine. $C^3H^5O^3$. $(C^{16}H^{31}O)^3$. Le point de fusion de la tripalmitine est 45°. Les points de fusion de la tristéarine et de la tripalmitine varient tous deux selon l'état de pureté de la substance. Lorsque la tripalmitine est mélangée de stéarine, elle cristallise par le refroidissement de ses solutions saturées à chaud en masses sphériques constituées par de fines aiguilles (V. *fig.* 71). On envisageait, avant les recherches de Heintz, ces dépôts cristallins, que l'on trouve souvent dans l'économie, comme des cristaux de margarine (V. § 236, p. 440). On rencontre fréquemment ces cristaux dans les tissus gangrenés.

Fig. 71. — Cristaux de stéarine et de palmitine.

Trioléine. $C^3H^5O^3$. $(C^{18}H^{33}O)^3$. La trioléine est liquide à la température ordinaire. Elle s'oxyde facilement à l'air avec absorption d'oxygène et *élimination d'anhydride carbonique*. L'oléine dissout facilement la palmitine et la stéarine.

e. Recherche et caractères. — On extrait les corps gras en suspension dans les liquides de l'organisme, en agitant ce liquide avec de l'éther. Si les corps gras sont en solution dans les liquides ou emprisonnés dans les tissus, on dessèche les matières au bain-marie, on pulvérise le résidu sec et on épuise par l'éther. La dissolution éthérée est ensuite traitée par l'eau bouillante. L'éther s'évapore et la graisse surnage. On la décante et on la dessèche.

Pour caractériser les corps gras ainsi obtenus, on constate leur insolubilité dans une solution étendue et chaude de potasse caustique [car. dist. d'avec les acides gras libres], et la production d'acroléine à une température élevée [car. dist. d'avec les acides gras et d'avec la cholestérine].

f. Physiologie. 1° ORIGINE. — L'origine des graisses dans l'économie est encore assez obscure. Les corps gras des organes et des tissus proviennent, en partie du moins, de la graisse que renferment nos aliments. Mais, d'une part, on ne connaît pas les transformations par lesquelles passent les corps gras absorbés en nature avant d'aller se déposer dans les tissus et les organes ; d'autre part, la graisse a certainement une autre origine en core, car la quantité de corps gras formés dépasse, chez les herbivores, celle qui a été ingérée.

La graisse se produit, en effet, aussi aux dépens des matières albuminoïdes. Celles-ci se dédoublent, dans l'économie, en matières azotées, qui sont éliminées au fur et à mesure de leur production, et en principes gras. Voici les principaux faits qui parlent en faveur de la production des graisses dans la désassimilation des matières albuminoïdes :

a. On observe cette transformation des matières albuminoïdes en corps gras dans les cadavres (*Gras de cadavre* ou *adipocire*).

b. Blondeau a observé la formation de graisse aux dépens de la caséine dans le fromage de Roquefort.

c. Pettenkofer et Voit ont démontré, par des expériences sur les animaux, que, dans l'alimentation par la viande, tout l'azote se retrouve dans les excrétions, tandis qu'il n'en est pas de même du carbone, qui reste en partie dans l'organisme.

d. De nombreuses expériences ont démontré que, chez les animaux en lactation, l'alimentation par les matières albuminoïdes augmente la quantité de graisse du lait.

Enfin, les matières sucrées et amylacées contribuent également à la formation des graisses. C'est, en effet, un fait d'expérience bien connu que les animaux engraissent rapidement lorsqu'on augmente, dans leur alimentation, la quantité des féculents. Ceux-ci contribueraient à la formation de la graisse, parce qu'étant des substances très oxydables, ils s'oxyderaient d'abord et empêcheraient ainsi l'oxydation des graisses qui se forment dans le dédoublement des matières albuminoïdes.

2° ÉTAT. — Les graisses se trouvent à l'état d'émulsion dans certains liquides de l'économie. Les graisses solides se trouvent, dans ce cas, en dissolution dans l'oléine. Une petite quantité de corps gras peut se trouver en dissolution. Nous savons, en effet, que les dissolutions des savons alcalins (sels des acides gras) et d'albumine dissolvent de petites quantités de corps gras. Dans les organes, les graisses se trouvent dans des cellules (cellules graisseuses ou adipeuses), dans l'intérieur desquelles on trouve souvent des cristaux du mélange de palmitine et de stéarine.

3° DIGESTION. — Le suc gastrique est sans action sur les graisses. Le suc pancréatique a sur elles une action double : 1° il les émulsionne ; 2° il les saponifie. De la glycérine et des acides gras sont mis en liberté. Ceux-ci se combinent aux alcalis du suc pancréatique et de la bile et forment ainsi des savons alcalins solubles. La glycérine et les savons solubles sont facilement absorbés dans l'intestin, comme toutes les substances solubles.

4° ÉLIMINATION. — Les produits ultimes de la décomposition des graisses dans l'économie sont, comme ceux de tous les produits non azotés, l'eau et l'anhydride carbonique ; comme termes intermédiaires de la désassimilation des corps gras, il faut citer les acides gras volatils : formique, acétique, propionique, butyrique, etc.

§ 274. — Acide phosphoglycérique.

$$C^3H^5(OH)^2O.PhO(OH)^2.$$

L'acide phosphoglycérique se rencontre dans le sang, la masse cérébrale, les nerfs, le pus et surtout dans les muscles. Il provient du dédoublement de la lécithine dans l'économie.

L'acide phosphoglycérique est un liquide sirupeux, incristallisable. Il constitue un acide bibasique (V. § 265, p. 490). Les phosphoglycérates de calcium et de baryum sont solubles dans l'eau, insolubles dans l'alcool. Le phosphoglycérate de plomb est insoluble dans l'eau. Aussi l'acétate de plomb précipite-t-il les solutions des phosphoglycérates solubles.

L'acide phosphoglycérique se décompose facilement lorsqu'on le chauffe avec de l'eau. Il se saponifie et se dédouble en acide phosphorique et en glycérine.

§ 275. — Glucosides.

On donne le nom de *glucosides* aux éthers des glucoses (V. § 204, p. 389). Tous les glucosides se dédoublent, en fixant de l'eau, en plusieurs produits parmi lesquels se trouve toujours le glucose.

Un grand nombre de glucosides se trouvent dans les végétaux. Les plus importants de ces corps sont :

1° *L'amygdaline* $C^{20}H^{27}AzO^{11}$. L'amygdaline se trouve dans les feuilles de laurier-cerise, dans les noyaux de cerise, de pêche, dans les amandes amères, etc. Elle se présente sous forme de cristaux prismatiques solubles dans l'eau. L'amygdaline se dédouble sous l'influence des acides étendus et bouillants et sous celle de l'*émulsine*, ferment que renferment également les amandes amères, en glucose, hydrure de benzoyle et acide prussique. La ptyaline, ferment qui se trouve dans la salive, exerce une action analogue.

$$\underbrace{C^{20}H^{27}AzO^{11}}_{\text{Amygdaline.}} + \underbrace{2H^2O}_{\text{Eau.}} = \underbrace{CAzH}_{\substack{\text{Acide} \\ \text{prussique.}}} + \underbrace{C^7H^5O.H}_{\substack{\text{Hydrure} \\ \text{de benzoyle.}}} + \underbrace{2C^6H^{12}O^6}_{\text{Glucose.}}$$

L'acide prussique forme avec l'hydrure de benzoyle une combinaison peu stable qui constitue l'essence d'amandes amères (V. § 260, p. 484).

Le dédoublement de l'amygdaline s'opère dans l'organisme. Aussi l'ingestion d'une certaine quantité d'amandes amères a-t-elle déterminé des cas de mort, par suite de la formation d'une certaine quantité d'acide prussique. Les amandes douces ne renferment que de l'émulsine.

2° *La glycyrrhizine* $C^{24}H^{36}O^9$. Ce glucoside existe dans la racine de réglisse (*glycyrrhiza glabra*). La glycyrrhizine est une poudre jaune, ressemblant au tannin, peu soluble dans l'eau, d'une saveur sucrée. Sous l'influence des acides étendus, elle se dédouble en glucose et en glycyrrhétine.

$$C^{24}H^{36}O^9 \; + \; H^2O \; = \; C^{18}H^{28}O^4 \; + \; C^6H^{12}O^6$$

Glycyrrhizine.   Eau.   Glycyrrhétine.   Glucose.

La glycyrrhétine est une résine brune dont la constitution est inconnue.

3° *Le myronate de potassium* $C^{10}H^{18}AzKS^2O^{10}$. Le myronate de potassium se trouve dans la graine de moutarde noire. Sous l'influence de la *myrosine*, ferment contenu dans les semences de moutarde noire et blanche, la solution aqueuse de myronate de potassium se dédouble en glucose, sulfocyanate d'allyle et sulfate acide de potassium, d'après l'équation :

$$C^{10}H^{18}AzKS^2O^{10} \; = \; C^6H^{12}O^6 \; + \; C^3H^5.CAzS \; + \; SO^4HK$$

Myronate   Glucose.   Sulfocyanate   Sulfate acide
de potassium.   d'allyle.   de potassium.

Le sulfocyanate d'allyle (essence de moutarde) $C^3H^5.CAzS$ est un liquide incolore doué d'une odeur piquante (moutarde). Mis en contact avec la peau, il amène la vésication. Il bout à 148°. Cet éther constitue le principe actif des sinapismes.

L'eau bouillante et les acides empêchent l'action de la myrosine sur le myronate de potassium et, par conséquent, la formation de sulfocyanate d'allyle. Aussi faut-il avoir soin, lorsqu'on fait un sinapisme, de ne pas traiter la farine de moutarde par de l'eau bouillante ou par du vinaigre.

4° *La salicine* $C^{13}H^{18}O^7$. La salicine se trouve dans les écorces de saule et de peuplier. Elle est en aiguilles brillantes et se dissout dans l'eau, l'alcool et l'éther. Sa saveur est très amère. On a employé quelquefois la salicine comme fébrifuge. On mélange souvent par fraude la salicine au sulfate de quinine. La salicine est facile à reconnaître à l'aide de l'acide sulfurique qui la colore

en rouge. Sous l'influence de l'émulsine, la salicine se dédoub[le]
en saligénine et en glucose.

$$\underbrace{C^{13}H^{18}O^7}_{\text{Salicine}} + \underbrace{H^2O}_{\text{Eau.}} = \underbrace{C^7H^8O^2}_{\text{Saligénine}} + \underbrace{C^6H^{12}O^6}_{\text{Glucose.}}$$

La saligénine a été transformée en aldéhyde salicylique et [en]
acide salicylique sous l'influence des agents d'oxydation. C[']est
donc un corps à la fois alcool et phénol dont la formule ratio[n]-
nelle est $C^6H^4(OH)CH^2.OH$. Grimaux a donné le nom d'*alphénol*
aux composés à fonction mixte, qui sont moitié alcool, moi[tié]
phénol.

5° *La digitaline* $C^{27}H^{45}O^{15}$? On retire de la digitale pourpr[e]
une substance blanche amorphe à laquelle on a donné le no[m]
de digitaline. Homolle et Nativelle ont, chacun de leur cô[té,]
obtenu une digitaline cristallisée en aiguilles. On a encore [re-]
tiré de la digitale d'autres substances mal connues (*digitaléine*,
acide digitalique, etc.). La digitaline détermine deux effets pri[n-]
cipaux : la diurèse et le ralentissement du pouls. D'après ce[r-]
tains auteurs, la digitaline se transforme, en fixant de l'eau, [en]
glucose et en un corps nouveau, la digitalirétine :

$$\underbrace{C^{27}H^{45}O^{15}}_{\text{Digitaline.}} + \underbrace{2H^2O}_{\text{Eau.}} = \underbrace{C^{15}H^{25}O^5}_{\text{Digitalirétine.}} + \underbrace{2C^6H^{12}O^6}_{\text{Glucose.}}$$

6° *L'indican.* Ce principe se dédouble, d'après Schunck, [en]
indigotine et en une matière sucrée, l'indiglucine. L'indican [est]
un composé important dont l'étude sera faite à côté de cell[e de]
l'indigotine.

§ 276. — Ethers oxydes.

a. Définition. — *Les éthers oxydes sont les oxydes des radi[caux]
alcooliques.* Ils représentent une molécule d'un alcool dont l'hydrogène de l'oxhydryle a été remplacé par un autre radi[cal]
d'alcool. Lorsque les deux radicaux alcooliques sont identiqu[es,]
l'éther prend le nom d'*éther proprement dit.* On appelle é[ther]
mixte celui dans la composition duquel entrent deux radica[ux]
alcooliques différents.

b. Procédés de préparation. — On prépare les éth[ers]
oxydes :

1° *En chauffant les alcools avec des corps avides d'eau* (chlorur[e]
de zinc, anhydride phosphorique, etc.).

$$\begin{matrix} C^2H^5OH \\ C^2H^5OH \end{matrix} \quad - \quad H^2O \quad = \quad \begin{matrix} C^2H^5 \\ C^2H^5 \end{matrix}\Big\rangle O$$

Alcool éthylique. (2 mol.)   Éther.

2° *En traitant les alcools par des acides polybasiques énergiques, l'acide sulfurique, par exemple.*

Dans ce cas, la réaction s'opère en deux phases, comme la préparation des éthers salins au moyen de l'alcool, de l'acide et d'un autre acide puissant. (Théorie de Williamson.) (V. § 265, p. 491.) Ex. :

$$1^{\text{re}} \text{ phase} : C^2H^5.OH \; + \; SO^4\!\!<^H_H \; = \; SO^4\!\!<^{C^2H^5}_H \; + \; H^2O$$

Alcool.   Acide sulfurique.   Sulfate acide d'éthyle.   Eau.

$$2^{\text{e}} \text{ phase} : SO^4\!\!<^H_{C^2H^5} \; + \; C^2H^5.OH \; = \; SO^4\!\!<^H_H \; + \; \begin{matrix} C^2H^5 \\ C^2H^5 \end{matrix}\Big\rangle O$$

Sulfate acide d'éthyle.   Alcool.   Acide sulfurique (régénéré).   Éther.

En faisant agir l'acide sulfurique sur un mélange de deux alcools, on obtient un éther mixte.

3° *En faisant agir l'oxyde d'argent sur le chlorure, le bromure ou l'iodure d'un radical d'alcool.*

$$2C^2H^5I \; + \; Ag^2O \; = \; 2AgI \; + \; (C^2H^5)^2O$$

Iodure d'éthyle.   Oxyde d'argent.   Iodure d'argent.   Oxyde d'éthyle.

4° *Par l'action d'un iodure alcoolique sur le dérivé sodé du même alcool ou d'un alcool différent :*

$$C^2H^5I \; + \; CH^3.ONa \; = \; INa \; + \; \begin{matrix} C^2H^5 \\ CH^3 \end{matrix}\Big\rangle O$$

Iodure d'éthyle.   Alcool méthylique sodé.   Iodure de sodium.   Oxyde de méthyle et d'éthyle.

c. **Propriétés.** — Les éthers oxydes sont très-stables. Ils ne fixent que difficilement les éléments d'une molécule d'eau pour régénérer deux molécules d'alcool.

§ 277. — Éther ordinaire.

$$(C^2H^5)^2O.$$

Synonymie : Éther (sans épithète), oxyde d'éthyle, éther sulfurique (on le prépare à l'aide de l'acide sulfurique).

a. **Emploi en médecine.** — L'éther est employé à l'extérieur, comme anesthésique local. Il est, en effet, très-volatil et en s'évaporant produit une réfrigération qui peut aller jusqu'à l'anesthésie.

A l'intérieur, on le prescrit en solution aqueuse (eau éthérée),

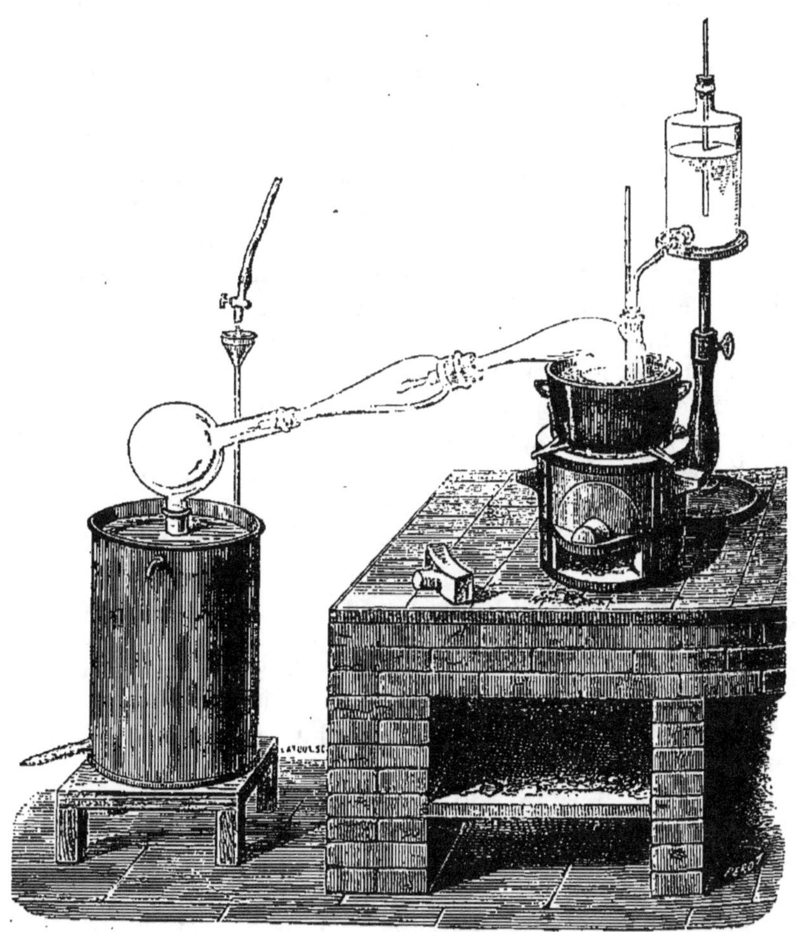

Fig. 72. — Préparation de l'éther.

en solution dans l'alcool (liqueur d'Hoffmann) ou enfermé dans des capsules de gélatine, comme excitant et ultérieurement comme sédatif et antispasmodique.

Lorsqu'il pénètre dans la circulation par les voies respiratoires, l'éther amène ordinairement assez rapidement l'anesthésie générale. On préfère toutefois généralement le chloroforme à l'éther comme anesthésique.

b. Préparation. — L'éther s'obtient lorsqu'on chauffe à 140° de l'alcool avec de l'acide sulfurique concentré. L'opération s'effectue de la manière suivante : dans une grande cornue on introduit un mélange de 9 parties d'acide sulfurique et de cinq parties d'alcool, et on porte le tout à l'ébullition. Au-dessus de la cornue, et communiquant avec elle, se trouve un réservoir plein d'alcool dont on peut permettre à volonté l'écoulement à l'aide d'un robinet (V. *fig.* 72). Lorsque la température s'est élevée à 140° environ dans la cornue, ce dont on s'assure en lisant les indications d'un thermomètre qui traverse le bouchon, on laisse couler l'alcool de manière à ne pas abaisser la température. On arrête l'opération lorsque l'alcool introduit ainsi dans la cornue est égal à 15 fois environ le poids du mélange primitif. La cornue communique avec un ballon à deux tubulures. La tubulure inférieure est fixée sur le serpentin d'un alambic ordinaire.

L'éther formé se condense en même temps que de l'eau et de petites quantités d'alcool, dans le serpentin à la partie inférieure duquel on le recueille.

On purifie l'éther ainsi obtenu en le lavant avec un lait de chaux pour enlever l'acide sulfureux qui se forme, en petite quantité, pendant l'opération et qui souille le produit obtenu. On décante et on lave l'éther avec de l'eau pure. Enfin, on distille l'éther, au bain-marie, sur du chlorure de calcium pour le dessécher.

c. **Impuretés.** — L'éther ainsi préparé contient encore des traces, quelquefois même de fortes proportions d'alcool. On s'assure de la pureté de l'éther en introduisant dans un tube divisé en 20 parties égales, 10 parties d'éther et 10 parties d'eau ; on agite bien le tout et on laisse l'éther se séparer de l'eau. Lorsque la séparation est complète, l'éther doit occuper un volume égal à 9 divisions du tube. L'eau dissout, en effet, environ 1/10 d'éther.

d. **Propriétés.** — L'éther est un liquide très-mobile, d'une saveur brûlante, d'une odeur spéciale. Il est plus léger que l'eau. Sa densité à 12° est de 0,723. Il entre en ébullition à 35°. Les vapeurs d'éther sont très-inflammables. Mélangées à l'air atmosphérique, elles constituent un mélange détonant. Ces vapeurs sont lourdes et gagnent rapidement les parties inférieures de l'atmosphère. Aussi faut-il manier l'éther avec beaucoup de prudence.

L'eau ne dissout que 1/10 environ d'éther. L'alcool le dissout en toute proportion. L'éther est lui-même un dissolvant qu'on emploie fréquemment. Il dissout l'iode, le brome, le phosphore, les graisses, les résines, les alcaloïdes et, en général, tous les corps riches en charbon. Plusieurs sels se dissolvent également dans l'éther.

6° FAMILLE. — AMINES.

§ 278. — AMINES EN GÉNÉRAL.

a. Définition; division. — *On donne le nom d'amines à des composés qui dérivent de l'ammoniaque Az H³, par la substitution de radicaux alcooliques à un ou plusieurs atomes d'hydrogène de l'ammoniaque.*

Les amines ont été divisées en *monamines, diamines, triamines, etc.*

Les *monamines* dérivent d'une seule molécule d'ammoniaque par substitution de radicaux alcooliques à un ou plusieurs atomes d'hydrogène. Ces amines sont *primaires, secondaires ou tertiaires*, suivant que un, deux ou trois atomes d'hydrogène ont été remplacés par des radicaux alcooliques. Ex. :

Monamine primaire $Az\begin{cases}H\\H\\CH^3\end{cases}$ Méthylamine.   secondaire $Az\begin{cases}H\\CH^3\\CH^3\end{cases}$ Diméthylamine.   tertiaire $Az\begin{cases}CH^3\\CH^3\\CH^3\end{cases}$ Triméthylamine.

On conçoit facilement que les radicaux des alcools biacides peuvent souder entre elles deux molécules d'ammoniaque, en se substituant à deux atomes d'hydrogène pris chacun dans une molécule d'ammoniaque différente. Ex. :

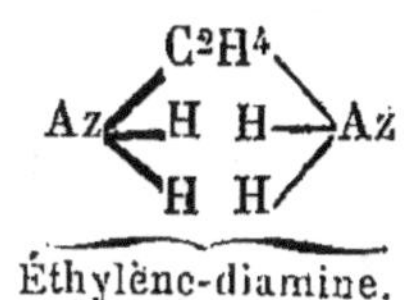

De semblables amines qui dérivent de deux molécules d'ammoniaque, portent le nom de *diamines*. Les diamines se subdivisent également en diamines primaires, secondaires et tertiaires.

On conçoit de même l'existence de *triamines*, de *tétramines, etc.*, résultant de l'union de trois, quatre, etc., molécules d'ammoniaque par des radicaux trivalents, tétravalents, etc.

Les ammoniums, formés par l'union de quatre radicaux alcooliques monovalents avec un atome d'azote, ne sont pas plus isolables que l'ammonium ordinaire ; mais les hydrates d'ammoniums quaternaires, qui portent encore le nom de *bases ammoniées*, sont stables et ont pu être isolés et étudiés.

On connaît des sels et des hydrates d'ammoniums substitués.

Ex. :

$$Az(C^2H^5)^4Cl \qquad\qquad Az(C^2H^5)^4.OH$$

Chlorure
de tétréthyl-ammonium.

Hydrate
de tétréthyl-ammonium.

La diversité des radicaux qu'on peut introduire dans une molécule d'ammoniaque produit de nombreux cas d'isomérie dans la famille des amines. Ainsi, par exemple, la triméthylamine, la méthyléthylamine et la propylamine sont trois *isomères par compensation* (V. § 193, p. 354), comme le font comprendre les formules suivantes :

$$Az\begin{cases} CH^3 \\ CH^3 \\ CH^3 \end{cases} \qquad Az\begin{cases} C^2H^5 \\ CH^3 \\ H \end{cases} \qquad Az\begin{cases} C^3H^7 \\ H \\ H \end{cases}$$

Triméthylamine.   Méthyl-éthylamine.   Propylamine.

Enfin, dans la famille des amines, comme dans les autres familles, on trouve des composés à fonction mixte.

En traitant, par exemple, l'ammoniaque par la monochlorhydrine du glycol, on obtient une monamine primaire qui représente une molécule d'ammoniaque dont un atome d'hydrogène a été remplacé par le radical monovalent oxéthylène (V. § 196, p. 360). Ce radical renferme un oxhydryle alcoolique. Il possède donc encore les propriétés d'un alcool monoacide. *L'oxéthylénamine* ou *hydroxéthylénamine* est par suite un composé à fonction mixte, amine-alcool, comme le fait comprendre la formule suivante :

$$Az\begin{cases} H \\ H \\ H \end{cases} + \begin{array}{l} CH^2.Cl \\ | \\ CH^2.OH \end{array} = HCl + Az\begin{cases} \begin{array}{l} CH^2.OH \\ | \\ CH^2 \end{array} \\ H \\ H \end{cases}$$

Ammoniaque.   Monochlorhydrine   Acide   Hydroxéthylénamine.
           du glycol.   chlorhydrique.

Si dans l'hydroxéthylénamine on remplace deux atomes d'hydrogène du groupement alcoolique $CH^2.OH$ par un atome d'oxygène (ce à quoi on arrivera très probablement en oxydant l'hydroxéthylénamine), on obtient une amine-acide.

$$Az\begin{cases} \begin{array}{l} CO.OH \\ | \\ CH^2 \end{array} \\ H \\ H \end{cases}$$

Cette amine-acide est connue. C'est le glycocolle. On l'obtient en traitant l'ammoniaque par l'acide monochloracétique. La formule suivante fait ressortir l'analogie qu'il y a entre le mode de production du glycocolle et celui de l'hydroxéthylénamine :

$$\underset{\text{Ammoniaque.}}{Az\!\!\diagup\!\!\begin{array}{c}H\\H\\H\end{array}} \quad + \quad \underset{\substack{\text{Acide}\\\text{monochloracétique.}}}{\begin{array}{c}CH^2.Cl\\|\\CO.OH\end{array}} \quad = \quad \underset{\substack{\text{Acide}\\\text{chlorhydrique.}}}{HCl} \quad + \quad \underset{\text{Glycocolle.}}{Az\!\!\diagup\!\!\begin{array}{c}CH^2\!\!-\!\!CO.OH\\H\\H\end{array}}$$

L'acide monochloracétique est, en effet, un composé à fonction mixte, éther-acide, comme la monochlorhydrine du glycol est un éther-alcool.

En traitant de même par l'ammoniaque les acides monochlorés homologues de l'acide acétique, on obtient une série de composés homologues, dont le glycocolle est le type. Les principaux homologues du glycocolle sont ·

L'alanine.................... $AzH^2C^2H^4.COOH$,
La butalanine.............. $AzH^2C^4H^8.COOH$,
La leucine................. $AzH^2C^5H^{10}.COOH$. ·

La taurine et la tyrosine sont également des composés analogues au glycocolle.

b. Fonction. — Les amines possèdent toutes la propriété caractéristique de s'unir aux acides, sans élimination d'eau, comme l'ammoniaque elle-même ; les corps qui résultent de cette union sont des sels analogues aux sels ammoniacaux.

c. Procédés généraux de préparation. — Plusieurs procédés permettent de préparer les amines.

1° On obtient des monamines primaires en faisant · agir la potasse sur les éthers cyaniques. (Wurtz.)

L'acide cyanique (V. § 299) se décompose sous l'influence de la potasse, en ammoniaque et en carbonate de potassium. Les éthers cyaniques se décomposent parallèlement sous l'influence de la potasse en une amine et en carbonate de potassium.

$$\underset{\substack{\text{Acide}\\\text{cyanique.}}}{CAzO.H} \quad + \quad \underset{\text{Potasse.}}{2KOH} \quad = \quad \underset{\text{Ammoniaque.}}{AzH^3} \quad + \quad \underset{\substack{\text{Carbonate}\\\text{de potassium.}}}{CO^3K^2}$$

$$\underset{\text{Cyanate d'éthyle.}}{CAzO.C^2H^5} \quad + \quad \underset{\text{Potasse.}}{2KOH} \quad = \quad \underset{\text{Éthylamine.}}{AzH^2.C^2H^5} \quad + \quad \underset{\substack{\text{Carbonate}\\\text{de potassium.}}}{CO^3K^2}$$

2° *On obtient des monamines primaires en faisant agir à chaud, en vases clos, l'éther simple d'un alcool sur l'ammoniaque* (Hoffmann).

$$C^2H^5I \quad + \quad AzH^3 \quad = \quad IH \quad + \quad AzH^2C^2H^5$$

Iodure   Ammoniaque.   Acide   Éthylamine,
d'éthyle.   iodhydrique.

L'acide iodhydrique formé se combine avec l'éthylamine, en donnant de l'iodure d'éthylammonium. On isole l'éthylamine en distillant le sel obtenu avec de la chaux.

Ce procédé, qui permet de remplacer directement un atome d'hydrogène de l'ammoniaque par un radical d'alcool, est tout à fait général. Il sert à préparer les monamines secondaires, tertiaires, les bases ammoniées, les monamines dérivées des alcools secondaires, les amines-acides, etc.

Les monamines secondaires, par exemple, s'obtiennent en chauffant dans un tube scellé à la lampe, un mélange d'une monamine primaire et d'un éther simple.

$$AzH^2(C^2H^5) \quad + \quad C^2H^5I \quad = \quad IH \quad + \quad AzH(C^2H^5)^2 \quad = \quad AzH^2(C^2H^5)^2I$$

Éthylamine.   Iodure   Acide   Diéthylamine.   Iodure de diéthyl-
d'éthyle. iodhydrique.   ammonium.

Les monamines tertiaires s'obtiennent de même en faisant agir un iodure alcoolique sur une monanime secondaire.

$$AzH(C^2H^5)^2 \quad + \quad ICH^3 \quad = \quad IH \quad + \quad Az(C^2H^5)^2(CH^3) \quad = \quad AzH(C^2H^5)^2(CH^3)I$$

Diéthylamine.   Iodure   Acide   Diéthyl-méthylamine.   Iodure de diéthyl-
de méthyle. iodhydri-   méthylammonium.
que.

Enfin, on obtient les iodures d'ammonium quaternaires en chauffant un éther iodhydrique avec une amine tertiaire.

$$Az(C^2H^5)^3 \quad + \quad IC^2H^5 \quad = \quad Az(C^2H^5)^4I$$

Triéthylamine.   Iodure   Iodure de
d'éthyle.   tétréthyl-ammonium.

Les hydrates d'ammoniums quaternaires s'obtiennent en faisant agir l'oxyde d'argent sur la dissolution aqueuse des iodures d'ammoniums quaternaires.

$$2Az(C^2H^5)^4I \quad + \quad Ag^2O \quad + \quad H^2O \quad = \quad 2AgI \quad + \quad 2Az(C^2H^5)^4OH$$

Iodure de   Oxyde   Eau.   Iodure   Hydrate de
tétréthyl-ammonium. d'argent.   d'argent.   tétréthyl-ammonium.

3° *L'action de l'hydrogène naissant sur les cyanures des radicaux des alcools monacides donne également naissance à des monamines primaires.* (Mendius.)

$$CAzCH^3 \quad + \quad 2H^2 \quad = \quad AzH^2C^2H^5$$

Cyanure   Hydrogène.   Éthylamine.
de méthyle.

4° *Enfin, on obtient des amines en soumettant à l'action de l'hydrogène naissant (fer et acide acétique, par exemple) les produits de substitution nitrés des carbures.* (Zinin.)

$$C^6H^5.AzO^2 \quad + \quad 3H^2 \quad = \quad 2H^2O \quad + \quad C^6H^5.AzH^2$$

Nitrobenzine.   Hydrogène.   Eau.   Phénylamine.
(Aniline.)

d. Propriétés. — 1° Les amines s'unissent directement aux acides, sans élimination d'eau, comme l'ammoniaque, et donnent ainsi les sels qui correspondent aux sels ammoniacaux.

2° L'acide azoteux les décompose en alcool, eau et azote (§ 197, p. 365).

$$C^2H^5AzH^2 \quad + \quad AzO^2H \quad = \quad C^2H^5.OH \quad + \quad H^2O \quad + \quad Az^2$$

Éthylamine.   Acide azoteux.   Alcool.   Eau.   Azote.

3° Les chlorures des ammoniums composés forment avec le chlorure de platine des chlorures doubles analogues au chlorure double de platine et d'ammonium (V. § 13, p. 66).

4° Les bromures, chlorures et iodures des ammoniums quaternaires se décomposent, sous l'influence de la chaleur, en une amine tertiaire et en un éther simple.

$$Az(C^2H^5)^4I \quad = \quad I.C^2H^5 \quad + \quad Az(C^2H^5)^3$$

Iodure de   Iodure   Triéthylamine.
tétréthyl-ammonium.   d'éthyle.

Le phosphore, l'arsenic, l'antimoine, donnent, comme l'azote, un composé hydrogéné $M'''H^3$, analogue à l'ammoniaque. Dans le dérivé hydrogéné de ces métalloïdes, on peut, comme dans l'ammoniaque, remplacer un ou plusieurs atomes d'hydrogène par des radicaux alcooliques. On obtient ainsi des composés analogues aux amines. Ils portent les noms de *phosphines, stibines, arsines.*

ÉTUDE DES PRINCIPALES AMINES.

§ 279. — Méthylamine.

$$CH^3.AzH^2.$$

La méthylamine est un gaz d'une odeur ammoniacale, très soluble dans l'eau. Sa dissolution précipite les oxydes métalques et dissout l'oxyde cuivrique, comme l'ammoniaque. On peut séparer l'ammoniaque de la méthylamine en combinant ces deux corps avec l'acide chlorhydrique et traitant le mélange des chlorures par l'alcool absolu qui dissout le chlorure de mono-méthylammonium et ne dissout pas le chlorure d'ammonium.

§ 280. — Triméthylamine.

$$Az(CH^3)^3.$$

La triméthylamine a été trouvée parmi les produits de la distillation du sang, de l'urine et de la saumure de harengs. Elle provient probablement de la décomposition de la névrine (V. § 281, p. 514.) On la rencontre aussi dans le seigle ergoté, dans le *chenopodium vulvaria*, etc. Elle est presque toujours accompagnée de son isomère, la propylamine $AzH^2C^3H^7$, avec laquelle on la confond souvent.

La triméthylamine et son isomère la propylamine constituent des liquides huileux, fortement alcalins et ayant une odeur désagréable de poisson.

§ 281. — Névrine.

$$Az(CH^3)^3(C^2H^4.OH)OH.$$

Synonymie : Sinkaline, choline, neurine.

a. État naturel. — La névrine a été retirée de la bile de porc et de celle de bœuf par Strecker, qui l'avait désignée sous le nom de choline. Jusqu'à présent, la présence de la névrine, à l'état de liberté, n'a pas été constatée dans l'organisme. Cette base prend naissance dans la décomposition de la lécithine (V. § 282, p. 515), décomposition qui se fait sous l'influence de l'eau de baryte et des acides.

b. Constitution. — La névrine est une base ammoniée, l'*hydrate de triméthylhydroxéthylène-ammonium*. Sa synthèse a été réalisée par Wurtz en faisant réagir la monochlorhydrine du glycol sur la triméthylamine.

$$Az(CH^3)^3 \quad + \quad \begin{matrix} CH^2.Cl \\ | \\ CH^2.OH \end{matrix} \quad = \quad (CH^3)^3(C^2H^4.OH)Az.Cl$$

Triméthylamine.   Monochlorhydrine du glycol.   Chlorure de triméthylhydroxéthylène-ammonium.

29.

La solution aqueuse de ce chlorure donne la névrine lorsqu'on la traite par l'oxyde d'argent (V. § 278, p. 511).

c. Préparation. — On prépare le plus facilement la névrine en décomposant, par l'eau de baryte, la lécithine qui se trouve dans le cerveau ou dans le jaune d'œuf. Pour cela, on prend des cerveaux de bœuf, on les broie et on les passe à travers un tamis fin. On épuise la pulpe ainsi obtenue par l'éther qui s'empare de la lécithine, on distille la solution éthérée et on fait bouillir le résidu avec de l'eau de baryte. On décompose ainsi la lécithine et de la névrine prend naissance. On précipite la baryte en faisant passer un courant d'anhydride carbonique dans la liqueur chaude ; on filtre pour séparer le carbonate de baryum et on évapore à siccité. On reprend le résidu par l'alcool absolu qui dissout la névrine ; on filtre pour séparer les matières insolubles dans l'alcool et on ajoute du chlorure de platine qui forme avec la névrine un chloroplatinate insoluble dans l'alcool. On recueille ce sel sur un filtre, on le dissout dans l'eau et on fait passer à travers la dissolution un courant d'hydrogène sulfuré qui précipite le platine. Le liquide filtré renferme du chlorhydrate de névrine qu'on peut faire cristalliser par évaporation dans le vide. On retire la névrine de son chlorhydrate en le décomposant par l'oxyde d'argent.

d. Propriétés. 1° Physiques. — La névrine est un liquide sirupeux, très-alcalin, soluble dans l'eau en toute proportion.

2° Chimiques. — Par l'ébullition de sa solution aqueuse avec des alcalis, la névrine se décompose en dégageant de la triméthylamine.

Elle empêche la coagulation de l'albumine par la chaleur et dissout l'albumine coagulée. La névrine se combine avec les acides. Le chlorure de triméthylhydroxéthylène-ammonium est en prismes incolores, déliquescents, très-solubles dans l'alcool. Ce chlorure se combine avec le tétrachlorure de platine. Le chloroplatinate formé est soluble dans l'eau, insoluble dans l'alcool.

§ 282. — **Lécithine.**

Étymologie : de λέκιθος, jaune d'œuf.

a. État naturel. — La lécithine se rencontre en abondance dans le cerveau, dans les nerfs, dans le jaune d'œuf, le sperme, les œufs de poisson (caviar), le pus, le sang, la bile. On en a trouvé de petites quantités dans presque tous les liquides de l'économie

b. Constitution. — La lécithine est une combinaison de névrine et d'acide distéarophosphoglycérique. Cet acide est lui-même de l'acide phosphoglycérique (V. § 274 p. 502), dans lequel deux atomes d'hydrogène des deux restes alcooliques ont été remplacés chacun par le radical de l'acide stéarique. La lécithine est donc un véritable sel de névrine. Elle est à la fois sel, éther, amine et alcool. Les formules suivantes feront comprendre la constitution de l'acide distéarophosphoglycérique et celle de la lécithine :

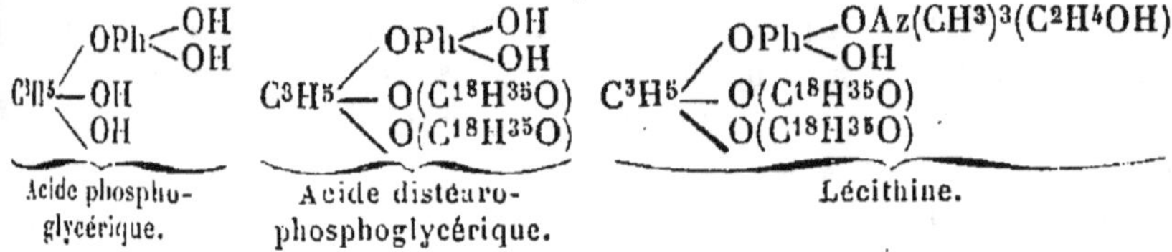

On comprend d'ailleurs qu'il peut exister plusieurs lécithines, suivant la nature des radicaux d'acides gras qui sont substitués aux deux atomes d'hydrogène de la glycérine dans l'acide phosphoglycérique. De fait, d'après des recherches récentes, on pourrait retirer plusieurs lécithines du jaune d'œuf.

c. Préparation. — On extrait la lécithine du jaune d'œuf en épuisant celui-ci par l'éther ou l'alcool bouillant. Par le refroidissement, il se sépare une huile et une substance visqueuse. On reprend le dépôt par un peu d'alcool chaud, on filtre et on soumet la solution à un froid de — 5° à — 20° dans un flacon couvert. La lécithine ne tarde pas à se déposer sous forme de petits grumeaux sphériques.

d. Propriétés. 1° PHYSIQUES. — La lécithine est blanche, à cristallisation confuse, insoluble dans l'eau, soluble dans l'alcool bouillant et dans l'éther. L'eau la gonfle et la transforme en une espèce d'empois.

2° CHIMIQUES. — La propriété fondamentale de la lécithine est de se décomposer sous l'influence des acides et des bases en névrine et en acide distéarophosphoglycérique. Ce dernier corps se saponifie lui-même facilement.

On a extrait du cerveau, par l'alcool bouillant, une matière blanche hygroscopique, insoluble dans l'eau, soluble dans l'alcool bouillant, qui ne se décompose que lentement et imparfaitement quand on la soumet à l'ébullition dans une dissolution de baryte. On a donné à cette substance les noms de *cérébrine*, *cérébrote*, *acide cérébrique*. Aujourd'hui on la désigne généralement sous le nom de *cérébrine*. Cette matière non cristallisée est mal définie. Elle paraît avoir pour formule $C^{17}H^{33}AzO^3$. Elle diffère surtout de la lécithine en ce qu'elle ne renferme pas d'acide phosphoglycérique dans sa molécule et par conséquent ne donne pas d'acide phosphorique en se décomposant. La cérébrine paraît être constituée par des sels de névrine à acides gras (palmitique, stéarique, oléique). Liebreich et Diakonow la considèrent, au contraire, comme un glucoside.

Enfin, le *protagon* est un mélange de lécithine et de cérébrine. On a aussi donné à ce mélange les noms de *myélocome* (Kuhn) et de *matière grasse blanche* (Vauquelin). La *myéline* paraît également n'être que de la lécithine impure. Elle apparaîtrait au microscope sous forme de filaments spiroïdaux ou de fils avec des renflements ovoïdes. Neubauer a obtenu ces formes *myéliques* sans myéline ni lécithine. Ces formes n'ont donc rien de caractéristique.

§ 283. — **Aniline.**

$$AzH^2.C^6H^5.$$

Synonymie : Phénylamine.

L'aniline s'obtient, dans le commerce, en réduisant la nitrobenzine par le mélange de fer et d'acide acétique (V. § 278, p. 512).

L'aniline pure est un liquide incolore, d'une odeur désagréable, d'une saveur âcre. Elle est insoluble dans l'eau et plus lourde que ce liquide. Elle entre en ébullition à 184°. Elle brunit à l'air.

Lorsqu'on soumet l'aniline à l'action des agents d'oxydation (dichromate de potassium et acide sulfurique, chlorure de chaux), on obtient une belle coloration violette. L'oxydation par l'acide arsénique d'un mélange d'aniline et de son homologue supérieur la toluidine $C^7H^7.AzH^2$, mélange qui constitue l'aniline commerciale, donne de la *rosaniline*, qui est une triamine :

$$AzH^2.C^6H^5 + 2AzH^2.C^7H^7 + O^3 = 3H^2O + \begin{matrix} C^6H^{4''} \\ (C^7H^{6''})^2 \\ H^3 \end{matrix} \Big\} Az^3$$

| Aniline. | Toluidine. | Oxygène. | Eau. | Rosaniline. |

La rosaniline est incolore. Son chlorhydrate est la *fuchsine* du commerce. Il possède une magnifique couleur rouge. L'industrie produit aujourd'hui un grand nombre de matières colorantes dérivées de l'aniline.

§ 284. — Indican.

$$C^{20}H^{31}AzO^{17}?$$

a. État naturel. — Diverses plantes du genre indigofera renferment un principe spécial, incolore, l'*indican*, principe susceptible de se décomposer, sous certaines influences, en indigotine et en une matière sucrée, l'*indiglucine* $C^6H^{10}O^6$. L'indican est donc un composé analogue aux glucosides. Sa constitution est d'ailleurs encore mal connue et son rôle même de glucoside est mis en doute par Baumann.

Certaines urines pathologiques possèdent la propriété remarquable de se colorer en bleu en se putréfiant à l'air. Quelquefois même, elles se couvrent d'une pellicule irisée dans laquelle on peut voir, au microscope, des aiguilles nettement cristallisées. On attribue ce phénomène à la présence dans l'urine d'une substance qui, sous l'influence des acides minéraux et d'un agent oxydant, donne naissance à de l'indigotine.

On a donné également à ce composé incolore le nom d'indican pour le rapprocher de la substance indigogène contenue dans certaines plantes. On a même cru que ces deux matières indigogènes étaient identiques, mais l'indican de l'urine se décompose beaucoup plus difficilement que l'indican des plantes.

L'indican existerait même, d'après certains auteurs, en faibles proportions dans l'urine normale. Enfin, on a signalé la présence de l'indican dans le sang humain, dans le sang et l'urine de bœuf, dans l'urine du cheval et d'un grand nombre d'animaux. On l'a trouvé, dans plusieurs cas, dans la sueur de l'homme.

Les états pathologiques dans lesquels l'urine semble surtout en renfermer de notables proportions paraissent être : le carcinome du foie, les lésions de la moelle épinière, la hernie étranglée, certaines affections du tube digestif. L'indican apparaît dans les urines à la suite d'injections sous-cutanées d'indol (V. § 286, p. 521).

L'*uroxanthine* de Heller paraît n'être autre chose que de l'indican.

b. Préparation. — On prépare l'indican en précipitant l'urine fraîche avec du sous-acétate de plomb, filtrant et ajoutant au liquide filtré de l'ammoniaque. Le nouveau précipité est recueilli sur un filtre lavé, mis en suspension dans l'eau et décomposé par l'hydrogène sulfuré qui précipite le plomb. On filtre et on évapore le liquide filtré d'abord à une douce chaleur, ensuite dans le vide. On obtient ainsi de l'indican impur.

On a indiqué plusieurs autres procédés d'extraction de l'indican. Aucun ne donne de produit parfaitement pur.

c. Propriétés. 1° PHYSIQUES. — L'indican, tel qu'on l'a obtenu jusqu'ici, se présente sous forme d'un liquide sirupeux, jaune, très-amer. Il est soluble dans l'eau et dans l'alcool et ne présente aucune réaction au papier de tournesol.

2° CHIMIQUES. — Il se décompose dans l'urine, en présence des acides faibles, surtout à chaud, en indiglucine et en indigotine. La décomposition a lieu spontanément lors de la putréfaction de l'urine ; c'est à ce moment que celle-ci se colore en bleu à la surface. L'indican de l'urine résiste à l'action des alcalis bouillants. Ce caractère le différencie de l'indican végétal. L'acétate de plomb ammoniacal précipite l'indican de sa solution.

d. Recherche. — Des quantités considérables d'indican dans une urine peuvent devenir un symptôme. La recherche de l'indican est basée sur le dédoublement de ce corps, sous l'influence des acides et en présence des agents d'oxydation, en indigo bleu et en indiglucine.

On fait bouillir de l'urine fraîche avec de l'acide chlorhydrique chargé d'un peu de chlore. S'il y a de l'indican, l'urine ne tarde pas à se colorer en violet ou en bleu intense. S'il n'y a dans une urine que peu d'indican, on extrait ce corps d'une certaine quantité d'urine, comme il a été dit plus haut, et on démontre la présence de l'indican dans le liquide sirupeux obtenu.

Lorsque les quantités d'indican sont un peu fortes dans une urine, la matière colorante bleue qui est insoluble dans l'eau ne tarde pas à se séparer. On peut même doser l'indigo en opérant sur 200^{cc} à 300^{cc} d'urine et laissant déposer pendant douze heures au moins, recueillant le précipité sur un filtre lavé, séché et pesé, lavant ce précipité à l'eau chaude, puis à l'ammoniaque étendue pour enlever les acides hippurique et benzoïque, desséchant et pesant ce filtre. Dans tous les cas, on peut, en opérant ainsi, obtenir assez de bleu d'indigo pour caractériser cette substance (V. § 285, p. 520).

La décomposition de l'indican par les acides donne souvent naissance à une substance amorphe, soluble dans l'alcool, insoluble dans l'eau, à laquelle on a donné les noms de *rouge d'indigo* et d'*urrhodine*. La composition et les réactions de cette substance sont mal connues.

§ 285. — **Indigotine.**

$$C^8H^5AzO.$$

Synonymie : Indigo, bleu d'indigo, uroglaucine.

a. Préparation. — L'indigo du commerce est un produit tinctorial d'origine végétale. On l'obtient en faisant fermenter les tiges et les feuilles fraîches de plusieurs plantes du genre indigofera. Après plusieurs heures de fermentation, on agite le liquide au contact de l'air; il bleuit et ne tarde pas à déposer l'indigo sous forme d'un précipité grenu qu'on fait sécher et qu'on divise en morceaux. C'est là l'indigo du commerce. Cette matière doit sa couleur à une substance bleue, l'*indigotine*, qu'on obtient pure et en cristaux en soumettant à la sublimation l'indigo du commerce. L'indigotine est donc une substance définie ; l'indigo un mélange de plusieurs substances. On désigne toutefois souvent l'indigotine sous le nom d'indigo.

L'indigotine s'obtient aussi dans la décomposition de l'indican des urines. Cette indigotine d'origine animale est absolument semblable à l'indigotine d'origine végétale.

b. Propriétés. 1° PHYSIQUES. — L'indigotine sublimée est en cristaux microscopiques (V. *fig.* 73) d'un bleu foncé avec des reflets cuivrés. Elle est sans saveur et sans odeur, insoluble dans l'eau, très-peu soluble dans l'alcool et dans l'éther. Lorsqu'on la chauffe fortement dans un tube à essai, l'indigotine se sublime sous forme de vapeurs violettes analogues à celles de l'iode. Beale a examiné au microscope un dépôt d'indigotine formé dans une urine riche en indigo. La figure 75 montre les formes affectées par ces cristaux.

Les cristaux obtenus par évaporation lente d'une solution alcoolique d'indigotine sont prismatiques. Leur aspect n'est pas le même que celui des cristaux obtenus par sublimation (V. *fig.* 74). (Méhu.)

Fig. 73. — Cristaux d'indigotine obtenus par sublimation.

2° CHIMIQUES. — L'acide sulfurique concentré dissout l'indigotine en donnant des acides sulfoconjugués (acides sulfopurpurique et sulfindigotique). La solution d'indigo dans l'acide sulfurique est employée comme réactif dans les laboratoires.

En neutralisant, par un carbonate alcalin, la dissolution d'indigotine dans l'acide sulfurique, on obtient un sulfo-indigotate alcalin qui est bleu et qui, en présence d'un excès d'alcali, se décolore facilement par les agents réducteurs (V. § 204, p. 390), en passant à l'état d'indigo blanc. Celui-ci est soluble dans la liqueur alcaline.

$$2(C^8H^5AzO) + H^2 = C^{16}H^{12}Az^2O^2.$$

Indigotine.   Hydrogène.   Indigo blanc.

Les solutions d'indigo blanc, exposées à l'air, en absorbent l'oxygène et régénèrent l'indigo bleu. Les procédés de teinture à l'indigo sont basés sur cette réaction. C'est aussi pour cela que

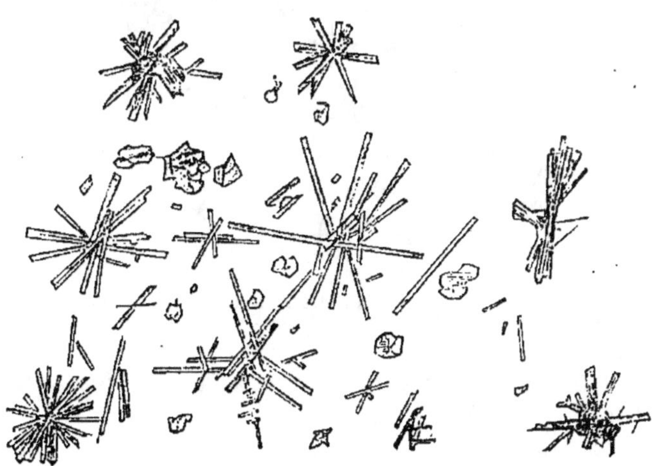

Fig. 74. — Cristaux d'indigotine.

l'urine, dans laquelle de l'indigotine prend naissance par la décomposition de l'indican, se colore en bleu à la surface. Enfin, lorsqu'on recherche l'indican dans l'urine, on traite celle-ci par de l'acide chlorhydrique légèrement *chloré* pour obtenir l'indigo bleu.

Les oxydants (acide azotique, acide chromique) transforment l'indigotine en *isatine*. La matière colorante bleue est détruite et passe au jaune.

$$C^8H^6AzO + O = C^8H^5AzO^2$$

Indigotine.   Oxygène.   Isatine.

c. Caractères. — Les caractères de l'indigotine sont les suivants :

1° Sous l'influence de la chaleur, il se forme des vapeurs violettes.

2° L'indigotine se dissout à chaud dans l'acide sulfurique concentré.

3° La solution sulfurique, neutralisée par un carbonate alcalin est réduite par une solution alcaline de glucose. Elle passe alors du bleu au jaune.

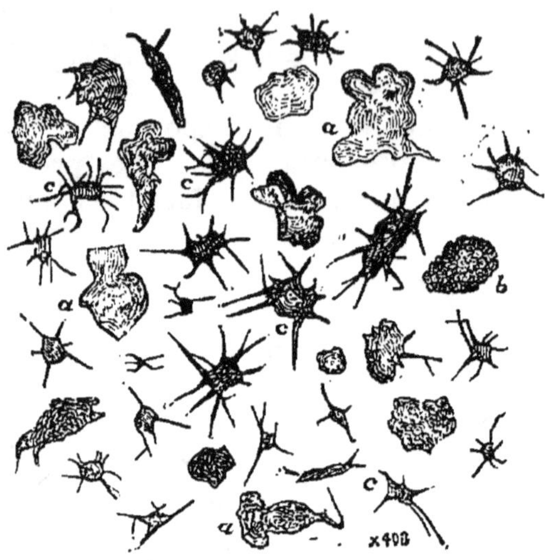

Fig. 75. — Dépôt d'indigotine dans une urine.

4° En agitant au contact de l'air la liqueur ainsi décolorée elle repasse au bleu en absorbant de l'oxygène.

5° La solution d'indigotine dans l'acide sulfurique est décolorée par l'acide azotique.

§ 286. — Indol.

$$C^8H^7Az.$$

a. État naturel. — L'indol se produit, en petite quantité, dans la digestion pancréatique des matières albuminoïdes. D'après Nencki, cet indol passerait dans les urines à l'état d'indican. En effet, l'indol introduit par injection sous-cutanée dans le torrent circulatoire d'un lapin apparaît à l'état d'indigo bleu dans l'urine. L'indol est absorbé par les chylifères et oxydé dans le sang. L'oxydation de l'indol ne peut avoir lieu dans l'intestin même, car le bleu d'indigo, même lorsqu'il séjourne longtemps dans l'intestin, n'est nullement absorbé, mais traverse le tube digestif sans être altéré. C'est donc bien dans le sang que l'indol subit la transformation en indican c'est là l'origine de l'indican qu'on trouve normalement en petite quantité, et, dans certains cas pathologiques, en forte proportion dans l'urine.

b. Synthèse et constitution. — L'indol est un dérivé de l'indigotine. Il représente le dernier terme de réduction de l'isatine qui dérive de l'indigotine par oxydation. Les termes intermédiaires de cette réduction sont l'oxindol et le dioxindol. Ces différents corps forment donc la série suivante :

C^8H^5AzO	Indigotine.
$C^8H^5AzO^2$	Isatine (obtenue par oxydation de l'indigotine).
$C^8H^7AzO^2$	Dioxindol (obtenu par réduction de l'isatine).
C^8H^7AzO	Oxindol (obtenu par réduction du dioxindol).
C^8H^7Az	Indol (obtenu par réduction de l'oxindol).

Aujourd'hui la constitution de ces corps est connue. Bœyer et Emmerling ont, en effet, réalisé la synthèse de l'indol, en fondant l'acide nitrocinnamique avec de la potasse caustique et projetant dans le mélange de la limaille de fer pour enlever l'oxygène du groupe nitreux. La réaction peut être exprimée par la formule :

$$C^6H^4\begin{cases} C^2H^2 - CO.OH \\ AzO^2 \end{cases} = C^8H^7Az + CO^2 + O^2$$

Acide nitrocinnamique.   Indol.   Anhydride   Oxygène.
carbonique.

D'après cette synthèse la formule de constitution de l'indol serait :

$$C^6H^4\begin{cases} CH^2 \\ Az \end{cases}CH$$

et par suite celle de l'indigotine et de l'isatine :

$$C^6H^4\begin{cases} CO \\ Az \end{cases}CH \quad \text{et} \quad C^6H^4\begin{cases} CO \\ HAz \end{cases}CO$$

Indigotine.   Isatine.

Bœyer a récemment réalisé la synthèse directe de l'indigotine et a par suite pleinement confirmé les vues théoriques qu'il avait émises antérieurement. Cette brillante synthèse, qu'il nous soit permis de le dire en passant, est un exemple frappant du service que rendent les formules de constitution.

c. Propriétés. — L'indol est une base faible d'une odeur particulière. Il se présente sous forme de cristaux feuilletés incolores. Il fond à 52°. Il est assez soluble dans l'eau chaude, peu soluble dans l'eau froide. Il passe à la distillation avec la vapeur d'eau. L'alcool et l'éther le dissolvent facilement. Enfin, l'acide azoteux donne dans les solutions aqueuses d'indol un volumineux précipité rouge formé de fines aiguilles. Cette réaction est caractéristique pour l'indol.

AMINES-ACIDES.

§ 287. — Glycocolle.

$$AzH^2.CH^2CO.OH.$$

Synonymie : Sucre de gélatine, glycine, acide acétamique.

a. État naturel. — Le glycocolle paraît se former en petite quantité dans la digestion pancréatique des matières albuminoïdes. Ce corps, type des amines-acides, est un produit de transformation des acides hippurique et glycocholique.

b. Modes de production. — Le glycocolle s'obtient :

1° *En traitant l'acide monochloracétique par l'ammoniaque.* (V. § 278, p. 510.)

2° *En décomposant par l'acide chlorhydrique les solutions aqueuses des acides glycocholique et hippurique.*

$$\begin{array}{c} CH^2.AzH(C^7H^5O) \\ | \\ CO.OH \end{array} \ + \ H^2O \ = \ C^7H^5O.OH \ + \ \begin{array}{c} CH^2.AzH^2 \\ | \\ CO.OH \end{array}$$

Acide hippurique.   Eau.   Acide benzoïque.   Glycocolle.

On voit que l'acide hippurique est du glycocolle dont un atome d'hydrogène est remplacé par le radical benzoyle.

c. Préparation. — On prépare facilement le glycocolle en soumettant la gélatine à l'ébullition, pendant plusieurs heures, avec de l'acide sulfurique. On neutralise la liqueur avec du carbonate de baryum, on filtre et on évapore. Le liquide sirupeux dépose, au bout de quelques jours, des cristaux de glycocolle.

d. Propriétés. 1° PHYSIQUES. — Le glycocolle est en gros cristaux incolores rhomboédriques (V. *fig.* 76). Sa saveur est sucrée. Il est soluble dans l'eau, insoluble dans l'alcool et dans l'éther.

2° CHIMIQUES. — Le glycocolle étant à la fois une amine et un acide (V. § 278, p. 510) se combine, d'une part, avec les acides, d'autre part, avec les oxydes, en formant dans les deux cas des sels. Ex. :

$$\begin{array}{c} CH^2.AzH^2 \\ | \\ CO.OH \end{array} \ + \ KOH \ = \ H^2O \ + \ \begin{array}{c} CH^2AzH^2 \\ | \\ CO\,OK. \end{array}$$

Glycocolle.   Potasse.   Eau.   Glycocollate de potassium.

$$\underbrace{\begin{matrix} CH^2AzH^2 \\ | \\ CO.OH \end{matrix}}_{\text{Glycocolle.}} + \underbrace{HCl}_{\substack{\text{Acide} \\ \text{chlorhydrique.}}} = \underbrace{\begin{matrix} CH^2AzH^2.HCl \\ | \\ CO.OH \end{matrix}}_{\substack{\text{Chlorhydrate} \\ \text{de glycocolle.}}}$$

Sous l'influence des agents d'oxydation (permanganate de potassium), le glycocolle se transforme en acide oxamique (1)

$$\underbrace{\begin{matrix} CH^2.AzH^2 \\ | \\ CO.OH \end{matrix}}_{\text{Glycocolle.}} + \underbrace{O^2}_{\text{Oxygène.}} = \underbrace{H^2O}_{\text{Eau.}} + \underbrace{\begin{matrix} CO.AzH^2 \\ | \\ CO.OH \end{matrix}}_{\text{Acide oxamique.}}$$

e. Caractères. — 1° Le glycocolle réduit déjà à froid, surtout à chaud, l'azotate mercureux.

2° Il donne, avec le perchlorure de fer, une coloration rouge

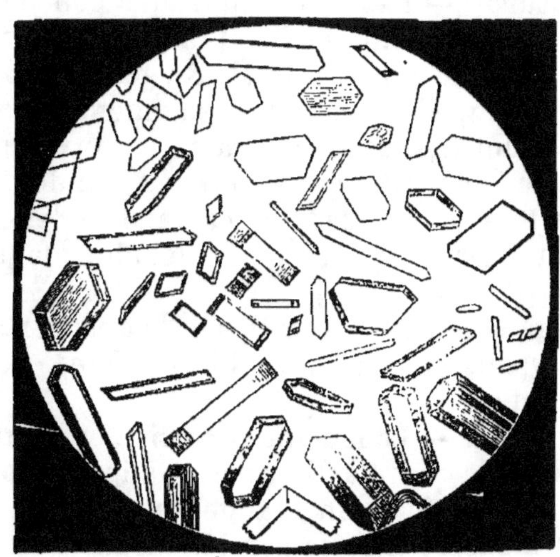

Fig. 76. — Cristaux de glycocolle.

intense et se comporte, par conséquent, à la façon des acétates alcalins. Cette coloration ne disparaît pas sous l'influence de l'ébullition (1).

3° Le glycocolle traité par une solution de sulfate de cuivre, puis par la potasse, se colore en bleu foncé. Il se forme dans ce cas du glycocollate de cuivre qui se précipite en aiguilles lorsqu'on ajoute de l'alcool à sa dissolution aqueuse.

(1) R. Engel, *Contributions à l'étude des glycocolles*, Paris, 1875.

f. Transformation dans l'économie. — D'après Nencki, le glycocolle ingéré se transforme dans l'économie, en urée.

Parmi les homologues du glycocolle, l'*alanine* $AzH^2.C^2H^4$CO. OH n'a pas encore été rencontrée dans l'organisme animal. La *butalanine* $AzH^2.C^4H^8CO.OH$ a été trouvée dans la rate et dans le pancréas du bœuf. La butalanine est peu soluble dans l'alcool et dans l'eau. Sous l'influence de la chaleur, elle se sublime sans décomposition.

§ 288. — Leucine.

$$AzH^2.C^5H^{10}CO.OH.$$

Anciennes dénominations : Oxyde caséeux (Proust), aposépédine (Fourcroy), thymine (Gorup-Besanez).

a. État naturel. — La leucine se trouve constamment parmi les produits de putréfaction des matières albuminoïdes. Elle est très-répandue dans le règne animal. En général, elle est accompagnée de tyrosine. Elle existe normalement dans le pancréas (en grande quantité), dans la rate, le thymus, la glande thyroïde, le foie (en petite quantité), les glandes salivaires, les reins, les capsules surrénales, le cerveau et les glandes lymphatiques. On trouve également la leucine dans les enduits sébacés.

On rencontre la leucine dans l'urine, dans certains états pathologiques (typhus, variole, atrophie du foie). Le pus en renferme fréquemment.

b. Préparation. — La leucine se forme, en même temps que la tyrosine, dans la putréfaction des matières azotées animales et végétales. On l'obtient, en grande quantité, en décomposant à chaud ces matières azotées par les alcalis concentrés ou les acides étendus.

La méthode la plus simple, pour obtenir la leucine, consiste à faire bouillir 2 parties de rognures de corne de bœuf avec 6 parties d'acide sulfurique étendu de 13 fois son poids d'eau. On prolonge l'ébullition pendant environ 36 heures, en remplaçant constamment l'eau qui s'évapore. On sursature par un lait de chaux et on fait encore bouillir pendant plusieurs heures. On passe à travers un linge et on précipite l'excès de chaux par l'acide sulfurique. On filtre et on évapore. Il se dépose d'abord de la tyrosine beaucoup moins soluble dans l'eau que la leucine. On recueille les cristaux de tyrosine et on évapore de nouveau. La leucine se dépose. On la purifie par cristallisation, en rejetant les premiers produits qui renferment encore de la tyrosine.

c. Propriétés. 1° PHYSIQUES. — La leucine est un corps blanc, sans odeur et sans saveur ; elle cristallise en lamelles nacrées douces au toucher, souvent en petites masses à cristallisation radiée (V. *fig.* 77). Sa densité est de 1,298. Elle est soluble dans 27 parties d'eau froide, plus soluble dans l'eau chaude. L'alcool et l'éther n'en dissolvent que des traces. Elle se sublime à 170° sans fondre et sans se décomposer.

2° CHIMIQUES. — Les alcalis et les acides étendus dissolvent facilement la leucine.

Chauffée brusquement au-dessus de 170°, la leucine se décompose en anhydre carbonique et en amylamine d'après l'équation :

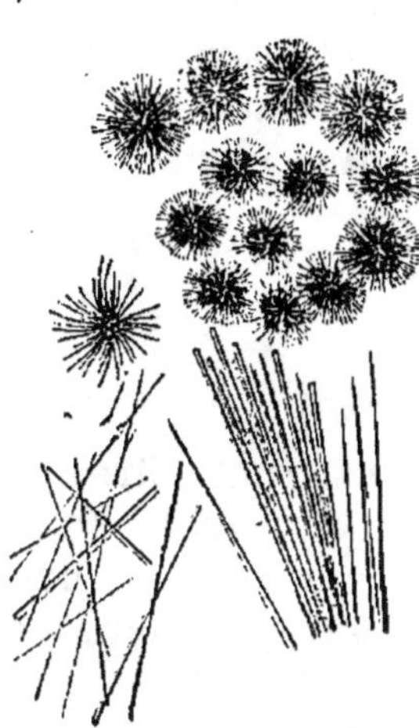

Fig. 77. — Cristaux de leucine.

$$C^6H^{13}AzO^2 = CO^2 + C^5H^{11}AzH^2$$

Leucine.   Anhydride carbonique.   Amylamine.

La leucine se comporte comme le glycocolle vis-à-vis des bases et des acides.

La leucine, en solution alcaline, donne, sous l'influence de l'ozone, de l'acide valérique et de l'ammoniaque et ultérieurement des acides gras inférieurs. Enfin, la leucine se décompose lentement en solution aqueuse. En présence de fibrine, la décomposition est plus rapide ; dans ce cas encore, il se produit de l'acide valérique et de l'ammoniaque.

d. Caractères. — 1° *Réaction de Scherer.* On évapore avec précaution de la leucine sur une lame de platine avec de l'acide azotique ; il reste un résidu incolore, presque invisible. Chauffé avec quelques gouttes d'une solution de soude, le résidu se colore en jaune. Si l'on concentre avec précaution, le liquide se réunit, au bout de peu de temps, en une goutte oléagineuse, ne mouillant pas la lame de platine et roulant sur elle.

2° On chauffe fortement la leucine dans un tube à essai. Une partie se sublime, une autre se décompose et développe l'odeur caractéristique d'amylamine.

e. Physiologie. 1° ORIGINE. — La leucine se forme dans l'organisme aux dépens des matières albuminoïdes. Elle est un des produits de leur désassimilation. Il en est de même des autres amines-acides que l'on trouve dans l'économie. Tous ces composés s'obtiennent d'ailleurs facilement, en dehors de l'organisme, en traitant les matières protéiques par les alcalis ou par les acides.

2° Élimination. — La leucine se trouve rarement dans les urines et dans les fèces. Elle se transforme donc dans l'économie probablement en acide valérique, anhydride carbonique et ammoniaque, car on a remarqué que l'acide valérique se trouve, en général, dans les organes où l'on rencontre également la leucine.

§ 289. — Tyrosine.

$$C^9H^{11}AzO^3.$$

a. État naturel ; formation. — La tyrosine se rencontre dans le corps de l'homme à côté de la leucine, qu'elle accompagne presque toujours. Comme la leucine, la tyrosine se forme dans la putréfaction des matières albuminoïdes ou dans leur décomposition sous l'influence des acides et des bases.

b. Constitution. — Les propriétés chimiques de la tyrosine

Fig. 78. — Cristaux de tyrosine.

sont semblables à celles du glycocolle et de la leucine. On considère donc la tyrosine comme une amine-acide. Lorsqu'on la fond avec de la potasse, elle fournit de l'acide paroxybenzoïque, isomère de l'acide salicylique. Elle semble donc devoir être rangée parmi les dérivés de l'acide paroxybenzoïque.

c. Propriétés. — La tyrosine est une substance blanche,

soyeuse, inodore et insipide. Elle cristallise en aiguilles fines et cohérentes (V. *fig.* 78). Elle est presque complètement insoluble dans l'eau froide, soluble au contraire dans l'eau bouillante. Elle se dépose presque intégralement par le refroidissement, de sa solution dans l'eau bouillante. L'alcool et l'éther ne la dissolvent pas. La tyrosine se dissout facilement dans l'ammoniaque, la potasse, les acides étendus. Elle n'est pas sublimable, mais se décompose sous l'influence de la chaleur, en répandant une odeur de corne brûlée.

d. Caractères. — Pour caractériser la tyrosine, on examine ses cristaux et on fait les essais suivants : 1° On chauffe la tyrosine sur une lame de platine; on perçoit facilement l'odeur de corne brûlée.

2° (Réaction de Piria). La tyrosine, chauffée avec un peu d'acide sulfurique concentré, se dissout en prenant une teinte rouge passagère. Il se forme, dans ce cas, un acide sulfoconjugué. On neutralise par du carbonate de calcium et on filtre. La liqueur filtrée donne avec les sels ferriques une belle coloration violette.

3° (Réaction de Hoffmann). On traite la tyrosine mise en suspension dans un peu d'eau par quelques gouttes de nitrate mercurique et d'acide nitrique fumant et on fait bouillir pendant quelques instants. On obtient une belle coloration rose qui plus tard se transforme en un précipité rouge.

§ 290. — Taurine.

$C^2H^7AzSO^3$.

a. État naturel. — La taurine existe dans les muscles de plusieurs espèces d'animaux, surtout d'animaux à sang froid, dans les reins et les poumons des mammifères, enfin, dans la viande de cheval. Elle se trouve, comme produit de décomposition des acides de la bile, dans l'intestin et les fèces de l'homme. Dans certains cas pathologiques, on la rencontre dans le sang, les transsudats et même dans l'urine.

b. Constitution ; préparation. — La taurine, comme la glycocolle, est une amine-acide. Elle dérive d'un éther qui est encore à la fois alcool et acide, l'*acide iséthionique*. Cet acide est de l'acide *oxéthylène-sulfureux* ; autrement dit, il dérive de l'acide sulfureux par la substitution de l'oxéthylène (V. § 196, p. 360) à un atome d'hydrogène de cet acide. Sa constitution est représentée par la formule :

$$CH^2 - OH$$
$$\mid$$
$$CH^2 - O - SO - OH.$$

1° On obtient la taurine en traitant l'acide chloréthylsulfureux par l'ammoniaque.

$$\underbrace{\begin{array}{c} CH^2Cl \\ \mid \\ CH^2 - O - SO - OH \end{array}}_{\text{Acide chloréthyl-sulfureux.}} + \underbrace{AzH^3}_{\text{Ammoniaque.}} = \underbrace{HCl}_{\text{Acide chlorhydrique.}} + \underbrace{\begin{array}{c} CH^2AzH^2 \\ \mid \\ CH^2. - O - SO - OH \end{array}}_{\text{Taurine.}}$$

2° La taurine est un produit de dédoublement de l'acide tauro-cholique, l'un des acides de la bile, sous l'influence des agents d'hydratation.

On prépare la taurine, en faisant bouillir pendant plusieurs heures de la bile de bœuf avec de l'acide chlorhydrique étendu ; on décante le liquide pour le séparer de l'acide cholalique et de la dyslysine et on le concentre. On l'abandonne à lui-même jusqu'à ce que le chlorure de sodium se soit déposé, on évapore de nouveau un peu l'eau-mère et l'on précipite la taurine par l'alcool absolu ajouté en assez grande quantité. On le purifie par cristallisation dans l'eau.

c. **Propriétés.** — La taurine cristallise en beaux prismes

Fig. 79. — Cristaux de taurine.

transparents, quadrangulaires ou hexagonaux, terminés aux deux extrémités par des pyramides à quatre faces (V. *fig.* 79).

Elle se dissout dans 15 à 16 parties d'eau froide, beaucoup plus
facilement dans l'eau bouillante. L'alcool absolu et l'éther ne la
dissolvent pas ; mais l'alcool étendu la dissout un peu à froid,
assez facilement à chaud.

Sa solution dans l'eau est neutre aux papiers réactifs. Les
solutions des sels métalliques et le tannin ne la précipitent pas.
On peut faire bouillir la taurine sans l'altérer, soit avec des
acides étendus, soit avec une solution étendue de potasse. La
chaleur ne la décompose qu'au-dessus de 240°.

Comme les amines en général (V. § 278, p. 512), la taurine
est décomposée par l'acide azoteux. Les produits de la décomposition sont de l'acide iséthionique de l'eau et de l'azote. Comme
le glycocolle et ses homologues, la taurine forme avec les oxydes
métalliques de véritables sels (R. Engel).

d. Caractères. — La stabilité de la taurine, sa non-précipitation par l'acétate de plomb et les solutions métalliques en général, permettent de l'isoler facilement. Pour rechercher la présence de la taurine dans un liquide de l'économie, on opère
comme on l'a fait pour sa préparation et sa purification.

On caractérise la taurine :

1° *Par l'examen microscopique de ses cristaux* (V. fig. 79);

2° *En la fondant avec un mélange de soude et de nitrate de potassium.* Il se forme du sulfate de potassium qu'on peut caractériser. Pour plus de précision, on peut doser l'acide sulfurique
formé.

Lorsqu'on chauffe la taurine sur une lame de platine, elle se
gonfle et finit par fondre en dégageant de l'*anhydride sulfureux*
et des vapeurs épaisses. Il reste un charbon difficilement combustible.

e. Physiologie. — La présence de la taurine dans le contenu
de l'intestin de l'homme et quelquefois dans l'urine s'explique
par la facile décomposition de l'acide taurocholique. Le dédoublement de l'acide taurocholique est, en effet, beaucoup plus
facile que celui de l'acide glycocholique. Dans l'urine ictérique
on trouve quelquefois les acides glycocholique et cholalique,
mais pas d'acide taurocholique. Cet acide, dans ces cas, s'est donc
décomposé dans l'économie, et la présence, dans les fèces et
dans l'urine, de la taurine, l'un des produits de cette décomposition, en est la conséquence.

Mais la quantité de taurine ainsi éliminée est très-faible, et
il est très-probable que la taurine subit partiellement aussi des
transformations avant de sortir de l'économie.

Sous l'influence de la potasse en fusion, la taurine se décompose en ammoniaque, sulfate et acétate de potassium. Buchner

a fait la très-intéressante remarque qu'en présence du mucus de la vésicule biliaire, agissant comme ferment et en liqueurs alcalines, la taurine subit la même transformation que sous l'influence de la potasse en fusion. Il est donc probable que la taurine se transforme partiellement, dans l'économie, en acide sulfureux et en acide acétique qui sont oxydés ultérieurement. Nous trouverions dans cette transformation l'une des origines des sulfates qui sont éliminés par l'urine.

Salkowski a constaté que la taurine se transforme en acide sulfurique dans l'organisme des herbivores. D'après l'auteur, chez les carnivores la taurine serait en partie éliminée en nature par les urines. La majeure partie se transforme dans l'économie, en fixant les éléments de l'acide cyanique, en acide taurocarbamique. Cet acide est analogue à l'acide hydantoïque (V. § 306).

§ 291. — GUANIDINES.

Constitution. — La guanidine est une triamine. Elle dérive de trois molécules d'ammoniaque dans lesquelles quatre atomes d'hydrogène ont été remplacés par un atome de carbone tétravalent. On a obtenu la guanidine en faisant agir l'ammoniaque sur la cyanamide qui est en réalité de la carbodiimide (V. § 305).

$$C\begin{cases}AzH\\AzH\end{cases} + AzH^3 = C\begin{cases}AzH^2\\AzH^2\\AzH\end{cases} = CH^5Az^3$$

Cyanamide.   Ammoniaque.   Guanidine.

La simple inspection de la formule de constitution de la guanidine permet de comprendre l'existence de guanidines substituées, c'est-à-dire de composés qui dérivent de la guanidine par la substitution de radicaux à un ou plusieurs atomes d'hydrogène.

De fait, on obtient la méthylguanidine, l'éthylguanidine, la phénylguanidine, etc., en faisant agir la cyanamide sur la méthylamine, l'éthylamine, la phénylamine, etc.

$$C\begin{cases}AzH\\AzH\end{cases} + AzH^2C^6H^5. = C\begin{cases}AzH.C^6H^5\\AzH^2\\AzH\end{cases}$$

Cyanamide.   Phénylamine.   Phénylguanidine.

Le glycocolle s'unit à la cyanamide comme la phénylamine. La guanidine substituée obtenue ainsi a reçu le nom de *glycocyamine*.

$$C\!\!<^{AzH}_{AzH} + AzH^2\!\!-\!CH^2\!\!-\!CO.OH = C\!\!<^{AzH-CH^2-CO.OH}_{AzH^2}_{AzH}$$

Cyanamide.   Glycocolle.   Glycocyamine.

Un grand nombre d'autres corps analogues à la glycocyamine ont été obtenus en faisant agir la cyanamide sur les amines-acides. Volhard a obtenu la créatine, corps important que l'on rencontre dans l'économie animale, par l'union de la cyanamide et du méthylglycocolle.

$$C\!\!<^{AzH}_{AzH} + AzH(CH^3)\!\!-\!CH^2\!\!-\!CO.OH = C\!\!<^{Az(CH^3)-CH^2-CO.OH}_{AzH^2}_{AzH}$$

Cyanamide.   Méthylglycocolle.   Créatine.
                    (Sarcosine.)

Baumann a obtenu le produit d'addition de la cyanamide et de l'alanine (alacréatine). La taurine s'unit également à la cyanamide pour donner un composé analogue à la créatine (R. Engel).

Les amines-acides peuvent donc se combiner avec la cyanamide et donner ainsi naissance à des guanidines substituées ; on peut donner à ces composés le nom générique de *créatines*. La créatine est, en effet, le plus important de ces composés.

Les produits de décomposition des guanidines et des créatines sont absolument analogues. La guanidine se décompose, sous l'influence des bases, en fixant de l'eau, en ammoniaque et en urée ; la glycocyamine en glycocolle et en urée ; la créatine en méthylglycocolle et en urée, etc. Les formules suivantes font ressortir ces analogies :

$$C\!\!<^{AzH^2}_{AzH^2}_{AzH} + HOH = AzH^3 + CO\!\!<^{AzH^2}_{AzH^2}$$

Guanidine.   Eau.   Ammoniaque.   Urée.

$$C\!\!<^{AzH-CH^2-CO.OH}_{AzH^2}_{AzH} + HOH = AzH^2\!\!-\!CH^2\!\!-\!CO.OH + CO\!\!<^{AzH^2}_{AzH^2}$$

Glycocyamine.   Eau.   Glycocolle.   Urée.

La créatine nous apparaît donc comme une guanidine substituée résultant de l'union de la cyanamide et du méthylglycocolle.

§ 292. — **Créatine**.

$$C^4H^9Az^3O^2.$$

a. État naturel. — La créatine se trouve constamment dans le suc des muscles lisses et striés de toutes les classes d'animaux. On la rencontre aussi dans le cerveau, dans le sang, dans le liquide amniotique et dans les exsudats. L'urine en renferme quelquefois; mais la créatine semble se former, dans l'urine, aux dépens de la créatinine par fixation d'eau.

b. Préparation. — Un grand nombre de procédés ont été indiqués pour extraire de la sérosité des muscles la créatine et les autres matières extractives qu'elle renferme. Nous donnerons ici le procédé de Liebig et celui de Stœdeler. Ces procédés ont, en effet, servi de bases aux autres procédés qui ont pour but l'extraction spéciale ou le dosage de tel ou tel corps qui se trouve dans le sérum musculaire.

1° *Procédé de Liebig.* On traite de la viande finement hachée par son volume d'eau froide. Au bout de vingt-quatre heures, on exprime et on reprend le résidu par de l'eau à 55°. On réunit les liqueurs et on porte à l'ébullition pour coaguler l'albumine. On filtre et on ajoute de l'eau de baryte tant qu'il se forme un trouble; on précipite ainsi l'acide phosphorique à l'état de phosphate de baryum insoluble. On filtre et dans le liquide filtré et chauffé, on dirige un courant d'anhydride carbonique pour précipiter l'excès de baryte; on filtre de nouveau et on concentre. Au bout de quelques jours, la majeure partie de la créatine se dépose. On recueille les cristaux de créatine sur un filtre et on ajoute de l'alcool aux eaux-mères. La taurine, la dextrine et la sarcine se déposent, tandis que le liquide alcoolique tient en dissolution les lactates alcalins.

2° *Procédé de Stœdeler.* La viande hachée menu est délayée dans l'alcool. On chauffe modérément et on exprime. Le résidu est traité par de l'eau tiède (à 50°) pendant plusieurs heures. On exprime une seconde fois et on réunit les liquides des deux opérations. On chasse l'alcool par distillation, on filtre pour séparer l'albumine, on réduit les liqueurs et on y ajoute de l'acétate neutre de plomb jusqu'à cessation de précipité. On filtre et on ajoute du sous-acétate de plomb. Après douze heures, on recueille le précipité plombique sur un filtre. Au liquide filtré on ajoute de l'acétate mercurique, et, après un repos prolongé, on recueille ce deuxième précipité plombique sur un filtre. On traite la liqueur filtrée par un courant d'hydrogène sulfuré, on se débarrasse, par filtration, des sulfures précipités et on concentre entre 40° et 50°. La créatine se dépose en cristaux.

On met le précipité obtenu par le sous-acétate de plomb en suspension dans l'eau et on fait passer un courant d'hydrogène sulfuré. On filtre, et, par des cristallisations successives, on obtient la xanthine et l'inosite.

On traite de même le précipité obtenu par l'acétate mercurique. On obtient alors de la xanthine et de la sarcine.

c. Propriétés. 1° PHYSIQUES. — La créatine, purifiée par cristallisation, est un corps blanc, inodore, à saveur amère. Elle cristallisé en prismes rhomboïdaux, avec une molécule d'eau de cristallisation (V. *fig.* 80). Ces cristaux perdent leur eau à 100°. La créatine se dissout dans 74 parties d'eau froide ; elle est beaucoup plus soluble dans l'eau bouillante. L'alcool n'en dissout que des traces.

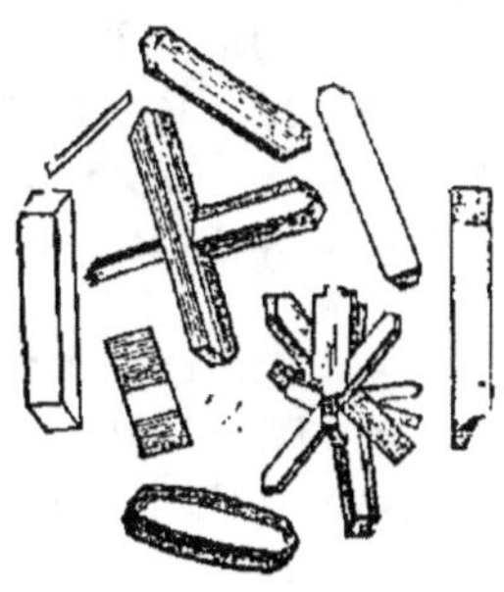
Fig. 80. — Cristaux de créatine.

2° CHIMIQUES. — Chauffée au-dessus de 100°, la créatine se décompose facilement. La solution de créatine n'agit pas sur le papier de tournesol. La créatine est une amine qui renferme encore le groupement acide CO.OH. Aussi a-t-on obtenu des combinaisons salines de créatine avec les acides (Dessaignes) et avec les oxydes métalliques (R. Engel).

Les acides concentrés font perdre une molécule d'eau à la créatine et la transforment en créatinine.

$$C \begin{cases} Az(CH^3)CH^2.CO.OH \\ AzH^2 \\ AzH \end{cases} - H^2O = C \begin{cases} Az(CH^3)-CH^2 \\ AzH-CO \\ AzH \end{cases}$$

Créatine.   Eau.   Créatinine.

La transformation de la créatine en créatinine a aussi lieu lorsqu'on soumet pendant longtemps à l'ébullition une solution aqueuse de cette substance.

Maintenue en ébullition avec de l'eau de baryte, la créatine fixe les éléments d'une molécule d'eau et se dédouble en urée et en *sarkosine*, qui n'est autre chose que du méthylglycocolle.

$$C \begin{cases} Az(CH^3)-CH^2-CO.OH \\ AzH^2 \\ AzH \end{cases} + H^2O = CO \begin{cases} AzH^2 \\ AzH^2 \end{cases} + AzH(CH^3)-CH^2-CO.OH$$

Créatine.   Eau.   Urée.   Sarkosine.

d. Caractères. — On caractérise la créatine :

1° En la transformant en créatinine et caractérisant cette dernière substance.

2° En formant le composé argentique de la créatine. La créatine n'est précipitée ni par l'azotate d'argent, ni par l'azotate d'argent ammoniacal. Mais si l'on ajoute à de la créatine en excès, de l'azotate d'argent d'abord, puis un peu de potasse étendue, on obtient un précipité blanc. Si l'on continue l'addition de la potasse, le précipité blanc se redissout ; on obtient alors un liquide citrin qui, au bout de quelques instants, se prend en une masse gélatineuse assez consistante pour qu'il soit possible de renverser le vase dans lequel s'est faite l'expérience. Si l'on abandonne à elle-même cette gelée, elle brunit rapidement et, au bout de quelques heures, elle devient complètement noire. Cette réduction s'opère instantanément à chaud (R. Engel).

3° En ajoutant du sublimé corrosif à une solution saturée de créatine en excès et en traitant le mélange par un peu de potasse, on obtient un précipité blanc qui noircit lorsqu'on le chauffe au sein de la liqueur mère (R. Engel).

e. Physiologie. — La créatine est un produit de désassimilation des matières albuminoïdes, un terme moyen entre les substances protéiques et les matières azotées plus simples (urée). On la trouve constamment dans les muscles des animaux ; dans les urines, on ne trouve que de la créatinine. La créatine semble donc se transformer en créatinine, en perdant de l'eau, et être éliminée sous cette forme. D'autre part, la facile décomposition de la créatine en sarkosine et en urée rend très-probable la décomposition partielle de ce corps dans l'organisme. Munk a, en effet, trouvé : 1° que la créatine introduite dans le sang ou dans l'estomac produit une augmentation de la créatinine et de l'urée contenues dans l'urine ; 2° que la quantité de créatinine éliminée par les urines est plus faible avec une nourriture végétale qu'avec une nourriture animale.

<h2 style="text-align:center">§ 293. — Créatinine.</h2>

$$C^4H^7Az^3O.$$

a. État naturel. — La créatinine se trouve normalement et d'une manière constante dans l'urine de l'homme et dans celle de plusieurs mammifères. On a signalé sa présence dans d'autres liquides de l'économie ; d'après plusieurs auteurs, la créatinine se serait formée, dans ces cas, aux dépens de la créatine, par suite de l'action de la chaleur trop longtemps prolongée pendant la préparation.

D'après Neubauer, un homme de moyenne taille, qui fait usage d'une bonne alimentation mixte, élimine en vingt-quatre heures $0^{gr},6$ à $1^{gr},3$ de créatinine.

b. Préparation. — On obtient la créatinine en faisant bouillir la créatine avec de l'acide sulfurique étendu et saturant l'acide par du carbonate de baryum. On filtre, on fait bouillir et on évapore jusqu'à cristallisation.

Neubauer indique la méthode suivante pour extraire la créatinine de l'urine. On traite celle-ci par un lait de chaux jusqu'à neutralisation et on ajoute du chlorure de calcium. On précipite ainsi les phosphates. On évapore le liquide filtré à consistance sirupeuse. On épuise le résidu ainsi obtenu avec de l'alcool absolu. On laisse reposer, on filtre et on mélange ce liquide clair avec une solution concentrée et neutre de chlorure de zinc. Il se sépare une combinaison cristallisée de chlorure de zinc et de créatinine. La séparation de cette combinaison est complète après quarante-huit heures. On délaye cette combinaison dans l'eau et on y ajoute de l'hydrate de plomb. Il se sépare du chlorure de plomb et de l'oxyde de zinc, et la créatinine reste en solution. On fait cristalliser.

c. Propriétés. 1° PHYSIQUES. — La créatinine est en prismes

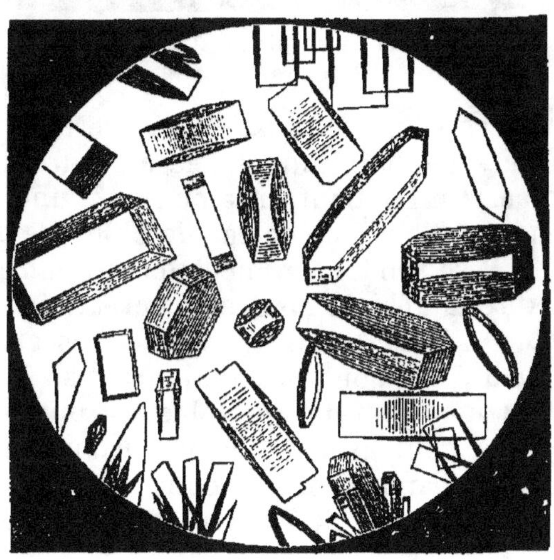

Fig. 81. — Créatinine.

(V. *fig.* 81) brillants, incolores, d'une saveur alcaline prononcée. Elle est soluble dans environ 12 parties d'eau froide. L'eau bouillante la dissout encore plus facilement. 100 parties d'alcool froid dissolvent une partie de créatinine. L'alcool bouillant la dissout plus abondamment. Elle est presque insoluble dans l'éther. La créatinine n'est pas volatile.

2° CHIMIQUES. — La créatinine est la base la plus puissante qui se trouve dans l'économie. Elle déplace l'ammoniaque de ses combinaisons avec les acides et forme avec ceux-ci des sels neutres parfaitement cristallisés.

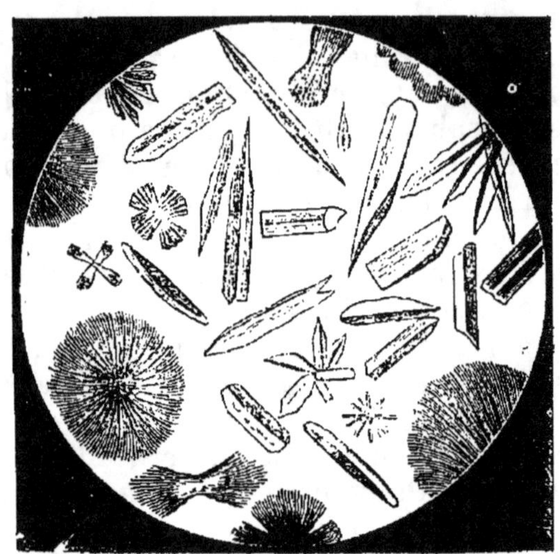

Fig. 82. — Chlorure double de zinc et de créatinine.

La créatinine se combine aussi avec certains sels. La plus importante de ces combinaisons est le chlorure double de zinc et de créatinine. On l'obtient en ajoutant à une dissolution de créatinine une solution concentrée de chlorure de zinc parfaitement neutre. Il se produit immédiatement un précipité cristallin de chlorure double de zinc et de créatinine. Ce composé a pour formule $C^4H^7Az^3O,ZnCl^2$. Lorsque les cristaux se sont formés lentement, ils sont prismatiques ; si la précipitation s'est faite rapidement, on ne voit plus au microscope que de fines aiguilles qui sont groupées concentriquement (V. *fig.* 82).

La créatinine, abandonnée pendant un certain temps en présence des alcalis, fixe de l'eau et repasse à l'état de créatine.

d. **Caractères.** — On caractérise la créatinine de la manière suivante :

1° On constate sa réaction alcaline.

2° On précipite sa solution aqueuse par le chlorure de zinc et on examine le précipité au microscope pour s'assurer qu'il est composé de cristaux en aiguilles.

3° L'azotate d'argent, mélangé avec une solution pas trop étendue de créatinine, se prend en une masse d'aiguilles cristallines. Ces cristaux se dissolvent dans l'eau bouillante et se séparent par le refroidissement.

4° Le chlorure mercurique se comporte d'une façon analogue lorsqu'on le fait agir sur une dissolution de créatinine.

5° La créatinine réduit l'oxyde mercurique et même, à la longue, l'oxyde cuivrique.

§ 294. — COMPOSÉS CYANOGÉNÉS.

L'azote trivalent en se combinant avec le carbone tétravalent forme un radical $(— C \equiv Az)$ monovalent. On a donné à ce radical le nom de *cyanogène* et on le représente par le symbole Cy. Il entre dans un grand nombre de composés importants qui portent le nom de *composés cyanogénés*.

Le cyanogène existe à l'état de liberté. Mais la formule de ce corps doit être doublée, comme les formules du chlore, du brome et de l'iode libres.

Le cyanogène nous apparaît alors comme une diamine tertiaire (C^2) Az^2 dont la constitution est exprimée par la formule:

$$(Az \equiv C — C \equiv Az)$$

§ 295. — Cyanogène.

a. Modes de production; préparation. — 1° Le cyanogène a été obtenu en dirigeant un courant d'air atmosphérique sur un mélange de charbon et de baryte caustique chauffé au rouge. L'azote de l'air atmosphérique s'unit au charbon et il se forme du cyanure de baryum.

2° *On prépare le cyanogène libre en soumettant à la distillation le cyanure mercurique.* Ce corps se dédouble en mercure et en cyanogène.

$$\underset{\text{Cyanure}}{HgCy^2} = \underset{\text{Cyanogène.}}{Cy^2} + \underset{\text{Mercure.}}{Hg.}$$
$$\text{mercurique.}$$

Il se forme toujours, dans cette opération, un composé noir qui se transforme en cyanogène lorsqu'on le chauffe dans un gaz inerte. Ce composé est un polymère du cyanogène $(CAz)^2$. Il a reçu le nom de *paracyanogène*.

b. **Propriétés.** 1° PHYSIQUES. — Le cyanogène est un gaz incolore, d'une odeur d'essence d'amandes amères. Sa densité est de 1,8064. Il se liquéfie entre — 25° et — 30° et se solidifie au-dessus de — 34°. L'eau en dissout 4,5 fois et l'alcool 23 fois son volume.

2° CHIMIQUES. — Le cyanogène brûle à l'air, avec une flamme pourpre. Sa solution aqueuse brunit rapidement en donnant des produits mal définis (*acide azulmique*) et de l'oxalate d'ammonium.

$$\begin{array}{c} CAz \\ | \\ CAz \end{array} \quad + \quad 4H^2O \quad = \quad \begin{array}{c} CO.OAzH^4 \\ | \\ CO.OAzH^4 \end{array}$$

Cyanogène.　　　　Eau.　　　　Oxalate d'ammonium.

Chauffé avec un métal alcalin, le cyanogène, comme le chlore, se combine avec ce métal. Il se forme ainsi un cyanure alcalin.

En présence de la potasse, le cyanogène donne naissance à un mélange de cyanure et de cyanate de potassium, de même que le chlore donne un mélange de chlorure et d'hypochlorite de potassium.

$$Cy^2 \quad + \quad 2KOH \quad = \quad CyK \quad + \quad CyOK \quad + \quad H^2O.$$

Cyanogène.　　Potasse.　　Cyanure　　　Cyanate　　　Eau.
　　　　　　　　　　de potassium.　de potassium.

Ces propriétés du cyanogène nous font voir que ce corps fonctionne comme un corps simple et qu'il se rapproche du chlore, du brome et de l'iode. Comme ces éléments, il s'unit à l'hydrogène en donnant naissance à un acide CyH, l'acide cyanhydrique. La constitution de cet acide est représentée par la formule : H—C≡Az. L'acide cyanhydrique peut donc être considéré comme une monamine tertiaire, c'est-à-dire comme de l'ammoniaque dans laquelle les trois atomes d'hydrogène sont remplacés par le radical trivalent $(H—C^{Iv})'''$. Les éthers cyanhydriques qui dérivent de l'acide cyanhydrique par la substitution d'un radical d'alcool à l'hydrogène sont donc également des monamines tertiaires. On a donné à ces éthers le nom de *nitriles* (V. § 298).

§ 296. — **Acide cyanhydrique.**

CyH.

Découvert en 1782 par Scheele. — *Synonymie :* Acide prussique.

a. **Emploi en médecine.** — L'acide prussique est un des plus violents poisons que l'on connaisse. A la dose de 5 centigrammes pris en une fois, il amène presque instantanément la mort de l'homme.

On emploie l'acide prussique en médecine comme sédatif. On ne l'administre qu'à doses très-faibles. En ajoutant 9 fois son poids d'eau à l'acide cyanhydrique anhydre, on a l'*acide prussique médicinal.*

b. Modes de production. — On obtient l'acide prussique dans un grand nombre de circonstances :

1° Il se trouve dans les eaux distillées préparées avec les feuilles du laurier-cerise, les feuilles ou les fleurs du pêcher, les amandes amères de l'amandier, du pêcher, du cerisier, etc.; le suc de la racine du Jatropha manihot en renferme aussi. Dans toutes ces plantes, c'est presque toujours par l'action de l'eau sur l'amygdaline que l'acide prussique se forme (V. § 275 p. 502).

2° En chauffant brusquement du formiate ammonique :

$$CHO\ OAzH^4 \ = \ 2H^2O \ + \ CAzH$$

3° L'action de l'ammoniaque sur le chloroforme, en présence de la potasse et à chaud, donne naissance à de l'acide prussique.

$$CHCl^3 \ + \ AzH^3 \ = \ 3HCl \ + \ CAzH$$

Chloroforme.   Ammoniaque.   Acide   Acide
                               chlorhydrique. cyanhydrique.

c. Préparation. 1° *Procédé de Gay-Lussac ou du Codex.* On traite le cyanure de mercure par l'acide chlorhydrique et l'on chauffe. On fait passer les vapeurs dans un tube de verre contenant, dans la première partie, du marbre concassé, et plus loin du chlorure de calcium, et on les recueille dans un matras placé dans un mélange réfrigérant, où elles se condensent (V. *fig.* 83). Le marbre retient l'acide chlorhydrique entraîné, n'agit pas sur l'acide prussique. Celui-ci se dessèche dans la seconde partie du tube où se trouve le chlorure de calcium. Il faut avoir soin de chauffer légèrement ce tube pour que l'acide ne s'y condense pas.

Ce procédé ne donne pas tout l'acide prussique que devrait fournir le cyanure de mercure. En effet, une partie de l'acide prussique se combine avec le sublimé corrosif formé et la combinaison ne se défait qu'à une température qu'on n'atteint pas dans la préparation.

Bussy et Buignet ont annulé cette perte en ajoutant du chloure ammonique au mélange de cyanure de mercure et d'acide chlorhydrique. Le chlorure ammonique se combine avec le sublimé corrosif au fur et à mesure de sa formation et le soustrait ainsi à l'action de l'acide prussique.

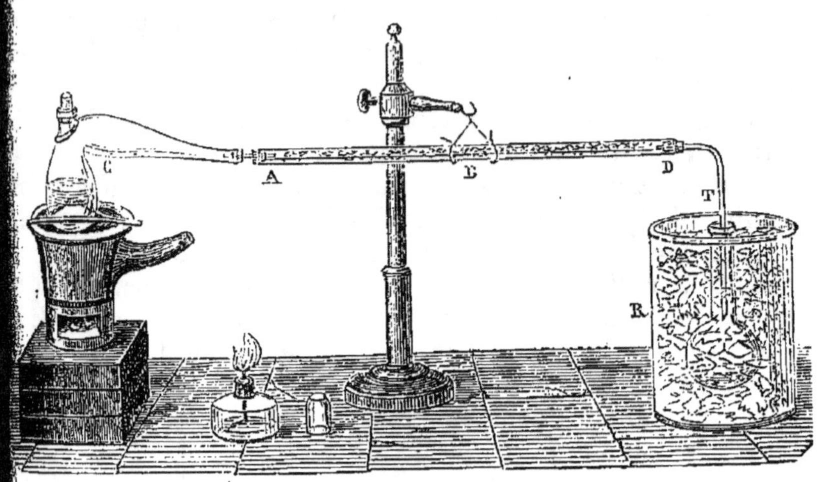

Fig. 83. — Préparation de l'acide cyanhydrique.

Dans les pharmacies, où l'on n'a besoin que d'acide étendu, on emploie de préférence les procédés suivants.

2° On traite le ferrocyanure de potassium par l'acide sulfurique étendu. L'acide prussique se forme d'après la formule :

$$2FeCy^6K^4 + 3SO^4H^2 = 3SO^4K^2 + 6CyH + FeCy^6K^2Fe.$$

| Ferrocyanure de potassium. | Acide sulfurique. | Sulfate de potassium. | Acide prussique. | Ferrocyanure ferroso-potassique. |

On mélange l'acide sulfurique et l'eau, et quand le mélange est refroidi, on le verse sur le ferrocyanure qu'on a pulvérisé et introduit dans une cornue. On distille. — On peut immédiatement obtenir l'acide anhydre en relevant le col de la cornue, de façon à faire retomber l'eau dans la cornue, dirigeant l'acide prussique sur du chlorure de calcium desséché, puis le recevant dans un matras placé dans un mélange réfrigérant.

3° On peut même, dans les pharmacies, se dispenser de distillation. En traitant le cyanure de potassium par de l'acide tartrique, il se précipite du tartrate acide de potassium, et l'acide prussique reste en solution.

d. **Propriétés.** 1° Physiques. — L'acide prussique est un liquide incolore doué d'une forte odeur d'essence d'amandes amères; il est faiblement acide. Il se solidifie à — 15°. Sa propre

évaporation peut amener un froid capable de le faire cristalliser.
Il bout à 26°,5 ; ses vapeurs brûlent avec une flamme violette.
Il se mêle à l'eau en toutes proportions ; l'alcool le dissout également.

2° Chimiques. — L'acide prussique se décompose à la lumière,
avec formation d'ammoniaque et d'un dépôt brun. Lorsqu'il est
absolument pur ou en dissolution dans beaucoup d'eau, il se
conserve bien.

Les agents d'hydratation, acides étendus, bases, le transforment, en présence de l'eau, en formiate d'ammonium (1). Cette
réaction est facile à comprendre, si l'on se rappelle que le formiate ammonique donne de l'acide prussique en perdant de
l'eau. Ici c'est la réaction inverse. Cette propriété est, du reste,
une propriété générale des nitriles. (V. § 298, p. 549.)

Comme les amines en général, l'acide prussique se combine
avec les acides chlorhydrique, bromhydrique et iodhydrique, en
donnant naissance à des composés parfaitement définis. (A. Gautier.)

Les bases font la double décomposition avec l'acide cyanhydrique pour former des cyanures.

$$CyH \quad + \quad KOH \quad = \quad CyK \quad + \quad H^2O$$

Acide   Potasse.   Cyanure   Eau.
cyanhydrique.   de potassium.

L'acide prussique se combine facilement avec les chlorures
métalliques, pour former des combinaisons analogues aux acides de Gautier. Nous avons vu se former, dans la préparation
de l'acide prussique par le procédé de Gay-Lussac, une semblable
combinaison entre l'acide prussique et le sublimé corrosif.

Enfin l'hydrogène naissant transforme l'acide prussique en
méthylamine. (V. § 298, p. 549.)

e. Caractères. — *1° Lorsqu'on trempe du papier dans de la
teinture de résine de gaïac renfermant un peu de sulfate de cuivre,
ce papier bleuit sous l'influence de l'acide prussique.* Cette réaction
est très sensible ; lorsqu'elle ne réussit pas, on est certain de
l'absence de l'acide prussique. Mais lorsqu'elle réussit, il ne faut
pas oublier que l'ozone bleuit également la résine de gaïac.
(V. § 24, p. 93.)

*2° On ajoute à la liqueur prussique un peu de potasse, puis du
sulfate ferreux. On fait ainsi du ferrocyanure de potassium.* De

(1) Ce sel est décomposé lui-même par l'acide ou par la base. Dans le premier cas,
l'acide formique est mis en liberté ; dans le second, c'est l'ammoniaque qui se
dégage.

versant alors dans la liqueur du sulfate ferrique, on obtient du bleu de Prusse mêlé d'oxydes de fer. Pour l'en débarrasser, on ajoute un peu d'acide chlorhydrique, et le bleu de Prusse paraît dans toute sa netteté.

3° On traite, sur un verre de montre, l'acide prussique par du sulfure ammonique jusqu'à décoloration de la liqueur. Il se forme du sulfocyanure d'ammonium. Une goutte d'un persel de fer donne alors sur le verre de montre une coloration d'un rouge intense.

4° L'azotate d'argent donne dans les solutions d'acide prussique un précipité blanc caillebotté de cyanure d'argent soluble dans l'ammoniaque et dans l'acide azotique bouillant (car. dist. d'avec le chlorure d'argent).

f. Dosage. — Il est important de déterminer le titre d'une eau de laurier-cerise, par exemple, c'est-à-dire de doser la quantité d'acide cyanhydrique qu'elle contient. Deux procédés volumétriques permettent de faire facilement ce dosage.

1° Le premier procédé (Liebig) est basé sur ce fait que le cyanure de potassium dissout le cyanure d'argent en formant avec lui un sel double soluble, ayant pour formule : CyK,AgCy. Si on verse de l'azotate d'argent dans un mélange de cyanure et de chlorure, ce dernier sel n'est précipité que lorsque tout le cyanure a été converti en cyanure double d'argent et de potassium.

Il suffit donc de neutraliser par la potasse une quantité donnée de la liqueur dans laquelle on veut doser l'acide prussique, d'ajouter un peu de chlorure et de laisser tomber dans le mélange une solution titrée d'azotate d'argent, jusqu'à l'apparition d'un trouble persistant de chlorure d'argent.

De la quantité d'azotate d'argent employée, il est facile de déduire la quantité d'acide prussique qui se trouve dans le liquide.

2° Le second procédé (Buignet) est basé sur ce fait que le cyanure de cuivre forme avec le cyanure d'ammonium un sel double soluble que l'ammoniaque ne bleuit pas. L'ammoniaque donne au contraire, comme on le sait, une coloration bleue (bleu céleste) dans le sulfate de cuivre. Si donc on laisse couler, goutte à goutte, une dissolution titrée de sulfate de cuivre, dans une dissolution d'acide prussique à laquelle on a ajouté de l'ammoniaque, il se formera d'abord du cyanure double de cuivre et d'ammonium, et la fin de l'opération sera indiquée par la formation du bleu céleste.

g. Toxicologie. — On ne connaît pas de contre-poison de l'acide cyanhydrique.

On isole cet acide, dans un cas d'empoisonnement, en soumettant à la distillation le liquide suspect retiré de l'estomac, après y avoir ajouté de l'eau distillée. L'acide cyanhydrique vient se condenser dans le récipient qu'il faut avoir soin de bien refroidir. On le caractérise comme il a été dit plus haut.

Lorsque l'empoisonnement paraît dû à un cyanure métallique, on ajoute de l'acide tartrique au contenu de la cornue. L'acide cyanhydrique mis en liberté passe à la distillation.

§ 297. — **Cyanures métalliques.**

a. Division. — Les cyanures simples, qui sont insolubles dans l'eau, se dissolvent en général dans les cyanures alcalins en donnant des sels doubles solubles dans l'eau. Le cyanure d'argent se dissout ainsi dans le cyanure de potassium, et le cyanure cuivrique forme avec le cyanure ammonique un cyanure double soluble. (V. § 296, p. 543.) Ces cyanures doubles peuvent être divisés en deux classes : les cyanures doubles *instables* et les cyanures doubles *stables*.

Dans les premiers, on peut facilement déceler les deux métaux par leurs réactifs ordinaires. De plus, les cyanures doubles instables sont décomposés par les acides étendus et froids de la manière suivante : le cyanure alcalin est décomposé et de l'acide cyanhydrique se dégage, en même temps le cyanure insoluble se précipite.

Dans les cyanures doubles stables, au contraire, on ne peut pas déceler les deux métaux à l'aide des réactifs ordinaires. Ces cyanures, sous l'influence des acides étendus, sont également décomposés, mais l'hydrogène de l'acide se substitue simplement au métal alcalin du cyanure double, en donnant ainsi un cyanure double d'un métal lourd et d'hydrogène. Ces cyanures portent des noms spéciaux. Ainsi au lieu de dire, par exemple, cyanure de ferrosum et de potassium, on dit : *ferrocyanure de potassium*. Le cyanure double de ferrosum et d'hydrogène peut être considéré comme un véritable acide. Il a reçu le nom d'*acide ferrocyanhydrique*.

b. Préparation. — 1° *Beaucoup de cyanures s'obtiennent en faisant agir l'acide cyanhydrique sur les oxydes métalliques.*

2° *Les cyanures insolubles s'obtiennent, par double décomposition, en précipitant, par un cyanure alcalin, une dissolution d'un sel soluble du métal dont on veut obtenir le cyanure.*

Le cyanure de potassium s'obtient par un procédé spécial dont il sera parlé plus loin.

c. Propriétés. — *Tous les cyanures simples sont insolubles* *dans l'eau, excepté les cyanures alcalins, alcalino-terreux et le cyanure mercurique.*

Lorsqu'on les calcine à l'air, les cyanures alcalins fixent de l'oxygène et se transforment en cyanates. Plusieurs cyanures de métaux lourds se décomposent, sous l'influence de la chaleur, en cyanogène libre et en métal. (Ex. : cyanure mercurique, cyanure d'argent.)

d. Caractères. — 1° *Sous l'influence des acides étendus, les cyanures simples et les cyanures doubles instables dégagent de l'acide prussique reconnaissable à son odeur.*

2° *L'acide sulfurique concentré décompose les cyanures métalliques en donnant naissance à de l'oxyde de carbone.* Les cyanures doubles stables sont également décomposés par l'acide sulfurique concentré, avec dégagement d'oxyde de carbone.

$$2CAzM + 3SO^4H^2 + 2H^2O = SO^4M^2 + 2SO^4\!\!<^{AzH^4}_{H} + 2CO$$

Cyanure métallique.	Acide sulfurique.	Eau.	Sulfate métallique.	Sulfate acide d'ammonium.	Oxyde de carbone.

3° Les cyanures solubles se comportent comme l'acide prussique, lorsqu'on les traite par l'azotate d'argent et par le mélange de sulfate ferreux et de sulfate ferrique.

Cyanure de potassium. Le cyanure de potassium est presque aussi toxique que l'acide prussique. On l'a employé en médecine au même titre que cet acide. On emploie ce sel dans l'art de la photographie pour dissoudre le chlorure d'argent. Il a fréquemment donné lieu à des empoisonnements.

On le prépare en calcinant le ferrocyanure de potassium. Le produit de la calcination est un mélange de cyanure de potassium fondu, de charbon et de carbure de fer. On pulvérise ce mélange et on l'épuise par de l'alcool à 80° bouillant. Le cyanure de potassium se dépose par le refroidissement et l'évaporation de sa solution alcoolique.

Le cyanure de potassium est blanc. Il cristallise en cubes anhydres. Il se dissout facilement dans l'eau, dans l'alcool étendu, surtout à chaud. L'alcool absolu et l'éther ne le dissolvent pas. Sa solution aqueuse s'altère rapidement à l'air humide. Il se forme du carbonate de potassium, et de l'acide prussique se dégage.

$$2CAzK + CO^2 + H^2O = CO^3K^2 + 2CAzH.$$

Cyanure de potassium.	Anhydride carbonique.	Eau.	Carbonate de potassium.	Acide cyanhydrique.

Aussi le cyanure de potassium répand-il toujours l'odeur de l'acide prussique.

Lorsqu'on fait bouillir sa solution à l'abri de l'air, il se produit du formiate de potassium et de l'ammoniaque. (V. § 227, p. 423.)

$$\underbrace{CAzK}_{\substack{\text{Cyanure} \\ \text{de potassium.}}} + \underbrace{2H^2O}_{\text{Eau.}} = \underbrace{CHO.OK}_{\substack{\text{Formiate} \\ \text{de potassium.}}} + \underbrace{AzH^3}_{\text{Ammoniaque.}}$$

Le cyanure de potassium s'oxyde facilement. Lorsqu'on le calcine à l'air ou avec du peroxyde de manganèse, il s'oxyde et se transforme en cyanate de potassium $CAzKO$.

Cyanure de zinc. Le cyanure de zinc a été employé comme antispasmodique. Son efficacité est douteuse.

On le prépare par double décomposition avec le cyanure de potassium et le sulfate de zinc.

Le cyanure de zinc est un précipité blanc, amorphe, insoluble dans l'eau.

Cyanure mercurique. Le cyanure mercurique a été prescrit comme antisyphilitique (liqueur antisyphilitique de Chaussier). Il sert à préparer le cyanogène.

On obtient ce sel en saturant de l'acide cyanhydrique par de l'oxyde mercurique.

· On le prépare encore, d'après le Codex, en décomposant le bleu de Prusse (V. plus loin) par de l'oxyde mercurique. Pour cela on porphyrise le bleu de Prusse et l'oxyde mercurique et on fait bouillir le mélange avec de l'eau dans une capsule de porcelaine. Le fer s'oxyde aux dépens de l'oxygène de l'oxyde mercurique et il s'établit une double décomposition par suite de laquelle le mercure s'unit au cyanogène du bleu de Prusse. La formule suivante rend compte de la réaction :

$$\underbrace{(FeCy^6)^3(Fe^2)^2}_{\text{Bleu de Prusse.}} + \underbrace{9HgO}_{\substack{\text{Oxyde} \\ \text{mercurique.}}} = \underbrace{2Fe^2O^3}_{\substack{\text{Oxyde} \\ \text{ferrique.}}} + \underbrace{3FeO}_{\substack{\text{Oxyde} \\ \text{ferreux.}}} + \underbrace{9HgCy^2}_{\substack{\text{Cyanure} \\ \text{mercurique.}}}$$

Lorsque le mélange présente une couleur brune, on filtre et on évapore. Aussitôt qu'une légère pellicule apparaît à la surface du liquide, on laisse cristalliser par refroidissement.

Le cyanure mercurique cristallise en prismes à base carrée, anhydres, opaques et incolores. Il se dissout dans l'eau, surtout à chaud, et dans l'alcool.

Ferrocyanure de potassium (prussiate jaune, cyanure jaune) $Fe''Cy^6K^4$. Le ferrocyanure de potassium est fréquemment employé, comme réactif, dans les laboratoires.

Il agit comme diurétique à la même dose que l'azotate de potassium.

Le ferrocyanure de potassium fait partie d'une poudre très explosible qui détone par le choc (poudre blanche). Cette poudre renferme du ferrocyanure de potassium, du chlorate de potassium et du sucre.

On obtient le ferrocyanure de potassium en précipitant un sel ferreux par du cyanure de potassium et dissolvant le précipité brun de cyanure ferreux formé dans un excès de cyanure de potassium.

Dans l'industrie, on obtient le ferrocyanure de potassium en calcinant des matières animales azotées (cheveux, cuir, sang desséché) avec du carbonate de potassium, en présence de fer. L'azote des matières animales s'unit au charbon pour former du cyanogène ; l'excès de charbon réduit le carbonate de potassium avec dégagement d'oxyde de carbone et mise en liberté de potassium. Ce métal et le fer se combinent avec le cyanogène pour former du ferrocyanure de potassium. On broie la masse et on l'épuise par de l'eau bouillante. On fait cristalliser.

Le ferrocyanure de potassium cristallise en gros prismes jaunes, flexibles. Ces cristaux renferment trois molécules d'eau de cristallisation. Ce sel est soluble dans l'eau, insoluble dans l'alcool. Lorsqu'on chauffe les cristaux de ferrocyanure de potassium à 100°, ils perdent leur eau et se convertissent en une poudre blanche. Le ferrocyanure de potassium est neutre au papier de tournesol ; il n'est pas vénéneux comme les cyanures simples et les cyanures doubles instables.

Lorsqu'on chauffe fortement le ferrocyanure de potassium, il entre en fusion et se décompose en cyanure de potassium, charbon et carbure de fer.

L'acide sulfurique étendu et froid le convertit en acide ferrocyanhydrique qui cristallise.

$$FeCy^6K^4 \quad + \quad 2SO^4H^2 \quad = \quad 2SO^4K^2 \quad + \quad FeCy^6H^4$$

Ferrocyanure de potassium.	Acide sulfurique.	Sulfate de potassium.	Acide ferrocyanhydrique.

L'acide sulfurique étendu et chaud le décompose en acide prussique et en ferrocyanure double de ferrosum et de potassium. La formation de ce ferrocyanure double est facile à comprendre. Une molécule de ferrocyanure de potassium est décomposée d'après l'équation :

$$FeCy^6K^4 \quad + \quad 3SO^4H^2 \quad = \quad 2SO^4K^2 \quad + \quad SO^4Fe \quad + \quad 6CyH$$

Ferrocyanure de potassium.	Acide sulfurique.	Sulfate de potassium.	Sulfate ferreux.	Acide prussique.

Le sulfate ferreux ainsi formé agit sur une deuxième molécule de ferrocyanure de potassium, d'où formation de ferrocyanure ferroso-potassique. (V. plus bas.)

L'acide sulfurique concentré et chaud décompose le ferrocyanure de potassium avec dégagement d'oxyde de carbone. (V. p. 545.)

Le ferrocyanure de potassium fait la double décomposition avec un grand nombre de sels métalliques, en donnant des ferrocyanures insolubles. Ainsi les sels de cuivre sont précipités en brun marron par le ferrocyanure de potassium :

$$FeCy^6K^4 \quad + \quad 2SO^4Cu \quad = \quad 2SO^4K^2 \quad + \quad FeCy^6Cu^2$$

Ferrocyanure de potassium.	Sulfate de cuivre.	Sulfate de potassium.	Ferrocyanure cuivrique.

Le ferrocyanure de zinc est blanc.

Avec les sels ferreux, le ferrocyanure de potassium donne un précipité blanc bleuâtre de ferrocyanure ferroso-potassique :

$$FeCy^6K^4 \quad + \quad SO^4Fe \quad = \quad SO^4K^2 \quad + \quad FeCy^6K^2Fe''$$

Ferrocyanure de potassium.	Sulfate ferreux.	Sulfate de potassium.	Ferrocyanure ferroso-potassique.

Ce précipité blanc bleuit vite à l'air en se transformant en ferrocyanure ferrique (bleu de Prusse).

Avec les sels ferriques, le précipité formé par le ferrocyanure de potassium est bleu (bleu de Prusse, ferrocyanure ferrique) :

$$3FeCy^6K^4 \quad + \quad 2Fe^2Cl^6 \quad = \quad 12KCl \quad + \quad (FeCy^6)^3(Fe^2\text{vi}')^2$$

Ferrocyanure de potassium.	Chlorure ferrique.	Chlorure de potassium.	Ferrocyanure ferrique.

Le bleu de Prusse est employé dans la teinture et l'impression. Il renferme 18 molécules d'eau, est insoluble dans l'eau, l'alcool et l'éther. L'acide oxalique le dissout. Cette solution, qui conserve la couleur du bleu de Prusse, est employée comme encre bleue.

Dans toutes ces doubles décompositions, nous voyons le groupement tétravalent $(FeCy^6)^{IV}$ passer intact d'une molécule dans une autre. Il joue donc le rôle de radical. On lui a donné les noms de *ferrocyanogène* et de *cyanofer*.

Enfin, lorsqu'on fait passer un courant de chlore dans une solution aqueuse de ferrocyanure de potassium, ce sel se convertit en ferricyanure d'après l'équation :

$$2FeCy^6K^4 \quad + \quad Cl^2 \quad = \quad 2KCl \quad + \quad Fe^2Cy^{12}K^6$$

Ferrocyanure de potassium.   Chlore.   Chlorure de potassium.   Ferricyanure de potassium.

Ferricyanure de potassium (*cyanure rouge*) $Fe^2Cy^{12}K^6$. Le ferricyanure de potassium renferme le radical $(Fe^2Cy^{12})^{VI}$ analogue au ferrocyanogène. On a donné à ce radical le nom de *ferricyanogène*; il renferme en effet le ferricum $(Fe^2)^{VI}$.

Le ferricyanure de potassium cristallise en grands prismes rhomboïdaux obliques d'un rouge foncé; il est soluble dans l'eau. Il brûle dans la flamme d'une bougie, en lançant des étincelles d'oxyde de fer. Sa solution précipite un grand nombre de sels métalliques. Elle ne précipite pas les sels ferriques, mais les colore en brun très-foncé. Elle précipite les sels ferreux en bleu foncé. Le précipité est du ferricyanure ferreux $Fe^2Cy^{12}Fe''^3$. Il ne faut pas le confondre avec le bleu de Prusse. Ce précipité porte le nom de bleu de Turnbull.

On connaît beaucoup d'autres cyanures doubles stables; tels sont les cobalticyanures, les platinocyanures, etc.

§ 298. — **Cyanures alcooliques.**

Synonymie : Nitriles, éthers cyanhydriques.

a. **Procédés de préparation.** — 1° *On obtient les éthers cyanhydriques des alcools monovalents en déshydratant le sel ammoniacal d'un acide monobasique renfermant un atome de charbon de plus que l'alcool dont on veut le cyanure, ou bien l'amide de cet acide.*

$$CH^3 - CO.OAzH^4 \quad - \quad 2H^2O \quad = \quad CH^3 - CAz.$$

Acétate d'ammonium.   Eau.   Cyanure de méthyle.

$$CH^3 - CO.AzH^2 \quad - \quad H^2O \quad = \quad CH^3 - CAz.$$

Acétamide.   Eau.   Cyanure de méthyle.

On a donné le nom de *nitriles* à ces composés qui diffèrent des sels ammoniacaux des acides monobasiques par deux molécules d'eau en moins. Les amides en diffèrent par une molécule d'eau en plus. Ces nitriles sont identiques avec les cyanures alcooliques. Ainsi le composé $CH^3 - CAz$ porte les noms d'*acétonitrile* et de *cyanure de méthyle*.

L'acide cyanhydrique (cyanure d'hydrogène) peut être envisagé comme un nitrile. De fait, on l'obtient par la déshydratation du formiate d'ammonium.

$$\underbrace{CHO.OAzH^4}_{\text{Formiate d'ammonium.}} \quad - \quad \underbrace{2H^2O}_{\text{Eau.}} \quad = \quad \underbrace{H - CAz}_{\text{Acide cyanhydrique.}}$$

2° *On obtient encore les cyanures alcooliques en traitant une solution alcoolique de cyanure de potassium par l'éther simple d'un alcool.* Ce procédé est général et s'applique quelle que soit la valence de l'alcool :

$$\underbrace{CAzK}_{\substack{\text{Cyanure} \\ \text{de potassium.}}} \quad + \quad \underbrace{C^2H^5.Cl}_{\substack{\text{Chlorure} \\ \text{d'éthyle.}}} \quad = \quad \underbrace{KCl}_{\substack{\text{Chlorure} \\ \text{de potassium.}}} \quad + \quad \underbrace{C^2H^5 - CAz}_{\substack{\text{Cyanure} \\ \text{d'éthyle.}}}$$

$$\underbrace{CAzK}_{\substack{\text{Cyanure} \\ \text{de potassium.}}} \quad + \quad \underbrace{C^2H^4{<}^{Cl}_{OH}}_{\substack{\text{Monochlorhydrine} \\ \text{du glycol.}}} \quad = \quad \underbrace{KCl}_{\substack{\text{Chlorure} \\ \text{de potassium.}}} \quad + \quad \underbrace{C^2H^4{<}^{CAz}_{OH}}_{\substack{\text{Monocyanhydrine} \\ \text{du glycol.}}}$$

b. Propriétés. — Les cyanures alcooliques, soumis à l'influence des agents d'hydratation (ébullition avec une solution de potasse, par exemple), donnent un acide correspondant à l'homologue supérieur de l'alcool dont on a le cyanure. Autrement dit, ils fixent deux molécules d'eau et régénèrent les acides dont ils sont les nitriles. (V. § 227, p. 423.)

Soumis à l'influence de l'hydrogène naissant, les cyanures alcooliques se convertissent en amines (V. § 278, p. 511).

On connaît des isomères des cyanures que nous venons de décrire : les *isocyanures* ou *carbylamines*. Ces isomères ont été découverts par Gautier. La constitution de ces deux classes d'isomères est exprimée par les formules suivantes :

$$\underbrace{(C \equiv Az)' CH^3}_{\substack{\text{Cyanure de méthyle.} \\ \text{(Acétonitrile.)}}} \qquad \underbrace{= (C = Az -)''' CH^3}_{\substack{\text{Isocyanure de méthyle.} \\ \text{(Méthylcarbylamine.)}}}$$

§ 299. — Acide cyanique.

$$CO = AzH.$$

a. Constitution. — Le corps qu'on a appelé acide cyanique n'est pas un véritable acide. Il faut le considérer comme une imide et le formuler $O = C = AzH$.

On appelle *imide* un corps résultant du remplacement de deux atomes d'hydrogène d'un molécule d'ammoniaque par un radical d'acide bivalent. L'acide carbonique hypothétique $CO.(OH)^2$

a pour radical le carbonyle CO''. L'acide cyanique est l'imide carbonique, la *carbonylimide* ou encore la *carbimide*.

b. Préparation. — L'acide cyanique s'obtient en distillant l'acide cyanurique dans une petite cornue. On recueille l'acide cyanique dans un mélange réfrigérant.

L'acide cyanurique est un polymère de l'acide cyanique, l'acide *tricyanique*. On l'obtient en chauffant fortement de l'urée, d'après la formule :

$$3CO{<}^{AzH^2}_{AzH^2} \quad = \quad 3AzH^3 \quad + \quad (CO = AzH)^3$$

Urée.   Ammoniaque.   Acide tricyanique.

On connaît également un acide dicyanique.

c. Propriétés. — L'acide cyanique est un liquide incolore, d'une odeur forte et irritante. Il est très-instable. A quelques degrés au-dessus de 0°, il se transforme en un polymère $(COAzH)^n$, la *cyamélide*. Ce corps est blanc, amorphe. Soumis à la distillation, il régénère l'acide cyanique.

L'acide cyanique se dissout dans l'eau qui alors rougit le tournesol; mais cette solution se décompose très vite en ammoniaque et en anhydride carbonique d'après la formule :

$$CO = AzH \quad + \quad H^2O \quad = \quad CO^2 \quad + \quad AzH^3$$

Acide cyanique.   Eau.   Anhydride carbonique.   Ammoniaque.

Dans ce cas, une partie de l'ammoniaque se combine, en présence de l'eau, avec l'anhydride carbonique, et du carbonate d'ammonium prend naissance. En même temps, une partie de l'ammoniaque se combine avec l'acide cyanique non encore décomposé. Il se forme du cyanate d'ammonium qui se transforme en urée.

Lorsqu'on fait agir la potasse en excès sur l'acide cyanique, l'ammoniaque se dégage et il se forme du carbonate de potassium.

$$CO = AzH \quad + \quad 2KOH \quad = \quad AzH^3 \quad + \quad CO^3K^2.$$

Acide cyanique.   Potasse.   Ammoniaque.   Carbonate de potassium.

§ 300. — Cyanates métalliques.

Les cyanates s'obtiennent, en général, par double décomposition, à l'aide du cyanate de potassium.

Ils sont presque tous peu solubles dans l'eau, sauf celui de potassium.

Les acides et les bases (V. § 299, p. 551) décomposent l'acide cyanique en ammoniaque et en anhydre carbonique. Dans l'un des cas, c'est l'anhydride carbonique qui se dégage ; dans l'autre, l'ammoniaque.

Le cyanate de potassium s'obtient en faisant passer du cyanogène dans de la potasse ; on obtient ainsi un mélange de cyanure et de cyanate. (V. § 295, p. 539.)

Mais le moyen le plus avantageux de le préparer consiste à faire un mélange intime de deux parties de ferrocyanure de potassium bien sec avec une partie de peroxyde de manganèse en poudre. On introduit ce mélange dans une capsule en tôle et on chauffe au rouge, en remuant la masse continuellement. Après le refroidissement, on épuise la masse à chaud par de l'alcool à 80°. Le cyanate de potassium se dépose de sa solution, par le refroidissement, en lames transparentes.

Le cyanate d'ammonium est un isomère de l'urée. (V. p. 557.)

§ 301. — **Cyanates alcooliques.**

On connaît deux espèces de cyanates alcooliques. Les uns, plus anciennement connus, correspondent à la carbimide et ont pour formule générale $CO = Az — R'$, R' désignant un radical alcoolique. Ces éthers, découverts par Wurtz, portent le nom d'*éthers cyaniques*.

Les véritables éthers cyaniques, dont la constitution est représentée par la formule générale $CAz — OR'$, ont été découverts par Cloez, qui leur a donné le nom d'éthers isocyaniques.

Les premiers ont été obtenus en distillant un mélange de cyanate et de sulfovinate de potassium.

$$CO = Az — K \ + \ SO^4{<}^{OC^2H^5}_{OK} \ = \ SO^4{<}^{OK}_{OK} \ + \ CO = Az — C^2H^5$$

Cyanate de potassium.	Sulfovinate de potassium.	Sulfate de potassium.	Cyanate d'éthyle.

Ces éthers sont décomposés par la potasse en carbonate de potassium et en amines. (V. § 278, p. 510.)

Les éthers de Cloez ont été obtenus en faisant agir le chlorure de cyanogène sur l'éthylate de sodium :

$$CAz.Cl \ + \ C^2H^5.ONa \ = \ ClNa \ + \ CAz.OC^2H^5$$

Chlorure de cyanogène.	Éthylate de sodium.	Chlorure de sodium.	Isocyanate d'éthyle.

L'isocyanate d'éthyle ne donne pas d'éthylamine sous l'influence de la potasse, mais se saponifie comme les éthers composés.

§ 302. — **Acide sulfocyanique.**

$CAzSH$.

Synonymie : Acide sulfocyanhydrique, rhodanhydrique.

L'histoire de cet acide est calquée sur celle de l'acide cyanique. L'acide sulfocyanique est, en effet, de l'acide cyanique dans lequel l'atome d'oxygène est remplacé par un atome de soufre. Ses sels, les sulfocyanates, sont quelquefois improprement appelés sulfocyanures.

On prépare l'acide sulfocyanique en décomposant le sulfocyanate de mercure par l'hydrogène sulfuré.

Cet acide est un peu plus stable que l'acide cyanique.

On obtient le sulfocyanate de potassium en chauffant le cyanure de potassium ou le cyanure jaune avec du soufre, comme on obtient le cyanate en chauffant le cyanure de potassium avec des corps pouvant donner de l'oxygène. Les autres sulfocyanates s'obtiennent par double décomposition.

Les solutions des sulfocyanates donnent, dans les sels ferriques, une coloration d'un rouge intense.

Le sulfocyanate de potassium se rencontre dans la salive.

Il cristallise en longs prismes striés très solubles dans l'eau. Il est très vénéneux.

7ᵉ FAMILLE. — AMIDES.

---

§ 303. — AMIDES EN GÉNÉRAL.

a. Définition. — *On appelle* amides *des corps qui dérivent de l'ammoniaque par la substitution de radicaux d'acides à un ou plusieurs atomes d'hydrogène de l'ammoniaque.*

b. Division. — Les amides sont aux acides ce que les amines sont aux alcools.

Les amides, comme les amines, se divisent en *monamides, diamides, triamides,* etc., et celles-ci en amides *primaires, secondaires, tertiaires.* Les composés qui correspondraient aux bases ammoniées sont inconnus.

Enfin, dans cette famille encore, nous trouvons des composés à fonction mixte. Ainsi par exemple, on connaît une amine-amide qui correspond à l'acide glycolique. Les formules suivantes permettent de se rendre compte facilement de la constitution de de l'acide glycolique, du glycocolle, de son isomère la glycolamide et de l'amine-amide glycolique.

$$
\begin{array}{cccc}
CH^2OH & CH^2.AzH^2 & CH^2.OH & CH^2.AzH^2 \\
| & | & | & | \\
CO.OH & CO.OH & CO.AzH^2 & CO.AzH^2 \\
\text{Acide} & \text{Glycocolle.} & \text{Glycolamide.} & \text{Amine-amide} \\
\text{glycolique.} & & & \text{glycolique.}
\end{array}
$$

On connaît des amides-acides. Elles dérivent des acides bibasiques. On les dénomme, en remplaçant la terminaison du nom de l'acide par la désinence *amique*. Ainsi l'on dit : Acides oxamique, succinamique, etc. Pour comprendre la constitution de ces composés, considérons l'acide oxalique et enlevons à cet acide un oxydryle, il reste un radical d'acide monovalent qui est à l'acide oxalique ce que l'oxéthylène (V. § 196, p. 360) est au glycol. En remplaçant dans une molécule d'ammoniaque un atome d'hydrogène par ce radical, on obtient une amide qui renferme encore le groupement CO.OH, c'est-à-dire une amide-acide, l'acide oxamique, comme le font comprendre les formules suivantes :

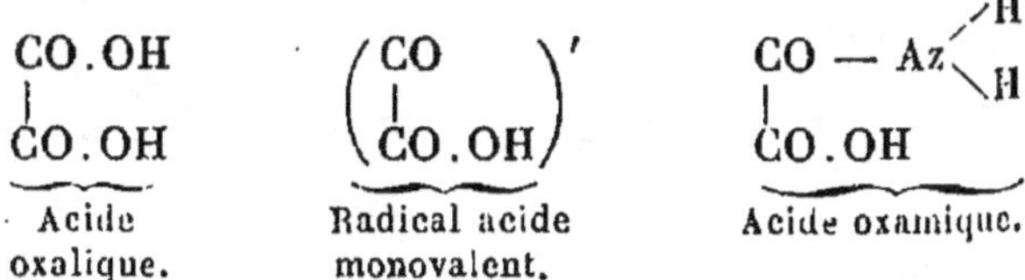

$$
\begin{array}{ccc}
CO.OH & \left(\begin{array}{c}CO\\ |\\ CO.OH\end{array}\right)' & CO - Az\begin{array}{c}\diagup H\\ \diagdown H\end{array} \\
| & & | \\
CO.OH & & CO.OH \\
\text{Acide} & \text{Radical acide} & \text{Acide oxamique.} \\
\text{oxalique.} & \text{monovalent.} &
\end{array}
$$

L'asparagine, qui se trouve dans le suc d'asperges et qu'on a extrait d'autres végétaux, est une amide-amine-acide dérivée de l'acide malique :

$$
\begin{array}{ccc}
CO.OH & CO.AzH^2 & CO.OH \\
| & | & | \\
CH.OH & CH.AzH^2 & CH\,AzH^2 \\
| & | & | \\
CH^2 & CH^2 & CH^2 \\
| & | & | \\
CO.OH & CO.OH & CO.OH \\
\text{Acide malique.} & \text{Asparagine.} & \text{Acide aspartique.}
\end{array}
$$

Lorsqu'on fait agir les bases sur l'asparagine, on obtient de l'*acide aspartique*. Cet acide est une amine-acide bibasique comme l'indique la formule ci-dessus. Il se trouve, ainsi que son homologue supérieur l'acide glutamique, parmi les produits de décomposition des matières albuminoïdes, et se forme dans la digestion pancréatique de ces matières.

Les monamides qui renferment un radical bivalent portent le nom d'*imides*.

c. Fonction. — Les amides s'obtiennent par la déshydratation des sels ammoniacaux. Leur caractère principal est de pouvoir fixer les éléments de l'eau et de donner ainsi naissance à un sel ammoniacal.

d. Procédés généraux de préparation. — Ces corps peuvent être obtenus :

1° *En chauffant un sel ammoniacal.* Il se forme une amide et de l'eau :

$$C^2H^3O.OAzH^4 \quad = \quad H^2O \quad + \quad C^2H^3O.AzH^2.$$

Acétate d'ammonium.   Eau.   Acétamide.

Ce procédé est général.

En chauffant un sel ammoniacal acide dérivé d'un acide bibasique, par exemple, on obtient une amide-acide ou, comme on dit, un acide *amique* :

$$\begin{matrix} CO.OAzH^4 \\ | \\ CO.OH \end{matrix} \quad = \quad H^2O \quad + \quad \begin{matrix} CO — AzH^2 \\ | \\ \cdot CO.OH \end{matrix}$$

Oxalate acide d'ammonium.   Eau.   Acide oxamique.

En chauffant l'oxalate neutre d'ammonium, on obtient une diamide, etc. :

$$\begin{matrix} CO.OAzH^4 \\ | \\ CO\,OAzH^4 \end{matrix} = 2H^2O + \begin{matrix} CO.AzH^2 \\ | \\ CO.AzH^2 \end{matrix} = Az^2 {<}\!\!\begin{matrix} H^2 \\ H^2 \\ (C^2O^2)'' \end{matrix}$$

Oxalate neutre d'ammonium.   Eau.   Oxamide.

2° *Par l'action de l'ammoniaque sur un éther composé.* Tantôt il faut chauffer, tantôt la réaction a lieu à froid :

$$C^2H^3O.OC^2H^5 \quad + \quad AzH^3 \quad = \quad C^2H^5.OH \quad + \quad C^2H^3O.AzH^2$$

Acétate d'éthyle.   Ammoniaque.   Alcool éthylique.   Acétamide.

$$\begin{matrix} CO.OC^2H^5 \\ | \\ CO.OC^2H^5 \end{matrix} \quad + \quad 2AzH^3 \quad = \quad 2C^2H^5.OH \quad + \quad \begin{matrix} CO.AzH^2 \\ | \\ CO.AzH^2 \end{matrix}$$

Oxalate neutre d'éthyle.   Ammoniaque.   Alcool.   Oxamide.

3° *En traitant le gaz ammoniac par un chlorure de radical d'acide.* Ce procédé est analogue au deuxième mode de production des amines.

$$C^2H^3O.Cl \quad + \quad 2AzH^3 \quad = \quad AzH^4Cl \quad + \quad C^2H^3O.AzH^2$$

Chlorure d'acétyle.   Ammoniaque.   Chlorure d'ammoniaque.   Acétamide.

Ce procédé est également tout à fait général. En faisant, par exemple, réagir les chlorures acides sur les amides primaires, on obtient les amides secondaires :

$$C^2H^2O.AzH^2 \quad + \quad C^2H^3O.Cl \quad = \quad HCl \quad + \quad (C^2H^3O)^2HAz$$

Acétamide.   Chlorure d'acétyle.   Acide chlorhydrique.   Di-acétamide.

4° *En soumettant les anhydrides des acides à l'action de l'ammoniaque :*

$$\left. \begin{matrix} C^2H^3O \\ C^2H^3O \end{matrix} \right\rangle O \quad + \quad 2AzH^3 \quad = \quad C^2H^3O.OAzH^4 \quad + \quad C^2H^3O.AzH^2$$

Anhydride acétique.   Ammoniaque.   Acétate d'ammonium.   Acétamide.

e. Propriétés. — 1° L'acide azoteux décompose les amides. Il se forme l'acide dont l'amide renferme le radical, de l'eau et de l'azote :

$$C^2H^3O.AzH^2 \quad + \quad AzO.OH \quad = \quad H^2O \quad + \quad Az^2 \quad + \quad C^2H^3O.OH$$

Acétamide.   Acide azoteux.   Eau.   Azote.   Acide acétique.

2° Lorsqu'on chauffe les amides avec de l'eau, elles se transforment en sel ammoniacal de l'acide dont elles renferment le radical :

$$C^2H^3O.AzH^2 \quad + \quad H^2O \quad = \quad C^2H^3O.OAzH^4$$

Acétamide.   Eau.   Acétate d'ammonium.

La réaction se fait mieux lorsqu'on chauffe les amides avec des agents d'hydratation, comme une dissolution de potasse, par exemple. Dans ce cas, l'ammoniaque se dégage et on obtient un sel de potassium (réaction secondaire).

3° Les monamides primaires, lorsqu'on les chauffe avec des corps déshydratants (anhydride phosphorique) donnent des nitriles (V. § 298, p. 635) :

$$C^2H^3O.AzH^2 \quad = \quad H^2O \quad + \quad CH^3.CAz$$

Acétamide.   Eau.   Cyanure de méthyle.

Dans les mêmes conditions, les monamides acides donnent des imides. (V. § 299, p. 550) :

$$\begin{array}{c}CO.AzH^2\\|\\C^2H^4\\|\\CO.OH\end{array} \quad = \quad H^2O \quad + \quad \begin{array}{c}CO\\|\\C^2H^4\\|\\CO\end{array}\Big\rangle AzH.$$

Acide succinamique.   Eau.   Succinimide.

Inversement, en fixant une molécule d'eau, les imides régénèrent les monamides acides.

Enfin, les diamides perdent de l'ammoniaque sous l'influence de la chaleur et se transforment en imides :

$$\begin{array}{c}CO.AzH^2\\|\\C^2H^4\\|\\CO.AzH^2\end{array} \quad = \quad AzH^3 \quad + \quad \begin{array}{c}CO\\|\\C^2H^4\\|\\CO\end{array}\Big\rangle AzH.$$

Succinamide.   Ammoniaque.   Succinimide.

Inversement, les imides, dans certaines conditions, fixent de l'ammoniaque et se transforment en diamides.

C'est ainsi, par exemple, que l'imide carbonique (acide cyanique), en fixant de l'ammoniaque, se transforme en carbo-diamide (urée) :

$$CO = AzH \quad + \quad AzH^2 \quad = \quad CO\big\langle{}^{AzH^2}_{AzH^2}$$

Acide cyanique.   Ammoniaque.   Urée.

Le cyanate d'ammonium $CO = Az - AzH^4$ est, en effet, d'une très grande instabilité et se convertit facilement en urée.

En faisant agir des amines sur l'acide cyanique, on obtient des *urées composées*. On appelle urées composées des urées dans lesquelles un ou plusieurs atomes d'hydrogène ont été remplacés par des radicaux d'alcools ou par des radicaux d'acides :

$$CO = AzH \quad + \quad AzH^2.C^2H^5 \quad = \quad CO\big\langle{}^{AzHC^2H^5}_{AzH^2}$$

Acide cyanique.   Éthylamine.   Éthyl-urée.

§ 304. — **Urée.**

$$CO \begin{cases} AzH^2 \\ AzH^2 \end{cases}.$$

Synonymie : Carbodiamide, carbonyldiamide, carbamide.

a. État naturel. — L'urée se trouve constamment dans l'urine de l'homme et dans celle des carnivores et, en quantité moindre, dans celle des herbivores, des oiseaux et des reptiles. On rencontre ce corps normalement, en petite quantité, dans le sang, le chyle, la lymphe, le liquide amniotique, les humeurs vitrée et aqueuse de l'œil, le foie. Dans certains cas pathologiques, — urémie, maladie de Bright, — la proportion d'urée augmente considérablement dans le sang, et l'on trouve alors ce corps dans presque tous les liquides normaux ou pathologiques de l'économie (salive, bile, sueur, lait, exsudations séreuses, etc.). Dans ces cas, on a aussi trouvé l'urée dans les muscles de l'homme, qui normalement n'en renferment pas.

La proportion d'urée augmente surtout dans l'urine dans les maladies fébriles.

b. Modes de production ; préparation. — L'urée a été obtenue synthétiquement en faisant agir l'ammoniaque soit sur sur le carbonate d'éthyle, soit sur le chlorure de carbonyle, soit enfin sur l'acide cyanique. (V. § 303.)

Cette substance s'obtient encore dans l'oxydation de l'acide urique, de l'allantoïne, de la guanine, de l'albumine (Béchamp), dans la décomposition, sous l'influence des bases, de la créatine qui se dédouble en sarcosine et en urée, etc.

1º On extrait l'urée de l'urine en évaporant celle-ci au bain-marie jusqu'à consistance sirupeuse, refroidissant à 0º et traitant par l'acide azotique. On recueille les cristaux d'azotate d'urée qui ne tardent pas à se former ; on les lave avec un peu d'eau froide, puis on les dissout dans de l'eau bouillante chargée de noir animal lavé ; on filtre la solution, qui cristallise par le refroidissement. On traite l'azotate d'urée ainsi obtenu par du carbonate de potassium. Il se dégage de l'anhydride carbonique et il se forme de l'azotate de potassium en même temps que l'urée est mise en liberté. On évapore à siccité et on reprend le résidu par l'alcool bouillant, qui ne dissout que l'urée et l'abandonne par évaporation.

2º Le cyanate d'ammonium $CAzO.AzH^4$ se transforme en son isomère l'urée, lorsqu'on chauffe sa solution.

Aussi obtient-on très facilement de l'urée par le procédé suivant, indiqué par Wœhler : On chauffe au rouge sombre, sur une plaque de tôle, un mélange intime de 2 parties de ferrocyanure de potassium bien sec et de 1 partie de peroxyde de manganèse, en remuant constamment la masse, qui ne tarde pas à entrer dans un état de demi-fusion. Le ferrocyanure de potassium est oxydé et transformé en peroxyde de fer et en cyanate de potassium, que l'on dissout en lavant à l'eau la masse refroidie. On ajoute à la solution de cyanate de potassium du sulfate ammonique. Par double décomposition, il se forme du sulfate de potassium, qui se dépose en partie, et du cyanate d'ammonium, qui reste en solution. On évapore à siccité et l'on reprend le résidu par l'alcool. L'urée qui s'est formée pendant l'évaporation, par suite de la transformation du cyanate d'ammonium, se dissout dans l'alcool, qui laisse le sulfate de potassium.

c. **Propriétés.** 1° PHYSIQUES. — L'urée cristallise en prismes anhydres à 4 pans, striés, transparents, incolores et terminés par une ou deux facettes obliques. (V. *fig.* 84.)

Elle a une saveur fraîche analogue à celle du salpêtre, se dissout facilement dans l'eau, dans l'alcool bouillant, mais très-peu dans l'éther. Sa solution est neutre aux papiers réactifs. Elle fond à 130°. L'urée est inaltérable à l'air et n'est pas déliquescente ; pourtant lorsqu'on mélange l'urée avec certains sels qui renferment de l'eau de cristallisation, elle enlève l'eau à ces sels et s'y dissout en rendant la masse pâteuse. L'urée enlève l'eau à l'éther aqueux et s'y dissout.

2° CHIMIQUES. — Lorsqu'on chauffe rapidement l'urée à une température un peu élevée, on obtient un résidu d'acide cyanurique,

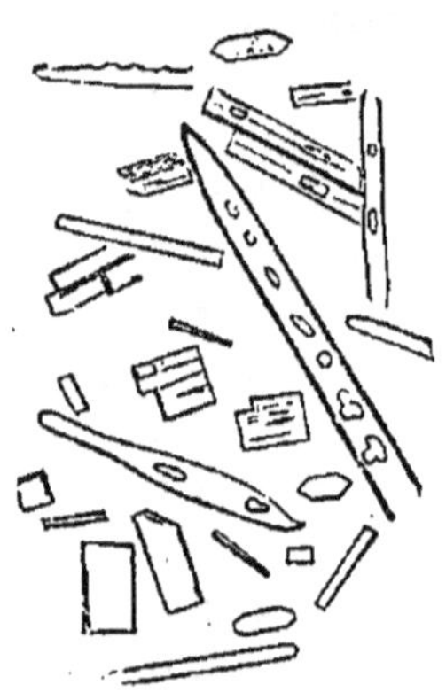

Fig. 84. — Urée.

$Cy^3O^3H^3$ polymère de l'acide cyanique. On sait que, sous l'influence de la chaleur, les diamides perdent, en général, de l'ammoniaque et donnent une imide. (V. § 303, p. 557.) Avec l'urée, on n'obtient pas l'acide cyanique, mais son polymère. On obtient encore d'autres corps par l'action de la chaleur sur l'urée.

La solution d'urée, abandonnée à elle-même, finit par s'altérer. L'urée fixe deux molécules d'eau et se transforme en carbonate d'ammonium. (V. § 303, p. 556.) Cette transformation se fait rapidement lorsqu'on chauffe de l'urée avec de l'eau en vase clos à 140°, ou bien lorsqu'on chauffe sa dissolution avec des acides minéraux forts ou avec des bases alcalines. Dans les deux derniers cas, on obtient évidemment les produits de décomposition du carbonate d'ammonium par les acides et par les bases, c'est-à-dire de l'anhydride carbonique et de l'ammoniaque. Dans le premier cas, c'est l'anhydrique carbonique qui se dégage, dans le second, l'ammoniaque. Enfin, la transformation de l'urée en carbonate d'ammonium se fait aussi sous l'influence d'un ferment qui, d'après Pasteur et Van Tieghem, serait une petite torulacée. Au microscope, ce ferment se présente sous forme de chapelets de petits globules sphériques ayant $0^{mm},0015$ de diamètre. Aussi l'urine émise depuis un certain temps devient-elle ammoniacale.

L'acide azoteux, l'acide azotique ou l'azotate mercureux chargé de vapeurs rutilantes, décomposent l'urée en eau, anhydride carbonique et azote. (V. § 303, p. 556.)

L'urée se combine avec certains oxydes métalliques. Avec l'oxyde mercurique, par exemple, elle forme les combinaisons suivantes :

$$Az^2H^4CO,\ HgO\ ;\ (Az^2H^4CO)^2,\ (HgO)^3\ ;\ Az^2H^4CO,\ (HgO)^3.$$

Lorsqu'on verse dans une solution étendue d'urée une solution également étendue d'azotate mercurique et que l'on neutralise de temps en temps l'acide libre, on obtient un précipité blanc floconneux dont la composition est variable. Mais si l'on continue à ajouter de l'azotate mercurique et du carbonate de sodium jusqu'à ce qu'un léger excès de ce dernier réactif détermine dans la masse la formation d'une coloration jaune (hydrate d'oxyde mercurique ou sel basique), le précipité, dans lequel se trouve toute l'urée de la solution, a alors une composition représentée par la formule : $Az^2H^4CO + 2HgO$ (procédé de Liebig pour le dosage de l'urée).

L'urée s'unit aussi à certains sels. Le sublimé corrosif, par exemple, ne précipite pas l'urée en solution faiblement acide, mais forme avec elle une combinaison cristalline. Le chlorure de sodium et différents autres sels se combinent également avec l'urée. La combinaison d'urée et de chlorure de sodium a pour formule : $COAz^2H^4,NaCl + H^2O$.

Enfin, l'urée forme facilement des combinaisons cristallines avec les acides tant minéraux qu'organiques. Il faut pourtant noter qu'elle ne s'unit pas aux acides carbonique, acétique, lactique, hippurique, urique (et probablement encore quelques autres), qui peuvent ainsi se trouver en présence de l'urée dans les liquides de l'organisme, sans se combiner avec elle. Les combinaisons les plus importantes que l'urée forme avec les acides sont :

1° L'*azotate d'urée*, qu'on obtient en traitant une solution concentrée et froide d'urée par de l'acide azotique. Le mélange ne tarde pas à se prendre en une masse de cristaux d'azotate d'urée $Az^2H^4CO + AzO^3H$. Ces cristaux se présentent sous forme de prismes rhomboïdaux ou de tables hexagonales blanches et brillantes. Ils sont inaltérables à l'air, solubles dans l'eau, mais peu solubles dans l'eau chargée d'acide azotique, et insolubles dans l'éther.

2° L'*oxalate d'urée* s'obtient en précipitant par l'acide oxalique une solution concentrée d'azotate d'urée ou encore en traitant par de l'acide oxalique une solution saturée d'urée. Les cristaux d'oxalate d'urée ressemblent à ceux de l'azotate. Ils sont moins solubles dans l'eau que ces derniers et peu solubles dans l'alcool. L'oxalate d'urée est précipité de sa solution aqueuse par l'addition d'acide oxalique.

Le chlore et les hypochlorites alcalins en solution aqueuse décomposent l'urée en azote, acide chlorhydrique ou chlorures alcalins et anhydride carbonique (procédé de Lecomte pour le dosage de l'urée) :

$$Az^2H^4CO + 3Cl^2 + H^2O = 6HCl + CO^2 + Az^2$$

| Urée. | Chlore. | Eau. | Acide chlorhydrique. | Anhydride carbonique. | Azote. |

d. Recherche et caractères. — On peut employer, pour rechercher la présence de l'urée dans un liquide quelconque, le procédé d'extraction de l'urée de l'urine. Si le liquide renfermait de l'albumine, on l'acidulerait avec un peu d'acide acétique, puis on le porterait à l'ébullition, de manière à coaguler l'albumine. On opérerait alors sur le liquide filtré comme il a été dit à la préparation de l'urée.

Lorsqu'un liquide ne renferme que des traces d'urée, le meilleur procédé pour en extraire ce corps est le suivant : On traite le liquide par deux ou trois fois son volume d'alcool, on attend quelque temps. Les matières albuminoïdes sont précipitées. On filtre et l'on évapore au bain-marie le liquide filtré. On reprend ensuite le résidu par un peu d'alcool absolu qui dissout l'urée, et l'on évapore à nouveau le liquide filtré. On dissout le résidu dans une très petite quantité d'eau chaude, puis on divise la solution en deux parties ; l'une est traitée par un peu d'acide azotique, l'autre par un peu d'acide oxalique et toutes deux abandonnées à la cristallisation dans un appareil dessiccateur. Les cristaux d'azotate et d'oxalate d'urée sont examinés au microscope. (*Fig.* 85 et 86.)

Quand on a assez de matière, on extrait l'urée de son azotate en traitant celui-ci par du carbonate de sodium ou du carbonate de baryum.

On caractérise l'urée :

1° *En examinant sa forme cristalline ;*

2° *On forme l'azotate et l'oxalate d'urée et on examine, au microscope, les formes cristallines de ces combinaisons ;*

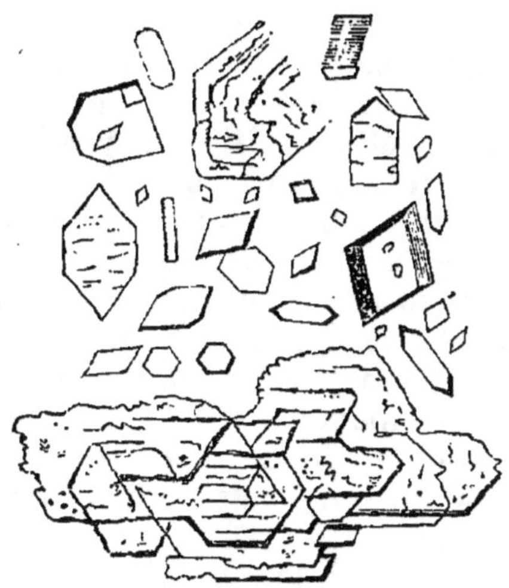

Fig. 85. — Azotate d'urée.

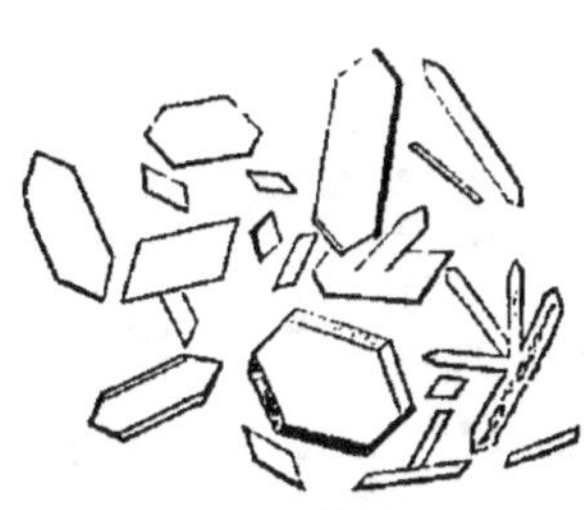

Fig. 86. — Oxalate d'urée.

3° *En la précipitant par l'azotate mercurique et le carbonate de sodium ;*

4° *En la décomposant par les vapeurs rutilantes et les hypochlorites alcalins.* (Dégagement d'azote et d'anhydride carbonique.)

e. Physiologie. 1° Origine. — L'urée provient de la désassimilation des substances albuminoïdes dans l'économie. L'expérience montre, en effet, que la quantité d'urée sécrétée par l'urine augmente après l'usage d'une alimentation riche en matières albuminoïdes, qu'elle diminue sous l'influence de la diète ou d'une nourriture pauvre en azote.

Lehmann a vu la quantité d'urée émise par lui en 24 heures s'élever jusqu'à 58 grammes avec une alimentation animale pure, et tomber au-dessous de 15 grammes avec une nourriture pauvre en azote.

D'un autre côté, Béchamp a montré que l'oxydation *in vitro* des matières albuminoïdes donne, entre autres produits, de l'urée. Toutefois, il est extrêmement probable que la désassimilation des tissus ne donne pas directement naissance à de l'urée. On trouve, en effet, dans l'économie des corps qui se transforment aisément en urée et qu'on ne saurait considérer que comme des termes de désassimilation des matières albuminoïdes intermédiaires entre ces dernières et l'urée. Ces substances sont : la créatine, la créatinine, l'allantoïne, la guanine, la sarcosine, la xanthine et l'acide urique. Toutes ces substances, introduites dans l'économie, augmentent la proportion d'urée éliminée et peuvent, *in vitro*, être transformées en urée. Du reste, les expériences de Becquerel ont mis hors de doute ce fait, que l'acide urique se transforme, en partie du moins, en urée dans l'économie. Les quantités d'urée et d'acide urique éliminées sont, en effet, toujours en raison inverse l'une de l'autre et c'est dans les cas où l'oxydation se fait mal que l'on voit l'acide urique augmenter et l'urée diminuer dans l'urine.

L'urée ne se forme pas dans le rein, mais bien dans l'intimité même des tissus. Les expériences de Gréhant ont montré que l'urée se trouve en plus grande proportion dans le sang qui se rend au rein (artère rénale) que dans celui qui en revient (veine rénale) et que le déficit, pendant un temps donné, correspond à la quantité d'urée éliminée pendant le même temps par l'urine. Après la néphrotomie, l'urée s'accumule dans le sang.

2° ÉTAT. — L'urée se trouve à l'état de simple dissolution dans le sang et les divers liquides qui en renferment.

3° ÉLIMINATION. — Enfin, à l'état normal, l'urée ne subit pas de transformation ultérieure dans l'organisme, mais est éliminée en nature par les urines. Dans certains cas pathologiques, l'urée se transforme en carbonate d'ammonium. Cette transformation peut se faire dans la vessie et même dans le sang. (Choléra.) Après l'ablation des reins, l'urée qui s'accumule dans le sang s'élimine par les muqueuses gastro-intestinales à l'état de carbonate d'ammonium.

§ 305. — Sulfurée.

$CSAz^2H^4$.

De même que le cyanate d'ammonium se transforme en urée, de même le sulfocyanate d'ammonium se transforme en sulfurée :

$$CS = Az - AzH^4 \quad = \quad CS\!\!\begin{array}{l} AzH^2 \\ AzH^2 \end{array}$$

Sulfocyanate   Sulfurée.
d'ammonium.

La transformation du sulfocyanate d'ammonium est plus difficile que celle du cyanate. Elle exige, pour se faire, la température de 160°. Il suffit de maintenir, pendant plusieurs heures, du sulfocyanate d'ammonium à cette température, de reprendre la masse fondue par l'eau chaude et de laisser refroidir, pour obtenir de belles aiguilles soyeuses de sulfurée.

La sulfurée, comme le fait comprendre la formule ci-dessus, est de l'urée dont l'oxygène a été remplacé par du soufre.

Lorsqu'on traite une solution de sulfurée par de l'oxyde mercurique, la sulfurée perd les éléments de l'hydrogène sulfuré et donne naissance à la *cyanamide.*

$$CS\begin{cases}AzH^2\\AzH^2\end{cases} + HgO = HgS + H^2O + C\begin{cases}AzH\\AzH.\end{cases}$$

| Sulfurée. | Oxyde de mercure. | Sulfure mercurique. | Eau. | Cyanamide. |

La cyanamide ainsi obtenue n'est pas, comme le fait comprendre sa formule de constitution, la véritable cyanamide CAz.AzH² qui n'est pas encore connue, mais bien la carbodiimide. Ce corps se combine avec les amines, en donnant naissance à des guanidines (V. § 291, p. 531).

COMPOSÉS URIQUES.

§ 306. — **Acide oxalurique.**

$$CO\begin{cases}AzH - CO - CO.OH\\Az^2\end{cases} = C^3H^4Az^2O^4.$$

a. Constitution. — On donne le nom de *composés uriques* des urées composées (V. § 303, p. 557) qui renferment des radicaux d'acides polyvalents. Si les radicaux d'acides substitués à l'hydrogène de l'urée ne renferment plus le groupement acide CO.OH, les composés uriques correspondants prennent le nom d'*uréides.* Si, au contraire, les radicaux d'acides renferment encore un groupement carboxylé CO.OH, les composés uriques portent le nom d'acides *uramiques.* Les *uramides* sont les amides qui correspondent aux acides uramiques. Enfin, lorsque la substitution du radical d'acide a lieu dans une double molécule d'urée, les composés formés sont dits *diuréides.*

L'acide oxalurique est un acide uramique dans lequel fonctionne le radical monovalent (CO — CO.OH) dont l'hydrate est l'acide oxalique CO.OH — CO.OH.

b. État naturel. — La présence de l'acide oxalurique à l'état d'oxalurate d'ammonium a été signalée dans l'urine normale de l'homme. La quantité de cet acide dans l'urine est très-faible.

a fallu à Neubauer 100 à 150 litres d'urine pour en extraire une quantité d'acide oxalurique suffisante pour constater ses propriétés chimiques.

c. Propriétés. — L'acide oxalurique est un corps blanc, en poudre cristalline, peu soluble dans l'eau. L'oxalurate d'ammonium est également peu soluble dans l'eau. L'acide oxalurique fixe les éléments de l'eau, quand on le fait bouillir avec des acides étendus, et se dédouble en acide oxalique et en urée :

$$CO \begin{cases} AzH - CO - CO.OH \\ AzH^2 \end{cases} + H^2O = CO \begin{cases} AzH^2 \\ AzH^2 \end{cases} + \begin{matrix} CO.OH \\ | \\ CO.OH \end{matrix}$$

Acide oxalurique.   Eau.   Urée.   Acide oxalique.

Les amines-acides, en fixant les éléments de l'acide cyanique, donnent des acides analogues à l'acide oxalurique. L'acide hydantoïque, par exemple, résulte de l'union de l'acide cyanique et du glycocolle.

Il a pour formule :

$$CO \begin{cases} AzH.CH^2 - CO.OH \\ AzH^2 \end{cases}$$

L'acide taurocarbamique est le produit de l'union de l'acide cyanique et de la taurine, etc.

§ 307. — **Allantoïne.**

$C^4H^6Az^4O^3$.

Synonymie : Acide allantoïque.

a. Constitution. — L'allantoïne est une diuréide glyoxylique dont E. Grimaux a réalisé la synthèse.

L'acide glyoxylique est une aldéhyde acide dérivée du glycol.

$$\begin{matrix} CH^2OH \\ | \\ CH^2OH \end{matrix} \qquad \begin{matrix} H - C = O \ (aldéhyde) \\ | \\ COOH \ (acide) \end{matrix} \qquad \left(\begin{matrix} C - H \\ | \\ CO \end{matrix} \right)'''$$

Glycol.   Acide glyoxylique.   Radical glyoxyle.

La formule rationnelle de l'allantoïne est donc :

$$CO \begin{cases} AzH - \left(\begin{matrix} CH \\ | \\ CO \end{matrix} \right)''' - HAz \\ AzH - \qquad\qquad H^2Az \end{cases} CO.$$

b. État naturel. — L'allantoïne a été découverte dans le liquide allantoïdien et dans l'urine des jeunes veaux. On a aussi constaté la présence de ce corps dans l'urine des enfants nouveau-nés (1er septenaire) et dans les eaux de l'amnios.

c. Préparation. — On prépare facilement l'allantoïne en oxydant l'acide urique en suspension dans l'eau bouillante, avec du peroxyde de plomb :

$$C^5H^4Az^4O^3 \; + \; H^2O \; + \; PbO^2 \; = \; CO^3Pb \; + \; C^4H^6Az^4O^3$$

Acide urique.   Eau.   Peroxyde de plomb.   Carbonate de plomb.   Allantoïne.

Lorsque la coloration brune du peroxyde de plomb ne disparaît plus, on filtre le liquide chaud, et l'allantoïne se sépare en beaux cristaux par le refroidissement. De petites quantités d'urée se forment dans la réaction. L'urée reste en solution dans les eaux-mères.

d. Propriétés. 1° PHYSIQUES. — L'allantoïne cristallise en petits prismes transparents. Elle est inodore, insipide, neutre aux couleurs végétales. Elle est soluble dans l'eau chaude, peu soluble dans l'eau froide, insoluble dans l'alcool et dans l'éther.

2° CHIMIQUES. — L'allantoïne ne se combine pas avec les acides ; mais on connaît des dérivés métalliques de ce corps.

Traitée par les alcalis, l'allantoïne se transforme en acide oxalique et en ammoniaque :

$$C^4H^6Az^4O^3 \; + \; 5H^2O \; = \; 2C^2H^2O^4 \; + \; 4AzH^3$$

Allantoïne.   Eau.   Acide oxalique.   Ammoniaque.

Les oxydants transforment l'allantoïne en urée.

Enfin, les ferments (levûre de bière) décomposent l'allantoïne en urée, oxalate et carbonate d'ammonium.

e. Caractères. — *L'azotate d'argent ammoniacal donne, dans les solutions d'allantoïne, un précipité blanc d'allantoate d'argent; ce précipité renferme 40,75 p. 100 d'argent; chauffé à 100°, il est réduit et de l'argent métallique se dépose.*

Les flocons blancs d'allantoate d'argent, examinés au microscope, apparaissent sous forme de globules transparents parfaitement sphériques. Cette réaction est caractéristique.

Le sublimé corrosif ne précipite pas l'allantoïne, mais, comme l'urée, ce composé est précipité par l'azotate mercurique.

f. Physiologie. — D'après ce qui précède, l'allantoïne est un produit intermédiaire entre l'acide urique et l'urée. Elle provient du premier de ces corps par oxydation et se transforme elle-même, sous l'influence des agents d'hydratation, des agents d'oxydation et des ferments, en urée et en d'autres composés plus simples, acide oxalique, ammoniaque, anhydride carbonique.

L'allantoïne est en simple dissolution dans les liquides qui en renferment.

§ 308. — ALCALAMIDES.

a. Définition. — On a donné le nom d'*alcalamides* aux amines-amides, c'est-à-dire à des composés qui dérivent de l'ammoniaque par la substitution à l'hydrogène, de plusieurs radicaux, dont les uns sont des radicaux d'alcools et les autres des radicaux d'acides.

b. Préparation. — Ces corps se préparent par des procédés analogues à ceux qui fournissent les amines et les amides. Ainsi, par exemple, si on traite une monamine primaire par le chlorure d'un radical d'acide, on obtient une alcalamide :

$$AzH^2.CH^3 \ + \ C^2H^3O.Cl \ = \ HCl \ + \ AzH.C^2H^3O.CH^3$$

Méthylamine.　　Chlorure　　　Acide　　　Méthylacétamide.
　　　　　　　　d'acétyle.　　chlorhydrique.

L'acide chlorhydrique formé se combine avec un excès de méthylamine pour donner naissance à du chlorure de méthylammonium.

Le glycocolle (V. § 278, p. 510) est une amine. On peut donc, comme dans la méthylamine, remplacer un atome d'hydrogène du groupement AzH^2 du glycocolle par un radical d'acide. On obtient ainsi une alcalamide qui, comme le glycocolle lui-même, jouit encore de la fonction acide. Deux de ces alcalamides dérivées du glycocolle existent dans l'économie animale.

L'une, l'*acide hippurique*, est du glycocolle dans lequel un atome d'hydrogène du groupement AzH^2 est remplacé par le radical benzoyle :

$$AzH^2\text{-}CH^2\text{-}CO.OH \ + \ C^7H^5O.Cl \ = \ HCl \ + \ AzH(C^7H^5O)\text{-}CH^2\text{-}CO.OH$$

Glycocolle.　　　Chlorure　　Acide　　　Acide hippurique.
　　　　　de benzoyle. chlorhydrique.

L'autre, l'*acide glycocholique*, est du glycocolle dans lequel un atome d'hydrogène du groupement AzH^2 est remplacé par le radical de l'acide cholalique.

L'acide *taurocholique*, qu'on trouve dans la bile de l'homme, est également une alcalamide. Il dérive de la taurine par la substitution, à un atome d'hydrogène du groupement AzH², du radical de l'acide cholalique.

c. Propriétés. — *Les alcalamides secondaires se dédoublent, sous l'influence des agents d'hydratation (ébullition avec les acides ou les bases étendus), en un acide et en une amine :*

$$Az\!\begin{matrix} \diagup H \\ - C^2H^3O \\ \diagdown CH^3 \end{matrix} \;+\; H.OH \;=\; C^2H^3O.OH \;+\; Az\!\begin{matrix} \diagup H \\ - H \\ \diagdown CH^3 \end{matrix}$$

Méthylacétamide.   Eau.   Acide acétique.   Méthylamine.

De même, l'acide hippurique se dédouble, en fixant de l'eau, en glycocolle et en acide benzoïque ; l'acide glycocholique, en glycocolle et en acide cholalique ; l'acide taurocholique, en taurine et en acide cholalique.

§ 309. — **Acide hippurique.**

$$AzH(C^7H^5O) - CH^2 - CO.OH.$$

a. État naturel. — L'acide hippurique existe normalement en abondance dans l'urine des herbivores. Il ne se trouve qu'en petite quantité et quelquefois manque complètement dans l'urine de l'homme. Il y augmente dans certaines maladies, la chorée, le diabète, les fièvres intenses ? Il en est de même après l'ingestion d'hydrure de benzoyle, d'acide cinnamique, d'acide quinique ou de certains fruits qui renferment des dérivés benzoïques ou cinnamiques.

L'acide hippurique a été trouvé, en petite quantité, dans le sang et les capsules surrénales du bœuf.

b. Préparation. — On prépare l'acide hippurique en faisant bouillir de l'urine de cheval fraîchement émise avec un lait de chaux, puis filtrant. La liqueur filtrée tient en solution de l'hippurate de calcium ; on la concentre au $\frac{1}{10}$ environ et l'on précipite l'acide hippurique par un excès d'acide chlorhydrique. Les cristaux d'acide hippurique ainsi obtenus ne sont pas purs, ils sont colorés en brun ou en jaune. On les fait bouillir à nouveau avec un lait de chaux, on filtre et on reprécipite, dans le liquide filtré et concentré, l'acide hippurique par un excès d'acide chlorhydrique. On recueille les cristaux, on les fait dissoudre dans l'eau bouillante, et on décolore la solution par le noir animal. Par le refroidissement, il se dépose de beaux cristaux peu colorés d'acide hippurique. La concentration des eaux-mères en fournit une nouvelle quantité.

On obtient des cristaux d'acide hippurique tout à fait blancs en additionnant leur solution bouillante de quelques gouttes d'acide chlorhydrique et d'un cristal de chlorate de potassium et faisant recristalliser.

c. **Propriétés.** 1° Physiques. — L'acide hippurique cristallise en beaux prismes quadrangulaires dont les extrémités sont ter-

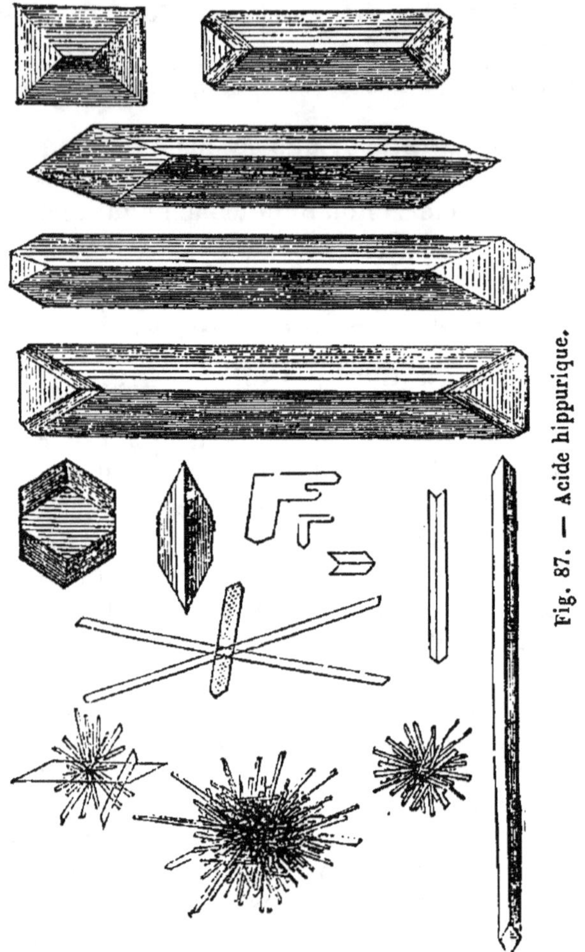

Fig. 87. — Acide hippurique.

minées par deux ou quatre facettes (V. *fig.* 87). Ces cristaux sont quelquefois assez semblables aux cristaux de phosphate ammo-niaco-magnésien (V. *fig.* 40). Cet acide est inodore, d'une saveur légèrement amère ; il se dissout aisément dans l'eau bouillante, peu dans l'eau froide (1 p. dans 600 d'eau à 0°). L'alcool le dissout également, mais l'éther n'en dissout que très peu. Sa solution rougit fortement le tournesol. Il fond vers 130°.

2° CHIMIQUES. — Vers 250°, il se décompose en acide benzoïque, benzonitrile, et, en même temps, répand une odeur assez forte d'acide prussique. Sous l'influence de l'ébullition avec les acides étendus et les bases, comme sous celle des ferments, l'acide hippurique se dédouble en acide benzoïque et en glycocolle.

L'acide hippurique est monobasique. Ses sels cristallisent facilement. Les hippurates alcalins et alcalino-terreux sont solubles dans l'eau. Les hippurates alcalins sont également solubles dans l'alcool.

d. Recherche et caractères. — Lorsqu'on veut constater la présence de l'acide hippurique dans une urine, on opère comme pour la préparation de cet acide.

Les caractères de l'acide hippurique sont les suivants :

1° *Chauffé dans un tube à essai, il fond en un liquide huileux, puis se décompose. Il se sublime de l'acide benzoïque ; en même temps on perçoit l'odeur d'acide prussique.*

2° *L'acide chlorhydrique sépare l'acide hippurique, sous forme de longues aiguilles, des solutions concentrées de ses sels.*

3° *Chauffé avec de la chaux hydratée, l'acide hippurique donne de la benzine et de l'ammoniaque* [car. dist. d'avec l'acide benzoïque]. (V. § 239, p. 445.)

4° *Les hippurates alcalins donnent avec le perchlorure de fer, un précipité brun d'hippurate de fer.* (Ce caractère est commun aux acides hippurique, benzoïque et succinique.)

5° A ces caractères, il faut ajouter l'examen microscopique des cristaux d'acide hippurique.

e. Physiologie. 1° ORIGINE. — L'acide hippurique que l'on trouve dans les urines a une origine double.

1° Il provient de l'alimentation. Cet acide apparaît, en effet, en quantité souvent fort grande, dans les urines de l'homme et des animaux, après l'ingestion d'acide benzoïque, d'acide quinique et de différents autres corps pouvant facilement se transformer en acide benzoïque. On sait que l'acide benzoïque qu'on a ingéré, passe dans les urines à l'état d'acide hippurique (V. § 238, p. 443). Si nous rapprochons ces faits de cet autre que l'acide hippurique se trouve surtout dans l'urine des herbivores, que chez l'homme il augmente après une alimentation végétale, on est forcé d'admettre que des corps pouvant se transformer dans l'organisme en acide hippurique sont ingérés avec les aliments. De fait, on a constaté la présence de l'acide quinique dans les myrtilles, mais il a été impossible de démontrer la présence de l'acide benzoïque dans les fourrages ordinaires des herbivores.

2° D'un autre côté, nous savons que l'oxydation des matières albuminoïdes donne naissance à de l'acide benzoïque. Il est donc probable que l'acide hippurique provient, en partie, de l'oxydation des matières albuminoïdes. L'augmentation de la quantité d'acide hippurique éliminée par les urines dans les fièvres intenses, se comprendrait facilement dans ce cas.

On ne sait pas où se fait l'union du glycocolle et de l'acide benzoïque. Cette union a lieu avec perte d'une molécule d'eau. C'est donc un phénomène de déshydratation. Certains auteurs placent la formation de l'acide hippurique dans l'intestin, où du glycocolle est mis en liberté par suite de la décomposition, avec fixation d'eau, de l'acide glycocholique. Il est difficile de comprendre que, de deux composés du même genre, comme l'acide hippurique et l'acide glycocholique, l'un se forme avec élimination d'eau et l'autre se décompose avec fixation d'eau dans les mêmes conditions et au même endroit. La question est donc encore à résoudre.

De même que l'acide benzoïque se transforme dans l'économie en acide hippurique, en fixant les éléments du glycocolle, de même les acides nitro-benzoïque, salicylique, toluique, etc., passent dans les urines à l'état d'acides nitro-hippurique, salicylurique, tolurique, etc.

2° ÉTAT; ÉLIMINATION. — L'acide hippurique se trouve en dissolution dans les liquides de l'économie, soit à l'état de liberté, soit à l'état de sel. Il est éliminé par les urines.

§ 310. — **Acide taurocholique**

$$C^{26}H^{45}AzSO^7.$$

Synonymie : Acide choléique.

a. État naturel. — Cet acide existe dans la bile d'un grand nombre d'animaux, toujours à l'état de combinaison alcaline. Il existe seul dans la bile du chien ; dans la bile de l'homme, il se trouve en proportion beaucoup plus faible que l'acide glycocholique ; enfin la bile de bœuf, celle de certains oiseaux, des poissons d'eau douce, des grenouilles, des serpents, en renferment également.

b. Préparation. — On extrait l'acide taurocholique de la bile de chien. Pour cela, on précipite la bile par l'alcool, on ajoute du noir animal et l'on filtre. Le taurocholate de sodium étant soluble dans l'alcool, se trouve dans le liquide filtré. On évapore le liquide et on reprend le résidu par un peu d'alcool absolu. Le liquide filtré est traité par un grand excès d'éther, agité et abandonné à lui-même jusqu'à ce que le précipité de taurocholate de sodium (insoluble dans l'éther), d'abord amorphe, soit devenu cristallin. On décante l'éther et l'on dissout les cristaux dans l'eau, puis on précipite l'acide taurocholique par l'acétate de plomb additionné d'ammoniaque. Le précipité est lavé, mis en suspension dans l'alcool et traité par un courant d'hydrogène sulfuré. Le plomb se précipite à l'état de sulfure et l'acide taurocholique se dissout dans l'alcool; on filtre et l'on évapore le liquide, à une douce chaleur, à consistance sirupeuse. Enfin, on précipite l'acide taurocholique par un grand excès d'éther. Le précipité, laissé pendant quelque temps en contact avec l'éther, devient cristallin.

c. Propriétés. 1° Physiques. — L'acide taurocholique cristallise en aiguilles fines et soyeuses qui se transforment rapidement à l'air humide en un liquide sirupeux. Il est très soluble dans l'eau et dans l'alcool, insoluble dans l'éther. Ses solutions ont une saveur amère et sont fortement acides. L'acide taurocholique dévie à droite la lumière polarisée.

Les solutions des taurocholates et glycocholates alcalins dissolvent de petites quantités de cholestérine et les globules sanguins. Elles jouissent en outre de la propriété d'émulsionner les graisses.

2° Chimiques. — L'acide taurocholique se dédouble très-facilement en taurine et en acide cholalique. Ce dédoublement a lieu par l'ébullition de l'acide taurocholique, soit avec des acides, soit avec des bases étendues, soit simplement avec l'eau. La même décomposition a lieu pendant la putréfaction de la bile; elle se fait dans le tube digestif et probablement même dans le sang, car on ne trouve jamais d'acide taurocholique dans les urines ictériques, tandis qu'on y trouve quelquefois les acides glycocholique et cholalique. Une solution alcoolique d'acide taurocholique laisse déposer, après un certain temps, des cristaux de taurine.

Les taurocholates alcalins sont solubles dans l'eau et dans l'alcool, insolubles dans l'éther. Le taurocholate de baryum et, en général, la plupart des taurocholates sont solubles dans l'eau.

d. Caractères. — 1° *L'acide taurocholique et les taurocholates, additionnés de quelques gouttes d'une solution de sucre de canne, puis traités par de l'acide sulfurique concentré et pur (il faut avoir soin que la température ne s'élève pas au-dessus de 70°), donnent une magnifique coloration pourpre (réaction de Pettenkofer). L'acide glycocholique et l'acide cholalique se comportent comme l'acide taurocholique.*

2° *L'acide taurocholique et le taurocholate de sodium ne sont pas précipités par l'acétate neutre de plomb, qui précipite les acides gly-cocholique et cholalique.* On peut ainsi facilement séparer ces deux derniers acides de l'acide taurocholique. Celui-ci est précipité par l'acétate de plomb additionné d'un peu d'ammoniaque.

3° *La présence du soufre* (V. § 290, p. 612) *et la production de taurine, sous l'influence de l'ébullition avec des acides étendus, don-neront les dernières preuves de la présence de l'acide taurocholi-que.*

e. Physiologie. 1° ORIGINE. — Les acides biliaires se forment dans le foie, mais on ne sait pas par quel mécanisme et aux dé-pens de quelle substance.

2° ÉTAT. — L'acide taurocholique et l'acide glycocholique se trouvent, à l'état de sels de sodium, dans la bile des animaux terrestres. Fait remarquable : dans la bile des poissons de mer, ces acides se trouvent à l'état de sels de potassium. Ces sels, étant solubles, sont en dissolution dans le liquide biliaire.

3° ÉLIMINATION. — Les acides biliaires (taurocholique et glyco-cholique) se décomposent dans le gros intestin, en fixant de l'eau, en acide cholalique et en glycocolle et taurine. La taurine et le glycocolle sont résorbés dans l'intestin. L'acide glycocholi-que est plus difficilement décomposable que l'acide taurocholique. Aussi trouve-t-on de petites quantités d'acide glycocholique dans les excréments des herbivores, tandis qu'on ne trouve pas d'acide taurocholique dans les excréments des herbivores et des carni-vores.

Dans certains cas d'ictère, les acides biliaires passent dans les urines. On y trouve de l'acide glycocholique et de l'acide cholalique, produit de dédoublement des acides biliaires, mais pas d'acide taurocholique. Dans ces cas, les acides biliaires se rencontrent évidemment aussi dans le sang. D'après certains auteurs, les urines normales renfermeraient toujours des traces d'acides biliaires. Enfin, dans les fortes diarrhées, on trouve les acides biliaires non décomposés dans les évacuations.

§ 311. — **Acide glycocholique.**

$C^{26}H^{43}AzO^6$.

Synonymie : Acide cholique.

a. État naturel. — L'acide glycocholique existe en quantité notable, à l'état de glycocholate de sodium, dans la bile du bœuf. Il se trouve aussi dans les excréments de cet animal. La bile de l'homme n'en contient que très-peu, et celle des carnivores sem-ble ne pas renfermer du tout d'acide glycocholique.

Dans les cas d'ictère, on trouve quelquefois l'acide glycocholique dans le sang et dans l'urine de l'homme.

b. Préparation. — On concentre fortement de la bile de bœuf fraîche, on la traite par de l'alcool qui précipite le mucus, les pigments, les sels inorganiques et dissout le glycocholate et le taurocholate de sodium ; on agite avec du noir animal et l'on filtre. Le liquide filtré est évaporé, le résidu repris par un peu d'alcool absolu, et la solution alcoolique traitée par un excès d'éther. Le précipité devient cristallin au bout de quelque temps. On décante alors la partie liquide et on dissout dans un peu d'eau les cristaux qui ne sont autre chose qu'un mélange de glycocholate et de taurocholate de sodium (*bile cristallisée de Platner*). On traite cette solution par de l'acide sulfurique étendu jusqu'à ce qu'il se produise un trouble persistant. On l'abandonne alors à elle-même.

L'acide glycocholique, beaucoup moins soluble que l'acide taurocholique, ne tarde pas à cristalliser. On lave les cristaux à l'eau et on les fait recristalliser dans l'alcool.

c. Propriétés. 1° Physiques. — L'acide glycocholique cristallise en fines aiguilles soyeuses (V. *fig.* 88) qui ne s'altèrent pas

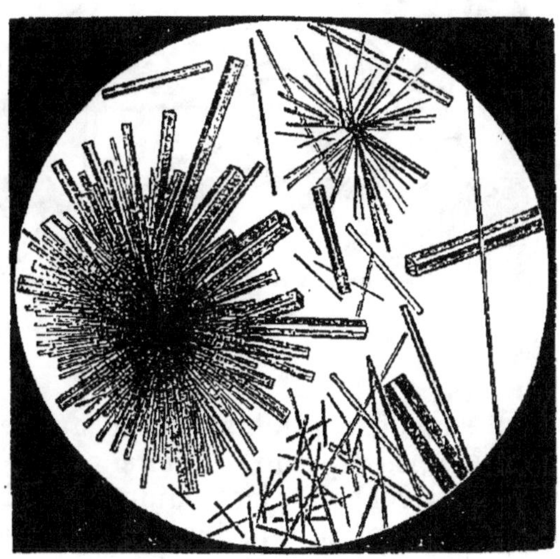

Fig. 88. — Acide glycocholique.

l'air comme les cristaux d'acide taurocholique. Il est très peu soluble dans l'eau froide, se dissout plus aisément dans l'eau chaude et cristallise par le refroidissement. L'alcool dissout facilement l'acide glycocholique ; mais l'éther n'en dissout que des traces. Les solutions d'acide glycocholique ont une saveur sucrée et un peu amère ; elles rougissent le tournesol. L'acide glycoque, comme l'acide taurocholique, dévie à droite le plan de la lumière polarisée.

2° CHIMIQUES. — Par une ébullition prolongée avec une solution saturée de baryte caustique ou avec de l'acide chlorhydrique, l'acide glycocholique se dédouble en acide cholalique et en glycocolle. Il peut se former, dans ce cas, de la dyslysine par action de l'acide chlorhydrique sur l'acide cholalique (V. § 256, 477); à froid, les acides sulfurique, chlorhydrique, acétique, dissolvent l'acide glycocholique sans l'altérer.

L'acide glycocholique se dissout aisément dans les alcalis; il se forme alors des glycocholates alcalins solubles dans l'eau et dans l'alcool, insolubles dans l'éther. Les glycocholates de ba-

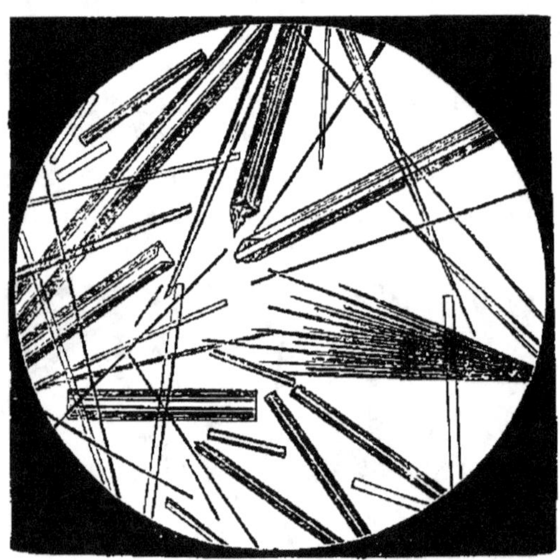

Fig. 89. — Glycocholate de sodium.

ryum et d'argent sont aussi solubles dans l'eau. Les autres glycocholates sont insolubles. Lorsqu'on traite par l'éther une solution alcoolique de glycocholate de sodium, ce sel se dépose en petits cristaux qui, vus au microscope, apparaissent sous forme de pinceaux ou groupes étoilés formés de fines aiguilles. (V. fig. 89.)

d. Caractères. — 1° *L'acide glycocholique donne avec l'acide sulfurique et le sucre la coloration pourpre caractéristique des acides biliaires* (V. § 310).

2° *La facilité avec laquelle il cristallise, sa précipitation par l'acétate neutre de plomb* (v. p. 573), *l'absence de soufre dans sa molécule, le distinguent de l'acide taurocholique.*

COMPOSÉS NON SÉRIÉS.

§ 312. — ALCALOIDES NATURELS.

a. **Définition ; division.** — Les alcaloïdes naturels sont des substances azotées, extraites des végétaux, qui, comme l'ammoniaque et les amines, peuvent se combiner directement avec les acides pour former des sels.

On a divisé les alcaloïdes en deux sections.

La première renferme des composés non oxygénés, liquides et volatils.

Dans la seconde section, rentrent les alcaloïdes oxygénés et solides. Ces alcaloïdes sont fixes, à l'exception de la cinchonine et de l'atropine.

b. **Extraction.** — Les alcaloïdes existent dans les végétaux à l'état de sels. Ils sont combinés avec les acides malique, tartrique, acétique, quelquefois avec certains acides particuliers, comme l'acide méconique dans l'opium, enfin avec les tannins. Ces composés sont tantôt solubles, tantôt insolubles. Les procédés généraux d'extraction des alcaloïdes sont les suivants :

1º Si l'alcaloïde est volatil, on distille la plante avec de la potasse ou de la soude. L'alcaloïde, mis en liberté, passe à la distillation. On sature le liquide par de l'acide sulfurique étendu, on évapore à siccité et on reprend le résidu par un mélange d'alcool et d'éther. Ce mélange dissout le sulfate de l'alcaloïde et ne dissout pas le sulfate d'ammonium qui s'y trouve toujours mélangé. Le sulfate obtenu est décomposé par une base et soumis à la distillation.

2º Lorsque l'alcaloïde est fixe, on l'extrait en faisant bouillir la plante avec de l'eau acidulée par de l'acide chlorhydrique qui dissout l'alcaloïde. On précipite par la chaux l'alcaloïde de sa solution chlorhydrique et on épuise le précipité obtenu par de l'alcool bouillant dans lequel presque tous les alcaloïdes se dissolvent. On purifie le produit obtenu en transformant l'alcaloïde en un sel, faisant cristalliser celui-ci et isolant l'alcaloïde en décomposant le sel par une base.

c. **Propriétés.** 1º PHYSIQUES. — Les alcaloïdes sont en général solides, cristallisables ; la nicotine et la conicine sont liquides.

Ils sont presque tous très toxiques et constituent des médicaments très actifs.

Ils sont alcalins au papier de tournesol, excepté la narcotine.

En général, les alcaloïdes sont peu solubles dans l'eau. L'alcool est leur meilleur dissolvant. L'éther, le chloroforme en dissolvent également un grand nombre. On peut aussi dissoudre les alcaloïdes dans les corps gras. Pour cela, on les combine avec l'acide oléique; les oléates ainsi formés se dissolvent dans les matières grasses.

Ils dévient tous à gauche le plan de la lumière polarisée, excepté la cinchonine et la quinidine, qui sont dextrogyres.

2° Chimiques. — Lorsqu'on distille les alcaloïdes solides avec de la potasse, ils se décomposent et donnent des bases volatiles non oxygénées.

Avec le chlore, le brome, l'iode, ils donnent des dérivés de substitution et des produits d'addition.

Les iodures alcooliques, iodure de méthyle, iodure d'éthyle, etc., s'unissent aux alcaloïdes, comme ils le font avec les amines tertiaires, en donnant un iodure d'ammonium composé. (V. § 278, p. 511.)

La potasse, la soude, l'ammoniaque précipitent en général les alcaloïdes des solutions de leurs sels.

Les solutions même étendues des alcaloïdes sont précipitées ou colorées par le tannin, l'iodure de potassium ioduré (V. § 90, p. 233), l'iodure double de mercure et de potassium (V. § 150, p. 297), le phospho-molybdate de sodium (réactif de Sonnenschein), le cyanure double d'argent et de potassium (V. § 296, p. 543) (réactif de Dragendorff), le sulfomolybdate de sodium (réactif de Frœhde), etc., etc.

[Le réactif de Sonnenschein s'obtient en précipitant par le phosphate de sodium une solution azotique de molybdate d'ammonium. On obtient ainsi du phospho-molybdate d'ammonium. (V. § 58, p. 178.) On lave le précipité, on le traite par un excès de soude pour chasser l'ammoniaque, et on le reprend par l'acide azotique.

Cette solution est précipitée par l'ammoniaque, qui reforme du phospho-molybdate d'ammonium, et par tous les alcaloïdes.

Le réactif de Frœhde s'obtient en dissolvant 1 milligramme de molybdate de sodium dans 1 centimètre cube d'acide sulfurique pur.]

d. Toxicologie. — Le tannin et les substances végétales astringentes qui en contiennent, sont les meilleurs antidotes des alcaloïdes. On prescrit fréquemment, dans les empoisonnements par les alcaloïdes, d'autres alcaloïdes dont l'action physiologique est antagoniste de celle de l'alcaloïde qui a causé l'empoisonnement. C'est ainsi que dans les empoisonnements par la conicine, on administre, comme antidote physiologique, son antagoniste, la strychnine et réciproquement. A la morphine, on oppose la belladone, etc.

Quant à la recherche des alcaloïdes dans les organes extraits d'un cadavre, elle présente dans un cas général, des difficultés le plus souvent insurmontables. Les alcaloïdes en effet causent la mort à des doses très-faibles ; ils se diffusent rapidement dans toute l'économie ; une partie en est éliminée par les urines ; après la mort ils se détruisent plus ou moins rapidement. Enfin, on a extrait des cadavres putréfiés des corps auxquels on a donné le nom de *ptomaïnes* qui se rapprochent par leur action physiologique et par leurs propriétés chimiques des alcaloïdes.

ÉTUDE DES PRINCIPAUX ALCALOIDES

§ 313. — Cicutine.

$$C^8H^{15}Az.$$

Synonymie : Conicine, conine.

La cicutine s'extrait des fruits de la grande ciguë. Elle est très vénéneuse ; son action est foudroyante comme celle de l'acide prussique. Elle produit la paralysie des muscles volontaires, puis celle des muscles respiratoires et du cœur gauche. La mort arrive par asphyxie. La cicutine est toxique à la dose de 2-5 centigrammes.

On l'emploie quelquefois, en médecine, dans les cas morbides caractérisés par des contractures. On l'a préconisée également dans le traitement des affections cancéreuses.

La cicutine est un liquide incolore, oléagineux, d'une odeur désagréable. Elle bout à 218°. Elle n'est soluble que dans 100 fois son poids d'eau. L'alcool la dissout en toutes proportions.

Comme tous les alcaloïdes, la conicine s'unit aux acides pour former des sels. On connaît un grand nombre de sels de conicine. Le plus important est le chlorhydrate qui cristallise en grosses lames. Il est déliquescent. *Sa solution, évaporée à l'air, se colore en rouge, puis en bleu.*

§ 314. — Nicotine.

$$C^{10}H^{14}Az^2.$$

La nicotine se trouve dans le tabac. La proportion de nicotine varie beaucoup dans les divers tabacs. Celui du Lot en renferme près de 8 p. 100, celui de Virginie 6,8 p. 100, celui d'Alsace et celui de la Havane 3,21 et 2 p. 100 seulement.

La nicotine est un poison très violent qui agit avec une extrême rapidité. Une à deux gouttes suffisent pour tuer un chien. L'action de la nicotine ressemble à celle de la conicine. La nicotine est rarement employée en médecine.

Elle constitue un liquide oléagineux, incolore, plus dense que l'eau, qui brunit et s'épaissit à l'air. Elle est très soluble dans l'eau, l'alcool et l'éther. Elle bout à 250°.

Lorsqu'on chauffe la nicotine avec de l'acide chlorhydrique, le mélange devient violet.

L'acide azotique colore la nicotine en jaune orangé lorsqu'on élève un peu la température.

Une solution même très étendue de nicotine se colore en rouge lorsqu'on y ajoute de la teinture d'iode. Si les solutions ne sont pas trop étendues, il se dépose au bout de quelque temps de belles aiguilles rouge-rubis (iodo-nicotine).

§ 315. — ALCALOIDES DE L'OPIUM.

L'opium est le suc épaissi des capsules vertes du pavot. Sa composition est très complexe. Il renferme un grand nombre d'alcaloïdes, dont les principaux sont : la morphine, la codéine, la narcéine, la narcotine, la thébaïne, la papavérine. On trouve, en outre, dans l'opium de l'acide lactique, des matières résineuses, de la gomme et un acide particulier, l'acide méconique.

L'acide méconique $C^7H^4O^7$, en dissolution même très étendue, prend une couleur rouge de sang quand on y ajoute de faibles traces de sels ferriques. Le chlorure d'or, qui fait disparaître la coloration rouge produite par les sulfocyanures solubles en présence des sels ferriques, n'altère pas cette coloration.

L'opium, à faible dose, est sédatif et soporifique. A dose élevée, il agit comme poison narcotique.

Traité par l'eau, l'opium abandonne à ce liquide environ 50 p. 100 de matières solubles, parmi lesquelles les alcaloïdes. L'extrait aqueux d'opium est donc deux fois plus actif que l'opium brut.

Claude Bernard a étudié l'action physiologique des principaux alcaloïdes de l'opium et les a classés d'après leur pouvoir soporifique, convulsif ou toxique, de la manière suivante :

POUVOIR SOPORIFIQUE.	POUVOIR TOXIQUE.	POUVOIR CONVULSIF.
—	—	—
Narcéine.	Thébaïne.	Thébaïne.
Morphine.	Codéine.	Papavérine.
Codéine.	Papavérine.	Narcotine.
	Narcéine.	Codéine.
	Morphine.	Morphine.
	Narcotine.	Narcéine.

De tous ces alcaloïdes, la narcéine, la morphine et la codéine qui possèdent exclusivement le pouvoir soporifique, sont les seuls qui soient usités en médecine.

§ 316. — **Morphine.**

$$C^{17}H^{19}AzO^3 + H^2O.$$

La morphine cristallise en prismes incolores, d'une saveur très amère. Elle est quelquefois mélangée de narcotine. On la purifie en la lavant avec de l'éther, qui dissout la narcotine et ne dissout pas la morphine. La morphine se dissout dans environ 500 fois son poids d'eau bouillante et dans 1000 fois son poids d'eau froide. L'alcool la dissout en plus grande quantité que l'eau. L'éther et le chloroforme ne la dissolvent pas.

A 120°, la morphine entre en fusion en perdant son eau de cristallisation.

Distillée avec de la potasse, la morphine donne entre autres produits de la méthylamine.

Traitée par les acides, la morphine donne des sels solubles dans l'eau et dans l'alcool, insolubles dans l'éther. Le chlorhydrate de morphine $C^{17}H^{19}AzO^3, HCl + 3H^2O$ est fréquemment employé en médecine. Quand on chauffe la morphine à 150°, pendant plusieurs heures et en présence d'un excès d'acide chlorhydrique, elle perd une molécule d'eau et se transforme en *apomorphine* $C^{17}H^{17}AzO^2$. L'apomorphine est un vomitif puissant.

Les caractères suivants permettent de distinguer la morphine des autres alcaloïdes :

1° *L'acide azotique la colore en jaune orangé ;*

2° *Avec le chlorure d'or elle prend une teinte bleue ;*

3° *La morphine réduit l'acide iodique, en mettant l'iode en liberté ;*

4° *La morphine colore les sels ferriques en bleu fugace.* (Réaction caractéristique.)

§ 317. — **Codéine.**

$$C^{18}H^{21}AzO^3 + H^2O.$$

La codéine cristallise en prismes rhomboïdaux lorsqu'elle est hydratée. Elle se sépare de sa dissolution dans l'éther anhydre en cristaux octaédriques anhydres. Elle est soluble dans 80 parties d'eau froide et dans 17 parties d'eau bouillante. L'alcool et l'éther la dissolvent.

A 150°, elle entre en fusion. Les cristaux hydratés perdent leur eau de cristallisation à cette température.

La codéine se distingue de la morphine par sa solubilité dans l'éther. De plus, *elle ne rougit pas sous l'influence de l'acide azotique, ne bleuit pas avec le perchlorure de fer et ne réduit pas l'acide iodique. L'acide sulfurique la dissout; au bout d'un certain temps la solution devient bleue.*

La codéine est employée comme la morphine. Elle paraît moins irritante.

§ 318. — **Narcéine.**

$$C^{23}H^{29}AzO^9.$$

La narcéine cristallise en aiguilles soyeuses, fines et allongées. Elle est facilement soluble dans l'eau bouillante, peu soluble dans l'eau froide. L'alcool et le chloroforme dissolvent la narcéine. L'éther ne la dissout pas.

La narcéine ne présente aucune des réactions de la morphine. *L'acide sulfurique la dissout. La solution est brune et devient rouge.*

L'iode colore la narcéine en bleu foncé. La coloration est détruite par l'eau bouillante et par les alcalis.

Avec le chlore, la narcéine prend une teinte verte qui passe au jaune quand on ajoute au mélange de l'ammoniaque.

§ 319. — ALCALOIDES DES QUINQUINAS.

Les différentes espèces de quinquinas renferment un grand nombre de principes parmi lesquels des alcaloïdes. Les principaux alcaloïdes des quinquinas sont : la quinine et ses isomères, la quinidine et la quinicine, la cinchonine et ses isomères, la cinchonidine et la cinchonicine, et l'aricine.

§ 320. — **Quinine.**

$$C^{20}H^{24}Az^2O^2 + n \text{ aq.}$$

La quinine et ses sels (on emploie surtout le sulfate de quinine) sont des antipériodiques puissants.

La quinine est une masse blanche, amorphe, très amère. Lorsqu'on précipite du sulfate de quinine par l'ammoniaque en excès et qu'on abandonne à lui-même le précipité de quinine obtenu, on voit se former des aiguilles cristallines qui renferment trois molécules d'eau de cristallisation. On obtient un autre hydrate de quinine renfermant une molécule d'eau, en abandonnant à l'air de la quinine récemment précipitée et humectant de temps en temps la masse.

La quinine est très-soluble dans l'alcool et très peu soluble dans l'eau. Elle est plus soluble dans l'éther que la cinchonine.

Les acides dilués dissolvent facilement la quinine. Cette base est diacide, c'est-à-dire qu'elle exige deux molécules d'un acide monobasique pour former des sels neutres.

On reconnaît la quinine aux caractères suivants :

1° L'acide sulfurique concentré la dissout à froid sans la colorer (V. § 275, p. 503) ;

2° L'acide sulfurique étendu et en léger excès la dissout en donnant une solution dichroïque (sulfate de quinine) à reflets bleus;

3° Lorsqu'à une solution d'un sel de quinine on ajoute de l'eau chlorée et quelques gouttes d'ammoniaque, la solution se colore en vert (réaction caractéristique) ;

4° Lorsqu'à une solution d'un sel de quinine on ajoute de l'eau chlorée et ensuite du ferrocyanure de potassium en poudre fine, la liqueur se colore en rose, puis en rouge foncé.

Le *sulfate basique de quinine* $(C^{20}H^{24}Az^2O^2)^2,SO^4H^2 + 7H^2O$ est en aiguilles flexibles, longues et minces. Il est efflorescent, peu soluble dans l'eau.

Le *sulfate neutre de quinine* $C^{20}H^{24}Az^2O^2,SO^4H^2 + 7H^2O$ est plus soluble dans l'eau que le sulfate basique. Aussi faut-il ajouter quelques gouttes d'acide sulfurique au premier de ces sels pour le dissoudre et le faire entrer dans les préparations pharmaceutiques. La solution de sulfate de quinine est dichroïque et présente des reflets bleus. Les dissolutions de tous les sels de quinine offrent ce caractère.

Le sulfate de quinine est fréquemment l'objet de falsifications. On y mêle du sulfate de calcium, de la mannite, du sucre, de l'amidon, de la salicine, du sulfate de cinchonine, etc.

Ces falsifications se reconnaissent de la manière suivante :

1° On dissout le sulfate de quinine dans de l'alcool étendu bouillant. L'amidon et les matières minérales restent à l'état de résidu insoluble ;

2° On calcine le sulfate de quinine. Pur, ce sel ne laisse pas de cendres. S'il renferme des matières minérales, celles-ci restent comme résidu ;

3° Si le sulfate de quinine renferme de la salicine, il se colore en rouge sous l'influence de l'acide sulfurique ;

4° Quant au sucre et à la mannite, on les découvre en dissolvant le sulfate de quinine dans de l'eau acidulée, précipitant à la fois l'acide sulfurique et la quinine par la baryte, enlevant l'excès de baryte par un courant d'anhydride carbonique et filtrant. Le sucre et la mannite se retrouvent dans la liqueur filtrée. Celle-ci ne laisse aucun résidu par l'évaporation si le sulfate de quinine est pur ;

5° Le sulfate de quinine du commerce renferme toujours un peu de sulfate de cinchonine qui provient d'une purification incomplète. On décèle la présence du sulfate de cinchonine de la manière suivante : Dans un tube à essai on met un gramme de sulfate de quinine, quelques centimètres cubes d'éther et 2 ou 3 grammes d'une solution d'ammoniaque ; on agite vivement. Si le sulfate de quinine est pur, les liquides se séparent en deux couches, l'une aqueuse, l'autre éthérée, renfermant la quinine en solution. Lorsque le sulfate de quinine renferme du sulfate de cinchonine, la cinchonine, insoluble à la fois dans l'eau et dans l'éther, reste en suspension à la surface de la couche aqueuse. De petites quantités de cinchonine dans le sulfate de quinine ne doivent pas être considérées comme une falsification de ce sel.

§ 321. — Cinchonine.

$$C^{20}H^{24}Az^2O.$$

La cinchonine est moins efficace que la quinine comme fébrifuge.

Cet alcaloïde est en prismes ou en aiguilles fines d'une saveur moins amère que celle de la quinine. Il est très peu soluble dans l'eau, même bouillante, et dans l'éther. L'alcool lui-même ne dissout que 3 p. 100 de cinchonine.

La cinchonine est dextrogyre.

Les dissolutions des sels de cinchonine ne se colorent pas en vert, comme les sels de quinine, lorsqu'on les traite successivement par l'eau de chlore et l'ammoniaque.

§ 322. — ALCALOÏDES DES STRYCHNOS.

Un grand nombre de plantes de la famille des strychnées, notamment les *Strychnos nux vomica* (noix vomique, fausse angusture), *Str. Ignatii* (fèves de Saint-Ignace), *Str. colubrina* (bois de couleuvre), *Str. Tieuté*, etc., renferment deux alcaloïdes, la strychnine et la brucine.

La strychnine et la brucine sont des poisons tétaniques des plus violents. La brucine agit sur l'économie avec une intensité 24 fois moindre que la strychnine. Celle-ci est employée en médecine contre certaines paralysies. Liebreich la considère comme le contre-poison du chloral. D'après Oré, les effets de la strychnine ne se feraient sentir, dans ce cas, qu'à doses déjà dangereuses. A la dose de 2 centigrammes, la strychnine peut amener la mort.

§ 323. — **Strychnine.**

$$C^{21}H^{23}Az^2O^2.$$

La strychnine cristallise en octaèdres rectangulaires, incolores, d'une saveur excessivement amère. L'eau ne dissout que de très petites quantités de strychnine ; il en est de même de l'alcool froid. L'alcool bouillant dissout facilement la strychnine. L'éther ne la dissout pas.

Les réactions suivantes permettent de caractériser la strychnine :

1° *L'acide azotique ne la colore pas* (car. dist. d'avec la brucine). Le plus ordinairement, la strychnine renferme des traces de brucine ; elle se colore en jaune ;

2° *Lorsqu'on dissout la strychnine dans de l'acide sulfurique concentré et qu'on y ajoute un peu de peroxyde de plomb ou de bichromate de potassium en poudre, il se développe une belle couleur bleue qui passe rapidement au violet, puis au jaune ;*

3° *Lorsqu'on dirige un courant de chlore dans une solution de strychnine, il se forme un nuage blanc. Au bout d'un certain temps, on peut, à l'aide d'une baguette de verre, retirer de la liqueur des filaments blancs, élastiques de strychnine trichlorée.*

§ 324. — **Brucine.**

$$C^{23}H^{26}Az^2O^4 + 4H^2O.$$

La brucine cristallise en prismes rhomboïdaux. Elle est plus soluble dans l'eau et dans l'alcool que la strychnine. L'éther ne la dissout pas.

L'acide azotique colore la brucine en rouge. D'après Gerhardt, il se forme de l'azotite de méthyle dans cette réaction.

L'acide sulfurique colore la brucine en rose. La coloration passe ensuite au jaune et au jaune verdâtre.

La teinture d'iode donne un précipité orangé d'iodo-brucine dans les solutions de cet alcaloïde.

ALCALOIDES DE LA BELLADONE.

§ 325. — **Atropine.**

$$C^{17}H^{13}AzO^3.$$

L'atropine est un poison d'une énergie considérable. On emploie en thérapeutique le sulfate d'atropine pour dilater la pupille.

L'atropine est incolore ; elle cristallise en aiguilles soyeuses. Sa saveur est âcre et amère. Elle fond à 90° et se volatilise partiellement à 140° en se décomposant en grande partie. Elle est soluble dans l'eau, l'alcool et l'éther. Lorsqu'on la traite par les agents d'oxydation (bichromate de potassium et acide sulfurique), elle donne de l'acide benzoïque et de l'hydrure de benzoyle.

Le *sulfate d'atropine* cristallise en aiguilles très solubles dans l'eau et dans l'alcool, insolubles dans l'éther.

L'atropine ne présente pas de réactions caractéristiques. Le meilleur moyen de caractériser cet alcaloïde est de constater la propriété qu'il a de dilater la pupille. Des quantités excessivement faibles d'atropine produisent l'action mydriatique.

§ 326. — ALCALOIDES DIVERS.

L'*hyoscyamine* ($C^{15}H^{17}AzO$)? constitue le principe actif de la jusquiame (solanées). Elle est assez employée en médecine en Angleterre. Son action ressemble à celle de l'atropine.

La *pipérine* $C^{17}H^{19}AzO^3$ s'extrait des différentes espèces de poivre.

L'*ésérine* ou *physostigmine* est incristallisable. Elle a été retirée de la fève de Calabar. L'ésérine est un poison violent. Elle est l'antagoniste de l'atropine ; elle jouit, en effet, de la propriété de rétrécir la pupille.

La *vératrine*, extraite de plusieurs plantes du genre *veratrum*, cristallise en prismes rhomboïdaux. Elle est très-vénéneuse. A dose toxique, elle amène des convulsions, le tétanos, et la mort arrive par asphyxie.

L'*aconitine* est un poison des plus violents. Par la rapidité de ses effets, l'aconitine égale l'acide prussique et la conicine. On l'extrait de l'*aconitum napellus*.

§ 327. — COMPOSÉS DIVERS.

Santonine ou *acide santonique* $C^{15}H^{18}O^3$. La santonine est un vermifuge très employé. On l'extrait du *semen contra* (fleur non épanouie de diverses espèces du genre *Artemisia*).

La santonine cristallise en prismes hexagonaux, incolores, inodores et volatils. La santonine est peu soluble dans l'eau, assez soluble dans l'alcool. A la lumière, la santonine jaunit rapidement.

Cette substance se combine avec les bases en donnant des composés cristallisables. L'acide sulfurique dissout la santonine en se colorant à la longue en rouge.

L'urine sécrétée après l'ingestion de santonine est safranée si elle est acide, rouge si elle est alcaline. Elle possède donc l'aspect de l'urine biliaire. On constate la présence de la santonine dans une semblable urine en y ajoutant de la potasse, qui communique au liquide une teinte rouge persistante et ne se détruisant pas à l'ébullition.

Cantharidine $C^5H^6O^2$. La *cantharidine* se retire de la *cantharide* (*cantharis vesicatoria*). Cette substance constitue le plus puissant vésicant que l'on connaisse. A la dose de 1 à 2 grammes, elle peut donner la mort. Elle amène une surexcitation très grande des organes génitaux.

La cantharidine est en prismes quadrilatères, incolores, inodores. Elle est très peu soluble dans l'eau, complètement insoluble dans le sulfure de carbone. L'alcool, l'éther, le chloroforme dissolvent la cantharidine. A 210°, elle entre en fusion et se sublime en fines aiguilles.

PRODUITS DE DÉSASSIMILATION NON AZOTÉS.

§ 328. — **Excrétine. — Acide excrétoléique. — Séroline. — Stercorine.**

Marcet a retiré des excréments de l'homme un composé cristallisable auquel il assigne la formule : $C^{78}H^{156}O^2S$ et qu'il a nommé *excrétine*.

Il obtient ce composé en préparant avec les fèces un extrait alcoolique. Cette solution alcoolique dépose un acide gras fusible à + 25°. Marcet a donné à cet acide le nom d'*acide excrétoléique*. Cet acide n'est probablement qu'un mélange d'acides gras. La solution débarrassée par filtration de cet acide excrétoléique est traitée par un lait de chaux. Il se forme un précipité brun, qui, séché, cède à l'éther une matière cristallisable, fusible à 93°. C'est l'excrétine.

Hinterberger a assigné récemment à l'excrétine la formule $C^{20}H^{36}O$. Les formules de Marcet et de Hinterberger font assez comprendre combien on est peu fixé sur la composition de l'excrétine. Peut-être le composé de Hinterberger n'est-il que de la cholestérine impure.

La *séroline* a été extraite par Boudet du sérum sanguin. Elle est en filaments microscopiques renflés de distance en distance. Pour certains auteurs, la séroline n'est qu'un mélange (cholestérine impure). D'après Flint, la séroline serait identique à la stercorine.

La *stercorine* a été extraite des matières fécales par Flint. La stercorine serait un produit de transformation de la cholestérine. Celle-ci ne se rencontre pas dans les fèces des herbivores, quoiqu'elle soit sans cesse versée par la bile dans la partie supérieure de l'intestin. Elle se transformerait, dans son passage à travers l'intestin, en stercorine.

La stercorine cristallise en fines aiguilles microscopiques. Elle est neutre. L'acide sulfurique la colore en rouge, comme il le fait pour la cholestérine.

Les composés décrits sous les noms d'excrétine, de séroline et de stercorine, sont peut-être un seul et même corps obtenu à un état plus ou moins grand de pureté.

PRODUITS DE DÉSASSIMILATION AZOTÉS.

§ 329. — **Acide urique.**

$$C^5H^4Az^4O^3.$$

a. État naturel. — L'acide urique se trouve dans l'urine de tous les animaux. Il existe en abondance dans l'urine des oiseaux, en petite quantité dans l'urine de l'homme et des mammifères.

Les calculs de la vessie et des reins sont très souvent formés, presque exclusivement, d'acide urique et d'urates.

On a également trouvé de l'acide urique dans le sang et dans les exsudats de l'homme, dans les affections arthritiques, la goutte, la leucémie. On le rencontre souvent, sous forme de dépôts, dans les articulations d'individus atteints de rhumatisme articulaire. Sous l'influence d'une alimentation copieuse, la proportion d'acide urique augmente dans l'urine.

b. Préparation. — On extrait l'acide urique des excréments des serpents ou du guano, en faisant bouillir ces matières avec

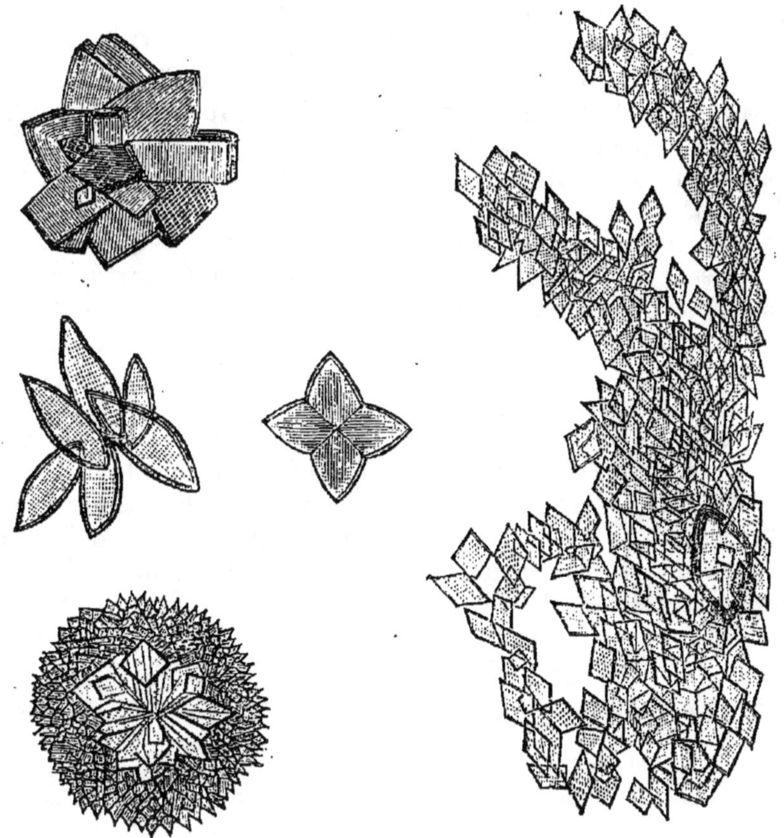

Fig. 90. — Acide urique.

de la potasse étendue. Il se forme de l'urate neutre de potassium. On filtre. Dans le liquide filtré, on fait passer un courant d'anhydride carbonique. Il se précipite de l'urate acide de potassium peu soluble. On lave les cristaux, on les dissout dans la potasse étendue et on précipite l'acide urique par l'acide chlorhydrique.

c. Propriétés. 1° PHYSIQUES. — L'acide urique est un corps blanc, inodore et insipide. Il cristallise en cristaux microscopiques. Ces cristaux se forment lorsqu'on précipite par un acide la solution d'un urate alcalin. Les sédiments de l'urine de l'homme en renferment souvent. Ces cristaux sont en tables lisses rhomboïdales, transparentes. Les angles obtus de ces tables sont fréquemment arrondis. Les cristaux ont alors la forme de pierres à aiguiser. Quelquefois on rencontre des lames hexagonales qui rappellent les formes cristallines de la cystine. Enfin, les cristaux d'acide urique se groupent fréquemment en amas ayant la forme de rosaces. (V. *fig.* 90.)

L'acide urique est très peu soluble dans l'eau. Il faut 14,000 parties d'eau froide et 1,800 parties d'eau bouillante pour le dissoudre. Il est insoluble dans l'alcool et dans l'éther. L'acide sulfurique concentré dissout l'acide urique, mais l'eau le précipite de cette dissolution. L'acide chlorhydrique étendu ne le dissout pas.

2° CHIMIQUES. — L'acide urique se décompose quand on le chauffe, sans fondre et sans se volatiliser, même partiellement. Les produits de la décomposition sont de l'urée, de l'acide cyanique, du carbonate d'ammonium, de l'acide cyanhydrique et du charbon.

Sous l'influence des réactifs, l'acide urique donne un grand nombre de dérivés qui sont des uréides. Ainsi, par exemple, lorsqu'on fait bouillir l'acide urique avec du peroxyde de plomb, il se forme de l'allantoïne. (V. § 307, p. 565.) Quand on ajoute de l'acide urique à de l'acide azotique concentré et froid, celui-ci se dissout avec effervescence et se dédouble en *alloxane* et en urée.

$$C^5H^4Az^4O^3 \quad + \quad H^2O \quad + \quad O \quad = \quad COAz^2H^4 \quad + \quad C^4H^2Az^2O^4$$

<table>
<tr><td>Acide urique.</td><td>Eau.</td><td>Oxygène.</td><td>Urée.</td><td>Alloxane.</td></tr>
</table>

L'*alloxane* est une urée composée dans laquelle entre le radical bivalent de l'acide mésoxalique. (V. § 261, p. 487.) Sa formule rationnelle est :

$$CO <^{\textstyle AzH}_{\textstyle AzH} >^{\textstyle CO - CO}_{\textstyle CO - CO}$$

L'alloxane a été signalée une fois dans l'économie par Liebig, dans un cas de catarrhe intestinal. Elle colore l'épiderme en rose.

L'ozone agit sur l'acide urique en solution aqueuse et le transforme en allantoïne, anhydride carbonique et urée. Dans une dissolution alcaline d'acide urique, l'ozone détermine la formation d'urée, d'ammoniaque, d'acide oxalique et d'anhydride carbonique.

L'acide urique se comporte comme un acide bibasique. Il donne des sels acides et des sels neutres. Les sels neutres de potassium et de sodium sont plus solubles dans l'eau que l'acide urique. L'urate de lithium est le plus soluble des urates neutres. Les urates acides de potassium et de sodium sont moins solubles que les urates neutres correspondants. Ils se forment lorsqu'on fait passer un courant d'anhydride carbonique dans la dissolution d'un urate neutre. L'ammoniaque ne dissout pas l'acide urique.

L'acide urique se dissout dans les solutions de certains sels neutres, notamment dans le phosphate de sodium, en enlevant à ces sels une partie de leur métal et donnant naissance à un urate et à un sel acide.

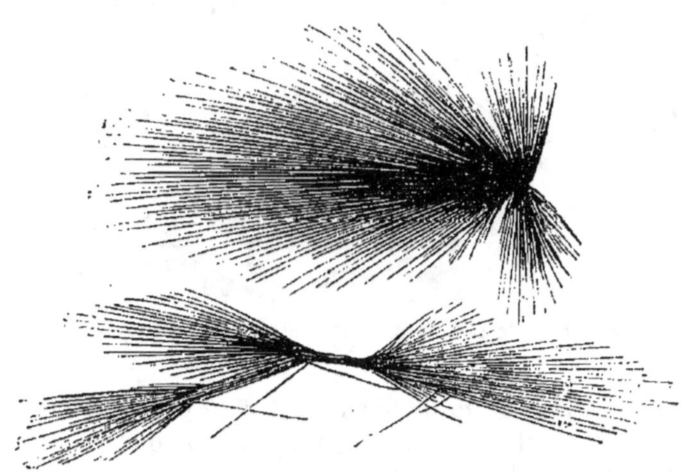

Fig. 91. — Urate acide d'ammonium.

L'*urate acide d'ammonium* se rencontre souvent dans les sédiments de l'urine, surtout de l'urine alcaline. Il est alors mélangé avec les phosphates terreux. Il est parfois en cristaux difficiles à caractériser ; souvent il est en masses sphériques surmontées d'aiguilles cristallines ; enfin, lorsqu'il se dessèche, il cristallise en longues aiguilles qui émergent d'un centre commun. (V. *fig.* 91.) (Robin et Verdeil.) L'urate acide d'ammonium se dissout dans environ 16 p. 100 d'eau froide.

L'*urate acide de sodium* constitue la majeure partie des dépôts rougeâtres de l'urine. Il apparaît ordinairement au microscope sous forme de grains amorphes irréguliers. Quelquefois il est en cristaux prismatiques réunis en étoile. Ces formes sont assez analogues aux formes cristallines de la leucine. (*Fig.* 92.)

L'*urate acide de potassium* est, sous tous les rapports, analogue à l'urate acide de sodium.

L'*urate de calcium* se trouve souvent, sous forme de dépôt,

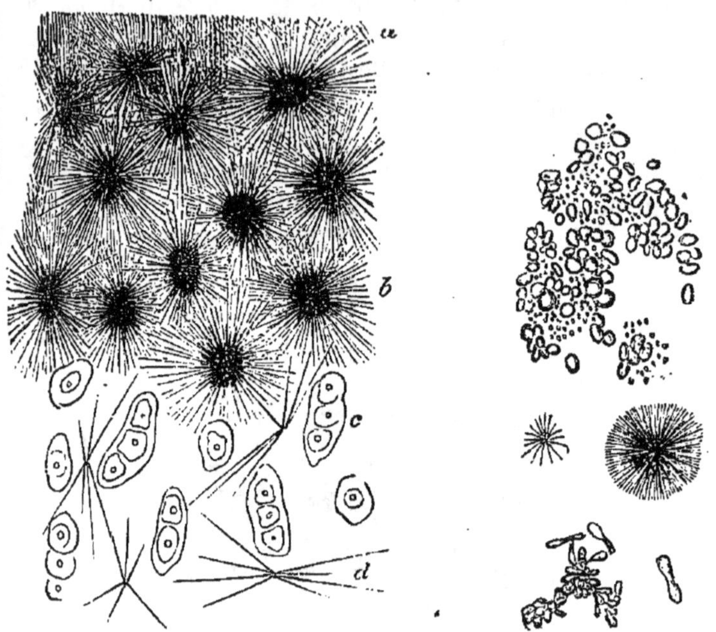

Fig. 92. — Urate acide de sodium (*).   Fig. 93. — Urate de calcium.

dans les articulations et dans le parenchyme des cartilages chez les goutteux. On voit, au microscope, des groupes étoilés de cristaux disséminés dans le cartilage. Ces formes sont très caractéristiques. (V. *fig.* 93).

d. Recherche et caractères. — Pour rechercher l'acide urique dans une urine, on y ajoute un peu d'acide chlorhydrique. Au bout de 24 heures, les cristaux d'acide urique se sont déposés sur les parois et au fond du vase, et peuvent être caractérisés.

Quand l'urine est albumineuse, il faut préalablement se débarrasser de l'albumine.

Il faut aussi examiner les dépôts naturels qui se forment dans l'urine. Celle-ci laisse, en effet, déposer son acide urique lors-

(*) *b*, faisceau de cristaux. — *c*, cellules cartilagineuses non infiltrées. — *d*, aiguilles cristallines isolées.

qu'elle subit la fermentation acide. Dans les urines diabétiques surtout, l'acide urique se dépose souvent peu de temps après la miction.

On caractérise l'acide urique :

1° *Par l'examen microscopique de ses cristaux ;*

2° *En traitant, dans une capsule de porcelaine, un peu d'acide urique par quelques gouttes d'acide azotique, chauffant à une douce température jusqu'à siccité. On obtient ainsi un résidu d'abord jaune, puis rouge. En ajoutant une goutte d'ammoniaque, on obtient une magnifique couleur rouge de murexide ou purpurate d'ammonium* $C^8H^8Az^5O^6$ (AzH^4). (Réaction de la murexide.) Quand on remplace l'ammoniaque par la potasse ou la soude, on obtient une teinte bleu violacé (*Purpurate de potassium ou de sodium*) ;

3° *En ajoutant à une solution alcaline d'acide urique du sulfate de cuivre. Il se forme un précipité blanc d'urate de cuivre ;*

4° *L'urate d'ammonium étant peu soluble, les solutions d'acide urique dans la soude caustique sont précipitées lorsqu'on y ajoute du chlorure ammonique.*

e. Physiologie. — L'acide urique doit être regardé comme une substance excrémentitielle provenant de la désassimilation des matières albuminoïdes. Par oxydation progressive, l'acide urique se transforme en allantoïne, acide oxalique, anhydride carbonique et urée. Dans l'organisme, l'élimination de l'acide urique et celle de l'urée sont en sens inverse. Les causes qui déterminent un accroissement de la désassimilation diminuent la production de l'acide urique et augmentent celle de l'urée et inversement.

L'acide urique paraît donc n'être éliminé que partiellement par les urines. Une autre partie de l'acide urique est oxydée dans l'économie. La preuve la plus nette de ce fait est fournie par l'expérience de Frerichs et Wœhler. Ces chimistes ont constaté que l'ingestion d'acide urique n'augmente pas la quantité d'acide urique éliminé, mais détermine une élimination plus grande d'urée. L'acide urique augmente, d'autre part, dans l'urine dans toutes les affections caractérisées par une diminution des oxydations dans l'organisme.

A côté de l'acide urique se trouvent différents composés qui sont en relations étroites avec lui, comme les formules suivantes le font comprendre :

Guanine........................	$C^5H^5Az^5O$
Sarcine	$C^5H^4Az^4O$
Xanthine........................	$C^5H^4Az^4O^2$
Acide urique...	$C^5H^4Az^4O^3$

Tous ces composés donnent de l'urée sous l'influence des agents d'oxydation. De plus, sous l'influence de l'hydrogène naissant, l'acide urique donne de la xanthine et de la sarcine.

§ 330. — **Sarcine.**

$$C^5H^4Az^4O.$$

Synonymie : Hypoxanthine.

a. État naturel. — On a trouvé la sarcine dans les sucs des muscles, de la rate, du foie, des capsules surrénales. On ne l'a pas trouvée dans le pancréas, où elle est remplacée par la guanine. Enfin, la sarcine existe dans le sang et dans les urines des leucémiques, accompagnée, en général, de xanthine.

b. Extraction. — On retire la sarcine de l'extrait aqueux des muscles (V. § 292, p. 533). On la sépare de la xanthine en traitant le mélange par de l'acide chlorhydrique concentré et ajoutant de l'eau. Le chlorhydrate de xanthine, presque insoluble dans l'eau, se dépose, tandis que le chlorhydrate de sarcine reste dans les eaux-mères. On isole la sarcine et la xanthine de leurs chlorhydrates en les décomposant par l'ammoniaque, évaporant à siccité et enlevant, par des lavages à l'eau froide, le chlorure d'ammonium formé.

c. Propriétés. 1° Physiques. — La sarcine est une poudre blanche formée d'aiguilles microscopiques très-fines. Elle est soluble dans 300 parties d'eau froide, dans 78 parties d'eau bouillante et est presque insoluble dans l'alcool.

2° Chimiques. — Comme le glycocolle et les amines-acides, en général, la sarcine se combine avec les acides et les bases. Elle s'unit également à certains sels. Les solutions alcalines de sarcine sont précipitées par l'anhydride carbonique et par l'acide acétique.

La sarcine ne se décompose qu'au-dessus de 150°.

L'acide azotique concentré transforme la sarcine ou hypoxanthine $C^5H^4Az^4O$ en xanthine $C^5H^4Az^4O^2$.

d. Caractères. — Les propriétés suivantes de la xanthine peuvent servir à caractériser ce corps.

1° Lorsqu'on dissout la sarcine dans l'acide chlorhydrique bouillant, on obtient une combinaison $C^5H^4Az^4O,HCl$ soluble dans l'eau. La solution de ce chlorhydrate, traitée par le tétrachlorure de platine, dépose une poudre jaune cristalline $(C^5H^4Az^4O,HCl)^2PtCl^4$.

2° L'azotate d'argent forme avec la sarcine un composé insoluble : $C^5H^4Az^4O.AzO^3Ag$. Le précipité est soluble dans l'acide azotique bouillant puis, par le refroidissement, laisse déposer le sel sous forme d'écailles brillantes. Lorsqu'on ajoute de l'azotate d'argent à une solution ammoniacale de sarcine, on obtient un précipité blanc gélatineux, $C^5H^4Az^4O.Ag^2O$.

e. Physiologie. — La sarcine doit être envisagée, comme la guanine, la xanthine et l'acide urique, comme un produit de désassimilation des matières albuminoïdes. Par oxydation, la sarcine se transforme en xanthine et ultérieurement en acide urique et en urée.

Il est important de noter qu'inversement l'acide urique, sous l'influence de l'hydrogène naissant, donne de la xanthine et de a sarcine.

§ 331. — **Xanthine.**

$$C^5H^4Az^4O^2.$$

a. État naturel — La xanthine se rencontre dans certains calculs vésicaux très rares. Elle se trouve, en petite quantité (1), dans l'urine normale de l'homme. Le foie, la rate, le pancréas, le thymus, les muscles, le cerveau en renferment également. Elle est presque toujours accompagnée de sarcine ou de guanine.

b. Extraction; préparation. — Nous avons vu (V. § 292, p. 533) comme on extrait la xanthine des muscles, et (V. § 331, p. 592) comment on la sépare de la sarcine.

On prépare la xanthine, en plus grande quantité, en faisant agir l'acide azoteux sur la guanine.

c. Propriétés. 1° PHYSIQUES. — La xanthine est une poudre blanche qui prend l'éclat cireux après frottement. Elle est presque complètement insoluble dans l'eau froide et peu soluble dans l'eau bouillante. L'alcool et l'éther ne la dissolvent pas.

2° CHIMIQUES. — Comme la sarcine, la xanthine se dissout dans les solutions alcalines, même dans l'ammoniaque et dans les acides étendus.

Elle se décompose lorsqu'on la chauffe au-dessus de 150°.

d. Caractères. — La xanthine ressemble singulièrement à la sarcine.

1° Le chlorhydrate de xanthine est moins soluble que le chlorhydrate de sarcine, ce qui permet de séparer les deux composés.

2° L'azotate d'argent donne, dans une solution azotique de

____

(1) 300 kilogrammes d'urine ne donnent guère qu'un gramme de xanthine.

xanthine, un précipité qui se dissout lorsqu'on chauffe et qui reparaît par le refroidissement. Le précipité a pour composition $C^5H^4Az^4O^2.AgAzO^3$. Dans une solution ammoniacale de xanthine, l'azotate d'argent donne un précipité gélatineux $C^5H^4Az^4O^2.Ag^2O$.

3° En évaporant un peu de xanthine avec de l'acide azotique, on obtient un résidu jaune qui ne se colore pas en rouge par l'ammoniaque (car. dist. d'avec l'acide urique), mais qui se colore en rouge après addition d'une solution froide de soude caustique et qui devient pourpre lorsqu'on chauffe.

§ 332. — Guanine.

$$C^5H^5Az^5O.$$

a. **État naturel.** — La guanine dérive de la xanthine par la substitution du groupement AzH^2 à un reste oxhydryle.

$$\underbrace{C^5H^4Az^4O^2}_{\text{Xanthine.}} \quad - \quad HO \quad + \quad AzH^2 \quad = \quad \underbrace{C^5H^5Az^5O}_{\text{Guanine.}}$$

Elle se trouve en quantité variable dans le guano du Pérou. On la rencontre dans le foie et le pancréas de l'homme, en faible proportion. L'extrait de viande de Liebig en renferme aussi.

b. **Extraction.** — On extrait la guanine du guano du Pérou de la manière suivante : on fait bouillir ce produit avec de l'eau de chaux, tant que les liqueurs sont colorées. On reprend le résidu par une solution de soude qui dissout l'acide urique et la guanine. On précipite ces deux corps en neutralisant la soude par l'acide acétique. On reprend le mélange précipité et lavé par de l'acide chlorhydrique bouillant qui dissout la guanine ; enfin, on précipite la guanine de sa solution chlorhydrique par l'ammoniaque.

La guanine est souvent mêlée de xanthine ou de sarcine.

On sépare la guanine de la xanthine à l'aide de l'acide chlorhydrique. Le chlorhydrate de xanthine est très peu soluble, tandis que le chlorhydrate de guanine est facilement soluble dans l'eau. Quant au mélange de sarcine et de guanine, on le traite par l'eau bouillante qui dissout la sarcine.

c. **Propriétés.** 1° PHYSIQUES. — La guanine est une poudre blanche, amorphe, insoluble dans l'eau, l'alcool, l'éther.

2° CHIMIQUES. — Elle se dissout dans les acides et les bases étendus comme la xanthine et la sarcine.

L'acide azoteux transforme la guanine en xanthine. Cette transformation est analogue à celle qu'éprouvent toutes les amines sous l'influence de l'acide azoteux. (V. § 278, p. 590.) Dans cette réaction, il se forme toujours en même temps de la xanthine nitrée qui se convertit en xanthine sous l'influence des agents de réduction.

Lorsqu'on fait agir sur la guanine le mélange d'acide chlorhydrique et de chlorate de potassium, on obtient de la guanidine et de l'*acide parabanique*.

$$C^5H^5Az^5O \; + \; H^2O \; + \; 3O \; = \; C^3H^2Az^2O^3 \; + \; CH^3Az \; + \; CO^2$$

| Guanine. | Eau. | Oxygène. | Acide parabanique. | Guanidine. | Anhydride carbonique. |

L'acide parabanique est de l'oxalyle-urée :

$$O\!\!<\!\!\begin{array}{l} AzH - CO \\ \quad\quad\;\; | \\ AzH - CO \end{array}$$

Avec le nitrate d'argent, la guanine se comporte comme la xanthine et la sarcine.

§ 333. — Cystine.

$$C^3H^7AzSO^2\,?$$
$$C^3H^5AzSO^2\,? \text{ (Dewar et Gamgée.)}$$

a. État naturel. — Certains calculs urinaires sont presque entièrement constitués par de la cystine. Mais c'est là un fait rare. On trouve aussi quelquefois la cystine dans les sédiments de l'urine.

b. Préparation. — On retire la cystine des calculs ou des sédiments de l'urine en traitant ceux-ci par de l'ammoniaque qui dissout ce corps. Par évaporation de l'ammoniaque, la cystine se dépose.

c. Propriétés. 1° Physiques. — La cystine est un corps blanc, inodore, insipide. Elle est insoluble dans l'eau, l'alcool et l'éther. Elle cristallise en prismes à six pans. (V. *fig. 94.*)

2° Chimiques. — Elle se dissout dans les solutions des alcalis fixes, de l'ammoniaque, des carbonates alcalins ; le carbonate d'ammonium ne la dissout pas. Les acides minéraux dissolvent également la cystine. L'acide acétique ne la dissout pas ; aussi, lorsqu'on veut précipiter la cystine d'une solution alcaline, se sert-on d'acide acétique.

d. Caractéres. — Les cristaux de cystine sont faciles à reconnaître au microscope. L'acide urique toutefois cristallise quelquefois aussi en prismes à six pans.

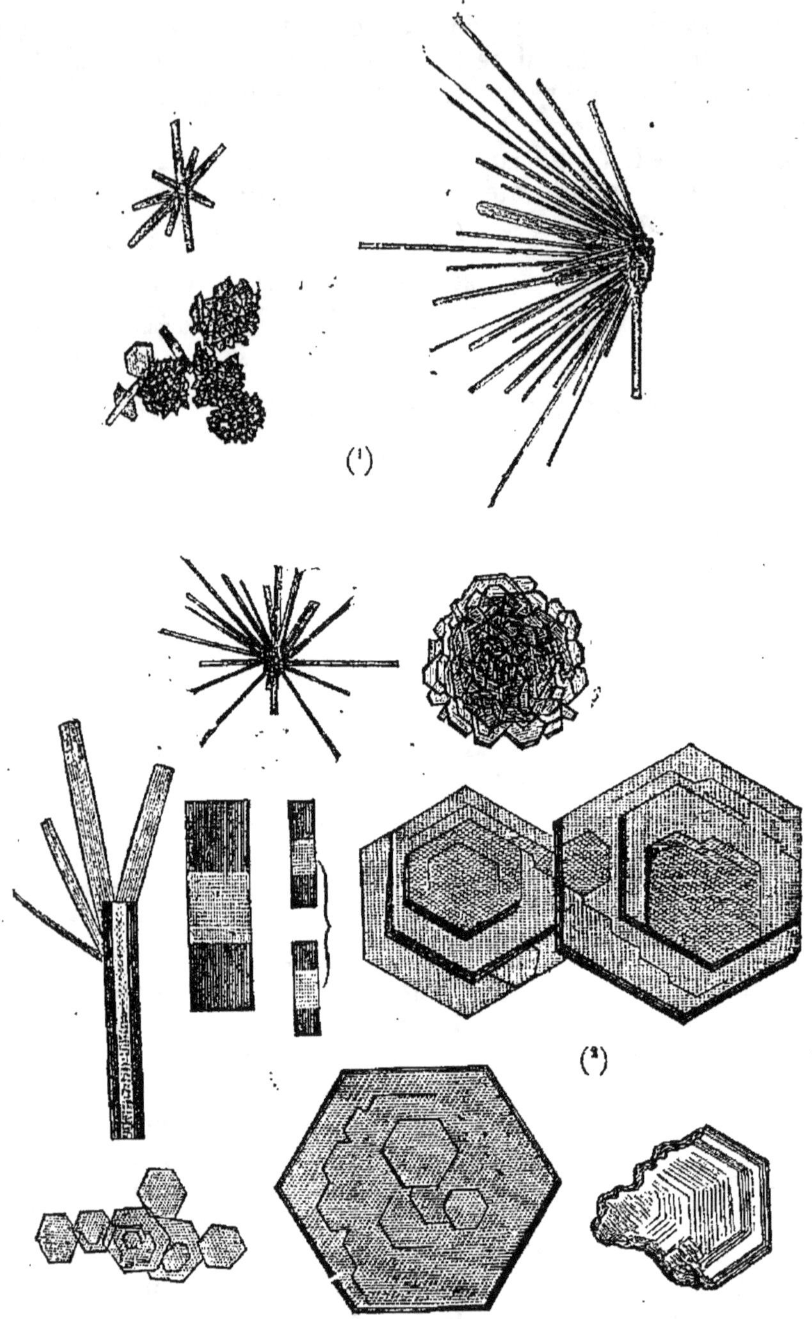

Fig. 94. — Cystine.

(1) Diverses formes obtenues par évaporation d'une dissolution ammoniacale de cystine.

(2) Cristaux lamelleux de la poussière qu'on obtient en grattant les calculs de cystine. (Robin et Verdeil.)

Les deux réactions suivantes sont caractéristiques :

1° *La cystine ne donne pas la réaction de la murexide* (car. dist. d'avec l'acide urique).

2° *Lorsqu'on chauffe un peu de cystine dans un tube à essai avec de l'oxyde de plomb dissous dans la potasse caustique, il se forme un précipité noir de sulfure de plomb.*

La cystine renferme, en effet, une forte proportion de soufre. Il faut s'assurer, avant de produire cette réaction, de l'absence de l'albumine, qui se comporterait d'une manière analogue (V. *Albumine*).

§ 334. — Acide inosique.

$$C^{10}H^{14}Az^4O^{11}?$$

a. État naturel. — L'acide inosique se trouve, à l'état de sel de potassium, dans la chair du poulet, de l'oie, des poissons. Les extraits préparés avec la viande de bœuf paraissent n'en pas renfermer.

b. Extraction. — Pour extraire ce composé, on opère comme pour l'extraction de la créatine par le procédé de Liebig. (V. § 292, p. 533.) Après s'être débarrassé de la créatine, on traite les eaux-mères par de l'alcool, jusqu'à formation d'un trouble laiteux. Après quelques jours de repos, il se dépose des cristaux d'inosate de potassium et de baryum, mélangés de créatine. On dissout ces cristaux dans l'eau bouillante et on ajoute à la solution du chlorure de baryum. Il se forme de l'inosate de baryum qui cristallise par le refroidissement. On purifie l'inosate de baryum par cristallisation et on isole l'acide inosique en précipitant le baryum par l'acide sulfurique.

c. Propriétés. — L'acide inosique est un liquide sirupeux, dont la saveur rappelle celle du bouillon de bœuf. Il est soluble dans l'eau ; sa solution est acide au papier de tournesol. L'alcool précipite l'acide inosique de sa solution aqueuse. Les inosates alcalins sont solubles dans l'eau et cristallisables. L'inosate de baryum est soluble dans l'eau bouillante, peu soluble dans l'eau froide. Les inosates sont, en général, insolubles dans l'alcool et l'éther.

§ 335. — Carnine.

$$C^7H^8Az^4O^3.$$

Weidel a trouvé dans l'extrait de viande de Liebig une substance à laquelle il a donné le nom de *carnine*.

La carnine est en petites masses blanches ; elle est peu soluble dans l'eau froide, soluble dans l'eau chaude. Sa dissolution est neutre. L'alcool et l'éther ne la dissolvent pas.

L'eau de brome décompose une solution chaude de carnine en donnant naissance à du bromhydrate de sarcine.

$$C^7H^8Bz^4O^3 \; + \; Br^2 \; = \; C^5H^4Az^4O \; BrH \; + \; CH^3Br \; + \; CO^2$$

| Carnine. | Brome. | Bromhydrate de sarcine. | Bromure de métyle. | Anhydride carbonique. |

§ 336. — **Hémoglobine.**

Synonymie : Hémoglobuline, oxyhémoglobine, hématocristalline, cristaux du sang.

a. État naturel. — Le sang est un liquide tenant en suspension une multitude de globules. Les *globules rouges* ou *hématies*, les plus nombreux, ont la forme d'une lentille biconcave. (V. *fig.* 95.)

L'hémoglobine constitue la majeure partie des globules du sang des vértébrés.

b. Composition. — L'hémoglobine renferme du carbone, de l'oxygène, du soufre, de l'hydrogène, de l'azote et du fer.

L'hémoglobine préparée au contact de l'air, renferme toujours de l'oxygène faiblement combiné. On appelle *oxyhémoglobine* cette combinaison d'oxygène et d'hémoglobine. Les mots oxyhémoglobine et hémoglobine ne sont donc pas synonymes, quoiqu'on les emploie souvent pour désigner la même substance, l'oxyhémoglobine. L'oxyhémoglobine est cristallisable (hématocristalline). Elle existe, dans les globules du sang artériel. L'hémoglobine non oxygénée est plus soluble dans l'eau que l'oxyhémoglobine, et, d'après Hoppe-Seyler, il est très difficile ou même impossible de la faire cristalliser.

c. Extraction. — L'hémoglobine amorphe peut être extraite du sang de tous les vertébrés. Avec le sang du chien, du chat, du hérisson, du cochon d'Inde, etc., on l'obtient cristallisée. Le sang humain se prête mal à la production des cristaux.

Voici comment on opère, d'après Hoppe-Seyler. Au sang défibriné, on ajoute dix fois son volume d'une solution de chlorure de sodium contenant, pour un volume de solution saturée de sel, neuf à dix volumes d'eau. On laisse reposer le mélange, dans un endroit frais, pendant un ou deux jours. Les globules sanguins se déposent. On décante le liquide et on verse le précipité dans un ballon en même temps qu'un peu d'eau ; on ajoute un même volume d'éther et on agite vivement. On décante l'éther, on filtre rapidement le liquide aqueux et on ajoute, après refroidissement à 0°, le quart de son volume d'alcool également refroidi à 0°. On abandonne le tout dans un mélange réfrigérant à — 5° pendant quelques jours.

Avec le sang de rat, de cochon d'Inde, de chien, le précipité cristallin d'oxyhémoglobine se forme avec tant de rapidité, par agitation des globules avec l'éther, qu'une partie de la substance se dépose déjà sur le filtre. Si ce dépôt présente un aspect cristallin, on le met en digestion avec de l'eau, au bain-

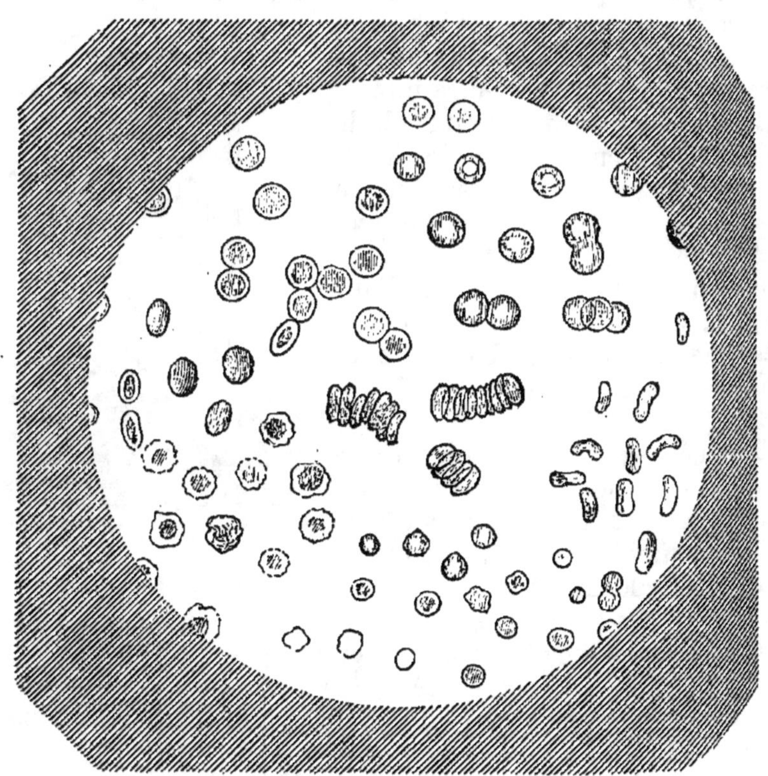

Fig. 95. — Globules sanguins.

marie à 35° environ ; on filtre, on refroidit à 0° la liqueur filtrée, on ajoute le quart de son volume d'alcool et on abandonne le mélange. Cette méthode peut être employée pour faire recristalliser les cristaux d'oxyhémoglobine.

d. Propriétés. 1° PHYSIQUES. — Les cristaux d'oxyhémoglobine et leurs solutions sont d'un beau rouge. Ils dépassent rarement trois millimètres. Leur forme varie avec le sang des divers animaux. Les cristaux du sang d'homme, de cheval, de hérisson, de chien sont prismatiques ; ceux du cochon d'Inde et du rat constituent des tétraèdres. Les cristaux que fournit le sang du dindon sont cubiques.

Les cristaux d'oxyhémoglobine sont solubles dans l'eau ; mais leur solubilité varie également avec la nature du sang. L'alcool et l'éther ne dissolvent pas les cristaux d'hémoglobine.

Les solutions étendues d'hémoglobine jouissent de propriétés optiques importantes.

Lorsqu'on reçoit sur le prisme du spectroscope un faisceau de lumière qui a traversé une auge à faces parallèles (V. fig. 96), contenant une solution concentrée de sang oxygéné ou d'oxyhémoglobine, on ne voit plus le spectre intact. Les rayons rouges traversent seuls le milieu coloré ; en ajoutant de l'eau, on voit successivement apparaître dans le spectre les rayons jaunes, verts, bleus et enfin toutes les couleurs. Mais il reste deux bandes d'absorption, même dans des liqueurs très étendues. Ces deux bandes sont situées entre les raies C et D du spectre (V. *fig.* 97).

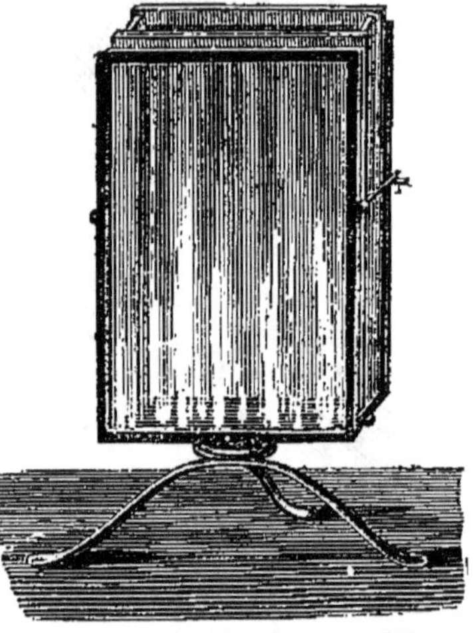

Fig. 96. — Auge à faces parallèles.

Lorsqu'on traite une solution de sang ou d'oxyhémoglobine par un agent réducteur (hydrogène sulfuré, sulfure ammonique, etc.), la couleur rouge artérielle du sang fait place à une teinte plus foncée ; en même temps les deux raies qui constituent le spectre d'absorption de l'oxyhémoglobine disparaissent et font place à une bande unique située entre les deux précédentes (V. *fig.* 97, C). Cette bande caractérise l'hémoglobine réduite. Elle porte le nom de *bande de Stockes*.

L'hémoglobine réduite absorbe de nouveau de l'oxygène lorsqu'on l'agite au contact de l'air. L'oxyhémoglobine se reforme ainsi et les deux bandes obscures situées entre D et E reparaissent.

2° CHIMIQUES. — Nous avons vu que l'hémoglobine donne avec l'oxygène une véritable combinaison à laquelle on donne le nom d'oxyhémoglobine. D'autres gaz se combinent de même avec l'hémoglobine pour former des composés analogues à l'oxyhémoglobine. On connaît, par exemple, l'hémoglobine oxycarbonée (V. § 80, p. 214), l'hémoglobine bioxyazotée (V. § 45, p. 151), etc.

ENGEL. — Chimie méd.   34

L'oxyhémoglobine bien desséchée peut être portée à 100° sans se décomposer. Les solutions d'oxyhémoglobine s'altèrent au contraire rapidement sous l'influence de la chaleur. Il se forme de l'albumine coagulée et de l'hématine.

Les alcalis et les acides décomposent rapidement l'oxyhémo-

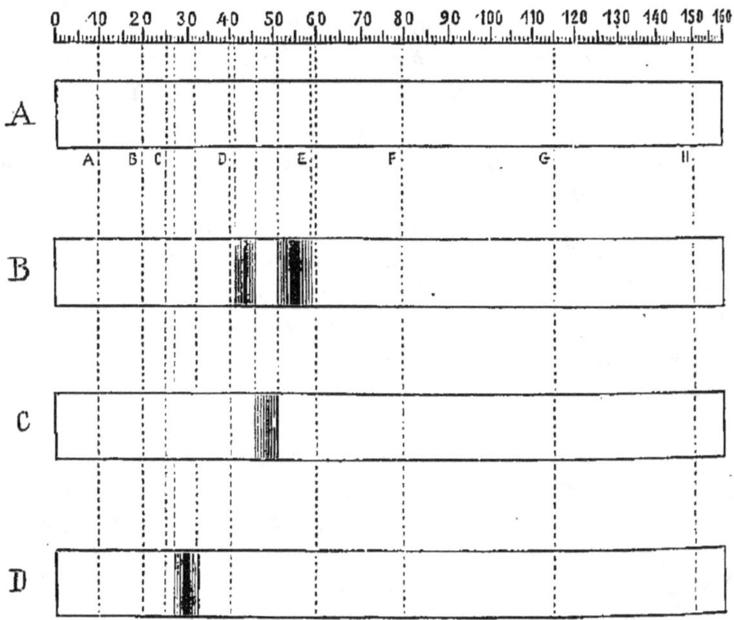

Fig. 97. — Spectres d'absorption de l'oxyhémoglobine, de l'hémoglobine réduite et de l'hématine (*).

globine en une matière albuminoïde (*globuline* de Berzélius) et en hématine.

Le carbonate de potassium en poudre précipite l'oxyhémoglobine de ses solutions, sans l'altérer. L'ammoniaque caustique ne décompose que très lentement l'hémoglobine.

Dans la décomposition de l'oxyhémoglobine en hématine et en substances albuminoïdes, il se produit en outre de faibles proportions d'autres composés (acides formique, butyrique, etc.). On a aussi signalé dans le dédoublement de l'oxyhémoglobine la formation d'un composé intermédiaire, mal défini, la *méthémoglobine*.

De même que l'oxyhémoglobine se dédouble sou l'influence

(*) B. Spectre de l'oxyhémoglobine. C. Spectre de l'hémoglobine réduite. D. Spectre de l'hématine en solution acide.

des bases et des acides en hématine et en composés albuminoïdes, de même l'hémoglobine, en présence des mêmes réactifs, donne des composés albuminoïdes et de l'*hémochromogène*. L'hémochromogène de Hoppe-Seyler est donc à l'hémoglobine ce que l'hématine est à l'oxyhémoglobine. En présence de faibles quantités d'oxygène, l'hémochromogène, en solution alcaline, présente les raies d'absorption de l'hématine réduite.

e. Recherche et caractères. — On a souvent à rechercher la présence de l'hémoglobine dans un liquide. D'autre part, on a fréquemment à constater en médecine légale la présence des taches de sang, et dans ce cas, les propriétés de l'hémoglobine permettent également de se prononcer.

On se base, pour isoler l'hémoglobine des autres matières colorantes, sur la non-précipitation de ce corps par l'acétate basique de plomb seul ou additionné d'ammoniaque. On précipite les matières colorantes étrangères par le mélange de sous-acétate de plomb et d'ammoniaque, à la température de la glace fondante.

Lorsqu'on a à examiner des taches de sang, on fait macérer les parties tachées dans un peu d'eau. On obtient ainsi un liquide rougeâtre.

La présence de l'hémoglobine peut être reconnue de la manière suivante :

1° *On examine le liquide rouge au spectroscope. On observe les deux bandes d'absorption. Le liquide traité par les agents réducteurs donne la bande d'absorption de Stockes.*

2° *Le liquide rougeâtre est inattaquable par l'ammoniaque et fournit un coagulum brun lorsqu'on le porte à l'ébullition* (décomposition de l'hémoglobine). *Le coagulum renferme du fer.* On s'en assure en incinérant ce coagulum, reprenant les cendres par un peu d'acide chlorhydrique et caractérisant le fer dans la solution ainsi obtenue.

3° *On évapore une portion du liquide dans le vide sec, on y ajoute un peu de chlorure de sodium, puis quelques gouttes d'acide acétique. On porte le tout à l'ébullition et on fait évaporer l'excès d'acide dans une étuve à 100°. On examine le résidu au microscope et on constate la présence de cristaux d'hémine facilement reconnaissables.* (V. *fig.* 98.)

L'*hémine* n'est autre chose que du chlorhydrate d'hématine. La composition de ce corps est représentée par la formule $C^{68}H^{70}Az^{6}Fe^{2}O^{10} + 2HCl$. L'hémine est insoluble dans l'eau et dans l'acide acétique. Aussi ce composé se forme-t-il toutes les fois qu'on fait bouillir quelques gouttes de sang avec de l'acide acétique cristallisable. Dans ce cas, en effet, l'oxyhémoglobine est dédoublée en hématine et en matières albuminoïdes. L'hématine mise en liberté se trouve en présence du chlorure de sodium du sang et d'acide acétique. Une double décomposition se fait entre ces substances, par suite de laquelle de l'acétate de sodium et de l'acide chlorhydrique prennent naissance. Enfin, l'acide chlorhydrique se combine avec l'hématine, et la combinaison insoluble dans l'excès d'acide acétique se précipite en cristaux microscopiques, sous forme de tables rhomboïdales, à angles aigus.

4° Lorsque le liquide rouge provient de taches de sang, on l'examine au microscope pour y découvrir les globules sanguins avec leur aspect caractéristique.

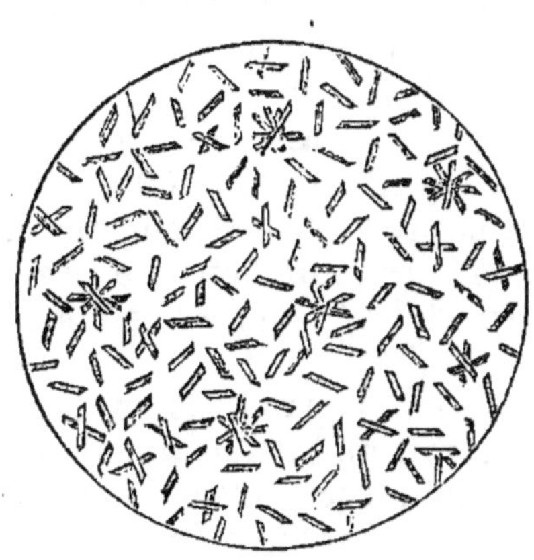

Fig. 98. — Cristaux d'hémine.

f. Physiologie. — L'oxyhémoglobine se trouve dans les globules du sang artériel. Le sang veineux renferme à la fois de l'oxhémoglobine et de l'hémoglobine réduite. Le globule est formé d'une trame (*stroma*) qui est imprégnée d'hémoglobine.

On ne sait rien de précis sur l'origine de l'hémoglobine.

Quant à l'élimination de ce composé, on possède quelques faits qui rendent probable sa transformation en d'autres pigments, notamment en matières colorantes de la bile. En effet, les acides biliaires jouissent de la propriété de dissoudre les globules sanguins ; les pigments biliaires se forment dans le foie, où le sang est animé d'un mouvement très lent ; les causes qui déterminent la destruction de l'hémoglobine du sang font apparaître les pigments biliaires dans la bile ; enfin, on rencontre quelquefois dans les anciens foyers hémorrhagiques une matière cristalline rouge (V. *fig. 99*), à laquelle on a donné le nom d'*hématoïdine*, et qui paraît n'être que de la bilirubine (matière colorante de la bile).

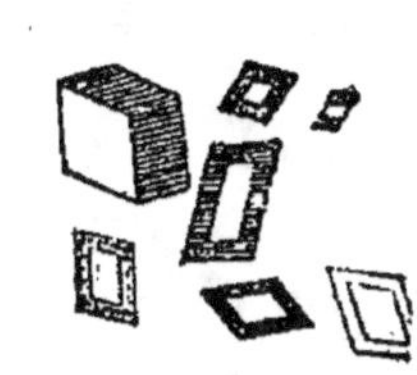

Fig. 99. — Hématoïdine.

§ 337. — **Hématine.**

$$C^{68}H^{70}Az^8Fe^2O^{10}.$$

a. État naturel. — L'hématine est un des produits de dé-

doublement de l'oxyhémoglobine. On la trouve dans l'organisme, dans les épanchements sanguins anciens et dans le tube
digestif, où elle se forme par l'action de l'acide chlorhydrique
du suc gastrique sur la matière colorante du sang que renferment les aliments.

b. Préparation. — Plusieurs procédés ont été indiqués pour
la préparation de l'hématine. Cazeneuve (de Lyon) agite du sang
défibriné avec deux fois son volume d'éther renfermant 25 p. 100
d'alcool. Le sang se coagule. Après 24 heures, on épuise le
coagulum par de l'éther tenant en dissolution 2 p. 100 d'acide
oxalique. L'hématine se dissout, on la précipite en neutralisant
l'acide oxalique par de l'éther chargé d'ammoniaque. Le précipité formé est recueilli sur un filtre et lavé successivement à
l'eau, à l'alcool et à l'éther.

c. Propriétés. — L'hématine a une couleur noire bleuâtre, à
l'éclat métallique. Sa forme cristalline est mal déterminée. Elle
peut être chauffée à 180° sans se décomposer. L'eau, l'alcool,
l'éther ne la dissolvent pas. Elle est un peu soluble dans l'acide
acétique cristallisable. L'hématine se combine avec les bases et
avec les acides. Les solutions alcalines (aqueuses ou alcooliques)
sont dichroïques. Elles sont rouges en couches épaisses, et vertes
en couches minces. Les solutions acides sont toujours brunes,
quelle que soit l'épaisseur de la couche.

Les solutions acides d'hématine présentent une bande d'absorption située entre C et D, mais plus près de C. (Voy. *fig.* 97.)
Lorsqu'on traite l'hématine par les agents réducteurs, elle donne
une bande d'absorption qui occupe presque toute l'étendue du
jaune et une raie plus étroite placée dans le vert.

Chauffée fortement, l'hématine laisse un résidu d'oxyde de fer.

§ 338. — MATIÈRES COLORANTES DE LA BILE.

a. État naturel. — On admet l'existence de quatre pigments dans la bile : la *bilirubine*, la *biliverdine*, la *bilifuscine* et
la *biliprasine*.

On trouve encore ces pigments, mais déjà partiellement altérés,
dans l'intestin, les fèces.

Dans l'ictère, les matières colorantes de la bile passent dans
le sang et, par suite, dans les urines, le lait, la sueur, la salive, etc. La bile doit sa couleur verte à la biliverdine et non à la
biliprasine qui, en solution alcaline, est brune.

b. Extraction. — Ces matières colorantes ont été extraites
des calculs biliaires, dans lesquels elles se rencontrent (à l'exception de la biliverdine) le plus souvent à l'état de combinaison

calcaire. Pour cela, on pulvérise les calculs et on les épuise par l'éther, qui dissout la cholestérine, par l'eau et enfin par l'acide chlorhydrique étendu, qui s'empare du calcium. On épuise le résidu bien lavé par le chloroforme, qui dissout la bilirubine et la bilifuscine. La partie insoluble est reprise par l'alcool, qui dissout la biliprasine. Quant au mélange de bilirubine et de bilifuscine en solution chloroformique, on l'évapore et on traite le résidu par l'alcool, qui dissout la bilifuscine et laisse la bilirubine, très peu soluble dans ce dissolvant.

c. Propriétés. — 1° *Bilirubine* (anciennes dénominations: cholépyrrhine et biliphéine) $C^{16}H^{18}Az^2O^3$. La bilirubine est une poudre amorphe rouge-orangé. On l'obtient aussi en cristaux d'un rouge foncé. Elle est insoluble dans l'eau, peu soluble dans l'alcool et dans l'éther, soluble dans le chloroforme, surtout à chaud. Sa solution est jaune ou rouge-orangé.

La bilirubine se combine avec les bases. Les combinaisons de bilirubine avec les alcalis sont solubles dans l'eau, insolubles dans le chloroforme.

On peut donc précipiter par la potasse une solution de bilirubine dans le chloroforme. La solution ammoniacale de bilirubine est précipitée en brun par le chlorure de calcium. La composition du précipité est exprimée par la formule: $(C^{16}H^{17}Az^2O^3)\,^2Ca$.

Exposée à l'air en couche mince, ou sous l'influence des agents d'oxydation, la bilirubine passe au vert en se transformant en biliverdine.

Sous l'influence de l'hydrogène naissant ou des agents réducteurs (amalgame de sodium et eau, chlorure stanneux) la bilirubine donne naissance à de l'*hydrobilirubine*, qui est la matière colorante de l'urine.

2° *Biliverdine* $C^{16}H^{18}Az^2O^4$ (Maly) $C^{16}H^{20}Az^2O^5$ (Stœdeler). — La biliverdine se trouve sur les bords du placenta du chien et dans la bile de beaucoup d'animaux. Elle n'existe pas dans les calculs biliaires.

On l'obtient en abandonnant, au contact de l'air, une solution alcaline de bilirubine. Celle-ci ne tarde pas à devenir verte. On précipite alors par l'acide chlorhydrique le pigment biliaire en solution alcaline, on lave le précipité à l'eau et on le dissout dans l'alcool. Dans la formule de Stœdeler, la bilirubine fixerait de l'eau en même temps que de l'oxygène.

$$C^{16}H^{18}Az^2O^3 \ + \ H^2O \ + \ O \ = \ C^{16}H^{20}Az^2O^5 \text{ (Stœdeler.)}$$

$$C^{16}H^{18}Az^2O^3 \ + \ \ \ \ \ O \ = \ C^{16}H^{18}Az^2O^4 \text{ (Maly.)}$$

Bilirubine.	Eau.	Oxygène.	Biliverdine.

La biliverdine est une substance amorphe, verte, insoluble dans l'eau, l'éther, le chloroforme, soluble dans l'alcool. Les solutions alcalines étendues la dissolvent ; les acides la précipitent de ces solutions.

Sous l'influence de l'anhydride sulfureux, la biliverdine en solution alcaline passe au jaune (bilirubine ?).

L'hydrogène naissant transforme la biliverdine en hydrobilirubine.

3° *Bilifuscine* $C^{16}H^{20}Az^2O^4$. — La bilifuscine diffère de la bilirubine par les éléments de l'eau. Elle constitue une poudre brune, presque noire, insoluble dans l'eau, l'éther, le chloroforme ; soluble dans l'alcool. Les alcalis étendus la dissolvent également en se colorant en brun ; les acides la précipitent de cette dissolution. La solution ammoniacale de bilifuscine est précipitée en brun par le chlorure de calcium.

4° *Biliprasine* $C^{16}H^{22}Az^2O^6$. — La biliprasine est amorphe, noire (noir-verdâtre en poudre), insoluble dans l'eau, l'éther, le chloroforme, soluble dans l'alcool, qu'elle colore en vert. Elle se distingue de la biliverdine, en ce que sa solution devient brune par l'ammoniaque et les alcalis, et de la bilifuscine en ce que la solution brune redevient verte sous l'influence des acides.

d. **Caractères**. — On a souvent à rechercher les pigments biliaires, notamment dans les urines ictériques. On les reconnaît à l'aide de la réaction de Gmelin : *Dans un verre à réactif, on verse une certaine quantité d'acide azotique, chargé d'un peu de vapeurs rutilantes, et par-dessus, avec précaution, de manière à obtenir une surface de séparation nette, le liquide à essayer. On abandonne les solutions au repos. Si le liquide renferme des pigments biliaires, on observe, à partir de la surface de séparation, des couches colorées en vert, bleu, violet, rouge, jaune, en allant de haut en bas.*

La teinte bleue seule se produit avec les urines chargées d'indican. Le vert et surtout la succession des teintes de haut en bas sont caractéristiques des pigments biliaires.

Lorsque les quantités de pigments biliaires sont très faibles dans une urine, on agite successivement avec du chloroforme de grandes quantités d'urine. La bilirubine se dissout dans le chloroforme. On recouvre le chloroforme ainsi chargé de bilirubine d'acide azotique, et on observe les teintes.

Si l'urine renferme en même temps de l'hémoglobine, on précipite les pigments biliaires par l'acétate de plomb, on décompose le précipité plombique par du carbonate de sodium, on filtre et on recherche les matières colorantes de la bile dans le liquide filtré.

e. Physiologie. 1° ORIGINE. — Nous avons déjà dit (V. § 337, p. 604) qu'il est probable que les pigments biliaires dérivent de la matière colorante du sang, quoiqu'on n'ait pas encore pu opérer artificiellement cette transformation. La présence des matières colorantes de la bile dans le placenta, où le sang est stagnant comme dans le foie, et où les globules rouges paraissent aussi se détruire, est une preuve nouvelle à l'appui de cette hypothèse. Enfin, les pigments biliaires se transforment dans l'organisme en urobiline, et Hoppe-Seyler a pu transformer l'hématine en urobiline par l'action des agents réducteurs. L'urobiline est donc un produit commun de réduction de l'hématine et des pigments biliaires, qui seraient les intermédiaires entre l'hématine et l'urobiline.

2° ÉTAT. — Les pigments biliaires sont en solution dans la bile.

3° ÉLIMINATION. — Les pigments biliaires peuvent être transformés artificiellement, sous l'influence de l'hydrogène naissant, en *hydrobilirubine* (Maly). L'hydrobilirubine est identique avec l'*urobiline*, matière colorante de l'urine. Cette transformation a lieu normalement dans l'intestin. L'urobiline formée est partiellement résorbée, passe dans le sang, dans le sérum duquel on peut la reconnaître par l'analyse spectrale (Maly), et de là dans les urines.

Sous les noms de *bilicyanine*, de *choléverdine* et *cholétéline*, on a décrit le dernier produit d'oxydation de la biliverdine et de la bilirubine sous l'influence de l'acide azotique. Récemment on a pu transformer la cholétéline en urobiline et inversement.

La *stercobiline* de Masius et Vanlair, matière colorante extraite des excréments, paraît identique à l'urobiline.

§ 339. — MATIÈRES COLORANTES DE L'URINE.

On a décrit plusieurs matières colorantes extraites de l'urine ou des dépôts urinaires.

Nous citerons l'*acide rosique* de Prout, la *purpurine* de Golding Bird, l'*uroérythrine* de Heller, l'*uromélanine*, la *paramélanine*, l'*urochrome* de Tudichum, etc. Ces composés sont mal définis. Plusieurs d'entre eux paraissent n'être que de l'urobiline ou des produits de décomposition de ce corps.

L'*urobiline* ou *hydrobilirubine* $C^{32}H^{40}Az^4O^7$, dont il a été plusieurs fois question dans les paragraphes précédents, a été extraite de l'urine par Jaffe, en précipitant l'urine par le sous-acétate de plomb et décomposant le précipité par de l'acide sulfurique mélangé d'alcool.

C'est une substance amorphe, d'un rouge-brun, insoluble dans l'eau, soluble dans l'alcool, l'éther et le chloroforme.

La solution chloroformique de l'urobiline présente une fluorescence verte très marquée. Cette matière colorante est très soluble dans les alcalis étendus. Les solutions acides présentent une raie d'absorption située entre b et F.

D'après Hoppe-Seyler, l'urobiline se forme par oxydation pendant la préparation. Elle n'existe pas dans l'urine où se trouve une autre matière précipitable par le sous-acétate de plomb et susceptible de donner de l'urobiline par oxydation à l'air.

§ 340. — MATIÈRES PIGMENTAIRES DIVERSES.

Lutéine. Nom donné à la matière colorante du jaune d'œuf. Celle-ci paraît être identique avec la matière colorante des corps jaunes de la menstruation.

Pyocyanine. Dans certains cas, le pus des plaies anciennes se colore en bleu. Fordos a extrait d'un semblable pus un principe colorant auquel il a donné le nom de pyocyanine. Cette substance se décompose lentement et se transforme en *pyoxanthose* (1).

Mélanine. La mélanine est la matière pigmentaire noire de la choroïde, des poils, etc. Elle est amorphe, insoluble dans l'eau, l'alcool, l'éther et les acides étendus. On attribue l'origine de ces pigments à l'hémoglobine. La mélanine est un composé mal défini. Il est même probable qu'on désigne sous ce nom plusieurs substances différentes.

SUBSTANCES ALBUMINOIDES OU MATIÈRES PROTÉIQUES.

§ 341. — **Substances albuminoïdes en général.**

a. État naturel. — On trouve abondamment distribués dans l'économie animale et dans l'économie végétale des composés azotés qui se rapprochent par leurs propriétés de l'albumine du blanc d'œuf et auxquels on a, par suite, donné le nom de *substances albuminoïdes.* Quelques liquides seulement de l'organisme de l'homme ne renferment pas de matières albuminoïdes à l'état normal (urines, larmes, bile).

b. Composition ; nature. — La constitution des matières al-

(1) *Comptes rendus*, LVI, p. 1128.

buminoïdes n'est pas encore connue. Elles renferment de l'hydrogène, de l'oxygène, de l'azote, du carbone et du soufre dans des proportions qui varient un peu, suivant la substance analysée. Les limites dans lesquelles cette variation a lieu sont représentées par les nombres suivants :

$$
\begin{array}{llll}
C & 52,7 \text{ à } 54,5 & \text{p. 100.} \\
H & 6,9 \text{ à } 7,3 & — \\
Az & 15,2 \text{ à } 17,0 & — \\
O & 20,9 \text{ à } 23,5 & — \\
S & 0,8 \text{ à } 2,0 & — \\
\end{array}
$$

Lieberkühn a assigné à l'albumine du blanc d'œuf la formule : $C^{72}H^{112}Az^{18}SO^{22}$ qui ne doit pas être considérée comme définitivement établie.

Schützenberger croit pouvoir conclure des nombreuses et remarquables recherches qu'il a faites sur l'albumine et sur ses produits de dédoublement que ce corps est une *uréide* complexe qui fournit par son dédoublement deux molécules d'urée, de l'acide acétique et un mélange d'amines-acides.

Un grand nombre de matières albuminoïdes ne présentent que des différences de composition et de propriétés très faibles, de telle sorte qu'il paraît difficile d'en faire des composés distincts. Ainsi la globuline du cristallin et l'albumine, la caséine du lait et les albuminates alcalins paraissent être respectivement des composés identiques.

Gerhardt admet même qu'il n'existe qu'un seul principe albuminoïde, acide faible, qui constituerait l'albumine, la caséine, la fibrine, suivant qu'il serait.ou non combiné avec des alcalis ou uni à des sels minéraux.

c. Propriétés. 1° Physiques. — Les matières albuminoïdes sont des composés solides, généralement amorphes. Quelques-unes d'entre elles ont pourtant été obtenues cristallisées. L'oxyhémoglobine est, en réalité, une matière albuminoïde ou plutôt un composé plus complexe encore, puisqu'elle donne naissance, en se dédoublant, à des matières albuminoïdes et à d'autres produits. Or, l'oxyhémoglobine peut être obtenue à l'état cristallisé. On a aussi signalé l'existence de caséine cristallisée dans la noix de para, de cristaux cubiques de protéine dans la partie corticale des tubercules de pommes de terre, etc. Les matières albuminoïdes sont inodores et insipides. Elles sont insolubles dans l'alcool et l'éther, solubles dans un excès d'acide acétique, tantôt solubles, tantôt insolubles dans l'eau. Leur solubilité dans l'eau résulte souvent de la présence d'alcalis ou de sels minéraux. Elles dévient à gauche le plan de la lumière polarisée.

2° Chimiques. — Lorsqu'on abandonne les matières albuminoïdes à l'air humide, elles se putréfient rapidement.

Sous l'influence de la chaleur, les matières albuminoïdes fondent, se gonflent et dégagent une odeur de corne brûlée. Les produits volatils formés sont de l'eau, de l'anhydride carbonique, de l'hydrogène sulfuré, de l'ammoniaque, diverses amines, des carbures d'hydrogène et il reste un charbon volumineux.

Lorsqu'on les fait bouillir avec des bases ou des acides, on les décompose. Des amines-acides (leucine, glycocolle, tyrosine, acides aspartique et glutamique) prennent naissance.

Sous l'influence des agents d'oxydation (dichromate de potassium et acide sulfurique) les matières albuminoïdes fournissent à la distillation des acides gras volatils. En oxydant avec ménagement les matières albuminoïdes avec le permanganate de potassium, on obtient de petites quantités d'acide benzoïque et d'urée (Béchamp).

Le suc gastrique transforme les matières albuminoïdes en peptones.

d. Caractères. — 1° *Les acides minéraux concentrés (acides chlorhydrique, azotique, etc.) précipitent les matières albuminoïdes en solution.* Les acides acétique, lactique, et, parmi les acides minéraux, l'acide phosphorique normal, ne précipitent pas les solutions d'albumine.

2° *Les matières albuminoïdes se dissolvent dans l'acide chlorhydrique concentré. Sous l'influence de la chaleur, la solution se colore en bleu; la coloration passe ensuite au violet et au brun.*

3° *L'acide azotique les colore en jaune (acide xanthoprotéique); sous l'influence de l'ammoniaque, la teinte passe à l'orangé.*

4° *Lorsqu'on ajoute de l'acide sulfurique à la dissolution d'une matière albuminoïde dans l'acide acétique, la liqueur prend une teinte violette. Le liquide présente alors une bande d'absorption entre b et* F *(Adamkiewicz). Ce spectre se rapproche de celui de l'urobiline.*

5° *Les matières albuminoïdes se dissolvent plus ou moins facilement dans les alcalis. Lorsqu'on fait bouillir ces dissolutions, il se dégage de l'ammoniaque et il reste en dissolution un sulfure alcalin.* On reconnaît la présence du sulfure alcalin à l'aide d'un sel de plomb qui se colore en noir (sulfure de plomb).

6° *Lorsqu'on fait bouillir avec du sulfate de cuivre la solution potassique des matières albuminoïdes, on obtient une coloration violette.* (Réaction de Piotrowski.)

7° *La solution acétique des matières albuminoïdes est précipitée par le ferrocyanure de potassium.*

8° *La plupart des sels métalliques précipitent les matières albuminoïdes de leurs solutions.* Le précipité est souvent soluble dans les chlorures alcalins, presque toujours dans les liqueurs alcalines ou dans un excès d'albumine.

9° *L'azotate acide de mercure les colore en rouge vers 70°.* (Réactif de Millon.)

10° *Le tannin, l'alcool, le phénol et l'acide picrique les précipitent également.* Lorsque les solutions sont alcalines, le précipité est un peu soluble même dans l'alcool chaud.

e. Recherche. — Lorsqu'il s'agit de rechercher la présence d'une matière albuminoïde dans un liquide, on a recours à plusieurs des réactions indiquées ci-dessus, de manière à obtenir dans les cas douteux des résultats qui se complètent.

Pour constater la présence de l'albumine dans une urine, on *en fait bouillir une partie et on ajoute après l'ébullition quelques gouttes d'acide azotique. La production d'un précipité persistant après l'addition d'acide azotique indique la présence d'une matière albuminoïde.* Lorsque l'urine est acide, la précipitation de l'albumine a lieu par la simple ébullition. Mais, dans ce cas aussi, l'urine peut perdre de l'anhydride carbonique par l'ébullition et laisser déposer les phosphates et carbonates calcaires qui se trouvaient en solution dans l'excès d'anhydride carbonique. Le trouble produit disparaît alors sous l'influence de l'acide azotique. Les urines alcalines peuvent ne pas être précipitées par la chaleur, quoique renfermant de l'albumine. Dans ce cas, l'addition d'acide azotique détermine la précipitation de l'albumine.

Schützenberger a classé les matières albuminoïdes dans l'ordre suivant :

Solubles dans l'eau...

Coagulables par la chaleur...

Seule...

Albumine et sérine. Ne précipitent ni par l'acide acétique, ni par l'acide phosphorique normal.

Vitelline. N'est probablement qu'un mélange d'albumine et de caséine.

Globuline. Insoluble dans le sérum. Produit de dédoublement de l'hématocristalline.

Hématocristalline. Cristallise en prismes, tétraèdres, rhomboèdres.

Hydropisine. Insoluble dans une eau chargée de sulfate de magnésium. Ne se colore pas en rouge par l'eau de chlore.

Pancréatine. Insoluble dans une eau chargée de sulfate de magnésium. Se colore en rouge par l'eau de chlore.

Avec le concours de l'acide acétique.....

Paralbumine. Se coagule en flocons.

Métalbumine. Donne un trouble peu abondant.

Non coagulables par la chaleur.............

Caséine du lait. Identique avec les albuminates alcalins, se coagule par la présure de veau; précipite par les acides acétique et phosphorique normal.

Légumine. Mêmes réactions.

Ferments solubles. Caractérisés par les réactions chimiques qu'ils provoquent.

Albuminose. Diffusible, non précipitable par les acides, précipitable par le sublimé corrosif.

Ichthidine. Mal définie.

Insolubles dans l'eau...

Insolubles dans l'eau salpêtrée ou aiguisée de 1/1000 d'acide chlorhydrique..

Albumine coagulée.

Fibrine cuite.

Soluble dans l'eau salpêtrée.. *Fibrine du sang.*

Soluble dans l'eau acidulée de 1/1000................................ *Fibrine musculaire ; gluten.*

§ 342. — **Albumine de l'œuf.**

Cette matière albuminoïde se trouve dans le blanc de l'œuf des oiseaux, combiné ou mélangé à des alcalis ou à des sels minéraux.

On l'obtient à l'état de pureté en étendant d'eau le blanc d'œuf battu, passant à travers un linge de manière à retenir les débris des membranes qui renfermaient l'albumine, et ajoutant à la liqueur filtrée du sous-acétate de plomb. Il se forme un abondant précipité d'albuminate de plomb qu'on lave et qu'on décompose par l'hydrogène sulfuré, après l'avoir mis en suspension dans l'eau. Pour enlever tout le sulfure de plomb, on chauffe à 60° environ, de manière à déterminer un commencement de coagulation. Les premiers flocons qui se forment emprisonnent le sulfure de plomb. On filtre, on évapore à une température inférieure à 40° ; le résidu est de l'albumine pure.

L'albumine, à l'état sec, est une masse amorphe jaunâtre, transparente. Elle est soluble en toute proportion dans l'eau. Sa solution sé trouble à 60° et se coagule à 75°. L'alcool, les acides minéraux la coagulent. Lorsqu'on agite une solution d'albumine exempte de sels avec de l'éther, l'albumine n'est pas précipitée, mais elle est précipitée par ce corps dans les solutions salines.

La plupart des sels métalliques précipitent l'albumine. L'albumine se comporte comme un acide faible. Elle se combine avec les bases. Les albuminates sont insolubles à l'exception des albuminates alcalins. Ceux-ci présentent les caractères de la caséine. (Non-précipitation par la chaleur, précipitation par l'acide acétique après refroidissement.)

L'albumine coagulée est insoluble dans l'eau, soluble dans les alcalis ; les acides la précipitent de cette solution.

Sous l'influence de l'acide chlorhydrique à 40° environ, l'albumine est transformée en *syntonine*.

L'*albumine du sérum* (sérine de Denis) se trouve en grande quantité dans le sérum du sang, dans la lymphe, les exsudats ; c'est cette albumine que l'on rencontre dans les urines à la suite d'affections rénales.

On l'obtient pure en opérant comme pour la préparation de l'albumine de l'œuf.

Des différences notables existent entre l'albumine de l'œuf et l'albumine du sérum. Ainsi le pouvoir rotatoire de l'albumine de l'œuf pour la lumière jaune est de 35°,5, tandis que celui de la sérine est de 56°. L'albumine du sérum, contrairement à ce qui arrive pour l'albumine de l'œuf, est précipitée de ses solutions exemptes de sels, après agitation avec de l'éther, et ne l'est pas dans les solutions salines. Enfin, l'albumine de l'œuf injectée dans les veines passe dans l'urine sans altération, tandis qu'il n'en est pas de même pour l'albumine de sérum (Cl. Bernard).

D'autres matières albuminoïdes se rapprochent encore de l'albumine de l'œuf dont elles diffèrent par quelques-unes de leurs propriétés (V. p. 613).

Parmi ces matières il faut citer: la *vitelline*, qui existe dans le jaune d'œuf; la *myosine (fibrine musculaire)*, qui se forme dans les muscles lorsque s'établit la rigidité cadavérique. On l'extrait à l'aide d'une solution étendue de chlorure de sodium, qui dissout la myosine ; la *globuline*, qui est la partie constitutive du stroma des globules sanguins. Lorsqu'on fait tomber goutte à goutte du sang défibriné dans une capsule métallique refroidie au-dessous de 0°, de manière à obtenir une congélation immédiate, et qu'on laisse le sang se dégeler lentement, on obtient un liquide rouge dans lequel nagent des globules décolorés. Par le refroidissement, le globule s'est contracté et a expulsé sa matière colorante, l'hémoglobine, qui s'est dissoute dans le plasma. Cette trame du globule a reçu le nom de *stroma*. Le nom de *globuline* a aussi été donné à la matière albuminoïde qui prend naissance dans le dédoublement de l'hémoglobine. (V. § 336, p. 602.)

On nomme également *globuline*, *paraglobuline*, la substance fibrinoplastique de Schmidt (V. § 346, p. 617), substance qui existe dans le sérum. Ces deux dernières globulines seraient identiques. La globuline provenant de la décomposition de l'hémoglobine passerait par diffusion du globule dans le sérum. La globuline est précipitée de sa solution par un courant d'anhydride carbonique.

La vitelline, la myosine et la globuline ne se dissolvent dans l'eau que si cette eau tient elle-même du chlorure de sodium en solution.

L'*hydropisine* est la matière albuminoïde du liquide de l'ascite.

La *paralbumine* a été trouvée dans les kystes de l'ovaire et la métalbumine dans une sérosité filante provenant d'une paracentèse.

§ 343. — Caséine.

La caséine existe en solution dans le lait. Elle s'en sépare à l'état solide sous l'influence de divers agents, notamment sous celle de la présure, des acides étendus, de certains sels neutres.

On retire la caséine du lait en étendant celui-ci de trois ou quatre fois son volume d'eau et ajoutant, goutte à goutte, une solution étendue d'acide chlorhydrique. Il se précipite des flocons abondants qu'on lave à l'eau froide, puis à l'alcool et à l'éther. Le lait se coagule spontanément lorsqu'il commence à subir la fermentation lactique.

Lorsque la caséine est en solution, elle ne se coagule pas, même à l'ébullition. Les acides étendus la précipitent de sa solution.

La caséine coagulée est insoluble dans l'eau; soluble dans les alcalis. Malgré leur insolubilité dans l'eau, la caséine et les albuminates alcalins ne sont pas précipités de leurs solutions alcalines par les acides en présence du phosphate de potassium.

La *légumine* se trouve dans les végétaux (pois, lentilles, haricots, etc.). Elle paraît être identique à la caséine. On la désigne encore sous le nom de *caséine végétale*.

§ 344. — Syntonine.

Synonymie : Musculine, parapeptone.

La syntonine s'obtient dans l'action de l'acide chlorhydrique très étendu sur la myosine, la vitelline, et aussi, mais plus difficilement, sur l'albumine, la fibrine, etc. On la trouve dans le contenu de l'estomac. Elle constitue, en effet, le premier produit de transformation des matières albuminoïdes sous l'influence du suc gastrique.

La syntonine est, d'après Hoppe-Seyler, caractérisée par les propriétés suivantes : Elle est insoluble dans l'eau et dans les solutions de chlorure de sodium. Les solutions étendues d'acide chlorhydrique et de soude caustique dissolvent la syntonine.

Celle-ci est précipitée de ces solutions par la neutralisation, même en présence du phosphate de potassium.

§ 345. — Albuminoses.

Synonymie : Peptones.

Les matières albuminoïdes se dissolvent toutes sous l'influence du suc gastrique et du suc pancréatique. Le produit soluble obtenu est surtout caractérisé par la propriété qu'il a d'être *diffusible*, c'est-à-dire de passer à travers les membranes. Les matières albuminoïdes ainsi modifiées peuvent être absorbées.

Toutes les autres matières albuminoïdes possèdent un faible pouvoir diffusif. La syntonine serait un produit intermédiaire entre les matières albuminoïdes des aliments et les peptones.

On a décrit différentes espèces de peptones. D'après Maly, les peptones possèdent la même composition élémentaire que les matières albuminoïdes.

§ 346. — Fibrine.

Après sa sortie des vaisseaux, le sang se *coagule*. La partie solide porte le nom de *caillot;* la partie liquide est le *sérum*. Le caillot est constitué par une substance à texture fibrillaire, la *fibrine,* qui, primitivement en dissolution dans le sang, s'en sépare à l'état insoluble en emprisonnant les globules dans ses mailles. On la prépare en battant le sang avec des baguettes. La fibrine s'attache aux baguettes en filaments blancs, élastiques. On lave à l'eau ces filaments jusqu'à ce qu'ils soient complètement blancs.

La fibrine desséchée est dure, cassante, hygrométrique. Elle est insoluble dans l'eau, dans les solutions de chlorure de sodium et dans les acides étendus. Elle se gonfle dans les solutions de soude caustique; le produit se coagule par la chaleur.

On a également décrit plusieurs espèces de fibrines.

De nombreuses théories ont été émises sur la cause de la coagulation du sang après sa sortie des vaisseaux. Nous ne ferons que citer les principales, aucune d'elles ne pouvant être acceptée, dans l'état actuel de la science, comme définitivement démontrée (1).

1° Schmidt considère la fibrine comme résultant de la *combinaison de deux substances*. L'une porte le nom de *substance fibrinogène* et l'autre celui de *substance fibrinoplastique*. On isole ces deux substances en traitant du plasma par un courant d'anhydride carbonique. On obtient des flocons blancs qu'on sépare par filtration (substance fibrinoplastique). L'action d'un courant prolongé d'anhydride carbonique sur le plasma débarrassé de la substance fibrinoplastique ou sur le liquide de l'hydrocèle, des exsudats, etc., détermine la séparation de masses visqueuses adhérentes aux parois du vase et qui diffèrent par conséquent par leur aspect de la substance fibrinoplastique. Le composé ainsi obtenu est la substance fibrinogène.

Ces deux substances sont solubles dans les dissolutions étendues de chlorure de sodium, insolubles dans les solutions con-

____

(1) L'ancienne théorie de Denis est aujourd'hui généralement abandonnée.

centrées de ce sel. Lorsqu'on mélange les solutions de ces deux corps, il y a immédiatement coagulation et production de fibrine.

Pourquoi la coagulation ne se fait-elle pas dans les vaisseaux, puisque le plasma renferme à la fois la substance fibrinogène et la substance fibrinoplastique? Il faut, pour répondre à la question, faire une nouvelle hypothèse. La substance fibrinoplastique serait plus rapidement oxydée dans le sang que la substance fibrinogène et disparaîtrait ainsi de ce liquide.

On peut objecter à cette seconde hypothèse, qu'on trouve toujours dans le sang la substance fibrinoplastique.

Aussi Schmidt, dans un nouveau travail, admet-il que la combinaison de la substance fibrinogène et de la substance fibrinoplastique ne se fait pas directement comme il le croyait d'abord, mais sous l'influence d'un ferment qui prendrait naissance après l'émission du sang aux dépens des éléments des leucocytes.

2° Pour Mathieu et Urbain, l'anhydride carbonique est l'agent de la coagulation du sang. Pendant la vie, le sang ne se coagule pas, parce que les globules fixent non seulement l'oxygène, mais encore l'anhydride carbonique contenu dans le sang.

Lorsque le sang sort de la veine, il se coagule parce que l'anhydride carbonique du globule est déplacé par l'oxygène de l'air, et se répand dans le plasma. A l'appui de leur théorie, Mathieu et Urbain montrent que si on extrait, avant et après sa coagulation, les gaz d'un sang, on trouve que la portion analysée avant la coagulation contient plus d'anhydride carbonique que la portion analysée après la coagulation. Une quantité notable d'anhydride carbonique a donc disparu pendant la coagulation. En enlevant à du sang son oxygène et son anhydride carbonique, les auteurs ont pu obtenir un sang incoagulable qui se prend en masse lorsqu'on lui rend de l'anhydride carbonique.

Ces expériences ont été infirmées par celles de Gautier et surtout par celles de Glénard qui a montré d'une façon fort ingénieuse que l'anhydride carbonique n'a pas la propriété de déterminer la coagulation du sang.

3° Béchamp et Estor ont montré que la fibrine est essentiellement formée de granulations moléculaires accolées. Ces granulations, auxquelles Béchamp a donné le nom de microzymas, se trouvent dans le sang, dans toutes les cellules. Au sortir des vaisseaux, les microzymas sécrètent une substance qui les agglutine. Ils forment alors une véritable fausse membrane qui est la fibrine.

Depuis que cette théorie a été émise, de nombreux travaux sont venus l'appuyer. Nous avons vu que Schmidt, abandonnant dans une de ses parties essentielles son ancienne théorie, admet aujourd'hui que la formation de la fibrine est subordonnée à celle d'un ferment qui prendrait naissance aux dépens des éléments des leucocytes.

Que sont ces *éléments* des leucocytes, sinon les granulations moléculaires ou microzymas de Béchamp qui se modifient suivant le milieu dans lequel ils vivent ?

Hammarster, qui avait présenté de sérieuses objections à l'ancienne théorie de Schmidt, s'est récemment rallié aux vues nouvelles de ce savant.

Enfin Hayem, qui a décrit sous le nom *d'hématoblastes* des éléments très petits, agités du mouvement brownien, qui existent dans le sang de l'homme et des animaux, considère la formation de la fibrine comme résultant des actes physico-chimiques qu'éprouveraient les hématoblastes. C'est sous la même forme, mais avec un mot différent, la théorie émise depuis longtemps par les savants professeurs de Montpellier.

§ 347. — **Substance amyloïde.**

Virchow a désigné sous le nom de substance amyloïde, un corps qui se rapproche des matières albuminoïdes par sa composition centésimale, et qu'on ne trouve qu'à l'état pathologique, en petits grains, dans l'épaisseur des enveloppes séreuses cérébrales, à l'origine des filets nerveux et quelquefois dans les organes (poumon, rate, rein), sous forme de dépôts d'un aspect brillant.

Cette matière est insoluble dans l'eau, l'alcool, l'éther, les acides étendus et les solutions des carbonates alcalins. L'iode la colore en rouge-brun, quelquefois en violet, ce qui la rapproche de la matière glucogène. (V. § 216, p. 410.) L'ébullition avec l'acide sulfurique étendu ne la transforme pas en glucose.

CONGÉNÈRES DES ALBUMINOIDES.

§ 348. — **Ferments solubles.**

Les *ferments solubles* sont des principes azotés, solubles dans l'eau, provenant de la sécrétion ou de la décomposition de cellules animales ou végétales. Au point de vue chimique, ces ferments ne se distinguent jusqu'à présent que par les réactions qu'ils provoquent.

Les ferments solubles déterminent des réactions moins profondes que les ferments figurés. Le plus souvent ils ne déterminent que des phénomènes d'hydratation et ne donnent naissance qu'à un ou deux produits. Enfin, l'action des ferments solubles n'est pas paralysée par les substances toxiques qui tuent les ferments figurés.

Les sucs digestifs renferment tous un ou plusieurs (suc pancréatique) ferments solubles.

a. Préparation. — 1° Les ferments solubles sont facilement entraînés par des précipités amorphes qui se forment au sein de leur solution. On s'est basé sur ce fait pour extraire les ferments des organes. On divise ceux-ci, on les épuise par de l'eau aiguisée d'acide phosphorique et on neutralise cet acide par l'eau de chaux. Il se précipite du phosphate de calcium qui entraîne le ferment. Le précipité recueilli sur un filtre cède le ferment à l'eau, tandis qu'il retient plus énergiquement les matières albuminoïdes. On purifie le ferment en le précipitant de sa solution aqueuse par l'alcool qui ne le dissout pas, et le redissolvant dans l'eau.

2° On peut aussi extraire le ferment des organes par des lavages à l'eau et traiter la solution aqueuse par une solution éthérée de cholestérine. En agitant le mélange, la cholestérine se précipite en entraînant le ferment. On enlève la cholestérine par l'éther, qui ne dissout pas le ferment.

Le collodion versé dans la solution aqueuse d'un ferment l'entraîne également.

3° On traite les organes par l'alcool pour raffermir les tissus, puis on les épuise par la glycérine, qui dissout les ferments. On précipite le ferment de sa solution dans la glycérine par l'alcool.

b. Propriétés. — Les ferments ainsi préparés sont blancs, solides, amorphes, solubles dans l'eau et dans la glycérine, précipitables de leur solution par l'alcool fort. Ils ne renferment pas de soufre ; le tannin et le sublimé corrosif ne les précipitent pas ; enfin, l'acide azotique ne les colore pas en jaune. Ces caractères séparent les ferments solubles des matières albuminoïdes. Toutes les autres propriétés les rapprochent au contraire des composés protéiques.

c. Ferments solubles en particulier. — 1° *Ptyaline.* La ptyaline existe dans la salive. Elle transforme l'amidon en dextrine et en glucose. Les acides, dans un certain degré de concentration, empêchent cette action.

2° *Pepsine.* La pepsine se trouve dans le suc gastrique. En solution acide (à 1 ou 2 millièmes) elle opère la digestion des matières albuminoïdes, qu'elle transforme d'abord en syntonine et ultérieurement en peptone.

3° *Pancréatine*. La pancréatine a été extraite du pancréas. D'après Danilewski et Kühne, la pancréatine serait un mélange de trois ferments dont l'action a lieu en liqueurs alcalines. L'un d'eux jouit de la propriété de dissoudre la fibrine et les matières albuminoïdes et de les transformer en peptones. Le second possède la propriété de transformer l'amidon en glucose. Le troisième dédouble les graisses neutres en acides gras et en glycérine ; ce dernier ferment n'a pas été isolé. Lorsque le suc pancréatique commence à s'altérer, il rougit par le chlore. Lorsque l'altération est un peu plus avancée, cette réaction disparaît ; mais alors l'acide azotique chargé de vapeurs rutilantes détermine la même coloration. On a attribué cette coloration à l'action des réactifs sur la pancréatine. Il ne faut pas oublier que l'acide azotique chargé de vapeurs rutilantes colore en rouge l'indol, corps qui se produit dans l'action du suc pancréatique sur les matières albuminoïdes (V. §286, p. 521) et probablement aussi sur le tissu du pancréas lui-même.

4° *Ferment inversif*. Ce ferment se trouve dans le suc intestinal. Il détermine l'hydratation de la saccharose et sa transformation en un mélange de glucose et de lévulose. (V. § 210, p. 401.)

5° Le foie contient aussi un ferment qui transforme la matière glucogène en glucose.

§ 349. — **Mucine.**

La mucine se trouve dans certaines sécrétions, dans la salive, la bile, la synovie, l'urine (en petite quantité). Le mucus qui est produit par les cellules épithéliales des membranes muqueuses lui doit la propriété qu'il a d'être visqueux et filant.

On la prépare au moyen des glandes salivaires. On divise cet organe en petits fragments, on lave à l'eau pour enlever le sang, puis on en fait une bouillie avec beaucoup d'eau ; on filtre et on précipite la mucine par l'acide acétique. On lave le produit à l'alcool et à l'éther pour le débarrasser des matières grasses qui le souillent.

La mucine se gonfle dans l'eau, sans se dissoudre. Étendus de beaucoup d'eau, les liquides qui renferment de la mucine peuvent être filtrés. L'alcool, les acides minéraux étendus et l'*acide acétique* précipitent la mucine de ces pseudo-solutions. Les alcalis, les eaux de chaux et de baryte la dissolvent facilement. Les solutions de mucine ne précipitent pas par l'ébullition.

Le sulfate de cuivre, le chlorure ferrique, l'azotate d'argent, l'acétate de plomb, le tannin, ne précipitent pas la mucine. L'acétate basique de plomb la précipite.

La mucine ne renferme pas de soufre.

§ 350. — Osséine.

L'osséine constitue la trame organique des os. On l'extrait de ceux-ci par de l'acide chlorhydrique au dixième, qui dissout, après un certain temps, tous les sels terreux. Il reste une masse molle, élastique, ayant la forme de l'os. L'action prolongée de l'eau bouillante transforme l'osséine, qui est insoluble dans l'eau, en une substance soluble et isomérique avec elle, la gélatine. Cette transformation est plus rapide lorsqu'on acidule la liqueur.

L'osséine ne renferme que des traces de soufre (Bibra). Peut-être la présence du soufre doit-elle être attribuée à des impuretés.

§ 351. — Gélatine.

La gélatine est un corps blanc-jaunâtre, vitreux, cassant, inodore, inaltérable à l'air. Elle se gonfle dans l'eau froide et se dissout dans l'eau bouillante. Sa solution se prend en gelée par le refroidissement (colle forte). Par une ébullition prolongée, la gélatine perd cette propriété.

Lorsqu'on fait bouillir la gélatine avec des acides et des bases, elle donne du glycocolle et de la leucine.

Les acides minéraux, les bases, le ferrocyanure de potassium ne précipitent pas la gélatine de ses solutions. Le tannin et le sublimé corrosif la précipitent.

§ 352. — Matière chondrogène et chondrine.

Les cartilages renferment une matière analogue à l'osséine des os. Cette substance porte le nom de *matière chondrogène*. Son caractère principal est de se transformer en *chondrine* par l'action de l'eau bouillante.

La chondrine ressemble beaucoup à la gélatine. Comme celle-ci, la chondrine est soluble dans l'eau bouillante et se prend en gelée par le refroidissement. La chondrine se distingue de la gélatine en ce que presque tous les acides, même les acides organiques, la précipitent de sa solution.

Les poils, les ongles, les plumes, la corne, etc., traités successivement par l'éther, l'alcool, l'eau, les acides bouillants, laissent une matière organique mal définie, à laquelle on a donné le nom de *kératine*. Cette substance renferme du carbone, de l'oxygène, du soufre, de l'azote, de l'hydrogène, comme les substances albuminoïdes.

Lorsqu'on traite de même les tissus élastiques, on obtient l'*élastine*. Cette substance est insoluble dans l'eau même bouillante, dans l'acide acétique, dans l'alcool. Les alcalis la dissolvent en la décomposant.

CINQUIÈME PARTIE

COMPOSITION DES PRINCIPAUX LIQUIDES DU CORPS HUMAIN.

---

§ 353. — SANG.

a. Caractères physiques. — Le sang est un liquide rouge-pourpre ou rouge-brun opaque. La densité du sang de l'homme varie entre 1,045 et 1,075. Lorsqu'on examine le sang au microscope, on voit qu'il est constitué par un liquide incolore, *plasma sanguin*, dans lequel nagent des globules de deux espèces. Les uns, *globules rouges* ou *hématies*, sont très nombreux et en forme de disques circulaires aplatis ; les autres, *globules blancs* ou *leucocytes*, sont chagrinés, irrégulièrement sphériques, plus grands et moins nombreux. (V. *fig.* 95.)

b. Caractères chimiques. — Le sang est alcalin. Il se coagule rapidement après sa sortie des vaisseaux. Le *caillot* est formé de fibrine qui emprisonne les globules dans ses mailles. Il se contracte lentement et exprime un liquide qui porte le nom de *sérum*. Le sérum représente du plasma moins la fibrine.

Le sang possède la propriété d'absorber certains gaz, de s'emparer notamment de l'oxygène de l'air. L'oxygène n'est pas simplement en solution dans le sang, mais il y est combiné chimiquement. (V. § 24, p. 94.) Dans l'organisme, le sang fixe de l'oxygène, en circulant dans les capillaires pulmonaires (sang artériel, rouge) ; il transporte cet oxygène dans les tissus où il le cède aux matières oxydables et se charge d'anhydride carbonique (sang veineux, brun).

c. Composition. — Le sang est donc constitué ainsi qu'il suit :

1° Globules.... { rouges / blancs } caillot.

2° Plasma...... { fibrine / sérum.

3° Gaz.

100 parties de sang renferment de 35 à 39 parties de globules humides et de 61 à 65 parties de plasma.

100 volumes de sang renferment de 50 à 60 volumes de gaz.

d. Dosage des globules humides dans le sang. — Plusieurs méthodes ont été employées pour déterminer les quantités relatives des globules humides et du plasma. La séparation complète de ces deux parties constitutives du sang sans modification de l'une ou de l'autre est impossible ; il faut donc avoir recours à des procédés de dosage indirect. Je n'indiquerai que le procédé de A. Gautier, qui donnera une idée nette des artifices auxquels il faut avoir recours. Ce procédé est fondé sur ce fait qu'une solution de chlorure de calcium retarde la coagulation du sang de telle façon que le plasma peut être séparé, par filtration, des globules. En dosant le chlorure de calcium d'abord dans le plasma, puis dans les globules, on peut calculer la proportion de plasma interposé entre les globules. Voici comment on opère. On reçoit, au sortir de la veine, 20 centimètres cubes de sang dans 4 centimètres cubes d'une solution aqueuse renfermant pour 100 gr. de liquide 10 gr. de chlorure de calcium et 20 gr. de sel marin. On maintient au repos à une basse température. Au bout de 24 heures, on prend le poids de la liqueur, on la filtre ; le plasma passe, on le pèse. Par différence on a le poids des globules imprégnés de plasma. On coagule par la chaleur le plasma, et dans le liquide filtré on dose la quantité de calcium qui y est contenu. L'on agit de même pour les globules, on les délaye dans de l'eau, on coagule par la chaleur et on dose le calcium en le précipitant à l'état d'oxalate de calcium par l'oxalate d'ammonium. On obtient ainsi les poids relatifs de chlorure de calcium dans les globules et dans le plasma. Par une simple proportion, on détermine la quantité de plasma interposé aux globules. En soustrayant du poids brut des globules humides le poids du plasma interposé, on a celui des globules humides (1).

e. Dosage des gaz du sang. — L'analyse des gaz du sang

____

(1) A. Gauthier, in *Dictionn.* de Wurtz.

se fait comme celle des autres mélanges gazeux. Nous n'avons à parler ici que de l'extraction de ces gaz.

On extrait généralement aujourd'hui les gaz du sang à l'aide de la pompe à mercure. (V. *fig.* 100.) Cette pompe se compose d'un tube barométrique vertical dont la longueur dépasse la hauteur barométrique. Ce tube porte à sa partie supérieure une ampoule terminée elle-même par un tube effilé qui vient aboutir à une cuvette remplie de mercure et qui reçoit, à angle droit, un autre tube qu'on peut mettre en communication avec des tubes ou des ballons fermés ; à l'intersection se trouve un robinet à trois voies qui permet de faire communiquer entre elles les deux parties du tube vertical (position 1) ou la partie inférieure du tube vertical avec le tube latéral (position 3). Le tube barométrique communique, à sa partie inférieure, par un tube de caoutchouc, avec une cuvette à mercure mobile. L'appareil étant rempli de mercure et le tube latéral fixé à un récipient, on élève le réservoir mobile en plaçant le robinet dans la position 1, de manière à ce que le mercure arrive jusqu'à l'extrémité du tube effilé qui lui-même doit être recouvert par le mercure de la cuvette. On ferme alors le robinet en lui donnant la position 2 et l'on abaisse le réservoir mobile. Le vide se fait dans le tube vertical. On met celui-ci en communication avec le récipient fermé (position 3 du robinet) ; dès lors l'air du récipient passe dans l'ampoule fixe. On met le robinet dans la position 1 et on élève le réservoir mobile. Le mercure remonte dans le tube fixe et expulse le gaz. On répète cette opération jusqu'à ce que le vide soit fait dans le récipient. Il faut à ce moment introduire le sang dans le tube extracteur. Pour cela, le sang est introduit dans une seringue graduée qu'on met en communication, à l'aide d'un caoutchouc, avec le tube effilé recouvert par le mercure de la cuvette. On met le robinet dans la position 1 et on abaisse le réservoir mobile. Une certaine quantité

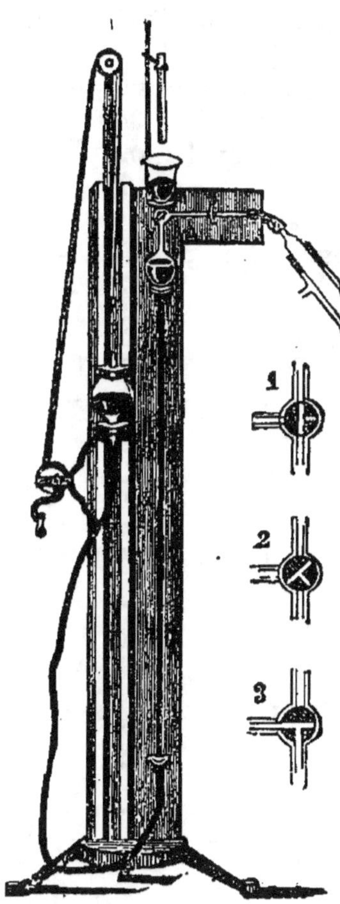

Fig 100. — Pompe à mercure.

de sang pénètre ainsi dans la boule fixe d'où on le fait passer dans le tube extracteur en mettant le robinet dans la position 3 et relevant la boule mobile. On extrait alors les gaz du sang comme on a enlevé l'air du tube extracteur. On recueille ces gaz dans une éprouvette placée au-dessus du tube effilé dans la cuvette à mercure. Vers la fin de l'opération, on chauffe à 40° la partie inférieure du tube qui renferme le sang.

D'après les recherches de Ludwig, 100 volumes de sang artériel donnent : oxygène, 20 vol. ; anhydride carbonique, 34,8 vol. ; — et 100 volumes de sang veineux : oxygène, 12 vol. ; anhydride carbonique, 47 vol.

Dans les deux cas, il y a environ 2 vol. d'azote.

f. Composition des globules rouges. — Les globules contiennent, d'après Strecker :

Eau	688,0
Hémoglobine et stroma	299,0
Graisse	2,3
Matières extractives	2,6
Matières minérales	8,1
	1000,0

Les matières minérales sont, d'après le même auteur, dans les proportions suivantes :

Chlore	1,686
Acide sulfurique	0,066
Acide phosphorique	1,134
Potassium	3,828
Sodium	1,052
Phosphate de calcium	0,114
Phosphate de magnésium	0,073
	7,953

Le fer, qui fait partie constituante de la molécule de l'hémoglobine, n'est pas mentionné dans ces analyses. L'hémoglobine renferme 0,42 p. 100 de fer. Un des procédés de dosage de l'hémoglobine dans le globule repose sur ce fait et consiste à doser le fer et à déduire du poids de fer la quantité d'hémoglobine. D'après Hoppe-Seyler, les quantités d'hémoglobine et de la matière constituante du stroma du globule à l'état sec sont, en moyenne, entre elles comme 90 : 10. D'après cela, 1000 parties de globules humides renfermeraient 270,1 parties d'hémoglobine et 1,13 partie de fer.

g. Composition du plasma. — D'après Schmidt, 1000 parties de plasma renferment :

Eau..	901,51
Fibrine..	8,06
Albumine et matières extractives.............	81,92
Sels inorganiques.............................	8,51
	1000,00

Les 8,51 parties de sels inorganiques sont composés de :

Chlorure de potassium.........................	0,359
Chlorure de sodium...........................	5,546
Sulfate de potassium.........................	0,281
Phosphate de sodium..........................	0,271
Soude...	1,532
Phosphate de calcium.........................	0,298
Phosphate de magnésium.......................	0,218
	8,505

h. Comparaison entre la composition des globules et celle du plasma. — L'examen de la composition des globules et de celle du sérum nous amène aux résultats suivants :

1° La quantité d'eau est beaucoup plus grande dans le plasma que dans les globules ;

2° Le fer existe seulement dans les globules ;

3° Le plasma renferme trois fois plus de chlorures que les globules ;

4° Ceux-ci renferment environ dix fois plus de potassium que le plasma, tandis que le plasma est trois fois plus riche que les globules en sodium.

Tous les nombres donnés plus haut doivent être considérés comme des moyennes et sont relatifs au sang normal.

Les matières extractives du sang sont : des palmitates, stéarates et oléates alcalins (savons), de la lécithine et l'un de ses produits de décomposition, l'acide phosphoglycérique, de la cholestérine, du glucose, de l'urée, de la créatine et de la créatinine.

i. Dosage de la fibrine. — On reçoit du sang dans un flacon qu'on peut recouvrir d'un bouchon en caoutchouc traversé par un batteur en baleine, large à sa partie inférieure. Le flacon, avec son bouchon, est pesé vide, puis avec le sang ; on a, par différence, le poids du sang. On bat le sang pendant 10 minutes environ. La fibrine se sépare. On remplit alors presque entièrement le flacon avec de l'eau et on laisse déposer la fibrine. On décante le liquide, on jette la fibrine sur un filtre pesé à l'avance, on ajoute les flocons qui adhèrent à la baleine et on lave d'abord avec une eau faiblement salée, puis avec de l'eau pure, enfin avec de l'alcool bouillant. On dessèche le filtre et son contenu à 110° et on pèse. En retranchant du poids total le poids du filtre, on obtient celui de la fibrine.

§ 354. — **Lymphe et chyle.**

a. Caractères. — La *lymphe*, contenu des vaisseaux lymphatiques, est un liquide visqueux, tantôt transparent, tantôt opalescent, blanc ou jaunâtre. Elle contient des globules blancs analogues à ceux du sang, quelquefois des globules rouges analogues aussi à ceux du sang, mais plus petits que ces derniers, enfin des granulations graisseuses. La lymphe se coagule à sa sortie des vaisseaux comme le sang, mais plus lentement.

Le *chyle*, qui est contenu dans la partie du système lymphatique spéciale à l'appareil digestif, est identique avec la lymphe en dehors du moment de la digestion. Pendant la digestion, les matières albuminoïdes, les graisses, les substances hydro-carbonées augmentent dans le chyle.

b. Composition. — Schmidt a donné les analyses suivantes de la lymphe et du chyle du cheval :

	SÉRUM 1000 p.		CAILLOT 1000 p.	
	Lymphe.	Chyle.	Lymphe.	Chyle.
Eau	957,61	958,50	907,32	887,59
Parties solides	24,39	41,50	92,68	112,41

Celles-ci se décomposent en :

	Lymphe.	Chyle.	Lymphe.	Chyle.
Fibrine	—	—	48,66	38,95
Albumine	32,02)			
Graisse	1,23 }	31,63	34,36	67,77
Matières extractives	1,78)			
Sels	7,36	7,55	9,66	5,46

Les sels se décomposent en :

	Lymphe.	Chyle.	Lymphe.	Chyle.
Chlorure de sodium	5,65	5,95	6,07	2,30
Soude	1,30	1,17	0,60	1,32
Potasse	0,11	0,11	1,07	0,70
Acide sulfurique	0,08	0,05	0,18	0,01
Acide phosphorique	0,02	0,02	0,15	0,85
Phosphate terreux	0,20	0,25	1,59	0,28

De plus, Schmidt a trouvé que le caillot, pour la lymphe, était de 44,83 p. 1000, et pour le chyle, de 32,56.

Ces analyses nous montrent que les matières minérales sont

réparties entre le plasma et les globules de la lymphe et du chyle, comme elles le sont entre le plasma et les globules du sang ; de plus, que la lymphe et le chyle renferment beaucoup moins de fibrine et d'albumine que le sang. Le poids du caillot est, en effet, très faible relativement au poids du sérum de la lymphe. Pour 1,000 parties, le plasma sanguin, le plasma lymphatique et le plasma du chyle contiennent respectivement 8,06, 2,18 et 1,27 de fibrine et 81,92, 32,02 et 30,85 d'albumine.

Wurtz a signalé la présence de l'urée dans la lymphe.

§ 355. — Urine.

a. Caractères physiques. — L'urine est un liquide jaune ambré, limpide, d'une odeur particulière, d'une saveur salée et amère. Son poids spécifique varie entre 1,005 et 1,030.

b. Caractères chimiques. — L'urine normale de l'homme est acide. L'alimentation végétale et certains états pathologiques rendent l'urine alcaline. L'urine abandonnée à elle-même subit une *fermentation acide* pendant laquelle on voit l'acidité de l'urine augmenter. En même temps, on observe la formation de légers flocons de mucus et la séparation d'un sédiment d'acide urique et d'urates acides. Au bout de plusienrs jours, l'acidité de l'urine diminue et fait place à une réaction alcaline (*fermentation alcaline*). L'urée se décompose maintenant et donne naissance à du carbonate d'ammonium. L'urine prend une odeur ammoniacale repoussante ; les cristaux d'acide urique disparaissent et on constate la formation de cristaux de phosphates terreux et de phosphate ammoniaco-magnésien.

c. Éléments normaux. — Eau, urée, acide urique, acide hippurique, acide lactique, créatinine, xanthine, indican, acide oxalique, urobiline, acide oxalurique, acides gras (traces), alcool (traces).

On trouve, de plus, dans l'urine des sels minéraux. Les métaux suivants : sodium, potassium, calcium, magnésium, ammonium, sont combinés dans l'urine avec les acides chlorhydrique, carbonique, sulfurique, phosphorique et avec les acides organiques.

L'urine renferme aussi des gaz : anhydride carbonique, azote et des traces d'oxygène.

d. Éléments anormaux. — Albumine, glucose, inosite, graisses, acide succinique, pigments biliaires, acide benzoïque, allantoïne, cystine, taurine, mucine, hémoglobine, carbonate d'ammonium, phosphate ammoniaco-magnésien, leucine, tyrosine, phénylsulfate de potassium.

e. Sédiments urinaires. — Acide urique, urates, oxalate de calcium, phosphate de calcium, phosphate ammoniaco-magnésien, cystine, tyrosine. On trouve aussi dans les urines des éléments organisés : cellules épithéliales, globules blancs (pus), sang, spermatozoïdes, etc.

f. Composition de l'urine. — Vogel donne le tableau suivant de la composition moyenne de l'urine de l'homme, à l'état de santé :

	En 24 heures.	Pour 1000 p. d'urine.
Quantité d'urine	1500,00^{gr}	1000,00
Eau	1440,00	960,00
Parties solides	60,00	40,00
Urée	35,00	23,30
Acide urique	0,75	0,50
Chlorure de sodium	16,50	11,00
Acide phosphorique	3,50	2,30
Acide sulfurique	2,00	1,30
Phosphate terreux	1,20	0,80
Ammoniaque	0,65	0,40
Acide libre	3,00	2,00

L'acidité de l'urine est exprimée en acide oxalique ; c'est-à-dire qu'on considère l'acide de l'urine comme étant de l'acide oxalique. L'acidité de l'urine peut, en effet, être attribuée à l'acide lactique, à l'acide hippurique, au phosphate acide de sodium, qui lui-même provient probablement de l'action de l'acide urique sur le phosphate neutre.

g. Analyse d'une urine. — 1° Détermination du poids spécifique. — On prend la densité d'une urine à l'aide d'un aréomètre. On construit aujourd'hui des aréomètres spéciaux (*urinomètres*) assez petits pour qu'il soit possible d'opérer sur une petite quantité d'urine et qui portent, dans la partie immergée, un petit thermomètre. (V. *fig.* 101.) L'appareil est gradué à + 15°. Il permet de déterminer le poids spécifique entre 1,000 et 1,040. Pour obtenir des degrés plus grands, on a même distribué, sur deux aréomètres, les poids spécifiques de 1,000 à 1,040, de telle sorte que l'un indique les poids spécifiques de 1,000 à 1,020, et l'autre ceux de 1,020 à 1,040. Lorsque la température d'une urine dépasse 15°, il faut retrancher une unité des indications de l'aréomètre par 3 degrés de tem-

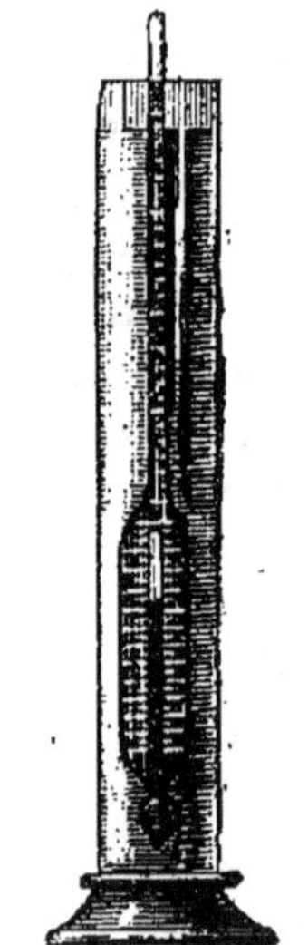

Fig. 101. — Urinomètre.

pérature, et inversement si la température est inférieure à 15°.

2° DOSAGE DE L'ACIDE LIBRE. — On détermine le degré d'acidité d'une urine à l'aide d'une liqueur titrée de soude caustique. (V. § 12, p. 64.)

3° DOSAGE DES SUBSTANCES DISSOUTES. — On pèse 10 ou 15 grammes d'urine, on les met dans un petit creuset de porcelaine pesé et on évapore à sec au bain-marie, puis on dessèche pendant une ou deux heures à 102°-105°. On pèse. En déduisant du poids obtenu celui du creuset, on obtient le poids du résidu contenu dans la quantité d'urine analysée. Les résultats obtenus sont, dans ce cas, toujours trop faibles. En effet, le phosphate acide de sodium décompose l'urée ; de l'anhydride carbonique et de l'ammoniaque se dégagent. On arrive à des résultats plus exacts en recueillant, dans de l'acide sulfurique titré, l'ammoniaque qui se dégage, titrant à nouveau l'acide sulfurique à la fin de l'opération et en déduisant le poids de l'ammoniaque dégagée et, par suite, celui de l'urée décomposée. On ajoute le poids de l'urée à celui du résidu sec obtenu.

4° DOSAGE DES SELS FIXES. — Dans une capsule de platine, on verse 10 centimètres cubes d'urine et on évapore au bain-marie. Puis on chauffe sur un feu aussi doux que possible jusqu'à ce que les substances organiques soient décomposées. La combustion du charbon demanderait beaucoup de temps, car les chlorures, facilement fusibles, forment un enduit sur le charbon. De plus, certains sels sont réduits par le charbon. Pour éviter ces inconvénients, on reprend la masse par l'eau, qui dissout les sels, on filtre, on lave à l'eau bouillante. Le liquide filtré est desséché et incinéré d'une part, d'autre part on incinère le filtre dont on connaît le poids de la cendre avec le charbon, qui brûle facilement. On ajoute le poids des cendres que laisse le liquide à celui que laisse le charbon, on retranche le poids des cendres du filtre et on obtient ainsi la proportion totale des sels fixes contenus dans 10 centimètres cubes d'urine.

5° DOSAGES DES CHLORURES. — Les chlorures se dosent volumétriquement dans l'urine à l'aide d'une liqueur titrée d'azotate d'argent. (V. § 13, p. 66.) Mais l'urine est acide et on sait qu'il faut opérer ce dosage en liqueurs neutres. D'autre part, les matières organiques précipitent une certaine quantité d'azotate d'argent. On ne peut donc pas doser les chlorures directement dans l'urine. On opère de la manière suivante : On introduit 5-10 centimètres cubes d'urine dans une capsule de platine, on y ajoute 1 ou 2 grammes d'azotate de potassium pur, on évapore, puis on chauffe le résidu au rouge. Les matières organiques sont brûlées. On dissout le résidu dans l'eau. Le liquide étant alcalin, on le neutralise par l'acide azotique et on se débarrasse de l'excès d'acide par du carbonate de calcium. On obtient ainsi un liquide neutre dans lequel on peut doser les chlorures. Il n'est pas nécessaire de filtrer pour se débarrasser du léger excès de carbonate de calcium. Celui-ci ne gêne en rien la réaction finale.

5° DOSAGE DE L'URÉE. — Parmi les procédés de dosage de l'urée (V. § 304), le plus rapide est le procédé de Leconte. De nombreux appareils ont été indiqués pour opérer ce dosage. Il faut citer ceux de Dupré, de Thierry, d'Yvon, d'Esbach, etc.

Le procédé de Leconte est basé sur ce fait que les hypochlorites alcalins décomposent l'urée en anhydride carbonique et en azote. (V. § 304, p. 561.) On absorbe l'anhydride carbonique par la potasse et on déduit l'urée du volume d'azote obtenu.

A. On emploie aujourd'hui de préférence aux hypochlorites l'hypobromite de sodium, qui agit de la même manière.

Le procédé d'Esbach n'exige pas l'emploi de cuve à mercure ; il est très rapide et suffisamment exact pour les besoins de la clinique.

Le réactif bromé s'obtient en ajoutant 2 c.c. ou 6 grammes de brome à un mélange de 100 centimètres cubes d'eau distillée et de 40 centimètres cubes de lessive de soude marquant environ 20° à l'aréomètre de Baumé.

Dans un tube divisé en dixièmes de centimètre cube (uréomètre), on verse environ 7 centimètres cubes du réactif, soit jusqu'à la division 70, puis de l'eau jusqu'à la division 140

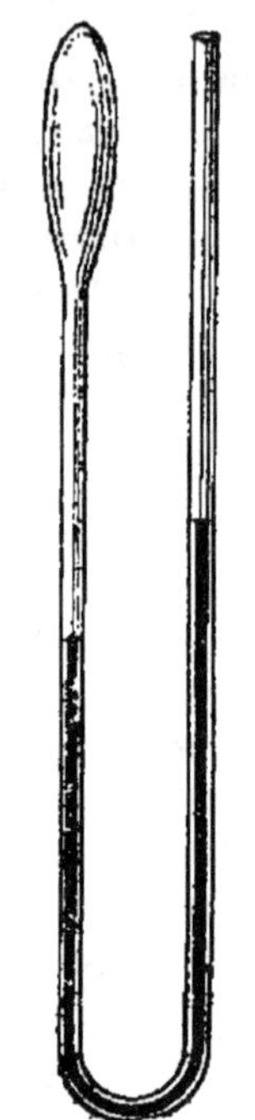

Fig. 102. — Baroscope.

à peu près. On lit exactement la division à laquelle s'élève le mélange, on note le chiffre lu en ajoutant le nombre 10, car on va opérer sur un centimètre cube d'urine A l'aide d'une pipette graduée pour 1 centimètre cube, on introduit l'urine, on bouche avec le pouce, on agite, on retourne le tube sur la cuve à eau (V. fig. 103) et on débouche. L'azote qui s'est dégagé chasse une certaine quantité du liquide. On incline l'appareil de manière à faire coïncider les niveaux liquides en dedans et en dehors du tube. On bouche alors l'uréomètre avec le pouce, en redresse, on lit la division à laquelle s'élève le liquide, on retranche le nombre obtenu du chiffre noté dans la première lecture. La différence donne le volume de l'azote dégagé ; l'anhydride carbonique est retenu par l'excès de soude caustique.

Mais le volume du gaz recueilli est modifié par trois influences: la pression atmosphérique, la température et la vapeur d'eau dont le gaz est saturé. Il faut donc faire des corrections et calculer la quantité d'urée d'après le volume d'azote obtenu. Esbach

Fig. 103. — Uréométrie.

a imaginé un appareil, qu'il nomme *baroscope* (V. *fig.* 102), dans lequel une certaine quantité d'air est soumise à ces trois influences. Le baroscope fournit un chiffre auquel correspond le niveau liquide dans la branche fermée, chiffre que l'on peut considérer comme la résultante de ces trois influences. Enfin, Esbach a construit des tables qui suppriment les calculs et donnent immédiatement, en grammes et décigrammes pour un litre d'urine, la quantité d'urée dont on a recueilli l'azote. Ces tables se lisent comme une table de multiplication. La première rangée porte les *chiffres baroscopiques*, et dans la première colonne de gauche sont inscrits les *volumes gazeux*. Ex. : l'analyse donne 41 divisions d'azote, le baroscope marque 730. On descend la colonne 730 jusqu'à la rangée horizontale 41 et on trouve 10,3, c'est-à-dire que 1 litre de l'urine analysée renferme 10^{gr},3 d'urée.

B. L'uréomètre de Thierry se compose de deux parties, comme l'indique la figure 104 : la première (laboratoire) comprend: un tube avec ampoule A (d'une contenance de 10 centimètres cubes entre les traits *a* et *b*), muni d'un robinet B, ce tube s'adaptant sur un réservoir C, qui lui-même est mis en communication par un tube latéral D, avec la deuxième partie de l'appareil qui comprend une éprouvette E, servant de cuve à eau, une cloche graduée G et un thermomètre divisé sur tige.

Cet uréomètre, comme celui d'Esbach, permet d'opérer sur l'eau, et à une température constante, d'employer une quantité du liquide à examiner suffisante pour obtenir un résultat aussi exact que possible ; il peut être facilement agité pour activer la réaction, sans être échauffé par le contact de la main et sans qu'il y ait lieu de craindre une perte de gaz.

Pour opérer un dosage d'urée, on sépare le tube à robinet A du réservoir C, et on verse avec la pipette graduée 2 centimètres cubes de l'urine à analyser dans le réservoir C. On remplit complètement le tube A de l'hypobromite de sodium que l'on fait ensuite couler à l'aide du robinet B jusqu'au premier trait *a*; il prend ainsi la place de l'air qui se trouvait dans la partie inférieure du tube. Le robinet étant bien fermé, on réunit le tube A au réservoir C, après avoir essuyé la partie du tube

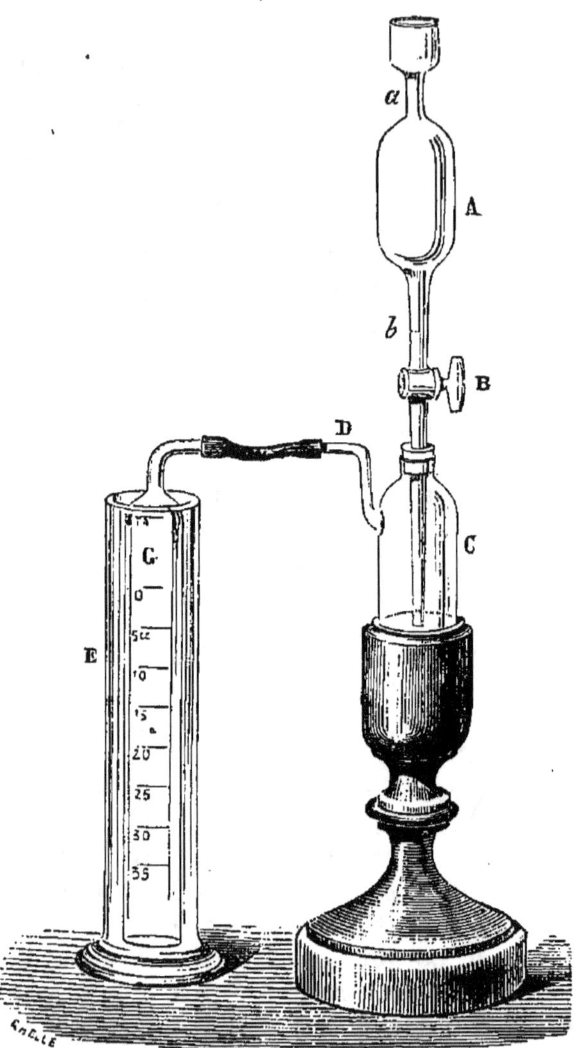

Fig. 104. — Uromètre de Thierry.

plongeant dans ce réservoir pour éviter le mélange du réactif à l'urine avant le commencement de l'opération.

On remplit d'eau l'éprouvette E, jusqu'à ce qu'elle affleure au trait T. A. marqué sur la cloche graduée G qui s'y trouve plongée, et l'on met en communication, à l'aide d'un tube en caoutchouc, la cloche et le réservoir C.

Cela fait on ouvre le robinet B en ayant soin de ne laisser couler le réactif que jusqu'au trait B. On a introduit de cette façon 10 centigr. de réactif dans le réservoir C; c'est donc 10 centigr. d'air que l'on déplace et qui passe dans la cloche en repoussant l'eau du trait d'affleurement au trait du zéro.

On agite légèrement l'appareil pour faciliter la réaction qui dure quelques minutes; quand elle est terminée, on soulève légèrement la cloche jusqu'à ce que le niveau de l'eau qu'elle renferme coïncide avec le niveau de l'eau dans l'éprouvette; on note la division qui correspond au trait limitant le volume de gaz azote produit, on prend la température de l'eau de l'éprouvette et l'on se reporte aux tables jointes à l'appareil pour connaître la proportion d'urée que renferme l'urine à analyser.

6° DOSAGE DU GLUCOSE. — On dose le glucose par l'un des trois procédés de dosage déjà indiqués. (V. § 204, p. 393.) Si l'urine est albumineuse, il faut toujours préalablement précipiter l'albumine en ajoutant un peu d'acide acétique, faisant bouillir et filtrant. Cela est important même si l'on opère par la fermentation ; car l'urine pourrait se putréfier et donner naissance à de l'anhydride carbonique.

Le dosage se fait de préférence à l'aide de la liqueur de Fehling. Il faut avoir soin d'étendre 10 ou 20 centimètres cubes d'urine filtrée avec 5,10 ou même 20 fois leur volume d'eau, selon les cas, de façon à ce que le mélange ne renferme environ que 1/2 p. 100 de glucose. L'urine d'un diabétique renferme, en effet, de 25 à 50 p. 1000, en moyenne, de glucose, et l'on a vu des urines en renfermer jusqu'à 100 p. 1000. On introduit alors l'urine dans une burette graduée et l'on opère comme il a été dit. (V. § 204, p. 394.) Lorsque les 10 centimètres cubes de liqueur de Fehling ont été complètement précipités par le glucose contenu dans l'urine, on lit le volume d'urine employé pour arriver à ce résultat. Ce volume renferme $0^{gr},05$ de glucose. On pourra, par un calcul bien simple, savoir combien 1,000 grammes d'urine renferment de glucose.

Lorsqu'on se sert du saccharimètre, il suffit ordinairement de filtrer l'urine avant de l'introduire dans le tube de l'appareil. Si l'urine était fortement colorée, il faudrait la décolorer par le noir animal, ou bien en précipiter un volume connu par un volume également connu d'acétate neutre de plomb. On tient compte, dans le calcul, du volume d'acétate de plomb employé.

8° DOSAGE DE L'ALBUMINE. — Pour doser l'albumine dans une urine, on opère la précipitation de l'albumine en chauffant l'urine

avec une ou deux gouttes d'acide acétique. On recueille le précipité sur un filtre taré, on le lave, on dessèche à 105° et on pèse.

Esbach a proposé une méthode de dosage de l'albumine basée
sur la précipitation de ce corps par l'acide picrique. Ce procédé
qui dispense de l'emploi de la balance est excellent pour les
besoins de la clinique.

Le réactif se prépare en dissolvant $10^{gr},5$ d'acide picrique
dans un litre d'eau et ajoutant à 900^{cc} de cette solution 100^{cc} d'a-
cide acétique étendu marquant 1040 au densimètre.

Pour doser l'albumine dans une urine, on verse de l'urine
dans un tube gradué *ad hoc* (tube-albuminimètre) jusqu'à un
trait marqué U et par-dessus le réactif jusqu'au trait R. Cela fait
on bouche le tube avec le pouce et on retourne une dizaine
de fois le tube, puis on le bouche et on laisse reposer pendant 24 heures. Au bout de ce temps le précipité s'est réuni au
fond du tube. On lit la hauteur à laquelle s'élève le dépôt. La
graduation donne en grammes la quantité d'albumine contenue
dans 1 litre d'urine.

Lorsque la quantité d'albumine présumée dans l'urine dépasse 1 à 2 grammes par litre, on étend l'urine d'eau de façon
à ramener le mélange à ne contenir que 1 ou 2 grammes d'albumine par litre. On tient compte de la quantité d'eau ajoutée.

§ 356. — **Calculs urinaires**.

Les calculs urinaires renferment souvent plusieurs composés
distincts ; mais ordinairement aussi l'un des éléments prédomine
et donne son nom au calcul.

Fig. 105. — Calcul d'acide urique à noyau
d'oxalate de calcium.

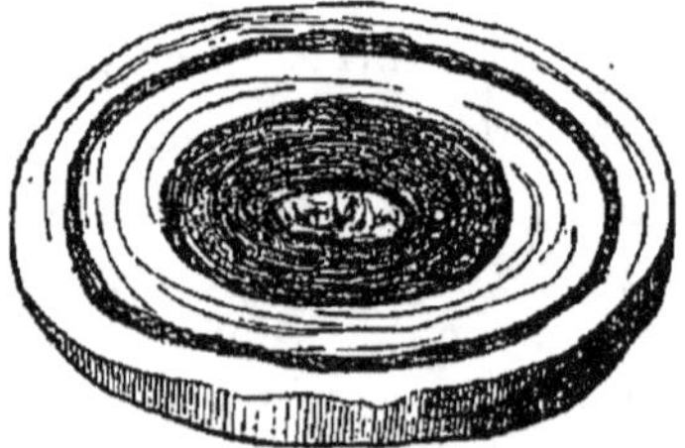

Fig. 106. — Calcul de phosphate de
calcium à noyau d'acide urique.

Les calculs sont formés de couches concentriques qui, souvent, ont une composition différente. On aperçoit facilement ces
couches concentriques en sciant le calcul s'il n'est pas trop dur,
ou, dans le cas contraire, en l'usant par le frottement. Ces couches sont souvent de couleur et de densité différentes. (V. *fig*. 103.)

Pour l'analyse complète d'un calcul, il est nécessaire d'analyser à part une petite portion de ces couches qui, ordinairement, s'isolent facilement au niveau de leur surface limitante.

On a divisé les calculs en deux classes : les uns sont combustibles et laissent à peine un résidu quand on les calcine au rouge sur une lame de platine. (Acide urique, urates, xanthine, cystine.) Les autres ne sont pas combustibles ou à peine et laissent un abondant résidu lorsqu'on les calcine. (Oxalate de calcium, phosphate de calcium, carbonate de calcium.) On détermine rapidement la nature de la substance composante d'un calcul ou d'une couche d'un calcul, de la manière suivante.

a. Calculs laissant un faible résidu après calcination. — 1° ACIDE URIQUE. — Les calculs d'acide urique ont généralement une forme ovale et aplatie sur leurs deux faces. Ils sont lisses ou légèrement mamelonnés, le plus souvent assez durs, rarement on peut les écraser entre les doigts. Ils sont presque toujours colorés (teinte bistrée pâle jusqu'au brun foncé).

Ils laissent un résidu très faible après la calcination, donnent la réaction de la murexide (V. § 329, p. 592) et ne dégagent pas d'ammoniaque lorsqu'on les fait bouillir avec de la potasse.

2° URATE D'AMMONIUM. — Les calculs composés d'urate d'ammonium ou d'autres urates ressemblent aux calculs d'acide urique. Ils sont presque toujours, au moins partiellement, solubles dans l'eau.

Les calculs d'urate d'ammonium se distinguent des précédents en ce qu'ils dégagent de l'ammoniaque quand on les fait bouillir avec de la potasse.

3° URATE DE SODIUM. — *Lorsqu'on chauffe ces calculs, ils entrent en fusion et colorent la flamme en jaune. Ils donnent la réaction de la murexide et laissent, après calcination, un abondant résidu de carbonate de sodium.*

4° URATES DE CALCIUM OU DE MAGNÉSIUM. — *Ces calculs sont infusibles, donnent la réaction de la murexide et par la calcination laissent, suivant le cas, un résidu de carbonate de calcium ou de carbonate de magnésium.* On s'assure par les moyens ordinaires de la nature du résidu.

5° XANTHINE. — *Les calculs de xanthine ne donnent pas la réaction de la murexide.* Leurs caractères chimiques sont les mêmes que ceux de la xanthine. (V. § 331, p. 594.)

6° CYSTINE. — Les calculs de cystine, comme ceux de xanthine, sont très rares. Ceux qu'on a trouvés jusqu'à présent ne présentaient pas de couches concentriques. Ils étaient d'un vert pâle ou fauve.

Ces calculs, comme la cystine, sont solubles dans l'ammoniaque et dans le carbonate d'ammonium. Leur poussière est formée de cristaux en lames hexagonales. (V. § 333, p. 597.)

b. Calculs laissant un résidu considérable après calcination. — 1° PHOSPHATE AMMONIACO-MAGNÉSIEN. — *Les calculs de phosphate ammoniaco-magnésien sont fusibles dans la flamme du chalumeau. Leur poussière dégage de l'ammoniaque quand on la chauffe avec une solution de potasse. Ils sont solubles dans l'acide acétique. L'ammoniaque reprécipite le phosphate ammoniaco-magnésien de sa solution.*

2° PHOSPHATE DE CALCIUM. — *Un fragment de ces calculs ne fond pas dans la flamme du chalumeau. Ils ne dégagent pas d'ammoniaque sous l'influence de la potasse et se dissolvent dans l'acide chlorhydrique.* Dans la solution chlorhydrique, il est facile de démontrer là présence du calcium.

3° OXALATE DE CALCIUM. — Les calculs d'oxalate de calcium sont durs, d'une couleur foncée. Leur surface est irrégulière. (V. *fig.* 107 et 108.) Ils portent le nom de *calculs muraux*.

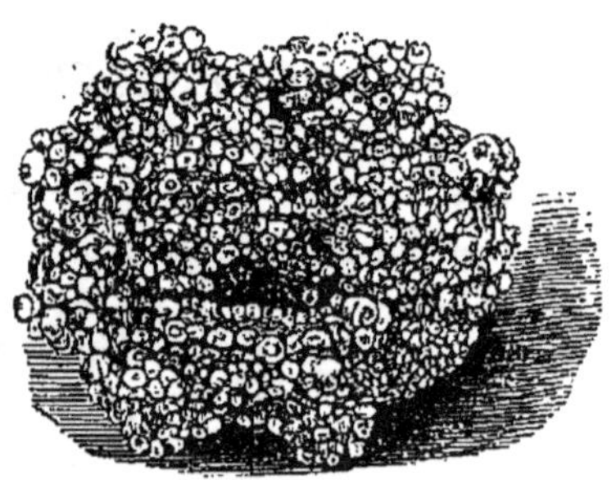

Fig. 107 et 108. — Calculs muraux.

Ces calculs laissent, par incinération, un résidu de carbonate de calcium. Ils sont solubles dans les acides minéraux sans effervescence. L'ammoniaque précipite de l'oxalate de calcium de leur solution chlorhydrique. Le précipité est insoluble dans l'acide acétique. (V. § 245, p. 457.)

4° CARBONATE DE CALCIUM. — *Ces calculs sont solubles, avec effervescence, dans les acides.* Dans la solution, on recherche, par les procédés ordinaires, la présence du calcium.

§ 357. — Lait.

a. Caractères physiques. — Le lait est un liquide alcalin (1), blanc-bleuâtre, blanc ou blanc-jaunâtre, opaque, d'une saveur

(1) Chez les carnassiers e lait est ordinairement acide.

sucrée agréable, d'une odeur spéciale. Sa densité varie entre 1,018 et 1,045. Le lait tient en suspension des globules graisseux qui réfractent fortement la lumière et lui donnent son opacité. Lorsqu'on abandonne le lait à lui-même, les globules graisseux se rendent à la surface du liquide et y forment une couche de *crème*.

On donne le nom de *colostrum* au lait qui est sécrété pendant les premiers jours après l'accouchement. Ce lait est riche en albumine coagulable par la chaleur, en graisse et en sucre. Il renferme des éléments figurés particuliers (globules de colostrum).

b. Caractères chimiques. — Le lait subit au bout d'un certain temps la fermentation lactique. L'acide lactique formé aux dépens du sucre de lait détermine la coagulation du lait. Tous les acides et la présure (muqueuse stomacale) coagulent également le lait. Le caillot est constitué par la caséine précipitée et par la graisse entraînée par la caséine. Le liquide qui baigne le caillot (*petit-lait*) est acide, verdâtre. Il contient les sels, le sucre de lait, de la graisse et un peu de matières albuminoïdes en solution.

Lorsqu'on fait cuire le lait, il se recouvre d'une pellicule blanche formée de caséine devenue insoluble.

c. Composition. — Le lait renferme de l'eau, de la caséine, de l'albumine, de la lactose, des corps gras, des traces d'urée, de l'alcool (Béchamp), du chlorure de sodium, des sels de potassium, de calcium, de magnésium, des traces de fer, de fluor, de silice, des phosphates, des sulfates, des carbonates ; enfin, des gaz (anhydride carbonique, oxygène, azote).

d. Composition quantitative. — Vernois et Becquerel donnent les nombres suivants comme moyenne de la composition du lait de femme :

Pour 1000 parties :

Eau	889,08
Parties solides	110,92
Dont : Caséine	39,24
Beurre	26,66
Lactose	43,64
Sels	1,38

Les sels donnent à l'analyse, d'après Wildenstein :

Pour 100 parties :

Chlorure de sodium	10,73
Chlorure de potassium	26,33
Potasse	21,44

Chaux..................................... 18,78
Magnésie................................. 0,87
Acide phosphorique........................ 19,00
Acide sulfurique......................... 2,64
Silice et fer............................ traces.

D'après ces analyses, on voit que le lait de femme renferme environ 89 p. 100 d'eau, 11 p. 100 de parties solides, dont 4 de caséine, 2,5 à 3 de beurre, 4 de lactose et 0,15 de sels. Parmi les substances inorganiques, on constate la prédominance des sels de potassium sur ceux de sodium, des proportions notables d'acide phosphorique et de chaux. La composition des sels du lait se rapproche de celle des substances salines du globule sanguin.

e. Falsification. — Le lait est falsifié par écrémage et par addition d'eau.

Plusieurs procédés ont été indiqués pour arriver à constater rapidement la pureté d'un lait.

1° *Lactodensimètre de Quévenne.* Cet instrument est un aréomètre qui porte deux graduations, l'une pour le lait entier, l'autre pour le lait bleu ou écrémé. Les nombres marqués sur l'instrument indiquent l'excès de poids du litre de lait sur le litre d'eau. Ainsi un lait qui marque 32 au lactodensimètre a une densité de 1,032. L'instrument est gradué pour 15°. Si l'on n'opère pas à cette température, on a recours aux tables de Quévenne, qui donnent immédiatement la densité du lait entier ou écrémé à 15°. Une variation de 5° centigrades correspond environ à 1° du lactodensimètre.

Le lactodensimètre marque de 29-33 dans les bons laits entiers et 32,5 à 36,5 dans les bons laits écrémés.

2° *Crémomètre.* Le crémomètre est une éprouvette de 25 centimètres de hauteur environ, divisée en 100 parties. On ajoute au lait son volume d'eau et une pincée de carbonate acide de sodium. On facilite ainsi le départ de la crème. Cela fait, on remplit l'appareil de lait jusqu'au trait O et on l'abandonne au repos pendant 12-24 heures. La crème se réunit à la surface, on mesure sa hauteur en centièmes et on double le chiffre obtenu, car on a opéré sur du lait étendu de son volume d'eau. Le bon lait doit fournir de 10-16 p. 100 de crème.

Les indications fournies isolément par ces deux instruments ne permettent pas toujours de se prononcer sur la valeur d'un lait. En effet, l'addition d'eau au lait abaisse sa densité ; mais un lait très riche en beurre a aussi une densité faible. Lorsqu'on se sert du crémomètre, la séparation des globules de graisse se fait plus ou moins facilement, suivant leurs dimensions. Pour se prononcer sur la valeur d'un lait, il faut faire trois opérations: 1° on prend le degré au lactodensimètre du lait entier; 2° on laisse la crème se séparer du lait non coupé dans le crémomètre, et on enlève la crème à l'aide d'une cuiller et on prend le degré au lactodensimètre du lait écrémé. Les causes d'erreur sont ainsi évitées et on possède trois données qui permettent de conclure avec certitude.

3° *Lactobutyromètre de Marchand.* Cet instrument donne des indications assez précises sur la richesse en graisse d'un lait. Il se compose d'un tube fermé à un bout (V. *fig.* 109) et divisé en trois parties de 10 centimètres cubes chacune. Les trois centimètres supérieurs sont divisés en dixièmes et les divisions s'élèvent un peu au-dessus du trait supérieur. On remplit ce tube jusqu'à la division 10, on y ajoute deux gouttes de soude caustique pour empêcher la coagulation des matières albuminoïdes, on verse de l'éther jusqu'à la division 20 et on agite, enfin on achève de remplir le tube avec de l'alcool à 90° et on agite encore. On bouche le tube et on le maintient pendant quelque temps au repos et à 40°. Pour cela, on place l'instrument dans un manchon en fer-blanc servant de bain-marie et à la base duquel se trouve une cuvette, où l'on allume de l'alcool. (V. *fig.* 110.) Au bout d'un certain temps, il se forme à la partie supérieure une couche oléagineuse. On note le nombre de divisions qu'occupe cette couche. Chacune correspond à 2gr,33 de beurre par litre de lait. Il faut ajouter au produit le nombre 12,6, qui représente la quantité de graisse en solution dans le mélange d'alcool et d'éther.

Salleron a adapté sur le tube un curseur gradué dont la première division porte le chiffre de 12,6 et qui donne directement la quantité de matière grasse contenue dans un litre de lait. Un bon lait contient au moins 30 grammes de beurre par litre.

Fig. 109. — Lactobutyromètre.

4° *Lactoscope de Donné.* Le lactoscope de Donné est commode pour l'analyse du lait de femme, car il permet d'opérer sur de petites quantités seulement de matière. Donné admet que la richesse d'un lait est proportionnelle à son opacité. Le lactoscope (V. *fig.* 111) se compose de deux tubes entrant l'un dans l'autre et fermés par deux glaces qui se rap-

prochent au contact ou s'éloignent au moyen d'un pas de vis. Un
petit entonnoir placé à la partie supérieure permet d'introduire
le lait dans l'espace compris entre les lames ; un manche sert à
tenir l'instrument. Le tube intérieur qui se visse dans l'autre
porte sur sa longueur 50 divisions et des chiffres qui indiquent
la richesse du lait. Lorsque l'appareil est à 0°, les deux lames se
touchent. On remplit alors l'entonnoir de lait, on écarte les deux

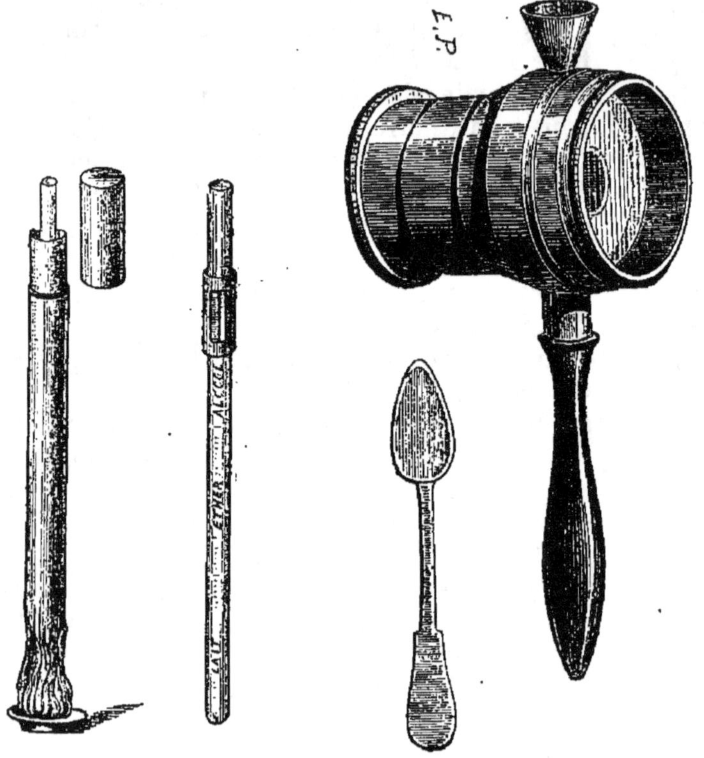

Fig. 110. — Lactobutyromètre.   Fig. 111. — Lactoscope.

verres en tournant la vis ; le lait descend dans l'espace vide compris entre les deux glaces. On regarde à travers cette couche,
dans une chambre obscure, la flamme d'une bougie placée à
1 mètre de distance. Lorsque la flamme cesse d'être visible, on
note le nombre de tours et de fractions de tours qu'il a fallu pour
arriver à ce résultat. On peut ainsi comparer différents laits au
point de vue de leur opacité.

§ 358. — Bile.

a. Caractères physiques. — La bile est un liquide jaune ou jaune-rougeâtre chez l'homme et les carnivores, vert chez les herbivores. Sa saveur est fade et amère. Elle est visqueuse; sa densité varie entre 1,015 et 1,032. Sa réaction est faiblement alcaline chez les herbivores, acide chez les carnivores. (Cl. Bernard.)

b. Composition. — La bile de l'homme contient de l'eau, des acides glycocholique et taurocholique à l'état de sels de sodium, de la choline, des pigments biliaires, de l'urobiline, de la cholestérine, des corps gras, des savons, de l'acide phosphoglycérique, de la lécithine, du mucus et des sels. En fait de gaz, on trouve dans la bile de l'anhydride carbonique et des traces d'azote et d'oxygène.

On trouvera encore dans la bile, dans certains cas pathologiques, du glucose, de l'urée (après l'extirpation des reins, dans le choléra, la maladie de Bright), de l'acide lactique, de la leucine et de la tyrosine, du sang, du pus, de l'albumine, etc.

Enfin, on rencontre quelquefois dans ce liquide des composés qui n'y existent pas normalement, mais qui proviennent de la décomposition des principes normaux. Ces composés sont : l'acide cholalique, la dyslysine, la taurine et l'ammoniaque.

c. Composition quantitative. — Gorup-Besanez donne le tableau suivant de la composition de la bile de l'homme :

POUR 1.000 PARTIES.	HOMME de 49 ans guillotiné.	FEMME de 29 ans guillotinée.	HOMME de 68 ans foudroyé.
Eau	822,7	898,1	908,7
Parties solides	177,3	101,9	91,3
Dont :			
Sels d'acides biliaires	107,9	56,5	
Graisses	47,3	30,9	73,7
Cholestérine			
Mucus et matières colorantes	22,1	14,5	17,6
Sels inorganiques	10,8	6,3	»

Jacobsen a analysé la bile d'un homme atteint d'une fistule

biliaire. Il a trouvé la bile qui s'écoulait plus riche en eau que ne l'indiquent les analyses de Gorup-Besanez. Nasse aussi a remarqué que la bile qui s'écoulait par une fistule biliaire chez un chien était plus riche en eau que la bile prise dans la vésicule. D'après Jacobsen, la bile de l'homme ne renfermerait pas ou, dans tous les cas, ne contiendrait que fort peu d'acide taurocholique. Elle se rapproche donc de la bile des herbivores.

Les cendres de la bile contiennent, d'après Jacobsen :

	Pour 100 parties.
Chlorure de sodium	65,16
Chlorure de potassium	3,39
Carbonate de sodium	11,11
Phosphate de sodium	15,91
Phosphate de calcium	4,44

Traces de fer, de manganèse et de cuivre.

§ 359. — **Calculs biliaires.**

Un grand nombre de substances sont susceptibles d'entrer dans la composition des calculs biliaires. La plupart de ces calculs renferment principalement de la cholestérine cristallisée, mêlée à des proportions variables de matière colorante en com-

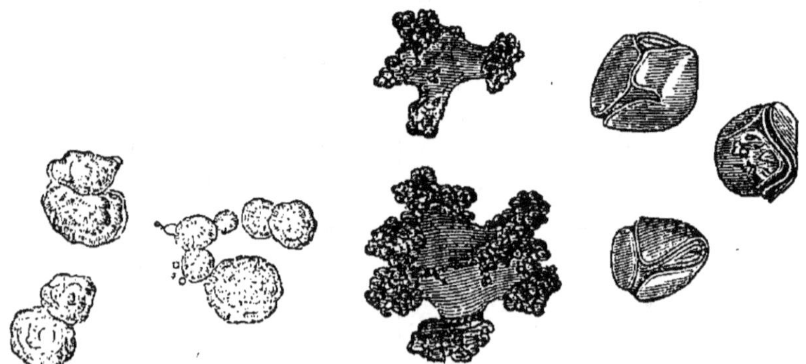

Fig. 112. — Glycocholate de calcium.   Fig. 113 et 114. — Calculs biliaires.

binaison calcaire. (V. § 338, p. 606.) Souvent les calculs biliaires sont uniquement composés de cholestérine. Enfin les calculs de cholestérine présentent presque toujours au centre un amas de mucus autour duquel sont disposées des couches concentriques de cholestérine de moins en moins colorées.

On a également trouvé chez l'homme des concrétions formées par des sels de calcium des acides biliaires. Ces sels calcaires sont solubles dans l'alcool. Les acides minéraux leur enlèvent la chaux. Enfin, ils donnent la réaction des acides biliaires lorsqu'on les traite par le mélange de sucre et d'acide sulfurique. (V. § 310, p. 572.)

La solution alcoolique d'un calcul de glycocholate de calcium pris chez l'homme a laissé déposer ce sel en conglomérations brillantes et semblables à la leucine. (V. *fig.* 112.)

Les calculs sont ordinairement en grand nombre dans la vésicule biliaire ; ils ont alors des formes polyédriques (V. *fig.* 113 et 114) dues à l'usure des surfaces aux points de contact.

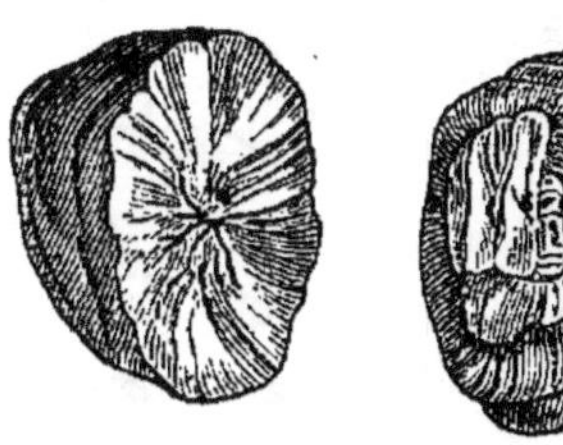

Fig. 115 et 116. — Calculs de cholestérine.

Ils sont le plus souvent bruns ou verdâtres, quelquefois les parties anguleuses se recouvrent d'un fort dépôt de pigment. (V. *fig.* 121.) Rarement les cristaux de cholestérine sont tout à fait blancs et formés d'épaisses couches anfractueuses. (V. *fig.* 116.) Enfin, à la section, on voit souvent les lamelles de cholestérine affecter la disposition radiée. (V. *fig.* 115.)

On démontre facilement la présence de la cholestérine dans un calcul en épuisant celui-ci par un mélange d'alcool et d'éther, évaporant la solution éthéro-alcoolique et caractérisant le dépôt cristallin obtenu. (V. § 204, p. 381.)

§ 360. — **Sperme.**

Le sperme éjaculé est un liquide alcalin, clair, filant, avec des îlots d'une substance blanche, opaque, d'une odeur spéciale (de lessive), d'une saveur salée.

Lorsqu'on examine le sperme au microscope, on y constate la présence caractéristique des *spermatozoïdes*. Les spermatozoïdes se composent (V. *fig.* 117) d'un renflement (tête) et d'un appendice filiforme se terminant en pointe très fine (queue).

De plus, on constate presque toujours, dans le sperme refroidi,

des cristaux de teinte ambrée, qui sont des prismes rhomboédriques très allongés, soit isolés (V. *fig.* 118 *a, c, d, e*), soit réunis en croix, en étoile (*b*), etc. Ils offrent les caractères des cristaux de phosphate de calcium. Ils sont quelquefois d'un volume
assez considérable et se brisent facilement. Ces cristaux sont
aussi parfois accompagnés de cristaux de phosphate ammoniaco-magnésien. Ceux-ci sont blancs.

Fig. 117. — Spermatozoïdes.

On a souvent à déterminer, en médecine légale, si des taches
trouvées sur des vêtements sont des taches de sperme.

On y arrive en faisant tremper la tache dans de l'eau pure.
Lorsque la matière est bien imbibée, on râcle la surface du linge
avec un scalpel et on examine la partie enlevée au microscope.
La présence des spermatozoïdes est caractéristique.

Le sperme contient de la mucine, des matières albuminoïdes,
de la lécithine, de la cholestérine et des composés inorganiques.

On a donné le nom de *spermatine* à la matière albuminoïde qu'on retire du sperme. (Hünefeld.)

De tous les liquides de l'organisme, le sperme est celui qui

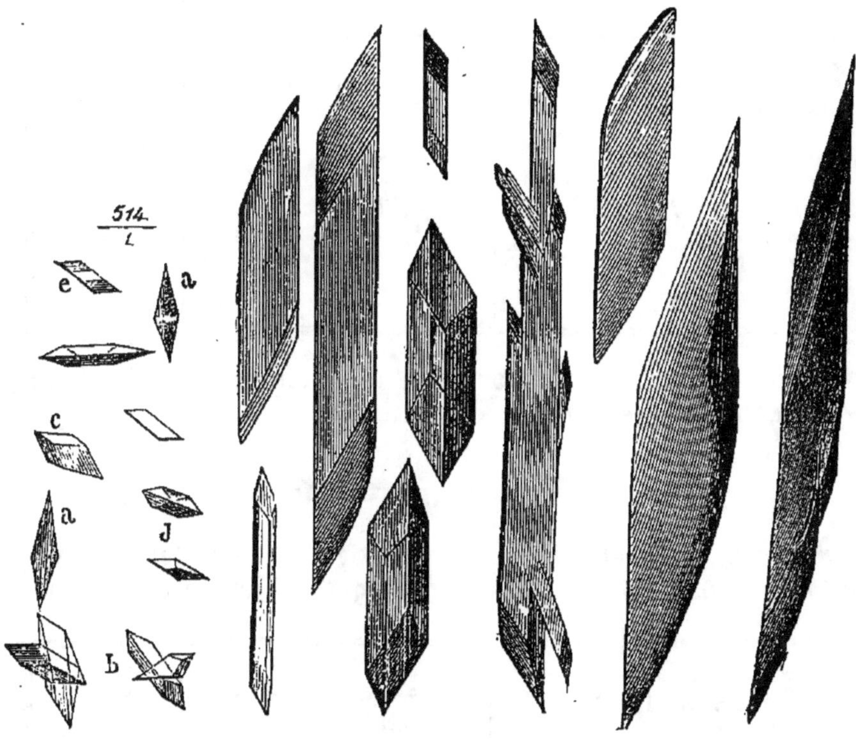

Fig. 118. — Phosphate de calcium.

laisse à l'évaporation le plus de parties fixes. Il renferme (chez l'homme) de 890-900 p. 1000 d'eau et environ 100-110 p. 1000 de parties fixes; celles-ci se décomposent en 60 p. 100 de matières organiques et 40 p. 100 de sels.

§ 361. — Salive mixte.

La salive est un liquide incolore, légèrement filant. Sa densité est comprise entre 1,004 et 1,006. Elle renferme de la ptyaline et du sulfocyanure de potassium. Elle est tantôt alcaline, tantôt acide.

Les analyses suivantes donneront une idée de la composition de la salive. On remarquera que ce liquide est très pauvre en matières solides.

La salive renferme notamment du carbonate de calcium en solution dans un excès d'anhydride carbonique. Le carbonate

POUR 1,000 PARTIES.	Fr. Simon.	Berzélius.	Frerichs.
Eau....	991,22	992,9	994,10
Matières solides	8,78	7,1	5,9
Dont :			
Ptyaline.........	4,37	2,9	1,42
Mucine........	1,40	1,4	2,13
Sulfocyanure.............	»	»	0,10
Sels.................	»	1,9	2,19

de calcium se dépose sous forme d'une membrane cristalline lorsqu'on abandonne la salive à elle-même.

§ 362. — Suc gastrique.

Le suc gastrique est un liquide incolore, très-fluide. Sa densité est de 1,005 environ. Le suc gastrique renferme peu de ma-

D'APRÈS SCHMIDT, POUR 1,000 PARTIES.	HOMME Suc gastrique avec salive.	CHIEN Suc gastrique sans salive.	CHIEN Suc gastrique avec salive.
Eau......................	994,40	973,0	971,2
Matières solides..............	5,60	27,0	28,8
Dont :			
Matières organiques.........	3,19	17,1	17,3
Chlorure de sodium..........	1,46	2,5	3,1
Chlorure de potassium...	0,55	1,1	1,1
Chlorure de calcium.........	0,06	0,6	1,7
Acide chlorhydrique...........	0,20	3,1	2,3
Phosphate de calcium.........		1,7	2,3
Phosphate de magnésium.....	0,12	0,2	0,3
Phosphate de fer............		0,1	0,1

tières solides. Sa réaction est fortement acide. Il renferme de l'acide chlorhydrique libre et un ferment spécial, la pepsine.

ENGEL. — Chimie méd. 37

TABLE DES MATIÈRES

PRÉFACE.. ... V

PREMIÈRE PARTIE.

GÉNÉRALITÉS.

	Pages.		Pages.
§ 1er. Notions préliminaires..	1	§ 5. Notation. Radicaux. Valence...............	28
§ 2. Caractères physiques des corps...............	2	§ 6. Constitution de la matière...............	33
§ 3. Combinaisons, décompositions.............	10	§ 7. Bases. Acides. Sels.....	36
§ 4. Lois chimiques........	13	§ 8. Nomenclature..........	39
		§ 9. Classification..........	42

DEUXIÈME PARTIE.

MÉTALLOIDES.

1re Famille. — Métalloïdes monovalents.

	Pages.		Pages.
§ 10. Hydrogène...........	43	§ 18. Iode.................	78
§ 11. Chlore...............	48	§ 19. Acides bromhydrique et iodhydrique..........	80
§ 12. Acide chlorhydrique...	54	§ 20. Bromures..........	82
§ 13. Chlorures...........	65	§ 21. Iodures.............	83
§ 14. Combinaisons du chlore avec l'oxygène.......	68	§ 22. Fluor...............	84
§ 15. Hypochlorites.........	70	§ 23. Relations des métalloïdes monovalents......	86
§ 16. Chlorates............	73		
§ 17. Brome	75		

2ᵉ *Famille.* — *Métalloïdes bivalents.*

	Pages.			Pages.
§ 24. Oxygène	87		§ 33. Anhydride sulfureux	125
§ 25. Eau	97		§ 34. Sulfites	127
§ 26. Eau oxygénée	106		§ 35. Hyposulfites	127
§ 27. Oxydes métalliques	108		§ 36. Acide hydrosulfureux	128
§ 28. Soufre	113		§ 37. Acide sulfurique	129
§ 29. Acide sulfhydrique	116		§ 38. Sulfates	133
§ 30. Bisulfure d'hydrogène	119		§ 39. Relations des métal-	
§ 31. Sulfures	120		loïdes bivalents	135
§ 32. Combinaisons du soufre avec l'oxygène	125			

3ᵉ *Famille.* — *Métalloïdes trivalents.*

§ 40. Azote	137	§ 56. Acide phosphoreux et sels	173
§ 41. Air atmosphérique	140	§ 57. Acide phosphorique	173
§ 42. Ammoniaque	144	§ 58. Phosphates	176
§ 43. Combinaisons de l'azote avec l'oxygène	148	§ 59. Arsenic	179
§ 44. Protoxyde d'azote	148	§ 60. Hydrogène arsénié	180
§ 45. Bioxyde d'azote	150	§ 61. Combinaisons de l'arsenic avec l'oxygène	182
§ 46. Anhydride azoteux; acide azoteux et azotites	151	§ 62. Anhydride arsénieux	183
§ 47. Peroxyde d'azote	153	§ 63. Arsénites	190
§ 48. Acide azotique	153	§ 64. Acide arsénique	191
§ 49. Azotates	157	§ 65. Arséniates	191
§ 50. Phosphore	158	§ 66. Antimoine	193
§ 51. Combinaisons du phosphore avec l'hydrogène	166	§ 67. Hydrogène antimonié	195
§ 52. Hydrogène phosphoré gazeux	166	§ 68. Trichlorure d'antimoine	195
§ 53. Combinaisons du phosphore avec le chlore	168	§ 69. Combinaisons de l'antimoine avec l'oxygène	197
§ 54. Combinaisons du phosphore avec l'oxygène et l'hydrogène	169	§ 70. Protoxyde d'antimoine	197
		§ 71. Anhydride et acides antimoniques	199
§ 55. Acide hypophosphoreux et hypophosphites	171	§ 72. Combinaisons de l'antimoine avec le soufre	200
		§ 73. Bismuth	203
		§ 74. Sous-nitrate de bismuth	204
		§ 75. Relations des éléments de la troisième famille	205

Métalloïdes de la 4ᵉ *Famille.*

§ 76. Bore	207	§ 79. Combinaisons du carbone avec l'hydrogène	211
§ 77. Acide borique	207	§ 80. Oxyde de carbone	211
§ 78. Carbone	209		

	Pages.			Pages.
§ 81. Anhydride carbonique.	215	§ 84.	Silicium..............	223
§ 82. Carbonates...........	220	§ 85.	Anhydride silicique....	224
§ 83. Sulfure de carbone....	222	§ 86.	Silicates..............	226

TROISIÈME PARTIE.

MÉTAUX.

§ 87. Classification 227

1re Famille. — Métaux monovalents.

§ 88. Potassium............ 230	§ 103. Carbonates de sodium.	248
§ 89. Chlorure de potassium. 231	§ 104. Sels de sodium en général..............	251
§ 90. Iodure de potassium:... 231		
§ 91. Bromure de potassium. 233	§ 105. Lithium..............	252
§ 92. Oxydes et hydrate de potassium........... 235	§ 106. Ammonium..........	253
	§ 107. Chlorure d'ammonium.	255
§ 93. Sulfures de potassium. 237	§ 108. Carbonates d'ammonium..............	256
§ 94. Azotate de potassium.. 237		
§ 95. Carbonate de potassium. 239	§ 109. Sels ammoniacaux en général............	256
§ 96. Sels de potassium en général............. 239	§ 110. Argent..............	258
§ 97. Sodium.............. 241	§ 111. Azotate d'argent......	259
§ 98. Chlorure de sodium.. 241	§ 112. Sels d'argent en général..............	261
§ 99. Sulfures de sodium... 244		
§ 100. Sulfate de sodium.... 245	§ 113. Relations des métaux de la 1re famille....	262
§ 101. Borate de sodium.... 246		
§ 102. Phosphates de sodium. 247		

2e Famille. — Métaux bivalents.

§ 114. Calcium............. 262	§ 122. Strontium............	270
§ 115. Chlorure de calcium.. 262	§ 123. Baryum..............	271
§ 116. Oxyde de calcium.... 263	§ 124. Plomb..............	272
§ 117. Sulfure de calcium... 264	§ 125. Oxydes de plomb.....	273
§ 118. Sulfate de calcium... 265	§ 126. Carbonate de plomb..	275
§ 119. Phosphate de calcium. 265	§ 127. Sels de plomb en général..............	275
§ 120. Carbonate de calcium. 268		
§ 121. Sels de calcium en général............. 270	§ 128. Relations des métaux de la 2e famille....	277

3e Famille. — Métaux bivalents.

§ 129. Magnésium.......... 278	§ 131. Sulfate de magnésium	279
§ 130. Oxyde de magnésium. 278		

<table>
<tr><td colspan="2" align="center">Pages.</td><td colspan="2" align="center">Pages.</td></tr>
<tr><td>§ 132. Phosphates de magnésium............</td><td>280</td><td>§ 136. Zinc............ ...</td><td>284</td></tr>
<tr><td>§ 133. Carbonates de magnésium............</td><td>281</td><td>§ 137. Chlorure de zinc.....</td><td>284</td></tr>
<tr><td></td><td></td><td>§ 138. Oxyde de zinc.......</td><td>285</td></tr>
<tr><td>§ 134. Silicates de magnésium............</td><td>283</td><td>§ 139. Sulfate de zinc.......</td><td>286</td></tr>
<tr><td></td><td></td><td>§ 140. Sels de zinc en général.</td><td>286</td></tr>
<tr><td>§ 135. Sels de magnésium en général...........</td><td>283</td><td>§ 141. Relations des métaux de la 3e famille....</td><td>287</td></tr>
</table>

4e Famille. — Métaux bivalents.

<table>
<tr><td>§ 142. Cuivre............</td><td>288</td><td>§ 149. Chlorure mercurique..</td><td>296</td></tr>
<tr><td>§ 143. Sulfate de cuivre.....</td><td>289</td><td>§ 150. Iodure mercurique....</td><td>297</td></tr>
<tr><td>§ 144. Sels de cuivre en général............</td><td>290</td><td>§ 151. Oxyde mercurique....</td><td>298</td></tr>
<tr><td>§ 145. Mercure...........</td><td>292</td><td>§ 152. Sulfure mercurique...</td><td>298</td></tr>
<tr><td>§ 146. Chlorure mercureux..</td><td>293</td><td>§ 153. Azotate mercurique...</td><td>299</td></tr>
<tr><td>§ 147. Iodure mercureux...</td><td>295</td><td>§ 154. Sels mercuriques en général...........</td><td>299</td></tr>
<tr><td>§ 148. Sels mercureux en général............</td><td>295</td><td>§ 155. Relations des métaux de la 4e famille....</td><td>300</td></tr>
</table>

5e Famille. — Métaux trivalents.

§ 156. Or... 300

6e Famille. — Métaux tétravalents.

<table>
<tr><td>§ 157. Fer...............</td><td>303</td><td>§ 170. Sels de manganèse en général...........</td><td>315</td></tr>
<tr><td>§ 158. Chlorure ferreux.....</td><td>306</td><td></td><td></td></tr>
<tr><td>§ 159. Iodure ferreux.......</td><td>306</td><td>§ 171. Chrome............</td><td>315</td></tr>
<tr><td>§ 160. Oxyde ferreux........</td><td>307</td><td>§ 172. Composés oxygénés du chrome...........</td><td>315</td></tr>
<tr><td>§ 161. Sulfure ferreux.......</td><td>307</td><td></td><td></td></tr>
<tr><td>§ 162. Sulfate ferreux.......</td><td>308</td><td>§ 173. Sels de chrome en général............</td><td>317</td></tr>
<tr><td>§ 163. Carbonate ferreux....</td><td>308</td><td></td><td></td></tr>
<tr><td>§ 164. Sels ferreux en général.</td><td>309</td><td>§ 174. Aluminium..........</td><td>318</td></tr>
<tr><td>§ 165. Chlorure ferrique.....</td><td>309</td><td>§ 175. Chlorure d'aluminium.</td><td>319</td></tr>
<tr><td>§ 166. Oxydes et hydrates ferriques............</td><td>310</td><td>§ 176. Oxyde d'aluminium...</td><td>319</td></tr>
<tr><td>§ 167. Sels ferriques en général............</td><td>312</td><td>§ 177. Sulfate double d'aluminium et de potassium..............</td><td>320</td></tr>
<tr><td>§ 168. Manganèse..........</td><td>312</td><td>§ 178. Sels d'aluminium en général...........</td><td>321</td></tr>
<tr><td>§ 169. Composés oxygénés du manganèse........</td><td>313</td><td>§ 179. Relations des métaux de la 6e famille....</td><td>321</td></tr>
</table>

7e Famille. — Métaux tétravalents.

<table>
<tr><td>§ 180. Étain............</td><td>324</td><td>§ 183. Platine.............</td><td>326</td></tr>
<tr><td>§ 181. Composés stanneux...</td><td>324</td><td>§ 184. Relations des métaux de la 7e famille....</td><td>327</td></tr>
<tr><td>§ 182. Composés stanniques.</td><td>325</td><td></td><td></td></tr>
</table>

654   TABLE DES MATIÈRES.

QUATRIÈME PARTIE.

CHIMIE ORGANIQUE.

Pages.

§ 185. Notions préliminaires...................................... 329

1re *Famille. — Hydrocarbures.*

§ 186. Hydrocarbures de la 1re série........... 340
§ 187. Méthane.............. 342
§ 188. Hydrocarbures de la 2e série............ 343
§ 189. Éthylène............. 344
§ 190. Hydrocarbures de la 3e série............ 345
§ 191. Hydrocarbures de la 4e série........... 346

§ 192. Essence de térébenthine.............. 346
§ 193. Hydrocarbures de la 4e série........... 348
§ 193 *bis.* Constitution des composés aromatiques............... 353
§ 194. Benzine............. 356
§ 195. Hydrocarbures des séries suivantes...... 357

2e *Famille. — Alcools.*

§ 196. Alcools en général... 359
§ 197. Des alcools monoacides en général..... 364
§ 198. Alcools polyacides et alcools condensés... 367
§ 199. Alcool éthylique ou alcool ordinaire...... 372
§ 200. Vins................. 376
§ 201. Cholestérine......... 379
§ 202. Glycérine........... 383
§ 203. Glucoses en général.. 385
§ 204. Glucose............. 387
§ 205. Sucre musculaire..... 396
§ 206. Lévulose............ 396
§ 207. Chondroglucose...... 397
§ 208. Inosite.............. 397
§ 209. Saccharoses ou alcools polyglucosiques.... 399

§ 210. Sucre de canne...... 399
§ 211. Lactose.............. 402
§ 212. Anhydrides des alcools polyglucosiques.... 404
§ 213. Amidon.............. 404
§ 214. Farines.............. 406
§ 215. Dextrine............. 409
§ 216. Glucogène........... 410
§ 217. Cellulose............ 414
§ 218. Gommes, mucilages, matières pectiques.. 415
§ 219. Phénols............. 416
§ 220. Phénol.............. 418
§ 221. Acide picrique........ 420
§ 222. Crésol.............. 420
§ 223. Thymol............. 420
§ 224. Pyrocatéchine........ 421
§ 225. Pyrogallol........... 421

3e *Famille. — Acides.*

§ 226. Acides en général.... 422
§ 227. Acides monobasiques monovalents 423
§ 228. Acide formique...... 430
§ 229. Acide acétique....... 432

§ 230. Acétates............. 434
§ 231. Vinaigres............ 436
§ 232. Acide propionique ... 436
§ 233. Acide butyrique...... 437
§ 234. Acide valérique...... 438

	Pages.			Pages.
§ 235. Acides caproïque, caprylique, caprique..	438		lents..............	454
		§ 245.	Acide oxalique.......	456
§ 236. Acide palmitique et stéarique..........	439	§ 246.	Oxalates.............	460
		§ 247.	Acide succinique.....	461
§ 237. Savons..............	440	§ 248.	Acides polyvalents. .	465
§ 238. Acide oléique........	441	§ 249.	Acide malique.......	466
§ 239. Acide benzoïque......	443	§ 250.	Acide gallique.......	467
§ 240. Acides monobasiques bivalents..........	445	§ 251.	Tannin.............	469
		§ 252.	Acide tartrique......	470
§ 241. Acides lactiques......	448	§ 253.	Tartrates et émétiques.	473
§ 242. Lactates.............	453	§ 254.	Acide citrique........	475
§ 243. Acide salicylique......	453	§ 255.	Citrates.............	476
§ 244. Acides bibasiques biva-		§ 256.	Acide cholalique.....	477

4e Famille. — Aldéhydes.

	Pages.			Pages.
§ 257. Aldéhydes en général.	480	§ 261.	Acétones.............	485
§ 258. Aldéhyde............	481	§ 262.	Acétone.............	487
§ 259. Chloral.............	483	§ 263.	Camphres............	488
§ 260. Aldéhyde benzoïque..	484			

5e Famille. — Éthers.

	Pages.			Pages.
§ 264. Éthers en général....	489	§ 272.	Acétate d'éthyle......	498
§ 265. Éthers salins........	489	§ 273.	Corps gras...........	498
§ 266. Chloroforme.........	493	§ 274.	Acide phosphoglycérique..............	502
§ 267. Iodoforme...........	496			
§ 268. Chlorure d'éthyle. ...	496	§ 275.	Glucosides..........	502
§ 269. Iodure d'éthyle.......	497	§ 276.	Éthers oxydes........	504
§ 270. Azotite d'éthyle......	497	§ 277.	Éther ordinaire.......	505
§ 271. Azotate d'éthyle......	498			

6e Famille. — Amines.

	Pages.			Pages.
§ 278. Amines en général....	508	§ 291.	Guanidines..........	531
§ 279. Méthylamine.........	512	§ 292.	Créatine.............	533
§ 280. Triméthylamine......	513	§ 293.	Créatinine..........	535
§ 281. Névrine.............	513	§ 294.	Composés cyanogénés.	538
§ 282. Lécithine...........	514	§ 295.	Cyanogène...........	538
§ 283. Aniline.............	516	§ 296.	Acide cyanhydrique...	539
§ 284. Indican.............	517	§ 297.	Cyanures métalliques.	544
§ 285. Indigotine...........	519	§ 298.	Cyanures alcooliques.	549
§ 286. Indol...............	521	§ 299.	Acide cyanique.......	550
§ 287. Glycocolle...........	523	§ 300.	Cyanates métalliques.	551
§ 288. Leucine	525	§ 301.	Cyanates alcooliques..	552
§ 289. Tyrosine............	527	§ 302.	Acide sulfocyanique..	553
§ 290. Taurine.............	528			

7ᵉ *Famille.* — *Amides.*

	Pages.			Pages.
§ 303. Amides en général...	553	§ 308. Alcalamides..........	567
§ 304. Urée................	558	§ 309. Acide hippurique.....	568
§ 305. Sulfurée........... .	563	§ 310. Acide taurocholique..	571
§ 306. Acide oxalurique.....	564	§ 311. Acide glycocholique...	573
§ 307. Allantoïne........	565		

COMPOSÉS NON SÉRIÉS.

§ 312. Alcaloïdes naturels...	576	§ 334. Acide inosique.......	598
§ 313. Cicutine...............	578	§ 335. Carnine.............	598
§ 314. Nicotine.....	578	§ 336. Hémoglobine........	599
§ 315. Alcaloïdes de l'opium	579	§ 337. Hématine...........	604
§ 316. Morphine...........	580	§ 338. Matières colorantes de	
§ 317. Codéine.......... ..	581	la bile............	605
§ 318. Narcéine............	581	§ 339. Matières colorantes de	
§ 319. Alcaloïdes des quin-		l'urine............	608
quinas............	581	§ 340. Matières pigmentaires	
§ 320. Quinine.............	582	diverses....	609
§ 321. Cinchonine..	583	§ 341. Substances albuminoï-	
§ 322. Alcaloïdes des stry-		des..........	609
chnos	584	§ 342. Albumine de l'œuf...	614
§ 323. Strychnine....... ...	584	§ 343. Caséine.....	615
§ 324. Brucine........ ...	584	§ 344. Syntonine...........	616
§ 325. Atropine..........	585	§ 345. Albuminoses	616
§ 326. Alcaloïdes divers.....	585	§ 346. Fibrine..............	617
§ 327. Composés divers......	586	§ 347. Substance amyloïde...	619
§ 328. Produits de désassimi-		§ 348. Ferments solubles....	619
lation..............	586	§ 349. Mucine..............	621
§ 329. Acide urique........	587	§ 350. Osséine.............	622
§ 330. Sarcine.............	593	§ 351. Gélatine............	622
§ 331. Xanthine...........	594	§ 352. Matière chondrogène	
§ 332. Guanine........... ..	595	et chondrine.......	622
§ 333. Cystine.............	596		

CINQUIÈME PARTIE.

COMPOSITION DES PRINCIPAUX LIQUIDES DU CORPS HUMAIN

§ 353. Sang...............	624	§ 358. Bile................	644
§ 354. Lymphe et chyle.....	629	§ 359. Calculs biliaires......	645
§ 355. Urine..............	630	§ 360. Sperme............	646
§ 356. Calculs urinaires.....	637	§ 361. Salive mixte.........	648
§ 357. Lait...............	639	§ 362. Suc gastrique........	649

Table des matières	650
Table alphabétique.......................	651

TABLE ALPHABÉTIQUE

A

	Pages.		Pages.
Acerdèse	313	Acide bromique	87
Acétamide	555	— butyrique	437
Acétates	434	— caprique	438
Acétate d'éthyle	498	— caproïque	438
Acétate ordinaire	487	— caprylique	438
Acétones	485	— carbolique	418
Acétylène	345	— carbonique	217
Acétylure cuivreux	345	— cérébrique	515
Acides	36, 41	— cérotique	428
Acides organiques	422	— chénocholalique	479
— acétoniques	487	— chénotaurocholique	479
— bibasiques	108	— chloreux	68
— conjugués	349	— chlorhydrique	54
— bivalents et monoba-		— chlorique	68
siques	445	— cholalique	477
— monobasiques	423	— chromique	316
— sulfoconjugués	349	— cinnamique	429
Acide acétique	432	— citraconique	476
— aconitique	476	— citrique	475
— acrylique	428	— crotonique	428
— antimonique	199	— cuminique	428
— angélique	428	— cyanhydrique	539
— arachidique	428	— dichloracétique	426
— arsénieux	184	— dimétaphosphorique	171
— arsénique	191	— distéarophosphoglycéri-	
— azoteux	152	que	515
— azotique	153	— disulfurique	139
— bénique	428	— élaïdique	442
— benzoïque	443	— ellagique	468
— borique	207	— érythrique	465
— bromhydrique	80	— ferrique	311

		Pages.
Acide	fluorhydrique	84
—	formique	430
—	fumarique	455
—	gallique	467
—	gallotannique	469
—	glycérique	465
—	glycocholique	573
—	glycolique	448
—	gummique	416
—	hippurique	568
—	hydrofluosilicique	225
—	hydrosulfureux	128
—	hyénique	428
—	hyocholalique	479
—	hyocholique	479
—	hyotaurocholique	479
—	hypochloreux	68
—	hypogéïque	428
—	hypophosphoreux	171
—	hyposulfureux	125
—	hyposulfurique	125
—	iodhydrique	80
—	iodique	87
—	itaconique	476
—	lactique	448
—	laurique	428
—	leucique	448
—	linoléique	428
—	lithofellinique	479
—	maléique	455
—	malique	466
—	malonique	455
—	manganique	313
—	mannitique	465
—	margarique	440
—	méconique	579
—	mélissique	428
—	mésoxalique	487
—	métaantimonique	199
—	métagummique	416
—	métapectique	416
—	métaphosphorique	171
—	métastannique	325
—	monochloracétique	426
—	mucique	386, 465
—	myristique	428
—	nitrique	153
—	œnanthylique	428
—	oléique	441

		Pages.
Acide	oxalique	456
—	oxamique	555
—	oxybenzoïque	468
—	oxybutyrique	448
—	oxyvalérique	448
—	palmitique	439
—	paralactique	448
—	pectique	416
—	pectosique	416
—	pélargonique	428
—	perchlorique	68
—	perchromique	108
—	permanganique	313
—	phénique	418
—	phénol-sulfureux	417
—	phocénique	438
—	phosphatique	173
—	phosphoglycérique	502
—	phosphoreux	173
—	phosphorique	173
—	phtalique	455
—	picrique	420
—	pimarique	428
—	pimélique	455
—	propionique	436
—	protocatéchique	465
—	prussique	539
—	pyrogallique	421
—	pyrophosphorique	174
—	pyrotartrique	455, 472
—	pyruvique	455, 472, 487
—	racémique	471
—	ricinoléique	448
—	saccharique	386, 465
—	salicylique	453
—	salicylurique	453
—	sarcolactique	448
—	sébacique	455
—	silicique	225
—	sorbique	428
—	stannique	325
—	stéarique	439
—	subérique	455
—	succinique	461
—	sulfhydrique	116
—	sulfovinique	374, 505
—	sulfureux	126
—	sulfurique	129
—	tannique	469

	Pages.
Acide tartrique	470
— tartronique	465
— taurocholique	571
— taurylique	420
— thymique	420
— trichloracétique	426
— trimésique	354
— trinitrophénique	420
— urique	587
— valérique	438
Acides thioniques	125
Acidimétrie	60
Acier	305
Aconitine	586
Acroléine	384, 481
Adipocire	501
Aérobies (cellules)	96
Aethiops martial	311
— minéral	298
Affinité	12, 34
Air atmosphérique	141
Alcalamides	567
Alcalimétrie	60
Alcalis	229
Alcaloïdes	576
Alcoolatures	372
Alcoolats	372
Alcoolés	372
Alcools en général	359
Alcools condensés	367
— biacides	360
— monoacides	364
— normaux et non nor-	
maux	363
— polyacides	367
— polyglucosiques	399
— primaires	361
— secondaires	362
— tertiaires	363
Alcool allylique	370
— amylique	370
— benzylique	370
— butylique	370
— caproylique	370
— caprylique	370
— céthylique	370
— cérylique	370
— méthylique	370
— myricique	370

	Pages.
Alcool propylique	370
— ordinaire	372
Aldéhydes en général	480
Adéhyde acétique	481
— acrylique	384, 481
— ammoniaque	483
— benzoïque	484
— butylique	481
— cuminique	481
— cinnamique	481
— ordinaire ou vini-	
que	481
— propionique	481
Aleuromètre	407
Alizarine	359
Alliages	41
Allotropie	92
Allumettes	161
Allyl-benzine	357
Alphénols	504
Aluminates	319
Alumine	319
Aluminium	318
Alun	320
Alunite	320
Aluns	134
Amalgames	41
Ambre jaune	462
Amiante	283
Amides	553
Amidon	404
Amines en général	508
Ammoniaque	144
Ammonium	253
Amygdaline	502
Anaérobies (cellules)	96
Analyse	11
— élémentaire	329
— immédiate	329
— volumétrique	60
Anhydride acétique	425
— antimonieux	197
— antimonique	199
— arsénieux	183
— azoteux	151
— carbonique	215
— hypoazotique	153
— phosphorique	175
— silicique	224

	Pages.
Anhydride sulfureux	125
— sulfurique	132
Anhydrides	40, 425
Anhydrides des alcools poly-glucosiques	516 404
Aniline	516
Anthracène	359
Anthracite	210
Antimoine	193
— diaphorétique lavé	199
Antimoniate (bimeta) de potassium	199
Antimonyle	198
Appareil de Blondlot	165
— de Marsh	188
— de Mitscherlich	163
— Woulf	50
Argent corné	261
— métallique	258
Argiles	318
Aromatiques (composés)	239
Arragonite	268
Arséniate de fer	193
— de potassium	193
Arséniate de sodium	193
Arséniates	191
Arsenic	179
Arsénite de cuivre	190
— de fer	190
— de potassium	190
Arsénites	190
Asbeste	283
Asparagine	554
Atomes	34
Atropine	585
Azotates	157
Azotate d'ammonium	257
— de baryum	271
— d'argent	259
— de bismuth	204
— d'éthyle	498
— mercurique	299
— de potassium	237
— de sodium	238
Azote	137
Azotite d'éthyle	497
Azotites	152

B

Baryte	271
Baryum	271
Bases en général	36
— alcalines	229
— alcalino-terreuses	229
— organiques	576
— terreuses	229
Baume du Pérou	371
— de Tolu	371
Benjoin	443
Benzine	348, 353, 356
Benzol	356
Benzylamine	352
Beurre d'antimoine	196
Beurres	66
Bézoards	468
Bicarbonate de soude	248
Bichlorure de mercure	296
Bile	643
Bilirubine	606
Biliverdine	606
Bioxyde d'azote	150
— de baryum	68, 272
— d'hydrogène	106
— de manganèse	313
— de plomb	274
Bismuth	203
Bisulfites	126
Bisulfure de calcium	278
— d'hydrogène	119
Blanc de baleine	371
— de fard	204
— de plomb	275
— de zinc	286
Blende	286
Bleu céleste	290
— de Prusse	548
Borate de soude ou borax	246
Borates	208
Bore	207
Bornéol	488
Boules de mars de Nancy	475

Pages.

Boules de Liebig............ 138
Braunite................... 313
Brome..................... 75
Bromométrie............... 234
Bromure d'argent........... 261
Bromure de lithium........ 253
Bromure de potassium...... 233

Bromure de sodium........ ... 252
Bromures................... 82
Bronze...... 289
Brucine................... 584
Butane (Isomères)........... 333
Burettes.. 62

C

Cacodyle................ 434
Caillot du sang............. 617
Calamine.................. 284
Calcaires................. 268
Calcium................... 262
Calculs biliaires............ 645
— urinaires............ 637
Calomel................... 293
Caméléon minéral........... 314
Campêche................. 378
Camphre artificiel.......... 347
— de Bornéo........ 488
— des laurinées...... 488
Caramel.................. 400
Carbonate d'ammonium...... 256
— de baryum........ 271
— de calcium....... 268
— ferreux.......... 308
— de lithium....... 252
— de magnésium.... 281
— de plomb......... 275
— de potassium 239
— de sodium........ 103
Carbonates................. 220
Carbone................... 209
Carbures d'hydrogène....... 332
Carbures fondamentaux...... 358
Carbures (liste des)........ 336
Carbures primaires......... 332
— secondaires........ 332
— tertiaires........ 332
Carnallite................. 231
Caséine................... 615
Cassitérite................ 324
Caustique de Velpeau....... 129
— de Ricord........ 129
— Filhoz.......... 235
Célestine.................. 271

Cellulose.................. 414
Cérébrine................. 515
Cérébrote................. 515
Céruse................... 275
Chaleur atomique........... 24
— latente (de fusion). . 3
— — (de volatisa-
tion)...... 4
Charbon de bois........... 210
Charbon des cornues........ 210
Charbon végétal........... 209
Chaînes latérales.......... 351
Chaux.................... 263
— sodée.......... 334
Chloral................... 483
Chlorates.................. 73
Chlorate de potassium.... .. 73
Chlore.................... 48
Chlorhydrate d'ammoniaque. 255
Chloro-amidure mercureux... 296
— mercurique.. 300
Chloroforme................ 493
Chlorométrie............... 72
Chlorures en général........ 65
Chlorures désinfectants et dé-
colorants................. 72
Chlorures d'aluminium... .. 319
— d'ammonium...... 255
— d'argent......... 261
— d'azote......... 147
— de baryum....... 271
— de bismuth....... 203
— de calcium....... 262
— de carbonyle...... 213
— de chaux........ 70
— cuivreux......... 290
— d'éthyle......... 496
— d'éthylène........ 345

Pages.

Chlorures ferreux............ 306
— ferrique.......... 309
— de magnésium.... 66
— mercureux........ 293
— mercurique...... . 296
— d'or...,.......... 302
— de platine........ 327
— de plomb......... 276
— de potassium..... 231
— de radicaux d'aci-
des........... 424
— de silicium....... 65
— de sodium....... 241
— de zinc.......... 284
— stanneux......... 324
— stannique........ 325
Chlorurométrie............. 66
Cholestérilènes............. 380
Cholestérine............... 379
Cholestérones............. 380
Choline.................... 513
Chondrine................. 622
Chondroglucose.,. 397
Chromate de plomb........ 317
— de potassium. 316
Chrome.................... 315
Chyle..................... 629
Ciments................... 264
Cinabre.................... 298
— d'antimoine.......... 203
Cinchonine................ 583
Cires..................... 371
Citrates................... 476
Classification.............. 42
— des composés or-
ganiques..... 337
— des métalloïdes. 42
— des métaux..... 228
Coaltar................... 418
Cobalt............... 321, 322
Cochenille.... 378
Codéine.... 581
Cohésion................ 4, 34
Coke................. .. 210
Colcothar................ 311
Cold-cream............. .. 371
Colle forte............... 622
Collodion..............., 415
— riciné ou élastique. 415

Pages.

Colophane................. 346
Combinaisons. 10
Combinaisons atomiques, mo-
léculaires.............. 102
Combustion vive, lente...... 71
Composés binaires........ 11, 40
— ternaires......... 11
— quaternaires...... 11
Composés gras et aromatiques. 339
Composés organo-métalliques. 493
Compressibilité.............. 4
Condensation............. ... 4
Congélation..... 3
Conine.................... 578
Constitution de la matière... 33
— des gaz......... 34
Coprolithes................ 265
Corindon.................. 319
Corps..................... 1
— composés............. 11
— gras................. 498
— homologues........ 333
— isomères............. 333
— organisés et organiques. 329
— polymères............ 369
— réducteurs............ 45
— réductibles........... 45
— simples............... 11
Couperose blanche.... 286
— bleue... 289
— verte........... 308
Coton..................... 414
— poudre............. 415
Craie..................... 288
Créatine.................. 533
Créatinine................ 535
Crême.................... 640
— de tartre............. 473
— — soluble....... 475
Crémomètre.............. 641
Crésol................... 420
Cristallisation............ 3
Cristallisation (Eau de)....... 102
Cristaux de Vénus.......... 434
Crocus metallorum.......... 201
Cuir..................... 470
Cuivre 288
Cumène................... 352
Cupricum.................. 289

	Pages.		Pages.
Cuprosum	289	Cyanure d'éthyle	550
Cyanate d'ammonium	552	— de mercure	546
— d'éthyle	552	— de potassium	545
— de potassium	552	Cymène	352
Cyanoferrures	548	Cystine	596
Cyanogène	538		

D

	Pages.		Pages.
Décompositions	11	Dilatation	5
Décomposition (double)	12	Diphényle	358
Déliquescents (corps)	103	Dissociation	26
Détente	10	Dissolution (lois)	100
Dextrine	409	Diurétique	238
Diamant	209	Divisibilité	4
Diamides	553	Dolomie	279
Diamines	508	Durol	352
Diastase	406	Dynamite	385
Dichromate de potassium	316	Dyslysine	478
Digitaline	504		

E

	Pages.		Pages.
Eau	97	Eaux potables	103
— de baryte	272	— salées	105
— blanche	435	— séléniteuses	105
— céleste	290	— sulfatées	106
— de chaux	264	— sulfureuses	106
— de cristallisation	102	— telluriques	98
— distillée	98	Ébullition	3
— de Goulard	435	— (température d'éb. absolue)	8
— de Javel	71	Efflorescents (corps)	102
— magnésienne	283	Electricité (action sur les sels)	38
— de mer	106	Eléments	11
— hémostatique de Pagliari	320	Émétiques	473
— oxygénée	106	Emplâtre simple	441
— régale	58	Empois	405
— phagédénique jaune	298	Emulsine	502
Eaux acidulées	106	Encre	470
— alcalines	106	Eosine	421
— bromurées	106	Eponge de platine	326
— chlorurées	106	Equations	29
— ferrugineuses	106	Equivalents	31
— incrustantes	105	Erythrite	370
— iodurées	106	Esprit de bois ou alcool méthylique	370
— lourdes ou crues	105	Esprit de Mendererus	43
— médicinales	103		
— météoriques	98		

	Pages.		Pages.
Essence d'ail	371	Ethane	341
— d'amandes amères	484	Ether acétique	498
— de cannelle	481	— butyrique	438
— de gaulthéria	371	— chlorhydrique	496
— de mirbane	485	— iodhydrique	497
— de moutarde	371, 503	— ordinaire	505
— de térébenthine	346	Ethers	360, 489
— de thym	420	— composés	489
Essences hydrocarbonées	347	— oxydes	489, 504
Étain	324	— salins	489
État allotropique	12	— simples	489
— critique	5	Ethylamine	511
— gazeux	3	Ethylène	344
— liquide	2	Ethylidène	344
— naissant	12	Eudiomètres	13
— pateux	3	Eupeptique	54
— solide	2	Evaporation	4
Etats (de la matière)	2	Extrait de Saturne	435
Ethal	370		

F

	Pages.		Pages.
Farines	406	Fleurs de soufre	113
Fécule	405	Fluor	84
Fer	303	Fluorescéine	421
— passif	156	Fluorure de calcium	270
— pyrophorique	304	— de silicium	225
— réduit	304	Flux noir	473
Ferment	372	Foie d'antimoine	201
— inversif	401	— de soufre	237
Fermentation	372	— — calcaire	265
— butyrique	437	Fonctions chimiques	337
— gallique	467	Fonte	303
— lactique	449	Formiate d'éthyle	431
Ferricum	306	Formules	29
Ferrosum	305	Fuchsine	377
Feu grisou	342	Fulmicoton	415
Fibrine	617	Fusion	3
Flamme	345	— aqueuse	245
Fleurs d'antimoine	197	— ignée	245
— d'arsenic	183		

G

	Pages.		Pages.
Galactose	402	Gaz hilarant	148
Galène	277	— des marais	342
Gangue	288	— du sang	625
Gaz de l'éclairage	344	— parfaits	4

	Pages.		Pages.
Gélatine	622	Glycérats, glycérolés	383
Globules du chyle	629	Glycérides	498
— du sang	625	Glycérine	383
— du lait	640	Glycocolle	523
— de la lymphe	629	Glycols	359
Globuline	615	Glycyrrhizine	503
Glucogène	410	Gommes	415
Glucose	387	Goudron de bois	415
Glucoses	385	Graphite	210
Glucosides	389, 502	Grille à gaz	330
Gluten	404, 407	Gypse	265

H

Hématine	605	Hydrogène antimonié	195
Hématocristalline	599	— arsénié	180
Hémochromogène	603	— basique	37
Hémoglobine	599	— phosphoré gazeux	166
— bioxyazotée	151	— sulfuré	116
— oxycarbonée	214	Hydroquinone	421
Hexagone de Kékulé	353	Hydrosulfite de sodium	129
Homologues (séries)	332	Hydrure d'acétyle	481
Huile de croton	429	— d'arsenic	182
— des Hollandais	345	— de benzoyle	484
— de ricin	429	— de cuivre	172
Hydrate ferrique	310	— d'éthyle	341
— de potassium	235	— de méthyle	342
— de sodium	252	Hypochlorites	70
Hydrates métalliques	37, 109	Hypophosphite de sodium	252
Hydrocarbonate de magnésium	282	Hypophosphites	171
Hydrofluosilicates	226	Hyposulfites	127
Hydrogène	43	Hyposulfite de sodium	128

I

Indican	504, 517	Iodure d'azote	147
Indigotine	519	— d'éthyle	497
Indol	521	— ferreux	306
Inosite	397	— mercureux	295
Inosurie	397	— mercurique	297
Inuline	396	— de plomb	277
Iodate de potassium	232	— de potassium	231
Iode	78	— — ioduré	233
Iodoforme	496	Iodures	83
Iodométrie	80	Isomérie	332
Iodure d'amidon	80, 406	— par compensation	354
— d'ammonium	257	— de position	354
d'argent	261, 84		

J

	Pages.		Pages.
Jaune de chrome	277	Jaune de Turner	277
— de Cassel	277		

K

Kaolin	318	Kermès	201

L

	Pages.		Pages.
Lactates	453	Liqueur de Fehling	391
Lactide	450	— de Fowler	190
Lactobutyromètre	642	— des Hollandais	345
Lactodensimètre	641	— de Pearson	193
Lactoscope	643	— de Van Swieten	296
Lactose	402	— de Villate	289
Lait	639	Liqueurs titrées	61
Lait de chaux	264	Liquomètre de Musculus	377
Laiton	288	Litharge	273
Lampe de Davy	342	Lithium	252
Lana philosophica	285	Lois de Berthollet	38
Laques	320	— des chaleurs spécifiques	24
Léiocome	409	— d'Avogadro et d'Ampère	35
Leucine	525	— de Dulong et Petit	24
Lévulose	396	— de Gay-Lussac	13
Levure	372	— des portions définies	18
Liquéfaction	4, 8	— multiples	18
Liqueur des cailloux	226	Lymphe	629

M

Magistère de soufre	114	Mélanges réfrigérants	100
Magnésie blanche	281	Mercaptans	338
— calcinée	278	Mercure	292
Magnésium	278	Mercuricum	293
Maillechort	289	Mercurosum	293
Manganate de potassium	314	Mésitylène	352
Manganèse	311	Méta-série	355
Mannite	385	Métalloïdes	28
Marbre	268	Métaux	28
Massicot	273	— alcalino-serreux	229
Matière	1	— alcalins	228
Matière (constitution de la)	33	— légers	228
Matière glucogène	410	— lourds	228
Matières pectiques	416	Méthane	342
Matière perlée de Kerkringius	200	Miel	396

	Pages.		Pages.
Minium	274	Murexide	592
Mispickel	179	Mycoderma aceti	433
Molécules	34	Myéline	516
Morphine	580	Myélocome	516
Mouillage (des vins)	377	Myricine	371
Mousse de platine	326	Myronate de potassium	503
Mucilages	415	Myrosine	503
Mucine	621		

N

	Pages.		Pages.
Naphtaline	359	Nitriles ou éthers cyanhydriques	549
Narcotine	580	Nitrobenzine	349, 485
Neurine	513	Nitroglycérine	385
Névrine	513	Noir animal	210
Nickel	321, 322	— de fumée	210
Nicotine	578	Noir de platine	236
Nihil album	285	Nomenclature	39
Nitre	237	Notation	29

O

	Pages.		Pages.
Occlusion (Phénomène d')	47	Oxyde des battitures	305
Oléine	500	— de calcium	263
Oléo-saccharures	340	— de carbone	211
Onguent napolitain	292	— chromeux	315
Opium	579	— chromique	316
Or	301	— cuivreux	291
— mussif	325	— cuivrique	291
Organique (chimie)	329	— d'éthyle	505
Organiques (corps)	329	— ferreux	367
Organisés (corps)	329	— ferrique	310
Orpiment	179	— magnétique de fer	311
Ortho-série	355	— mercurique	298
Osséine	622	— de plomb	273
Otolithes	268	— de potassium	235
Oxalates	460	— puce	274
Oxamide	555	— stannique	325
Oxéthylénamine	509	— de zinc	285
Oxéthylène	360	Oxydes de manganèse	313
Oxychlorure d'antimoine	196	— de platine	327
Oxychlorure de carbone	213	Oxydant indirect	51
— de phosphore	169	Oxydes	40, 108
Oxydation	91	Oxygène	87
Oxyde d'argent	261	Oxysulfures d'antimoine	201
— de baryum	271	Ozone	92

P

	Pages.
Pancréatine	621
Papier iodaté	126
— ioduré	52, 92
— ozonoscopique	92
— parchemin	414
Para-série	355
Paracyanogène	538
Paraffine	340
Pâte de Canquoin	284
Pectase	416
Pectine	416
Pectose	416
Pentachlorure d'antimoine	197
— de phosphore	169
Pentanes (Isomères)	333
Pentasulfure d'antimoine	202
Pepsine	620
Perchlorure d'antimoine	197
— de fer	310
— d'or	302
— de phosphore	169
Permanganate de potassium	314
Peroxyde d'azote	153
— de chlore	68
— d'hydrogène	106
Pétrole	340
Phénol	418
Phénols	350, 416
Phénosulfite de potassium	419
Phénomènes chimiques	1
— physiques	2
Phénylamine	516
Phosphate ammoniaco-magnésien	280
— de calcium	265
— de magnésium	280
— de sodium	247
Phosphates	176
Phosphites	173
Phosphore rouge	166
— ordinaire	158
Pierre à cautère	235
— divine	289
— infernale	259
— à plâtre	265

	Pages.
Pilules asiatiques	183
— de Blancard	306
— de Dupuytren	296
Pipettes	63
Platine	326
Plâtre	265
Plomb	272
Plomb corné	275
Poids atomiques	19, 24, 28
— moléculaires	19, 25
Point critique	7
Pommade mercurielle	292
Potasse à l'alcool	236
— à la chaux	236
— caustique	235
Potassium	230
Poudre d'Algaroth	196
— à canon	238
— escharotique de Dubois	183
— escharotique du frère Côme	183
Poudre hémostatique	346
— de Vienne	235
Pourpre de Cassius	303
Précipité des Allemands	300
— blanc	293
— per se	298
Protagon	516
Protocarbure d'hydrogène	342
Protochlorure d'antimoine	195
Protochlorure de mercure	293
— de phosphore	169
Protoxyde d'azote	148
— d'antimoine	197
Ptyaline	620
Pyrite de cuivre	288
— de fer	308
Pyroantimoniate de potassium	200
Pyrocatéchine	421
Pyrogallol	421
Pyrolusite	313
Pyrophosphates	175
Pyroxyline	415

Q

	Pages.		Pages.
Quadroxalate de potassium...	457	Quinine......................	582
Quinicine....................	581	Quinquinas...................	581
Quinidine....................	581	Quintisulfure de potassium..	237

R

Radicaux....................	32	Réalgar......................	179
— acides..............	337	Récipient florentin..........	348
— alcooliques..........	337	Résorcine....................	421
Réactif de Fehling..........	391	Rosaniline...................	516
— Nessler...........	147	Rouille......................	311
— Schweitzer........	414	Rubis oriental...............	319
— indicateur........	61		

S

Saccharolés.................	400	Sel volatil de succin........	462
Saccharoses.................	399	— volatil de corne de cerf.............	145, 256
Safran de Mars.............	311		
Salicine....................	503	Sels.........................	37
Saligénine..................	504	— acides.................	108
Salive......................	648	— ammoniacaux...........	256
Salpêtre....................	237	— basiques..............	135
Sang.......................	624	— neutres...............	109
— (Caillot du)............	624	Séries homologues..........	332
— (Gaz du)..............	625	Sesquicarbonate d'ammonium	256
— (Globules du)..........	625	Silicates....................	226
— (Sérum du)............	625	Silice.......................	224
Saphir......................	319	Silicium.....................	223
Saponification..............	490	Sinkaline....................	513
Sarcosine...................	534	Sodium......................	241
Saturnins (Accidents).......	275	Solidification...............	3
Savons......................	441	Soude caustique.............	252
Sciences (naturelles)........	1	Soufre.......................	113
— (physiques)........	1	— doré d'antimoine......	202
Sel Alembroth..............	297	Sous-nitrate de bismuth.....	204
— ammoniac..............	255	Spath d'Islande.............	268
— arsenical de Macquer....	193	— fluor...............	84
— de Glauber.............	245	— pesant..............	271
— de Guindre.............	231	Sperme......................	646
— d'oseille...............	460	Stalactites..................	105
— de Schlipp.............	202	Stalagmites.................	105
— de Sedlitz.............	270	Stéarine.....................	500
— de Seignette...........	473	Stibine......................	200
— de Sylvius.............	231	Storax......................	371
— réfrigérant.............	257	Strontium...................	270

	Pages.		Pages
Strychnine	584	Sulfate de strontium	271
Sublimation	4	— de zinc	286
Styrol	357	Sulfates	133
Sublimé corrosif	296	Sulfhydrates	120
Substances	1	Sulfhydrométric	118
— amyloïde	619	Sulfites	127
— fibrinogène	617	Sulfocarbonates	223
— fibrinoplastique	617	Sulfocyanate d'allyle	503
Suc gastrique	649	Sulfosels	121
Succin	462	Sulfure d'allyle	371
Sucre candi	400	— d'ammonium	257
— de gélatine	523	— de carbone	222
— interverti	400	— de fer	367
— de lait	402	— mercurique	299
— musculaire	396	— stannique	325
— ordinaire	399	Sulfures métalliques	120
— de Saturne	435	— de calcium	264
Sulfantimoniates	202	— de potassium	237
Sulfarsénites	122	— de sodium	244
Sulfate de calcium	265	Sûreté (Tubes de)	49
— de cuivre	289	Surfusion	99
— ferreux	308	Sursaturation	246
— de magnésium	279	Synthèse	11
— de plomb	277	— (de l'eau)	15
— de sodium	245	Sylvine	231

T

	Pages		Pages
Tannin	469	Toluène	352
Tartrates	478	Toluidine	352
Tartre	473	Tournesol	38
Taurine	528	Trempe (de l'acier)	305
Teintures alcooliques	372	Trichlorure d'antimoine	195
Térébenthène	346	— de phosphore	168
Térébenthine	346	Trinitrophénol	420
Terpènes	346	Triple phosphate	280
Terres alcalines	229	Tripalmitine	509
— proprement dites	229	Trioléine	500
Théorie atomique	36	Tristéarine	500
— de l'ammonium	253	Trisulfure d'antimoine	200
— des équivalents	36	Tunicine	414
Thymol	420		

U

	Pages		Pages
Urates	590	Urées composées	645
Urée	558	Urinaires (Calculs)	637
— (Dosage de)	633	Urine	630

	Pages.		Pages.
Urine (Composition normale de l')	631	Urique (acide)	587
		Urométrie	633

V

Valence	32	Vert Guignet	316
Vapeurs rutilantes	153	Vinaigres	436
Vermillon	298	Vinaigre radical	435
Vapeurs	4	Vins	376
Verdet de Montpellier	435	Vitriol blanc	286
Verre d'antimoine	201	— bleu	289
Vert de gris	288, 435	— vert	308
— de Scheele	190	— (Huile de)	129
— de Schweinfurt	435	Volatisation	4

W

Woulf (Appareil de)	50

X

Xanthine	594	Xylène	352

Z

Zéro absolu	34	Zinc-éthyle	493
Zinc	284		

FIN DE LA TABLE ALPHABÉTIQUE.

3995-81. — Corbeil. Typ. CRÉTÉ.